INTERNATIONAL UNION OF THEORETICAL
AND APPLIED MECHANICS (IUTAM)

SYMPOSIUM TRANSSONICUM

AACHEN, SEPTEMBER 3–7, 1962

EDITED BY

KLAUS OSWATITSCH

WITH 238 FIGURES

SPRINGER-VERLAG

BERLIN / GÖTTINGEN / HEIDELBERG

1964

INTERNATIONALE UNION FÜR THEORETISCHE
UND ANGEWANDTE MECHANIK (IUTAM)

SYMPOSIUM TRANSSONICUM

AACHEN, 3.–7. SEPTEMBER 1962

HERAUSGEGEBEN VON

KLAUS OSWATITSCH

MIT 238 ABBILDUNGEN

SPRINGER-VERLAG
BERLIN / GÖTTINGEN / HEIDELBERG
1964

ISBN 978-3-642-48450-6   ISBN 978-3-642-88337-8 (eBook)
DOI 10.1007/978-3-642-88337-8

Vorwort

Die Forschungsintensität auf dem Gebiet schallnaher Strömungen hat bereits vor einigen Jahren ihren Gipfel überschritten, obwohl ganz wesentliche Fragen noch ungeklärt sind und das praktische Interesse an der Klärung solcher Fragen mit Rücksicht auf die zivile und militärische Luftfahrt weiter anwachsen sollte. Aber ähnlich wie auf anderen Gebieten der Strömungslehre, beispielsweise auf jenem der Turbulenz, hat man inzwischen auch bei schallnaher Strömung gelernt, für den praktischen Gebrauch einigermaßen zurechtzukommen. Damit ist ein Nachlassen der Unterstützungsbereitschaft der staatlichen und industriellen Geldgeber verbunden, zumal auf anderen Teilgebieten der Gasdynamik, wie beispielsweise jenen der Hyperschallströmung, der extremen thermodynamischen Zustände und der Magnetogasdynamik viele Fragen noch völlig unbeantwortet sind.

Für den Grundlagenforscher wie für den Mathematiker besitzt die schallnahe Strömung jedoch ihre unveränderten Reize. Es ist zu wünschen, daß dieses Interesse für die Grundlagenforschung auf transsonischem Gebiete wach bleibt bis ein durchgebildetes Lehrgebäude errichtet ist, dessen Pflege dann trotzdem noch fortlaufend starke wissenschaftliche Kräfte binden wird. Es besteht ja immer die Gefahr, daß die Vernachlässigung eines wichtigen und eigenartigen Grundlagengebietes sich bald als äußerst kurzsichtig erweist. Aber auch angesichts des riesigen Aufwandes, den die einschlägige Versuchstechnik gegenwärtig laufend bedingt, ist jede Mühe zum Erzielen eines Fortschrittes in der Klärung der Grundlagen oder in der Vereinfachung der Berechnungsmethoden gerechtfertigt. Wenn der Generalrat der IUTAM also die Abhaltung eines Symposiums über schallnahe Strömungen beschlossen hat, so hat er in gleicher Weise im Interesse der Grundlagenforschung wie im Interesse der Praxis gehandelt.

Das wissenschaftliche Komitee hat sich bemüht, den Kreis der Teilnehmer klein zu halten, um einen engen Kontakt sicherzustellen. Es war aber auch bestrebt, alle namhaften Forscher am Tagungsort zu vereinigen. Letzteres ist nicht ganz gelungen, da die Kollegen aus einigen Ländern des Ostblocks trotz aller Bemühungen des Tagungsleiters ausblieben. Leider mangelt es bei vielen staatlichen Instanzen noch immer an Anerkennung für die Bemühungen der wissenschaftlichen Organisatoren.

Trotz zahlreicher Wortmeldungen nach den Vorträgen wurden außer den vorbereiteten Beiträgen nur wenig Diskussionsbemerkungen eingereicht, was seinen Grund in der engen Fühlungnahme und regen Diskussion der Anwesenden während der Pausen haben dürfte. Der Herausgeber hat sich nicht bemüht, die Vortragsdiskussionen aus eigenem nachzubilden. Ganz abgesehen davon, daß auch die Veröffentlichungen im Symposiumband gegenüber den mündlichen Vorträgen im allgemeinen eine gewisse Weiterentwicklung darstellen, indem Tagungserfahrungen verwertet wurden, kann die lebendige Diskussion ohnehin nicht schriftlich widergespiegelt werden. Die Diskussionswiedergabe ist daher auf die wenigen schriftlichen Eingaben und deren Austausch mit den Vortragenden beschränkt.

Dem Leser wird auffallen, daß zwei Problemkreise nahezu unberührt geblieben sind, nämlich das Gebiet der area rule und des Äquivalenzsatzes sowie das Gebiet der „Transsonischen Kontroverse". Im ersteren Falle scheint — wie auf dem Gebiete der Ähnlichkeitsgesetze — das Wesentliche klar zu sein. Bei der transsonischen Kontroverse dagegen handelt es sich wohl mehr darum, daß die Grenzen der Meinungsunterschiede abgesteckt sind, die letzten Beweise zur Entscheidung in der einen oder anderen Richtung jedoch noch ausstehen.

Das wissenschaftliche Komitee hofft, mit der vorliegenden Veröffentlichung der Beiträge zum Symposium Transsonicum dem Fachmann einen Überblick über den gegenwärtigen Stand des Gebietes zu vermitteln. Den Vortragenden und Diskussionsteilnehmern sei hier für ihre Mitarbeit und dem Verleger für die ausgezeichnete Ausstattung gedankt.

Mit dem Erscheinen des Bandes ist auch die letzte Arbeit am Symposium Transsonicum abgeschlossen und damit die beste Gelegenheit geboten, den verschiedenen Mitwirkenden zu danken. Der Herausgeber und Tagungsleiter ist den Kollegen vom wissenschaftlichen Komitee für ihre Mitarbeit und das bewiesene Vertrauen verbunden. Dem Rektor der Rheinisch-Westfälischen Technischen Hochschule Aachen hat er für die Überlassung des Hörsaales mit seinen hervorragenden technischen Einrichtungen zu danken. Die vielfachen Projektionsmöglichkeiten und die ausgezeichnete Akustik waren eine wesentliche Stütze für die wissenschaftliche Verständigung. Den Herren von der WGL hat er für die Übernahme der technischen Organisation zu danken, ganz besonders aber den Mitarbeitern vom DVL-Institut für Theoretische Gasdynamik, nämlich seinem Stellvertreter R. Schwarzenberger, Herrn F. Bartlmä und Herrn M. Fiebig für die umsichtige Hilfe bei der ausgedehnten Vorbereitung, den Herren GRETLER und CAPELL-MANN für die reibungslose Abwicklung der Projektionen und nicht zuletzt seiner Sekretärin Fräulein H. STEGERHÜTTE für die Mühe und Mehrarbeit, die lange Zeit hindurch zu leisten waren. Herr I. TEIPEL hat den Tagungsleiter bei seiner Aufgabe als Herausgeber des Symposiumbandes wesentlich unterstützt.

Außer durch die IUTAM wurde das Symposium durch Beiträge der DVL und des Bundes-Innenministeriums finanziert. Zum Ausflug nach Monschau hat die Firma Dornier eingeladen, zum Souper des Symposiums die Firmen Bölkow-Entwicklungen KG., Focke-Wulf GmbH., Hamburger Flugzeugbau GmbH. und „Weser" Flugzeugbau GmbH.

Aachen-Wien, im Dezember 1963

Klaus Oswatitsch

Der Herausgeber und Vorsitzende
des wissenschaftlichen Komitees

Preface

The intensity of research into transonic flows passed its peak some years back, although quite fundamental problems are still not cleared up and the practical interest in their solution as they arise in civil and military aviation is likely to grow once more. Meanwhile we have learnt enough about transonic aerodynamics to achieve some measure of success in applications, a situation paralleled in other fields of fluid mechanics, such as turbulence. In consequence, government and industry are less ready to support this work at a time when many wholly unanswered questions arise in hypersonics, magnetogasdynamics and the study of extreme thermodynamic states.

Nevertheless, the problems of transonic flows still stimulate and attract both the mathematician and the scientist who is concerned with fundamental fluid mechanics. The Editor hopes that interest in fundamental research in the field of transonic flows will remain alive until a complete theory has been established and will ensure that an adequate number of scientists is engaged in its subsequent development. The neglect of an important and original discipline always has its perils and usually turns out to have been short-sighted. Therefore, even though such work requires considerable effort, especially on the experimental side, any endeavour to clarify the foundations and to simplify the methods of calculation can be justified. The General Council of IUTAM has helped fundamental research and practical applications alike by its decision to hold a symposium on transonic flows.

The Scientific Committee was anxious to keep the number of participants small so that close contact between them was possible. On the other hand, it has tried to bring together all the notable workers in the field. Unfortunately, our colleagues from some countries in the East were not able to come, despite the efforts of the Chairman. He is sorry to note that many governments still do not seem to appreciate fully the work done by scientific organisations.

There were numerous contributions to the discussions after the lectures, but, apart from prepared comments, only a few of these were submitted in writing. Close contact and lively discussions during the breaks may have been the main reason for this. The Editor has not attempted to reproduce the oral discussions; they cannot be rendered in writing. All prepared comments sent to the Editor are included in the Proceedings. In general, the lecturers have amended their manuscripts in the light of the comments made at the Symposium.

The reader will notice that little attention has been paid to two specific subjects, namely, the area and equivalence rules and the "transonic controversy". In the first field, as in that of similarity laws, all the essential questions would appear to have been answered and to need no further treatment. Those concerned with the transonic controversy are split into two camps with differert points of view. Rigorous proofs which could settle the controversy have not yet been found.

The Scientific Committee hopes that the Proceedings will give a survey of the present state of knowledge in the field of transonic flows to those who are engaged in this work. The Editor is grateful to all lecturers and speakers in the discussions for their cooperation, and to the publisher for the excellent production.

The publication of the Proceedings concludes the work of the Symposium. This is an appropriate time for the Editor and Chairman to express his thanks to all who helped in this work. He is indebted to his colleagues on the Scientific Committee for their cooperation and confidence. Thanks are due to the Rector of the Technische Hochschule for making available an auditorium with its excellent equiment. The various means of projection and the excellent acoustics contributed substantially to scientific understandig and communication. Grateful acknowledgment is made of the organizing work done by members of the WGL. Warm thanks are extended to the members of the DVL-Institute of Theoretical Gasdynamics: R. Schwarzenberger, deputy head of the Institute, F. Bartlmä and M. Fiebig who greatly helped with the extensive preparations; W. Gretler and K. H. Capellmann who efficiently projected the slides; Miss H. Stegerhütte, secretary of the Institute, who gracefully carried the additional burden arising from the Symposium for a long time. I. Teipel gave essential editorial assistance.

The Symposium was financed by contributions from IUTAM, the Federal Ministry of the Interior, and the DVL. The Dornier Company invited the participants to an excursion to Monschau. The firms of Bölkow Entwicklungen, Focke-Wulf, Hamburger Flugzeugbau, and Weser Flugzeugbau financed the dinner.

Aachen-Wien, December 1963

Klaus Oswatitsch

The Editor und Chairman
of the Scientific Committee

Wissenschaftliches Komitee — Scientific committee

S. B. Berndt, Stockholm

M. D. van Dyke, Stanford, Calif.

I. Imai, Tokyo

M. J. Lighthill, Farnborough

K. Oswatitsch (Vorsitzender), Aachen—Wien

M. Roy, Paris

Verzeichnis der Teilnehmer — List of participants

Von Baranof, A.,	Braunschweig, Deutschland
Bartlmä, F.,	Aachen, Deutschland
Batchelor, G. K.,	Cambridge, England
Bauhuber, F.,	Ottobrunn b/München, Deutschland
Berndt, S. B.,	Stockholm, Schweden
Cazemier, P. G.,	Amsterdam, Niederlande
Cremer, H.,	Aachen, Deutschland
Destuynder, R.,	Châtillon-sous-Bagneux, Frankreich
Drougge, G.,	Stockholm-Bromma, Schweden
Dvorak, R.,	Praha 6, Tschechoslowakei
van Dyke, M. D.,	Stanford, Calif., USA
Ferrari, C.,	Torino, Italien
Fiebig, M.,	Aachen, Deutschland
Fiszdon, W.,	Warszawa, Polen
Fraenkel, L. E.,	London, England
Friedel, H.,	Friedrichshafen, Deutschland
Friedrichs, K. O.,	New York, N. Y., USA
Furuya, Y.,	Nagoya, Japan
Garabedian, P. R.,	New York, N. Y., USA
Germain, P.,	Paris, Frankreich
Görtler, H.,	Freiburg i. B., Deutschland
Grabitz, G.,	Clausthal-Zellerfeld, Deutschland
Gretler, W.,	Aachen, Deutschland
Guderley, K. G.,	Dayton, Ohio, USA
Gudmundson, S. E.,	Stockholm-Bromma, Schweden
Hall, I. M.,	Manchester, England
Hamamoto, I.,	Tokyo, Japan
Heinz, C.,	Weil/Rhein, Deutschland
Hoff, N. J.,	Stanford, Calif., USA
Holt, M.,	Berkeley, Calif., USA

Hosokawa, I.,	Tokyo, Japan
Imai, I.,	Tokyo, Japan
von Kàrmàn, Th.,	Pasadena, Calif., USA
Kawamura, R.,	Tokyo, Japan
Keune, F.,	Aachen, Deutschland
Koiter, W. T.,	Delft, Niederlande
Kolberg, F.,	Aachen, Deutschland
Ku, Y. H.,	Philadelphia, Pennsylvania, USA
Küchemann, D.,	Farnborough, Hants., England
Kurau, A.,	Aachen, Deutschland
Laitone, E.,	Berkeley, Calif., USA
Landahl, M.,	Cambridge, Massachusetts, USA
Lebrun, G.,	Paris, Frankreich
Leiter, E.,	Wien, Österreich
Lock, R. C.,	Teddington, Middlesex, England
Ludford, G. S. S.,	Ithaca, N. Y., USA
Lunc, M.,	Warszawa, Polen
Mackie, A. G.,	Wellington, Neuseeland
Maeder, P. F.,	Providence, Rhode Island, USA
Melan, E.,	Wien, Österreich
Moravec, Z.,	Praha 6, Tschechoslowakei
Morawetz, C. S.,	New York, N. Y., USA
Müller, E. A.,	Göttingen, Deutschland
Nieuwland, G. Y.,	Amsterdam, Niederlande
Niordson, F.,	København, Dänemark
Niyogi, P.,	Calcutta, Indien (z. Z. Aachen, Deutschland)
Novotny, K.,	Châtillon-sous-Bagneux, Frankreich
Nyberg, S. E.,	Stockholm-Bromma, Schweden
Odqvist, F. K. G.,	Stockholm, Schweden
Oswatitsch, K.,	Wien—Aachen
Pearcey, H.,	Teddington, Middlesex, England
Pivko, S.,	Beograd, Jugoslawien
Platzer, M.,	Huntsville, Alabama, USA
Quick, A. W.,	Aachen, Deutschland
Reutter, F.,	Aachen, Deutschland
Reyn, J. W.,	Delft, Niederlande
Romberg, G.,	Aachen, Deutschland
Rotta, J. C.,	Göttingen, Deutschland
Roy, M.,	Paris, Frankreich
Ruzicka, M.,	Praha 1, Tschechoslowakai
Rues, D.,	Aachen, Deutschland
Ryhming, I. L.,	Seattle, Washington, USA
Sandeman, R. J.,	Melbourne, Australien
Seebass, R.,	Ithaca, N. Y., USA
Sinnott, C. S.,	Kingston, Surrey, England
van Spiegel, E.,	Delft, Niederlande
Spreiter, J. R.,	Moffett Field, Calif., USA
Sun, E.,	Aachen, Deutschland
Sutton, E. P.,	Cambridge, England
Schäfer, M.,	Clausthal-Zellerfeld und Göttingen, Deutschland
Schmidt, B.,	Karlsruhe, Deutschland
Schultz-Grunow, F.,	Aachen, Deutschland

SCHWARZENBERGER, R.,	Aachen, Deutschland
STARK, V. J. E.,	Linköping, Schweden
STENIJ, S. W.,	Helsinki, Finnland
STUFF, R.,	Aachen, Deutschland
TAMADA, K.,	Kyoto, Japan
TANI, I.,	Tokyo, Japan
TAYLER, A. B.,	Oxford, England
TEIPEL, I.,	Aachen, Deutschland
TEMPLE, G.,	Oxford, England
THOMAS, F.,	Braunschweig, Deutschland
THOMMEN, H. U.,	San Diego, Calif., USA
TIMMAN, R.,	Delft, Niederlande
TRICOMI, F. G.,	Torino, Italien
VAN DE VOOREN, A. I.,	Groningen, Niederlande
WATSON, R.,	Belfast, England
WEIRICH, P. H.,	Karlsruhe, Deutschland
WIEGHARDT, K.,	Hamburg, Deutschland
ZAAT, J. A.,	Delft, Niederlande
ZIEGLER, H.,	Zürich, Schweiz
ZIEREP, J.,	Karlsruhe, Deutschland

Verfasser der in diesem Buch enthaltenen
Artikel und Diskussionsbeiträge

Authors of the articles contained in the
book and of the contributions to the discussions

Australien:

Dr. R. J. SANDEMAN, Aeronautical Research Laboratories, *Melbourne*

Deutschland:

Dr. G. ROMBERG, Institut für Theoretische Gasdynamik der D. V. L., *Aachen*,
Theaterstr. 13.

J. C. ROTTA, A. V. A., *Göttingen*, Bunsenstr. 10.

D. RUES, Institut für Theoretische Gasdynamik der D. V. L., *Aachen*
Theaterstr. 13.

Dr. I. TEIPEL, Institut für Theoretische Gasdynamik der D. V. L., *Aachen*,
Theaterstr. 13.

Prof. Dr. J. ZIEREP, Technische Hochschule Karlsruhe, Kaiserstr. 12, *Karlsruhe*.

England:

L. E. FRAENKEL, Math. Dept., Imperial College, *London SW 7*.

Dr. I. M. HALL, Department of Fluid Mechanics, The University of Manchester, *Manchester*.

Dr. D. KÜCHEMANN, R. A. E., *Farnborough, Hants*.

Dr. R. C. LOCK, Aerodynamics Division, N. P. L., *Teddington, Middlesex*.

H. H. PEARCEY, Aerodynamics Division, N. P. L., *Teddington, Middlesex*.

E. P. SUTTON, Engineering Department Cambridge University, Trumpington
Street, *Cambridge*.

Dr. A. B. TAYLER, Mathematical Institute, Oxford University, 10 Parks Road,
Oxford.

R. WATSON, Dept. of Municipal Engineering, Manchester College of Science
and Technology, *Manchester* 1.

Frankreich:

SUZANNE CHOPIN, *Châtillon-sous-Bagneux*, O. N. E. R. A. 29. Avenue de la
Division Leclerc.

R. DESTUYNDER, *Châtillon-sous-Bagneux* O. N. E. R. A. 29. Avenue de la
Division Leclerc.

Prof. P. GERMAIN, Université de Paris, Faculté des Sciences, 3 Avenue de
Champaubert, *Paris XV*, et O. N. E. R. A. *Châtillon-sous-Bagneux*.

Italien:

Prof. Dr. C. FERRARI, Politecnico di Torino, Corso Duca Degli Abruzzi
No. 24, *Torino*.

Prof. F. G. TRICOMI, Università di Torino, Corso Tassoni 34, *Torino*.

Japan:

Dr. I. Hosokawa, National Aero/Space Laboratory of Japan, 700 Shinkawa, Mitaka, *Tokyo.*

Prof. I. Imai, Dept. of Physics, Faculty of Science, University of Tokio, *Tokyo.*

Prof. Dr. K. Tamada, Dept. of Aeron. Engineering, Kyoto University, *Kyoto.*

Neuseeland:

Prof. A. G. Mackie, Victoria University of Wellington, *Wellington.*

Niederlande:

Dr. J. W. Reyn, Technische Hogeschool Delft, Julianalaan 132, *Delft.*

Prof. Dr. R. Timman, Technische Hogeschool Delft, Julianalaan 132, *Delft.*

Österreich:

Prof. Dr. K. Oswatitsch, Institut für Strömungslehre der Technischen Hochschule, *Wien IV*, Karlsplatz 13.

Polen:

Prof. W. Fiszdon, Ul. Nowowiejska 24 m 2, *Warschau I.*

Schweden:

Prof. Dr. S. B. Berndt, Kungl. Tekn. Högskolan, Stockholm 70.

V. Stark, SAAB, *Linköping.*

Tschechoslowakei:

Dr. M. Růžička, National Research Institute for Heat Engineering, Husova 8. *Prag I.*

Dr. L. Špaček, National Research Institute for Heat Engineering, Husova 8, *Prag I.*

USA:

Dr. P. R. Garabedian, Courant Inst. of Mathem. Sciences, New York University, 4 Washington Place, *New York 3*, N. Y.

Dr. K. G. Guderley, 117 Countryside, *Dayton 32*, Ohio.

Prof. M. Holt, University of California, *Berkeley 4*, Calif.

Prof. Dr. E. V. Laitone, University of California, *Berkeley 4*, Calif.

Prof. Dr. M. T. Landahl, M. I. T., Room 33—406, *Cambridge 39*, Mass.

Prof. P. F. Maeder, Brown University, *Providence*, R. I.

Dr. R. Seebass, Cornell University, Grumman Hall, *Ithaca*, N. Y.

Dr. J. R. Spreiter, NASA Ames Research Center, *Moffett Field*, Calif.

Dr. H. U. Thommen, General Dynamics/Astronautics, *San Diego*, Calif.

Inhaltsverzeichnis — Contents

Erste Gruppe:

Hodographenmethode, Singularitäten

I. Sitzung

Montag, den 3. 9. 1962, vormittags

Vorsitzender: C. FERRARI, Italien

II. Sitzung

Montag, den 3. 9. 1962, vormittags

Vorsitzender: R. TIMMAN, Niederlande

III. Sitzung

Montag, den 3. 9. 1962, nachmittags

Vorsitzender: M. VAN DYKE, U. S. A.

Diskussionsveranstaltung

Zweite Gruppe:

Methoden in der Strömungsebene, eben und achsensymmetrisch

IV. Sitzung

Dienstag, den 4. 9. 1962, vormittags

Vorsitzender: P. Germain, Frankreich

V. Sitzung

Dienstag, den 4. 9. 1962, nachmittags

Vorsitzender: D. Küchemann, England

Diskussionsveranstaltung

Dritte Gruppe:

Stationäre Strömungen im Raum, Schallkanten

VI. Sitzung

Mittwoch, den 5. 9. 1962, vormittags

Vorsitzender: N. Lunc, Polen

Vierte Gruppe:

Innere Strömungen, Windkanäle

VII. Sitzung

Donnerstag, den 6. 9. 1962, vormittags

Vorsitzender: M. Schäfer, Deutschland

Diskussionsveranstaltung

Fünfte Gruppe:

Verschiedenes

VIII. Sitzung

Donnerstag, den 6. 9. 1962, nachmittags

Vorsitzender: H. H. Pearcey, England

Sechste Gruppe:

Instationäre Strömungen, Flattern

IX. Sitzung

Freitag, den 7. 9. 1962, vormittags

Vorsitzender: S. B. Berndt, Schweden

X. Sitzung

Freitag, den 7. 9. 1962, nachmittags

Vorsitzender: I. Imai, Japan

Diskussionsveranstaltung

Siebente Gruppe:

Magnetogasdynamik

X. Sitzung

Freitag, den 7. 9. 1962, nachmittags

Vorsitzender: I. Imai, Japan

SYMPOSIUM TRANSSONICUM

Hodographenmethode, Singularitäten

I. Sitzung

Vorsitzender: C. Ferrari, Italien

Anwendung der Hodographenmethode in der Theorie schallnaher Strömungen

Von

Gottfried Guderley

Wright Patterson Air Force Base, Ohio, U.S.A.

1. Allgemeines

Die Hodographenmethode ist vor anderen Methoden der Gasdynamik dadurch ausgezeichnet, daß in ihr die Strömungsdifferentialgleichung linear ist. Im schallnahen Gebiet ist die Linearisierung in der Strömungsebene, wie man sie bei Unterschall und Überschall kennt, unmöglich, und daher hat die Hodographenmethode in diesem Falle besonderen Wert.

Die Hodographenmethode bringt allerdings eine Anzahl, teilweise recht drastischer, Beschränkungen mit sich. Am wenigsten einschneidend ist die Annahme, daß die Strömung isentropisch ist; denn im schallnahen Gebiet ist die durch die Stöße hervorgerufene Entropieänderung meist vernachlässigbar. Stöße selbst, wenn sie in einer Parallelströmung auftreten, geben zu einer linearen Randbedingung im Hodographen Anlaß und können deshalb ohne Schwierigkeiten behandelt werden.

Viel bedeutungsvoller ist die Beschränkung auf ebene Probleme. In der Praxis hat man es meist nicht mit ebenen Strömungen zu tun. Dabei muß man im schallnahen Gebiet besonders vorsichtig sein, wenn man Ergebnisse, die für ebene Strömungen erhalten worden sind, auf achsensymmetrische Strömungen überträgt; der Verdrängungseffekt eines umströmten Körpers, der ja bei schallnahen Strömungen eine besondere Rolle spielt, ist für ebene Strömungen viel stärker ausgeprägt als für räumliche Strömungen.

Weiterhin ist die Beziehung zwischen Strömungsebene und Hodographenebene nur in speziellen Fällen einfach. Der Unterschallanströmung um einen symmetrischen geschlossenen Körper (z. B. einen Kreis) entspricht ein zweiblättriger Hodograph mit einem Verzweigungspunkt bei der Anströmgeschwindigkeit. Fügt man noch eine Zirkulation hinzu, so findet man zwei Verzweigungspunkte. Weitere Verzweigungspunkte würden auftreten, wenn man konkave Stellen am Profil zuläßt. Im allgemeinen wird man sich auf Probleme beschränken, wo solche Schwierigkeiten nicht auftreten.

Schließlich sind die Randbedingungen, die an einem umströmten Körper auftreten, nach der Übertragung in die Hodographenebene im allgemeinen nicht mehr linear. Man hat sich aus diesem Grunde vielfach darauf beschränkt Beispiele zu berechnen, bei denen man nur den allgemeinen Typ der Strömung angibt, aber die Randbedingungen im einzelnen nicht vorschreibt. Ein bekanntes Beispiel ist die RINGLEBsche Strömung in einem gekrümmten Kanal. Solche Beispiele können sich leicht als irreführend erweisen, wenn man die grundsätzliche Frage erörtert, wie Randwertprobleme im schallnahen Gebiet sachgemäß zu formulieren sind.

Will man über die bloße *Diskussion* von Strömungsfeldern hinauskommen und Randwertprobleme direkt studieren, so kann man die Randbedingungen in der Hodographenebene linearisieren. Man betrachtet dann ein Ausgangsströmungsfeld und seine Hodographendarstellung als bekannt und fragt nach dem Randwertproblem, das entsteht wenn man die Kontur in der Strömungsebene oder eine andere Randbedingung, z. B. die Anströmgeschwindigkeit im Unendlichen, um einen kleinen Betrag abändert. Dabei sind zwei scheinbar verschiedene Wege beschritten worden. 1. Man formuliert das allgemeine Problem in der Hodographenebene unter Verwendung der LEGENDREschen Transformation und linearisiert die Randbedingungen. 2. Man linearisiert die Potentialgleichung in der Strömungsebene für die Nachbarschaft einer gegebenen Lösung. Dies gibt ein lineares Randwertproblem für das Zusatzpotential. Um eine besonders einfache Form zu erhalten, transformiert man in diesem Problem die unabhängigen Variablen x und y auf andere unabhängige Variable u und v, wobei der Zusammenhang zwischen diesen Variablen der Ausgangsströmung entnommen wird. Die Transformation hängt also nicht von der abhängigen Variablen, dem Zusatzpotential, ab, und deshalb erhält man in den neuen Variablen wieder ein lineares Problem. Es ist nun bemerkenswert, daß die Randwertprobleme, die man durch diese beiden Methoden erhält, vollkommen identisch sind, obwohl die abhängigen Variablen in den beiden Fällen eine verschiedene Bedeutung haben. Mathematisch sind die beiden Methoden jedenfalls gleichwertig.

Angesichts dieser Beschränkung ist es nicht verwunderlich, wenn die Hodographenmethode für viele technische Probleme versagt, dafür ist sie aber in der Lage allgemeine und grundlegende Kenntnisse zu vermitteln. Auf diese Seite möchte ich in diesem Vortrage ausschließlich eingehen. Eine andere Klasse von Problemen, bei denen die Hodographenmethode zumindestens in ernsthaften Wettbewerb mit anderen Rechenverfahren tritt, liegt dann vor, wenn die Strömungsdifferentialgleichungen wirklich genau gelöst werden müssen.

2. Vereinfachung der Hodographengleichung

Obwohl ich im vorigen Abschnitt betont habe, daß die Hodographentechnik es nicht erfordert, daß man die Strömungsgleichungen vereinfacht, möchte ich jetzt doch eine Vereinfachung einführen, die dann gilt, wenn die Geschwindigkeit im gesamten Strömungsfeld nicht allzusehr von der kritischen Geschwindigkeit (Strömungsgeschwindigkeit = Schallgeschwindigkeit) abweicht. Geht man von der Strömungsebene in die Hodographenebene mit Hilfe der LEGENDRESCHEN Transformation über, so erhält man

$$\varphi_{ww} + \frac{1}{w}\,\varphi_w \left(1 - \frac{w^2}{a^2}\right) + \frac{1}{w^2}\,\varphi_{\theta\theta}\left(1 - \frac{w^2}{a^2}\right) = 0\,.$$

Hierin ist

φ die Funktion die sich bei Anwendung der LEGENDRESCHEN Transformation auf das Potential ergibt,
w der Absolutwert der Geschwindigkeit,
θ die Neigung des Geschwindigkeitsvektors gegen die horizontale Achse,
a die Schallgeschwindigkeit.

Betrachtet man die Abweichung von einer Parallelströmung mit der kritischen Geschwindigkeit w^* als klein und führt ein

$$\eta = (\varkappa + 1)^{1/3}\,(w - w^*),$$

so ergibt sich durch einen geeigneten Grenzübergang die TRICOMISCHE Gleichung

$$\varphi_{\eta\eta} - \eta\,\varphi_{\theta\theta} = 0\,.$$

Man kann den entsprechenden Grenzübergang auch in der Hodographengleichung für die Stromfunktion ψ machen und erhält dann

$$\psi_{\eta\eta} - \eta\,\psi_{\theta\theta} = 0\,.$$

Für die Koordinaten in der Strömungsebene erhält man dann bei Anwendung der Legendreschen Transformation

$$x = (\varkappa + 1)^{1/3}\, \varphi_\eta$$

$$y = \varphi_\theta$$

unter Verwendung der Stromfunktion

$$x_\theta = (\varrho^* a^*)^{-1} (\varkappa + 1)^{1/3}\, \psi_\eta, \qquad y = (\varrho^* a^*)^{-1} \psi$$

$$x_\eta = (\varrho^* a^*)^{-1} (\varkappa + 1)^{1/3}\, \psi_\theta.$$

Zu der Tricomischen Gleichung kann man auch durch eine andere Transformation gelangen, die weniger einschneidende Vereinfachungen erfordert. Eine solche Transformation wird suggeriert durch Anwendung der W-K-B-Methode auf gewisse Partikularlösungen der Hodographengleichung. Das Verfahren empfiehlt sich, wenn man später zu Lösungen der exakten Hodographengleichung übergehen will. Daß die zu der Tricomischen Gleichung führenden Vereinfachungen nicht sehr einschneidend sind, wird durch Abb. 1 illustriert. Es zeigt die Druckverteilung an einer mit der Mach-Zahl 1 angeströmten Platte. Zwei Kurven wurden mit Hilfe der Tricomischen Gleichung berechnet unter Verwendung der beiden oben angegebenen Herleitungen, der dritten Kurve liegt eine Differenzenmethode zugrunde, die die volle Hodographengleichung benutzt. Diese Ergebnisse stammen von

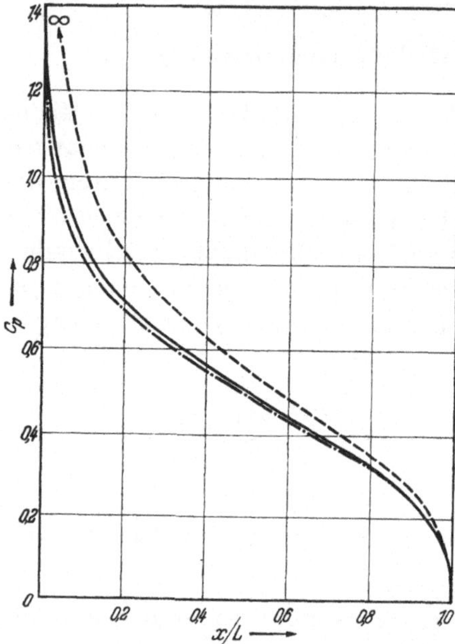

Abb. 1. Druckverteilung auf der Druckseite einer angestellten Platte der Tiefe L für einen Anstellwinkel von 13°
(nach Vincenti Wagoner, Fisher und Newman)
——— exakte Lösung,
– – –
–·—·— } verschiedene Näherungen

Vincenti. Ich werde mich in diesem Vortrag auf die Tricomische Gleichung beschränken, das allgemeine Problem wird in anderen Vorträgen zur Sprache kommen.

3. Randwertprobleme im Hodographen

Randwertprobleme für gemischt elliptisch-hyperbolische Differentialgleichungen wurden erstmalig von Tricomi behandelt. Wahrscheinlich wird Professor GERMAIN näher auf solche Probleme eingehen, deshalb fasse ich mich hier kurz. Abb. 2 zeigt die Kontur des TRICOMIschen Problems. Das Unterschallgebiet liegt links der θ-Achse, das Über-

schallgebiet rechts davon. Die Überschallkontur wird durch die Charakteristiken AD und BD dargestellt. Randwerte für die abhängige Variable ψ können vorgeschrieben werden längs der Unterschallkontur und längs einer Charakteristik der Überschallkontur. Besonders charakteristisch für diese Randwertprobleme ist die Lücke im Überschallgebiet. Ein Strömungsproblem, das der TRICOMIschen Formulierung genügt, wird in Abb. 3 ge-

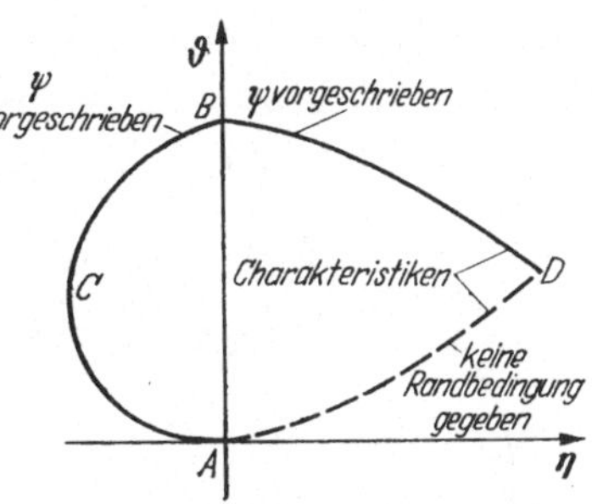

Abb. 2. Die Berandung des TRICOMIschen Randwertproblems

zeigt, es handelt sich um die Strömung durch eine LAVAL-Düse mit ebenen Wänden. Die Charakteristik DE, für die die Randbedingung $\psi = -1$ gegeben ist, bildet sich in die scharfe Ecke der Strömungsebene ab, die Charakteristik längs deren keine Randwerte vorgeschrieben sind, liegt im Innern des Strömungsfeldes. Natürlich wäre es überraschend, wenn dort Randbedingungen auftreten sollten. Wenn

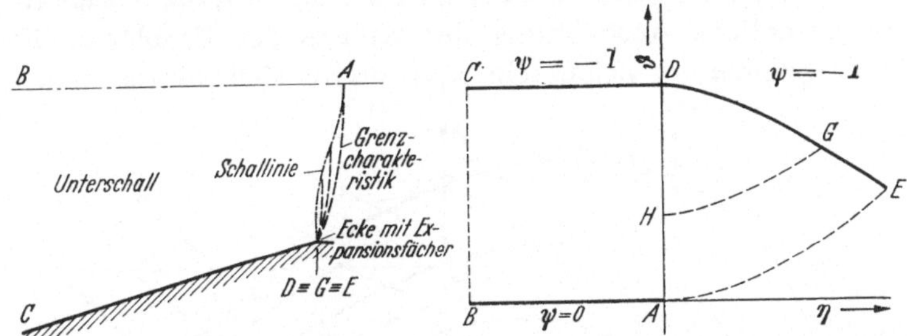

Abb. 3. Eine Strömung, deren Hodograph die Form des TRICOMIschen Problems besitzt

man die Randwertprobleme für andersgestaltete LAVAL-Düsen in den Hodographen überträgt, so finden sich allgemeinere Konturen im Überschallgebiet; alle enthalten jedoch eine Lücke, die sich längs einer Charakteristik erstreckt (Abb. 4 u. 5). Die Konturen müssen die Bedingung erfüllen, daß der Absolutwert der Neigung $|d\eta/dd\theta|$ immer kleiner oder höchstens gleich der Neigung der Charakteristiken ist. Die Eindeutigkeit solcher Probleme ist zuerst von FRANKL behandelt worden, unterdessen sind noch einige Eindeutigkeitsbeweise hinzugekommen.

Wir erwähnten, daß die Strömung um ein in der Strömungsebene gegebenes Profil zu einer linearisierten Randbedingung im Hodographen führt. Sie hat die folgende Gestalt

$$\tilde{\varphi}_\theta(\eta_0, \theta)\, \eta_0(\theta)\, \frac{d\eta_0}{d\theta} + \tilde{\varphi}_\eta(\eta_0, \theta) = \frac{d\eta_0}{d\theta}\, \tilde{x}(\theta),$$

wobei die rechte Seite durch die Deformation der Kontur in der Strömungsebene bestimmt ist. Hierin ist $\eta_0(\theta)$ die Kontur in der Hodographenebene und $\tilde{\varphi}$ die Änderung des Potentials. Das Problem hat

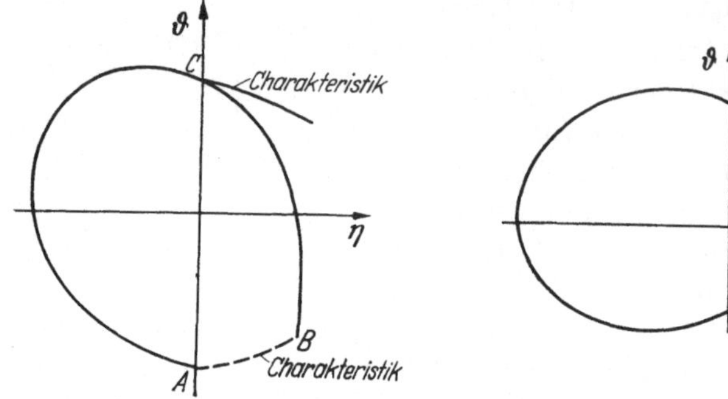

Abb. 4. Kontur für eine verallgemeinerte Form des TRICOMIschen Randwertproblems

Abb. 5. Weitere Verallgemeinerung des TRICOMIschen Problems

weitgehende Ähnlichkeiten mit dem zweiten Randwertproblem der Potentialtheorie. Professor TRICOMI wird einiges darüber sagen.

Eine erhebliche Ausdehnung des Kreises der Probleme, die mit dem Hodographen zu behandeln sind, ergibt sich daraus, daß Stöße

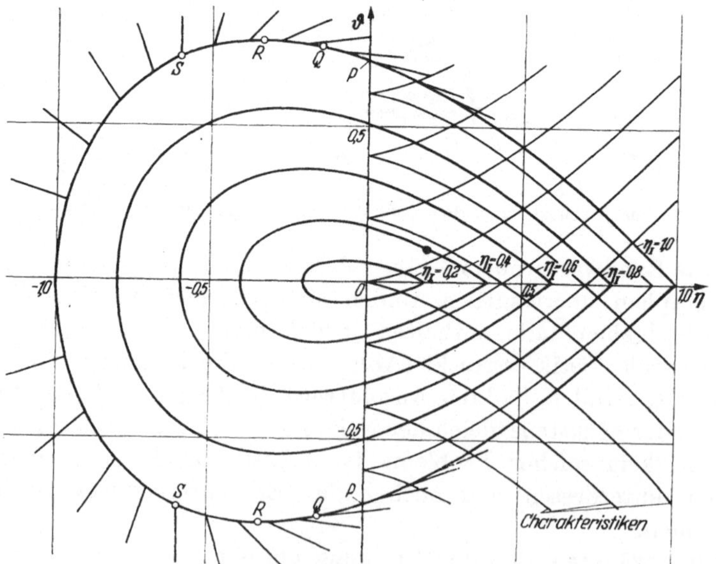

Abb. 6. Stoßpolaren in der η, ϑ-Ebene mit Einlaufrichtungen der Stromlinien

in einer Parallelströmung eine einfache Randbedingung im Hodographen ergeben. Ein solcher Stoß bildet sich natürlich in die Stoßpolare ab; längs der Stoßpolaren muß dann eine lineare Randbedingung erfüllt sein. Sie wurde von FRANKL und GUDERLEY hergeleitet. Man hat

$$\psi_\eta \mp \psi_\theta \left[(\eta_{II} + \eta_I)/2 \right]^{1/2} \frac{7\,\eta_{II} + \eta_I}{5\,\eta_{II} + \eta_I} = 0 \, .$$

In dieser Gleichung ist η_I der (konstante) Wert von η vor dem Stoß, η_{II} bedeutet den lokalen Wert von η unmittelbar nach dem Stoß. Geometrisch bedeutet diese Gleichung das längs der Stoßpolaren die Einlaufsrichtung der Stromlinien vorgeschrieben ist (Abb. 6). Ein Eindeutigkeitsbeweis für Probleme, bei denen eine solche Randbedingung auftritt, stammt von FRANKL.

4. Qualitative Diskussion schallnaher Strömungen mit Hilfe des Hodographen

Man kann bereits gewisse Aufschlüsse über schallnahe Strömungen gewinnen, wenn man sich auf Probleme beschränkt, die eine einfache Hodographendarstellung gestatten; es handelt sich dabei um Strömungsfelder, deren Berandung in der Strömungsebene durch gerade Linien oder durch Oberflächen gleichen Drucks gegeben sind, oder bei denen das Unterschallgebiet durch einen Stoß in Parallelströmung begrenzt wird. Allerdings handelt es sich dabei meist um Fragen, die wohl dem Theoretiker interessant erscheinen, weil das betrachtete Phänomen befremdliche Züge aufweist, die aber keine direkte flugtechnische Bedeutung besitzen. Bemerkenswert ist aber, daß man vielfach schon zu einem prinzipiellen Verständnis gelangt, ohne eine Rechnung durchzuführen. Man überlegt sich einfach, wie die Hodographendarstellung in einem bestimmten Problem aussieht. Einige Beispiele dieser Art seien hier erwähnt.

In eindimensionaler Behandlungsweise wird die Ausflußmenge aus einer Düse druckunabhängig, sobald der Außendruck unter den kritischen Druck sinkt. Ist diese Vorstellung allgemein richtig? Man kann sich eine Serie von Hodographenbildern aufzeichnen, die dem Ausfluß bei verschiedenen Druckverhältnissen entsprechen. Es ist dies eine lückenlose Folge von Bildern, die stetig ineinander übergehen. Unabhängigkeit vom Außendruck tritt tatsächlich nicht beim kritischen Druckverhältnis auf, sondern für einen niedrigeren Außendruck, der Wert hängt von der Düsenkonfiguration ab und kann in einfachen Fällen abgelesen werden, ohne das Problem zu lösen.

Ein anderes Problem, das für einige Zeit unklar war, betrifft die Bedeutung des CROCCOschen Punktes. (Es ist dies der Punkt der Stoßpolare für den längs der einlaufenden Stromlinie $\theta = 0$ ist (Punkt Q in Abb. 6). Die Schwierigkeit ergibt sich daraus, daß diese Stromlinienkonfiguration nicht mit einem Keil, dessen Oberfläche gekrümmt ist, verträglich zu sein scheint. Weiter möchte ich eine Frage erwähnen, die auch einem Nichttheoretiker wohl bekannt ist. Sucht man die Lösung für einen Keil mit geraden Flanken mit Hilfe der Stoßpolaren, so ergeben sich, wenn der Keilwinkel hinreichend klein ist zwei Lösungen. Beobachtet an einem Keil wird immer die schwächere. Lokal kommt aber ein Stoß dieser Art vielfach vor, nämlich an einem abgelösten Stoß, der alle Unterschallzustände längs der Stoßpolaren enthält. Um zu verstehen weshalb an einem Keil nur die schwächere Lösung auftritt, untersuchte ich einen Körper der mit einem Keil beginnt, dann aber eine rückwärtige Fortsetzung hat, die die Strömung davor aufstaut. Es zeigt sich, daß unter diesen Umständen eine bestimmte Konfiguration gefunden werden kann, bei der der starke Stoß auftritt. Diese Lösung stellt den Übergang zwischen zwei Strömungsfeldern verschiedenen Typs dar.

Gabelstöße wurden von WEISE und EGGINK berechnet. Unklar blieb dabei aber, wie in gewissen Fällen diese Gabelstöße innerhalb eines Strömungsfeldes erscheinen. Mit Hilfe der Hodographenmethode lernt man die Gabelstöße im Rahmen eines Randwertproblems verstehen. Diese Frage ist auch experimentell untersucht worden, und der Vergleich mit der Theorie ist schlecht ausgefallen.

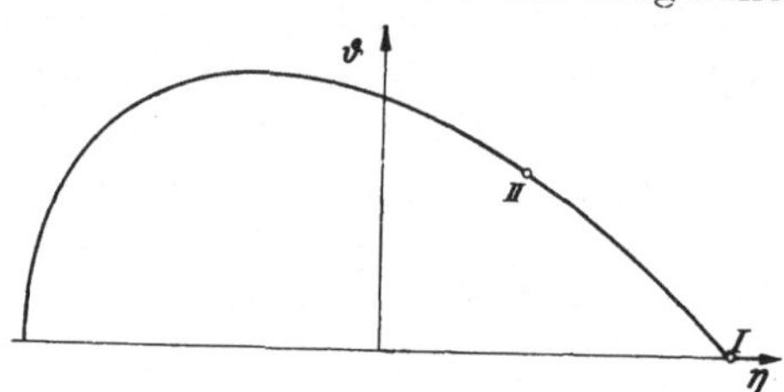
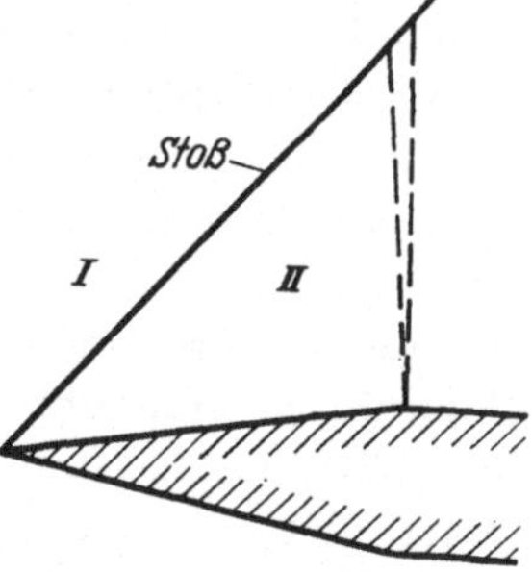

Abb. 7 a u. b. Überschallströmung um einen Keil

Man könnte vermuten, daß der Einfluß der Zähigkeit sich dann fühlbar macht, oder auch, daß die mathematische Auswertung des Hodographen zu wünschen übrig läßt.

Als ein Beispiel, in dem auch analytische Untersuchungen eine Rolle spielen, erwähne ich den Übergang von einem anliegenden zu einem abgelösten Verdichtungsstoß an einem Keil. Die Folge von Abb. 7, 8 und 9 zeigen den Übergang von einem anliegenden Stoß, der ein Überschallfeld hinter sich hat, zu einem anliegenden Stoß, bei dem man nach dem Stoß ein Unterschallgebiet findet, zu einem abgelösten Stoß. Man kann sich dabei vorstellen, daß bei der gleichen

MACH-Zahl der Keilwinkel stetig vergrößert wird. Zu einer gewissen Zeit erschien es nicht als ausgeschlossen, daß die Ablösung des Stoßes mit einer plötzlichen Änderung der Druckverteilung am Profil verbunden wäre. Deshalb erschien es als angebracht den Vorgang der Stoßablösung genauer zu untersuchen. Abb. 10 ist im Grunde dasselbe wie Abb. 9, nur betrachten wir die untere Hälfte des Hodogra-

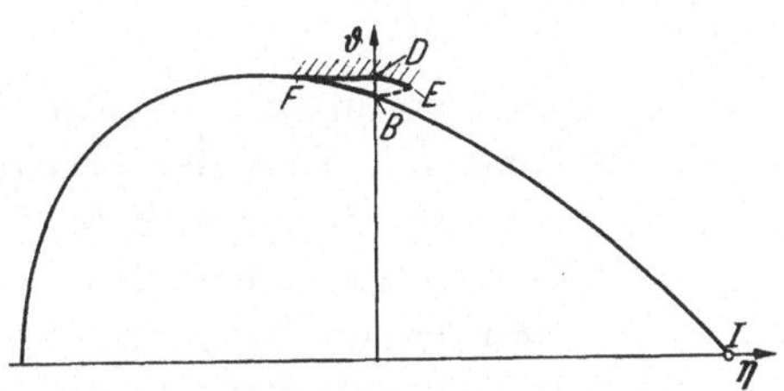
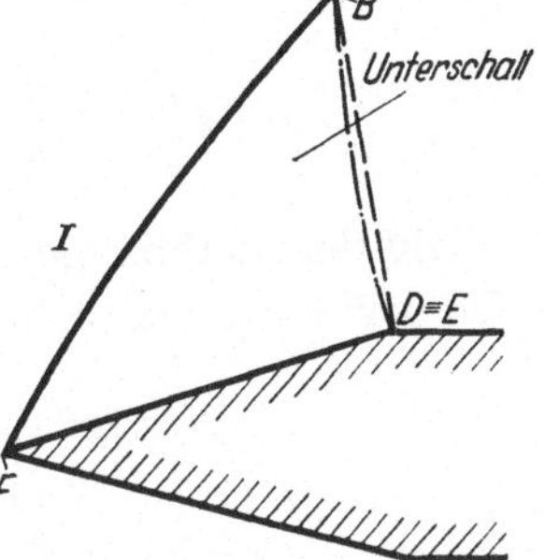

Abb. 8. Überschallströmung um einen Keil mit anliegendem Stoß u, o

phen, um in der Rechnung einige negative Vorzeichen zu vermeiden. Hier liegt das Bild der Keilflanke sehr nahe an der Stoßpolaren, d. h. man hat eine Strömung, bei der der Stoß sehr wenig abgelöst ist. Die Entfernung des Stoßes von der Keilschneide wird durch das Bild von AB

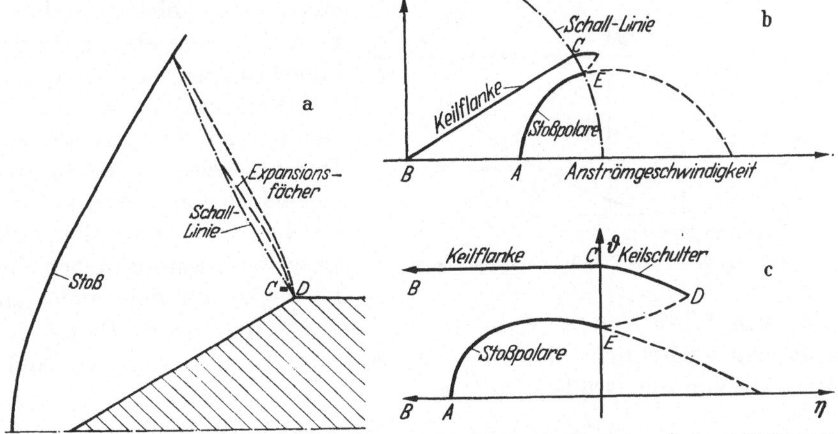

Abb. 9a—c. Skizze der Überschallströmung um einen Keil mit abgelöstem Stoß. a) Strömungsebene; b) Hodographenebene; c) η, ϑ-Ebene

gegeben. Um zu bestimmen wie sich diese Länge in Abhängigkeit von der Weite des Querschnitts bei Punkt D verhält, kann man die Lösung in dem ganzen Gebiet $ABCKA$ betrachten. Wichtig ist wie diese Lösung mit der Lösung in dem Gebiete $EFGHI$ verknüpft ist. Dabei braucht man Lösungen, für den engen „Kanal", der sich zwischen K und I erstreckt. Unter der Annahme, daß dieser Kanal genügend eng ist, läßt sich dafür ein analytischer Ausdruck angeben, nämlich

$$\psi = \left(c + \frac{\sqrt{27}}{8}\, u^2\right)^{-\frac{1}{2} + \frac{2}{3}\pi\left(n + \frac{1}{4}\right)}$$

$$\exp\left[\pi\left(n + \frac{1}{4}\right) 3^{-\frac{1}{2}} \int \left(c + \frac{\sqrt{27}}{8}\, u^2\right)^{-1} du\right] \times$$

$$\sin\left[\pi\left(n + \frac{1}{4}\right)(c + v)\left(c + \frac{\sqrt{27}}{8}\, u^2\right)^{-1}\right].$$

Die Wahl der unabhängigen Variablen u und v ergibt sich aus Abb. 11, $-c$ ist der Wert von v für die Keiloberfläche KI. n ist eine positive oder negative ganze Zahl. Die Lösung gilt auch für $c = 0$. Man erhält dann eine Darstellung des Strömungsfeldes in der Nähe des Punktes D im Zustande der Stoßablösung. Wenn man nun annimmt, daß sich die Lösung in einigem Abstand von D, z. B. im Querschnitt EI (Abb. 10) stetig von c abhängt, so kann man die angegebenen Partikularlösungen benutzen, um eine Verknüpfung der beiden Gebiete zu bewerkstelligen. Durch gewisse Plausibilitätsbetrachtungen, die in [1] angegeben sind, ergibt sich, daß diese Verknüpfung durch die Lösungen mit dem kleinsten

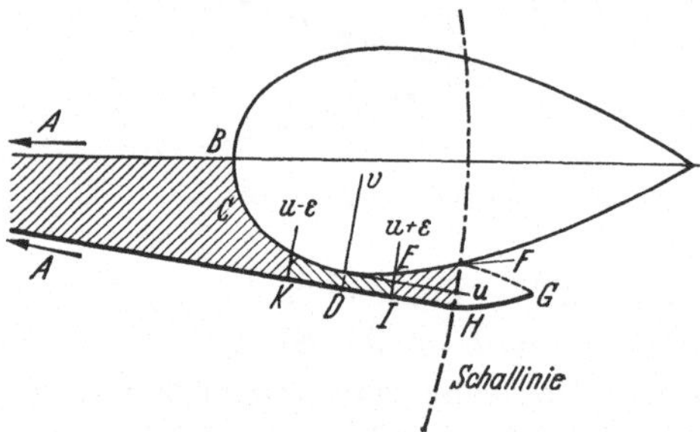

Abb. 10. Untersuchung des Übergangs von einem abgelösten zu einem anliegenden Stoß

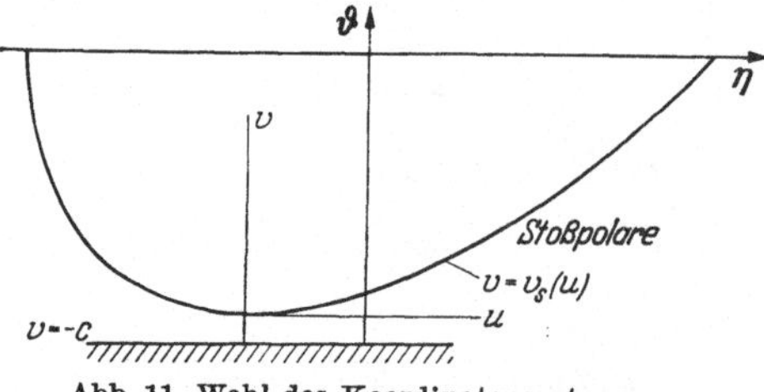

Abb. 11. Wahl des Koordinatensystems u, v

positiven Wert von n, d. h. $n = 1$ bewerkstelligt wird. Damit ergibt sich schließlich, daß der Abstand des Stoßes von der Keilschneide von der Größenordnung

$$0\left\{\exp\left[-\frac{\pi^2}{6}\sqrt[4]{\frac{4}{3}}\, c^{-\frac{1}{2}}\right]\right\}$$

ist. Für $c = 0$ ist diese Funktion mit allen Ableitungen null. Der Übergang vom anliegenden zum abgelösten Stoß ist überaus stetig. Wenn man etwa den Ablösungswinkel experimentell prüfen will, so ist natürlich diese Abhängigkeit von Wichtigkeit, sonst kann die Extrapolation einer Kurve, die den Ablösungsabstand in Abhängigkeit von c zeigt, zu falschen Schlüssen führen.

Der Wert solcher Betrachtung liegt in meinen Augen in einem Gewinn an Verständnis für schallnahe Strömungsfelder und in der Erfahrung, die man hinsichtlich der Formulierung von Randwertproblemen gewinnt. Die Einzelergebnisse mögen dem gegenüber von geringerem Interesse sein.

5. Existenz einer Potentialströmung bei hohen Unterschall-anströmgeschwindigkeiten

Bei hohen Unterschallanströmgeschwindigkeiten entsteht in der Nachbarschaft des Profils ein Überschallgebiet. Die Experimente scheinen darauf hinzuweisen, daß solche Überschallgebiete fast immer in einem Stoß enden. Wenn man aber Beispiele für solche Strömungen mit Hilfe des Hodographen berechnet und dabei in einer gegebenen Hodographenlösung die Stromlinien nachträglich berechnet, so zeigen sich solche Stöße nicht. In Wirklichkeit ist natürlich immer die Kontur in der Strömungsebene vorgegeben, und um ein solches Problem anzunähern, muß man die Randbedingungen im Hodographen linearisieren. Das Randwertproblem, das dann entsteht, weist aber nicht die Lücke im Überschallgebiet auf, die wir für solche Randwertprobleme kennengelernt haben. Abb. 12 zeigt die Strömung

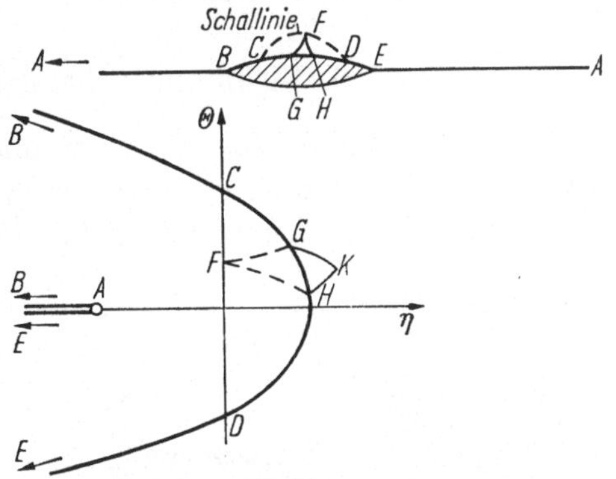

Abb. 12. Umströmung eines symmetrischen Körpers bei einer hohen Unterschallströmgeschwindigkeit

über ein symmetrisches Profil in der oberen Hälfte der Strömungsebene und die entsprechende Hodographendarstellung. Hier kann man nun künstlich eine Lücke anbringen, indem man die von einem Punkte der Schallinie ausgehenden Charakteristiken zieht. Falls sich beweisen läßt, daß die Lösung für dieses modifizierte Randwertproblem eindeutig ist, wenn man die Randbedingungen innerhalb der Lücke außer acht läßt, dann ergibt sich, daß nur gewisse Daten innerhalb der Lücke mit dem übrigen Strömungsfeld verträglich sind. Solch ein Eindeutigkeitsbeweis ist (mit gewissen Einschränkungen) von Morawetz gegeben worden.

Soweit ist alles in guter Ordnung, aber an dieser Stelle beginnt eine Kontroverse. Man kann darauf hinweisen, daß die Kontur innerhalb der Lücke ja im allgemeinen gar nicht beliebig gewählt wird,

sondern daß sie sich glatt an die Kontroverse außerhalb der Lücke anschließt. So kommt man zu der Frage, ob die obige Schlußweise noch
richtig ist, wenn die Kontur durch analytische Funktionen gegeben ist.
Tatsächlich erlaubt die Schlußweise nicht diese Frage zu entscheiden.
Natürlich würde es genügen, wenn man an einem Beispiel zeigt, daß
trotz analytisch gegebener Randbedingungen der Rand innerhalb der
Lücke nicht mit dem äußeren Strömungsfelde verträglich ist, das
Gegenteil läßt sich aber nicht durch Beispiele beweisen. Praktisch
wird man sich allerdings der Beweiskraft solcher Beispiele nicht entziehen können. Man muß allerdings beachten, daß ein Rechenverfahren
gewählt werden muß, bei dem solche Unstimmigkeiten klar zum Ausdruck kommen können. Wenigstens eine der Untersuchungen, die ich
gesehen habe, ließen in dieser Hinsicht zu wünschen übrig. Es sei
darauf hingewiesen, daß Professor Manfred Schaefer glaubt eine eindeutige Antwort zu haben. Ich kann keine Meinung darüber abgeben,
da ich seine Arbeiten nicht studiert habe.

6. Strömungen bei der Machzahl 1

Die allgemeine Gestalt eines Strömungsfeldes bei der Mach-Zahl 1
gewinnt man, wenn man etwa den Grenzfall einer Laval-Düse betrachtet, deren Weite nach unendlich geht. Man kommt zu einem Strömungsfeld, wie es in Abb. 13 gezeigt wird. Links der Schallinie hat man ein
Unterschallfeld. Unter den Charakteristiken, die vom Körper ausgehen,
kann man zwei Klassen unterscheiden, solche, die die Schallinie erreichen
und solche, die die Schalllinie nicht erreichen.

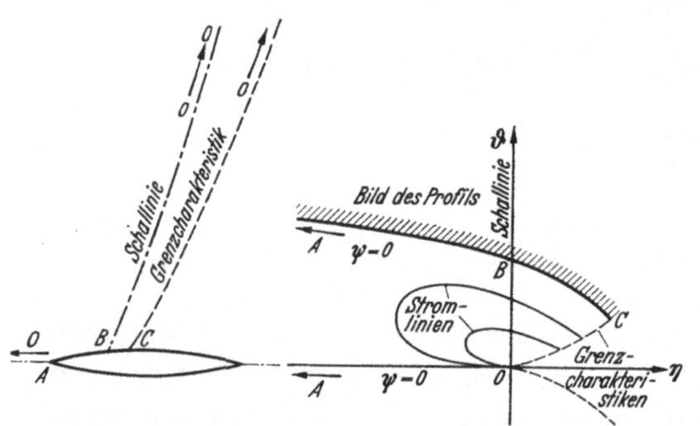

Abb. 13. Strömung um ein Profil mit der Mach-Zahl 1 und Darstellung in der η, ϑ-Ebene (nach Guderley [2])

Die Grenzcharakteristik trennt diese beiden Klassen. Das Unendliche der Strömungsebene bildet sich in den Nullpunkt
der η, θ-Ebene ab. Dieser Punkt ist singulär. Für die Tricomische
Gleichung lassen sich solche Singularitäten leicht angeben. Man findet
sie durch einen Ansatz der Form

$$\psi = |\eta|^n f(\zeta, n), \quad \text{wobei} \quad \zeta = \frac{9}{4} \frac{\theta^2}{\eta^3}.$$

Man wird dann zu einer gewöhnlichen Differentialgleichung für f geführt. Sie ist linear, da die Ausgangsgleichung im Hodographen linear war. Der Typ ist bekannt, es handelt sich nämlich um eine hypergeometrische Differentialgleichung. Ihre singulären Punkte entsprechen den Linien $\eta = 0$, $\theta = 0$ und den Linien $\frac{3}{2}\,\theta/\eta^{3/2}$, d. h. den Charakteristiken, die durch den Nullpunkt gehen. OC ist das Bild der Grenzcharakteristik. Betrachtet man zunächst ein symmetrisches Profil, so erhält man gewisse Symmetriebedingungen längs OA. Damit ist über eine Randbedingung für f verfügt. Eine zweite Bedingung, die den Wert von n festgelegt, ergibt sich, wenn man die Lösungen in der Nähe der Grenzcharakteristik betrachtet. Dort kann eine Lösung für f in zwei Teile zerlegt werden. Der eine stellt entweder die Fortpflanzung einer Singularität längs der Grenzcharakteristik dar — das geschieht für positive Werte n — oder er bildet diese Charakteristik ins unendliche der Strömungsebene ab. Der andere Teil zeigt solche Eigenschaften nicht. Wir müssen den Wert n so wählen, daß die Lösung f die gewünschten Symmetrieeigenschaften hat und daß außerdem der ungewünschte Typ der Partikularlösung für die Grenzcharakteristik nicht auftritt. Man findet, daß die Werte

$$n = -\,2{,}5 - 3\,h \qquad (h \text{ ist eine positive ganze Zahl})$$

diesen Bedingungen entsprechen. Wenn man etwas näher zusieht, so erkennt man, daß allein die Lösung für $n = -\,2{,}5$ eine Lösung ergibt, für die die Strömungsebene einfach bedeckt ist. Damit kommt man (bis auf einen Faktor) in eindeutiger Weise zu einer Darstellung der Lösung im Unendlichen der Strömungsebene. Diese Untersuchungen stammen von FRANKL und mir. Die Hodographenlösung läßt sich sogar durch elementare Funktionen darstellen. Nachdem man diese Lösung gefunden hat, lassen sich durch Überlagerung anderer Hodographenlösungen Beispiele für umströmte Körper gewinnen.

Einige zusätzliche Diskussionen sind notwendig, wenn man unsymmetrische Körper in die Betrachtung einschließen will. Der Einfluß im Unendlichen wird durch die Partikularlösung, die zur η-Achse symmetrisch ist und für die n den Wert $-1/2$ hat, dargestellt. Während in der Unterschallströmung der Effekt der Zirkulation, d. h. der Unsymmetrie des Körpers im Unendlichen überwiegt, ist bei der MACH-Zahl 1 der Verdrängungseffekt am stärksten ausgesprochen.

7. Strömungen in der Nähe der Machzahl 1

Das Auftreten einer ganzen Familie von Ausdrücken, die fast alle Bedingungen für die Singularität bei der MACH-Zahl 1 erfüllen, suggeriert, daß man die Glieder einer Reihe vor sich hat, die sich für eine Entwicklung der Lösungen benutzen lassen. Tatsächlich kann man diese Partikularlösungen dazu benutzen, um Strömungsfelder zu studieren, bei denen die Randbedingungen, die in großer Entfernung von dem umströmten Körper gegeben sind, von denen der Strömung bei der Mach-Zahl 1 abweichen. Ein Beispiel dieser Art, das man leicht übersehen kann, ist die Strömung bei einer Überschall-Mach-Zahl, die nur wenig über 1 liegt. Die Stromlinien gehen dann nicht mehr von einem singulären Punkt, sondern von der Stoßpolaren aus, die man sich dann als sehr klein vorstellen muß. Andere solche Randbedingungen, die sich gut im Hodographen angeben lassen, sind solche für einen geschlossenen Windkanal im blockierten Zustand, und Randbedingungen an einem mit der Schallgeschwindigkeit betriebenen Freistrahl. Für die Strömung mit einer hohen Unterschall-Mach-Zahl lassen sich die Randbedingungen zwar nicht formulieren, aber das Ergebnis der anderen Untersuchungen läßt sich direkt übertragen, nur eine Konstante bleibt dabei unbestimmt. Der Entwicklungsparameter, den wir benutzen werden, wird durch eine Konstante charakterisiert, die in die Randbedingungen in einem großen Abstande vom umströmten Körper eingeht. Für eine Anströmung bei Überschall ist der Entwicklungsparameter die Abweichung der Anström-Mach-Zahl von 1. Für den blockierten Windkanal ist es die Abweichung der Blockierungs-Mach-Zahl von 1. Für den Freistrahl mit der Schallgeschwindigkeit ist ein entsprechender Parameter ebenfalls zu finden, obwohl eine Verknüpfung mit einer Mach-Zahl nur künstlich hergestellt werden kann. Wie können nun die Partikularlösungen der genannten Familie benutzt werden, um die Entwicklung einer Lösung nach einem solchen Parameter herzustellen? Das Verfahren mag durch eine Analogie mit einer Lösung der Laplaceschen Gleichung erläutert werden. Den speziellen Lösungen, die in unserem Problem betrachtet werden, entsprechen Lösungen der Laplaceschen Gleichung, die im Nullpunkte singulär sind. In Polarkoordinaten sind dies Ausdrücke $r^{-n} \cos (n\,\theta)$. Es sei A der Parameter, der für das Strömungsfeld in der Nähe des Nullpunktes charakteristisch ist. Wir betrachten die Lösung $Re\,(z - A)^{-1}$ für große Werte von z. Man erhält durch eine Reihenentwicklung

$$Re\,(z - a)^{-1} = Re\,\{z^{-1} + a\,z^{-2} + a^2\,z^{-3} + \cdots\}$$

$$= r^{-1} \cos \theta + a\,r^{-2} \cos 2\,\theta + \cdots .$$

Hier treten die obengenannten singulären Lösungen auf, multipliziert mit verschiedenen Potenzen des Parameters a. So zeigt dieser Ausdruck den Einfluß von a für ein festes z.

Um diesen Gedanken auf die Berechnung des Hodographen anzuwenden, bestimmt man zunächst Lösungen, die im Nullpunkt des Hodographen die angegebenen Singularitäten (für $n = -\,5{,}5,\, -\,8{,}5,\, \ldots$)

haben und die Oberfläche des angeströmten Körpers unverändert lassen, wenn man sie zu der Lösung für die Strömung mit der MACH-Zahl 1 (sie hat den singulären Anteil der $n = -2{,}5$ entspricht) überlagert. In diesen Lösungen überwiegt in der Nähe des Nullpunktes der singuläre Anteil, d. h. dort — in der Strömungsebene ist dies das Unendliche — spielt die Gestalt des Körpers keine Rolle. Man darf sich deshalb in erster Näherung auf die singulären Anteile beschränken. Man muß also eine Linearkombination der singulären Anteile finden, derart, daß die Fortsetzung nach dem Ursprung der η, θ-Ebene (meist über eine Kurve der Konvergenz hinaus) die in der Nähe des Nullpunktes vorgeschriebenen Randbedingungen erfüllt. Praktisch tut man dies so, daß man einen Ausdruck bestimmt, der die in der Nähe des Nullpunktes vorgeschriebenen Randbedingungen erfüllt und ihn dann im Außengebiet nach den singulären Partikularlösungen entwickelt. Für die Randbedingungen im geschlossen blockierten Kanal und für den Freistrahl mit der kritischen Geschwindigkeit gelingt dies durch analytische Methoden, für die Strömung bei einer geringen Überschallgeschwindigkeit durch direkte Rechnung. Wichtig ist, daß man für das Außengebiet ein Resultat der Form

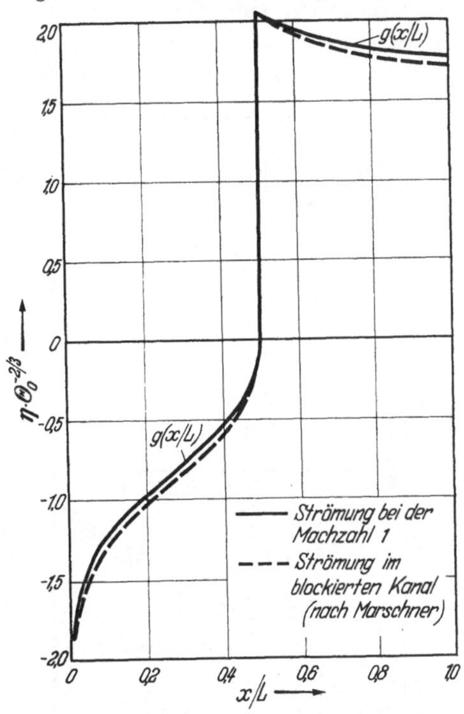

Abb. 14. Verteilung von η für ein Rhombusprofil in einer Strömung mit der Anström-MACH-Zahl 1, und in einem blockierten Kanal. Θ_0 Halbwinkel des vorderen Keils und Dickenverhältnis des Profils. Für das gewählte Beispiel ist das Dickenverhältnis 10% und die Profiltiefe 13% der Kanalweite. Die Blockierungs-MACH-Zahl ist 0,86 (nach GUDERLEY, YOSHIHARA und MARSCHNER)

$$\psi = \left(\frac{\eta}{\eta_0}\right)^{-2{,}5} f(\zeta, -2{,}5) + a_{-5{,}5} \left(\frac{\eta}{\eta_0}\right)^{-5{,}5} f(\zeta, -5{,}5) + \cdots$$

erhält. In dieser Gleichung sind nur die singulären Bestandteile angegeben worden. η_0 ist ein Parameter, der etwa die Abweichung der Anström-MACH-Zahl von 1 kennzeichnet. Das erste Glied gibt die Strömung mit der MACH-Zahl 1, sein Koeffizient ist deshalb durch die Dimensionen des Körpers (in erster Näherung) bestimmt. Deshalb multiplizieren wir die Hodographenlösung mit einem Faktor der dies berücksichtigt und erhalten auf diese Weise

$$\psi = C_0\, \eta^{-2,5}\, f(\zeta, -2,5) + \eta_0^3\, C_1\, \eta^{-5,5}\, f(\zeta, -5,5) + \cdots,$$

sie ist dann für jede Wahl von η_0 richtig. Wenn man die Störglieder der niedrigsten Ordnung betrachtet, so findet man, daß sie sich wie η_0^3, d. h. wie $(M-1)^3$ verhalten. Für unsymmetrische Körper findet man das gleiche Ergebnis, nur ist der Gedankengang etwas komplizierter.

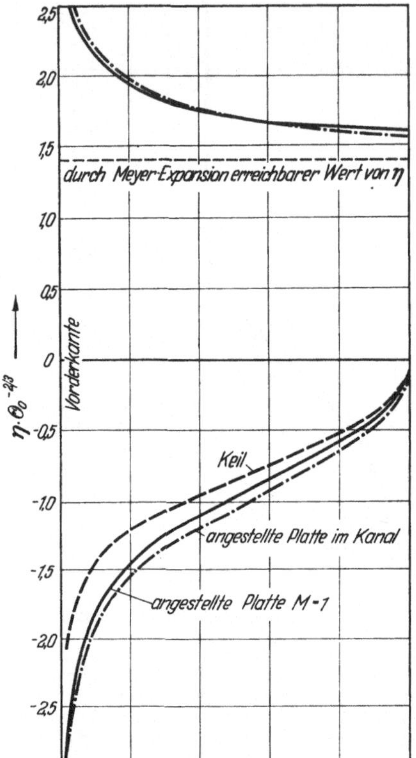

Wichtig für diesen Gedankengang ist die Tatsache, daß das System der Partikularlösungen vollständig ist. Das kann unter sehr allgemeinen Annahmen bewiesen werden.

Die geringe Mach-Zahlabhängigkeit, die wir hier gefunden haben, bezeichnet man als Einfrieren der Strömungsfelder bei der Mach-Zahl 1. Sie hat sich experimentell und durch Rechnung bestätigt. Eigentlich ist dies Phänomen sehr unerwartet: Wenn man den Grund für das Versagen der linearisierten Theorie aufsucht, so findet man, daß das Strömungsfeld in großer Entfernung von dem Körper dafür verantwortlich ist. Die gegenwärtigen Untersuchungen zeigen, daß in Wirklichkeit die Randbedingungen im Unendlichen sehr geringen Einfluß haben. Dies ist natürlich für Näherungsverfahren wichtig.

Für achsensymmetrische Strömungen kann man analoge Untersuchungen in der Strömungsebene ausführen. Hier ist eine Linearisierung der Strömungsgleichungen für die Nachbarschaft einer bekannten Lösung notwendig. Man erhält eine stärkere Mach-Zahlabhängigkeit, nämlich wie $(M-1)^{5/3}$.

Abb. 15. ———— Werte von η für angestellte Platte bei der Mach-Zahl 1; — · — · — Werte von η für angestellte Platte im blockierten Kanal; — — — Werte von η für Keil; Θ_0 Anstellwinkel oder halber Schneidenwinkel des Keils. Die Kurven für die Platte im Kanal wurden für einen Anstellwinkel von 0,1 (5,7°) und eine Länge L der Platte gleich $^1/_{10}$ der Kanalweite berechnet (nach Guderley)

Die Abb. 14 und 15 illustrieren den Wandeinfluß für den ebenen Fall, beide Male im geschlossenen Kanal. Für den Freistrahl mit der kritischen Geschwindigkeit haben die Korrekturen das entgegengesetzte Vorzeichen und etwa gleiche Größe.

Literatur

Die Gedanken dieses Vortrages finden sich in

[1] GUDERLEY, K. G.: Theorie schallnaher Strömungen. Berlin/Göttingen/Heidelberg: Springer 1957. Englische Übersetzung: Theory of Transonic Flow. Pergamon Press. 1962.

Ergänzende Literatur:

GUDERLEY, K. G.: On the Presence of Shocks in Mixed Subsonic-Supersonic Flow Fields Advances of Applied Mechanics III. New York: Academic Press.
MORAWETZ, C. S.: Comm. Pure and Appl. Math. 9, 45 (1956); Comm. Pure and Appl. Math. 10, 107 (1957).
FRANKL, F. I.: S. R. Acad. Sci., USSR 9, oder NACA Tech. Memorandum 1155.
MARSCHNER, B. W.: J. Aero. Scin. 23, 368.

Transsonische Strömungen und Gleichungen des zweiten gemischten Typus

Von

Francesco G. Tricomi

Università di Torino, Italia

In Anbetracht der großen Schwierigkeit des transsonischen Problems scheint mir, daß kein möglicher Weg zu seiner Klärung versäumt werden darf. Darum möchte ich hier auf eine neue, von meinem Kollegen C. FERRARI [1] bemerkte Beziehung zwischen transsonischen Strömungen und partiellen Differentialgleichungen des *zweiten* gemischten Typus aufmerksam machen.

Diese Gleichungen (falls sie nur Glieder zweiter Ordnung enthalten) sind Gleichungen von der Form

$$x^n \frac{\partial^2 z}{\partial x^2} \pm \frac{\partial^2 z}{\partial y^2} = 0, \tag{A}$$

wo n eine positive, meistens ganze Zahl bezeichnet. Sie waren vor vielen Jahren von meiner ehemaligen Schülerin MARIA CIBRARIO (jetzt Frau CINQUINI) teilweise — besonders im Falle $n = 1$ — untersucht worden [2] und besitzen die Haupteigenschaft, daß ihre Lösungen sich auf der „sonischen Linie" $x = 0$ auf lineare Funktionen von y reduzieren.

In einer ebenen, wirbelfreien, stationären Strömung auf der (x, y)-Ebene befriedigen bekanntlich das Geschwindigkeitspotential φ ebenso wie die Stromfunktion ψ dieselbe partielle, nicht-lineare Differentialgleichung vom gemischten Typus

$$(a^2 - \xi^2) \frac{\partial^2 z}{\partial x^2} - 2 \xi\, \eta \, \frac{\partial^2 z}{\partial x\, \partial y} + (a^2 - \eta^2) \frac{\partial^2 z}{\partial y^2} = 0, \tag{1}$$

wo $\xi = \varphi_x$ und $\eta = \varphi_y$ die Geschwindigkeitskomponenten und a die Schallgeschwindigkeit bedeuten.

Diese Gleichung kann — ohne willkürliche Annahmen zu machen — auf zweierlei Wegen linearisiert werden: entweder durch die sogenannte MOLENBROEK-TSCHAPLYGIN-Transformation oder durch die LEGENDRE-Transformation.

Auf dem ersten Weg fängt man mit der Bemerkung an, daß die Funktionen φ und ψ durch die Gleichungen

$$\frac{\partial \varphi}{\partial \theta} = \frac{\varrho_*\, v}{\varrho}\, \frac{\partial \psi}{\partial v}\,, \qquad \frac{\partial \varphi}{\partial v} = \frac{\varrho_*}{\varrho\, v}\, (M^2 - 1)\, \frac{\partial \psi}{\partial \theta} \tag{2}$$

verbunden sind, wo v und θ die Polarkoordinaten in der Hodographenebene (ξ, η), das heißt

$$v = \sqrt{\xi^2 + \eta^2}\,, \qquad \theta = \operatorname{arctg} \frac{\eta}{\xi}\,,$$

ϱ die Dichte, M die MACH-Zahl $(M = v/a)$ und das *Sternchen* den Wert der entsprechenden Größe im kritischen Zustand $(M = 1)$ bezeichnen.

Üblicherweise eliminiert man φ aus den Gln. (2), und erhält die Gleichung für die Stromfunktion ψ:

$$\frac{\partial}{\partial v}\left(\frac{\varrho_*\, v}{\varrho}\, \frac{\partial \psi}{\partial v}\right) + \frac{\varrho_*}{\varrho\, v}\, (1 - M^2)\, \frac{\partial^2 \psi}{\partial \theta^2} = 0\,,$$

welche sich durch Ersetzung der skalaren Geschwindigkeit v durch den Geschwindigkeitsparameter:

$$w = -\int\limits_{v_*}^{v} \frac{\varrho}{\varrho_*\, v}\, dv$$

auf die klassische TSCHAPLYGIN-Gleichung

$$\boxed{\, F(w)\, \frac{\partial^2 \psi}{\partial \theta^2} + \frac{\partial^2 \psi}{\partial w^2} = 0 \,} \tag{3}$$

mit

$$F(w) = \left(\frac{\varrho_*}{\varrho}\right)^2 (1 - M^2) \tag{4}$$

reduziert. Diese Gleichung gehört zum *ersten* gemischten Typus (ihre Lösungen dürfen irgendwelche Werte auf der sonischen Linie $w = 0$ annehmen). Sie kann — in erster Näherung — auf die TRICOMIsche Gleichung

$$w_1\, \frac{\partial^2 \psi}{\partial \theta^2} + \frac{\partial^2 \psi}{\partial w_1^2} = 0$$

reduziert werden, wo w_1 sich um einen konstanten Faktor von w unterscheidet.

Nun ist es aber auch möglich ψ anstatt φ aus den Gln. (2) zu eliminieren; man erhält so die Gleichung für φ:

$$\frac{\partial}{\partial v}\left(\frac{\varrho\, v}{\varrho_*}\, \frac{1}{1 - M^2}\, \frac{\partial \varphi}{\partial v}\right) + \frac{\varrho}{\varrho_*\, v}\, \frac{\partial^2 \varphi}{\partial \theta^2} = 0\,,$$

welche sich durch Einführung des neuen Geschwindigkeitsparameters:

$$\int\limits_{v_*}^{v} \frac{\varrho_*}{\varrho\, v}\, (M^2 - 1)\, dv = \omega \tag{5}$$

auf die einfache Gestalt

$$\frac{\partial^2 \varphi}{\partial \theta^2} + F(\omega)\,\frac{\partial^2 \varphi}{\partial \omega^2} = 0 \tag{6}$$

mit demselben Koeffizient (4) (welcher aber nun als eine Funktion von ω anstatt von w zu betrachten ist) reduziert.

Diese neue Gleichung gehört zum *zweiten* gemischten Typus.

In der Tat reduziert sich (6) auf der sonischen Linie $v = v_*$ — d. h. für $\omega = 0$ — auf $\varphi_{\theta\theta} = 0$; dies zeigt, daß im kritischen Zustand das Geschwindigkeitspotential $\varphi = \varphi_*$ sich notwendigerweise auf eine lineare Funktion von θ:

$$\varphi_* = A\,\theta + B \tag{7}$$

mit den Konstanten A und B, reduziert.

Was aber die eventuelle Ersetzung der TSCHAPLYGIN-Gleichung (3) durch (6) beim Studium der transsonischen Strömungen betrifft, so ist von vornherein zu bemerken, daß die Veränderlichen (ω, θ) wenig geeignet zu sein scheinen, um die Umgebung der Punkte der sonischen Linie zu studieren, weil aus (5) offensichtlich

$$\left(\frac{d\omega}{dv}\right)_* = \left[\frac{\varrho_*}{\varrho\,v}\,(M^2 - 1)\right]_* = 0$$

folgt. Es gibt also keine eineindeutige Abbildung der Umgebung eines Punktes der sonischen Linie der Hodographenebene auf die entsprechende Umgebung der (ω, θ)-Ebene. In Übereinstimmung damit darf Gl. (6) nicht — im Sinne der sogenannten TRICOMIschen Approximation — durch eine Gleichung des Typus (A) mit $n = 1$, sondern muß durch eine Gleichung mit $n = 1/2$ ersetzt werden.

In der Tat ersieht man aus (4) und (5) sofort, daß

$$F = -\frac{\gamma + 1}{v_*}\,(v - v_*) + \cdots, \qquad \omega = \frac{\gamma + 1}{v_*}\,(v - v_*)^2 + \cdots,$$

ist, wo γ das Verhältnis der beiden spezifischen Wärmen des Fluidums und die *Pünktchen* Glieder höherer Ordnung (für $v \to v^*$) als die angeschriebenen bedeuten; also darf man schreiben, daß

$$F = \pm \sqrt{(\gamma + 1)\,\omega} + \cdots, \tag{8}$$

wo das Zeichen *plus* im Unterschall ($v < v_*$) und das Zeichen *minus* im Überschall ($v > v_*$) gilt, was die gemachte Aussage rechtfertigt.

Ein anderer Weg, die Grundgleichung der transsonischen Strömungen zu linearisieren, ist — wie schon gesagt — die Anwendung der klassischen LEGENDRE-Transformation, welche durch die Einführung der Größen

$$p = z_x \quad \text{und} \quad q = z_y$$

als unabhängige Veränderliche und der Größe

$$\zeta = p\,x + q\,y - z$$

als unbekannte Funktion die nicht-lineare Gl. (1) in Gl. (9) überführt:

$$(a^2 - \eta^2)\,\frac{\partial^2 \zeta}{\partial p^2} + 2\xi\,\eta\,\frac{\partial^2 \zeta}{\partial p\,\partial q} + (a^2 - \xi^2)\,\frac{\partial^2 \zeta}{\partial q^2} = 0 \tag{9}$$

welche linear ist, weil ebenso im Falle des Geschwindigkeitspotentials φ wie in dem der Stromfunktion ψ, ihre Koeffizienten nur von der unabhängigen Veränderlichen abhängen. Noch besser führt man — an Stelle von p und q — die Polarkoordinaten:

$$r = \sqrt{p^2 + q^2}\,, \qquad \alpha = \operatorname{arctg} q/p$$

ein und erhält die Gleichung

$$A\,\frac{\partial^2 \zeta}{\partial r^2} + B\,\frac{\partial^2 \zeta}{\partial r\,\partial \alpha} + C\,\frac{\partial^2 \zeta}{\partial \alpha^2} + D\,\frac{\partial \zeta}{\partial r} + E\,\frac{\partial \zeta}{\partial \alpha} = 0 \tag{10}$$

mit

$$A = a^2 - \frac{1}{r^2}\,(p\,\eta - q\,\xi)^2, \qquad B = \frac{2}{r^3}\,[p\,q\,(\eta^2 - \xi^2) - \xi\,\eta\,(q^2 - p^2)],$$

$$C = \frac{a^2}{r^2} - \frac{1}{r^4}\,(p\,\xi + q\,\eta)^2, \qquad D = \frac{1}{2}\,(a^2 - v^2) + \frac{1}{r^3}\,(p\,\eta - q\,\xi)^2,$$

$$E = \frac{1}{r}\,B.$$

Insbesondere hat man im Falle des Geschwindigkeitspotentials φ und des „konjugierten" Potentials:

$$\Phi = x\,\xi + y\,\eta - \varphi; \tag{11}$$

$$p = \xi, \quad q = \eta; \quad r = v, \quad \alpha = \theta; \quad A = a^2, \quad B = 0,$$

$$C = \frac{a^2}{v^2} - 1, \quad D = \frac{a^2 - v^2}{v}, \quad E = 0,$$

und die lineare Gleichung für Φ lautet

$$\frac{\partial^2 \Phi}{\partial v^2} + \frac{1 - M^2}{v^2}\,\frac{\partial^2 \Phi}{\partial \theta^2} + \frac{1 - M^2}{v}\,\frac{\partial \Phi}{\partial v} = 0. \tag{12}$$

Für die Stromfunktion ψ und ihre „konjugierte":

$$\Psi = p\,x + q\,y - \psi = \frac{\varrho}{\varrho_*}\,(-\,x\,\eta + y\,\xi) - \psi \tag{13}$$

hat man dagegen

$$p = -\,\frac{\varrho}{\varrho_*}\,\eta, \quad q = \frac{\varrho}{\varrho_*}\,\xi; \quad r = \frac{\varrho}{\varrho_*}\,v, \quad \alpha = \theta + \frac{\pi}{2}\,; \quad A = a^2 - r^2,$$

$$B = 0, \quad C = \left(\frac{\varrho_*}{\varrho}\right)^2 \frac{a^2}{v^2}\,, \quad D = \frac{\varrho_*}{\varrho}\,\frac{a^2}{v}\,, \quad E = 0,$$

und die Gleichung für Ψ lautet:

$$(1 - M^2)\,\frac{\partial^2\Psi}{\partial r^2} + \frac{1}{r^2}\,\frac{\partial^2\Psi}{\partial\theta^2} + \frac{1}{r}\,\frac{\partial\Psi}{\partial r} = 0. \tag{14}$$

Auch hier können die erhaltenen Gleichungen durch Einführung von passenden „Geschwindigkeitsparametern" wesentlich vereinfacht werden.

Genauer setzt man in den Fällen von Φ und Ψ beziehungsweise:

$$-\int_{v_*}^{v} \frac{\varrho_*}{\varrho\, v}\,dv = \overline{w} \qquad \text{und} \qquad \int_{v_*}^{v} \frac{\varrho}{\varrho_*\, v}\,(M^2 - 1)\,dv = \sigma \tag{15}$$

(im Vergleich zu den früheren Definitionen sind ϱ und ϱ_* vertauscht) und so bekommt man mit Rücksicht auf die Beziehungen

$$\frac{d}{dv}\,(\log\varrho) = -\frac{v}{a^2}, \qquad \frac{dr}{dv} = \frac{r}{v}\,(1 - M^2),$$

leicht die beiden Grundgleichungen

$$\boxed{G\,(\overline{w})\,\frac{\partial^2\Phi}{\partial\theta^2} + \frac{\partial^2\Phi}{\partial\overline{w}^2} = 0} \qquad \text{und} \qquad \boxed{\frac{\partial^2\Psi}{\partial\theta^2} + G(\sigma)\,\frac{\partial^2\Psi}{\partial\sigma^2} = 0} \tag{16}$$

wo

$$G = \left(\frac{\varrho}{\varrho_*}\right)^2 (1 - M^2) \tag{17}$$

ist.

Diese beiden Gleichungen sind analog zu (3) und (6). Insbesondere hat man ähnlich wie früher:

$$G = -\frac{\gamma + 1}{v_*}\,(v - v_*) + \cdots, \qquad \sigma = \frac{\gamma + 1}{v_*^2}\,(v - v_*)^2 + \cdots,$$

$$G = \pm\sqrt{(\gamma + 1)\,\sigma} + \cdots,$$

was zeigt, daß auch die Gleichung für Ψ im wesentlichen eine Gleichung des Typus (A) mit $n = 1/2$ darstellt.

Die Möglichkeit der Reduktion des transsonischen Problems auch auf Gleichungen des zweiten gemischten Typus und insbesondere auf eine kanonische Gleichung der Form

$$\sqrt{x}\,\frac{\partial^2 z}{\partial x^2} \pm \frac{\partial^2 z}{\partial y^2} = 0 \tag{18}$$

darf nicht überschätzt werden wegen der fehlenden eineindeutigen Abbildung der Umgebungen der Punkte der sonischen Linie. Trozdem scheint es mir, daß die Tatsache nicht ganz wertlos ist, zum Beispiel mit Rücksicht auf das indirekte Verfahren. In der Tat ist es nicht gesagt, daß die sich spontan ergebenden partikulären Lösungen von

(18) notwendigerweise mit schon bekannten partikulären Lösungen der TRICOMIschen Gleichung zusammenfallen.

Zum Beispiel findet man durch Trennung der Variablen partikuläre Lösungen von (18) der Gestalt

$$z = \left[A \cos\left(\sqrt{c}\; y\right) + B \sin\left(\sqrt{c}\; y\right)\right] S(x) \tag{19}$$

wo A, B, c drei willkürliche Konstanten und $S(x)$ irgendeine Lösung der gewöhnlichen Differentialgleichung

$$\frac{d^2 S}{dx^2} \pm \frac{c}{\sqrt{x}}\, S = 0 \tag{20}$$

bedeuten, eine Gleichung welche sich durch Zylinderfunktionen der Ordnung $\pm 2/3$ integrieren läßt. Die TRICOMIsche Gleichung führt dagegen — unter ähnlichen Umständen — auf Zylinderfunktionen der Ordnung $\pm 1/3$.

Literatur

[1] FERRARI, C., u. F. G. TRICOMI: Aerodinamica transonica. Roma, Cremonese (1962) S. 52.
[2] Siehe insbes. den zusammenfassenden Bericht in: Rend. Semin. Matem. Fis. Milano 25, 18—40 (1953/54).

Problèmes mathématiques posés par l'application de la méthode de l'hodographe à l'étude des écoulements transsoniques

Par

P. Germain

Sorbonne, Paris, France

Introduction

Faire un exposé de synthèse sur un sujet aussi vaste que celui qui m'a été proposé par le Comité d'organisation de ce Symposium ne va pas sans difficulté. Il est impossible d'entrer dans les détails des travaux qu'il convient de relater et pourtant ce n'est bien souvent qu'à l'examen complet et minutieux des méthodes employées et des techniques mises en jeu que se révèle la valeur profonde des mémoires importants. Il est tout aussi impossible d'essayer d'être complet, même si on se contente de citer rapidement des références, et il convient de faire un choix parmi l'abondante littérature consacrée à un si vaste sujet.

Néanmoins, notre tâche se trouve simplifiée par le fait qu'il existe aujourd'hui d'excellentes monographies dans lesquelles on trouvera dégagés très clairement les résultats essentiels que nous avons à évoquer. Ces monographies sont elles-mêmes pourvues d'abondantes bibliographies qui rendent relativement aisé le travail de celui qui veut étudier ces problèmes. Citons, entre autres, l'ouvrage de Guderley [1] entièrement consacré à l'étude des écoulements transsoniques et qui insiste très particulièrement sur les applications aux problèmes d'aérodynamique, le livre de Bers [2], à caractère plus mathématique, l'excellent article de Schiffer [3] dans le *Handbuch der Physik* et la dernière partie du livre de von Mises, Geiringer et Ludford [4].

Qu'il soit donc entendu que ce trop rapide exposé n'a pas d'autre but que de rappeler quelques-uns des nombreux résultats acquis.[1] Après avoir indiqué les diverses formes sous lesquelles peuvent être écrites les équations fondamentales, nous rappellerons les résultats qui ont été obtenus sur les problèmes aux limites des équations linéaires du type mixte; puis, nous indiquerons les diverses méthodes proposées pour former les solutions singulières utiles pour la détermination d'écoulements par la méthode de l'hodographe.

1. Equations générales de la méthode de l'hodographe

N'ayant en vue dans cet exposé que les écoulements plans transsoniques d'un fluide parfait compressible, nous pouvons prendre comme unités de vitesse et de masse volumique les valeurs obtenues en régime sonique. La loi d'état du gaz et le théorème de BERNOULLI permettent de considérer la pression p, la masse volumique ϱ, la célérité du son c et le nombre de MACH $M = q/c$ comme des fonctions connues de la vitesse q. Soient x et y les coordonnées d'un point du plan de l'écoulement dans un repère orthonormé $O\,x\,y$, θ l'angle de la vitesse avec $O\,x$, $\phi(x,y)$ le potentiel des vitesses et $\psi(x,y)$ la fonction de courant de l'écoulement. Par définition, si u et v sont les composantes de la vitesse sur les axes $O\,x$ et $O\,y$, on a:

$$d\phi = u\,dx + v\,dy, \qquad d\psi = -\varrho\,v\,dx + \varrho\,u\,dy, \qquad (1)$$

1.1. Equations canoniques de la méthode de Chaplygin

Les équations de CHAPLYGIN s'obtiennent en écrivant que le second membre de l'équation (2)

$$dx + i\,dy = e^{i\theta}\left(\frac{d\phi}{q} + i\,\frac{d\psi}{\varrho\,q}\right) \qquad (2)$$

est une différentielle exacte lorsqu'on prend q et θ comme variables.

Cela conduit au système

$$\varrho\,\phi_\theta = q\,\psi_q, \qquad \varrho\,q\,\phi_q = (M^2 - 1)\,\psi_\theta \qquad (3)$$

qui peut encore s'écrire, en introduisant la densité de quantité de mouvement $m = \varrho\,q$,

$$\frac{d\phi}{\partial\theta} = -\frac{1}{m}\,\frac{\partial\psi}{\partial\left(\dfrac{1}{q}\right)}, \qquad \frac{\partial\psi}{\partial\theta} = \frac{1}{q}\,\frac{\partial\phi}{\partial\left(\dfrac{1}{m}\right)}. \qquad (4)$$

---

[1] En particulier la liste des références bibliographiques est nécessairement incomplète. Mais sur chaque question évoquée, le lecteur pourra trouver dans la référence citée, des indications bibliographiques complémentaires.

Les fonctions $\phi(\theta, q)$ et $\psi(\theta, q)$ sont solutions d'un système linéaire. On peut, moyennant des changements de variables simples mettre ce système sous diverses formes.

a) Equation canonique de Frankl. Soit σ une nouvelle variable dépendant de q, nulle pour $q = 1$, et $k(\sigma)$ une fonction de σ, définies par:

$$\frac{d}{d\sigma}\left(\frac{1}{q}\right) = \frac{1}{m}, \qquad \frac{d}{d\sigma}\left(\frac{1}{m}\right) = \frac{k(\sigma)}{q}. \tag{5}$$

On peut alors écrire (4) sous la forme:

$$\phi_\theta = -\psi_\sigma, \qquad \phi_\sigma = k(\sigma)\,\psi_\theta; \tag{6}$$

en particulier $\psi(\theta, \sigma)$ est solution de l'équation du second ordre:

$$L(\psi) = k(\sigma)\,\psi_{\theta\theta} + \psi_{\sigma\sigma} = 0. \tag{7}$$

b) Equations canoniques du domaine elliptique. Si l'écoulement est subsonique, σ et $k(\sigma)$ sont positifs. Posons:

$$s = \int_0^\sigma \sqrt{k(\sigma')}\,d\sigma'; \tag{8}$$

alors $\phi(\theta, s)$ et $\psi(\theta, s)$ vérifient les équations:

$$\psi_{\theta\theta} + \psi_{ss} - \Lambda(s)\,\psi_s = 0$$
$$\phi_{\theta\theta} + \phi_{ss} + \Lambda(s)\,\phi_s = 0 \tag{9}$$

où

$$\Lambda(s) = -\frac{1}{2k}\frac{dk}{ds} = \frac{d}{ds}\log\left(k^{-1/2}\right) = -\frac{1}{2\,k^{3/2}}\frac{dk}{d\sigma}. \tag{10}$$

Si maintenant on pose:

$$\psi^* = k^{1/4}\,\psi \tag{11}$$

la fonction $\psi^*(\theta, s)$ vérifie l'équation:

$$\psi^*_{\theta\theta} + \psi^*_{ss} - N(s)\,\psi^* = 0 \tag{12}$$

où N est la fonction:

$$N = k^{-1/4}\frac{d^2}{ds^2}\left(k^{1/4}\right) = \frac{1}{4}\frac{d^2k}{ds^2} - \frac{3}{16k^2}\left(\frac{dk}{ds}\right)^2 = \frac{1}{4k^3}\left\{k\frac{d^2k}{d\sigma^2} - \frac{5}{4}\left(\frac{dk}{d\sigma}\right)^2\right\}. \tag{13}$$

c) Equations canoniques dans le domaine hyperbolique. Si l'écoulement est supersonique σ et $k(\sigma)$ sont négatifs; on pose alors:

$$\eta = -\int_0^\sigma \sqrt{-k(\sigma')}\,d\sigma', \quad \hat{\psi} = (-k)^{1/4}\,\psi; \tag{14}$$

la fonction $\hat{\psi}(\theta, \eta)$ est solution de l'équation:

$$\hat{\psi}_{\theta\theta} - \hat{\psi}_{\eta\eta} + M\,\hat{\psi} = 0 \tag{15}$$

avec[1]:

$$M = (-k)^{-1/4}\,\frac{d^2}{d\eta^2}\{(-k)^{1/4}\} = -\frac{1}{4\,k^3}\left\{k\,\frac{d^2k}{d\sigma^2} - \frac{5}{4}\left(\frac{dk}{d\sigma}\right)^2\right\}.\qquad(16)$$

On peut aussi envisager avantageusement dans certains problèmes les équations écrites en coordonnées caractéristiques. Ces dernières sont définies par:

$$\lambda = \theta - \eta,\qquad \mu = \theta + \eta.\qquad(17)$$

Le système (6) prend la forme

$$\phi_\lambda = \sqrt{-k}\,\psi_\lambda\qquad \phi_\mu = \sqrt{-k}\,\psi_\mu\qquad(18)$$

et l'équation à laquelle satisfait $\hat\psi$ s'écrit:

$$4\hat\psi_{\lambda\mu} + M\,\hat\psi = 0,\qquad(19)$$

équation dans laquelle la fonction M s'exprime en fonction de la variable $\mu - \lambda$.

d) Autre forme canonique. Enfin il est parfois intéressant d'introduire une nouvelle variable ξ et une nouvelle fonction inconnue $\tilde\psi$, définies par les relations

$$s = \frac{2}{3}\,\xi^{3/2}\qquad\text{si}\qquad \sigma > 0,\qquad \eta = \frac{2}{2}\,(-\xi)^{3/2}\qquad\text{si}\qquad \sigma < 0$$

$$\tilde\psi = \left(\frac{k(\sigma)}{\xi}\right)^{1/4}\psi.\qquad(20)$$

On notera en particulier que $\xi\,d\xi = \sqrt{k(\sigma)}\,d\sigma$.

La fonction $\tilde\psi(\theta, \xi)$ est alors solution de l'équation

$$\frac{d^2\tilde\psi}{\partial\theta^2} + \frac{\partial^2\tilde\psi}{\partial\xi^2} + C(\xi)\,\psi = 0\qquad(21)$$

où $C(\xi)$ a pour expression, si on pose $g = \left(\dfrac{\xi}{k}\right)^{1/4}$,

$$C = g^3\,\frac{d^2g}{d\sigma^2} = \frac{1}{16\,g^2}\left\{4g\,\frac{d^2g}{d\xi^2} - 5\left(\frac{dg}{d\xi}\right)^2\right\}.$$

L'équation (7) lorsque $k(\sigma) = \sigma$, ou l'équation (21) lorsque $C(\xi) = 0$ sont des équations de TRICOMI.

Toutes ces manières d'écrire l'équation linéaire dont dépend la fonction $\psi(\theta, \sigma)$ sont essentiellement équivalentes. Chacune fait intervenir une fonction de la variable déterminant le module de la vitesse qui, en fait, se déduit simplement de la fonction $k(\sigma)$, cette dernière dépendant de la loi d'état. Réciproquement étant donnée une fonction $k(\sigma)$, l'équation (7) peut s'interpréter comme l'équation gouvernant la

---

[1] Naturellement la fonction M ne doit pas être confondue avec le nombre de MACH.

fonction de courant d'un gaz parfait dont la loi d'état s'obtient en déterminant les fonctions $\frac{1}{q}(\sigma)$ et $\frac{1}{m}(\sigma)$ solutions du système linéaire (6) prenant la valeur 1 pour $\sigma = 0$. On trouve ainsi la loi liant ϱ et q puis, grâce au théorème de Bernoulli, la loi reliant directement p et ϱ.

1.2. Méthode des transformées de Legendre

On sait qu'il existe une deuxième méthode pour ramener l'étude de ces écoulements à celle d'un problème linéaire; elle consiste à introduire les transformées de Legendre χ et $\tilde{\omega}$ du potentiel des vitesses et de la fonction de courant, soit

$$\phi = u\,x + v\,y - \chi, \qquad \psi = \varrho\,u\,y - \varrho\,v\,x - \tilde{\omega}. \tag{22}$$

Les fonctions $\chi(\theta, q)$ et $\tilde{\omega}(\theta, q)$ vérifient le système linéaire

$$\chi_\theta = q\tilde{\omega}_m, \qquad \tilde{\omega}_\theta = -m\,\chi_q, \tag{23}$$

analogue au système (4). Le passage d'une solution de (13) au plan physique s'effectue directement

$$x + i\,y = e^{i\theta}\Big(\chi_q + \frac{i}{q}\,\chi_\theta\Big) = i\,e^{i\theta}\Big(\tilde{\omega}_m + \frac{i}{m}\,\tilde{\omega}_\theta\Big).$$

Si on introduit la variable[1] σ et la fonction $k(\sigma)$ définies par

$$\frac{dq}{d\sigma} = -m, \qquad \frac{dm}{d\sigma} = -q\,k(\sigma), \tag{24}$$

σ étant nul pour $q = 1$, on voit que la fonction $\chi(\theta, \sigma)$ est solution de:

$$L(\chi) = k(\sigma)\,\frac{\partial^2\chi}{\partial\theta^2} + \frac{\partial^2\chi}{\partial\sigma^2} = 0 \tag{25}$$

qui a exactement la même forme que (7). Ainsi une telle équation $L(f) = 0$ peut s'interpréter de deux façons différentes; $k(\sigma)$ étant une fonction donnée, on peut indentifier f soit à une fonction de courant, soit à un potentiel de Legendre. Mais naturellement les écoulements ainsi étudiés à partir de la même équation sont relatifs à des gaz dont les lois d'état sont différentes. Ces lois sont obtenues en déterminant les fonctions $q(\sigma)$ et $m(\sigma)$, égales à 1 pour $\sigma = 0$ et vérifiant le système (5) dans le premier cas, le système (24) dans le second.

On peut naturellement mettre l'équation (25) sous les diverses formes canoniques signalées précédemment. Mais il est inutile de répéter les formules déjà écrites.

---

[1] Cette variable σ et cette fonction $k(\sigma)$ sont naturellement différentes de celles introduites précédemment.

On notéra que les formules permettant de passer du plan de l'hodographe au plan de l'écoulement sont plus simples lorsqu'on utilise la méthode des transformées de LEGENDRE. Par contre la fonction χ n'admet pas une interprétation physique aussi simple que la fonction ψ. Aussi la méthode de CHAPLYGIN est souvent préférable pour toute étude où l'on doit écrire des conditions aux limites. C'est celle qui sera utilisée dans la suite, sauf mention contraire explicite.

1.3. Cas des gaz parfaits à chaleurs spécifiques constantes

Le cas particulier le plus intéressant en pratique est celui où le fluide est un gaz parfait à chaleurs spécifiques constantes. Soit γ l'indice adiabatique, posons:

$$\beta = \frac{1}{\gamma - 1}, \quad \tau = \bar{q}^2 = \frac{\gamma - 1}{\gamma + 1} q^2, \quad \varrho = \left\{ \frac{\gamma + 1}{2} (1 - \tau) \right\}^{\beta}; \qquad (26)$$

la fonction de courant $\psi(\theta, \bar{q})$ et le potentiel de LEGENDRE $\chi(\theta, \bar{q})$ sont solutions des équations:

$$\bar{q}^2 (1 - \bar{q}^2)\, \psi_{\bar{q}\bar{q}} + \bar{q}\, \psi_{\bar{q}} \left[1 - (1 - 2\beta)\, \bar{q}^2 \right] + \left(1 - (1 + 2\beta)\, \bar{q}^2 \right) \psi_{\theta\theta} = 0 \qquad (27)$$

$$\bar{q}^2 (1 - \bar{q}^2)\, \chi_{\bar{q}\bar{q}} + \left(1 - (1 + 2\beta)\, \bar{q}^2 \right) \left(\bar{q}\, \chi_{\bar{q}} + \chi_{\theta\theta} \right) = 0. \qquad (28)$$

Dans l'étude de ces équations, les solutions introduites par CHAPLYGIN jouent un rôle particulièrement important; elles s'écrivent sous la forme

$$e^{\pm in\theta}\, \bar{q}^n\, F(a_n, b_n, n + 1; \tau) \qquad (29)$$

où F désigne la fonction hypergéométrique. L'expression (29) est solution de (27) si:

$$\begin{matrix} a_n \\ b_n \end{matrix} = \frac{1}{2} \left\{ n - \beta \pm \sqrt{(1 + 2\beta)\, n^2 + \beta^2} \right\} \qquad (30)$$

et solution de (28) si:

$$\begin{matrix} a_n \\ b_n \end{matrix} = \frac{1}{2} \left\{ n + \beta \pm \sqrt{(1 + 2\beta)\, n^2 + \beta^2}. \right. \qquad (31)$$

On peut mettre (27) sous la forme canonique (7), la fonction $k(\sigma)$, que nous noterons alors $k_c(\sigma)$ a pour expression, en fonction de τ défini par (26),

$$k_c(\sigma) = \left(\frac{\gamma + 1}{2} \right)^{-2\beta} (1 - \tau)^{-(1 + 2\beta)} (1 - (2\beta + 1)\, \tau).$$

De même (28) peut se mettre sous la forme canonique (25); la fonction $k(\sigma)$ que nous noterons $k_L(\sigma)$ a alors pour expression:

$$k_L(\sigma) = \left(\frac{\gamma + 1}{2} \right)^{2\beta} (1 - \tau)^{2\beta - 1} (1 - (2\beta + 1)\, \tau).$$

La fig. 1 donne la représentation graphique de ces fonctions k_c et k_L en fonction de σ. On notera, en particulier, le développement de k_c au voisinage de $\sigma = 0$

$$k_c(\sigma) = (\gamma + 1)\,\sigma - (\gamma + 1)\,(2\gamma + 5)\,\frac{\sigma^2}{2}$$

$$+ (\gamma + 1)\,(6\gamma^2 + 25\gamma + 31)\,\frac{\sigma^3}{6} + \cdots .$$

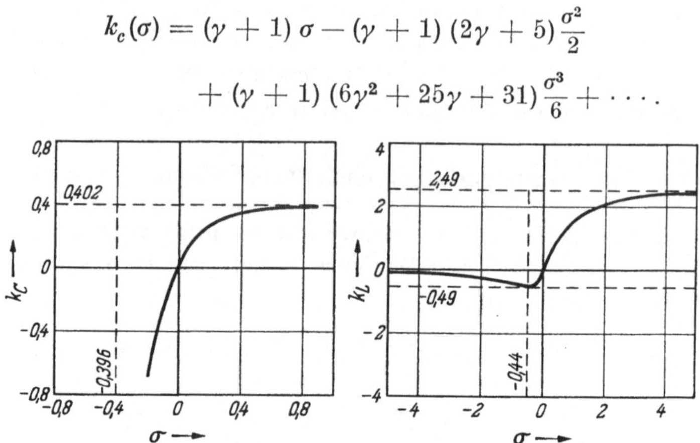

Fig. 1. Fonctions $k_c(\sigma)$ et $k_L(\sigma)$ pour un gaz parfait ($\gamma = 1{,}4$)

2. Problèmes aux limites pour les équations de type mixte

Les énoncés rappelés ci-dessous sont relatifs à des problèmes où le domaine $(\mathfrak{D})$ dans lequel doit être déterminée la fonction inconnue est la réunion de deux sous-domaines (non-vides) $(\mathfrak{D}_1)$ et $(\mathfrak{D}_2)$ dans lesquels l'équation est respectivement de type elliptique et de type hyperbolique. Pour fixer les idées nous raisonnerons sur l'équation $L(\psi) = 0$, la fonction $k(\sigma)$ étant une fonction continue et ayant le signe de σ.

2.1. Enoncés des principaux problèmes

Problème de Tricomi. Le problème aux limites correctement posé le plus simple est celui dont l'énoncé est dû à Tricomi [5]. Le domaine $(\mathfrak{D})$ dans lequel doit être déterminée la fonction inconnue ψ est limité par un arc de courbe $(\mathfrak{C}_0)$, tracé dans le demi plan $\sigma \geqslant 0$ et dont les extrémités A et B sont situées sur l'axe $\sigma = 0$, et par deux arcs de caractéristiques AC et BC tracés dans le demi-plan $\sigma < 0$. On se donne les valeurs de ψ sur $(\mathfrak{C}_0)$ et sur l'un des arcs caractéristiques, AC par exemple. (Fig. 2a)

Diverses généralisations peuvent être envisagées. Par exemple dans le cas de la fig. 2b, on se donne les valeurs de ψ sur $(\mathfrak{C}_0)$ et sur les arcs de caractéristiques AC et BD. Dans le cas de la fig. 2c, le domaine $(\mathfrak{D})$ n'est pas simplement connexe; on se donne les valeurs de ψ sur $(\mathfrak{C}_0)$, $(\mathfrak{C}_0')$ et sur les arcs de caractéristiques AC et FH.

Problème de Frankl [6]. Il est légitime d'envisager des problèmes aux limites analogues aux précédents dans lesquels les arcs de caractéristiques frontières portant les données sont remplacés par des arcs de courbe $(\mathfrak{C}_1)$ ou $(\mathfrak{C}_2)$ tels que le long d'un arc $(\mathfrak{C}_1)$ $\dfrac{d\theta}{-\sqrt{-k}\,d\sigma} \geqslant 1$ et que le long d'un arc $(\mathfrak{C}_2)$ $\dfrac{d\theta}{\sqrt{-k}\,d\sigma} \geqslant 1$.

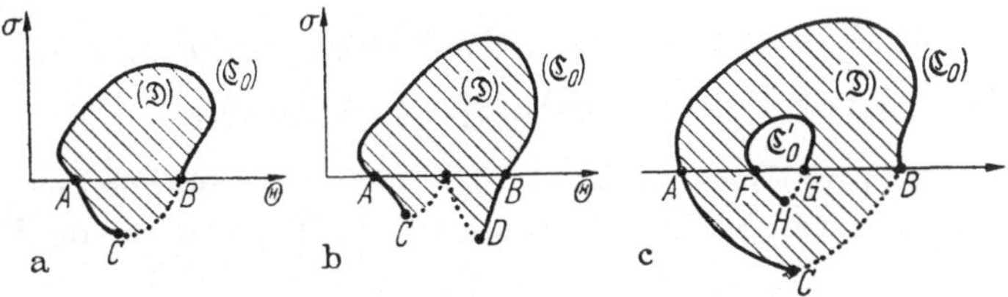

Fig. 2. Domaines relatifs à des problèmes du type TRICOMI

Les fig. 3a et 3b donnent des exemples de domaines dans lesquels doit être déterminée la solution d'un problème de FRANKL. On donne les valeurs de ψ sur $(\mathfrak{C}_0)$ et sur AC dans le cas de la fig. 3a, sur $(\mathfrak{C}_0)$ et sur AC et BD dans le cas de la fig. 3b.

Certains problèmes d'aérodynamique conduisent directement à considérer de tels problèmes aux limites. Un exemple élémentaire est fourni par la théorie du jet transsonique [7]. Si le jet est symétrique et si la vitesse le long des lignes de jet est supersonique, la détermination de l'écoulement dans la région subsonique du jet requiert la résolution d'un problème de TRICOMI ou d'un problème de FRANKL suivant

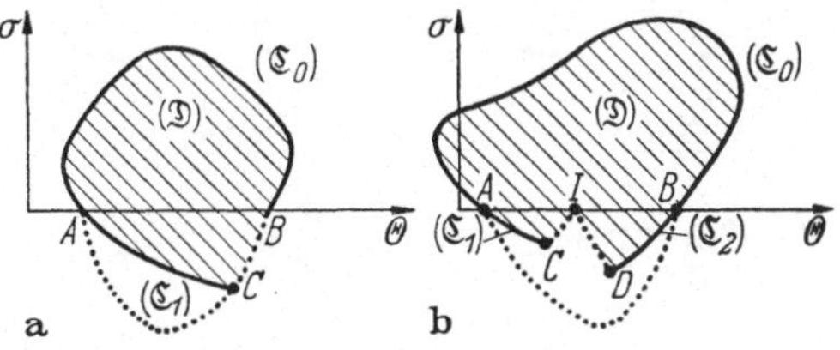

Fig. 3. Domaines relatifs à des problèmes du type FRANKL

que l'angle α que fait l'une des parois avec l'axe est inférieur ou supérieur au double de la déviation de l'écoulement obtenue dans une détente de PRANDTL-MEYER faisant passer de la vitesse du son à la vitesse du fluide le long des lignes de jet. Les fig. 4 illustrent cette situation. Les arcs de caractéristiques non porteurs de données qui limitent les domaines où sont définies ces solutions sont les images de *frontières transsoniques* de ces écoulements. En aval de la frontière transsonique l'écoulement est déterminé par la résolution de problèmes aux limites dans des domaines où l'équation est de type hyperbolique. Physiquement la frontière transsonique est la frontière amont du domaine de l'écoulement formé par l'ensemble des points tels qu'une perturbation créée en l'un de ces points n'affecte pas la partie subsonique de l'écoulement.

32 P. Germain

Le cas limite du jet sonique est particulièrement intéressant; du point de vue mathématique on obtient l'écoulement par la résolution d'un problème de Dirichlet singulier. Du point de vue physique, l'écoulement devient uniformément sonique dans une section située à une distance finie d de l'orifice [8]. Dans le cas d'un orifice percé dans une paroi plane $\left(\alpha = \dfrac{\pi}{2}\right)$ le coefficient de contraction est égal à 0,7447 et le rapport $\dfrac{d}{\lambda} = 1,59$ si λ est la demi épaisseur du jet et si le fluide est un gaz parfait d'indice adiabatique $\gamma = 1,4$ [9].

D'autres problèmes d'aérodynamique transsonique conduisent également à la résolution de problèmes de Tricomi ou de Frankl.

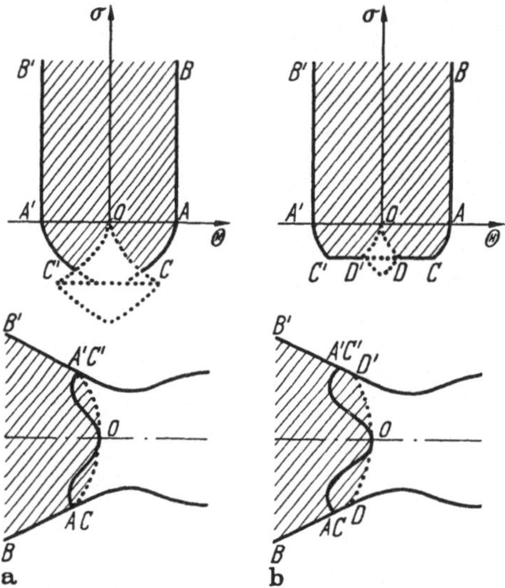

a   b

Fig. 4. Ecoulement à la sortie d'un jet (AB et $A'B'$ sont les parois solides)

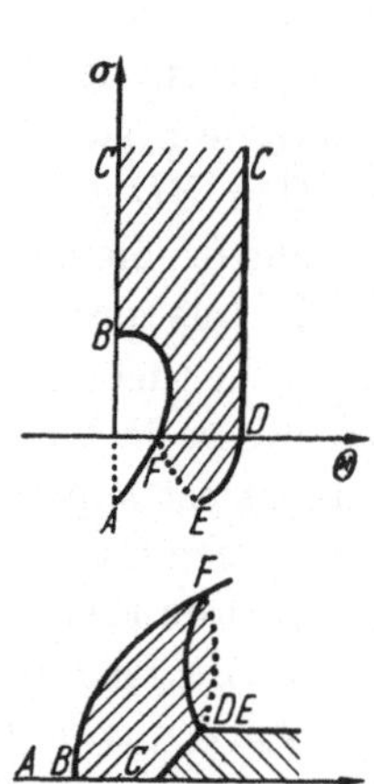

Fig. 5. Ecoulement autour d'un dièdre pour un nombre de Mach légèrement supersonique

Signalons par exemple [10] l'écoulement de perturbation d'un écoulement donné dans une tuyère transsonique. Mais l'on peut, dans certains cas, être conduit à des problèmes aux limites différents de ceux envisagés jusqu'ici. C'est ainsi que l'écoulement stationnaire autour d'un dièdre placé dans un écoulement légèrement supersonique conduit à chercher la fonction ψ solution de $L(\psi) = 0$ définie dans le domaine $(\mathfrak{D})$ schématisé fig. 5: $\psi = 0$ le long de BC et de CDE (la caractéristique DE est l'image de la détente de Prandtl-Meyer qui apparaît à l'épaulement du dièdre) et par la donnée, le long de l'arc de polaire de choc BF, du rapport des dérivées premières de ψ [6]. La caractéristique FE est l'image de la frontière transsonique.

2.2. Unicité de la solution

a) Théorème du maximum. Une première méthode pour obtenir des résultats d'unicité consiste à étendre à une équation du type mixte le théorème du maximum qui joue un rôle si important dans l'étude des équations de type elliptique. Un tel résultat a d'abord été établi [*11*] pour l'équation de Tricomi, ($k(\sigma) = C\,\sigma$), puis étendu à toute une classe d'équations (7) [*12*]. On peut énoncer de façon précise. *Une solution d'un problème de Tricomi relatif à l'équation (7) atteint nécessairement son maximum en un point de l'arc ($\mathfrak{C}_0$) si, le long de la caractéristique AC portant les données, ψ est une fonction non décroissante de σ et si dans le triangle ABC est vérifiée l'inégalité:*

$$5\left(\frac{dk}{d\sigma}\right)^2 - 4k\frac{d^2k}{d\sigma^2} \geqslant 0. \tag{32}$$

On peut montrer que ce résultat ne peut être amélioré.

La fonction ψ ne peut atteindre son maximum à l'intérieur de ($\mathfrak{D}_1$) domaine où (7) est du type elliptique. Si (32) est vérifiée, on montre qu'il en est de même dans ($\mathfrak{D}_2$) en écrivant l'équation avec les variables caractéristiques (17), (18).

Il peut arriver que l'inégalité (32) soit toujours vérifiée; c'est en particulier le cas de l'équation de Tricomi ($k(\sigma) = C\,\sigma$) ou du cas plus général examiné par Gellerstedt [*13*] ($k(\sigma) = C\,\sigma^m$); mais il n'en est pas toujours ainsi. Si la dérivée de $k(\sigma)$ pour $\sigma = 0$ est strictement positive, le théorème sera vérifié pour un domaine tel que $|\theta(B) - \theta(A)| \leqslant 2\delta$, δ étant un nombre qui dépend uniquement de la fonction $k(\sigma)$. On peut donner de ce nombre une interprétation simple [*14*] en envisageant l'écoulement stationnaire d'un jet uniforme et sonique limité par une paroi plane $X'Ox$, d'une part, et une ligne de jet, d'autre part, séparant le jet d'une atmosphère au repos. Si, à partir d'un point O, on remplace la paroi Ox par une paroi OX telle que $(OX, Ox) = \theta_0$, il se produit, au voisinage de O, une onde de détente, qui se réfléchit sur la ligne de jet suivant une onde de compression; *l'angle δ est la valeur maximale que peut prendre θ_0 pour que l'écoulement ait lieu sans ondes de choc.*

Naturellement, la validité de ce théorème du maximum entraîne celle du théorème d'unicité pour le problème de Tricomi comme on le voit en appliquant le résultat au cas où les données sont nulles.

b) Intégrales d'énergie généralisées. La méthode qui vient d'être décrite pour obtenir le théorème d'unicité impose une restriction sévère sur la longueur du segment AB (mais par ailleurs la forme de ($\mathfrak{C}_0$) dans le demi-plan $\sigma > 0$ est arbitraire). On peut obtenir des résultats plus complets en construisant des intégrales d'énergie généralisées. On obtient de telles intégrales en partant de l'identité:

$$\iint\limits_{(\mathfrak{D})} (a\,\psi + b\,\psi_\theta + c\,\psi_\sigma)\,(k(\sigma)\,\psi_{\theta\theta} + \psi_{\sigma\sigma})\,d\sigma\,d\theta = 0$$

valable pour toute solution de $\psi(\theta, \sigma)$ de (7), quelles que soient les fonctions $a(\theta, \sigma)$, $b(\theta, \sigma)$, $c(\theta, \sigma)$.

Cette méthode très puissante, mais qui requiert dans l'application une grande habileté technique se présente comme une généralisation de celle donnée par Frankl [6], qui permet de démontrer le théorème d'unicité toutes les fois que

$$3\left(\frac{dk}{d\sigma}\right)^2 - 2k\left(\frac{d^2k}{d\sigma^2}\right) \geqslant 0.$$

Cette condition imposée sur $k(\sigma)$ (ou sur la longueur du segment AB) est moins restrictive que l'inégalité analogue (32) qui garantit la validité du théorème du maximum[1]. Néanmoins elle n'est pas suffisante pour toutes les applications possibles au cas de la dynamique des gaz classiques $[k(\sigma) = k_c(\sigma)]$.

A titre d'exemple soit à établir l'unicité du problème de Frankl dans le domaine $(\mathfrak{D})$ hachuré[2] sur la fig. 3b; on supposera que I est l'origine du plan θ, σ.

Par hypothèse $\psi = 0$ sur $(\mathfrak{C}_0) + (\mathfrak{C}_1) + (\mathfrak{C}_2)$.

Si on choisit $a = 0$, $b = 0$ et $c = \sigma$ si $\sigma > 0$, $c = 0$ si $\sigma < 0$, on peut après intégrations par parties mettre l'égalité précédente sous la forme: [15]

$$\iint\limits_{(\mathfrak{D}_1)} \frac{1}{2}\,\sigma\left(\frac{dk}{d\sigma}\right)^2 \psi_\theta^2\,d\theta\,d\sigma + \iint\limits_{(\mathfrak{D}_2)} \left\{-\frac{1}{2}\,k(\sigma)\,\psi_\theta^2 + \frac{1}{2}\,\psi_\sigma^2\right\} d\theta\,d\sigma$$

$$+ \frac{1}{2} \int\limits_{(\mathfrak{C}_0)} \psi_\theta^2\left[k(\sigma) + \left(\frac{d\theta}{d\sigma}\right)^2\right](\theta\,d\sigma - \sigma\,d\theta)$$

$$+ \frac{1}{2} \int\limits_{(\mathfrak{C}_1)+(\mathfrak{C}_2)} \psi_\theta^2\left[k(\sigma) + \left(\frac{d\theta}{d\sigma}\right)^2\right]\theta\,d\sigma + \frac{1}{2} \int\limits_{1\mathfrak{C}} \{(-k)^{1/4}\psi_\theta + (-k)^{-1/4}\psi_\sigma\}^2\,\theta\,d\theta$$

$$+ \frac{1}{2} \int\limits_{1\mathfrak{D}} \{(-k)^{1/4}\,\psi_\theta - (-k)^{-1/4}\,\psi_\sigma\}^2\,\theta\,d\theta = 0$$

identité qui entraîne nécessairement $\psi \equiv 0$ sous la seule réserve que $\theta\,d\sigma - d\theta \geqslant 0$ le long de $(\mathfrak{C}_0)$, puisqu'alors toutes les intégrales figurant au premier membre sont non négatives. Ceci établit le théorème

---

[1] Frankl a établi également l'unicité du problème signalé à la fin de $n°$ 2—1 (dièdre dans un écoulement supersonique) lorsque cette inégalité est vérifiée [6].

[2] Rappelons que $(\mathfrak{D}_1)$ et $(\mathfrak{D}_2)$ sont respectivement les sous-domaines de $(\mathfrak{D})$ où l'on a respectivement $\sigma > 0$, $\sigma < 0$. L'orientation des arcs $(\mathfrak{C}_0)$, $(\mathfrak{C}_1)$, $(\mathfrak{C}_2)$ est celle obtenue lorsque la frontière de $(\mathfrak{D})$ est décrite dans le sens positif.

d'unicité pour le problème de FRANKL sous la seule réserve que le *domaine* $(\mathfrak{D}_1)$ *soit étoilé autour de I.*

Le résultat qui vient d'être signalé est d'une grande généralité; cependant le contour $(\mathfrak{C}_0)$ est soumis à une condition restrictive. Par une application plus raffinée de cette même méthode on est parvenu [*16*] dans le cas du problème de TRICOMI à démontrer le théorème d'unicité sous la seule réserve que tous les points du contour $(\mathfrak{C}_0)$ soient situés dans une bande finie $0 < \sigma < \sigma_0$, σ_0 étant une constante dépendant de la fonction $k(\sigma)$. Il s'agit là d'une condition d'un type nouveau imposée au contour $(\mathfrak{C}_0)$.

c) Utilisation d'un potentiel auxiliaire. Une élégante méthode [*17*] applicable au problème de FRANKL considéré plus haut consiste à introduire un potentiel auxiliaire $\Phi(\theta, \sigma)$ défini par:

$$d\Phi = -\, 2\psi_\theta\, \psi_\sigma\, d\theta + [k(\sigma)\, \psi_\theta^2 - \psi_\sigma^2]\, d\sigma.$$

Il est assez facile de vérifier que Φ atteint nécessairement son maximum sur $(\mathfrak{C}_0)$.

De ce résultat on peut déduire assez simplement l'unicité du problème de FRANKL pourvu que le long de $(\mathfrak{C}_0)$, si α désigne l'angle de la tangente au contour orienté dans le sens trigonométrique, on ait $0 \leqslant \alpha \leqslant 2\pi$.

En conclusion, le théorème d'unicité des problèmes de TRICOMI et de FRANKL peut être établi sous des conditions assez larges: néanmoins on n'a pas réussi à démontrer ce théorème avec toute la généralité désirable du point de vue mathématique.

2.3. Théorèmes d'existence

Il n'est possible ici que de décrire les différentes méthodes qui ont été utilisées pour obtenir des résultats dans l'étude de cette difficile question.

a) Compatibilité de problèmes hyperboliques et elliptiques singuliers. Cette méthode générale remonte à TRICOMI [*5*] qui a démontré l'existence de la solution du problème de TRICOMI relatif à l'équation de TRICOMI $[k(\sigma) = \sigma]$. On suppose connue la valeur de $\psi(\theta, 0) = \tau(\theta)$ sur le segment AB. On peut alors résoudre, d'une part, un problème de DIRICHLET singulier dans le sous-domaine $(\mathfrak{D}_1)$, et déduire du résultat une équation intégrale liant les valeurs de $\tau(\theta)$ à celles de la dérivée normale $\nu(\theta) = \psi_\sigma(\theta, 0)$ le long de AB. Connaissant $\tau(\theta)$ on peut calculer explicitement ψ dans le triangle ABC en résolvant un problème de GOURSAT singulier et en déduire une nouvelle relation intégrale reliant les valeurs de $\tau(x)$ et de $\nu(x)$. En éliminant $\tau(x)$ on obtient une seule équation intégrale singulière pour la fonction inconnue $v(x)$. Il reste à démontrer, ce qui ne va pas sans difficulté, que cette équation admet bien une solution.

En fait, le résultat n'est acquis que moyennant une restriction relative à la forme de $(\mathfrak{C}_0)$ au voisinage de l'axe $\sigma = 0$. Supposons que A et B soient les points d'abscisse -1 et $+1$ et posons:

$$\varrho^2 = \theta^2 + \frac{4}{9}\,\sigma^3. \tag{33}$$

La courbe $(\mathfrak{C}_0)$ doit, au voisinage de l'axe, être identique à la courbe (C_0) dite ,,courbe normale`` définie par $\varrho = 1$ $(\sigma > 0)$.

Cette méthode a été appliquée à des situations plus générales. Le plus récent mémoire sur cette question est celui de Protter [18]. L'équation à étudier est mise, au préalable, sous la forme réduite (21) qui fait apparaître l'opérateur différentiel de Tricomi. Le résultat obtenu est valable non seulement pour le problème de Tricomi, mais aussi pour le problème de Frankl. Mais le contour $(\mathfrak{C}_0)$ est soumis aux mêmes restrictions que celles indiquées plus haut. La solution proposée est fort laborieuse et dans le mémoire cité de nombreux résultats intermédiaires sont donnés sans démonstration complète.

b) Utilisation de solutions élémentaires de l'équation de Tricomi. Nous verrons au paragraphe 3 qu'il est possible de construire les solutions élémentaires de l'équation (7). En utilisant ces solutions élémentaires on peut fournir dans le cas où $k(\sigma) = \sigma$ une solution explicite du problème de Tricomi lorsque $(\mathfrak{C}_0)$ est une courbe normale, soit en résolvant (explicitement) une équation intégrale définissant les valeurs de ψ sur BC [11], soit directement en formant explicitement la fonction de Green de ce problème particulier [19]. [La fonction de Green de ce problème est la somme d'une solution élémentaire et d'une solution régulière; elle est nulle sur $(\mathfrak{C}_0)$ et sur BC.]

Une fois résolu ce problème de Tricomi particulier on peut aisément prouver l'existence de la solution du problème de Tricomi lorsque $k(\sigma) = \sigma$ pour un contour quelconque [11], en utilisant la méthode alternée de Schwartz que l'on peut étendre à la résolution de problèmes de Tricomi lorsqu'existe un théorème du maximum.

Une autre méthode utilisant les solutions élémentaires est due à Agmon [20]. A partir d'une solution élémentaire de l'équation de Tricomi, on peut former des solutions de l'équation de Tricomi, représentant le résultat de la superposition de ,,singularités`` réparties sur $(\mathfrak{C}_0)$ et sur l'arc AC qui portent les données. Les densités de ces distributions de singularités peuvent être déterminées en écrivant les conditions aux limites, sur $(\mathfrak{C}_0)$ et sur AC. Après élimination, on obtient une seule relation fonctionnelle pour déterminer la densité inconnue le long de $(\mathfrak{C}_0)$. Bien que l'opérateur permettant d'écrire cette équation ne soit pas complètement continu, on peut montrer qu'on peut appliquer le résultat fondamental, dit „alternative de FREDHOLM", qui garantit l'existence de la solution lorsque le théorème d'unicité a été prouvé. Dans ce même mémoire[1] l'auteur généralise ce résultat au cas général de l'équation (7) et même à des cas plus généraux en utilisant la forme (21) qui met en évidence, dans les termes de plus haut degré, l'opérateur de TRICOMI.

c) Méthodes fonctionnelles. Il nous faut encore passer plus rapidement sur ces méthodes qui sont actuellement les méthodes les plus puissantes dans la théorie des équations aux dérivées partielles. Les applications qui en ont été faites aux équations du type mixte sont encore limitées, mais très prometteuses. Avec ces méthodes, on prouve directement l'existence de solutions faibles, en faisant appel au théorème de la projection dans un espace d'HILBERT. En fait le raisonnement qui permet d'obtenir le théorème d'unicité conduit pour ainsi dire simultanément au théorème d'existence des solutions faibles. Pour compléter l'étude il faut montrer ensuite que les solutions faibles sont également solutions fortes.

Dans [22] MORAWETZ applique une telle méthode à l'étude directe du problème de FRANKL pour des domaines elliptiques étoilés autour du point I (fig. 3b). Dans [23] FRIEDRICHS obtient des résultats relatifs aux problèmes du type mixte comme cas particulier d'une méthode fort générale selon laquelle on ramène à l'étude d'une même équation fonctionnelle des problèmes aux limites posés initialement pour des équations de types elliptique, hyperbolique, ou de type mixte. Ce résultat remarquable et nouveau montre que la théorie mathématique des problèmes aux limites pour une équation du type mixte est loin d'avoir atteint un stade définitif.

3. Solutions singulières des équations de type mixte

Que l'on ait en vue l'étude mathématique des solutions des équations du type mixte ou que l'on désire construire des écoulements intéressant l'aérodynamique, il convient de savoir former des solutions présentant un type de singularité donné. En particulier, comme nous le rappellerons plus loin, de nombreux problèmes d'écoulements conduisent à des solutions $\psi(\theta, \sigma)$ de l'équation (7) qui sont multiformes (ou multivalentes) dans le plan (θ, σ).

---

[1] Dans les 13 pages de l'article [20] on ne trouve qu'un schéma détaillé de la méthode proposée. L'auteur n'a jamais publié les démonstrations complètes. La méthode consistant à utiliser l'alternative de FREDHOLM a été suggérée indépendamment dans [21].

3.1. Solutions de Darboux de l'équation de Tricomi

Depuis le mémoire de Tricomi [4], on sait que si $k(\sigma) = \sigma$ (et plus généralement si $k(\sigma)$ est proportionnel à σ^m) l'équation (7) écrite en coordonnées caractéristiques est une équation d'Euler Poisson, équation étudiée de façon approfondie par Darboux [24].

Les solutions particulières (dites de Darboux), de la forme:

$$\lambda^{-p-1/6}\, E\left(\frac{1}{6}, \ \frac{1}{6}+p, \ p+1; \frac{\mu}{\lambda}\right)$$

où $E(a, b, c; z)$ est une solution de l'équation hypergéométrique, jouent un rôle capital dans la résolution des problèmes aux limites. En utilisant les variables θ, σ, ces solutions peuvent s'écrire:

$$\varrho^{-\frac{1}{6}-p}\, E\left(\frac{1}{12}+\frac{p}{2}, \ \frac{1}{12}-\frac{p}{2}, \ \frac{2}{3}, \ \frac{s^2}{\varrho^2}\right) = \varrho^{-\frac{1}{6}-p}\, h_p\left(\frac{s^2}{\varrho^2}\right) \qquad (34)$$

où s est défini par (8) — avec $k(\sigma) = \sigma$ — et ϱ par (33). Elles fournissent des solutions présentant au voisinage de l'origine (et sur les caractéristiques issues de ce point) des comportements extrèmement variés. En faisant opérer sur ces solutions le groupe attaché à l'équation de Tricomi [11] on obtient d'autres solutions, appelées solutions générales de Darboux, dont le point singulier peut être situé soit dans le demi plan elliptique, $\sigma > 0$, soit dans le demi plan hyperbolique, $\sigma < 0$, (dans ce cas la singularité se propage, en général, sur les caractéristiques issues de ce point). Si A et B sont deux points de l'axe des θ et si $\theta_A - \theta_B = 2\eta_1$, on obtient, en notant $\varrho_p^2 = (\theta - \theta_p)^2 + s^2 = (\theta - \theta_p)^2 - \eta^2$ [η est défini par (14)], les solutions:

$$(\varrho_A^2\, \varrho_B^2)^{-\frac{1}{12}}\left(\frac{\varrho_A}{\varrho_B}\right)^p h_p\left(\frac{4\,\eta^2\,\eta_1^2}{\varrho_A^2\,\varrho_B^2}\right) \qquad (35)$$

qui sont singulières au point M_1: $\theta = \dfrac{\theta_A + \theta_B}{2}$, $\eta = \eta_1$. Un cas particulier important de (35) est obtenu pour $p = 0$:

$$\left(\frac{\eta^2}{\eta_1^2}\right)^{1/12} F\left(\frac{1}{12}, \ \frac{5}{12}, \ 1, \ \frac{\eta_A^2\,\eta_B^2}{4\,\eta^2\,\eta_1^2}\right)$$

représente la fonction de Riemann du point M_1. Elle est analytique en tout point du plan (θ, σ) sauf le long des caractéristiques réfléchies (sur $\sigma = 0$) des caractéristiques issues de M_1, où elle devient infinie comme un logarithme. La formule (35) si on y fait $\eta^2 = -s^2$, $\eta_1^2 = -s_1^2$, $(s_1 > 0)$, conduit à des solutions analytiques en tout point du plan (θ, σ) sauf au point M_1 de coordonnées $\theta = \dfrac{\theta_A + \theta_B}{2}$, $s = s_1$. Si $p = 0$ (35) fournit en général des solutions élémentaires de l'équation (7) — (ce sont celles qui ont été signalées plus haut).

Il est très facile d'effectuer les prolongements analytiques nécessaires pour étudier ces solutions (en particulier les solutions multiformes). Par exemple pour $p = -\frac{1}{2}$, (34) conduit à une solution que l'on peut écrire :

$$(\varrho - \theta)^{1/3} - (\varrho + \theta)^{1/3} \tag{36}$$

et qui est uniforme dans le domaine $\varrho^2 > 0$ mais qui prend 3 valeurs dans le domaine $\varrho^2 < 0$ [$\varrho = 0$ représente les caractéristiques issues de 0]. Une telle solution singulière est utilisée dans l'étude des tuyères comme nous le signalons plus loin.

Les solutions (35) correspondant à $p = -\frac{1}{2}$ et ayant leur point singulier dans le demi plan elliptique sont définies sur une surface de RIEMANN à deux feuillets; elles permettent de construire des écoulements sans circulation autour de profils lorsque la vitesse à l'infini est subsonique.

C'est l'existence et les propriétés de ces solutions de DARBOUX qui permettent l'étude relativement aisée des problèmes d'aérodynamique transsonique pour l'équation de TRICOMI[1]. Les développements qui suivent dans ce paragraphe montreront comment, dans le cas plus général des équations (7), on peut réussir à construire, au moins pour certains types de fonctions $k(\sigma)$, des solutions possédant un comportement qualitativement analogue à celui de certaines solutions de DARBOUX.

3.2. Solutions élémentaires des équations de type mixte

Les solutions élémentaires de (7) sont les solutions qui en théorie des distributions vérifient l'équation $L(\psi) = \delta(\theta_0, \sigma_0)$ où $\delta(\theta_0, \sigma_0)$ désigne la masse de DIRAC au point $M_0(\theta_0, \sigma_0)$. On les obtient aisément en effectuant une transformation de FOURIER.

$$\Psi(\alpha, \sigma) = \int_{-\infty}^{+\infty} \psi(\theta, \sigma) \, exp\,(- 2\,i\,\pi\,\alpha\,\theta) \, d\theta$$

---

[1] On conçoit qu'il est alors fort intéressant de connaître les équations (7) qui par changement de variables peuvent se ramener à une équation de TRICOMI. Un premier cas simple s'obtient en effectuant un changement de variables sur σ [42], [43]; la fonction $k(\sigma)$ est alors donnée par la formule (40) ci-dessous. Un deuxième cas a été signalé en [44] et certaines applications en ont été données en [45] et [46]. Le fluide fictif correspondant à la valeur particulière de la fonction $k(\sigma)$ ainsi déterminée est capable de représenter assez correctement le gaz parfait à chaleurs spécifiques constantes. Dans cette approximation les solutions de DARBOUX peuvent, éventuellement, fournir directement la fonction de courant de certains écoulements intéressants du point de vue aérodynamique.

car l'on est ainsi ramené à l'étude des solutions élémentaires d'une équation différentielle ordinaire:

$$\Psi_{\sigma\sigma} - 4\pi^2\,\alpha^2\,k(\sigma)\,\Psi = 0.$$

Il n'est pas possible ici d'entrer dans les détails cf. [25], [26] mais il convient de décrire qualitativement le comportement d'une telle solution. Si M_0 appartient au demi domaine plan elliptique alors la solution élémentaire $e(M, M_0)$ a au voisinage de M_0 un comportement logarithmique lorsque M est voisin de M_0; c'est la somme d'une fonction continue et de la fonction

$$\frac{1}{2\pi\,\sqrt{k(\sigma_0)}}\; \mathrm{Log}\,\sqrt{(s - s_0)^2 + (\theta - \theta_0)^2}\;.$$

Si M_0 est dans le demi plan $\sigma < 0$, une solution élémentaire peut avoir différents comportements singuliers. Mais si, comme il est naturel pour un problème de type hyperbolique, on impose une condition

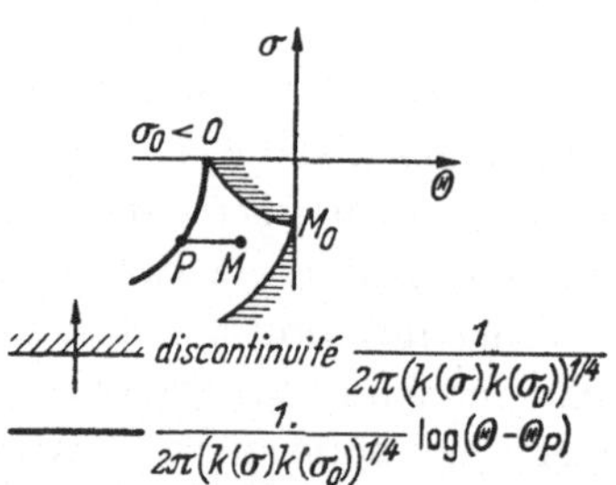

Fig. 6. Singularités d'une solution élémentaire

d'orientation, ce comportement singulier est bien déterminé. Si par exemple les singularités sont astreintes à se propager dans la direction des θ négatifs, on obtient les résultats indiqués sur la fig. 6. En un point situé sur les caractéristiques issues de M_0, orientées vers les θ négatifs, la solution subit des discontinuités proportionnelles à la valeur prise en ce point par la fonction de Riemann du point M_0 et sur la caractéristique „réfléchie" $e(M, M_0)$ présente une singularité logarithmique. Un comportement très spécial est obtenu lorsque M_0 est sur la ligne $\sigma = 0$.

Ces solutions élémentaires ont essentiellement un intérêt mathématique; mais on peut obtenir aisément de façon analogue d'autres solutions singulières — par exemple par dérivation par rapport à θ. On peut, par exemple, former une solution qui, lorsque M est voisin de $M_0(\sigma_0 > 0)$, a au voisinage de M_0 une singularité analogue à la fonction Arctangente, ou une solution qui se comporte comme un doublet d'axe parallèle à l'axe des θ. Cette dernière solution est utilisée dans l'étude d'écoulements dans un demi plan, tel que celui envisagé en [27].

3.3. Solutions-Tuyère

Les solutions singulières qui viennent d'être évoquées ont la propriété d'être uniformes. C'est la raison pour laquelle il est possible de les obtenir assez aisément par une transformation de Fourier pour toute fonction $k(\sigma)$ suffisamment régulière. La recherche de solutions multiformes est beaucoup plus difficile. Nous commencerons ici par l'étude des solutions-tuyère. Soit l'écoulement dans une tuyère admettant Ox comme axe de symétrie. La fonction $\psi(\theta, \sigma)$ est uniforme dans le domaine $\mathfrak{D}^{+}(O)$ et prend 3 valeurs dans le domaine $\mathfrak{D}^{-}(O)$, $\mathfrak{D}^{+}(O)$ et $\mathfrak{D}^{-}(O)$ étant les deux domaines connexes du plan (O, σ) déterminé par les caractéristiques issues de l'origine [le premier comprend le demi plan $\sigma > 0$, fig. 7]. Le problème consistant à déterminer une solution multiforme possédant cette propriété pour toute équation $L(\psi) = 0$ n'a pas reçu de réponse pleinement satisfaisante.

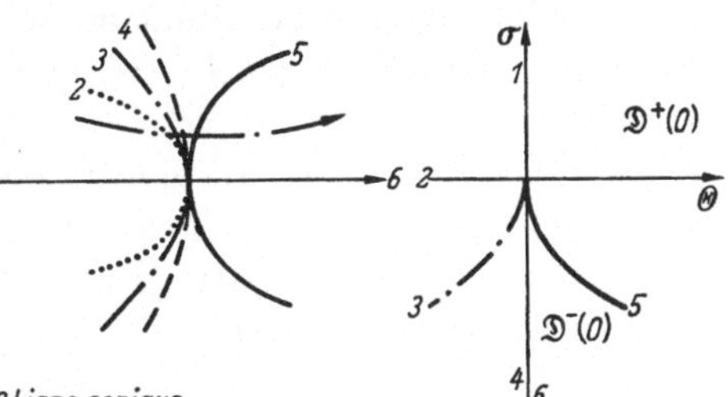

Fig. 7. Ecoulement transsonique au voisinage du col d'une tuyère

Par contre, il a été parfois possible de former très simplement de telles solutions pour certaines fonctions $k(\sigma)$. Des méthodes assez générales permettant d'obtenir ce résultat ont été données par FENAIN [28]; signalons seulement ici quelques cas simples

fonction $k(\sigma)$	Solution tuyère	
$k(\sigma) = \beta^2 \sigma;$	$\theta/\beta = \sigma \psi + \dfrac{\psi^3}{3}$	(37)
$k(\sigma) = \dfrac{\beta^3 q^3 \sigma}{(1 + q \sigma)} \ (q > 0);$	$\theta/\beta = (1 + q \sigma) \operatorname{tg} \psi - \psi$	(38)
$k(\sigma) = \beta^2 \delta^2 (1 - e^{-2\delta\sigma}), \ (\delta > 0);$	$\theta/\beta = e^{-\delta\sigma} \sin \psi - \psi$	(39)
$k(\sigma) = \dfrac{\beta^2 q^3 \sigma}{1 + q \sigma 4} \ (q > 0);$	$\theta/\beta = \dfrac{\psi}{1 + q \sigma} - \operatorname{arg th} \psi$	(40)
$k(\sigma) = \dfrac{\beta^2 \sigma}{(1 + q \sigma)^5} \ (q > 0);$	$\theta/\beta = \dfrac{\sigma}{(1 + q \sigma)^2} \psi + \dfrac{1}{(1 + q \sigma)^3} \dfrac{\psi^3}{3}$	(41)
$k(\sigma) = \dfrac{\beta^2 \delta^2 (1 - e^{-2\delta\sigma})}{1 - \alpha^2 e^{-2\delta\sigma}}$	$\theta/\beta = \dfrac{1}{\alpha} \operatorname{Arc sin} (\alpha e^{-\delta\sigma} \sin -\psi)\psi$	(42)

La formule (37) correspond à l'approximation de TRICOMI étudiée par plusieurs auteurs [29], [30]; aux notations près la solution donnée en (37) correspond à (36); (38) définit l'approximation homographique [31]; (39) est l'approximation de TOMOTIKA et TAMADA [32]. Comme il a été dit, chaque fonction $k(\sigma)$ correspond à un fluide fictif dont il est possible de déterminer la loi d'état. Les différentes constantes qui interviennent dans l'expression de cette loi d'état doivent être choisies de manière à ce que le fluide fictif soit aussi „voisin" que possible du gaz parfait à chaleurs spécifiques constantes.

Nous ne pouvons entrer ici dans les détails de la discussion. Signalons toutefois que l'approximation définie par (42) fournit d'excellents résultats et permet le tracé pratique de tuyères dans de très bonnes conditions.

Naturellement, il existe une infinité de „solutions tuyère", car il est toujours possible à partir d'une telle solution d'en former de nouvelles par addition de solutions uniformes. Ainsi on peut montrer que dans le cas envisagé en (42)

$$\frac{\theta}{\beta} = \frac{1-\alpha}{\alpha} \operatorname{Arc\ tg} \frac{e^{-\delta\sigma} \sin\psi}{1 - \alpha\, e^{-\delta\sigma} \cos\psi} - \psi \tag{43}$$

définit une nouvelle solution tuyère. En fait si $\psi_1(\theta, \sigma)$ et $\psi_2(\theta, \sigma)$ sont les solutions définies par (42) et (43) respectivement, on vérifie que $(1-\alpha)\,\psi_1 = \psi_2 + \alpha\,\theta$.

Malgré l'intérêt certain présenté par de tels résultats, le problème de la recherche de solutions tuyère définies aussi simplement et explicitement que possible pour une fonction $k(\sigma)$ suffisamment régulière, mais arbitraire reste posé. Dans le cas de l'équation de Chaplygin, qui a reçue comme il se doit une attention toute particulière, l'étude la plus satisfaisante et la plus complète a été faite par Cherry [33], [34]. Cet auteur travaille sur les équations de l'hodographe obtenues par transformation de Legendre, la fonction $\chi(\theta, \bar{q})$ étant solution de l'équation (28). Pour éviter la construction de solutions multiformes, on opère un changement de variables, les variables θ, q étant remplacées par les nouvelles variables $\bar{\phi}$ et $\bar{q}$, $\bar{\phi}$ étant défini par:

$$\theta = \bar{\phi} - 2\alpha \operatorname{Arc\ tg} \frac{\bar{q} \sin\bar{\phi}}{1 - \bar{q} \cos\bar{\phi}}, \quad 2\alpha = \sqrt{1 + 2\beta} - 1. \tag{44}$$

La fonction $\bar{\phi}(\theta, \bar{q})$ ainsi déterminée a les propriétés topologiques d'une solution tuyère. Il est facile de montrer qu'elle correspond effectivement à la solution tuyère[1] pour un fluide fictif particulier pour lequel l'équation remplaçant (28) s'écrirait:

$$\bar{q}^2 (1 - \bar{q}^2) \chi_{\bar{q}\bar{q}} + \bar{q}\, \chi_{\bar{q}} + (1 - (1 + 2\beta)\, \bar{q}^2) \chi_{\theta\theta} = 0. \tag{45}$$

Or on peut inverser (44) et écrire $\bar{\phi}$ sous la forme d'un développement en série

$$\bar{\phi} = \theta + \sum_{n=1}^{\infty} \frac{2\,\Gamma(n\alpha + n)}{n^2\,\Gamma(n)\,\Gamma(n\alpha)}\, \bar{q}^n\, F(n\alpha + n, -n\alpha, n+1; \bar{q}^2) \sin n\,\theta,$$

---

[1] On notera l'analogie existant entre les formules (43) et (44).

chaque terme de ce développement en série étant une solution à variables séparées de (45) qui, pour cette équation, est analogue à la solution de CHAPLYGIN (29) de l'équation (28). C'est à partir de cette remarque que l'on construit la solution „principale" de (28)

$$\chi_0 = \sum_{n=1}^{\infty} \frac{\Gamma(n\,\alpha + n)}{\Gamma(n)\,\Gamma(n\,\alpha)}\, (e^{-in\theta} + k_n\, e^{in\theta})\, \bar{q}^{\,n}\, F(a_n, b_n, n+1; \bar{q}^{\,2}) \tag{46}$$

où les a_n et b_n sont donnés par (31) et où:

$$k_n = \frac{\Gamma(a_n)\,\Gamma(1 + n - b_n)\,\Gamma(n\,\alpha)\,\Gamma(n\,\alpha + 1)}{\Gamma(a_n - n)\,\Gamma(1 - b_n)\,\Gamma(n\,\alpha + n)\,\Gamma(n\,\alpha + n + 1)}\,.$$

Une étude précise [33] permet d'obtenir le domaine où est définie et régulière la fonction $\chi_0(\bar{\phi}, \bar{q})$. Il est alors aisé de construire une solution tuyère à partir de ce résultat.

CHERRY a étudié, en [34] notamment, la détermination complète d'une tuyère transsonique par une combinaison linéaire de 3 solutions de (28),

$$\chi = \chi_T + a\,\chi_R + b\,\chi_U$$

χ_T est la solution que nous venons de signaler et qui donne le comportement convenable au voisinage du col; χ_R est une solution de (28) qui a pour effet de rendre l'écoulement subsonique approximativement radial, χ_U est une solution de (28) qui a pour but de rendre l'écoulement supersonique asymptotiquement uniforme.

3.4. Solutions profil

Nous nous proposons maintenant d'étudier la nature des solutions permettant de construire dans le plan physique des écoulements continus autour de profils lorsque la vitesse à l'infini est subsonique.

Il est bien connu que la fonction de courant correspondante est nécessairement multiforme (fig. 8).

Nous n'examinerons ici que le cas simple des écoulements sans circulation. Dans ces conditions, si A est l'image dans le plan (θ, σ) du point à l'infini de l'écoulement, A est un point critique d'ordre 2 pour la fonction $\psi(\theta, \sigma)$ qui, pour être uniformisée, doit être définie sur une surface de RIEMANN à deux feuillets. De façon précise on peut vérifier que $\psi^*(\theta, s)$ défini par (11) doit admettre au voisinage du point $A\,(\theta, s_0)$ un développement dont le terme principal s'écrit:

$$\psi^*(\theta, s) \sim \frac{C}{\sqrt{r}} \left(a\,\sin\frac{\omega}{2} + b\,\cos\frac{\omega}{2} \right) \tag{47}$$

$$\text{si } r^2 = \theta^2 + (s - s_0)^2, \quad \sin\omega = \frac{\theta}{r}, \quad \cos\omega = \frac{s - s_0}{2}$$

44 P. Germain

et si C, a et b sont des constantes. Dans le cas d'un écoulement sans circulation autour d'un profil symétrique b est nul. La fig. 8 illustre dans un cas simple ces propriétés qualitatives de la fonction ψ. Nous appellerons simplement ,,*Solution profil*'' toute solution de l'équation (7) ayant ce comportement au voisinage de A.

Il faut d'abord noter le résultat suivant; soit $\psi_T(\theta, \sigma)$ une solution tuyère telle que celles envisagées précédemment dans les formules (37)

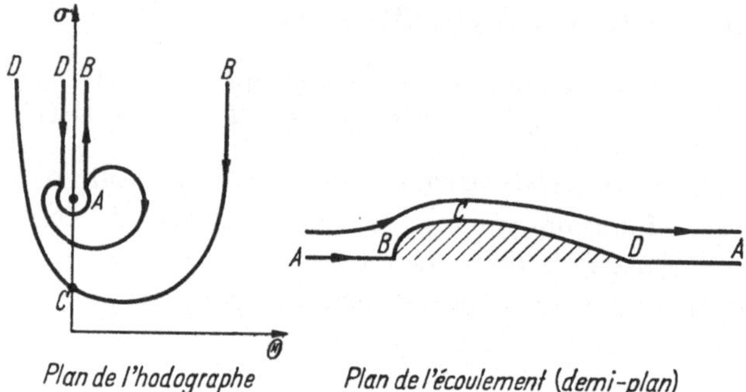

Fig. 8. Ecoulement subsonique autour d'un profil symétrique

à (42). C'est une fonction analytique des variables θ et σ; par suite $\psi_T(\theta + i\,\theta_0, \sigma)$ où θ_0 est une constante réelle est une solution (complexe) de l'équation (7) si ψ_T est solution de (7). On obtiendra une solution profil, soit $\psi_P(\theta, \sigma)$ en écrivant

$$\psi_P(\theta, \sigma) = \frac{\partial}{\partial \theta}\left[I_m\left\{\psi_T(\theta, + 1\,\theta_0, \sigma)\right\}\right]. \tag{48}$$

On peut en effet montrer que le seul point singulier réel de cette fonction réelle est le point A situé sur le demi axe des σ positifs et dont la position sur cet axe est définie par $s_0 = \theta_0$, où $s(\sigma)$ est donné par (8). Par ailleurs on vérifie que cette fonction ψ_P admet le point A comme point critique d'ordre deux et qu'elle a au voisinage de ce point le comportement indiqué par (47) (avec $b = 0$).

Ainsi, toute solution tuyère analytique permet d'obtenir à l'aide d'opérations simples une solution profil.

Naturellement, la notion de solution profil est une notion locale, il convient d'ajouter éventuellement à cette solution d'autres solutions de (7) de façon à obtenir effectivement la fonction de courant d'un écoulement autour de profil; nous ne pouvons ici entrer dans les détails de cette détermination. On pourra donc ainsi aisément construire des écoulements autour de profils.

La littérature contient de nombreux exemples d'application, par exemple dans [32] sont exploités les cas signalés en (37) et (39), dans [35] est donnée une application du résultat (38). On peut naturellement obtenir une formule analogue à (48) lorsqu'on part d'une solution tuyère définie par le potentiel de LEGENDRE χ_T. C'est ce que fait CHERRY dans [*33*], obtenant ainsi directement, dans le cas d'un gaz parfait à chaleurs spécifiques constantes, un écoulement autour d'un profil symétrique ayant un bord d'attaque arrondi et un bord de fuite qui présente un rebroussement.

L'écoulement continu ainsi obtenu peut ou bien être totalement subsonique, ou bien comprendre un domaine borné supersonique. Dans le premier cas, qui est le plus intéressant en pratique, la détermination de solutions convenables n'est pas un problème relatif à une équation du type mixte. Il peut donc sembler anormal d'obtenir la solution profil à partir d'une solution tuyère qui, elle, suppose essentiel le caractère mixte du type de l'équation à laquelle satisfait le potentiel des vitesses. C'est pourquoi de très intéressantes méthodes ont été proposées pour obtenir des écoulements de fluides compressibles autour de profils à partir d'écoulements analogues relatifs à un fluide incompressible.

Nous ne pouvons ici que signaler rapidement les méthodes bien connues de LIGHTHILL [*36*] et de BERGMAN[1] [*37*]; on trouvera d'ailleurs un exposé synthétique de ces deux méthodes dans les références [*3*] et [*4*] déjà signalées. On peut dire que, dans les deux cas, on cherche à construire des solutions de $\psi^*(\theta, s)$ de l'équation (12) grâce à un développement en série de la forme

$$\psi^*(\theta, s) = \sum_{n=0}^{\infty} g_n(\theta, s)\, G_n(s) \tag{49}$$

où les $g_n(\theta, s)$ sont des fonctions harmoniques. Pour cela il faut construire des suites de fonctions g_n et G_n telles qu'on ait identiquement:

$$\sum_{n=0}^{\infty} \left\{ g_n(\theta, s)\, [G_n''(s) - N(s)\, G_n(s)] + 2 G_n'(s)\, \frac{\partial}{\partial s} g_n(\theta, s) \right\} = 0. \tag{50}$$

Dans la méthode de LIGHTHILL, qui traite uniquement du cas où le fluide est un gaz parfait à chaleurs spécifiques constantes, on montre que si on impose aux g_n de vérifier la condition

$$\frac{\partial}{\partial s} g_n(\theta, s) = p_n\, g_n(\theta, s) + h(\theta, s) \tag{51}$$

où h est une fonction harmonique indépendante de n et p_n une suite de nombres réels on peut, d'une part, calculer les g_n et, d'autre part, déterminer la suite des $G_n(s)$ pour que (50) soit identiquement vérifiée.

---

[1] Nous ne pouvons ici donner la liste de tous les mémoires consacrés par cet auteur à divers aspects et à certaines applications de la méthode qu'il propose. Nous renvoyons simplement à son récent livre qui contient tous les développements et toutes les références nécessaires.

Entre autres résultats on peut montrer que la fonction définie ci-dessous par (52) représente bien une solution de la première équation (9)

$$\psi(\theta, s) = I_m \left\{ f(\zeta) - f(\zeta_1) + \sum_{n=2}^{\infty} A_n \, \psi_n(\tau) \, e^{-in\theta} \int_{\zeta_1}^{\zeta} e^{n\zeta'} \, df(\zeta') \right\}. \quad (52)$$

Dans cette formule, $f(\zeta)$ est une fonction analytique de la variable $\zeta = s - i\,\theta$, $\psi_n(\tau)$ est la fonction de Chaplygin d'indice n [c'est-à-dire le coefficient de $e^{\pm in\theta}$ dans l'expression (29)], ζ_1 est une constante complexe, et les A_n sont des constantes convenables. Ce résultat met bien en évidence la puissance de cette méthode, il permet d'associer à tout écoulement de fluide incompressible dont le potentiel complexe est $f(\zeta)$ lorsqu'on l'exprime à l'aide de la variable complexe[1] Log $q - i\,\theta$ un écoulement de fluide compressible ayant les mêmes propriétés topologiques. En effet on montre que la série au second membre de (52) est uniformément convergente pour tout s positif (c'est-à-dire pour toute vitesse subsonique) et que la fonction ψ ainsi définie est uniforme sur la surface de Riemann qui permet d'uniformiser $f(\zeta)$. De plus, si q tend vers zéro, on peut vérifier que s et Log q sont équivalents et que, par ailleurs, le terme dominant dans le développement du second membre de (52) est $I\,m\,\{f(\zeta) - f(\zeta_1)\}$. Autrement dit, la famille d'écoulements de fluides compressibles obtenue en faisant varier q_0[1], comprend précisément à la limite lorsque q_0 tend vers zéro l'écoulement de fluide incompressible générateur défini par le potentiel complexe $f(\zeta)$.

Dans la méthode proposée par Bergman, on remplace la relation supplémentaire (51) par la relation:

$$\frac{\partial}{\partial s} g_n(\theta, s) = -\frac{1}{2} g_{n-1}(\theta, s). \quad (53)$$

Les fonctions harmoniques $g_n(\theta, s)$ sont donc aisées à déterminer à partir de g_0. La suite des fonctions $G_n(s)$ doit être déterminée à partir des relations

$$G_0 = 1, \, G'_{n+1} = G''_n - N G_n, \quad n = 1, 2, \ldots \quad (54)$$

Si l'on pose:

$$U(t; \theta, s) = \sum_{n=1}^{\infty} G_n(s) \frac{(-1)^n (\zeta - t)^{n-1}}{2^n (n-1)}. \quad (55)$$

---

[1] Dans un écoulement de fluide incompressible donné on peut choisir arbitrairement l'unité de vitesse. La seule restriction à faire ici est que dans tout l'écoulement q soit inférieur à 1. Autrement dit, l'écoulement étant donné, la vitesse à l'infini q_0 doit appartenir à un intervalle fermé $0 < q \leqslant a$, a étant une constante inférieure à 1 qui dépend de l'écoulement.

On peut vérifier finalement que:

$$\psi^*(\theta, s) = I_m \left\{ f(\zeta) + \int\limits_{\zeta_1}^{\zeta} U(t; \theta, s)\, f(t)\, dt \right\}. \qquad (56)$$

Sous réserve de convergence de la série introduite en (55), on voit ainsi qu'on associe encore à la fonction analytique $f(\zeta)$ une solution ψ^* de l'équation (12), et de façon plus précise à un écoulement de fluide incompressible, autour d'un profil, un écoulement autour d'un profil en fluide compressible[1].

La méthode de BERGMANN a l'avantage d'être applicable pour une loi d'état du fluide quelconque. Par contre la question de la convergence de (55) qui ici n'a pas été examinée doit être regardée dans chaque cas.

La méthode de LIGHTHILL semble limitée, au moins dans son développement actuel, au cas du gaz parfait à chaleurs spécifiques constantes. Par contre le système des fonctions $G_n(s)$ qu'elle introduit est particulièrement simple puisque ces fonctions s'expriment aisément à l'aide des fonctions de CHAPLYGIN. Les fonctions $G_n(s)$ dans la méthode de BERGMANN doivent être déterminées par intégration numérique.

Il y a bien d'autres méthodes pour associer à une fonction harmonique (ou une fonction analytique) une solution d'une équation de type elliptique telle que (9) ou (12) présentant le même caractère de non uniformité. Signalons simplement encore la méthode des fonctions sigma-monogènes et, plus généralement, la méthode des fonctions pseudo analytiques[2].

3.5. Profils à nombre de Mach $M = 1$

Les développements qui précèdent ne sont valables que si l'écoulement à l'infini est subsonique. Le cas particulier d'un écoulement transsonique autour d'un profil lorsque le nombre de MACH à l'infini est égal à l'unité requiert une étude particulière. La fig. 9 montre que la fonction $\psi(\theta, \sigma)$ doit être infinie au voisinage du point I, origine du plan θ, σ, mais que ψ doit rester finie au voisinage des points de la caractéristique IC distinctes de I. Etant donné un fluide de loi d'état

---

[1] Nous n'avons pas parlé ici du cas où l'écoulement continu ainsi construit comprend un domaine supersonique borné. De nombreux exemples de tels écoulements ont été construits. La question de leur existence physique ou plus précisément de leur stabilité a été l'objet d'une longue controverse. Pour une large part cette controverse a été réglée par les travaux de MORAWETZ [38] il ne nous est pas possible ici d'entrer dans les détails de cette importante question. Voir également sur cette question les références [1], [2], [4].

[2] On trouvera les indications bibliographiques sur ces questions dans le livre de BERS [2].

donné, le problème consiste à trouver une solution singulière de (7) présentant un tel comportement.

Dans le cas de l'équation de Tricomi ($k(\sigma) = \sigma$) il est facile d'obtenir les solutions de Darboux présentant cette particularité. Celle qui convient ici est la fonction :

$$\psi_S = \varrho^{-5/3} \left\{ \left(1 - \frac{\theta}{\varrho}\right)^{1/3} \left(1 + \frac{3\theta}{\varrho}\right) - \left(1 + \frac{\theta}{\varrho}\right)^{1/3} \left(1 - \frac{3\theta}{\varrho}\right) \right\} \tag{57}$$

ϱ étant défini par (33).

Il est facile de vérifier qu'à un facteur constant multiplicatif près, le second membre de (57) est exactement la dérivée seconde par rapport à θ de la fonction (36). On peut montrer que ce résultat est général.

Si pour un fluide ayant une loi d'état donnée, on connaît une solution tuyère ψ_T, on peut en déduire une solution ψ_S présentant à l'origine la singularité de la fonction de courant d'un écoulement à $M = 1$ autour d'un profil par la formule

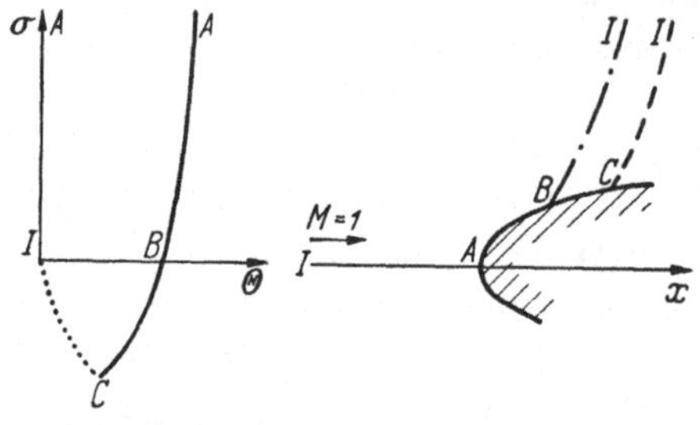

—·—Ligne sonique   - - - -Frontière transsonique

Fig. 9.
Ecoulement à M = 1 autour d'un profil symétrique

$$\psi_S(\theta, \sigma) = \frac{\partial^2}{\partial \theta^2} \psi_T(\theta, \sigma). \tag{58}$$

Le résultat (57), a été donné par Frankl, qui l'a utilisé pour donner une méthode de construction de l'écoulement pour un gaz parfait à chaleurs spécifiques constantes [*39*]. Il a été trouvé indépendamment par Guderley, qui avec Yoshihara [*40*] a déterminé l'écoulement autour d'un angle dans le cas de l'approximation de Tricomi. L'étude de l'écoulement en aval de la frontière transsonique, en particulier l'allure asymptotique de l'onde de choc, ont fait l'objet de plusieurs travaux intéressants. Nous renvoyons le lecteur désireux d'approfondir cette question aux références [*1*] et [*41*].

Conclusion

La méthode de l'hodographe est pratiquement la seule méthode permettant d'obtenir rigoureusement les écoulements plans transsoniques d'un fluide compressible ayant une loi d'état donnée. L'exposé qui précède montre toutefois que son application demande de connaître la réponse à certaines questions d'ordre mathématique qui n'ont pas toutes trouvé encore une solution définitive. Nous nous sommes volontairement contentés ici de signaler les problèmes aux limites relatifs à une équation du type mixte et d'indiquer quelles étaient les solutions singulières requises pour la résolution de certains problèmes d'aéro-dynamique.

Nous n'avons pas parlé de la construction complète d'écoulements continus répondant à des conditions aux limites données, avec toutes les difficultés que soulève le fait que la méthode de l'hodographe est une méthode inverse. Nous avons à peine évoqué la question de la non existence des écoulements continus autour de profils; nous avons passé sous silence la discussion relative au „critère de la ligne limite" [47]. Si l'écoulement transsonique comporte des chocs et si, comme il est raisonnable de le supposer, on peut continuer à supposer que l'écoulement est irrotationnel, il reste à étudier la détermination de tels écoulements. Bien que quelques mémoires aient abordé assez récem-ment ce problème, celui-ci reste pratiquement entier: aucun écoulement transsonique autour de profils, contenant des chocs, n'a pu être jus-qu'ici déterminé. Nous aurions aussi aimé évoquer „les théorèmes de conservation" qui, on le sait, [3], font intervenir directement à nouveau les équations de l'hodographe. Il est vraisemblable que ces théorèmes doivent conduire à des conclusions nouvelles dignes d'intérêt.

Il est courant aujourd'hui de considérer que l'étude des problèmes transsoniques constitue un sujet dépassé. Il est possible que, du point de vue des applications, on ait acquis assez d'expérience de ces pro-blèmes pour pouvoir fournir des réponses suffisantes aux bureaux d'études d'aérodynamique. Mais il semble évident que d'un point de vue scientifique, et plus particulièrement du point de vue mathémati-que, nombre de questions importantes restent posées et attendent encore une réponse vraiment satisfaisante.

Bibliographie

[1] GUDERLEY, K. G.: Theorie schallnaher Strömungen. Berlin/Göttingen/ Heidelberg: (Springer 1957).

[2] BERS, L.: Mathematical aspects of subsonic and transonic gas dynamics. John Wiley and Sons (1958).

[3] SCHIFFER, M.: Analytical theory of subsonic and supersonic flows. Handbuch der Physik, Vol. IX, p. 1—161. Berlin/Göttingen/Heidelberg: (Springer 1960).

[4] VON MISES, R., H. GEIRINGER, et G. S. S. LUDFORD: Mathematical theory of compressible fluid flow. Academic Press (1958).

[5] TRICOMI, F.: Rendiconti, Atti dell'Academia Nazionale dei Lincei, Series 5, **14**, 134—247 (1923).

[6] FRANKL, F. I.: Izvestiya Akademii Nauk SSSR, Seriya Matematiczeskaya **9**, 121—143 (1945). Traduction NACA Tech. Memo No. 1155.

[7] GERMAIN, P.: La Recherche Aéronautique **22**, 7—20 (1951).

[8] GERMAIN, P., et R. BADER: Publ. O. N. E. R. A. No. **60** (1952).

[9] ROUMIEU, C.: C. R. Acad. Sci., Paris **234**, 52—54 (1952).

[10] FRANKL, F. I.: Untersuchungen auf dem Gebiete der schallnahen Strö-mungen. Z. Angew. Math. Mech. **41**, 337—341 (1961).

[11] GERMAIN, P., et R. BADER: O. N. E. R. A. Publ. No. 54 (1952).

[12] AGMON, S., L. NIRENBERG and M. H. PROTTER: Communications on Pure and Applied Mathematics 6, 455—470 (1953).

[13] GELLERSTEDT, S.: Sur un problème aux limites pour une équation linéaire aux derivées partielles du second ordre de type mixte. Dissertation, Uppsala University, Uppsala (1935).

[14] GERMAIN, P.: NACA Technical Note No. 3299 (1955).

[15] MORAWETZ, C. S.: Comm. Pure and Appl. Math. 7, 697—703 (1954).

[16] PROTTER, M. H.: Part I, J. of Rational Mechanics and Analysis 2, 107—114 (1953); Part II, ibid 4, 721—732 (1955).

[17] MORAWETZ, C. S.: Proc. Roy. Soc. A 236, 141—144 (1956).

[18] PROTTER, M. H.: Duke Mathematical J. 21, 1—7 (1954).

[19] GERMAIN, P.: Quaterley of Applied Mathematics 14, 113—124 (1956).

[20] AGMON, S.: Atti del Convegno Internazionale sulle Equazioni alle Derivate Parziali, 1—15 Trieste (1954).

[21] GERMAIN, P.: Les équations du type mixte et le problème de Tricomi. Séminaire Bourbaki — (Décembre 1955).

[22] MORAWETZ, C. S.: Comm. Pure and Appl. Math. XI, 315—331 (1958).

[23] FRIERICHS, K. O.: Comm. Pure and Appl. Math. XI, 333—418 (1958).

[24] DARBOUX, G.: Leçons sur la théorie générale des surfaces Tome 2, Livre 4, chapitre 3, Gauthier-Villars (1915).

[25] GERMAIN, P.: Comm. Pure and Appl. Math. VII, 117—144 (1954).

[26] GERMAIN, P., et R. BADER: Bulletin, Sté Math. de France 81, 145—174 (1953).

[27] HELLIWELL, J. B. and MACKIE, A. G.: J. of Fluid Mechanics 3, 93—109 (1957).

[28] FENAIN, M.: La Recherche Aéronautique No. 33, 11—28 (1953).

[29] MARTIN, M. H. and W. R. THICKSTUN: Proc. Symposia in Appl. Math. 4, 61—73 (1953).

[30] CABANNES, H.: C. R. Acad. Sc. Paris 229, 102—104 (1949).

[31] GERMAIN, P.: La Recherche Aéronautique No. 25, 9—17 (1952).

[32] TOMOTIKA, S., and K. TAMADA: Quaterly of Appl. Math. 7, 381—397 (1950); ibid 9, 129—147 (1951).

[33] CHERRY, T. M.: Philos. Trans. Roy. Soc. London 245, 583—626 (1953).

[34] CHERRY, T. M.: Transonic nozzle flows found by the hodograph method. Partial differential equations and continuous mechanics. The University of Wisconsin Press, 216—232 (1961).

[35] GILLES, A.: La Recherche Aéronautique No. 32, 3—10 (1953).

[36] LIGHTHILL, M. J.: Proc. Roy. Soc. A 191, 323—369 (1947).

[37] BERGMAN, S.: Integral operations in the theory of linear partial differential equations. Berlin/Göttingen/Heidelberg: (Springer 1961).

[38] MORAWETZ, C. S.: Comm. Pure and Appl. Math., Part I—IX, 45—68 (1956); Part II—X, 107—131 (1957); Part III—XI, 129—144 (1958).

[39] FRANKL, F. I.: Doklady 57, 661—664 (1947); Trad. O. N. E. R. A. No. 1100.

[40] GUDERLEY, G., and H. YOSHIHARA: Jour. of Aero. Sci. 17, 723—735 (1950).

[41] LANDAU, L. D., et E. N. LIFSHITZ: Fluid mechanics. Pergamon 1959.

[42] LOEWNER, CH.: N. A. C. A. Tech. Note No. 2065 (1950).

[43] GERMAIN, P., et M. FENAIN: C. R. Ac. des Sc. Tome 234, 592—594 (1952).

[44] GERMAIN, P., et M. LIGER: C. R. Ac. des Sc. Tome 234, 52—54 (1952).

[45] LIGER, M.: Pub. O. N. E. R. A. No. 64 (1953).

[46] GERMAIN, P.: Proc. Scand. U. S. National Congress of Appl. Mech. 659—666 Ann Arbor (1954).

[47] KOLODNER, I., and C. S. MORAWETZ: Comm. on Pure and Applied Math. 6, 97—102 (1953).

The application of the hodograph method to the flow past fixed bodies

By

A. G. Mackie

St. Andrews University, Scotland

The purpose of this talk is to present some results concerning two-dimensional, inviscid flow of a gas past fixed bodies. Emphasis is laid on the exact analytic formulation of the solution although this may be expanded in series in certain cases and numerical results are also forthcoming.

It will be recalled that early attempts to utilize the hodograph method for flows of this type made use of the "correspondence principle". In this the stream function Ψ of some known incompressible flow is written as a function of q and θ, the polar velocity co-ordinates. When this is expanded in powers of q the term $q^n \sin n(\theta + \alpha_n)$ is replaced by $\psi_n(\tau) \sin n(\theta + \alpha_n)$ where τ is a function of q and $\psi_n(\tau)$ is the CHAPLYGIN hypergeometric function. However, the complete incompressible hodograph solution frequently involves several series and when these are modified in the manner indicated the resulting series are no longer analytic continuations of one another. Methods of finding the analytic continuations of given series in the compressible hodograph variables were given by LIGHTHILL [*11*] and CHERRY [*1*]. A special case of interest was described by GOLDSTEIN, LIGHTHILL and CRAGGS [*5*]. This made use of an intermediate integral and the integral form of solution is found to be a very convenient one in the work I wish to describe. However, the "correspondence principle" has the disadvantage that the given profiles, even when they do exist, have to be determined *a posteriori* from the solution.

Work in this field in the early 1950's was primarily concerned with obtaining solutions of TRICOMI's equation appropriate to given flow patterns. Although limited in some respects by the restriction to flows close to a uniform stream, this work is much more satisfactory in that a specific boundary value problem is formulated in the hodo-

4*

graph plane. When the bounding streamlines have either θ constant, as with a wedge, or q constant, as with a "free" streamline, the problem can be set up in the hodograph plane except for the determination of the singularity which corresponds to the point at infinity in the physical plane. I have listed in the references some of the pioneer papers [2, 6, 8, 17] in which the fundamental singularities were identified and the boundary value problems solved. The extensive literature on BESSEL functions enabled considerable progress to be made and expressions for the drag coefficients in certain cases were formulated and then evaluated. Another way of using BESSEL functions in transonic problems was discovered by TOMOTIKA and TAMADA [16]. This makes use of a fictitious gas with properties close to that of a perfect polytropic gas, the CHAPLYGIN functions being now replaced by BESSEL functions. However the separation parameter now enters into both order and argument, unlike the BESSEL function solutions of TRICOMI's equation which are of order $\pm \frac{1}{3}$.

I wish to discuss some applications of hodograph theory to this type of problem and I shall be concerned chiefly with the general hodograph equation

$$\frac{\partial^2 \Psi}{\partial \sigma^2} + k(\sigma)\frac{\partial^2 \Psi}{\partial \theta^2} = 0 . \tag{1}$$

Here

$$\sigma = \int\limits_V^1 \frac{\varrho\, dV}{V} , \quad k(\sigma) = \frac{1}{\varrho^3}\frac{d(\varrho\, V)}{dV} ,$$

where ϱ, V are respectively the density and velocity which have the value unity at sonic speed, corresponding to $\sigma = 0$. The advantage of operating with the general Eq. (1) is that composite results can be obtained for a perfect gas, a TOMOTIKA and TAMADA gas

$$\left(k(\sigma) = \left(\frac{2}{\gamma+1}\right)^{2/(\gamma-1)}\left[1 - \exp\left\{-2\sigma\left(\frac{\gamma+1}{2}\right)^{(\gamma+1)/(\gamma-1)}\right\}\right]\right),$$

a TRICOMI gas $(k(\sigma) = (\gamma + 1)\,\sigma)$ or an incompressible fluid $(k(\sigma) = 1)$. γ is the adiabatic index of the gas. A function which recurs repeatedly in this work is the function defined by $L(\sigma, \nu)$. This is the solution of the ordinary differential quation

$$\frac{d^2 u}{d\sigma^2} - \nu^2\, k(\sigma)\, u = 0 ,$$

obtained by separating the variables in (1), which is -1 when $\sigma = 0$ and which tends to zero as $\sigma \to \infty$ for real positive values of ν. In the cases already mentioned

$$L(\sigma, v) = -\frac{\psi_v(\tau)}{\psi_v(\tau^*)} \text{ for a perfect gas, in LIGHTHILL's notation } [10];$$

$$L(\sigma, v) = -\frac{J_n(n\,t)}{J_n(n)} \text{ for a TOMOTIKA and TAMADA gas,}$$

$$\text{where } n = \left(\frac{2}{\gamma+1}\right)^{(\gamma+2)/(\gamma-1)} v \text{ and } t = \exp\left\{-\sigma\left(\frac{\gamma+1}{2}\right)^{(\gamma+1)/(\gamma-1)}\right\};$$

$$L(\sigma, v) = -\frac{3^{\frac{1}{6}} v^{\frac{1}{3}} \Gamma(\tfrac{2}{3})}{\pi} (\gamma+1)^{\frac{1}{6}} \sigma^{\frac{1}{2}} K_{\frac{1}{3}}\left\{\tfrac{2}{3}(\gamma+1)^{\frac{1}{2}} v\, \sigma^{\frac{3}{2}}\right\} \text{ for a TRICOMI gas;}$$

$$L(\sigma, v) = -e^{-v\sigma} \text{ for an incompressible fluid.}$$

It has been possible to make progress with the general Eq. (1) largely because of the work of GERMAIN [4] who identified the fundamental solution and obtained the inversion formula corresponding to the associated integral transform. I cannot, in a short report, give details of all the different models which have been investigated but I should like to give an outline, indicating the general line of approach, some of the points of mathematical interest and some of the results obtained.

One of the first tasks is the determination of the correct singularity corresponding to the point at infinity in the physical plane. For the special case $k(\sigma) = 1$ these are readily identified as the dipoles, quadrupoles, etc. of classical potential theory. By working with the function $L(\sigma, v)$ their counterparts can be identified for an arbitrary function $k(\sigma)$ and then specialised to the particular cases already mentioned. Most of the basic singularities are listed and discussed in [13]. When the profiles considered are wedge-shaped the complete determination of the stream function can usually be obtained by summing the appropriate image system and writing the result as an integral. One example of this is the KIRCHHOFF-HELMHOLTZ flow past a flat plate, the velocity being sonic at infinity and on the free streamlines emanating from the edges of the plate. When the plate is normal to the free stream the singularity at the origin in the σ, θ-plane is of quadrupole type. However, if the plate is oblique to the flow [15] an extra singularity of dipole type must be introduced. Thus it is not possible, for example, to obtain the flow past a flat plate slightly off the normal by perturbing the solution for normal flow and solving the resultant regular boundary value problem. The effect of the change in singularity must be included.

Two further examples of flow past wedges or flat plates involving different free stream singularities are the ROSHKO model [12] and the RIABOUCHINSKY model [7]. The ROSHKO model with subsonic infinity speed V_1 has a wake of finite width on part of which the flow is sonic. As $V_1 \to 1$ we recover the Kirchhoff-Helmholtz flow. In the Riabouchinsky model the profile consists of two symmetrically placed wedge sections joined by free streamlines on which the Mach number $M = 1$. This is the only model of those considered which represents flow past a closed body. It has not been found possible to determine the stream function for other than Tricomi's equation as a rather elaborate system of dual integral equations has to be solved [7]. Recently the numerical results obtained in this work were checked by Fisher [3] who undertook a large scale computation and excellent agreement was obtained for Mach numbers close to unity.

Fortunately, it is possible to evaluate the integral involving the drag on straight sections of streamlines. It was found when working with Tricomi's equation that these integrals could be evaluated explicitly through some elementary properties of Bessel functions. However, the following observations show that this integration is possible even when working with a gas with an arbitrary equation of state.

Corresponding to a term in the solution $\Psi = L(\sigma, \nu) \sin \nu(\alpha - \theta)$ it is easily shown that the length l up the straight streamline $\theta = \alpha$ is

$$l = \frac{\nu}{\nu^2 - 1} \left\{ \frac{L(\sigma, \nu)}{\varrho V} - \frac{L'(\sigma, \nu)}{V} \right\},$$

the prime denoting differentiation with respect to σ. If now we write $\int p\, dl$ as $[l\, p] - \int l\, dp$, p being the pressure, and use Bernoulli's theorem, we see that effectively we have to evaluate

$$\int l\, \varrho\, V\, dV$$

or

$$\frac{\nu}{\nu^2 - 1} \int \left\{ L(\sigma, \nu) - \varrho\, L'(\sigma, \nu) \right\} dV.$$

Since $\dfrac{dV}{d\sigma} = -\dfrac{V}{\varrho}$, this is simply $\dfrac{\nu}{\nu^2 - 1} [VL(\sigma, \nu)]$. In practice the expression for the stream function is most conveniently expressed as an integral up the imaginary ν-axis of the form

$$\Psi = \int_{-i\infty}^{i\infty} f(\nu)\, L(\sigma, \nu) \sin \nu(\alpha - \theta)\, d\nu.$$

Before the manipulation above can be carried out it is necessary to change the contour for certain reasons of convergence to a contour C parallel to the imaginary axis but along which $Rl\,\nu > 1$. It is seen from the above work that the expressions for l and for the drag are singular at $\nu = 1$. Thus if it is desired to re-write the integral as one from $-i\infty$ to $i\infty$, the contribution from the pole at $\nu = 1$ must be included. In some cases this contribution is the only one since the integral vanishes while in other cases the evaluation of the integral up the imaginary axis is a relatively simple and straightforward computation. It appears that the contribution from the pole is in general the major one and this can usually be obtained with great ease.

I cannot enter into full details but I should like to quote some formulae which have been obtained by these methods for special cases. For the symmetric subsonic KIRCHHOFF-HELMHOLTZ flow past a wedge of angle 2α the drag coefficient C_D is given by

$$C_D^{-1} = \frac{1}{2\sin\alpha} - \frac{\varrho_1}{2\pi i} \int_C \frac{v^2\, L'(\sigma_1, v)}{(v^2 - 1)\sin v\, \alpha\, L(\sigma_1, v)}\, dv, \tag{2}$$

the suffix unity denoting conditions in the free stream. When the MACH number $M_1 = 0$, corresponding to incompressible flow, this expression can be shown equal to that given by LAMB [9] for the drag coefficient in the solution of BOBYLEFF's problem. If (2) is expanded in powers of α, then we find, after some algebra, that

$$C_D = \frac{4\alpha^2}{\pi(1 - M_1^2)^{\frac{1}{2}}}\, \{1 + O(\alpha)\}.$$

This shows that the drag coefficient for small α is scaled according to the PRANDTL-GLAUERT law to allow for the compressibility of the gas.

The formula given in (2) also enables C_D to be plotted against M_1 for the range $0 \leqslant M_1 \leqslant 1$. Previous results have been confined to small values of M_1 and to the special case $M_1 = 1$. Some details are given in [14].

If $M_1 = 1$ we obtain the drag coefficient for sonic speed at infinity and on the free streamlines. It is possible to expand this expression when α is small for different functions $L(\sigma, v)$ and so obtain some estimate of the error in using the TRICOMI or TOMOTIKA and TAMADA approximations. This was carried out in [12].

Finally the drag coefficients for a flat plate placed at an angle of attack ε to a sonic stream can be found. The exact expression is

$$C_D^{-1} = \frac{1}{2} + \frac{\cos\varepsilon}{2\pi i} \int_C \frac{v^2 \cos v\varepsilon\, + \, v\tan\varepsilon\sin v\varepsilon}{(v^2 - 1)\sin \tfrac{1}{2} v\, \pi}\, L'(0, v)\, dv.$$

It was found difficult to compute this for CHAPLYGIN functions. For the TOMOTIKA and TAMADA gas, computations were carried out by evaluating the integral up the imaginary axis. This involves BESSEL functions of purely imaginary order and argument of which very little tabulation has been made. For small ε the drag coefficient is given by

$$C_D^{-1} = 0.877 + 0.179\, \varepsilon^2.$$

The corresponding result for incompressible flow is

$$C_D^{-1} = 1.137 + 0.318\, \varepsilon^2,$$

showing that the asymmetry affects the drag to a relatively greater extent in low speed than in high speed flow. The value 0.877 for the symmetric case when $\alpha = 0$ is of some interest as few theoretical results for drag coefficients in the transonic range for flow past bluff bodies are available. This result compares very favourably with a calculation described by MACCOLL in a paper read at the Sixth International Congress of Applied Mathematics in Paris in 1946. Details are given in [14].

The work which has been described is limited in application to subsonic or sonic speeds. When supersonic regions occur new constraints appear which have no parallel in the theory of incompressible flow. GUDERLEY has discussed this problem in detail for TRICOMI's equation and has identified the basic singularity on the sonic line which has the desired mapping into the physical plane. This singularity is usually written as a hypergeometric function. However, it is interesting to note that it may also be written as

$$r^{\frac{1}{3}} \int\limits_0^\infty \lambda^{\frac{m+1}{3}} e^{-\lambda\theta} \left\{ J_{\frac{1}{3}}(\lambda r) + J_{-\frac{1}{3}}(\lambda r) \right\} d\lambda,$$

where $9r^2 = 4(\gamma + 1)\,\sigma^3$. This representation as an infinite integral is similar to the representation of other basic singularities and suggests that it might be possible to extend this type of work with the general hodograph equation into the supersonic field.

References

[1] CHERRY, T. M.: Proc. Roy. Soc. A **192**, 45 (1947).

[2] COLE, J. D.: J. Math. Phys. **30**, 79 (1951).

[3] FISHER, D. D.: Stanford University Technical Report No. **22** (1962).

[4] GERMAIN, P.: J. Rat. Mech. Anal. 4, 925 (1955).

[5] GOLDSTEIN, S., M. J. LIGHTHILL and J. W. CRAGGS: Quart. J. Mech. Appl. Math. 1, 344 (1948).

[6] GUDERLEY, G., and H. YOSHIHARA: J. Aero. Sci. 17, 723 (1950).

[7] HELLIWELL, J. B., and A. G. MACKIE: Quart. J. Mech. Appl. Math. **12**, 298 (1959).

[8] IMAI, I.: J. Aero. Sci. **19**, 496 (1952).

[9] LAMB, H.: Hydrodynamics (Cambridge, 1906).

[10] LIGHTHILL, M. J.: Proc. Roy. Soc. A **191**, 341 (1947).

[11] LIGHTHILL, M. J.: Proc. Roy. Soc. A **191**, 352 (1947).

[12] MACKIE, A. G.: Proc. Camb. Phil. Soc. **54**, 538 (1958).

[13] MACKIE, A. G.: Brown University Technical Report **562** (07)/36 (1960).

[14] MACKIE, A. G.: Applications of the Theory of the General Hodograph Equation. Part I. Proc. Camb. Phil. Soc. **58,** 631 (1962).

[15] MACKIE, A. G.: Applications of the Theory of the General Hodograph Equation. Part II. Proc. Camb. Phil. Soc. **58,** 638 (1962).

[16] TOMOTIKA, S., and T. TAMADA: Quart. Appl. Math. **9**, 129 (1951).

Local supersonic region on a body moving at subsonic speeds

By

E. V. Laitone

University of California, Berkeley, U. S. A.

Summary

A simple graphical proof is presented which gives a clear physical explanation of why a local supersonic region enclosed by a sonic line and a convex profile must always have an inflection point on any characteristic Mach line at the point where the local velocity corresponds to $M^* = \sqrt{2}$. This inflection point is shown to be directly related to the fact that the velocity ellipse is tangent to the characteristic epicycloid in the hodograph plane at $M^* = \sqrt{2}$.

The physical insight gained by the previous geometric proof then leads one to investigate the corresponding shock polar case in the hodograph plane. Then it is found that a straight line can be simultaneously tangent to the sonic circle and any shock polar (or characteristic) epicycloid only at $M = \sqrt{\dfrac{\gamma + 3}{2}}$. This condition is then shown to correspond to the minimum Mach number at which any shock wave can form without producing an inflection point in a curved stream line, which is in agreement with the analytical analyses of Emmons (1946) and Lin and Rubinov (1948). It is also pointed out that $M = \sqrt{\dfrac{\gamma + 3}{2}}$ corresponds to the most stable normal shock that can terminate a local supersonic region on a convex profile since it yields the maximum absolute value of static pressure, and because it can be consistent with any upstream radius of curvature.

Finally it is shown that in the local supersonic flow over a thin convex profile the isentropic flow is limited to $M^* \approx \sqrt{2}$. This velocity limitation is shown to be somewhat analogous to the sonic velocity limit in a Laval nozzle because of the fact that pressure signals cannot be propagated sufficiently far upstream by a smooth convex profile.

1. The isentropic relations

The intrinsic equations for steady two-dimensional flow that is irrotational and isentropic may be written as (e. g. see MILNE-THOMSON),

$$q\,q_s = -\frac{1}{\varrho}\,p_s;\quad q^2\,\theta_s = -\frac{1}{\varrho}\,p_n$$

$$\theta_n = -\frac{(\varrho\,q)_s}{\varrho\,q} = (M^2-1)\frac{q_s}{q};\quad \theta_s = \frac{q_n}{q} \tag{1.1}$$

where q and θ represent the velocity vector magnitude and direction respectively, as shown in Fig. 1.

Then by introducing the dimensionless velocity M^*, defined by the critical speed of sound a^*,

$$M^* = \frac{q}{a^*} = M\,\frac{a}{a^*} = M\left[\frac{\dfrac{\gamma+1}{2}}{1+\dfrac{\gamma-1}{2}\,M^2}\right]^{1/2} \tag{1.2}$$

we can write the intrinsic equations for isentropic flow in the following form:

$$\frac{M_s^*}{M^*} = \frac{q_s}{q} = -\frac{p_s}{\varrho\,q^2} = \frac{\theta_n}{M^2-1}$$

$$\frac{M_n^*}{M^*} = \frac{q_n}{q} = -\frac{p_n}{\varrho\,q^2} = \theta_s \tag{1.3}$$

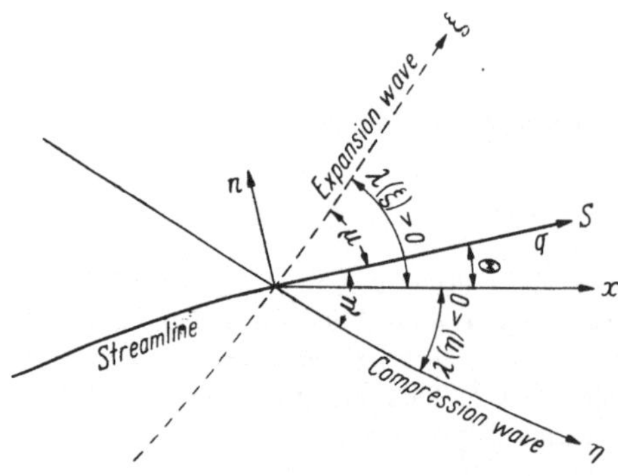

Fig. 1.
Characteristic (ξ, η) coordinates in the physical plane

Now if we refer to Figs. 1 and 2 for the special case of a uniform local supersonic flow over a convex profile imbedded in a subsonic flow field, we can write along the $\boldsymbol{\xi} \equiv (\theta + \mu)$ expansion MACH wave running from the profile to the sonic line

$$\theta_\xi = \cos\mu\,\theta_s + \sin\mu\,\theta_n$$

$$= -\cos\mu\left[(-\theta_s) - \sqrt{M^2-1}\left(\frac{M_s^*}{M^*}\right)\right] = \sqrt{M^2-1}\left(\frac{M_\xi^*}{M^*}\right) < 0 \tag{1.4}$$

$$M_\xi^* = \cos\mu\,M_s^* + \sin\mu\,M_n^*$$

$$= -\frac{M^*}{M}\left[(-\theta_s) - \sqrt{M^2-1}\left(\frac{M_s^*}{M^*}\right)\right] < 0 \tag{1.5}$$

where μ is the MACH wave angle defined by

$$\mu = \sin^{-1}\frac{1}{M} = \cos^{-1}\frac{\sqrt{M^2-1}}{M} = \tan^{-1}\frac{1}{\sqrt{M^2-1}} \tag{1.6}$$

so that

$$\mu_\xi = \frac{d\mu}{dM}\,\frac{dM}{dM^*}\,M_\xi^* = -\left(\frac{1+\dfrac{\gamma-1}{2}\,M^2}{\sqrt{M^2-1}}\right)\frac{M_\xi^*}{M^*} \tag{1.7}$$

Consequently,

$$\lambda_\xi(\xi) = \theta_\xi + \mu_\xi$$
$$= \frac{2}{M\sqrt{M^2-1}}\left(1 - \frac{3-\gamma}{4}M^2\right)\left[(-\theta_s) - \sqrt{M^2-1}\left(\frac{M_s^*}{M^*}\right)\right]$$
$$= -\frac{2}{\sqrt{M^2-1}}\left(1 - \frac{3-\gamma}{4}M^2\right)\frac{M_\xi^*}{M^*} \tag{1.8}$$

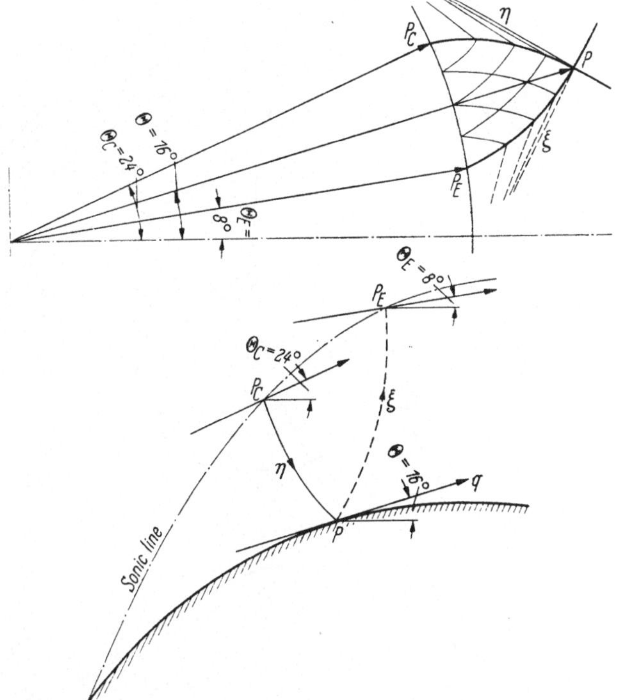

Fig. 2. MACH waves in the physical and hodograph planes

Similarly for the compression MACH wave $\eta \equiv (\theta - \mu)$, which is the reflected MACH wave returning from the sonic line to the profile, we obtain

$$\theta_\eta = \cos\mu\,\theta_s - \sin\mu\,\theta_n$$
$$= -\cos\mu\left[(-\theta_s) + \sqrt{M^2-1}\left(\frac{M_s^*}{M^*}\right)\right]$$
$$= -\sqrt{M^2-1}\left(\frac{M_\eta^*}{M^*}\right) < 0 \tag{1.9}$$

$$M_\eta^* = \cos\mu\,M_s^* - \sin\mu\,M_n^*$$
$$= \frac{M^*}{M}\left[(-\theta_s) + \sqrt{M^2-1}\left(\frac{M_s^*}{M^*}\right)\right] > 0 \tag{1.10}$$

$$\lambda_\eta(\eta) = \theta_\eta - \mu_\eta = \frac{2}{\sqrt{M^2-1}}\left(1 - \frac{3-\gamma}{4}M^2\right)\frac{M_\eta^*}{M^*} \tag{1.11}$$

     E. V. LAITONE

The inequalities given in the preceding equations are self-evident upon inspection of Fig. 2, and they express the monotonic behavior of the angle of inclination and the magnitude of the velocity vector as one moves along a MACH wave or characteristic. This monotonic

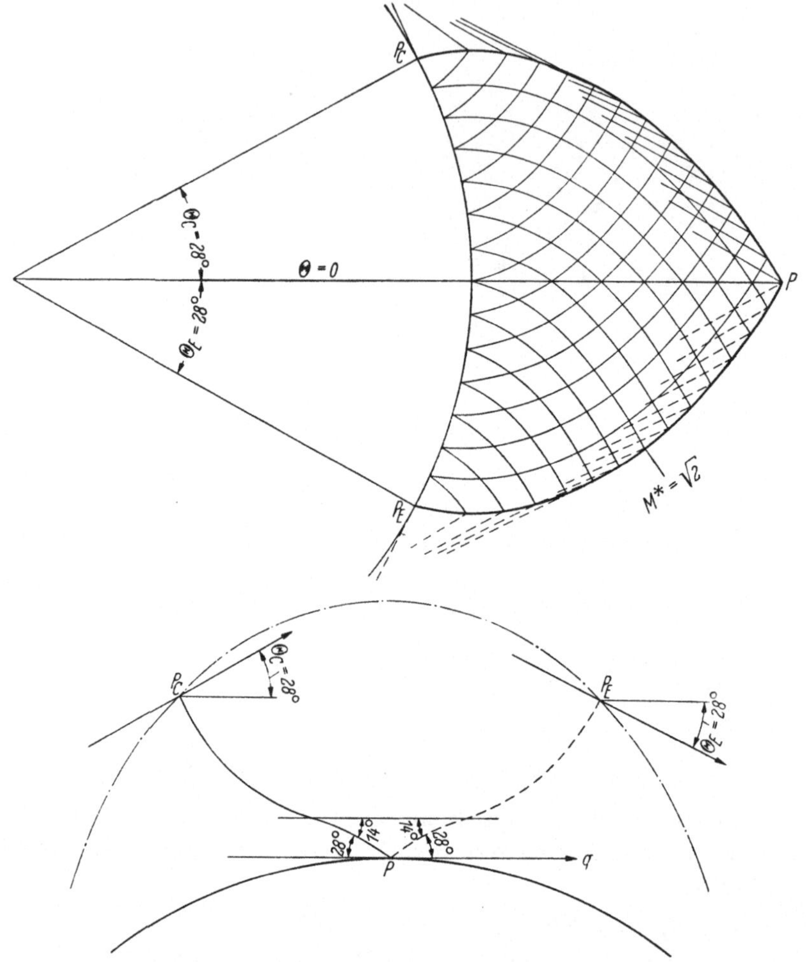

Fig. 3. Maximum slope and inflection point (1.12) in MACH waves at $M^* = \sqrt{2}$

behavior was first proved by NIKOLSKY and TAGANOV (1946) for any MACH wave in a local supersonic region wherein all the MACH waves of the other family terminated on the sonic line.

It is of interest to also note that (1.8) and (1.11) are identical to the relations derived by LIN and RUBINOV (1948), and they prove that the MACH waves must have an inflection point whenever

$$M = \frac{2}{\sqrt{3-\gamma}} = 1.581; \quad M^* = \sqrt{2} \qquad (1.12)$$

as first proved by CHRISTIANOVICH (1941) and illustrated in Fig. 3.

Figs. 3 and 4 immediately point out a simple graphical explanation for the occurrence of this inflection point in the MACH waves. Since the major axis of the velocity ellipse corresponds to the slope of the MACH wave in the physical plane at the point corresponding to the

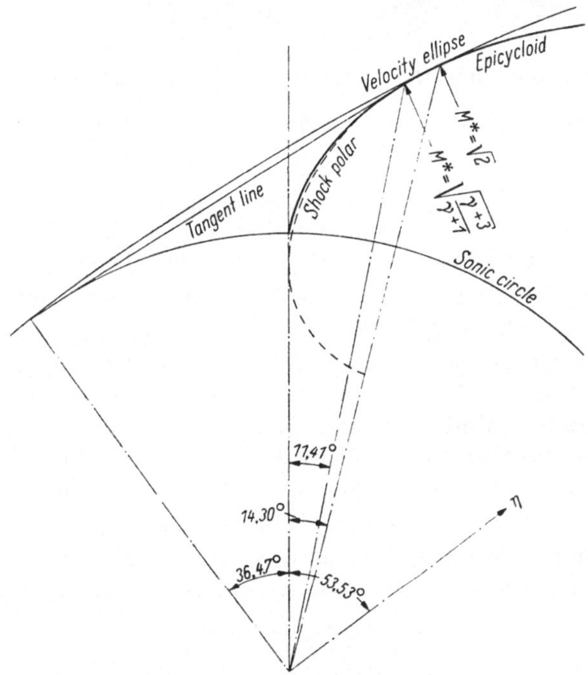

Fig. 4. Location of the tangent points for the velocity ellipse (1.12) and a straight line (2.5) on the characteristic epicycloid and the shock polar

intersection of the velocity ellipse profile with the characteristic epicycloid, therefore, the change in MACH wave slope is monotonic only if $M^* < \sqrt{2}$ which corresponds to the point where the velocity ellipse is tangent to the characteristic epicycloid as shown in Fig. 4. It is immediately evident that the MACH wave curvature must reverse itself when M^* exceeds $\sqrt{2}$.

The numerical value of $M^* = \sqrt{2}$ for the point of tangency of the velocity ellipse and the characteristic epicycloid in the hodograph plane is seen to be independent of the specific heat ratio γ, and it can be derived as follows: For the velocity ellipse we have

$$\sin \mu = \frac{1}{M} = \left[\frac{(\gamma + 1) - (\gamma - 1) M^{*2}}{2 M^{*2}} \right]^{1/2}$$

$$\frac{dM^*}{d\mu} = - M^* \left[\left(1 - \frac{\gamma - 1}{\gamma + 1} M^{*2} \right) (M^{*2} - 1) \right]^{1/2} \qquad (1.13)$$

while for the characteristic epicycloid we have

$$\frac{dq}{d\theta} = - \frac{q}{\sqrt{M^2 - 1}}$$

$$\frac{dM^*}{d\theta} = - \frac{M^*}{\sqrt{M^2 - 1}} = -M^* \left[\frac{1 - \dfrac{\gamma - 1}{\gamma + 1} M^{*2}}{M^{*2} - 1} \right]^{1/2} \qquad (1.14)$$

so that the slopes are the same in the hodograph plane only when $M^* = \sqrt{2}$, as long as $\gamma > -1$ and $M^* < \sqrt{\dfrac{\gamma + 1}{\gamma - 1}} = (M^*)_{\max}$.

2. The shock wave relations

Since the shock polar and the characteristic epicycloid have a common tangent (e. g. see OSWATITSCH), the velocity ellipse is also tangent to the shock polar at $M^* = \sqrt{2}$ for all physically possible values of the specific heat ratio γ. It is of interest to now consider the limiting case as $\gamma \to 1$ since then the radius of the maximum velocity circle approaches infinity and the velocity ellipse reduces to a straight line which is tangent to the shock polar (and the characteristic epicycloid) at $M^* = \sqrt{2} = M$. Next we will determine the properties of a straight line that is tangent to the sonic circle and the shock polar, as shown in Fig. 4, for any value of γ. First we note in Fig. 5 that because of PRANDTL's relation for a normal shock (e. g. see OSWATITSCH)

$$U_1 U_2 = a^{*2} \qquad (2.1)$$

we find that a straight line $\overline{N}_1$ drawn tangent to the sonic circle from the point U_1 determines the velocity U_2 produced by a normal shock starting at U_1. That is, as shown in Fig. 5, we locate U_2 by dropping a straight line which is perpendicular to the U-axis from the point of tangency of $\overline{N}_1$ with the sonic circle since then

$$\frac{U_2}{a^*} = \cos \sigma = \frac{a^*}{U_1} = \frac{1}{M_1^*} \qquad (2.2)$$

in agreement with (2.1). Now if in addition $\overline{N}_1$ is to be tangent to the shock polar at U_1, it must also be tangent to the characteristic epicycloid at U_1 so that

$$\sigma = \mu_1 = \sin^{-1} \frac{1}{M_1} \qquad (2.3)$$

because the MACH wave must always be perpendicular to the characteristic epicycloid. Therefore, (2.2) and (2.3) may be combined as

$$1 = \sin^2 \mu_1 + \cos^2 \mu_1 = \frac{1}{M_1^2} + \frac{1}{M_1^{*2}} \qquad (2.4)$$

which, upon introducing (1.2), yields

$$M_1 = \sqrt{\frac{\gamma + 3}{2}} = 1.483; \quad M_1^* = \sqrt{\frac{\gamma + 3}{\gamma + 1}} \qquad (2.5)$$

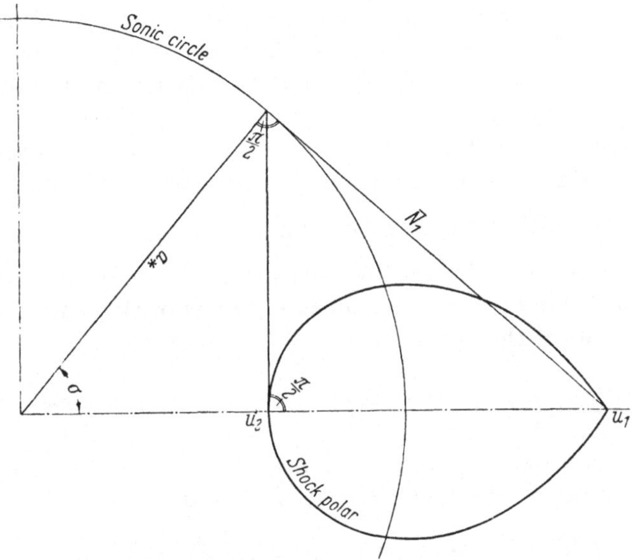

Fig. 5. The shock polar in the hodograph plane

as the only MACH number at which a straight line can be tangent to both the sonic circle and the shock polar (or the characteristic epicycloid).

As shown by EMMONS (1946) and LIN and RUBINOV (1948), $M = \sqrt{\frac{\gamma + 3}{2}}$ is the highest MACH number at which a shock wave can produce an inflection point in the streamline curvature. In other words velocities greater than the limiting value defined in (2.5) cannot produce a strong continuous shock that would reverse the streamline curvature, whereas velocities less than the limiting value defined in (1.12) cannot produce a reversal in the MACH wave curvature. In both cases the inflection points can form only at the velocity corresponding to the limiting value, and in the limiting case as $\gamma \to 1$ these limiting values of M and M^* become identical and equal to $\sqrt{2}$.

EMMONS (1946) showed that for a normal shock wave $M = \sqrt{\dfrac{\gamma + 3}{2}}$ is the only MACH number that allows a curved streamline to become straight downstream of the normal shock wave. Consequently, it would be the most likely MACH number to occur ahead of the normal shock that terminates the local supersonic flow region over a convex profile whenever a boundary layer separation occurs downstream of the normal shock. In addition, LAITONE (1954) pointed out that $M = \sqrt{\dfrac{\gamma + 3}{2}}$ corresponds to the maximum possible absolute static pressure recovery through a normal shock wave for any initial stagnation pressure. Consequently, it would be the most stable normal shock since at a higher MACH number further downstream, a shock would produce a lower absolute static pressure, and therefore allow the higher subsonic free stream static pressure to push the normal shock wave upstream until the maximum absolute static pressure was produced at the local MACH Number of $\sqrt{\dfrac{\gamma + 3}{2}}$.

This relation was derived by LAITONE (1954) by writing the static pressure p_2 behind the normal shock in terms of the stagnation pressure p_{10} ahead of the shock as (e. g. see OSWATITSCH)

$$\frac{p_2}{p_{10}} = \left(\frac{2\gamma\, M_1^2 - \gamma + 1}{\gamma + 1}\right)\left(1 + \frac{\gamma - 1}{2}\, M_1^2\right)^{-\frac{\gamma}{\gamma-1}} \leqslant \frac{p_\infty}{p_{10}} \qquad (2.6)$$

Then for constant stagnation conditions ahead of the shock there exists a maximum absolute value of p_2 that is given by

$$\left(\frac{dp_2}{dM_1^2}\right)_{p_{10}} = 0; \quad (M_1)_{p_2\mathrm{max}} = \sqrt{\frac{\gamma + 3}{2}} = 1.483 \qquad (2.7)$$

The corresponding surface pressure coefficient immediately ahead of this normal shock is given by

$$(C_p)^{M = \sqrt{\frac{\gamma + 3}{2}}} = \frac{p_1 - p_\infty}{\frac{1}{2}\varrho_\infty U_\infty^2} = \frac{2}{\gamma M_\infty^2}\left\{\left[\left(\frac{2}{\gamma + 1}\right)^2\left(1 + \frac{\gamma - 1}{2}\, M_\infty^2\right)\right]^{\frac{\gamma}{\gamma-1}} - 1\right\}$$

$$(2.8)$$

Consequently, (2.7) and (2.8) correspond to the normal shock that is most likely to terminate the local supersonic region over a convex profile because it yields the maximum absolute magnitude for the static pressure recovery (however, this is usually less than the free stream static pressure), and because it is consistent with any upstream radius of curvature, if the boundary layer can separate behind the normal shock. The experimental data shown in Fig. 6, which are presented by STIVERS (1954) for an NACA—64 A 010 airfoil at an angle of attack of 6.2°, are in excellent agreement with (2.8). The triangles indicate the measured surface pressure coefficient ahead of the normal shock that is indicated by the abrupt increase in the static pressure. The surface pressure coefficient has been plotted versus $1/M_\infty^2$ because then (2.8) forms a nearly straight line. The experimental data are not in as good an agreement with (2.8) whenever the schlieren photographs

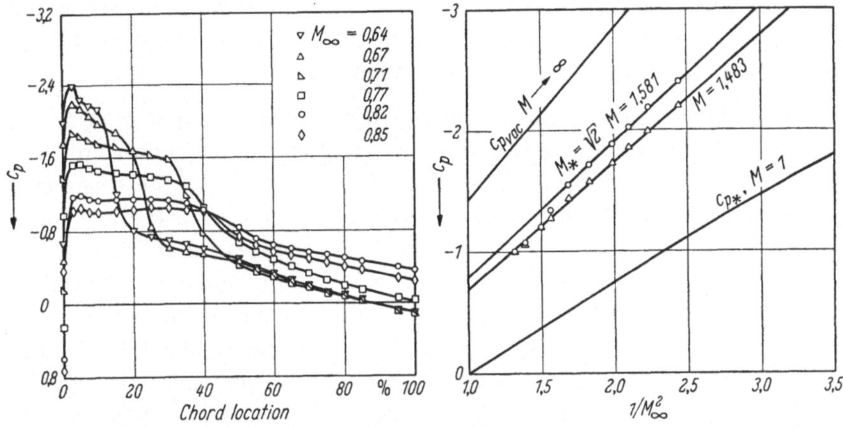

Fig. 6. Comparison of the normal shock (2.8) $M = 1.483$ (△) and isentropic flow (3.8) $M^* = \sqrt{2}$ (○) limits with the experimental data obtained by STIVERS (1954) for a NACA—64 A 010 airfoil at an angle of attack of 6.2°

show that a strong oblique shock wave or a λ-shock has occurred. The maximum static pressure recovery for the strongest oblique shock wave, corresponding to the maximum flow deflection, occurs at $M_1 = 1.335$ for $\gamma = 1.4$, but the effect of varying M_1 on this pressure recovery with an oblique shock wave is not as sensitive as it is for the normal shock wave since a plot of (2.6) shows that it has a sharp peak for maximum p_2.

3. The isentropic flow limitation in a local supersonic region

Since we have shown that an analogy exists for the inflection points predicted by (1.12) and (2.5), consequently the question now arises as to whether or not a similar analogy can be obtained between the limiting velocity predicted by (2.5) and that corresponding to (1.12). The experimental data shown in Fig. 6 suggests that $M^* = \sqrt{2}$ does provide a suitable limit for the measured peak surface pressure coefficient. This indicates that the isentropic flow may be limited because of the fact that at $M^* = \sqrt{2}$ the local η compression MACH waves have their most forward inclination as shown in Figs. 3 and 4. This would be somewhat analogous to the sonic velocity limitation in a

LAVAL nozzle because of the fact that pressure signals can no longer
be propagated upstream.

However, the experimental data at the higher angles of attack
definitely show that M^* can exceed $\sqrt{2}$, and as is well known, the
RINGLEB (1940) solution proves that the isentropic relations can predict a local MACH number as high as 2.5. We will now show that whenever the total change in surface deflection is limited, then $M^* \approx \sqrt{2}$
does provide a suitable criterion for the maximum velocity in the
local supersonic region over a convex profile.

Many investigators have sought to establish a limiting criterion
of $\lambda_s(\xi) \geqslant 0$ for predicting the break-down of isentropic supersonic flow
on the basis of the argument that this corresponds to the formation
of an envelope of MACH waves. However, Fig. 7 conclusively demonstrates that $\lambda_s > 0$ on
any convex streamline
in the region between the
sonic circle (point S) and
the point T wherein the
streamline must become
tangent to the velocity
ellipse. This condition
must exist because in the
region near the sonic line
any streamline must lie
between the velocity el-
lipse and the characteri-
stic epicycloid in the hodograph plane, as indi-
cated in Fig. 7. This is
always the case for any

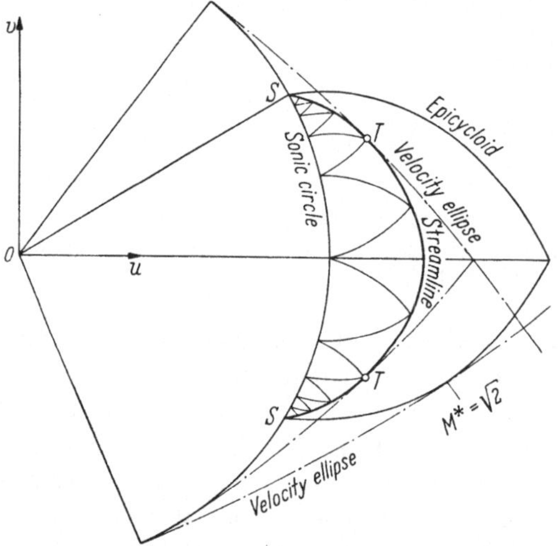

Fig. 7. Streamline variation in the hodograph plane

streamline in the local isentropic flow over a convex profile because,
as shown by NIKOLSKY and TAGANOV (1946), the streamline cannot
approach tangency to the characteristic epicycloid since this corresponds to a sharp corner or a flat segment having an infinite radius
of curvature. On the other hand the streamline cannot approach
tangency to the velocity ellipse at S in the hodograph plane since it
would then also become tangent to the sonic circle so that the velocity
gradient would become zero in the neighborhood of the sonic line.
Therefore, we always have $\lambda_s(\xi) > 0$ in the downstream portion from
T to S in the local supersonic region adjoining the downstream end
of the sonic line. Since $\lambda_s(\eta)$ behaves similarly in the upstream supersonic region immediately behind the start of the sonic line, it is obvious

that $\lambda_s(\xi) \geqslant 0$ by itself has no significance in the formation of a MACH wave envelope over a symmetrical convex profile.

However, the question arises as to whether or not the simultaneous occurrence of $\lambda_s(\xi) \geqslant 0$ and $\lambda_n(\xi) \leqslant 0$ would indicate the formation of an envelope of MACH waves in the downstream portion of the local supersonic region over an unsymmetrical convex profile, such as an airfoil. We can now analyze this criterion by introducing (1.3) and (1.6) into the following:

$$\lambda_n^{(\xi)} = \theta_s + \mu_s = \theta_s + \frac{d\mu}{dM}\frac{dM}{dM*} M_s^*$$

$$= \left(\frac{1 + \frac{\gamma - 1}{2} M^2}{\sqrt{M^2 - 1}}\right)\left(\frac{-M_s^*}{M^*}\right) - (-\theta_s) \tag{3.1}$$

$$\lambda_n^{(\xi)} = \theta_n + \mu_n = -(M^2 - 1)\left(\frac{-M_s^*}{M^*}\right) + \left(\frac{1 + \frac{\gamma - 1}{2} M^2}{\sqrt{M^2 - 1}}\right)(-\theta_s) \tag{3.2}$$

Therefore $\lambda_s(\xi) \geqslant 0$ for a convex surface ($\theta_s < 0$) only if $M_s^* < 0$ so that from (1.3) and (3.1) we obtain

$$-\frac{q_s}{q} = \frac{p_s}{\varrho\, q^2} = -\frac{M_s^*}{M^*} \geqslant \frac{\sqrt{M^2 - 1}}{1 + \frac{\gamma - 1}{2} M^2} (-\theta_s) \tag{3.3}$$

Then upon substituting (3.3) into (3.2) we finally find that when $\lambda_s(\xi) = 0$ we must have

$$\lambda_n(\xi) = \left[-\frac{(M^2 - 1)^{3/2}}{1 + \frac{\gamma - 1}{2} M^2} + \frac{1 + \frac{\gamma - 1}{2} M^2}{(M^2 - 1)^{1/2}}\right](-\theta_s)$$

$$= \frac{(\gamma + 1) M^2}{\left(1 + \frac{\gamma - 1}{2} M^2\right)\sqrt{M^2 - 1}}\left(1 - \frac{3 - \gamma}{4} M^2\right)(-\theta_s) \tag{3.4}$$

Consequently, $\lambda_n(\xi) \leqslant 0$ when $\lambda_s(\xi) = 0$ only if $M \geq \left(\frac{2}{\sqrt{3 - \gamma}}\right)$ or $M^* \geq \sqrt{2}$.

Now we will demonstrate that this situation can never occur if the streamlines lie within the characteristic epicycloid. In other words, if the streamline never becomes tangent to the characteristic epicycloid in the hodograph plane, we cannot form an envelope of MACH waves. First we note in Fig. 7 that $\lambda_s(\xi) \geqslant 0$ only in the region from S to T, and then we note in Fig. 4 that T must always correspond to $M^* < \sqrt{2}$ since the velocity ellipse is tangent to the characteristic epicycloid at $M^* = \sqrt{2}$, and for $M^* > \sqrt{2}$ the slope of the velocity ellipse is greater

5*

than that of the epicycloid. Consequently, the point T in Fig. 7 must be the point of tangency of the streamline to the characteristic epicycloid if $M^* = \sqrt{2}$, and this value cannot be exceeded since the most rapid velocity change corresponds to the sharp corner whose streamline follows the characteristic epicycloid.

Next we will demonstrate that the criterion $\lambda_s(\xi) = 0 = \lambda_n(\xi)$ can only occur at $M^* = \sqrt{2}$, and at this point the streamline must have a discontinuity in its curvature (θ_s) if the flow is to remain uniform and isentropic. First we note that (3.1) through (3.4) show that this criterion can only occur when the point T in Fig. 7 is at $M^* = \sqrt{2}$, and since the slope of the streamline coincides with that of the velocity ellipse, therefore, the streamline must also be tangent to the characteristic epicycloid as indicated in Fig. 4. As shown by Nikolsky and Taganov (1946), the point T therefore corresponds to an infinite acceleration and a discontinuity in the curvature. The physical reason why the streamline must have a discontinuity when the point T is at $M^* = \sqrt{2}$ can be demonstrated by noting that when $\lambda_s(\xi) = 0$ then (1.10) reduces to

$$M_\eta^* = \frac{M^*}{M} \left(\frac{2}{1 + \dfrac{\gamma - 1}{2} M^2} \right) \left(1 - \frac{3 - \gamma}{4} M^2 \right) (-\theta_s) > 0 \qquad (3.5)$$

This required inequality can be satisfied only if $M^* < \sqrt{2}$. When $M^* = \sqrt{2}$ we find that $M_\eta^* > 0$ only if θ_s is discontinuous, as is found to be the case in the Ringleb (1940) solution.

Consequently, the only flow limitation that can exist for the isentropic flow over a continuous convex profile is that the point T on the streamline in the hodograph plane as in Fig. 7 must correspond to $M^* < \sqrt{2}$. The maximum value of the velocity on the streamline is then only limited by the available flow deflection, and the fact that the streamline must remain within the characteristic epicycloid so that

$$\left| \frac{dq}{d\theta} \right| < \frac{q}{\sqrt{M^2 - 1}} \; ; \quad \left| \frac{dM^*}{d\theta} \right| < M^* \tan \mu \qquad (3.6)$$

The maximum possible flow deflection occurs in the Ringleb solution so the streamline that has the first discontinuity in curvature only at $M^* = \sqrt{2}$, finally attains a maximum velocity of

$$M = \frac{4}{3 - \gamma} = 2.5; \quad M^* = 2\sqrt{\frac{2}{\gamma + 1}} \qquad (3.7)$$

It is obvious that for the usual case of a thin airfoil at small angles of attack the available change in the streamline deflection cannot extend the velocity appreciable beyond $M^* = \sqrt{2}$. Confirmation of this assumption is indicated by the experimental data in Fig. 6, wherein the measured peak values of the surface pressure coefficient, as indicated by circles, are compared with $M^* = \sqrt{2}$ by writing

$$(C_p)_{M^*=\sqrt{2}} = \frac{2}{\gamma M_\infty} \left\{ \left[\left(\frac{3-\gamma}{\gamma+1} \right) \left(1 + \frac{\gamma-1}{2} M_\infty^2 \right) \right]^{\frac{\gamma}{\gamma-1}} - 1 \right\} \quad (3.8)$$

However, for larger angles of attack, or thicker airfoils, the available flow deflection may be increased so that M^* can sometimes exceed $\sqrt{2}$. Consequently, it cannot be called a limiting value, but only the most likely maximum value to be approached in most cases. This is made physically plausible when one notes that even if the streamline closely approaches the characteristic epicycloid it would require a $14.3°$ streamtube deflection to attain $M^* = \sqrt{2}$, as shown in Fig. 4, and a further deflection to $28.6°$ would only attain $M^* = 1.669$ where it would be found that the MACH waves at the profile must then be parallel to the corresponding streamlines at the sonic line as shown in Fig. 3. The experimental data indicates that the actual velocity variation usually cannot exceed one-half of the variation predicted by the characteristic epicycloid, or (3.6), since the compression η MACH waves must always accompany the expansion ξ MACH waves. The streamline shown in Fig. 7 gives approximately one-half of the velocity increase predicted by the characteristic epicycloid (3.6), or the PRANDTL-MEYER expansion.

The difficulty in exceeding $M^* = \sqrt{2}$ is also exhibited in the numerical calculations by CHERRY (1949), which indicated that the isentropic flow over a nearly circular profile could not exceed $M^* = \sqrt{2}$ before encountering a discontinuity in the streamline. This mathematical difficulty can be partially accounted for by noting that if one uses the LEGENDRE transformation (e. g. see OSWATITSCH)

$$X = x\,\phi_x + y\,\phi_y - \phi$$
$$\phi_x = u = q\cos\theta; \quad \phi_y = v = q\sin\theta \qquad (3.9)$$

and then introduces the characteristic coordinates (ξ, η) of Fig. 1, one finds that the isentropic potential equation reduces to the canonical or normal form given by

$$X_{\xi\eta} = \frac{(2 - M^{*2})\, M^{*2}}{2(\gamma+1)(M^{*2}-1)^2 \tan\mu} (X_\xi - X_\eta) \qquad (3.10)$$

Since the coefficient becomes zero at $M^* = \sqrt{2}$, it indicates that considerable difficulty will be encountered in carrying out the numerical calculations in the neighborhood of $M^* \approx \sqrt{2}$.

References

CHERRY, T. M.: Proc. Roy. Soc. London, Ser. A **196**, 32—36 (1949).

CHRISTIANOVICH, S. A.: C. A. H. I. Rep. No. **543**, (1941).

EMMONS, H. W.: NACA TN No. **1003**, (1946).

LAITONE, E. V.: Proc. of the second U. S. National Congress of Applied Mechanics (1954).

LIN, C. C., and S. I. RUBINOV: J. Math. Phys. **27**, No. 2, 105—129 (1948).

MILNE-THOMSON, L. M.: Theoretical Hydrodynamics. The Macmillan Co.

NIKOLSKY, A. A., and G. I. TAGANOV: Prikladnaya Matematika i Mechanika **10**, No. 4, 481—502 (1946). Brown University Translation A 9—T—17, NACA TM 1213.

OSWATITSCH, K.: Gas Dynamics. New York: Academic Press and Berlin: Julius Springer.

RINGLEB, F.: Z. A. M. M. **20**, 185—198 (1940).

STIVERS, L. S.: NACA TN **3162**, (1954).

Some remarks on the structure of compressible potential flow in connection with the hodograph transformation for plane flow

By

J. W. Reyn

Technische Hoogeschool Delft, Nederland

Introduction

The considerations given in this paper try in fact to give arguments in favor of the point of view, that limit line singularities are of fundamental importance for the construction of flow fields of a compressible potential flow. This statement thus opposes the more familiar view, that the occurence of a limit line in a compressible flow causes this flow to be physically impossible and therefore of less interest. It is, on the contrary, the purpose of the present paper to bring forward the conjecture, that a compressible potential flow can only exist through the introduction of limit line singularities. The paper tries to transfer to compressible potential flow theory the point of view familiar in classical hydrodynamics, that a solution can be thought to be determined by its singularities.

It is assumed firstly that in any compressible potential flow there exists a region of supersonic flow. This assumption can be supported by a theorem of L. BERS [1], which states, that the parallel flow is the only flow, which can be subsonic throughout the whole flow plane. The supersonic region is then thought to be determined by limit lines and possibly vacuum singularities which create the wave system in this region. Through it also the boundary of the supersonic region, especially the sonic line, would be determined, which in turn determines conditions in the subsonic region. The assumption, that the limit line determines the solution in the supersonic region is supported by a theorem of R. E. MEYER [2], which states, that the parallel flow is the only supersonic flow free of limit lines throughout the flow plane.

The verification of the ideas stated above has not been obtained yet. However, in order to get some insight into the possiblity to support

the given description of compressible potential flow, the structure of
the wave pattern in the supersonic region is studied. Therefore, it is
firstly specified more precisely what will be considered to be a wave
in a steady two-dimensional supersonic flow and what its wave strength.
Then a systematic discussion will be given of those local properties of
the hodograph transformation with whom it is possible to study the
generation and absorption of waves, their reflections at natural
boundaries of the supersonic region and their strengths. In this way,
the structure of the supersonic region is indicated and the fundamental
role of the limit line suggested.

1. Structure of the wave pattern in a supersonic region of a compressible potential flow

Consider a solution of the equation for compressible potential flow
[Eq. (3)] in a region, where the flow is supersonic and let PQ be an
elementary arc ds of a streamline, PQ_+ and PQ_- the downstream characteristics through P, and QQ_+ and QQ_- the upstream characteristics
through Q. The Mach-quadrangle thus formed is sketched in Fig. 1. Choose
the point P as origin of the coordinate system and the positive x axis
along the velocity vector in P. Eq. (8) may be approximated in this
region, — because changes in the Mach-quadrangle are infinitesimally
small —, by

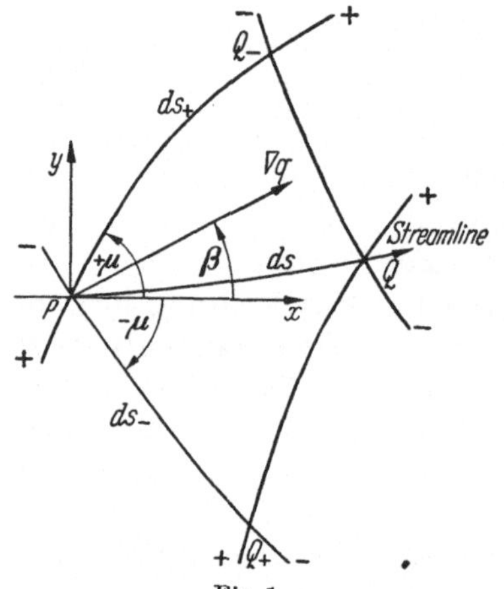

Fig. 1.
Mach-quadrangle in a supersonic flow

$$\varphi_{xx}(1 - M_p^2) + \varphi_{yy} = 0, \qquad (1)$$

where M_p is the Mach number in P. As is well known, the solution of
(1) may be written as

$$\varphi = f(x + \sqrt{M_p^2 - 1}\,y) + g(x - \sqrt{M_p^2 - 1}\,y) . \qquad (2)$$

The arbitrary functions f and g may be chosen to fit conditions,
which may be prescribed in a variety of ways in or at the border of
the Mach-quadrangle. For example, if along PQ_- and PQ_+, the velocity components are prescribed, it follows from Eq. (2) that these
functions, except for a constant, are determined and also the velocity
distribution inside the Mach-quadrangle. Also the velocity distribution

along the characteristics PQ_- and Q_-Q, PQ_+ and QQ_+ or Q_-Q and Q_+Q may be given, or the shape of the streamline and the velocity distribution along one of the characteristics, etc., to determine the solution uniquely within the MACH-quadrangle. In order to come to a description of the structure, let us think the solution in each MACH-quadrangle to be determined in the same manner. Let us choose for it, somewhat arbitrarily, the form where the velocities on PQ_- and PQ_+ determine the solution in the MACH-quadrangle. From Eq. (2) it then follows, that the solution in the quadrangle, in particular the change in velocity between the point P and the point Q, may be thought to consist of two parts, of which one is completely determined by conditions on characteristic PQ_- and the other by those on characteristic PQ_+. Let the change in velocity from P to Q be equal to dq, to be split up in a contribution dq_-, determined completely by the velocity distribution on PQ_+ and a contribution dq_+, determined completely by the velocity distribution on PQ_-. An elementary contribution $dq_-(dq_+)$ to the change along the streamline in the velocity dq propagates along a $+$ $(-)$ characteristic and this propagation occurs downstream, that means that changes along the streamline are being determined by characteristics that border the MACH-quadrangle upstream.

Now, there is

$$dq_+ = \frac{\delta q}{\delta s_+}\, ds_+ = \frac{1}{2}\, \frac{\delta q}{\delta s_+}\, \frac{ds}{\cos \mu}\,, \tag{3}$$

$$dq_- = \frac{\delta q}{\delta s_-}\, ds_- = \frac{1}{2}\, \frac{\delta q}{\delta s_-}\, \frac{ds}{\cos \mu}\,, \tag{4}$$

where ds_- and ds_+ are elementary arcs along the $-$ and $+$ characteristic, respectively, corresponding to the arc ds. Let the angle between the velocity gradient and the streamline be equal to β, and take $-\frac{\pi}{2} \leqslant \beta \leqslant \frac{\pi}{2}$, whereas β is taken positive in counterclockwise direction. If the variations along the characteristics of the velocity are expressed in the variation along the streamline $\frac{\delta q}{\delta s}$, there follows for Eqs. (3) and (4):

$$dq_+ = \frac{1}{2}\,(1 + \tan \beta\, \tan \mu)\,\frac{\delta q}{\delta s}\, ds = s_+ds, \tag{5}$$

$$dq_- = \frac{1}{2}\,(1 - \tan \beta\, \tan \mu)\,\frac{\partial q}{\partial s}\, ds = s_-\, ds, \tag{6}$$

Let us call s_+ and s_- the strength of the $+$ and $-$ wave, respectively, because they are a measure for the value of the elementary contribution propagating along the $-$ and $+$ characteristics, respectively. If $s > 0$ the velocity increases and the pressure decreases, the wave will then be called an *expansion wave*, whereas the wave will be called a *compression wave* for $s < 0$. It is useful further to introduce the expressions *partially expanding flow* for an expanding flow, for which the expansion wave along one characteristic is stronger than the compression wave along the other characteristic, and *fully expanding flow* if both waves are expansion waves. In a similar way we may distinguish *partially compressing flows* and *fully compressing flows*. For the ratio of the wave strengths may be written

$$r = \frac{s_+}{s_-} = \frac{1 + \tan \beta \tan \mu}{1 - \tan \beta \tan \mu}.$$ (7)

2. Local properties of the hodograph transformation for plane potential flow

In this paper we are interested in a systematic discussion of those local properties of the transformation, with the aid of which the generation and absorbtion of pressure waves, their reflection at natural boundaries of the supersonic region and their strength can be studied. These are those properties, which are connected with the curvature of the $\chi(u, v)$ surface, where $\chi(u, v)$ is the LEGENDRE potential. They may be derived with differential geometry.

Let, in the physical plane, a right handed coordinate system x, y be given and let u and v be the velocity components along the axes, respectively. If the flow is irrotational, a velocity potential defined, such that its gradient is equal to the velocity vector q, satisfies the well known equation

$$\left(1 - \frac{u^2}{a^2}\right)\varphi_{xx} - 2\frac{u\,v}{a^2}\varphi_{xy} + \left(1 - \frac{v^2}{a^2}\right)\varphi_{yy} = 0,$$ (8)

where the speed of sound a is a known function of the velocity given by

$$a^2 = \frac{\gamma + 1}{2}a_*^2 - \frac{\gamma - 1}{2}(u^2 + v^2),$$ (9)

(a_* the critical speed of sound, $\gamma = c_p/c_v$).

The hodograph transformation is obtained by the LEGENDRE potential

$$\chi(u, v) = u\,x + v\,y - \varphi(x, y),$$ (10)

so that

$$\chi_u = x, \qquad \chi_v = y.$$ (11)

The equation for the LEGENDRE potential then becomes

$$\left(1 - \frac{v^2}{a^2}\right)\chi_{uu} + 2\frac{u\,v}{a^2}\chi_{uv} + \left(1 - \frac{u^2}{a^2}\right)\chi_{vv} = 0.$$ (12)

Eq. (11) can be given a geometric meaning. If namely the normal vector in a point P' on the $\chi(u, v)$ surface is shifted parallel to itself such that its beginpoint is at a distance one above the origin in the

x, y plane, then the vector intersects the x, y plane in the image point P of P' (Fig. 2). For local considerations the point to be considered may be chosen in the origin and the positive x axis in the direction

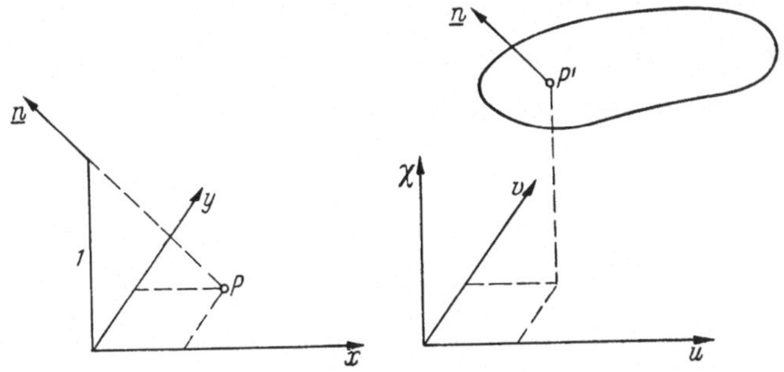

Fig. 2. Geometry of the hodograph transformation for plane flow

of the velocity vector. The image point on the χ surface then lies above the u axis and the tangent plane in this point is then parallel to the u, v plane.

Considerations of those properties related to the curvature of the surface, expressed by the Gaussian curvature

$$K_G = \frac{1}{\varrho_1 \varrho_2},\tag{13}$$

which equals the Jacobian determinant $\varDelta = \dfrac{\partial(x, y)}{\partial(u, v)}$, may with some minor changes be taken from [3] and [4]. [In Eq. (13) and in the rest of this paper ϱ_1 is the major and ϱ_2 the minor principal radius of curvature.]

With the aid of these properties the magnitude and direction of the velocity gradient, used in the equations for the wave strengths, may be expressed in geometrical quantities of the χ surface.

The variation of the velocity along the streamline then becomes

$$\frac{\delta q}{\delta s} = -\frac{1}{M^2}(\varrho_1 + \varrho_2),\tag{14}$$

and the variation of the velocity normal to the streamline

$$\frac{\delta q}{\delta n} = \mp \frac{\varrho_1}{M^2}\sqrt{\left\{1 - \frac{\varrho_2}{\varrho_1}(M^2 - 1)\right\}\left\{M^2 - 1 - \frac{\varrho_2}{\varrho_1}\right\}},\tag{15}$$

where the upper sign should be taken when $\beta > 0$ and the lower sign when $\beta < 0$.

The angle β, which the velocity gradient makes with the streamline is given by

$$\tan\beta = \pm \frac{\sqrt{\left\{1 - \frac{\varrho_2}{\varrho_1}(M^2 - 1)\right\}\left\{M^2 - 1 - \frac{\varrho_2}{\varrho_1}\right\}}}{1 + \frac{\varrho_2}{\varrho_1}}.\tag{16}$$

                    J. W. Reyn

The angle between the hodograph streamline and the u axis is by
definition equal to β because the velocity gradient in the hodograph
is the flow direction. The function given by Eq. (16) is sketched in
Fig. 3. As main results it may be noted, that for a regular trans-
formation $\left(\dfrac{\varrho_2}{\varrho_1} \neq 0\right)$, if the flow is subsonic ($M < 1$) or sonic ($M = 1$)
the points on the χ surface are hyperbolic, so that the Gaussian curva-

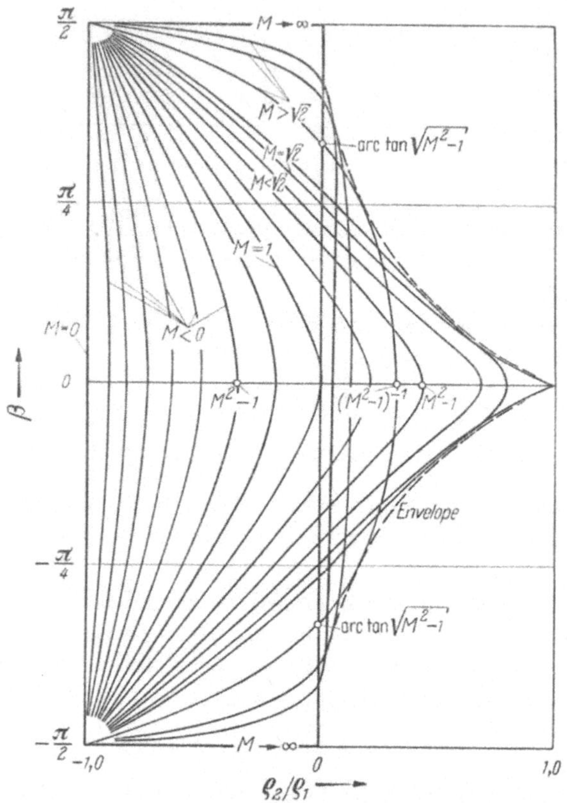

Fig. 3. The angle β as a function of ϱ_2/ϱ_1 and M

ture ($\equiv$ Jacobian determinant $\varDelta$) is negative in general. If the flow is
supersonic ($M > 1$), points on the χ surface are hyperbolic or elliptic
and the Gaussian curvature ($\equiv$ Jacobian determinant $\varDelta$) negative or
positive. In addition it may be remarked that in elliptic points the
hodograph streamline lies in the region, which the hodograph characteristics enclose around the u axis, whereas in hyperbolic points the
hodograph streamline lies outside of this region.

If $\frac{\varrho_2}{\varrho_1} = 0$, the hodograph streamline is tangent to one of the characteristics and the transformation is singular. These singularities thus occur in sonic and supersonic points of the flow.

The behavior of the pressure waves in regular and singular points will now be described in more detail.

3. Behavior of the waves for a regular transformation

A. Continuous Gaussian curvature

The expressions found for the magnitude and direction of the velocity gradient [Eqs. (14), (16)] may be used in the equations for the wave strengths [Eqs. (5) and (6)] in order to express them in terms of quantities of the χ surface. There may then be found:

$$s_+ = -\frac{\varrho_1}{2\,M^2}\left[1 + \frac{\varrho_2}{\varrho_1} \pm \sqrt{\frac{\left\{1 - \frac{\varrho_2}{\varrho_1}(M^2 - 1)\right\}\left\{M^2 - 1 - \frac{\varrho_2}{\varrho_1}\right\}}{M^2 - 1}}\right], \quad (17)$$

and

$$s_- = -\frac{\varrho_1}{2\,M^2}\left[1 + \frac{\varrho_2}{\varrho_1} \mp \sqrt{\frac{\left\{1 - \frac{\varrho_2}{\varrho_1}(M^2 - 1)\right\}\left\{M^2 - 1 - \frac{\varrho_2}{\varrho_1}\right\}}{M^2 - 1}}\right], \quad (18)$$

where the upper sign should be taken for $\beta > 0$ and the lower sign for $\beta < 0$. Multiplication of Eqs. (17) and (18) gives

$$s_+ s_- = \frac{1}{4(M^2 - 1)}\,\frac{1}{K_G}. \quad (19)$$

The ratio of the wave strengths [Eq. (7)] becomes

$$r = \frac{s_+}{s_-} = \frac{1}{\frac{\varrho_2}{\varrho_1}\,M^4}\left[2(M^2 - 1) - (M^2 - 2)^2\frac{\varrho_2}{\varrho_1} + 2(M^2 - 1)\frac{\varrho_2^2}{\varrho_1^2} + \right.$$

$$\left. + 2\left(1 + \frac{\varrho_2}{\varrho_1}\right)\sqrt{(M^2 - 1)\left\{1 - \frac{\varrho_2}{\varrho_1}(M^2 - 1)\right\}\cdot\left\{M^2 - 1 - \frac{\varrho_2}{\varrho_1}\right\}}\right], \quad (20)$$

for $\beta > 0$, and the reciprocal value for $\beta < 0$.

It may be deduced by using the property, that for $\frac{\varrho_2}{\varrho_1} < 0$ there is $|\beta| > \frac{\pi}{2} - \mu$ and for $\frac{\varrho_2}{\varrho_1} > 0$ there is $|\beta| < \frac{\pi}{2} - \mu$, in Eq. (7) or directly from Eq. (19), that *fully expanding or fully compressing flow* is mapped onto an *elliptic point* and *partially expanding* or *partially compressing flow* onto a *hyperbolic point* of the χ sruface. If the acceleration along the streamline is equal to zero, because the contributions along both waves cancel each other, the flow is mapped onto an orthogonal hyperbolic point $\left(\frac{\varrho_2}{\varrho_1} = -1\right)$. The ratio of the wave strengths is thus

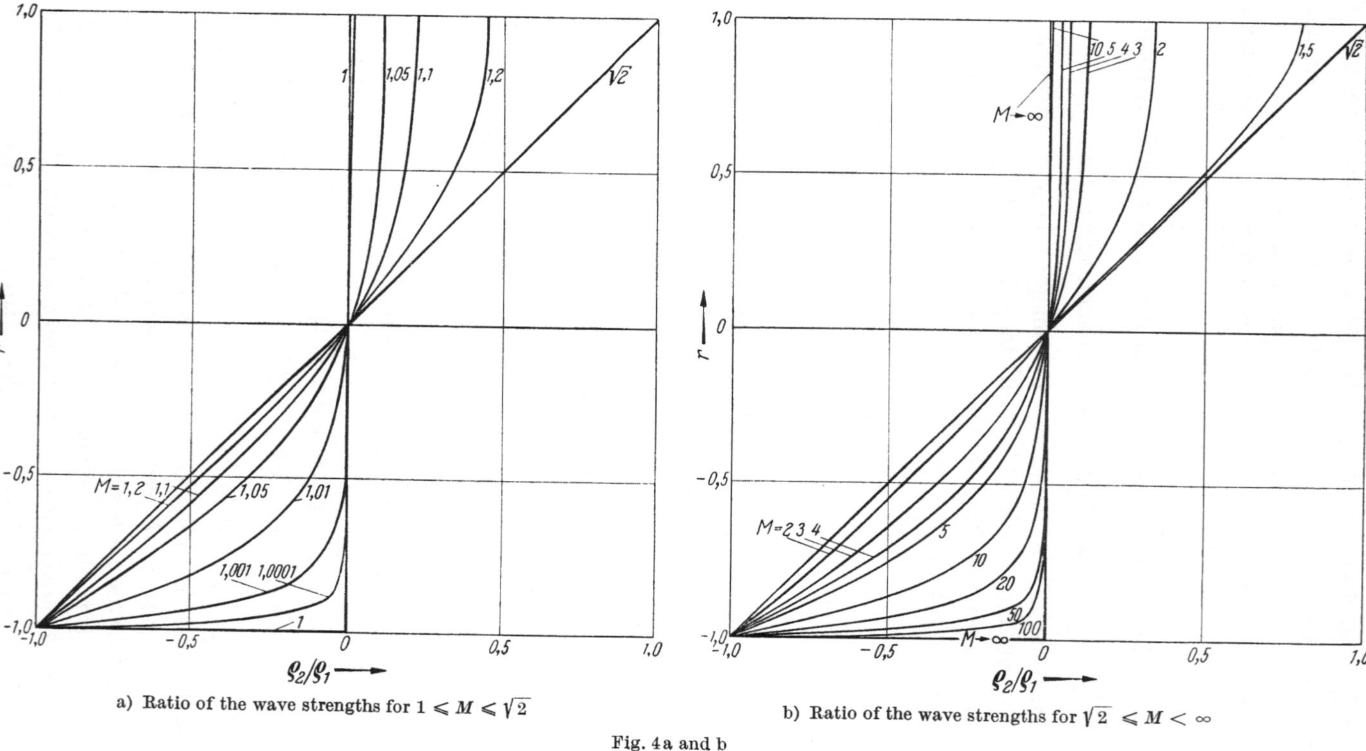

a) Ratio of the wave strengths for $1 \leqq M \leqq \sqrt{2}$

b) Ratio of the wave strengths for $\sqrt{2} \leqq M < \infty$

Fig. 4a and b

positive in an elliptic point, negative in a hyperbolic point and equal to -1 in an orthogonal hyperbolic point. The factor r as a function of $\frac{\varrho_2}{\varrho_1}$ and M is, for $\beta < 0$, given in Fig. 4.

In regular points of the natural boundary of the supersonic region the MACH number is equal to one of the two MACH numbers, bounding the scale of supersonic MACH numbers. These numbers are $M = 1$ and $M \to \infty$. It may be shown with the aid of Eqs. (17) and (18), and the remark that in a sonic point the supersonic region lies on the hollow side of the streamline, that in a *sonic point* $(M = 1, \frac{\varrho_2}{\varrho_1} < 0)$ only an *expansion wave can arrive*, which is *reflected as a compression wave*. The wave strengths become infinite and their ratio is equal to -1 (Fig. 5). In a vacuumpoint $\left(M \to \infty, \frac{\varrho_2}{\varrho_1} < 0\right)$ only a *compres-*

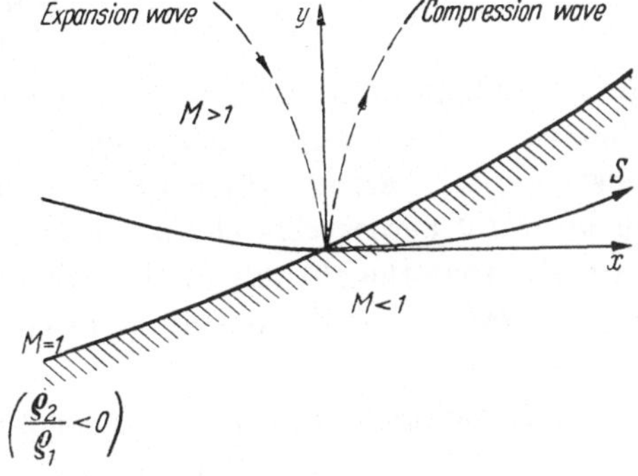

Fig. 5. Reflection at a sonic point

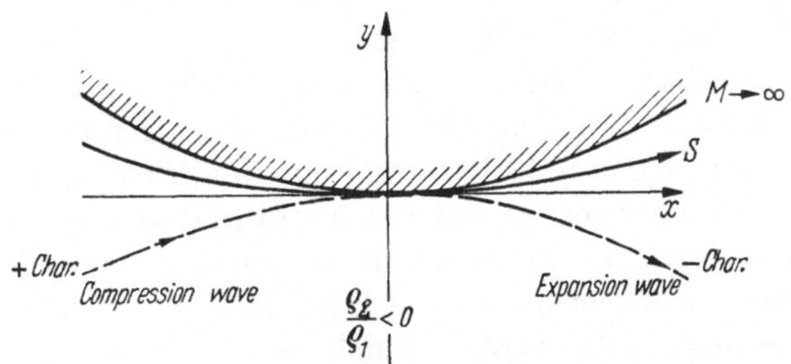

Fig. 6. Reflection at a vacuum point

sion wave can arrive, which is *reflected as an expansion wave*. The wave strengths are now equal to zero and their ratio is again equal to -1 (Fig. 6).

B. Discontinuities of the Gaussian curvature across a characteristic

Consider the situation, that a discontinuity in the second derivative of the potential propagates along a characteristic. The Gaussian curvature of the χ surface is then discontinuous across this characteristic. The two parts of the χ surface however are connected such that the normal curvature of the characteristic is continuous. This normal curvature may be written as [3]:

$$(K_n)_{\text{h.char.}} = \frac{2(M^2-1)}{M^4}\left(\frac{1}{\varrho_1}+\frac{1}{\varrho_2}\right)(1 \mp \tan\mu\tan\beta), \qquad (21)$$

where the upper sign should be taken for the $+$ characteristic and the lower sign for the $-$ characteristic. Using Eqs. (5), (6) and (14) Eq. (21) may also be written as

$$(K_n)_{\text{h.char.}} = -\frac{4(M^2-1)}{M^2}K_G\, s_{\mp}. \qquad (22)$$

As a result it follows, since K_n is continuous, that the *product of the Gaussian curvature and the strength of the wave* propagating along the characteristic, across which the Gaussian curvature is discontinuous, is *invariant* across this characteristic. From Eq. (19) it then follows directly, that the *strength* of the wave along the *other* characteristic is *not affected* by the discontinuity in Gaussian curvature.

4. Behavior of the waves for a singular transformation

A. Continuous Gaussian curvature

a) Limit lines of the first type. A limit line of the first type is a curve on the χ surface, where $K_G = 0$ and which separates regions of negative and positive Gaussian curvature. Its image on the x, y plane will be indicated by the same name. Because $\varrho_1 \to \infty$, the acceleration in a point of a limit line of the first type is infinite. Furthermore it may be shown, that in the x, y plane the limit line is a boundary line of a multivalued region. As a result the streamlines and one family of characteristics reflect at the limit line from one sheet of the solution to the other sheet. In order to avoid that at a point of a limit line mass is created or destroyed, it is assumed that the velocity vector reverses its direction at the limit line. The other family of characteristics forms an envelope, which coincides with the limit line. In Fig. 7 local properties of the transformation are illustraded for a point of a limit line of the first type in an expanding flow.

It can be shown, that for an expanding flow a point on a *limit line of the first type generates expansion waves* along those characteristics in both sheets, which are tangent to the limit line and that for a compressing flow such a point *absorbs compression waves* traveling along those characteristics. These waves have infinite strengths at the limit line. The *waves*, propagating along the *other characteristics, reflect* from one sheet into the other with *equal and opposite strength*. With the aid of Eqs. (17) and (18) follows for their strength (s_- for $\beta > 0$, s_+ for $\beta < 0$):

$$s = -\frac{\varrho_2\, M^2}{4(M^2-1)}. \qquad (23)$$

In a sonic point of a limit line the strength of this wave therefore also becomes infinite and both characteristics generate or absorb waves. The ratio of the wave strengths may then have all values, what is expressed in Fig. 4 by the fact that the line $M = 1$, $\dfrac{\varrho_2}{\varrho_1} = 0$ coincides

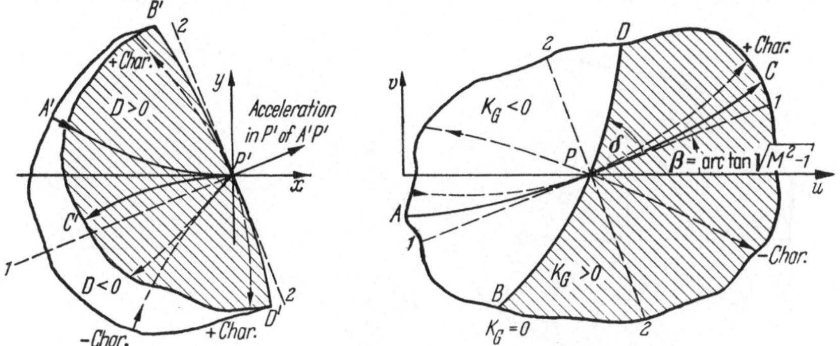

Fig. 7. Point on a limit line of the first type in an expanding flow

with the interval -1 to $+1$ of the r axis. In a point of a limit line in a simple wave flow ($\varrho_2 = 0$), the strength of the wave, which is reflected, is equal to zero and only straight characteristics may form an envelope.

A cusp in a limit line in the x, y plane occurs when hodograph streamline and limit line are tangent to each other. If the hodograph streamline coincides altogether with the limit line, then in the x, y plane the limit line is degenerated into a point, where the velocity is multivalued. The elementary contributions then propagate in an infinite number of directions. Such a centerpoint of waves occurs for example at the leading edge of a flat plate under angle of attack in a parallel subsonic ($\varrho_2 \neq 0$) or supersonic ($\varrho_2 = 0$) flow.

b) Branch lines of the first type. A branch line of the first type is a line in the x, y plane, where $D = 0$, and separates regions with opposite sign of D. Here D is the Jacobian determinant $D = \dfrac{\delta(u, v)}{\delta(x, y)}$ of the inverse transformation, which equals the reciprocal value of the Gaussian curvature. The image of the branch line of the first type on the χ surface is a line where $K_G \to \infty$ ($\varrho_2 \to 0$), which separates regions with a different sign of the Gaussian curvature. Along the branch line two sheets of the χ surface with a different sign of the Gaussian curvature are tangent to each other and are on the same side of this line. Both in the x, y plane and on the χ surface the branch line is a characteristic, whereas on the χ surface the branch line is an envelope of hodograph streamlines. Local properties of the transformation in a point of a branch line of the first type in an expanding flow are illustrated in Fig. 8.

It may be shown with the aid of Eqs. (17) and (18) that the *branch line of the first type* is a characteristic, for which the *strength* of the wave propagating along it is equal to *zero* and which separates those

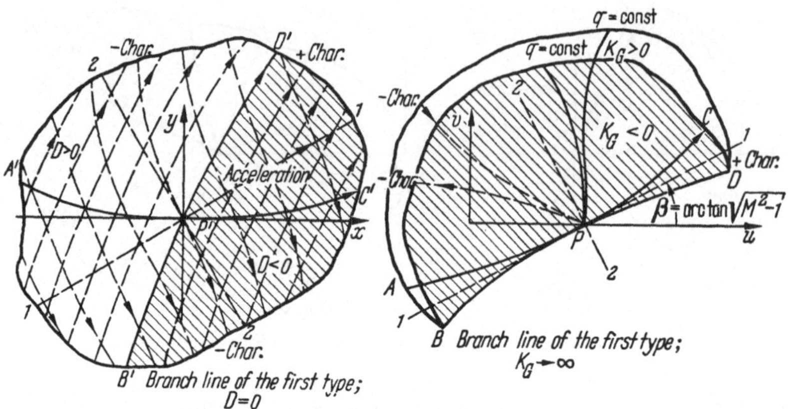

Fig. 8. Point on a branch line of the first type in an expanding flow

characteristics of its family which carry *expansion waves from* those which carry *compression waves*. The other characteristic carries an expansion wave or a compression wave, depending on whether the flow is expanding or compressing at the point of the branch line.

c) Vacuumsingularities. Points on the χ surface for which $\frac{\varrho_2}{\varrho_1} = 0$ and $M \to \infty$ are vacuum singularities. In general β may have all values, as may be seen in Fig. 3. Such points occur for example in the RINGLEB flow and the compressible source flow. In the physical plane they are mapped in these cases into infinity.

If $|\beta| \neq \frac{\pi}{2}$ the hodograph streamline begins or ends on the circle of maximum speed and the vacuumsingularity *generates compression waves* in a compressing flow and *absorbs expansion waves* in an expanding flow. As such this singularity forms the counterpart of the limit lines of the first type. The strengths of the waves in the vacuumsingularity are equal to $s_+ = s_- = -\frac{1}{2}\varrho_2$ and their ratio is thus equal to 1. If $|\beta| = \frac{\pi}{2}$ this ratio may have all values, what is expressed in Fig. 4 by the coincidence of the line $M \to \infty, \frac{\varrho_2}{\varrho_1} = 0$ with the interval from -1 to $+1$ of the r axis.

B. Discontinuities of the Gaussian curvature across a characteristic

a) Limit lines of the second type. If through a hodograph characteristic a region of hyperbolic points on one side of the characteristic is separated from a region of elliptic points on the other side, such that the Gaussian curvature is discontinuous across this characteristic, then we will call such a line a limit line of the second type. As for a limit line of the first type a multivalued region appears in the physical plane and reversal of the streamlines and one of the families of characteristics occurs. Local properties of the transformation in a point of the limit line of the second type in an expanding flow are illustrated in Fig. 9.

It may be shown that for an *expanding flow* the characteristics of the family to which the limit line belongs carry expansion waves, which

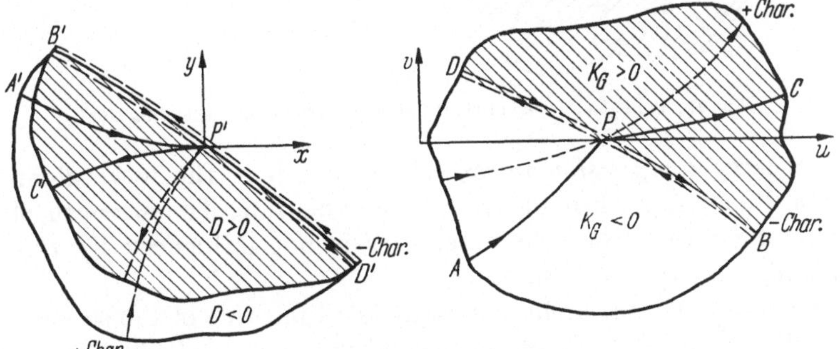

Fig. 9. Point on a limit line of the second type in an expanding flow

in one sheet propagate in one direction and in the other sheet in the opposite direction, whereas for a *compressing* flow these characteristics carry *compression waves*. As is the case for the acceleration, in a point of a limit line of the second type, the strength of the wave along the limit line remains finite and is discontinuous across the limit line, although the sign remains unchanged. It may further be shown that as for a limit line of the first type the waves traveling along the other characteristics *reflect* from one sheet into the other with *equal* and *opposite* strength.

b) Branch lines of the second type. A branch line of the second type is a characteristic in the x, y plane across which the Jacobian determinant D is discontinuous, such that it separates regions with a different sign of D. As for the branch line of the first type it may be shown that the χ surface consists of two sheets on the same side of the branch line, which are tangent to each other along the branch line, which coincides with a characteristic. Across this characteristic the Gaussian curvature is discontinuous and jumps through infinity.

6*

In Fig. 10 local properties of the transformation in a point of a branch line of the second type in an expanding flow are illustrated.

It may be shown, that the *branch line of the second type* is that characteristic of its family of characteristics, which *separates* those characteristics, which carry *expansion waves* from those characteristics,

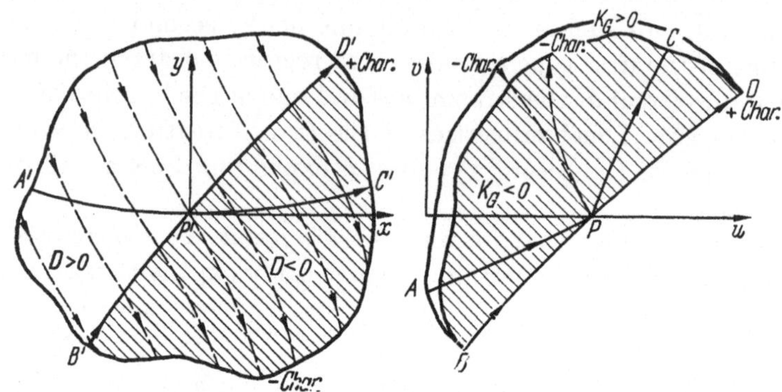

Fig. 10. Point on a branch line of the second type in an expanding flow

which carry *compression waves*. The strength of the wave along the branch line jumps through zero across this line. The strength of the waves along the other characteristics is not influenced by the discontinuity across the branch line.

It is possible that a characteristic is a limit line of the second type as well as a branch line of the second type. The reflected waves are then reflected with equal and opposite sign.

c) Simple wave flow. A region of simple wave flow may be thought to be obtained as a result of a limiting process by introducing discontinuities in the Gaussian curvature across two hodograph characteristics C_1 and C_2 of the same family, such that the region in between C_1 and C_2 shrinks till it coincides with a space curve, by letting in each point of the surface ϱ_2 approach zero and $K_G \to \infty$. Let us call such a surface an edge surface. The hodograph streamline is tangent to the hodograph characteristic $C_1 (C_2)$, as is illustrated in Fig. 3, where lines of constant M intersect the β axis $\left(\dfrac{\varrho_2}{\varrho_1} = 0\right)$ for $|\beta| = \dfrac{\pi}{2} - \mu$. It can be concluded from the invariance of the product of Gaussian curvature and strength of the wave traveling along the characteristic across which the discontinuity in Gaussian curvature occurs, that if $K_G \to \infty$ on the edge surface, the *wave strength along the curved characteristics* is equal to *zero*. The straight characteristics carry waves with a strength unequal to zero ($s = -\varrho_1 M^{-2}$).

d) Parallel Flow. A region of parallel flow can be obtained by extending the limiting process, by which simple wave flow is obtained by letting the strengths of the waves traveling along the straight characteristics vanish. Because in a simple wave flow $s = -\varrho_1 M^{-2}$, this wave strength can only become zero if the radius of curvature of the space curve, which coincides with the edge surface, becomes zero in every point. The edge surface then shrinks till it coincides with a point and the surface will be called a point surface. Both families of characteristics carry no elementary contributions.

5. Conclusion

From the foregoing considerations it appears, that through a systematic discussion of the local properties of the hodograoh transformation the behavior of the waves in the supersonic region of a compressible potential flow may be described in the following scheme.

a) Generation and absorption points of waves. *Generation point* of *Expansion waves:* Point on a limit line of the first type; $K_G = 0$, $\frac{\varrho_2}{\varrho_1} = 0$, $s \to \infty$, Waves are traveling along the characteristics tangent to the limit line.

Compression waves: Vacuum singularity; $M \to \infty$, $\frac{\varrho_2}{\varrho_1} = 0$, $s = -\frac{1}{2}\varrho_2$, Waves are traveling along both characteristics, $r = 1$

Absorption point of
Expansion waves: Vacuumsingularity; $M \to \infty$, $\frac{\varrho_2}{\varrho_1} = 0$, $s = -\frac{1}{2}\varrho_2$, Waves are traveling along both characteristics, $r = 1$.

Compression waves: Point on a limit line of the first type; $K_G = 0$, $\frac{\varrho_2}{\varrho_1} = 0$, $s \to \infty$, Waves are traveling along the characteristics, tangent to the limit line.

b) Reflection points on a natural boundary of the supersonic region.

Regular transformation: Sonic point; $M = 1$, $\frac{\varrho_2}{\varrho_1} < 0$, expansion wave is reflected as a compression wave, $s \to \infty$, $r = -1$.

Vacuum point; $M \to \infty$, $\frac{\varrho_2}{\varrho_1} < 0$, compression wave is reflected as an expansion wave, $s = 0$, $r = -1$.

Singular transformation: Expansion wave is reflected as a compression wave and vice versa in a point of a

Limit line of the first type; $K_G = 0$, $\frac{\varrho_2}{\varrho_1} = 0$, $r = -1$.

Limit line of the second type; K_G jumps through zero, $r = -1$.

c) Dividing lines between expansion waves and compression waves.

Branch line of the first type: $K_G \to \infty$, $\frac{\varrho_2}{\varrho_1} = 0$, $s = 0$.

Branch line of the second type: K_G jumps through infinity, $s \neq 0$.

d) Types of flow. Partially expanding and partially compressing flow are mapped onto hyperbolic points.

Fully expanding and fully compressing flow are mapped onto elliptic points.

Simple wave flow; only one family of characteristics carry elementary contributions; flow is mapped onto an edge surface in the hodograph space.

Parallel flow; both families of characteristics carry no elementary contributions; flow is mapped onto a point surface in the hodograph space.

References

[1] BERS, L.: Comm. Pure Appl. Math. VII, 82 (1954).

[2] MEYER, R. E.: Theory of Characteristics of Inviscid Gas Dynamics. Encyclopedia of Physics, Vol. IX, 262 (1960).

[3] REYN, J. W.: Arch. Rat. Mech. Analysis 6, No. 4, 299—354 (1960).

[4] REYN, J. W.: Further Investigation of the Hodograph Transformation for Irrotational Conical Flow. Boeing Scientific Research Laboratories, Flight Sciences Laboratory, Flight Sciences Laboratory Report No. 54, Boeing Document D 1—82—0145, December 1961.

Diskussionsveranstaltung

Über ein gewisses System von Lösungen der Tricomischen Gleichung

Von

M. Růžička und L. Špaček

Staatliches Forschungsinstitut für Wärmetechnik, Prag, Tschechoslowakei

In der Arbeit [1] zeigte A. G. MACKIE, daß man die TRICOMIsche Gleichung:

$$y^{2N+1} \frac{\partial^2 u}{\partial x^2} + \frac{\partial^2 u}{\partial y^2} = 0 \tag{1}$$

(N ist eine natürliche Zahl)

durch eine Transformation $\xi = x; \ \eta = \dfrac{2}{2N+3} y^{\frac{2N+3}{2}}$ in die Gleichung:

$$\frac{\partial^2 u}{\partial \xi^2} + \frac{\partial^2 u}{\partial \eta^2} + \frac{2k}{\eta} \cdot \frac{\partial u}{\partial \eta} = 0 \tag{2}$$

überführen kann, wo $k = \dfrac{1}{2} \dfrac{2N+1}{2N+2}$.

Für das subsonische Gebiet ist η reell, für das supersonische Gebiet ist η offensichtlich imaginär.

Eine triviale Lösung der Gl. (2) ist offenbar:

$$u = (\xi^2 + \eta^2)^{-k} \tag{3}$$

und demzufolge ist also eine Lösung auch jede Funktion von der Form:

$$u = \int\limits_{\mathfrak{C}} f(z) \left\{ \frac{z^{2k}}{[\eta^2 + (\xi - z)^2]^k} \right\} dz, \tag{4}$$

wo $f(z)$ eine beliebige analytische Funktion der komplexen Veränderlichen z und $\mathfrak{C}$ eine beliebige die Singularitäten $z = \xi \pm i\,\eta$ vermeidende Kurve ist.

Dieses Lösungssystem hat A. G. Mackie [1] in seiner Arbeit und für ein inkompressibles drehsymmetrisches Strömungsfeld L. Špaček [2] eingeführt.

In diesem Beitrag wird die Funktion vom Typ (4) untersucht mit:

$$f(z) = \frac{z^{-2k}}{(z^2 + a^2)^{n-k}} e^{k\pi i} \tag{5}$$

$n, n - k$ beliebige nicht ganze komplexe Zahlen.

Die Zweige mehrdeutiger Funktionen denkt man mit der Forderung bestimmt, daß für positive reelle z diese Funktionen reell positiv sind.

Man setzt:

$$s = \eta - i\,\xi; \qquad t = \eta + i\,\xi \tag{6}$$

und untersucht die Funktion:

$$\varphi(s, t) = e^{k\pi i} \int\limits_{\mathfrak{C}} \frac{1}{(z^2 + a^2)^{n-k}} \cdot \frac{1}{(t - i\,z)^k (s + i\,z)^k} \, dz. \tag{7}$$

Die veränderlichen s, t werden als zwei unabbängige komplexe Veränderlichen betrachtet; dies hat den Vorteil, daß man die Funktion $\varphi(s, t)$ analytisch auch in das Überschallgebiet fortsetzen kann.

Setzt man:

$$\sigma = a - s, \qquad \tau = a - t, \qquad z = i\,a - i\,\xi, \tag{8}$$

so ist:

$$\varphi(\sigma, \tau) = \frac{2}{i} e^{k\pi i} \int\limits_{\mathfrak{C}} \frac{1}{\zeta^{n-k} (\zeta - \sigma)^k} \cdot \frac{1}{(2a - \zeta)^{n-k} (2a - \tau - \zeta)^k} \, d\xi. \tag{9}$$

Für die Kurve $\mathfrak{C}$ nehme man nun die zweimal durchlaufene Strecke zwischen den Punkten s, t und statt des Integrals über den beiden Strecken nimmt man das $(1 - e^{-2\pi k i})$-fache Integral über dem einzigen Ufer.

Dann ist:

$$\varphi(\sigma, \tau) = (e^{k\pi i} - e^{-k\pi i}) \frac{1}{i} \int\limits_{\sigma}^{2a - \tau} \frac{1}{\zeta^{n-k} (2a - \zeta)^{n=k}} \cdot \frac{1}{(\zeta - \sigma)^k (2a - \tau - \zeta)^k} \, d\zeta. \tag{10}$$

Durch Verschiebung des Integrationsweges kann leicht gezeigt werden, daß die Funktion $\varphi(\sigma, \tau)$ überall regulär ist (mit Ausnahme von Stellen, wo zwei Faktoren gleichzeitig verschwinden, d. h. (außer der Schallinie $s = -t$) in den Punkten:

$$s = \pm a \qquad t \text{ beliebig,}$$

$$t = \pm a \qquad s \text{ beliebig.}$$

Wir werden jetzt zeigen, daß sich $\varphi(s, t)$ in diesen Punkten wie:

$$(s \pm a)^{-n+1} F_1(s, t) + F_2(s, t)$$

(wo F_1, F_2 höchstens meromorph in den Veränderlichen s, t sind) verhält.

Falls σ den Nullpunkt um 360° im positiven Sinne umläuft, ist der Zuwachs $h(\sigma, \tau)$ von $\varphi(\sigma, \tau)$ durch den Ausdruck:

$$2\,(e^{-k\pi i} - e^{-2\pi in + k\pi i})\sin \pi k \int_0^\sigma \frac{1}{\zeta^{n-k}\,(\sigma - \zeta)^k} \cdot \frac{1}{(2a - \zeta)^{n-k}\,(2a - \tau - \zeta)^k}\,d\xi \qquad (11)$$

gegeben.

Da $|\sigma| < 2a$ und $|\tau| + |\zeta| < 2a$, kann man die Funktion:

$$\Phi(\zeta) = \frac{1}{(2a - \zeta)^{n-k}\,(2a - \tau - \zeta)^k} \qquad (12)$$

in eine Potenzreihe entwickeln; werden nur einige erste Glieder berücksichtigt, so kann man schreiben:

$$\Phi(\zeta) = \left(\frac{1}{2a}\right)^n \cdot \left\{1 + k\,\frac{\tau}{2a} + n\,\frac{\zeta}{2a} + k(k+1)\,\frac{\tau}{2a}\,\frac{\zeta}{2a} + \cdots\right\}. \qquad (13)$$

Der Wert des Ausdrucks (11) ist folglich

$$4\,i\,e^{-\pi in}\sin \pi k \sin \pi\,(n-k)\left\{\frac{\Gamma(1-n+k)\,\Gamma(1-k)}{\Gamma(2-n)}\left(1 + k\,\frac{\tau}{2a}\right)\sigma^{-n+1} + \right.$$

$$\left. + \frac{\Gamma(2-n+k)\,\Gamma(1-k)}{\Gamma(3-n+k)}\left[1 + k\,(k+1)\,\frac{\tau}{2a}\right]\sigma^{-n+2} + \cdots = \qquad (14)\right.$$

$$= (e^{-2\pi in} - 1)\,\sigma^{-n+1}\,F_1(\sigma, \tau).$$

Es ist somit $\varphi(s, t) = \sigma^{-n+1}\,F_1(s, t) + F_2(s, t)$. Ein ähnlicher Ausdruck ergibt sich für kleines τ. Auf diesem Wege kann man Lösungen mit Verzweigungspunkten vom Typ σ^n bekommen, wo n beliebige gegebenenfalls komplexe Zahl ist.

Durch den Übergang $n \to$ ganze Zahl, bekommt man auch Lösungen mit logarithmischen Singularitäten.

Literatur

[1] MACKIE, A. G.: J. Rat. Mech. and Analysis 4 (1955).
[2] ŠPAČEK, L.: Proudění ve vstupním hrdle odstředivých lopatkových strojů, část 1, Základní elementy, zpráva VT—5428, unveröffentlicht, 1954.

Gabelstöße in schallnaher Strömung

Von

D. Rues

Deutsche Versuchsanstalt für Luft- und Raumfahrt, Aachen, Deutschland

Laufen in einem Strömungsfeld drei Stoßwellen aufeinander zu, so entsteht im Schnittpunkt der drei Stöße ein Gabelstoß. Jedoch können im schallnahen Bereich, wenn die MACH-Zahl der Strömung vor den Stößen $M_\infty \le 1{,}2447$ ist, keine Gabelstöße mehr auftreten [1], [2]. Nach K. G. GUDERLEY [3] muß bei diesen Geschwindigkeiten die Strömung entlang des einen Stoßes im Schnittpunkt der drei Stöße auf Schallgeschwindigkeit führen, da sich dann hier eine PRANDTL-MEYER-Expansion ausbilden kann und so die Randbedingungen, die durch die Stoßgleichungen gegeben sind, erfüllt werden können (Abb. 1).

Um das Verhalten der Strömung in der Umgebung des Gabelstoßes zu untersuchen, führen wir schallnahe reduzierte Variable:

$$x = \mathfrak{x}; \qquad y = \frac{1}{\sqrt{\varkappa + 1}}\, \mathfrak{y};$$

$$u = \frac{U}{c^*} - 1; \qquad v = \frac{1}{\sqrt{\varkappa + 1}}\, \frac{V}{c^*};$$

(1)

ein. Die schallnahe Potentialgleichung:

$$\Phi_{\mathfrak{x}}\, \Phi_{\mathfrak{x}\mathfrak{x}} - \Phi_{\mathfrak{y}\mathfrak{y}} = 0 \qquad (2)$$

transformieren wir durch:

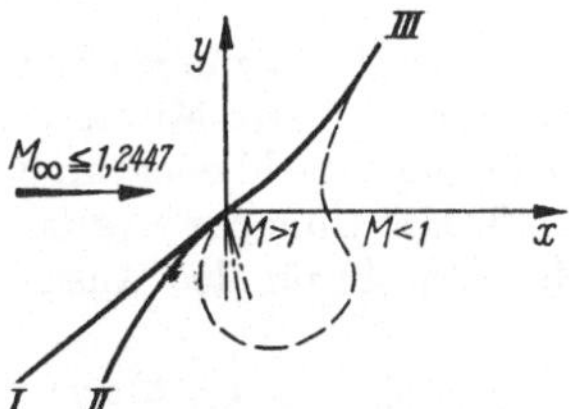

Abb. 1. Skizze des schallnahen Gabelstoßes.
———— Stöße; — — — Schall-Linie; —·—·— PRANDTL-MEYER-Expansion

$$\mathfrak{x} = r \cos \nu; \qquad \mathfrak{y} = r \sin \nu \qquad (3)$$

auf Polarkoordinaten:

$$r\, \Phi_{rr} \sin^2 \nu + \left[\Phi_r + \frac{1}{r}\, \Phi_{\nu\nu} \right] \cos^2 \nu + 2 \left[\Phi_{r\nu} - \frac{1}{r}\, \Phi_\nu \right] \sin \nu \cos \nu =$$

$$= r\, \Phi_r\, \Phi_{rr} \cos^3 \nu - \frac{1}{r}\, \Phi_\nu \left[\Phi_r + \frac{1}{r}\, \Phi_{\nu\nu} \right] \sin^3 \nu +$$

$$+ \left[\frac{2}{r^2}\, \Phi_r\, \Phi_\nu - 2\, \Phi_r\, \Phi_{r\nu} - \Phi_{rr}\, \Phi_\nu \right] \sin \nu \cos^2 \nu + \qquad (4)$$

$$+ \left[\Phi_r^2 + \frac{1}{r}\, \Phi_r\, \Phi_{\nu\nu} + \frac{2}{r}\, \Phi_\nu\, \Phi_{r\nu} - \frac{2}{r^2}\, \Phi_\nu^2 \right] \sin^2 \nu \cos \nu$$

und stellen das Potential durch eine Reihe [4]:

$$\Phi(r, \nu) = \sum_{n=1}^{\infty} a_n(\nu)\, r^{m_n} \qquad (5)$$

dar, wobei Φ die Potentialgleichung und die schallnahen Stoßgleichungen [5]:

$$(\mathfrak{v} - \hat{\mathfrak{v}})^2 = \frac{1}{2}\, (\mathfrak{u} - \hat{\mathfrak{u}})^2\, (\mathfrak{u} + \hat{\mathfrak{u}})$$

(6)

und:

$$\operatorname{tg} \gamma = \frac{d\mathfrak{y}}{d\mathfrak{x}} = \frac{\mathfrak{u} - \hat{\mathfrak{u}}}{\hat{\mathfrak{v}} - \mathfrak{v}}$$

erfüllen muß. Für kleine r lassen sich die einzelnen Glieder der Reihe für das Potential durch Koeffizientenvergleich in der Potentialgleichung aus gewöhnlichen Differentialgleichungen bestimmen. Die Strömung außerhalb des Gebietes der PRANDTL-MEYER-Expansion ergibt sich dabei als Überlagerung einer Parallelströmung durch eine Störströmung. In dem Bereich der PRANDTL-MEYER-Expansion divergiert die Reihe Gl. (5) jedoch, so daß wir eine andere Darstellung verwenden müssen. Da hier aber ein Überschallgebiet vorliegt, können wir die Differentialgleichungen der Strömung auf charakteristische Koordinaten:

$$\sigma = \frac{2}{3}\, \mathfrak{u}^{3/2} - \mathfrak{v};$$

$$\tau = \frac{2}{3}\, \mathfrak{u}^{3/2} + \mathfrak{v}$$

(7)

transformieren und erhalten in diesen Koordinaten:

$$\frac{\partial^2 \mathfrak{x}}{\partial \sigma\, \partial \tau} - \frac{1}{6}\,\frac{1}{\sigma + \tau}\left[\frac{\partial \mathfrak{x}}{\partial \sigma} + \frac{\partial \mathfrak{x}}{\partial \tau}\right] = 0;$$

$$\frac{\partial^2 \mathfrak{y}}{\partial \sigma\, \partial \tau} + \frac{1}{6}\,\frac{1}{\sigma + \tau}\left[\frac{\partial \mathfrak{y}}{\partial \sigma} + \frac{\partial \mathfrak{y}}{\partial \tau}\right] = 0. \tag{8}$$

Die Randbedingungen für diese Gleichungen erhalten wir aus der Forderung, daß die PRANDTL-MEYER-Expansion stetig an den Bereich der gestörten Parallelströmung anschließen muß und daß im Schnittpunkt der drei Stöße $\sigma = 0$ sein muß. Mit Hilfe der RIEMANNschen Integrationstheorie erhalten wir als Lösungen der Gln. (8) für den Anschluß an die ersten zwei Glieder der Reihe (5):

$$c_4\, \mathfrak{x}(\sigma, \tau) = -\frac{5}{12}\,\frac{(2\sigma\tau)^{5/6}}{(\sigma + \tau)^{2/3}} \int_1^\infty \left[1 - \frac{63}{20}\left(\frac{3}{4}\right)^{1/3} \operatorname{tg} s_0 \left(\frac{2\sigma\tau}{\sigma + \tau}\right)^{1/3} \frac{1}{(\alpha + z)^{1/3}}\right] \times$$

$$\times \frac{P_{1/6}(z)}{(\alpha + z)^{11/6}}\, dz$$

$$c_4\, \mathfrak{y}(\sigma, \tau) = \frac{5}{6}\left(\frac{3}{4}\right)^{2/3} \frac{(2\sigma\tau)^{5/6}}{\sigma + \tau} \int_1^\infty \left[1 - \frac{21}{10} \operatorname{tg} s_0 \left(\frac{2\sigma\tau}{\sigma + \tau}\right)^{1/3} \frac{\left(\frac{4}{3}\right)^{2/3}}{(\alpha + z)^{1/3}}\right] \times$$

$$\times \frac{P_{-1/6}(z)}{(\alpha + z)^{11/6}}\, dz; \tag{9}$$

wobei

$$\alpha = \frac{\tau - \sigma}{\tau + \sigma} \qquad z = \frac{1}{\xi}\,\frac{2\sigma\tau}{\sigma + \tau} - \frac{\tau - \sigma}{\sigma + \tau} \tag{10}$$

und $P_{\pm 1/6}(z)$ die LEGENDRESchen Kugelfunktionen des Grades $\pm 1/6$ bedeuten. c_4 und $\operatorname{tg} s_0$ sind Konstante, die sich aus dem Anschluß an die gestörte Parallelströmung ergeben. Die Gln. (9) lassen sich nach einigen Umformungen analytisch integrieren und liefern uns die Strömung im Bereich der PRANDTL-MEYER-Expansion. Somit ist also das gesamte Strömungsfeld in der Umgebung des schallnahen Gabelstoßes bekannt. Da es sich hier um ein Einbettungsproblem eines inneren Strömungsfeldes in eine äußere Strömung handelt, bleibt für jedes Glied der Reihenentwicklung (5) mit Ausnahme des ersten Gliedes noch eine Konstante frei verfügbar, die benötigt wird, den Anschluß an das äußere Strömungsfeld herzustellen.

Durchgeführt wurde die Berechnung für die ersten drei Glieder der Reihe (5) und für den entsprechenden Anschluß an die PRANDTL-MEYER-Expansion an diese Strömung. Abb. 2 zeigt ein numerisches Beispiel. Die einzelnen Werte sind hier:

$$M_1^* = 1{,}1; \qquad M_2^* = 1{,}044;$$

$$v_1 = -0{,}022; \qquad v_2 = 0{,}006. \tag{11}$$

Für die Stoßwinkel ergibt sich:

$$\gamma_I = 4{,}454;$$

$$\gamma_{II} = 4{,}57 - 0{,}1 r + 0{,}2 r^2; \tag{12}$$

$$\gamma_{III} = 1{,}346 + 0{,}002\, r^{6/5}.$$

Für die Schall-Linie $\mathfrak{y}_s$ läßt sich in dieser Näherung ein geschlossener Ausdruck angeben. Es ist:

$$\mathfrak{y}_s = 0{,}08 + 10{,}64\, \mathfrak{x}_s - \sqrt{0{,}006 - 1{,}537\, \mathfrak{x}_s + 54{,}447\, \mathfrak{x}_s^2}. \tag{13}$$

Für die Anschlußkurven der PRANDTL-MEYER-Expansion an die gestörte Parallelströmung folgt:

$$\mathfrak{x}_P = 73{,}80\,[1 - \sqrt{1 + 0{,}027\,\mathfrak{y}_P}]^{3/2}\,\big[1 + 8{,}87\,\sqrt{1 - \sqrt{1 + 0{,}027\mathfrak{y}_P}}\,\big]; \qquad (14)$$

$$\mathfrak{y}_A = -14{,}286\,\mathfrak{x}_A.$$

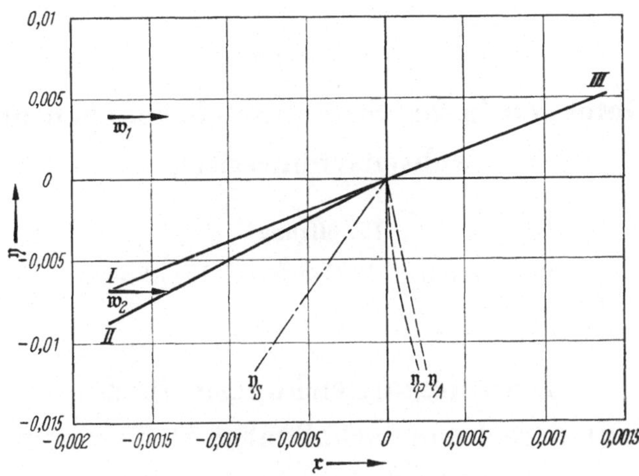

Abb. 2. Schallnaher Gabelstoß

Literatur

[1] WUEST, W.: ZAMM 28, Heft 3, 73—80 (1948).
[2] WECKEN, F.: ZAMM 29, Heft 5, 147—155 (1949).
[3] GUDERLEY, K. G.: Theorie schallnaher Strömungen. Berlin/Göttingen/ Heidelberg: Springer 1957.
[4] OSWATITSCH, K.: Über die Darstellung von Strömungen in der Umgebung ausgezeichneter Punkte. Akademie-Verlag: Tollmien-Festschrift (1962).
[5] OSWATITSCH, K.: Gasdynamik. Wien: Springer (1952).

Methoden in der Strömungsebene, eben und achsensymmetrisch

IV. Sitzung

Vorsitzender: P. GERMAIN, Frankreich

Die Integralgleichungsmethode zur Berechnung schallnaher Strömungen

Von

Jürgen Zierep

Technische Hochschule Karlsruhe, Deutschland

1. Einleitung sowie grundsätzliche Betrachtungen über die zu beschreibende Methode

Es gibt heute eine ganze Reihe von Verfahren zur Berechnung schallnaher Strömungen. Die Schwierigkeiten, die bei allen Methoden dieser Art auftreten, gehen zurück auf zwei Eigenschaften der Differentialgleichung jener Strömungen: Sie ist nichtlinear und sie wechselt ihren Typ im Feld. Am Fall der Umströmung eines ebenen Profils seien kurz einige charakteristische Merkmale dieser Strömungsfelder erläutert (Abb. 1). Bei überkritischer Unterschallanströmung ($M_\infty < 1$) kommt es in der Umgebung des Dickenmaximums zur Bildung eines lokalen Überschallgebietes, das im allgemeinen durch einen Stoß stromabwärts abgeschlossen wird. Bei Überschallanströmung ($M_\infty > 1$) befindet sich hinter der Kopfwelle ein lokales Unterschallgebiet. Stromabwärts wird die Strömung wieder auf Überschall beschleunigt. Von Wichtigkeit sind hier die beiden MACHschen Linien (Grenz-MACH-Linie, Einflußgrenze) durch den Schnittpunkt der Kopfwelle mit der Schallinie (A). Die Einflußgrenze berandet stromabwärts dasjenige Gebiet, das noch unter dem Einfluß des lokalen Unterschallgebietes steht. Die Grenz-MACH-Linie berandet dagegen stromabwärts den Teil des Überschallgebietes, der seinerseits das lokale Unterschallgebiet zu beeinflussen in der Lage ist. Im Grenzfall der Schallanströmung ($M_\infty = 1$) treffen sich Grenz-MACH-Linie und Schallinie erst im Unendlichen. Die Grenz-MACH-Linie trennt hier die ganze Ebene in zwei Teile. Punkte, die stromaufwärts dieser Grenz-MACH-Linie liegen, können das Unterschallgebiet beeinflussen; Punkte, die stromabwärts der Grenz-MACH-Linie gelegen sind, stören das Unterschallgebiet dagegen nicht.

Durch stetige Veränderung der Anström-MACH-Zahl kann man sich leicht klarmachen, wie die verschiedenen Stromfelder ineinander übergehen.

Nach diesen phänomenologischen Darlegungen seien einige grundsätzliche Betrachtungen über die Integralgleichungsmethode vorweggenommen. Bei diesem Verfahren wird die Differentialgleichung der Strömung mit dem GREENschen Satz der Potentialtheorie in eine nichtlineare Integralgleichung umgeformt. Im Fall der ebenen Strömung, den wir der Einfachheit halber hier nur besprechen, treten dabei Linien- und Flächenintegrale auf. Der jeweilige Bereich, über den im Flächenintegral die Integration zu erstrecken ist, hängt von der Anströmung ab (Abb. 2). Im Fall $M_\infty < 1$ ist nach einigen Grenzübergängen über die gesamte Ebene zu integrieren. Nach den obigen Betrachtungen über die unterschiedliche Struktur der Strömungsfelder ist dagegen für $M_\infty > 1$ der Integrationsbereich durch das lokale Unterschallgebiet und denjenigen Teil des Überschallgebietes gegeben, der stromaufwärts der Grenz-MACH-Linie liegt. Im Fall der Schallanströmung wird der Integrationsbereich von allen Punkten gebildet, die sich stromauf der Grenz-MACH-Linie befinden. Letzteres liegt eben darin begründet, daß Stö-

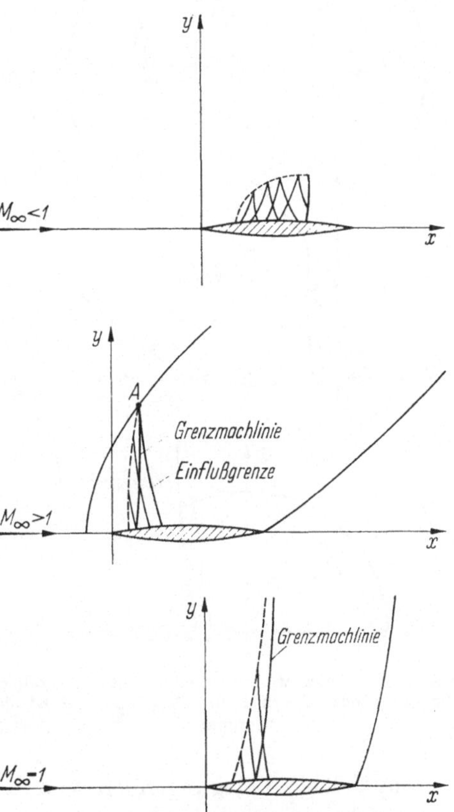

Abb. 1. Schallnahe Umströmung eines ebenen Profiles für $M_\infty \gtreqqless 1$. Die Schallinie ist gestrichelt eingetragen

rungen, die stromab der Grenz-MACH-Linie auftreten, die Strömung *vor* der Grenz-MACH-Linie nicht beeinflussen können. Sie sind aus eben diesem Grunde bei der Berechnung der Strömung in P nicht zu berück-

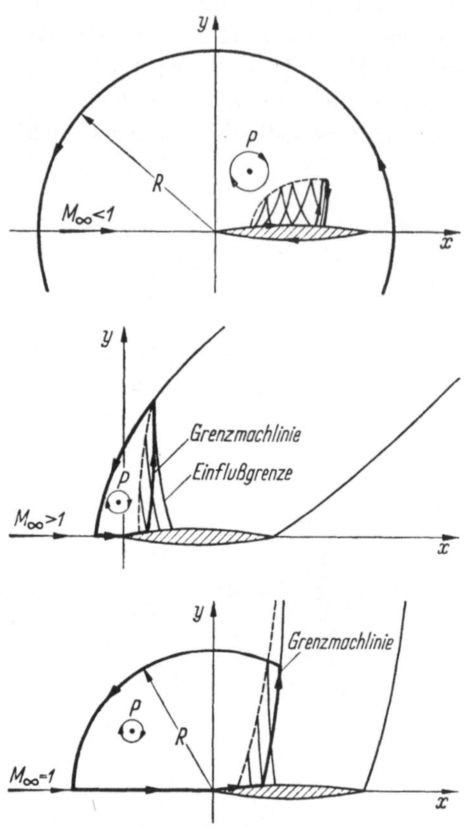

Abb. 2. Die Integrationsbereiche bei der Integralgleichungsmethode in den Fällen $M_\infty \gtreqless 1$. P ist der Aufpunkt

sichtigen. Hieraus ergibt sich, daß die Integralgleichung in den drei Fällen von unterschiedlicher Gestalt ist. Erstens sind die Integrationsbereiche im Doppelintegral verschieden, zweitens treten in den drei Fällen unterschiedliche Linienintegrale auf. Ansonsten handelt es sich hier um eine naheliegende Verallgemeinerung des bekannten Singularitätenverfahrens für schlanke Profile. Daselbst werden Singularitäten nur auf der Profilsehne angeordnet und die Strömung im Felde ergibt sich durch ein Linienintegral über die Singularitätenbelegung multipliziert mit einer geeigneten Kernfunktion. Im Gegensatz dazu tritt jetzt außerdem ein Doppelintegral auf, das als eine flächenhafte Singularitätenbelegung aufgefaßt werden kann. Erschwerend kommt hier hinzu, daß die zugehörige Belegung noch von der gesuchten Lösung in nichtlinearer Form selbst abhängt. Um diese Dinge zu übersehen, leiten wir jetzt die Integralgleichung im Fall $M_\infty < 1$ her.

2. Ableitung der Integralgleichung für $M_\infty < 1$

Führen wir die folgenden reduzierten Variablen ein

$$x = \bar{x}, \quad y = \beta\,\bar{y}, \quad \left(\beta = \sqrt{1 - M_\infty^2}\right)$$

$$U = \frac{u - u_\infty}{c^* - u_\infty}, \quad V = \frac{v}{\beta\,(c^* - u_\infty)},$$

so lautet die schallnahe Differentialgleichung

$$\Delta U = \frac{\partial^2}{\partial x^2}\left(\frac{U^2}{2}\right).\tag{1}$$

Betrachten wir insbesondere ein schlankes, symmetrisches Profil ohne Anstellung, so erhalten wir als Randbedingung, daß die V-Komponente für $y = 0$ vorgegeben und damit eine bekannte Funktion $V_0(x)$ ist

$$V(x, 0) = V_0(x).\tag{2}$$

Das Profil wird also durch Singularitäten auf der x-Achse ersetzt. Wir benutzen nun die GREENsche Formel

$$\int\limits_C \left(\phi\,\frac{\partial\psi}{\partial n} - \psi\,\frac{\partial\phi}{\partial n}\right) ds = -\iint\limits_{\mathfrak{B}} (\phi\,\Delta\psi - \psi\,\Delta\phi)\,df\tag{3}$$

mit n als innerer Normalen der Berandung. Für den Integrationsbereich nehmen wir (Abb. 2) die ganze Ebene mit Ausschluß der Profilsingularitäten, der Stöße, des Aufpunktes (P) und des Unendlichen. Wir benutzen für ϕ und ψ in (3) die Funktionen

$$\phi = \ln\frac{1}{r}\,,\qquad \psi = U$$

mit $r = \sqrt{(x-\xi)^2 + (y-\eta)^2}$ und beachten den Zusammenhang (1). Anschließend führen wir in (3) die verschiedenen — aus der Potentialtheorie geläufigen — Grenzübergänge ($R \to \infty$ usw.) durch. Berücksichtigen wir die Stoßrelationen in den Linienintegralen längs der Stöße, so kommt die folgende nichtlineare Integralgleichung für $U(x, y)$:

$$U(x, y) - \frac{U^2(x, y)}{2} - U_P(x, y)$$

$$= \frac{1}{2\pi}\iint\limits_{\mathfrak{B}} U(\xi, \eta)\,\frac{\partial U(\xi, \eta)}{\partial\eta}\,\frac{\eta - y}{(\xi - x)^2 + (\eta - y)^2}\,d\xi\,d\eta.\tag{4}$$

Der Integrationsbereich $\mathfrak{B}$ stimmt nach Ausführung der Grenzübergänge mit der ganzen Ebene überein. Die Randwerte auf dem Profil erscheinen nur in der Funktion

$$U_P(x, y) = \frac{1}{\pi}\int\limits_0^l V_0(\xi)\,\frac{x - \xi}{(x - \xi)^2 + y^2}\,d\xi,\tag{5}$$

die bekanntlich die Lösung der zugehörigen linearen Randwertaufgabe ist und PRANDTL-Funktion genannt wird. Bemerkenswert ist an (4), daß keine Beiträge von Linienintegralen längs der Stöße auftreten. Man erkennt weiterhin auch, daß in (4) der senkrechte Stoß enthalten ist. Bei diesem gilt, daß die Stromdichte $\Theta = U - \frac{U^2}{2}$ stetig bleibt, trotz des Sprunges von U. Da in (4) alle übrigen Glieder stetig über

den senkrechten Stoß hinweg gehen, ist eingesehen, daß ein solcher
Stoß in (4) enthalten ist.

(4) stellt — wie wir schon früher angedeutet haben — eine Erweiterung der bekannten linearen Singularitätendarstellung dar. Auf der
linken Seite steht die Differenz der Stromdichte und der linearen
Lösung. Die rechte Seite ist eine flächenhafte Belegung, wobei allerdings die örtliche Belegungsdichte noch in nichtlinearer Weise von der
gesuchten Funktion U selbst abhängt. Der Vorteil dieser Integralgleichung gegenüber der Differentialgleichung ist vor allem darin zu
suchen, daß schon relativ grobe Näherungen für U im Doppelintegral
zu einer durchaus befriedigenden Darstellung desselben führen. Das
liegt weitgehend an der Glättungseigenschaft der Integrale gegenüber
der aufrauhenden Tendenz der Differentialquotienten. Allerdings sind
bei einem Ansatz für U gewisse — nahezu selbstverständliche — Forderungen zu erfüllen, auf die wir im folgenden noch ausführlicher zu
sprechen kommen. Wir wollen uns nun mit den Näherungsmethoden
beschäftigen, die zur Lösung von (4) erprobt wurden.

3. Die Lösungsmethoden von Oswatitsch, Gullstrand, Spreiter und Alksne

Die Methode, die schallnahen Strömungen mit Hilfe der Lösungen
nichtlinearer Integralgleichungen zu bestimmen, stammt von Oswatitsch [1, 2]. Ausgangspunkt des Lösungsverfahrens war nicht die
Beziehung (4), sondern die nach partieller Integration nach η daraus
hervorgehende Gleichung

$$U(x, y) - \frac{U^2(x, y)}{2} - U_P(x, y)$$

$$= -\frac{1}{2\pi} \int\limits_{-\infty}^{\infty}\!\!\!\int \frac{U^2(\xi, \eta)}{2} \frac{(\xi - x)^2 - (\eta - y)^2}{[(\xi - x)^2 + (\eta - y)^2]^2} \, d\xi \, d\eta. \tag{6}$$

Für das Doppelintegral ist dabei die folgende Hauptwertsdefinition
genommen:

$$\int\limits_{-\infty}^{\infty}\!\!\!\int \cdots d\xi \, d\eta = \lim_{\varepsilon \to 0} \left[\int\limits_{\xi=-\infty}^{x-\varepsilon} + \int\limits_{\xi=x+\varepsilon}^{+\infty} \left\{ \int\limits_{\eta=-\infty}^{\infty} \cdots d\eta \right\} \right] d\xi.$$

Die Bestimmung einer Näherungslösung von (6) geht nun so, daß
durch einen relativ einfachen Ansatz die Geschwindigkeitsverteilung
$U(x, y)$ im Doppelintegral auf die gesuchte Geschwindigkeit auf der
x-Achse reduziert wird. Für $y > 0$ wird gesetzt

$$U(x, y) = \frac{U(x, 0)}{\left(1 + \dfrac{y}{b(x)}\right)^2}. \tag{7}$$

Dieser Ansatz liefert für $y=0$: $U=U(x, 0)$ und klingt, wie es sein muß, für $y \to \infty$ mit $\frac{1}{y^2}$ ab. Für die Festlegung von $b(x)$ steht sowohl die Drehungsfreiheit als auch die Kontinuität zur Verfügung. Trägt man nun (7) in (6) ein, so läßt sich die Integration nach η geschlossen durchführen und man erhält für $y = 0$:

$$U(x, 0) - \frac{U^2(x, 0)}{2} - U_P(x, 0) = - \int\limits_{-\infty}^{\infty} \frac{U^2(\xi, 0)}{2 b(\xi)} E\left(\frac{\xi - x}{b(\xi)}\right) d\xi. \qquad (8)$$

Die Einflußfunktion $E(s)$ zeigt ein typisches Verhalten, sie wird im Aufpunkt logarithmisch unendlich und klingt für $s \to \infty$ wie ein Dipol ab. (8) ist nun eine eindimensionale nichtlineare Integralgleichung. Von OSWATITSCH [1, 2] sowie von SPREITER und ALKSNE [7] sind verschiedene Methoden ausgearbeitet worden, um diese Gleichung angenähert zu integrieren. GULLSTRANDS Behandlung [3—6] dieses Problems unterscheidet sich hiervon, als von ihm ein Reihenansatz an Stelle von (7) benutzt wird und demzufolge eine ganze Anzahl von Integralen der Form (8) auftritt. Die numerischen Ergebnisse aller dieser Methoden zeigen die typischen Verläufe der Geschwindigkeitsverteilungen in Schallnähe, und zwar bei überkritischer Anströmung mit und ohne Verdichtungsstoß am Profil.

4. Der Integralreihensatz, die Vereinfachung und die Lösung der Integralgleichung

Zum Unterschied gegenüber den soeben erwähnten Methoden gehen OSWATITSCH und ZIEREP [8] von der Integralgleichung (4) aus. Das hat seinen Grund in folgendem. Im Doppelintegral liefern nur diejenigen Punkte der (ξ, η)-Ebene einen wesentlichen Beitrag, die in unmittelbarer Nähe des Profiles gelegen sind. Das liegt einerseits daran, daß das U in y-Richtung rasch abklingt und andererseits der Kern selbst noch für ein verstärktes Abklingen sorgt. Also kommt es, was den Wert des Doppelintegrales in (4) angeht, vor allen Dingen auf die Werte der Belegungsfunktion $U(\xi, \eta) \dfrac{\partial U(\xi, \eta)}{\partial \eta}$ in Körpernähe $\eta \approx 0$ an. Daselbst ist nun aber $\partial U/\partial \eta$ auf Grund der Drehungsfreiheit an die vorgegebenen Werte $dV_0/d\xi$ geknüpft. Damit kann man also die Hoffnung haben, daß das Doppelintegral in (4) in erster Näherung eine *lineare* Funktion von U wird, was wir durch die folgenden Untersuchungen bestätigen werden. Dies ist ein Vorteil, den die Gl. (4) gegenüber (6) besitzt.

Um eine bessere Darstellung der Geschwindigkeit gegenüber den früheren Methoden im Felde zu haben, gehen wir von dem folgenden

Integralreihenansatz aus:

$$U(x, y) = \int\limits_{-\infty}^{\infty} q_0(\xi)\,\frac{y}{(\xi-x)^2+y^2}\,d\xi + \int\limits_{-\infty}^{\infty} q_1(\xi)\,y\,\frac{\partial}{\partial y}\,\frac{y}{(\xi-x)^2+y^2}\,d\xi + \cdots$$

$$\cdots + \int\limits_{-\infty}^{\infty} q_k(\xi)\,\frac{y^k}{k!}\,\frac{\partial^k}{\partial y^k}\,\frac{y}{(\xi-x)^2+y^2}\,d\xi + \cdots. \tag{9}$$

Die $q_k(\xi)$ sind unbekannte Belegungsfunktionen. Der erste Summand ist eine Lösung der linearen Differentialgleichung, während den weiteren Gliedern Polen höherer Ordnung auf der Profilsehne entsprechen. Dieser Ansatz erfüllt eine ganze Reihe von vernünftigen Forderungen, so z. B., daß nur der erste Summand einen Beitrag für die Geschwindigkeitsverteilung auf der Achse liefert. Wir bilden nun mit (9) die Ableitungen $\partial^k U(x, y)/\partial y^k$. Unter Benutzung einfacher Grenzwertsätze ergibt sich

$$\lim_{y \to 0} U(x, y) = \pi\, q_0(x),$$

$$\lim_{y \to 0} \frac{\partial U(x, y)}{\partial y} = \int\limits_{-\infty}^{\infty} \frac{q_0'(\xi) + q_1'(\xi)}{\xi - x}\,d\xi, \tag{10}$$

$$\lim_{y \to 0} \frac{\partial^2 U(x, y)}{\partial y^2} = -\pi\left(q_0''(x) + 2q_1''(x) + q_2''(x)\right).$$

Dieser Algorithmus läßt sich fortsetzen. Stets ist es so, daß die ungerade Ableitung für $y \to 0$ durch ein Cauchysches Integral, die gerade Ableitung durch einen integralfreien Ausdruck in den q_k gegeben ist. Von P. Werner stammt die folgende allgemeine Darstellung für die Ableitungen von $U(x, y)$ auf der x-Achse

$$\lim_{y \to 0} \frac{\partial^{2m}}{\partial y^{2m}} U(x, y) = (-1)^m\,\pi \sum_{v=0}^{2m} \binom{2m}{v} \frac{d^{2m}}{dx^{2m}}\, q_v(x),$$

$$\lim_{y \to 0} \frac{\partial^{2m-1}}{\partial y^{2m-1}} U(x, y) = (-1)^{m-1} \int\limits_{-\infty}^{\infty} \frac{\displaystyle\sum_{v=0}^{2m-1} \binom{2m-1}{v} \frac{d^{2m-1}}{d\xi^{2m-1}}\, q_v(\xi)}{\xi - x}\,d\xi.$$

Der Einfachheit halber beschränken wir uns hier auf die ersten drei Ausdrücke. Berücksichtigen wir in (10) die Drehungsfreiheit und die Kontinuität, lösen einmal eine Hilbertsche Integralgleichung, so erhalten wir der Reihe nach:

$$q_0(x) = \frac{1}{\pi}\, U(x, 0),$$

$$q_1(x) = \frac{1}{\pi}\left(U_P(x, 0) - U(x, 0)\right), \tag{11}$$

$$q_2(x) = -\frac{2}{\pi}\left(U_P - U + \frac{U^2}{4}\right) = -\frac{2}{\pi}\,\frac{(U_P - U) + \left(U_P - U + \dfrac{U^2}{2}\right)}{2}.$$

Wir sehen, daß sich alle Belegungsfunktionen durch die unbekannte Geschwindigkeitsverteilung $U(x, 0)$ ausdrücken lassen. Überdies ergeben sich aus (11) einige Aussagen über die Größenordnungen der einzelnen Belegungen. q_0 liefert den Hauptanteil, q_1 sowie q_2 stellen Korrekturen dar. Der Klammerausdruck von q_2 zeigt eine interessante Mittelbildung der Stromdichten. Dieserhalb sei auf entsprechende Formeln von Krahn [9] verwiesen. Wir tragen nun den Reihenansatz (9) unter Verwendung von (11) in (4) ein. Setzt man daselbst $y = 0$ und führt zwei elementare aber langwierige Integrationen[1] aus, so kommt:

$$U(x, 0) - \frac{U^2(x, 0)}{2} - U_P(x, 0)$$

$$= -\frac{1}{4\pi} \int\!\!\int\limits_{-\infty}^{\infty} U(s, 0)\, \frac{dV_0(t)}{dt}\, K(t - x, s - x)\, ds\, dt + R(x). \qquad (12)$$

Das Doppelintegral in (12), das den Hauptanteil der rechten Seite von (4) darstellt, enthält hierbei für U das erste Glied des Ansatzes (9) dagegen für $\frac{\partial U}{\partial \eta}$ die ersten beiden Terme. Alle weiteren Glieder sind als Korrekturen in dem Rest $R(x)$ zusammengefaßt. Der Kern $K(t - x, s - x)$ hat eine bemerkenswert einfache Gestalt, wie Abb. 3 zeigt. Eine Singularität tritt nur auf, wenn beide Argumente verschwinden. Es sei hier hervorgehoben, daß die Darstellung (12) die früheren Vermutungen vollends bestätigt. Das Doppelintegral rechts enthält die gesuchte Geschwindigkeitsverteilung nur noch linear. Wir beschränken uns auf diesen Hauptteil und legen den weiteren Untersuchungen die Integralgleichung (12) ohne den Rest zugrunde. Gegenüber (8) tritt jetzt in (12) eine zweifache Integration über die Profilsehne auf. Das ist der Kaufpreis, den man an dieser Stelle für die bessere Approximation von $U(x, y)$ im Felde zahlen muß. Es ist jedoch nun äußerst bemerkenswert, daß man das Doppelintegral in (12) im wesentlichen auch auf ein einfaches zurückführen kann. Differentiation nach x führt unter Beachtung des Ausdruckes für den Kern $K(t - x, s - x)$ zu der Darstellung

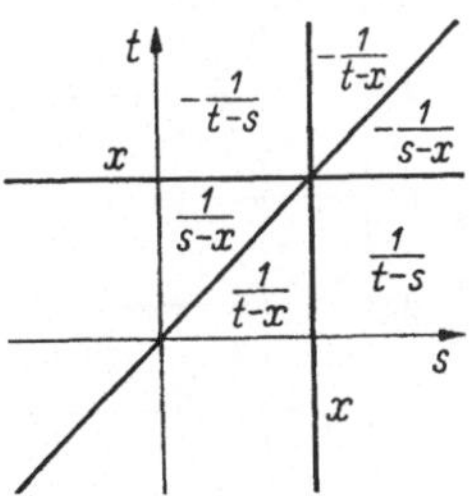

Abb. 3.
Der Kern $K(t - x, s - x)$ in der Integralgleichung (12). In den jeweiligen Sektoren erfolgt die Darstellung durch die angegebenen Funktionen

$$\frac{d}{dx}\left[U(x, 0) - \frac{U^2(x, 0)}{2} - U_P(x, 0) \right]$$

$$= \frac{1}{2\pi} \int\limits_{-\infty}^{\infty} \left(\frac{V_0(s) - V_0(x)}{s - x} \right) \left(\frac{\varphi(s) - \varphi(x)}{s - x} \right) \frac{ds}{s - x}. \qquad (13)$$

---

[1] Bei der Durchführung dieser Integrationen hat mich A. Kurau tatkräftig unterstützt.

7*

Hierin ist $\varphi(x)$ das Störpotential auf der x-Achse mit

$$\varphi(s) - \varphi(x) = \int\limits_x^s U(t, 0)\, dt. \tag{14}$$

Führt man die folgende Abkürzung für die „Quellstärke" ein

$$q(x, s) = -\frac{1}{2}\left(\frac{V_0(s) - V_0(x)}{s - x}\right)\left(\frac{\varphi(s) - \varphi(x)}{s - x}\right) = q(s, x), \tag{15}$$

so erkennt man, daß (13) die Singularitätendarstellung

$$\frac{d}{dx}\left[U - \frac{U^2}{2} - U_P\right] = \frac{1}{\pi}\int\limits_{-\infty}^{\infty}\frac{q(x, s)}{x - s}\, ds \tag{16}$$

zuläßt. Die Änderung der Stromdichtedifferenz auf der Profilsehne $\left(U - \frac{U^2}{2}\right) - U_P$ in x-Richtung ergibt sich damit in Analogie zum linearen Fall durch ein Cauchysches Quell-Senken-Integral. Die „Singu-

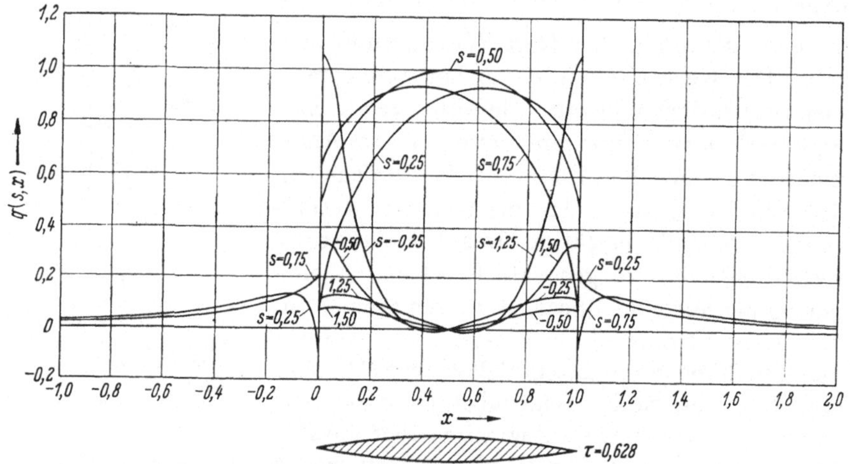

Abb. 4. Die Quellstärke $q(x, s)$ für den schallnahen Kompressibilitätseinfluß bei unterkritischer Umströmung des Kreisbogenzweiecks

laritätenbelegung" $q(x, s)$ stellt in der betrachteten Näherung die Kompressibilitätsquellen für die Schallnähe dar. Die „Quellstärke" $q(x, s)$ hängt bei diesem nichtlinearen Problem nicht nur vom Quellpunkt s, sondern auch vom Aufpunkt x selbst ab. Darüber hinaus zeigt (15), daß die Quellstärke noch von der gesuchten Geschwindigkeitsverteilung abhängt. Die Abb. 4 und 5 zeigen typische Verteilungen, die auf Grund von berechneten Lösungen ermittelt wurden.

Bevor wir uns mit der Lösung von (16) beschäftigen seien einige Folgerungen aus dieser Darstellung gezogen.

Für das Profil endlicher Länge ergibt sich für $x \to \pm\infty$ leicht die folgende asymptotische Beziehung

$$U(x,0) = -\frac{1}{\pi\,x^2} \int\limits_0^l h(\xi)\left(1 + \frac{U(\xi,0)}{4}\right) d\xi .$$

$h(\xi)$ ist hierin die reduzierte Profilkontur. Die Funktion U klingt also wie ein Dipol ab und die Kompressibilität äußert sich auch in Schallnähe wie eine Profilverdickung auf Grund der Ersetzung von $h(\xi)$ durch $h(\xi)\left(1 + \dfrac{U(\xi,0)}{4}\right)$.

Aus (16) folgt auch leicht, daß $\dfrac{\partial U}{\partial x}$ hinter dem Stoß logarithmisch unendlich wird, wie es in [10] auf anderem Wege hergeleitet worden ist.

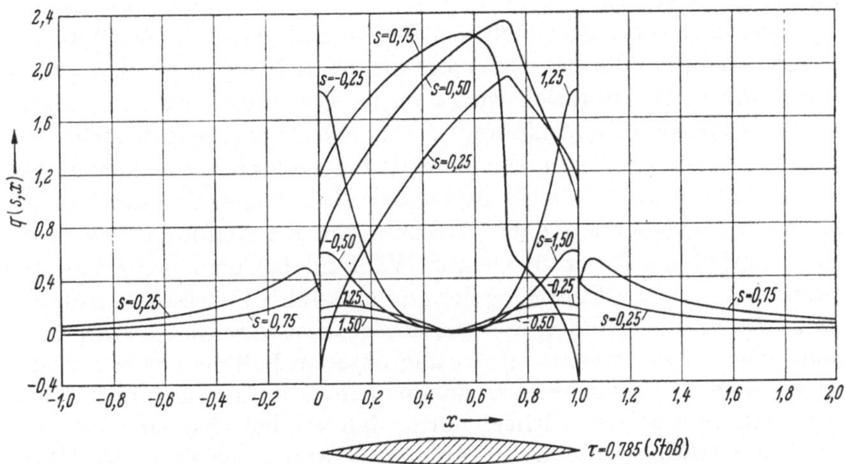

Abb. 5. Die Quellstärke $q(x,s)$ bei überkritischer Umströmung des Kreisbogenzweiecks mit Stoß

Zur Lösung von (16) integrieren wir bezgl. x und führen die folgende Abkürzung ein

$$\frac{1}{\pi} \int\limits_{-\infty}^{\infty} \frac{q(x,s)}{x-s}\,ds = g(x). \tag{17}$$

Damit erhalten wir

$$U(x,0) - \frac{U^2(x,0)}{2} - U_P(x,0) = \int\limits_{-\infty}^{x} g(t)\,dt = -I(x). \tag{18}$$

Diese Gleichung wird nun generell durch ein Iterationsverfahren gelöst, dessen allgemeiner Algorithmus wie folgt aufgebaut ist

$$U_n(x,0) = U_P(x,0) + \frac{U_{n-1}^2(x,0)}{2} - I_{n-1}(x). \tag{19}$$

Ausgehend von einer $(n-1)$. Näherung $U_{n-1}(x, 0)$ für $U(x, 0)$ bestimmt man sich unter Beachtung von (14), (15) und (17) zunächst $g_{n-1}(t)$ sowie $\int\limits_{-\infty}^{x} g_{n-1}(t)\, dt = -I_{n-1}(x)$ und berechnet hiermit nach (19) die nächste Näherung $U_n(x, 0)$. Das Glied $-\dfrac{U^2}{2}$ wurde bei diesem Iterationsvorgang auf die rechte Seite geschafft und mit dem Index $(n-1)$ versehen. Bei der Iteration einer Gleichung des obigen Typs ist es stets zweckmäßig, nach dem linearen Gliede aufzulösen. Sonst hätte man bei der Iteration fortwährend Quadratwurzeln zu ziehen, was die Genauigkeit ständig herabsetzen würde. Abgesehen davon würden dauernd Mehrdeutigkeiten bei der Iteration der quadratischen Gleichung auftreten und die Zuordnung der einzelnen Lösungen wäre mit Schwierigkeiten verbunden.

Geht man von einer stoßfreien Ausgangsnäherung $U_1(x, 0)$ aus, so erhält man durch die Iteration stets wieder stoßfreie Geschwindigkeitsverteilungen. Die Iteration wird man im Einzelfall soweit führen, bis keine nennenswerten Änderungen von Schritt zu Schritt mehr auftreten. Dieses Verfahren zur Berechnung stoßfreier schallnaher Geschwindigkeitsprofile weist gegenüber den früheren Berechnungsmethoden, insbesondere dem Verfahren von Rayleigh-Janzen einige charakteristische Unterschiede auf. Während bei dem letztgenannten Verfahren, das zur Ermittlung der kompressiblen Unterschallströmung weite Verwendung findet, die Quellintegration über die gesamte Strömungsebene zu erstrecken ist, wird in unserem Fall die zweite Integration gemäß (18) stromabwärts nur bis zum Aufpunkt x durchgeführt. Ein weiterer Unterschied liegt darin, daß wir bei unserem Verfahren von einer *beliebigen* stoßfreien Anfangsnäherung ausgehen. Das Rayleigh-Janzen-Verfahren benutzt dagegen bekanntlich die inkompressible Lösung als Ausgangsfunktion. Die Prandtl-Iteration geht von der allgemeinen linearen Lösung aus. Demgegenüber bestehen also hier einige charakteristische Unterschiede. Daran mag es liegen, daß sich unsere Iteration auch noch nach Überschreiten der Schallgeschwindigkeit bewährt, was bekanntlich beim Rayleigh-Janzen-Verfahren und bei der Prandtl-Iteration nicht der Fall ist.

Für eine Geschwindigkeitsverteilung mit Stoß benutzen wir dieselbe Form der Iterationsgleichungen (19) wie im stoßfreien Fall. Als Ausgangsnäherung hat man nun jedoch eine solche mit Stoß zu benutzen. Bei der Iteration ist allerdings zu beachten, daß sich im allgemeinen die *Stoßlage* von Schritt zu Schritt ändern kann. Demgegenüber wird von Spreiter-Alksne [7] die Rechnung so durchgeführt, daß die Stoßlage festbleibt. Dann muß jedoch die Profildicke τ von Schritt zu Schritt variiert werden.

Wir beschreiben die Iteration bei veränderlicher Stoßlage. Außer den Iterationsgleichungen (19) ziehen wir hier noch folgende Bedingungen bei jedem Schritt heran: Die Kontrolle der Drehungsfreiheit

$$\int\limits_{-\infty}^{\infty} U_n(x,\, 0)\, dx = 0,\tag{20}$$

sowie die Gleichung für den senkrechten Stoß:

$$U_n^+(x_s,\, 0) + U_n^-(x_s,\, 0) = 2,\tag{21}$$

wobei durch $+$ und $-$ die Limites auf der Vorder- und Rückseite des Stoßes gegeben sind.

Die $(n-1)$. Näherung möge diesen Bedingungen genügen. Die n. Näherung berechnet sich aus den Iterationsgleichungen (19). Die erforderliche Korrektur der Stoßlage ergibt sich beim Schritt von $n-1 \to n$ auf dem folgenden Wege. Bei noch unbekannter Stoßlage gilt:

$$U_n^+ = U_P^+ + \frac{U_{n-1}^{+2}}{2} - I_{n-1}^+$$

$$U_n^- = U_P^- + \frac{U_{n-1}^{-2}}{2} - I_{n-1}^-.$$

U_P und I gehen stetig über den Stoß hinweg. Damit wird:

$$U_n^+ + U_n^- = 2\, U_P$$

$$+ \frac{1}{2}\left(U_{n-1}^{+2} + U_{n-1}^{-2}\right) - 2\, I_{n-1}.$$

(21) gibt hiermit die Bestimmungsgleichung

$$2\, I_{n-1}(x_s) - [2\, U_P(x_s,\, 0) - 1]$$
$$= \frac{1}{2}\,[U_{n-1}^{+2} + U_{n-1}^{-2}] - 1.\tag{22}$$

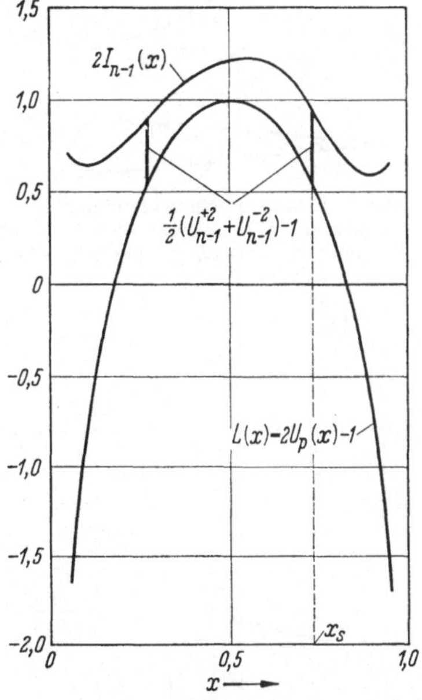

Abb. 6. Zur Lösung der Stoßbedingung (22)

Der Wert der rechten Seite ist vom vorangehenden Iterationsschritt bekannt. Damit kann leicht die Abszisse des Stoßes x_s bestimmt werden, die diese Gleichung löst. Abb. 6 veranschaulicht diesen Sachverhalt. Hieran wird gleichzeitig klar, daß in (22) stets zwei Lösungen auftreten, wobei die eine vor dem Dickenmaximum des Körpers einem Verdünnungsstoß, die andere nach dem Dickenmaximum einem Verdichtungsstoß entspricht. Nach der Korrektur der Stoßlage, stellt (20) eine weitere Kontrolle für das Geschwindigkeitsprofil dar.

5. Einige Ergebnisse mit der neuen Methode

Nach der im vorangehenden Abschnitt beschriebenen Methode wurden einige Beispiele berechnet. Die Abb. 7, 8, 9 zeigen die Strömung um einen Keilhalbkörper. Abgesehen von der Umgebung des Staupunktes und der Schulter stimmen die Ergebnisse befriedigend mit den Meßresultaten von Liepmann-Bryson [11] überein. Die Abweichung der Theorie von den Messungen in der Nähe dieser Punkte hat

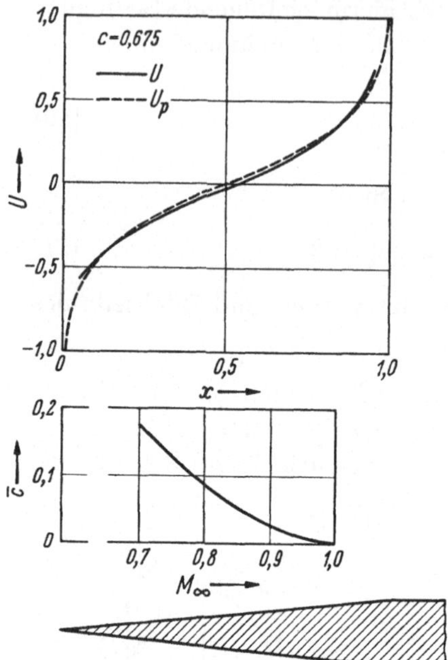

Abb. 7. Geschwindigkeitsverteilung am Keilhalbkörper. c bezeichnet den reduzierten Tangens des halben Keilöffnungswinkels α

$$c = \frac{\operatorname{tg}\alpha}{\beta\left(\dfrac{c^*}{u_\infty}-1\right)}\,, \qquad \bar{c}=\operatorname{tg}\alpha, \qquad c=0{,}675$$

Abb. 9. Vergleich der berechneten Werte (ausgezogene Kurven) mit den Messungen (Kreuze) [11] bei $M_\infty = 0{,}7$; $0{,}8$ für den Keil vom halben Öffnungswinkel $\alpha = 10°$. M ist die lokale Mach-Zahl

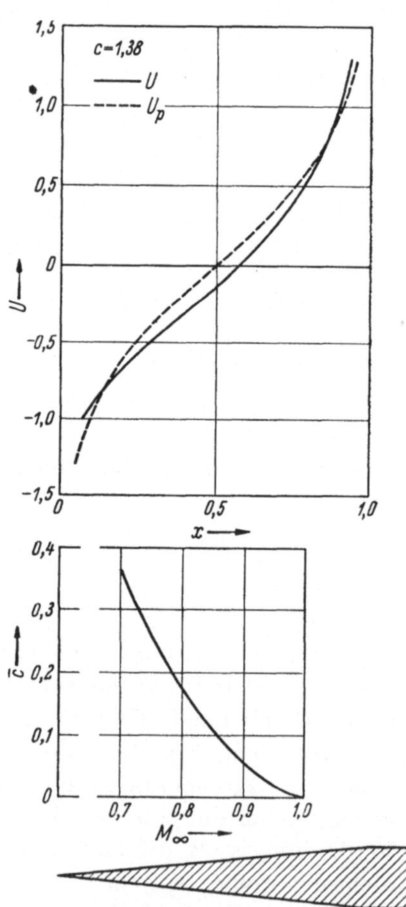

Abb. 8. Keilströmung für $c = 1{,}38$

ihre Ursache in den Singularitäten der PRANDTL-Verteilung U_P — mit der die Iteration in diesem Fall begonnen wurde — an diesen Stellen.

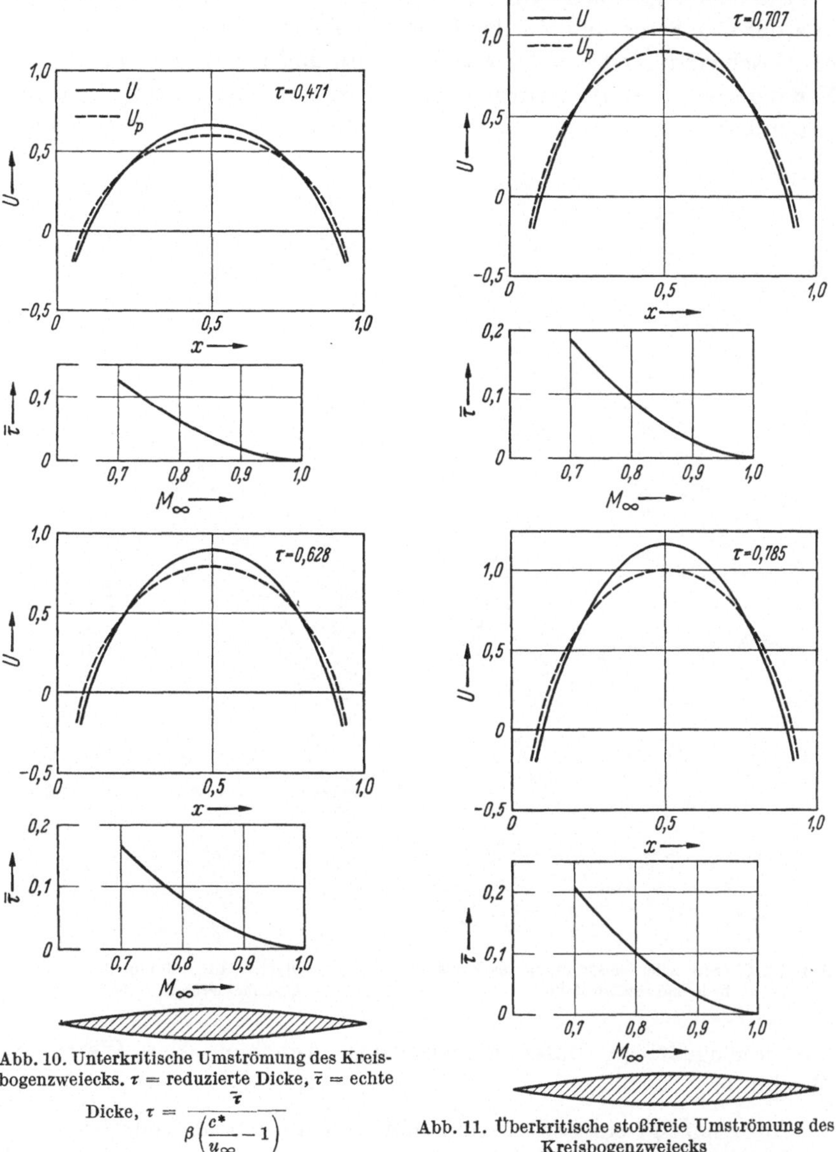

Abb. 10. Unterkritische Umströmung des Kreisbogenzweiecks. τ = reduzierte Dicke, $\bar{\tau}$ = echte

Dicke, $\tau = \dfrac{\bar{\tau}}{\beta\left(\dfrac{c^*}{u_\infty} - 1\right)}$

Abb. 11. Überkritische stoßfreie Umströmung des Kreisbogenzweiecks

Es ist durchaus zu vermuten, daß wenn man mit einer regulären Verteilung die Iteration beginnt, man wenigstens in der Umgebung der Schulter noch zu befriedigenden Ergebnissen gelangt. Bekanntlich gilt an der Schulter $U = 1$, d. h. $M = 1$. Im Mittelteil des Keiles (Abb. 9)

bestätigt die Rechnung, daß die Mach-Zahlprofile im wesentlichen durch
eine Translation in vertikaler Richtung auseinander hervorgehen.

Die Abb. 10, 11 zeigen einige Ergebnisse für das Kreisbogenzweieck
in stoßfreier Strömung. In der Umgebung des Dickenmaximums wird
die Geschwindigkeit erhöht, während vorn und hinten gleichzeitig eine
Verringerung derselben eintritt. Das Geschwindigkeitsprofil wird also
gegenüber der Ausgangsnäherung in Richtung zum Dickenmaximum

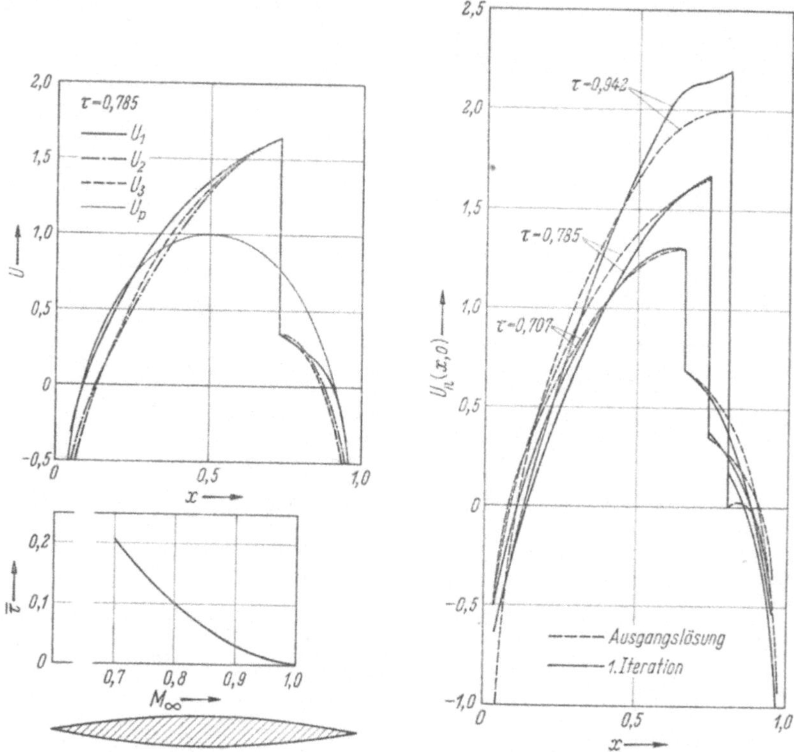

Abb. 12. Überkritische Umströmung des Kreisbogenzweiecks mit Stoß

Abb. 13. Diverse Umströmungen des Kreisbogenzweiecks mit Stoß

zusammengedrängt unter gleichzeitiger Anhebung des Wertes im
Maximum.

Abb. 12 zeigt einige Iterationsschritte beim Kreisbogenzweieck mit
Stoß. Die nachträgliche Korrektur der Stoßlage erwies sich hier als
verschwindend klein. Der Stoß befand sich bereits bei der Ausgangsnäherung U_1 an der richtigen Stelle. Die Annäherung an die gesuchte
Lösung erfolgt recht schnell, wenn nur die Anfangsnäherung mit
einigem Geschick gewählt wird.

In Abb. 13 sind Rechnungen für verschiedene Stoßlagen beim Kreisbogenzweieck zusammengestellt. Mit wachsender MACH-Zahl wandert der Stoß stromabwärts. Rechnet man die Ergebnisse auf die lokale MACH-Zahl um, so erkennt man, daß am Vorderteil des Geschwindig-

keitsprofils von Fall zu Fall keine großen Änderungen mehr auftreten. Dieser Profilteil stimmt weitgehend bereits mit der Geschwindigkeitsverteilung bei Schallanströmung überein. Diese für schallnahe Profilströmungen typische Eigenschaft bezeichnet man häufig auch als das *Einfrieren* der Strömung.

Abb. 14 zeigt eine Rechnung für ein NACA-Profil. Die V_0-Verteilung wurde hierbei der Arbeit von OSWATITSCH [2] entnommen. Der Vergleich mit den Meßergebnissen an der Ober- und Unterseite des Profiles von GÖTHERT fällt zufriedenstellend aus.

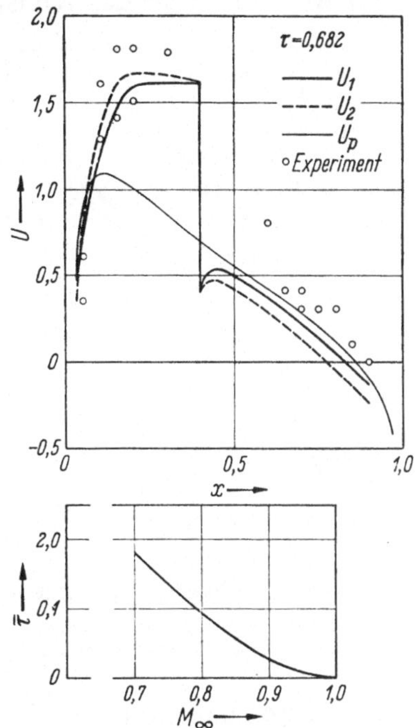

Abb. 14. Überkritische Umströmung eines NACA-Profils mit Stoß. Vergleich mit Messungen von GÖTHERT für das Profil NACA 0−0006−1,130

6. Erweiterungen, Ergänzungen und Ausblick

Mit einer ähnlichen Methode, wie sie für Unterschallanströmung soeben erläutert wurde, läßt sich auch der Fall der Schallanströmung behandeln. Dies ist von SUN[1] durchgeführt worden. Allerdings tritt hier eine Schwierigkeit auf. Im Fall $M_\infty = 1$ kommt bereits in der Kontinuitätsgleichung das in U lineare Glied nicht vor. Das hat zur Folge, daß die (18) entsprechende Gleichung im Schallfall ebenfalls U auf der linken Seite nicht enthält und damit eine Iteration im Sinne von (19) nicht möglich ist. Dieses Vorkommnis, das offenbar in der Natur der Sache begründet ist und nicht eine Folge des benutzten Kalküls ist, legt es nahe, außer der MACH-Zahl der Anströmung $M_\infty = 1$ noch eine Bezugs-MACH-Zahl für das ganze Feld $M_1 < 1$ einzuführen. Es hat sich als zweckmäßig erwiesen, für diese MACH-Zahl das arithmetische Mittel aus kritischer MACH-Zahl und $M_\infty = 1$ zu nehmen.

---

[1] Deutsche Versuchsanstalt für Luft- und Raumfahrt, Aachen.

Unter Verwendung dieser Bezugs-Mach-Zahl M_1 tritt wieder ein in U linearer Term in den Iterationsgleichungen auf und die Rechnung kann wie gewohnt erfolgen.

In Abb. 15 ist für das Kreisbogenzweieck das Ergebnis einer diesbezüglichen Rechnung dargestellt und mit Versuchsergebnissen [12, 13] verglichen. Der einfacheren Rechnung wegen ist hier die Grenz-Mach-Linie nach $x \to +\infty$ verlagert worden. In diesem Fall können nämlich gewisse Integrale, die bei der früher besprochenen Methode auftraten, übernommen werden. Es scheint so zu sein, daß die Iteration bei dem angewandten Verfahren in der Umgebung der Hinterkante nicht mehr konvergiert. Das ist keineswegs bedenklich, da hinter dem Dickenmaximum die Strömung mit reinen Überschallmethoden bestimmt werden kann. Hier wird man mit Charakteristikenmethoden arbeiten oder einfach eine Prandtl-Meyer-Expansion mit der Mach-Zahl, die am Dickenmaximum herrscht, anschließen.

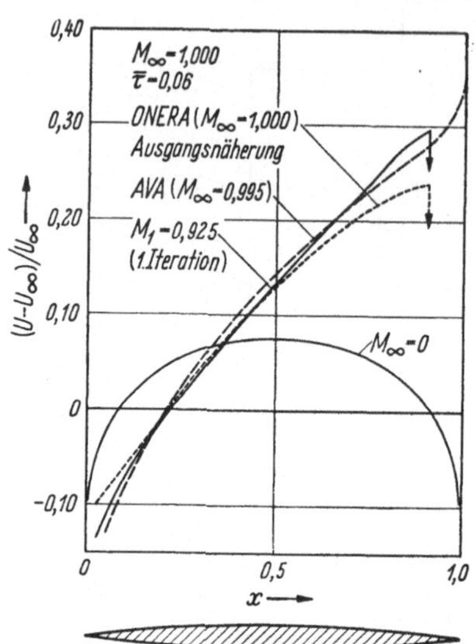

Abb. 15. Schallanströmung des Kreisbogenzweiecks. Vergleich mit Meßergebnissen

Die Integralgleichungsmethode hat sich in der hier vorgetragenen Form auch zur Berechnung von kompressiblen reinen Unterschallströmungen bewährt. Dies ist von Gretler [14] ausgearbeitet worden und führte zu Ergebnissen, die auf anderem Wege bereits von Imai [15] und van Dyke [16] erhalten wurden. Allerdings sind in diesem Fall die Ausgangsdifferentialgleichungen gegenüber dem von uns betrachteten Fall zu modifizieren. Jetzt sind alle Glieder proportional dem Quadrat des Dickenverhältnisses τ^2 mitzunehmen.

Abschließend sei bemerkt, daß der Fall der Überschallanströmung mit lokalen Unterschallgebiet vor dem Körper und die Bestimmung der Umströmung des Rotationskörpers mit der behandelten Methode noch ausstehen. Die Integralgleichung selbst ist schon für allgemeinere Fälle, als wir sie hier diskutiert haben, aufgestellt worden. Über einige Schlüsse, die man aus diesen Integralgleichungen — besonders auch im dreidimensionalen Fall — ziehen kann, sei auf die Arbeit von Heaslet und Spreiter [17] verwiesen.

Literatur

[1] Oswatitsch, K.: ZAMM **30**, 17 (1950).

[2] Oswatitsch, K.: Acta Physica Austriaca **4**, 228 (1950).

[3] Gullstrand, T.: KTH-AERO TN **20** (1951).

[4] Gullstrand, T.: KTH-AERO TN **24** (1952).

[5] Gullstrand, T.: KTH-AERO TN **25** (1952).

[6] Gullstrand, T.: KTH-AERO TN **27** (1952).

[7] Spreiter, J. R., u. A. Alksne: NACA TN 3096 (1954) u. NACA Rep. 1217 (1955).

[8] Oswatitsch, K., u. J. Zierep: DVL-Bericht Nr. 189 (1962).

[9] Krahn, E.: ZAMM **29**, 2 (1949).

[10] Oswatitsch, K., u. J. Zierep: ZAMM **40,** 143 (1960). Tagungsheft.

[11] Liepmann, H. W., u. A. E. Bryson: J. Aero. Sci. **17,** 745 (1950).

[12] Rotta, J. C.: AVA Forschungsbericht Nr. 61—01.

[13] Michel, R., F. Marchaud u. J. Le Gallo: ONERA Publ. No. 65 (1953).

[14] Gretler, W.: Jahrbuch der wissenschaftlichen Gesellschaft für Luftfahrt, 1961, S. 171—179.

[15] Imai, I.: J. Aero. Sci. **22**, 270 (1955).

[16] Van Dyke, M. D.: NACA TN **3390** (1955).

[17] Heaslet, M. A., u. J. R. Spreiter: NACA Rep. **1318** (1957).

Transonic[1] flow behind a detached shock wave

By

P. R. Garabedian

New York University, New York, U. S. A.

In recent years interest in the re-entry problem has stimulated investigation of the hypersonic flow past a blunt body. What has been needed mathematically is a reliable description of the flow between the body and the detached bow shock wave that forms in front of it. Because of difficulties in determining the shock wave corresponding to a given body, much effort has been concentrated on calculating flows behind prescribed curved shock waves. This leads to the CAUCHY problem for partial differential equations of elliptic or of mixed type. Since CAUCHY's problem is well posed only for equations of the hyperbolic type, naive numerical schemes for solving the inverse detached shock problem prove to be unstable. However, answers of any desired accuracy can be computed by means of complex substitutions, provided that an explicit analytic continuation of the relevant CAUCHY data is available.

For two-dimensional flow the CAUCHY problem is most conveniently formulated in terms of characteristic coordinates. These are real in any region of supersonic motion, but are complex for a subsonic regime. Although extension into the complex domain yields a meaningful problem in the latter case, there remains a difficulty near the sonic line. Indeed, the transformation to characteristic coordinates involves a division by $\sqrt{M^2 - 1}$, where M denotes the local MACH number. Consequently singularities occur at the sonic line $M = 1$ that cause a loss of significant degits in determining the flow numerically.

We shall explain how to solve for the transonic flow behind a given detached shock wave regardless of the type of the equations of the

---

motion. To avoid the mathematical sophistication of the method of characteristics, we shall introduce three auxiliary independent variables instead of two. Observe that the system of partial differential equations governing two-dimensional steady fluid flow may be written in the quasi-linear form

$$u_t = A u_x,$$

where u stands for an unknown vector and A stands for a given matrix function of x, t and u. Here t and x are any physical coordinates chosen so that t vanishes along the prescribed shock. Our aim is to calculate $u(x, t)$ for $t > 0$ when the initial values $u(x, 0)$ are specified analytically.

For the purpose at hand we substitute for x the complex variable $z = x + i\,y$. The CAUCHY-RIEMANN equations expressing the analyticity of u as a function of z assert that

$$u_x + i\,u_y = 0.$$

Our equation of motion can therefore be replaced by

$$u_t = \frac{1}{2} A \left(u_x - i\,u_y\right) + \frac{1}{2} \overline{A}' \left(u_x + i\,u_y\right),$$

where $\overline{A}'$ is the transpose of the complex conjugate of the matrix A. This is equivalent to the system

$$u_t = \frac{A + \overline{A}'}{2}\, u_x + \frac{A - \overline{A}'}{2i}\, u_y,$$

which is symmetric hyperbolic because its coefficients are Hermitian matrices. The advantage of our complex substitution is that the CAUCHY problem is well posed for a symmetric hyperbolic system. Thus one easily shows that it can be solved numerically by a stable finite difference scheme of the form

$$
\begin{aligned}
u_{l,m,n+1} = {} & \frac{u_{l+1,m,n} + u_{l,m+1,n} + u_{l-1,m,n} + u_{l,m-1,n}}{4} \\
& + \left\{ \frac{A_{l,m,n} + \overline{A}'_{l,m,n}}{2} \cdot \frac{u_{l+1,m,n} - u_{l-1,m,n}}{2\Delta x} \right. \\
& + \left. \frac{A_{l,m,n} - \overline{A}'_{l,m,n}}{2i} \cdot \frac{u_{l,m+1,n} - u_{l,m-1,n}}{2\Delta y} \right\} \Delta t.
\end{aligned}
$$

The procedure we have described is applicable to genuinely three-dimensional flow, but then it involves five independent variables and hence seems as yet unfeasible. Moreover, our extension into the complex domain is helpful for other problems, such as the design of vacuum tubes with hollow electron beams.

The linear approximation to the transonic small disturbance equation

By

Paul F. Maeder

Brown University, Providence, R. I., U. S. A.

I. Introduction

The small perturbation equations governing transonic potential flow over slender bodies are well established. Owing to their non-linearity, however, exact analytical treatment is possible only in a few special cases.

In subsonic or supersonic flow where the small perturbation equations become linear, mathematical methods have been developed which permit the solution of these equations for quite general boundary conditions. Thus in these speed ranges analytical information of technological importance can be obtained without excessive difficulty.

As the technological interest in the transonic speed range increased, it became apparent that approximate methods would have to be developed which would permit the engineer to obtain analytical information with comparative ease.

A very promising start in this direction was made by OSWATITSCH and KEUNE [1] in 1955 when they calculated the sonic flow over the front portion of a half body of revolution by assuming that a fluid particle near the surface experiences a constant acceleration. If this assumption is introduced into the small perturbation equation for transonic flows, the equation becomes linear and thus can be solved without any difficulties. The calculated pressure distribution on the surface of the body agreed surprisingly well with experimental evidence.

This led several investigators to believe that such an approximation might possess more general validity and should be applied to other cases. MAEDER, THOMMEN and WOOD [2—4] generalized this simple approach to the entire MACH number range and applied the theory to two-dimensional airfoils as well as bodies of revolution. Their results agreed favorably with experiments for the cases investigated, but as indicated by SPREITER and ALKSNE [5], the method shows poor agreement with experimental evidence for other configurations.

SPREITER and ALKSNE [5], and SPREITER [6] proposed to use the same basic approximation but by varying the constant, which replaces part of the nonlinear term, from point to point they obtained much better agreement with experimental results for a variety of two-dimensional airfoil shapes. SPREITERS method leads to a nonlinear ordinary differential equation for the pressure distribution which can be solved easily for purely subsonic, sonic, and purely supersonic two-dimensional flows. Applied to general three-dimensional flows as well as flows which are not near MACH number one or not purely subsonic or supersonic, this method leads to a considerable amount of numerical work.

MAEDER and THOMMEN [7] improved the original simple linearized heory by applying a correction and considering its error.

HOSOKAWA [8], starting out from the linearized transonic theory proposed by MAEDER and THOMMEN [2], also investigated its error and determined a correction. He succeeded in showing that the intuitive choice of parameters by MAEDER and THOMMEN is indeed the correct one.

It should be pointed out that SPREITER's method for sonic and near sonic flows yields the most satisfactory approximations to date. The methods proposed by MAEDER, THOMMEN and HOSOKAWA, while not yielding results which are as satisfactory as those by SPREITER, have the advantage of much greater ease of application in the general case.

The justification for all the methods proposed can be found in considering the transonic small perturbation equation as an integral equation using as kernel, or GREEN's function, the solution of a related linear differential equation which will, in the following, be called the associated differential equation. Thus, these methods are closely related to the method of integral equations for solution of transonic flow problems. However, they differ from the latter in that they do not actually solve the integral equation, but consider only overall properties of the integral, selecting the GREEN's function in such a manner that one of the integrals can be omitted.

In the present paper, it will be attempted to develop a unified presentation of all these methods. Mathematical rigor will not be emphasized; for this the reader is referred to the references cited. Instead, physical reasoning will be stressed. It is hoped that in this manner an overall picture will emerge which will show clearly which of the great many proposed approximations are most desirable for specific cases.

It will help in the following discussions if the reader remembers that transonic flows have a tendency to become one-dimensional in the vicinity of the body under consideration. The transonic area rule which is of great technological importance is a result of this fact.

An acoustic signal leaving the body moves forward in the transonic speed range with almost the same speed as the body. Thus, its radius of curvature keeps increasing while it is still close to the body. Therefore, a great many of the disturbances in the close vicinity of the body have large radii of curvature and possess one-dimensional character.

II. General formulation of problem

To describe a slightly perturbed parallel flow which is irrotational and satisfies the continuity equation, we will use the following two quantities:

$$\frac{\vec{c}}{U} = \vec{i} + \nabla\varphi \quad \text{and} \quad \frac{\varrho\,\vec{c}}{\varrho_0\,U} = \vec{i} + \vec{\theta}\,, \quad \text{wherein } \varrho = \varrho\left(\vec{c}\right)\,.$$

In this, $\vec{c}/u$ is the dimensionless velocity vector, φ the perturbation potential of the velocity vector, U the velocity of the undisturbed parallel flow, $\vec{\theta}$ the dimensionless perturbation stream density, ϱ the local density in the perturbed flow and ϱ_0 the density of the parallel flow. The vector $\vec{i}$ is a unit vector along the x-coordinate axis which is aligned with the velocity in the undisturbed flow.

The components of the perturbation velocity and the perturbation stream density perpendicular to the undisturbed flow are equal, to the approximation under consideration here, and the x-component of the perturbation stream density is related to the x-component of the perturbation velocity by

$$\vec{\theta} \cdot \vec{i} = \beta^2\,\varphi_x - \frac{\varGamma}{2}\,\varphi_x^2 + \cdots$$

where:

$$\beta^2 = 1 - M_\infty^2$$

$$\varGamma = M_\infty^2\left(\varkappa + 1 + \beta^2(2 - \varkappa)\right) \doteq M_\infty^2(\varkappa + 1)$$

and $\varkappa$ is the ratio of the specific heats.

This relationship can be approximated in the transonic speed range as indicated. If this approximation is maintained over the entire speed range, only a slight error occurs. It will be useful to note that to the same accuracy β_L, formed with the local Mach number, is obtained as

$$\beta_L^2 = 1 - M^2 = \beta^2 - \varGamma\,\varphi_x$$

Since the stream density possesses a maximum at the sonic point, we obtain the following sonic quantities:

$$\beta_L^{2*} = 0$$

$$\varphi_x^* = \frac{\beta^2}{\Gamma}$$

$$\theta^* = \frac{\beta^4}{2\Gamma}$$

$$\theta_x^* = 0.$$

These form a system of relations which is consistent within the accuracy of the transonic small perturbation theory.

Since the continuity equation shall be satisfied everywhere outside the body, we may put:

$$\operatorname{div} \vec{\theta} = g(x, y, z)$$

where $g(x, y, z)$ is zero outside the body. Its value inside the body is determined by the body shape or boundary conditions. For symmetric bodies at zero angle of attack we obtain

$$g(x, y, z) = S'(x)\,\delta(y)$$

in the two-dimensional case, and

$$g(x, y, z) = S'(x)\,\delta(y)\,\delta(z)$$

for three-dimensional bodies of revolution.

The function $S(x)$ is the cross sectional area of the body and $\delta(x)$ denotes the unit impulse function which may be considered as defined by the following operation:

$$\int_{-\infty}^{\infty} F(\xi)\,\delta(\xi - \varkappa)\,d\xi = F(x).$$

Substitution of the previously stated relationships between the components of $\vec{\theta}$ and $\nabla\varphi$ into the expression for the $\operatorname{div} \vec{\theta}$ yields the transonic differential equation

$$\theta_x + \nabla_0^2 \varphi = g(x, y, z) = \beta^2 \varphi_{xx} - \Gamma \varphi_x \varphi_{xx} + \varphi_{yy} + \varphi_{zz}$$

where ∇_0^2 indicates the two-dimensional Laplace operator in planes $x = \text{constant}$.

We now use the associated linear differential equation

$$\beta_0^2 G_{xx} - K G_x + G_{yy} + G_{zz} = \delta(x)\,\delta(y)\,\delta(z),$$

wherein β_0^2 and K are constants, to obtain a kernel or GREEN's function to change the transonic differential equation into an integral equation. This particular form of GREEN's function which is given for various

8*

specific cases in the Appendix, corresponds to the potential of the source at the origin satisfying the associated linear differential equation and is particularly well suited to represent bodies at zero angle of attack. We will call it a transonic source.

Using the transonic source, we obtain the following integral equation for the transonic velocity potential:

$$\varphi = \varphi_1 + I, \tag{1}$$

where

$$\varphi_1 = \int\limits_{-\infty}^{+\infty}\!\!\int\int g(\xi, \eta, \zeta)\, G(x - \xi, y - \eta, z - \zeta)\, d\xi\, d\eta\, d\zeta$$

and

$$I = \int\limits_{-\infty}^{+\infty}\!\!\int\int \{(\Gamma\varphi_{\xi\xi} - K)\, \varphi_\xi + (\beta_0^2 - \beta^2)\, \varphi_{\xi\xi}\}\, G(x - \xi, y - \eta, z - \zeta)\, d\xi\, d\eta\, d\zeta.$$

By differentiation, we obtain

$$\varphi_x = \varphi_{1x} + I_x, \tag{2}$$

$$\varphi_{xx} = \varphi_{1xx} + I_{xx}. \tag{3}$$

Thus, the problem is now reduced to either evaluating the integral I which indicates the deviation of φ from φ_1 or to choosing the parameters β_0 and K in such a manner that the integral I can be neglected in any one of the expressions above.

Analogous to the kernel, the integral I satisfies the following non-homogeneous linear differential equation:

$$\beta_0^2 I_{xx} - K I_x + \nabla_0^2 I = (\Gamma\varphi_{xx} - K)\, \varphi_x + (\beta_0^2 - \beta^2)\, \varphi_{xx} = Q(x, y, z). \tag{4}$$

It is now evident that I can be regarded as the transonic potential of a flow field due to the three-dimensional source distribution Q. If Q were a function of x only, i.e., one-dimensional, the third term on the left would disappear. This suggests that a relationship between φ and φ_1 be found which contains only this term. Such a relation is obtained by multiplying Eqs. (3) and (2) by β_0^2 and K, respectively, and subtracting:

$$\theta_x = \beta^2\, \varphi_{xx} - \Gamma\varphi_x\, \varphi_{xx} = \beta_0^2\, \varphi_{1xx} - K\varphi_{1x} - \nabla_0^2 I. \tag{5}$$

It is interesting to note that this results in an equation for the x derivative of the perturbation stream density in direction of the undisturbed flow. It should be emphasized that this is an exact expression and no approximation beyond small perturbation theory has been made as yet.

The various schemes for approximating the transonic flow equations can now be discussed in terms of the corrective source distribution function Q and then derived from Eq. (5).

First we note from symmetry in the associated differential equation furnishing the GREEN's function in purely supersonic or subsonic flow ($K = 0$), that at a given point in the flow field the terms $\beta_0^2\, I_{xx}$, I_{yy}, and in the general three-dimensional case I_{zz}, receive equal contributions from the source Q at this particular location Each one of these terms then, in general, receives varying additional contributions from more distant sources. For supersonic plane flows it can be shown (see, for instance, SPREITER [6]) that if φ_x is approximated by φ_{1x}, the total additional contribution vanishes near the airfoil to the second order in the thickness of the airfoil if $K = 0$ and $\beta = \beta_0$. SPREITER [6] further shows that this result is correct as long as β_0^2 does not differ from β^2 by more than $\Gamma\varphi_{xx}$.

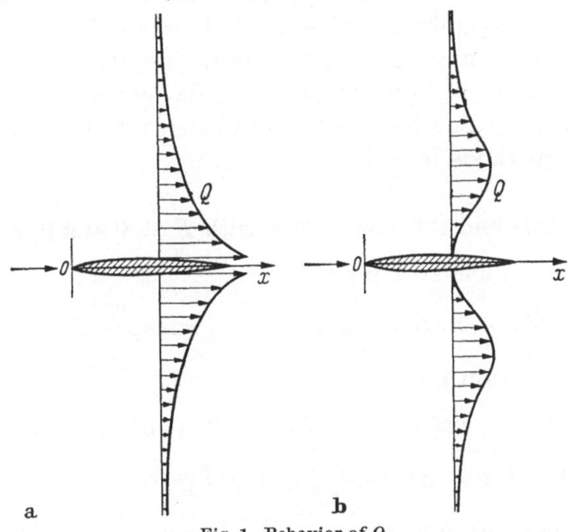

Fig. 1. Behavior of Q

We further note that Q will behave approximately as indicated by curve A on Fig. 1 at a given value of x, if $K = 0$ and $\beta_0 = \beta$. It should therefore be possible to choose K and β_0 in such a manner that both Q and its derivative normal to the body surface vanish at any desired location x, as indicated on curve B, Fig. 1. This will, in effect, cause the principal contributions to the normal derivatives of I to vanish and give the error field I a strongly one-dimensional character. The values for β_0 and K which satisfy these conditions are given by

$$\beta_0^2 = \beta^2 \left\{ 1 - \frac{\varphi_x}{\varphi_x^*} \frac{1}{1 - \dfrac{\varphi_{nx}\,\varphi_{xx}}{\varphi_{nxx}\,\varphi_x}} \right\} \tag{6}$$

$$K = \frac{\Gamma\,\varphi_{xx}}{1 - \dfrac{\varphi_{nxx}\,\varphi_x}{\varphi_{nx}\,\varphi_{xx}}} \tag{7}$$

where n denotes differentiation normal to the surface and φ_{nx} and φ_{nxx} can easily be obtained from the boundary conditions and the body geometry.

It is interesting to note that for a parabolic surface φ_{nxx} vanishes and Eqs. (6) and (7) reduce to

$$\beta_0^2 = \beta^2, \qquad K = \Gamma \varphi_{xx}. \tag{8}$$

This may be the reason for the excellent results obtained by various techniques for the case of the parabolic airfoil.

III. Two-dimensional flows

The various schemes to find approximate solutions to the transonic equation can be roughly classified into (1) methods where the coefficients β_0 and K determining the nature of the kernel G are held constant and (2) the method of local linearization developed by SPREITER [6] where a different value for β_0 or K is chosen for each point. We will discuss these methods in order.

A. Subsonic and supersonic flow with $K = 0$ and β_0 constant

Conventional linearized flow:

$$\beta_0^2 = \beta^2: \qquad \text{neglecting } I_x: \qquad \varphi_x = \varphi_{1x} \frac{(\varphi_x)_{M=0}}{\beta} = \varphi_{Lx} \tag{9}$$

Linearized stream function:

$$\beta_0^2 = \beta^2: \text{ neglecting } \qquad \Delta_0^2 \, I: \qquad \theta_x = \beta^2 \, \varphi_{1xx} = \beta^2 \, \varphi_{Lxx}$$

$$\frac{\varphi_x}{\varphi_x^*} = 1 - \sqrt{1 - 2 \frac{\varphi_{Lx}}{\varphi_x^*}} \doteq \frac{\varphi_{Lx}}{\varphi_x^*} + 1/2 \left(\frac{\varphi_{Lx}}{\varphi_x^*} \right)^2. \tag{10}$$

It can be shown [6] that these results represent extremes of errors.

Making use of the argument advanced in the preceding section, we may replace the integral function $\nabla^2 I$ by the main contribution it receives from the local sources and thus obtain:

$$\beta_0^2 = \beta^2: \qquad \nabla_0^2 \, I = 1/2 \, \Gamma \varphi_{xx} \, \varphi_x: \qquad \theta_x = \beta^2 \, \varphi_{1xx} - 1/2 \, \Gamma \varphi_{xx} \, \varphi$$

$$\frac{\varphi_x}{\varphi_x^*} = 2 \left(1 - \sqrt{1 - \frac{\varphi_{Lx}}{\varphi_x^*}} \right) \doteq \frac{\varphi_{Lx}}{\varphi_x^*} + 1/4 \left(\frac{\varphi_{Lx}}{\varphi_x^*} \right)^2. \tag{11}$$

In the supersonic case, this result is equivalent to second order theory.

B. Local linearization for pure subsonic or supersonic flows

In supersonic and subsonic flow, if K is chosen zero, then the following requirement for β_0^2 is obtained in order that Q vanish at a point near the airfoil

$$\beta_0^2 = \beta^2 - \Gamma \varphi_x, \qquad \nabla_0^2 I = 0.$$

If we substitute this into Eq. (5) and integrate, remembering that $\varphi_{1x} = \dfrac{\beta}{\beta_0}\,\varphi_{Lx}$ for two-dimensional airfoils, we obtain the following expression derived by SPREITER [6]:

$$\frac{\varphi_x}{\varphi_x^*} = 1 - \left\{1 - \frac{3}{2}\frac{\varphi_{Lx}}{\varphi_x^*}\right\}^{2/3} \doteq \frac{\varphi_{Lx}}{\varphi_x^*} + \frac{1}{4}\left(\frac{\varphi_{Lx}}{\varphi_x^*}\right)^2. \tag{12}$$

An alternative approach in which Eqs. (5) and (4) are integrated before adjusting β_0^2 leads to a cubic equation rather than an ordinary differential equation and furnishes results of the same accuracy:

$$\int \nabla_0^2 I\, dx = 0; \qquad \beta_0^2 = \beta^2 - \frac{\Gamma}{2}\,\varphi_x$$

$$\left(\frac{\varphi_x}{\varphi_x^*}\right)^2\left(1 - \frac{\varphi_x}{2\,\varphi_x^*}\right) = \left(\frac{\varphi_{Lx}}{\varphi_x^*}\right)^2 \quad \text{or:} \quad \frac{\varphi_x}{\varphi_x^*} \doteq \frac{\varphi_{Lx}}{\varphi_x^*} + \frac{1}{4}\left(\frac{\varphi_{Lx}}{\varphi_x^*}\right)^2. \tag{13}$$

Eqs. (9) to (13) are all pressure correction formulae derived for two-dimensional airfoils. A similar set of relationship can be obtained for bodies of revolution.

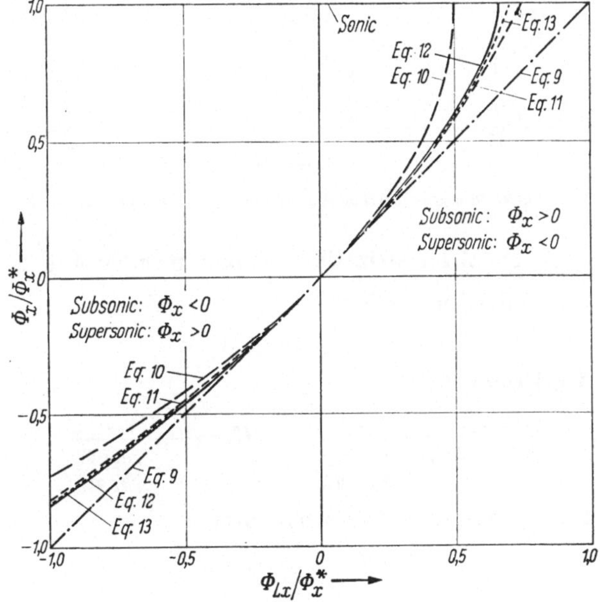

Fig. 2. Pressuri correction formulae

Eqs. (9) and (10) have been derived by simply neglecting the contribution of the function I. For the derivation of Eqs. (11), (12) and (13) either the function I was estimated in accordance with the reasoning in the preceding section, or the coefficient β_0 was chosen in such a manner that $\nabla_0^2 I$ could be expected to vanish.

It is very interesting indeed to note that Eqs. (11), (12) and (13) agree with each other to second order. Fig. 2 shows the various pressure correction formulae and Fig. 3 compares these formulae for subsonic flow with the third order approximations at the midpoint of a biconvex airfoil [5, 12, 13].

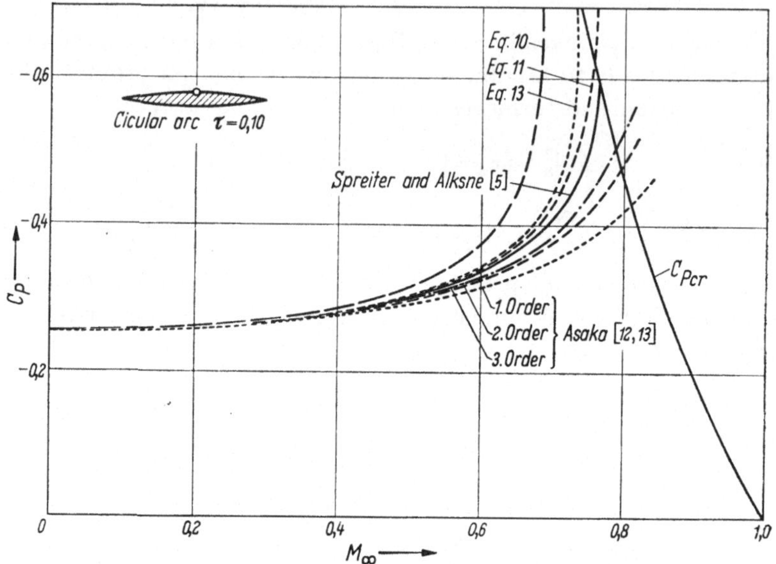

Fig. 3. Pressure coefficient on biconuex airfoil, subsonic flow

C. Local Linearization at mach number one

At MACH Number one, where

$$\beta^2 = \Gamma\varphi_x^* = 0,$$

Eqs. (6) and (7) reduce to

$$\beta_0^2 = -\frac{\Gamma\,\varphi_x}{1 - \dfrac{\varphi_{nx}\,\varphi_{xx}}{\varphi_{nxx}\,\varphi_x}}, \qquad K = \frac{\Gamma\,\varphi_{xx}}{1 - \dfrac{\varphi_{nxx}\,\varphi_x}{\varphi_{nx}\,\varphi_{xx}}} \tag{14}$$

SPREITER [6] approximates these by putting

$$\beta_0^2 = 0 \qquad K = \Gamma\varphi_{xx} \tag{15}$$

which is correct at the sonic point and at parabolic boundaries.

Using the same argument in neglecting $\nabla_0^2 I$ in Eq. (5) leads to

$$\varphi_x = \varphi_{1x} = -\frac{1}{(\varkappa K)^{\frac{1}{2}}} \int_{-\infty}^{\infty} \frac{Y_0''(\xi)\,d\xi}{(x-\xi)^{\frac{1}{2}}} \tag{16}$$

where $Y_0(x)$ is the equation of the airfoil profile, and use has been made of the sonic kernel for two-dimensional airfoils. This relationship can be integrated without difficulty to yield

$$\varphi_x = \left\{ \frac{3}{\Gamma} \int\limits_{x^*}^{x} K \varphi_{1\xi}^2 \, d\xi \right\}^{1/3}. \tag{17}$$

For bodies of revolution a similar procedure can be followed. Fig. 4 and 5 show comparison of this result with experimental observations.

IV. General flows

While in principle SPREITER's method of local linearization could be applied to flows past general bodies at arbitrary MACH numbers, by making use of relationships (6) and (7) to determine the coefficients β_0^2 and K locally and then by integrating Eq. (5) in which $\nabla_0^2 I$ now vanishes, it is quite clear that such a method would be very involved and almost invariably leads to considerable numerical computations.

It is therefore suggested that β_0^2 and K be chosen in such a manner that Eqs. (6) and (7) are satisfied at the sonic point only. This leads to simpler relationships:

$$\nabla_0^2 I^* = 0:$$

$$\beta_0^2 = \beta^2 \left\{ \frac{1}{1 - \dfrac{\varphi_{nxx}^* \, \varphi_x^*}{\varphi_{nx}^* \, \varphi_{xx}^*}} \right\} \quad K = \Gamma \varphi_{xx}^* \left\{ \frac{1}{1 - \dfrac{\varphi_{nxx}^* \, \varphi_x^*}{\varphi_{nx}^* \, \varphi_{xx}^*}} \right\} \tag{18}$$

A simplified form of this, neglecting the bracketed terms is used as the basis for the methods proposed by MAEDER and THOMMEN [7] and HOSOKAWA [8]. When we substitute Eqs. (18) into Eq. (5) and neglect $\nabla_0^2 I$ we obtain

$$\theta_x = \beta^2 \varphi_{xx} - \Gamma \varphi_x \varphi_{xx} = \beta^2 \varphi_{1xx} - \Gamma \varphi_{xx}^* \varphi_{1x}. \tag{19}$$

If we further assume that φ_{1x} predicts the sonic point with sufficient accuracy, and take into account that θ_x must vanish at the sonic point, we find

$$\varphi_{xx}^* = \varphi_{1xx}^*. \tag{20}$$

Eq. (19) can now be integrated to yield

$$\theta = \left(\beta^2 - \frac{\Gamma}{2} \varphi_x \right) \varphi_x = \beta^2 \varphi_{1x} - \Gamma \varphi_{1xx}^* \varphi_1 - \frac{\beta^2}{2} \varphi_x^* \tag{21}$$

where

$$\varphi_1 = \int\limits_{z^*}^{x} \varphi_{1\xi} \, d\xi.$$

Then, solution of the quadratic equation for φ_x results in:

$$\frac{\varphi_x}{\varphi_x^*} = 1 \mp \sqrt{1 - 2 \frac{\theta}{\beta^2 \varphi_x^*}}, \tag{22}$$

where the negative sign corresponds to $\varphi_{1x} < \varphi_x^*$ and the positive sign to $\varphi_{1x} > \varphi_x^*$. The pressure distribution according to this equation has been evaluated for a number of cases [7, 8]. Only some significant results shall be shown here.

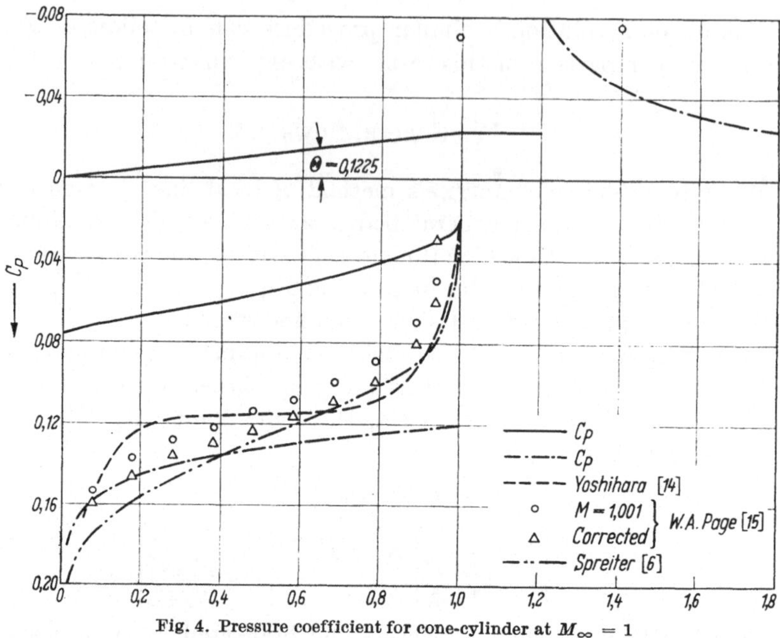

Fig. 4. Pressure coefficient for cone-cylinder at $M_\infty = 1$

Fig. 4 shows a comparison of Eq. (22) (curve labeled C_p) for a conecylinder with the result obtained by Spreiter [6] by local linearization, the more exact results by Yoshihara [14], and various measurements. As expected for a body which exhibits such radical behavior at the sonic point, the method with constant K fails completely.

Fig. 5 shows a comparison of the various methods for a parabolic airfoil at Mach number one, as well as some experimental results. The agreement between the local linearization method and the constant K method is very good. This is due to the fact that φ_{xx} varies only slightly for this type of airfoil.

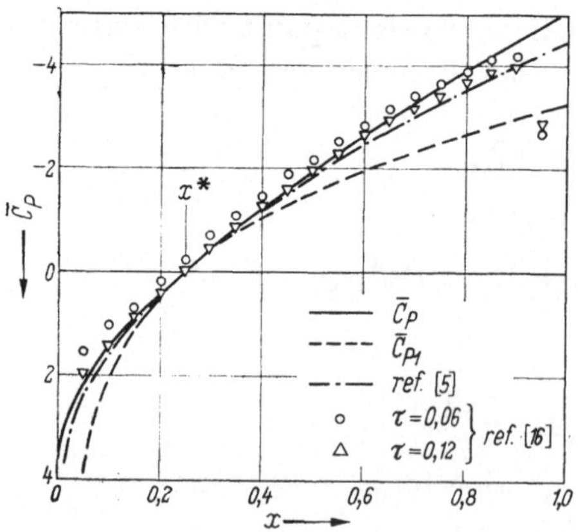

Fig. 5. Pressure coefficient at $M_\infty = 1$, parabolic airfoil

Figs. 6 and 7 show the pressure distribution on the parabolic airfoil for MACH numbers .95 and 1.05, respectively, using Eq. (22) and also indicating a result proposed by SPREITER [5] which is based on the MACH number freeze. Agreement again is very good and it is of interest to note the appearance of what might be termed a shock wave at MACH number .95 which is obtained from this theory as the result of the quadratic expression.

Finally, Fig. 8 shows a plot of measured and calculated drag coefficients for the parabolic airfoil. The measured points were obtained from the integration of the pressure distribution. Since there is local separation near the trailing edge due to shock wave boundary layer interaction, an attempt has been made to extrapolate the pressure distribution to what it would be if this effect would not be present. The extrapolated points are also indicated in Fig. 8.

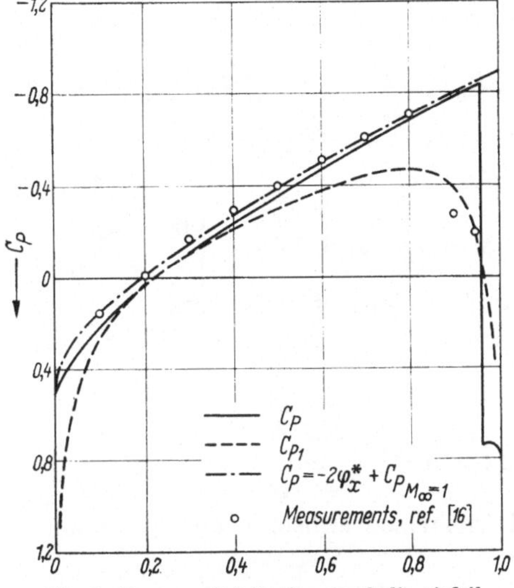

Fig. 6. Pressure distribution parabolic airfoil
$M_\infty = 9.5$

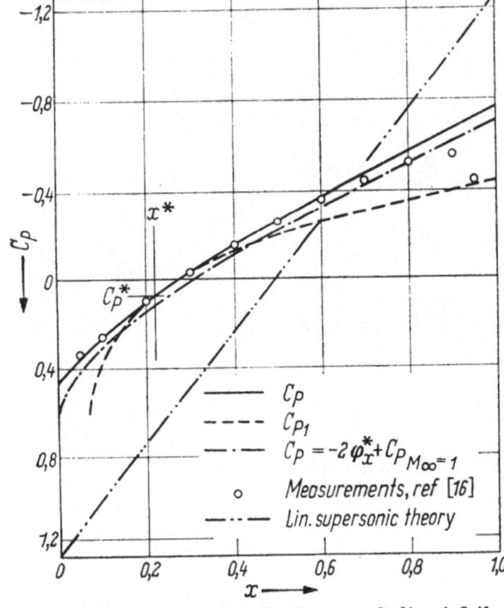

Fig. 7. Pressure distribution parabolic airfoil
$M_\infty = 1.05$

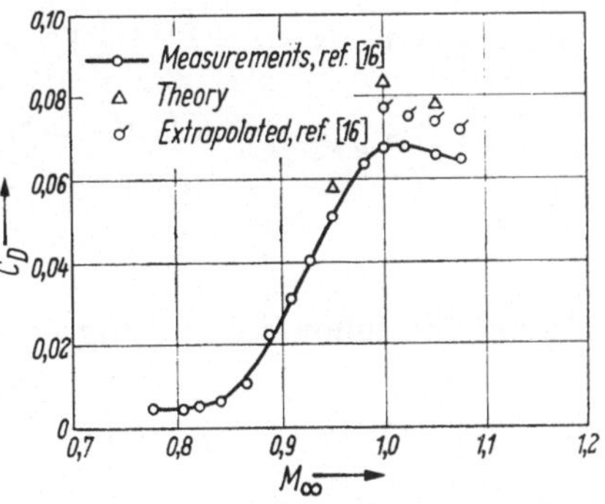

Fig. 8. Drag coefficient parabolic airfoil

Appendix

The kernel function G can be found from the associated linear differential equation by taking triple FOURIER transforms on both

124   PAUL F. MAEDER

sides[1]. After rearranging and taking the inverse transforms one obtains:

a) Two-dimensional case:

$$G(x-\xi, y-\eta) = -(2\pi)^{-2} \int\!\!\int_{-\infty}^{\infty} \frac{e^{i[p_1(x-\xi)+p_2(y-\eta)]}}{\beta^2 p_1 + iK p_1 + p_2^2} dp_1 dp_2$$

$$= -(2\pi\beta)^{-1} e^{\alpha(x-\xi)} K_0\left\{\alpha \sqrt{(x-\xi)^2 + \beta^2(y-\eta)^2}\right\} \quad \beta^2 > 0$$

$$= -(2m)^{-1} e^{\alpha(x-\xi)} I_0\left\{\alpha \sqrt{(x-\xi)^2 - m^2(y-\eta)^2}\right.$$

$$1\left[x-\xi - m|y-\eta|\right]] \qquad\qquad \beta^2 < 0$$

where $\quad m^2 = -\beta^2 = M_\infty^2 - 1, \quad \alpha = \dfrac{K}{2\beta^2} \quad$ and $\quad 1(s) = \begin{cases} 0 & s < 0 \\ 1 & s > 0 \end{cases}$

K_0 and I_0 are the modified BESSEL functions of order zero.

If β^2 approaches zero, such that $2\alpha\beta^2 = K$ remains finite, then G has the limiting form:

$$\lim_{\beta^2 \to 0} G(x-\xi, y-\eta) = -\left(2\sqrt{\pi K}\right)^{-1} \frac{e^{-\frac{K(y-\eta)^2}{4(x-\xi)}}}{\sqrt{x-\xi}} \cdot 1(x-\xi)$$

If $\alpha \to 0$, G takes the form of linearized subsonic and supersonic theory, i. e.,

$$\lim_{\alpha \to 0} G(x-\xi, y-\eta) = (4\pi\beta)^{-1}) \ln\{(x-\xi)^2 + \beta^2(y-\eta)^2\} \qquad \beta^2 > 0$$

$$= -(2m)^{-1} 1[(x-\xi) - m|y-\eta|] \qquad \beta^2 < 0$$

b) Three-dimensional case:

$$G(x-\xi, y-\eta, z-\zeta)$$

$$= -(2\pi)^{-3} \int\!\!\int\!\!\int_{-\infty}^{\infty} \frac{e^{i[p_1(x-\xi)+p_2(y-\eta)+p_3(z-\xi)]}}{\beta^2 p_1^2 + i K p_2 + p_2^2 + p_3^2} dp_1 dp_2 dp_3$$

$$= -(4\pi)^{-1} e^{\alpha(x-\xi)} \frac{\exp\left\{-\alpha \sqrt{(x-\xi)^2 + \beta^2 r^2}\right\}}{\sqrt{(x-\xi)^2 + \beta^2 r^2}} \qquad \beta^2 > 0$$

$$= -(2\pi)^{-1} e^{\alpha(x-\xi)} \frac{\cosh\left\{\alpha \sqrt{(x-\xi)^2 + \beta^2 r^2}\right\}}{\sqrt{(x-\xi)^2 - m^2 r^2}} 1[x-\xi - m r] \qquad \beta^2 < 0$$

where

$$r^2 = (y-\eta)^2 + (z-\zeta)^2.$$

Again, the following limiting cases are obtained:

$$\lim_{\beta^2 \to 0} G(x-\xi, r) = -(4\pi)^{-1} \frac{e^{-\frac{Kr^2}{4(x-\xi)}}}{x-\xi} 1(x-\xi)$$

$$\lim_{\alpha \to 0} G(x-\xi, r) = -(4\pi)^{-1}[(x-\xi)^2 + \beta^2 r^2]^{-1/2} \qquad \beta^2 > 0$$

$$= -(2\pi)^{-1} [(x-\xi)^2 - m^2 r^2]^{-1/2} 1[x-\xi - r m] \quad \beta^2 < 0.$$

---

[1] See, for example, H. U. THOMMEN, "On Transonic Flow About Slender Three-Dimensional Bodies", Brown University, Division of Engineering, Technical Report WT—27, September 1958.

Finally, the generating functions $g(x, y, z)$ will be given for bodies at zero angle of attack.

Two-dimensional case:

$$g(x) = 2\frac{dy_0}{dx}\,.$$

Bodies of revolution:

$$g(x) = 2\pi\, r_0 \frac{dr_0}{dx} = \pi\, \delta^2\, S'(x)\,.$$

References

[1] Oswatitsch, K., and F. Keune: Proceedings of the Conference on High-Speed Aeronautics, Polytechnic Institute of Brooklyn, January, 1955.

[2] Maeder, P. F., and H. U. Thommen: J. Aeronautical Sci. 23, 187—188 (1955).

[3] Maeder, P. F., and H. U. Thommen: Brown University, Division of Engineering, Technical Report WT—25, July, 1957.

[4] Maeder, P. F., and A. D. Wood: Brown University, Division of Engineering, Technical Report WT—24, June, 1957.

[5] Spreiter, J. R., and A. Y. Alksne: NACA, TN 3970, May, (1957).

[6] Spreiter, J. R.: Aero/Space Sci. 26, No. 8, 465—486, 517 (1959).

[7] Maeder, P. F., and H. U. Thommen: Brown University, Division of Engineering, Technical Report WT—34, October, 1960.

[8] Hosokawa, I.: J. Phys. Soc. Japan 15, No. 1, 149—157 (1960).

[9] Van Dyke, M. D.: NACA, Rep. 1274, 541—563 (1956).

[10] Hantzsche, W., u. H. Wendt: ZAMM 22, Nr. 2, 72—86 (1942).

[11] Asaka, S.: National Science Report of the Ochanomizu University 5, No. 1, 59—78 (1954).

[12] Asaka, S.: J. Phys. Soc. Japan 10, No. 6, 482—492 (1955).

[13] Asaka, S.: J. Phys. Soc. Japan 10, No. 7, 593 (1955).

[14] Yoshihara, H.: Wright Air Development Center, WADC TR 52—295, November (1952).

[15] Page, W. A.: NACA TN 4233, (1958).

[16] Michel, R., F. Marchaud et J. Le Gallo: O. N. E. R. A. Pub. No. 65, (1953).

Transonic flow past an aerofoil with shock waves

By

A. B. Tayler

St. Catherine's College, Oxford, England

1. Introduction

The problem discussed in this paper is that of solving the equations of high speed subsonic flow with discontinuities or shock waves present. The equations can not be solved exactly and attempts to find good approximations involve processes of iteration. In general such processes are linear and can thus not account for the non-linear phenomenon of discontinuities in the flow field.

To find a converging series of approximate solutions it is thus necessary to remove the discontinuity and successively solve for some continuous function. If the shock is always normal to the incident stream such a function will be the local mass flow. Even if the shock is not normal, its inclination to the incident stream will be nearly 90° in order to have subsonic flow behind it. The mass flow will not be very different from the mass flow normal to the shock wave, and will be approximately continuous. The Oswatitsch Integral Equation Method [1] effectively uses this technique. He solves the transonic equation for a partially linearised mass flow parameter. This parameter is a quadratic in the local velocity and hence it is possible to have two values for the velocity at a point, that is a discontinuity or shock can occur. For a given discontinuity the free stream Mach number M_∞ and pressure distribution $\dfrac{P}{P_0}$ can be determined by an iterative process which requires knowledge of the linearised continuous solution. The results do not agree well with the experiments of Sinnott [2]. Sinnott suggests that these discrepancies are due to the rapid pressure drop behind the normal shock demonstrated by Emmons [3], and others. Sinnott [4] proposes an empirical shock pressure rise which includes the rapid pressure drop behind the normal shock. This empirical relation has been confirmed by experiments due to Mabey [5].

In this paper a new method will be described which uses as its approximately continuous function $s = \left(\dfrac{\varrho}{\varrho_0}\right)^n \dfrac{q}{a_0}$ where n is a variable taking values between 0 and 1, and the suffix o denotes upstream stagnation conditions. Clearly if n is approximately 1.0, s is approximately the mass flow, even behind a shock, and may be considered to be continuous. The error introduced has the opposite sign to the error introduced by assuming the shock to be normal. s is related to the local velocity q by a non-linear equation which has two roots for q for a given value of s. Hence a discontinuity at a point can be introduced once a continuous solution for s has been found. The discontinuity can be introduced in two ways. First, such that the normal shock relations are satisfied across it. This will give results very similar to those using the method of OSWATITSCH. Secondly, using SINNOTT's empirical shock pressure rise, results will be obtained which agree with experiments.

2. Choice of the parameter n

From BERNOULLI's equation $\dfrac{1}{2} q^2 + \displaystyle\int \dfrac{dp}{\varrho} = \text{constant}$, and the isentropic perfect gas relations, the density ratio $\dfrac{\varrho}{\varrho_0}$ can be found as a function of s^2 where s is defined in § 1. If σ is defined by $\dfrac{\varrho}{\varrho_0} = e^{-2\sigma}$, this relation is

$$\frac{\gamma - 1}{2} s^2 = e^{-4n\sigma} \left(1 - e^{-2(\gamma-1)\sigma}\right) \tag{2.1}$$

The local MACH number M is given by

$$\frac{\gamma - 1}{2} M^2 = e^{2(\gamma-1)\sigma} - 1 \tag{2.2}$$

and increases with σ from zero.

The relation (2.1) is plotted in Fig. 1 for two particular values of n. It has a maximum value of s^2 given by

$$s^2_{\max} = \frac{1}{n} \left(1 + \frac{\gamma - 1}{2n}\right)^{\frac{-2n}{\gamma-1} - 1} \tag{2.3}$$

and at this value of s^2, the corresponding value of

$$\sigma = \sigma_{\max} = \frac{1}{2(\gamma - 1)} \log\left(1 + \frac{\gamma - 1}{2n}\right) \tag{2.4}$$

and $M = M_{\max} = \dfrac{1}{\sqrt{n}}$.

Thus for $0 < n < 1$, local supersonic conditions will occur for some interval of $\sigma < \sigma_{\max}$. Sonic conditions are represented by the point T in Fig. 1.

Now consider high subsonic flow past a two dimensional aerofoil and suppose an approximate continuous solution for s has been found by some process of iteration as described in § 4. It will depend on the choice of n as yet unspecified. Free stream conditions will be represent-

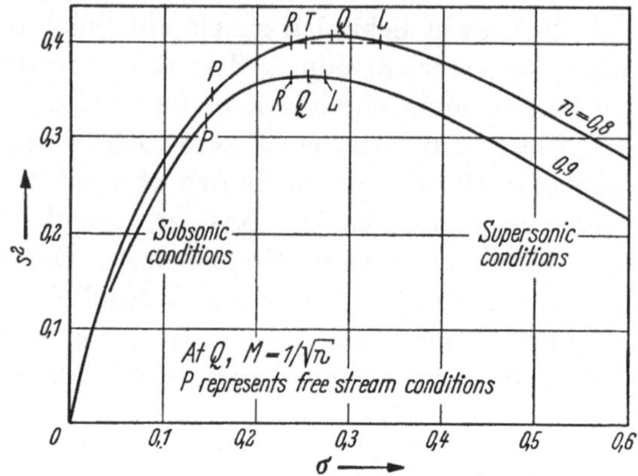

Fig. 1. Generalised mass flow equation

ed by a point P in Fig. 1. On the surface streamline the value of s^2 found from the approximation will increase to some maximum value as the flow accelerates round the aerofoil. Let this maximum value be s_Q^2. It will depend on the choice of n.

If n is chosen such that

$$s_Q^2 < s_{\max}^2 = \frac{1}{n}\left(1 + \frac{\gamma-1}{2n}\right)^{\frac{-2n}{\gamma-1}-1} \tag{2.3}$$

then σ (and M) increases to $s^2 = s_Q^2$ and then can only decrease continuously back to free stream conditions. Thus we have continuous subsonic flow with the possibility of a small supersonic region containing Q if $s_Q^2 > s_T^2$. This solution has been investigated in a previous paper [6].

If $s_Q^2 > s_{\max}^2$, then there is no solution for σ in a region near Q and no real flow can exist.

But if n is chosen such that

$$s_Q^2 = s_{\max}^2 \tag{2.5}$$

then it is possible for a discontinuous solution to be obtained. For σ increases to $\sigma_{\max}$ at Q and can then either increase or decrease as s^2 decreases. That is either return to a subsonic value continuously or become more supersonic. In the latter case σ can only become subsonic again discontinuously and this will occur at a point L, the discontinuity being of magnitude $\sigma_L - \sigma_R$. Thus the flow has gone through a shock back to a subsonic value from which it can continuously return to its free stream condition P. Hence for subsonic flow with attached shock waves n must be chosen from Eq. (2.5). In most applications the value of n will be between 0.7 and 1.0 and will vary with free stream MACH number M_∞.

3. Conditions at the shock wave

The point L and the value of $s_L^2 = s_R^2$ will be determined by the conditions obtaining across the shock. If the normal shock relations are used

$$M_R^2 = \frac{1 + \dfrac{\gamma - 1}{2} M_L^2}{\gamma M_L^2 - \dfrac{\gamma - 1}{2}}$$

Hence

$$M_L^2 \{(\gamma + 1)^2 M_L^2\}^{\frac{2n}{\gamma-1} + 1} = [2 + (\gamma - 1) M_L^2]^{\frac{2n}{\gamma-1} + 2} [2\gamma M_L^2 - \gamma + 1]^{\frac{2n}{\gamma-1}} \tag{3.1}$$

and

$$s_L^2 = M_L^2 \left[1 + \frac{\gamma - 1}{2} M_L^2\right]^{\frac{-2n}{\gamma-1} - 1} \tag{3.2}$$

For a given n, these two equations are easily solved numerically to give values of M_L and s_L^2. This then determines the point L and the position of the shock on the aerofoil surface.

Alternatively if SINNOTT's empirical relation for the shock pressure rise is used, the criterion is now that $\dfrac{P_R}{P_0}$ is nearly constant [4], that is that σ_R is nearly constant. Hence $s_R^2 (= s_L^2)$ is at once approximately determined and is in fact insensitive to changes in the constant value of σ_R. SINNOTT proposes a value of $\dfrac{P_R}{P_0} = 0.52$, that is nearly sonic flow, and this gives $\sigma_R = 0.234$. The SINNOTT condition is clearly simpler to use.

On a streamline not on the surface it is not clear what condition should be used at the discontinuity. SINNOTT's relation is only applicable on the surface and away from the surface the shock may not be normal.

n will take different values on different streamlines since the maximum value of s^2 on each streamline will decrease away from the surface. Since M_∞ must remain the same this implies that n increases from its value on the surface. The shock will terminate with an infinitely weak normal shock with $M_L = M_R = 1.0$. That is when Eq. (3.1) has a double root $M_L = 1.0$. This occurs when $n = 1.0$ and L, R and

Q coincide. Thus the shock terminates on a streamline on which the maximum value of s^2 is $\left(\frac{\gamma+1}{2}\right)^{-\frac{\gamma+1}{\gamma-1}}$. Its shape in between its two ends will be difficult to trace. Fortunately it is the position of the shock on the aerofoil which is most useful and interesting.

4. Continuous solution for s

The equations are

$$\operatorname{div}(\varrho\, \boldsymbol{q}) = 0,$$

$$\operatorname{curl} \boldsymbol{q} = 0.$$

if entropy changes behind the shock are neglected.

On writing $\boldsymbol{s} = \left(\dfrac{\varrho}{\varrho_0}\right)^n \dfrac{\boldsymbol{q}}{a_0}$, they become

$$\operatorname{div} \boldsymbol{s} = 2\boldsymbol{s} \cdot \operatorname{grad} (1 - n)\, \sigma, \tag{4.1}$$

$$\operatorname{curl} \boldsymbol{s} = 2\boldsymbol{s} \wedge \operatorname{grad} n\, \sigma. \tag{4.2}$$

Successive approximations are obtained by iterating on the right hand side of these equations. The first approximations $\boldsymbol{s}_1$ will be obtained from

$$\operatorname{div} \boldsymbol{s}_1 = 0,$$

$$\operatorname{curl} \boldsymbol{s}_1 = 0,$$

with boundary conditions $\boldsymbol{s}_1 \cdot \boldsymbol{n} = 0$ on the aerofoil and $\boldsymbol{s}_1 \to \sqrt{h}\, (1,0,0)$ far from the aerofoil.

$$h = \left(\frac{\varrho_\infty}{\varrho_0}\right)^{2n} \frac{U^2}{a_0^2} = M_\infty^2 \left[1 + \frac{\gamma - 1}{2} M_\infty^2\right]^{\frac{-2n}{\gamma-1} - 1} \tag{4.3}$$

The solution is

$$\boldsymbol{s}_1 = \sqrt{h}\, \frac{\boldsymbol{q}_{\text{inc}}}{U} \tag{4.4}$$

where $\boldsymbol{q}_{\text{inc}}$ is the incompressible velocity vector for flow past the same aerofoil. It is interesting to compare this first approximation with classical solutions for continuous flow.

If $n = 0$, it is the incompressible solution, and one iteration will give the first two terms in an expansion of the velocity potential $\varPhi$ in powers of M_∞^2 (RAYLEIGH-JANZEN procedure).

If $n = 1$, one iteration gives the first two terms in an expansion of the stream function $\varPsi$ in powers of M_∞^2. For an intermediate value of n, we have a combination of the two procedures similar to the IMAI $\varPhi$, $\varPsi$, procedure [9].

Now consider a two dimensional problem. It is simplest to perform the iteration in (α, β) variables where $\alpha = \dfrac{\Phi_{\text{inc}}}{U\,c}$ and $\beta = \dfrac{\Psi_{\text{inc}}}{U\,c}$ and $\mathbf{s}$ has components f and g in α and β directions.

The boundary conditions become $g = 0$ on $\beta = 0$, and

$$f \to s_1 \quad \text{and} \quad g \to 0 \quad \text{as} \quad \beta \to +\infty \quad \text{or} \quad \alpha \to \pm\infty.$$

In these variables Eqs. (4.1), (4.2) become

$$\left(\frac{f}{s_1}\right)_\alpha + \left(\frac{g}{s_1}\right)_\beta = 2\frac{f}{s_1}(\sigma - n\,\sigma)_\alpha + 2\frac{g}{s_1}(\sigma - n\,\sigma)_\beta$$

$$\left(\frac{g}{s_1}\right)_\alpha - \left(\frac{f}{s_1}\right)_\beta = 2\frac{f}{s_1}(n\,\sigma)_\beta - 2\frac{g}{s_1}(n\,\sigma)_\alpha$$

Now put $f = s_1, g = 0$ in the right hand side to obtain the second approximation $s_2^2 = f^2 + g^2$ where f and g satisfy,

$$\left(\frac{f}{s_1} + 2n\,\sigma\right)_\alpha + \left(\frac{g}{s_1}\right)_\beta = 2\sigma_\alpha \tag{4.5}$$

$$\left(\frac{g}{s_1}\right)_\alpha - \left(\frac{f}{s_1} + 2n\,\sigma\right)_\beta = 0 \tag{4.6}$$

The suffices α and β represent partial differentiation with respect to α and β.

There are now several methods of procedure.

Suppose we have an aerofoil whose conformal transformation to a circle is known analytically and is reasonably simple. Thus $\gamma(\zeta) = \alpha + i\beta$ is known, where ζ is the physical plane of the aerofoil.

Then subtract $(4.5) - i\,(4.6)$ to obtain

$$\left(\frac{f}{s_1} + 2n\,\sigma - i\frac{g}{s_1}\right)_\alpha + i\left(\frac{f}{s_1} + 2n\,\sigma - i\frac{g}{s_1}\right)_\beta = 2\sigma_\alpha$$

Hence

$$\left(\frac{f}{s_1} + 2n\,\sigma - i\frac{g}{s_1}\right)_{\bar{\gamma}} = \sigma_\gamma + \sigma_{\bar\gamma}$$

where $\bar\gamma$ is the complex conjugate of γ. Integrating

$$\frac{f}{s_1} + 2n\,\sigma - i\frac{g}{s_1} = \sigma + \int \sigma_\gamma \, d\bar\gamma + f(\gamma).$$

Thus

$$I(\gamma, \bar\gamma) = \frac{f}{s_1} + (2n - 1)(\sigma - \sigma_\infty) - i\frac{g}{s_1} - 1 = \int \sigma_\gamma \, d\bar\gamma + F(\gamma) \tag{4.7}$$

is a function which has to vanish far from the aerofoil, be real on $\beta = 0$ and have no singularities in $\beta \geqslant 0$.

This function can be evaluated if the first approximation values for σ are used in the integrand.

Thus

$$\sigma = \sigma(s_1^2) \quad \text{where} \quad s_1^2 = h\frac{d\gamma}{d\zeta} \cdot \frac{d\bar\gamma}{d\zeta}.$$

In the application tried by the author ([6] and § 5) the values of I were always less than 0.01 on the surface.

If the aerofoil is given numerically or an analytic expression for the incompressible solution can not be found, Eqs. (4.5), (4.6) must be solved numerically. They are effectively a Poisson's type equation and many well tried methods exist for solving such an equation with an electronic computer [7].

An alternative numerical method is to first obtain Poisson's integral using Green's Theorem. Omitting the details, this gives on $\beta = 0$

$$\frac{f}{s_1} - 1 = \frac{2}{\pi} \int\int \{p\,(n\,\sigma)_\beta - q\,(\sigma - n\,\sigma)_\beta\}\, d\alpha'\, d\beta'$$

where

$$p = \frac{\beta'}{(\alpha' - \alpha)^2 + \beta'^2} \quad \text{and} \quad q = \frac{\alpha' - \alpha}{(\alpha' - \alpha)^2 + \beta'^2}$$

and the domain of integration is the upper half plane excluding a small square, centre $(\alpha, 0)$. On integrating by parts,

$$\frac{f}{s_1} - 1 + (2n - 1)\,(\sigma - \sigma_\infty) = -\frac{2}{\pi} \int\int p_{\beta'}\,(\sigma - \sigma_\infty)\, d\alpha'\, d\beta' \quad (4.8)$$

This is the function I defined (4.7) in the complex variable method, and thus the value of the double integral may be expected to be small. All that is necessary is an estimate of the value of this integral obtained by making a rough approximation for $\sigma - \sigma_\infty$.

Eq. (4.8) is very similar to the Oswatitsch equation for the semi-linearised mass flow. He has to evaluate the integral

$$\int\int \frac{u^2}{2}\,(\log r)_{\xi'\xi'}\, d\xi'\, d\eta' \quad \text{where} \quad r^2 = (\xi' - \xi)^2 + (\eta' - \eta)^2$$

over a certain stretched physical plane (ξ, η) where u is a nondimensional component of the disturbance velocity in the direction of the free stream. To simplify the numerical evaluation he assumes a certain distribution of u normal to the stream in terms of its value u_0 on the surface. A similar procedure could be adopted to evaluate the integral in Eq. (4.8) and since its value is small the error will also be small.

5. An example

An example of a two dimensional aerofoil whose conformal transformation to a circle is simple is Kaplan's aerofoil. The nondimensional incompressible complex potential is

$$\gamma = \alpha + i\beta = \frac{z}{c} + \frac{c}{z} \quad \text{where} \quad \zeta = z + \frac{c^2 - d^2}{z} + \frac{c^2\,d^2}{3\,z^3}$$

where the contour in the ζ plane is given by $z = c\,e^{i\theta}$. For thickness ratio of $\frac{1}{10}$th, $\frac{d^2}{c^2} = \frac{1}{7}$.

$$s_1^2 = h\left(\frac{q_{\text{inc}}}{U}\right)^2 = \frac{h}{\left(1 + \dfrac{d^2}{z^2}\right)\left(1 + \dfrac{d^2}{\bar{z}^2}\right)}$$

and has a maximum value on the surface at $\theta = \dfrac{\pi}{2}$ of $h\left(\dfrac{7}{6}\right)^2$. Thus we have to integrate

$$\int \frac{\partial \sigma_1}{\partial \gamma}\, d\bar{\gamma} = \int \frac{1}{\dfrac{d\gamma}{dz}} \frac{d\sigma_1}{ds_1^2} \frac{\partial s_1^2}{\partial z} \frac{d\bar{\gamma}}{dz}\, d\bar{z}.$$

To do this $\dfrac{d\sigma_1}{ds_1^2}$ must be obtained as a function of s_1^2 from Eq. (2.1) which gives

$$\frac{d\sigma_1}{ds_1^2} = \frac{e^{4n\sigma_1}}{(20n + 4)\, e^{-0.8\sigma_1} - 20n} \tag{5.1}$$

and

$$s_1^2 = 5\, e^{-4n\sigma_1} \left(1 - e^{-0.8\sigma_1}\right) \tag{5.2}$$

where γ has been put equal to 1.4.

Since the integral will be shown to take small values we can approximate to relations (5.1) and (5.2) but must be very careful at the singularity at $s_1^2 = s^2{}_{\max}$. Expanding about the singularity $\dfrac{d\sigma_1}{ds_1^2} = \dfrac{\text{constant}}{\sqrt{s^2{}_{\max} - s_1^2}}$ + finite terms. Hence look for an approximation in the form

$$\frac{d\sigma_1}{ds_1^2} = \frac{A}{\sqrt{(s^2{}_{\max} - s_1^2)s_1^2}} + B + C\, s_1^2 + \ldots$$

where the term $\sqrt{s_1^2}$ is included in the denominator to simplify the integration. This does not give rise to any other singularity since in this example there are no stagnation points and s_1^2 is never zero.

It is easily shown that

$$A = \frac{1}{4\sqrt{2}} \frac{1}{n} \left(1 + \frac{1}{5n}\right)^{-1/2}$$

and that suitable values of B and C etc. to ensure a curve of good enough fit for

$$0.7 < n < 1.0 \quad \text{are} \quad B = -0.6, \quad C = +0.5, \quad D = 0 \quad \text{etc.}$$

The integration can now be performed and the arbitrary function $F(z)$ found which is required to be added to the integral to make I vanish as $|z| \to \infty$, be real on $|z| = c$, and have no singularities in $|z| \geqslant c$. The technique has been described in detail in [6] and [8]. On the surface $z = c\, e^{i\theta}$, the results give

$$I = 2\, B\, h\left(-\delta^2 + \frac{2}{3}\, \delta^3 \cos 2\theta\right) + 2\, C\, h^2\left(-\delta^2 - \delta^3 + \frac{4}{3}\, \delta^3 \cos 2\theta\right)$$
$$+ 0\, (\delta^4)$$

where

$$\delta = \frac{d^2}{c^2} = \frac{1}{7}.$$

For values of h between 0.3 and 0.4, $.001 > I > .005$ and on the surface

$$\frac{s_2}{s_1} = 1 - (2n - 1)(\sigma_2 - \sigma_\infty) + 0.006 \pm 0.001. \tag{4.7}$$

A second example of a circular arc aerofoil has also been considered. For a thickness ratio of $\frac{1}{10}$ th,

$$I = 0.008 \pm 0.001.$$

To perform the calculation it is simplest to choose a value of n, hence obtain σ_{max} and s_{max}^2 (2.2) and (2.4) and find numerically the values of $\left(\frac{s_2}{s_1}\right)_{max}$ and σ_∞ satisfying

$$\left(\frac{s_2}{s_1}\right)_{max} = 1 - (2n - 1)(\sigma_{max} - \sigma_\infty) \tag{4.7}$$

$$h\left(\frac{s_2}{s_1}\right)^2 \left(\frac{7}{6}\right)^2 = s_{max}^2 \tag{2.4}$$

and

$$h = 5e^{-4n\sigma_\infty}\left(1 - e^{-0.8\sigma_\infty}\right) \tag{2.1}$$

From σ_∞, the value of M_∞ corresponding to this choice of n is found. The position of the discontinuity is easily obtained whether the normal shock relations are used or Sinnott's empirical relation. Both give the value of s_2^2 at which the discontinuity must take place, from which the appropriate value of $\frac{q_{inc}}{U}$ can be found. For a value of n just less than 1.0 there is an infinitely weak shock at the point of maximum s_2^2 and the corresponding M_∞ is the critical free stream Mach number M_{crit}. As n decreases from this value so M_∞ increases, the shock becomes stronger and moves downstream.

6. Results for Kaplan aerofoil

The following results were obtained for Kaplan's aerofoil with $\frac{1}{10}$ th thickness ratio, using the normal shock relations, l is the chord length and X the distance from the leading edge.

n	1.0	.99	.98	.90
M_∞	.747	.750	.753	.775
M_L	1.00	1.12	1.18	1.48
X/l	.50	.68	.72	.91

Using Sinnott's empirical shock relation.

n	.96	.90	.80
M_∞	.759	.775	.798
M_L	1.02	1.10	1.23
X/l	.52	.59	.64

In Fig. 2 both sets of results are compared with those obtained by SINNOTT [2] experimentally and theoretically using the OSWATITSCH method as developed by SPREITER [10]. In Fig. 3 some typical pressure distributions are shown.

Using the normal shock relation the shock position for a given free stream MACH number is not in good agreement with the experimental evidence. The subsonic part of the surface pressure distribution is however in good agreement with the experimental evidence. The results using the OSWATITSCH method are better but still have poor agreement with the experimental results.

Using SINNOTT's empirical shock relation, the result are in excellent agreement for shock position and subsonic pressure distribution. The predicted supersonic

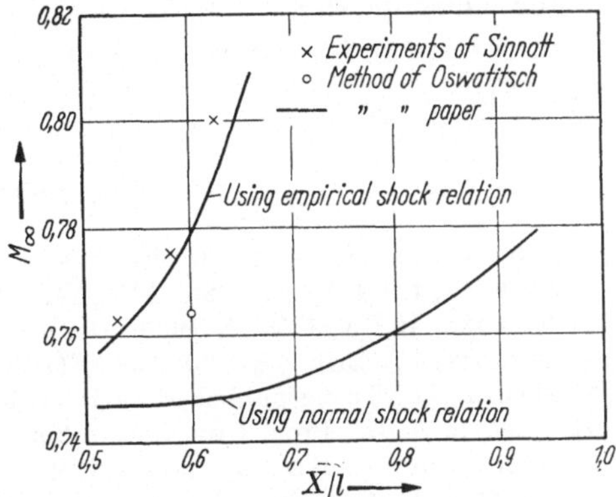

Fig. 2. Shock position on surface of KAPLAN aerofoil

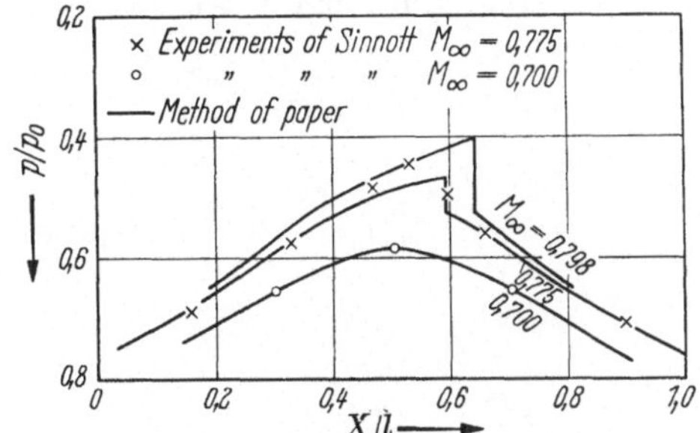

Fig. 3. Pressure distributions on the surface of a KAPLAN aerofoil

pressures just in front of the shock are however greater than those measured experimentally. For flows without shock waves the predicted pressure distributions are in excellent agreement with the experimental results.

7. Conclusion

Using SINNOTT's empirical shock relation obtained from experimental results of flow past a large number of aerofoils not including KAPLAN's aerofoil, the method of this paper predicts surface shock position and pressure distributions which agree extremely well with those obtained experimentally on a KAPLAN aerofoil.

The method is reasonably simple to use for two dimensional aerofoils whose incompressible velocity field is known analytically or numerically. It can clearly be extended to flow past bodies of revolution but the second approximations will be harder to obtain and can only be found numerically.

The method is no longer accurate when the shock is at the trailing edge since n is much less than 1.0 in this condition.

For subsonic shock free flows the method is more accurate than previous ones and no more difficult to apply, especially if n is chosen as in [6].

References

[1] OSWATITSCH, K.: Acta Physica Austriaca **IV** 228—271 (1950).
[2] SINNOTT, C.: Brit. ARC **20, 461** (FM 2738b) (1958).
[3] EMMONS, H.: NACA TN **1003** (1946).
[4] SINNOTT, C.: Brit. ARC **20, 460** (FM 2738a) (1958).
[5] MABEY, D.: To be published as R. A. E. Bedford TN.
[6] TAYLER, A. B.: Proc. Roy. Soc. A **255** (1960).
[7] KANTROVICH u. KRYLOV: Applied Methods of Higher Analysis, Ch. 3.
[8] TAYLER, A. B.: Brit. ARC **23, 3**t**8** (FM 3148) (1962).
[9] IMAI, I., (review by H. TAKAMI): J. Phys. Soc. Jap. **11** 145—154 (1956).
[10] SPREITER, J. R., and A. ALKSNE: NACA TN **4148** (1958).

Druckverteilung an symmetrischen Flügelprofilen bei transsonischer Strömung

Von

J. C. Rotta

Aerodynamische Versuchsanstalt, Göttingen, Deutschland

1. Einleitung

Bei der Aerodynamischen Versuchsanstalt Göttingen (AVA) wurden in den letzten Jahren theoretische und experimentelle Untersuchungen über die Druckverteilungen an symmetrischen Profilen bei transsonischer Strömung durchgeführt, über deren Ergebnisse hier kurz berichtet werden soll. Der größte Teil des Vortrages soll der Diskussion der Theorie gewidmet werden.

2. Bezeichnungen

$x,\ z,\ \xi$	Koordinaten, x und ξ in Strömungsrichtung
$y,\ \eta$	transformierte Koordinaten
	Flügeltiefe
z_0	Koordinate der Profilkontur
$\delta = d/l$	Dickenverhältnis, $d =$ größte Dicke des Profils
U_∞	Anströmgeschwindigkeit
φ	Störpotential
$u = \varphi_x$	Störgeschwindigkeit in x-Richtung
ϱ_∞	Dichte der ungestörten Strömung
p	örtlicher statischer Druck
p_∞	statischer Druck der ungestörten Strömung
W	Widerstand
T_∞	Temperatur der ungestörten Strömung
$M = \dfrac{U_\infty + u}{a}$	örtliche Mach-Zahl
$M_\infty = \dfrac{U_\infty}{a_\infty}$	Anström-Mach-Zahl
$\varkappa$	Adiabaten-Exponent
$\tilde c_p$	reduzierter Druckbeiwert, Gl. (3.1)
m_∞	reduzierte Machsche Zahl, Gl. (4.1)
$x^*,\ \hat x^*$	charakteristische Koordinate, definiert durch die Bedingung Gl. (5.9), (5.12)
γ	empirischer Faktor, Gl. (5.10)
s	Entropie der Masseneinheit
x_d/l	dimensionsloser Abstand der größten Profildicke von Vorderkante
$(x/l)_s$	dimensionsloser Abstand der Lage des Verdichtungsstoßes von Vorderkante

3. Experimentelle Untersuchungen

Die Versuche wurden im Hochgeschwindigkeitswindkanal ausgeführt, der nach dem Vakuum-Speicherprinzip arbeitet und eine Frei-
strahlmeßstrecke vom Querschnitt 750×750 mm² besitzt [1]. Als Flü-

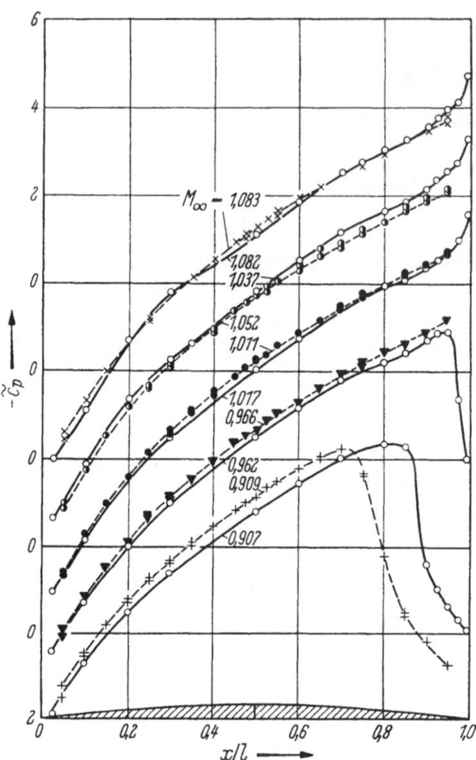

Abb. 1. Reduzierter Druckbeiwert nach Versuchen von
AVA [2] und NASA [5].

○ ———— AVA, Reynoldszahl $U_\infty\,l/\nu \sim 3 \cdot 10^6$;
———— NASA, $U_\infty\,l/\nu \sim 2 \cdot 10^6$

gelschnitt wurde ein dop-
pelt symmetrisches Kreis-
bogenzweieck mit einem
Dickenverhältnis $\delta = 0,06$
gewählt. Der Rechteck-
flügel mit der Tiefe $l =
200$ mm wurde ganz durch
den Freistrahl hindurch-
gesteckt und außerhalb
des Strahles gelagert. Die
Untersuchungen erstreck-
ten sich auf den Strömungs-
bereich zwischen kritischer
Mach-Zahl und Überschall-
Mach-Zahlen bis zu $M_\infty
\sim 1,10$.

In Abb. 1 wird ein Ver-
gleich der Druckverteilungen mit den Veruchsergeb-
nisssen von Knechtel [5]
für den verschwindenden
Anstellwinkel gezeigt. Letztere Messungen wurden
im NASA Ames Research
Center in einem Windka-
nal mit geschlossener Meß-
strecke, aber perforierter
Ober- und Unterwand, an
einem entsprechenden Profil durchgeführt. Die Ergebnisse wurden
gemäß den transsonischen Ähnlichkeitsregeln auf die reduzierten
Druckbeiwerte

$$\tilde{c}_p = \frac{(1 + \varkappa)^{1/3}\, M_\infty{}^{2/3}}{\delta^{2/3}}\,\frac{p - p_\infty}{\varrho_\infty U_\infty^2/2} \tag{3.1}$$

umgerechnet. Abgesehen von systematischen Unterschieden in den $\tilde{c}_p$-
Werten nahe der Hinterkante bei den größeren Mach-Zahlen und in
der Rücklage der Stoßfront ist die Übereinstimmung zwischen den
beiden Meßreihen gut.

Mit Rücksicht auf die sehr nahe der Hinterkante anzubringenden Druckanbohrungen wurden bei der Werkstattausführung des Modells gewisse Abweichungen zugelassen. Nach genauer Vermessung war der Mittelschnitt durchweg um 0,2 bis 0,3 mm dicker als vorgesehen. Die Aus-

wirkung dieser Abweichungen zeigt der in Abb. 2 wiedergegebene Vergleich mit theoretischen Untersuchungen. Nach dem Näherungsverfahren von SPREITER und ALKSNE [6] wurde die Druckverteilung für das symmetrische Kreisbogenprofil bei $M_\infty = 1$ berechnet. Ferner wurde hierzu im örtlichen Überschallgebiet bei $x/l = 0,7$ mit einer Rechnung nach der einfachen Wellentheorie (PRANDTL-MEYER-Strömung) angeschlossen, der die wirkliche Kontur des Modelles zugrunde liegt. Die beiden Kurven zeigen Unterschiede nahe

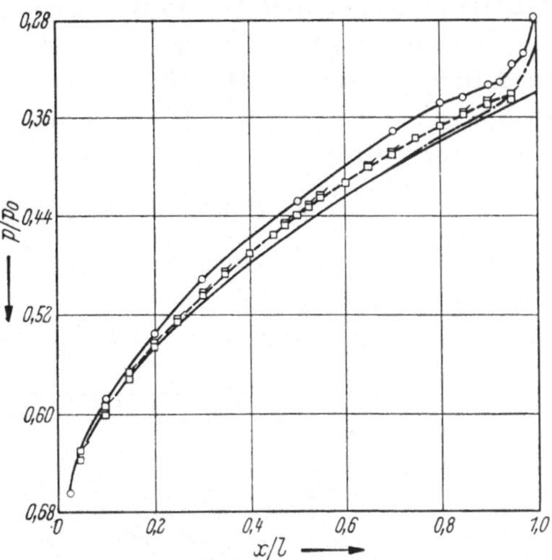

Abb. 2. Vergleich gerechneter und gemessener Druckverteilungen im AVA-Freistrahl bei $M_\infty \sim 1$ und im blockierten Kanal [8]. p_{MK} = Meßkabinendruck ($\sim p_\infty$)
Messungen : —— O —— AVA-Freistahl p_{MK}/p_0 = 0,5289;
— — □ ◁ — — blockierter Kanal NASA. Rechnungen:
$\delta = 0,0615$; ———— Kreisbogenprofil (SPREITER/ALKSNE);
—— · —— AVA-Modell (PRANDTL-MEYER)

der Hinterkante, die qualitativ und quantitativ die zwischen den Messungen der AVA und der NASA beobachteten Differenzen bei den höheren MACH-Zahlen erklären. Die Ursachen für die Unterschiede in Abb. 1 dürften also in Unterschieden der Profilkonturen zu suchen sein.

Die endlichen Abmessungen des Windkanals haben eine Rückwirkung auf die Strömung in der Nähe des Modelles, so daß die gemessenen Drücke nicht unbedingt denjenigen in freier Strömung entsprechen. Nach der theoretischen Behandlung von MARSCHNER [7] für das symmetrische Doppelkeilprofil im Freistrahl bei $M_\infty = 1$ bleibt der zu erwartende Einfluß klein. Eine quantitative Abschätzung ist für den vorliegenden Fall durch eine Messung von SPREITER und Mitarbeitern [8] am Kreisbogenprofil, $\delta = 0,06$, im geschlossenen blockierten Windkanal möglich. Diese Messungen sind in Abb. 2 mit eingezeichnet. In Übereinstimmung mit den Rechnungen von MARSCHNER ergeben sich im Freistrahl zu kleine Drücke, im blockierten Kanal zu große[1]. Die Druckverteilung bei freier Anströmung wird zwischen

---

[1] Für das Doppelkeilprofil sind die rechnerischen Abweichungen im Freistrahl dem Betrag nach um 14% größer als im blockierten Kanal gleicher Abmessungen.

den beiden Kurven liegen, und zwar näher bei der Kurve für den
blockierten Kanal, da das Verhältnis Höhe h des Kanals zur Tiefe l
des Modells beim blockierten Kanal größer ($h/l = 5{,}83$) als bei unserem
Freistrahl ($h/l = 3{,}75$) war. Man darf aus diesen Vergleichen folgern,
daß die Meßergebnisse bei transsonischer Strömung im Freistrahlkanal
der AVA die Verhältnisse bei freier Anströmung mit guter Näherung
wiedergeben. Auf die Mitteilung weiterer Einzelheiten dieser Untersuchungen soll hier unter Hinweis auf den ausführlichen Bericht [2]
verzichtet werden.

4. Druckverteilungsrechnungen

Die theoretischen Untersuchungen, die sich auf auftriebslose Strömung beschränken, gehen davon aus, daß man bei Versuchen Erscheinungen feststellt, die sich mit der Theorie der reibungslosen Strömung
allein nicht erklären las-
sen. Zum Teil hat man
diese Erscheinungen auch
noch nicht ganz verstan-
den. Deshalb wurde ein
Weg beschritten, bei dem
theoretische Näherungslö-
sungen mit empirischen
Tatsachen kombiniert wer-
den.

Nach der schon veröf-
fentlichten Methode [3]
wurden für eine Serie von
symmetrischen Flügelpro-
filen mit verschiedener
Dickenrücklage zwischen
$0{,}3 \leqslant x_d/l \leqslant 0{,}7$ die Druckverteilungen berechnet. Es
handelt sich dabei um die
gleichen Profile, die bei der
ONERA [9] experimentell
untersucht worden sind
und für die SPREITER, ALK-
SNE und HYETT [10] Druck-
verteilungen theoretisch
ermittelt haben.

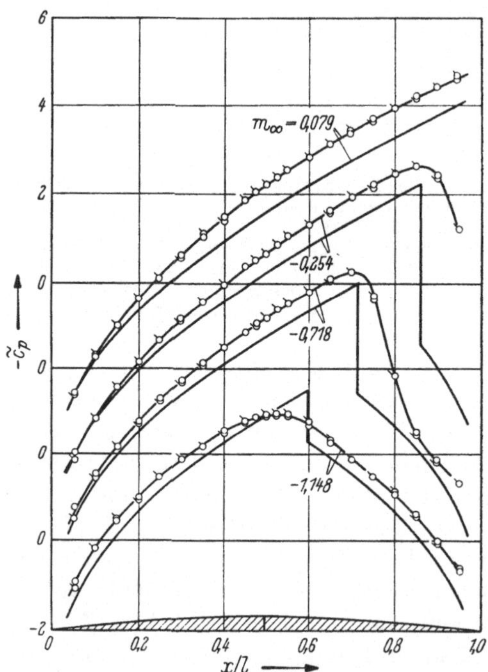

Abb. 3. Reduzierter Druckbeiwert nach Versuchen der
NASA [5] und Rechnung mit abgemindertem Druckanstieg
im Stoß für das Kreisbogenprofil, $x_d/l = 0{,}5$. Dickenverhältnis $\delta = 0{,}06$.

   ——○—— Oberseite ⎱
   ——◐—— Unterseite ⎰ Versuche
   ———— Rechnung nach [4]

Zunächst seien in Abb. 3

einige der berechneten Druckverteilungen unter Benutzung des reduzierten Druckbeiwertes nach Gl. (3.1) für verschiedene Werte des

MACH-Zahlparameters

$$m_\infty = \frac{M_\infty^2 - 1}{[(\varkappa + 1)\, M_\infty^2\, \delta]^{2/3}} \qquad (4.1)$$

im Vergleich mit den bereits erwähnten Versuchswerten von KNECHTEL [5] gezeigt. Als weitere Auswahl aus den im Bericht [4] zusammengestellten Ergebnissen sind in Abb. 4 die berechneten MACH-Zahlverteilungen und die zugehörigen Versuchswerte nach [9] für das Profil mit $x_d/l = 0,3$ dargestellt.

5. Diskussion der Theorie

Da die Druckverteilungen vor und hinter dem Stoß getrennt voneinander berechnet und dann unter Erfüllung gewisser Bedingungen am Stoß zur Gesamtverteilung zusammengefügt wurden, ist es naheliegend, die einzelnen Elemente und ihre Übereinstimmung mit den Versuchsergebnissen gesondert

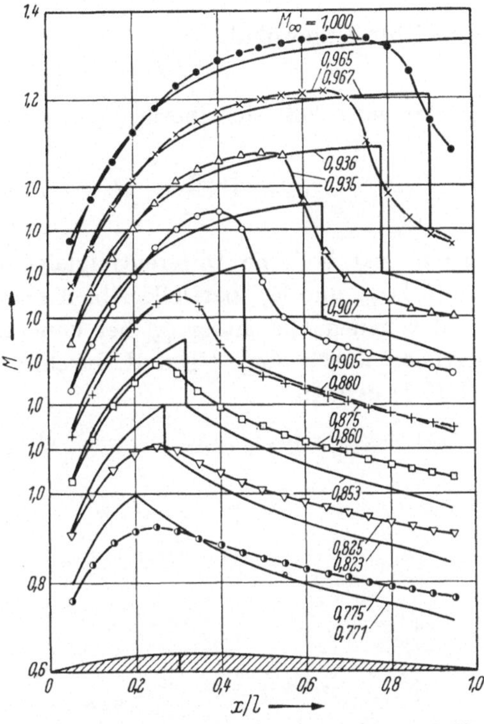

Abb. 4. Verteilung der örtlichen MACH-Zahl nach Versuchen der ONERA [9] und Rechnung mit abgemindertem Druckanstieg im Stoß. Dickenrücklage $x_d/l = 0,3$; Dickenverhältnis $\delta = 0,08$.

——O—— Versuche;   ———— Rechnung nach [4]

zu betrachten. In diesem Sinne sollen die theoretischen Grundlagen des angewandten Berechnungsverfahrens diskutiert und einer erneuten Überprüfung unterzogen werden.

5.1. Druckverteilung stromaufwärts des Stoßes

Für die Druckverteilung bei $M_\infty \approx 1$ haben SPREITER und Mitarbeiter ein Verfahren zur angenäherten Lösung der nichtlinearen Potentialgleichung angegeben, das wir mit nur geringfügiger Änderung zur Bestimmung der Druckverteilung vor dem Verdichtungsstoß übernommen haben. Wir wollen hier eine neue Herleitung der SPREITERschen Gedanken geben, die die Ursachen für die Abweichungen zwischen den Ergebnissen dieser Theorie und Versuchen veranschaulicht und auch eine Möglichkeit zur Verbesserung aufzeigt.

Die Potentialgleichung für transsonische Strömungen schwacher Störungen

$$\varphi_{xx}\,(1 - M_\infty^2) - \frac{K}{U_\infty}\,\varphi_x\,\varphi_{xx} + \varphi_{zz} = 0, \tag{5.1}$$

wobei für K gewöhnlich

$$K = (\varkappa + 1)\,M_\infty^2 \tag{5.2}$$

gesetzt wird, läßt sich durch die Koordinatentransformation

$$dy = \sqrt{\frac{K}{U_\infty}\,\varphi_{xx}}\,dz\,, \qquad y = \int\limits_0^z \sqrt{\frac{K}{U_\infty}\,\varphi_{xx}}\,dz' \tag{5.3}$$

in eine parabolische Differentialgleichung überführen. Dabei sind in Gl. (5.1) φ_x und φ_{xx} partielle Ableitungen bei konstantem z, während in der neuen Gleichung φ_x bei konstantem y benötigt wird. Nach Division durch $K\,\varphi_{xx}/U_\infty$ und Durchführung der Transformation geht Gl. (5.1) über in

$$l(\varphi) = \varphi_{yy} - [\varphi_x]_{y=\text{konst}} = -\frac{U_\infty}{K}\,(1 - M_\infty^2) + \varphi_y \left[\frac{\partial y}{\partial x}\right]_{z=\text{konst}}. \tag{5.4}$$

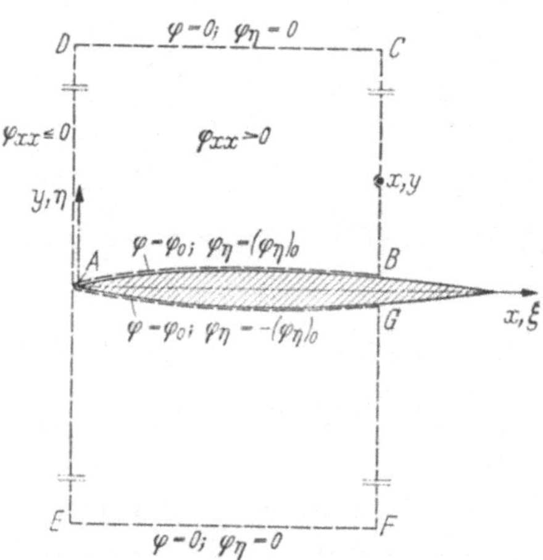

Abb. 5. Integrationsbereich

Diese Form ist anwendbar in einem Gebiet, in welchem $\varphi_{xx} > 0$ ist. Diese Differentialgleichung vom Typus der Wärmeleitungsgleichung kann mit dem Greenschen Satz in bekannter Weise behandelt werden. Legt man den Koordinatenursprung an die Flügelvorderkante und setzt die Bedingung $\varphi_{xx} > 0$ im Gebiet $0 \leqslant \xi \leqslant x$ als erfüllt voraus, so ist die Integration über das Gebiet $ABCDEFGA$ zu erstrecken (Abb. 5), wenn man den Wert von φ im Punkt x, y berechnen möchte. Bei einem symmetrischen Profil, dessen Sehne mit der x-Achse zusammenfällt, ist an der Oberfläche die Randbedingung

$$\left(\frac{\partial \varphi}{\partial y}\right)_{y=0} = U_\infty \frac{dz_0/dx}{\sqrt{\dfrac{K}{U_\infty}\,\varphi_{xx}}} \tag{5.5}$$

zu erfüllen und auf der Strecke DE wird der Wert $\varphi(0, \eta)$ formal als gegeben betrachtet. Letztere Funktion ist in Wirklichkeit unbekannt. Damit liefert die Integration von (5.4) für die Geschwindigkeit $u(x)$

$= \partial \varphi (x,\, 0)/\partial x$ an der Profilkontur

$$u(x) - \frac{U_\infty}{K}(1 - M_\infty^2) + \frac{1}{\sqrt{\pi}} \frac{d}{dx} \int\limits_0^\infty \int\limits_0^x \frac{e^{-\frac{(\nu-\eta)^2}{4(x-\xi)}}}{\sqrt{x-\xi}}\, \varphi_\eta \left[\frac{\partial \eta}{\partial \xi}\right]_{z=\text{konst}} d\eta\, d\xi$$

$$+ \frac{1}{\sqrt{\pi}} \frac{d}{dx} \int\limits_0^\infty \frac{e^{-\frac{\eta^2}{4x}}}{\sqrt{x}}\, \varphi(0,\, \eta)\, d\eta$$

$$= - \frac{U_\infty}{\sqrt{\pi}} \frac{d}{dx} \int\limits_0^x \frac{dz_0/d\xi}{\sqrt{\frac{K}{U_\infty}\, \varphi_{\xi\xi}(\xi,\, 0)\, (x-\xi)}}\, d\xi. \qquad (5.6)$$

Diese Gleichung wird quadriert, mit $\varphi_{xx}(x,\, 0)$[1] multipliziert und dann noch einmal über x integriert. Setzt man der Einfachheit halber noch

$$\Omega(u) = \frac{1}{\sqrt{\pi}} \frac{d}{dx} \int\limits_0^\infty \left[\frac{e^{-\eta^2/4x}}{\sqrt{x}}\, \varphi(0,\, \eta) + \int\limits_0^x \frac{e^{-\frac{(\nu-\eta)^2}{4(x-\xi)}}}{\sqrt{x-\xi}}\, \varphi_\eta \left[\frac{\delta \eta}{\partial \xi}\right]_{z=\text{konst}} d\xi\right] d\eta,$$

$$(5.7)$$

so erhält man

$$\int\limits_{u^*}^u \left[u_1 - U_\infty \frac{1-M_\infty^2}{K} + \Omega(u_1)\right]^2 du_1$$

$$= \frac{U_\infty^3}{\pi K} \int\limits_{x^*}^x \left\{\frac{d}{dx_1} \int\limits_0^{x_1} \frac{dz_0/d\xi}{\sqrt{(x_1-\xi)\, \varphi_{\xi\xi}}}\, d\xi\right\}^2 \varphi_{x_1 x_1}\, dx_1. \qquad (5.8)$$

Die Stelle $x = x^*$ ist durch das gleichzeitige Nullwerden der Integranden rechts und links gekennzeichnet, also durch

$$\frac{d}{dx_1} \int\limits_0^{x_1} \frac{dz_0/d\xi}{\sqrt{(x_1-\xi)\, \varphi_{\xi\xi}}}\, d\xi = 0$$

$$u_1 = U_\infty \frac{1-M_\infty^2}{K} - \Omega(u_1) = u^* \quad \text{für} \quad x_1 = x^*. \qquad (5.9)$$

Die Gl. (5.8) ist noch exakt im Sinne der Ausgangsgleichung (5.1). Auf das SPREITERsche Ergebnis kommt man nun, wenn man

$$\varphi_{\xi\xi} = \varphi_{x_1 x_1} = \text{konst.} \quad \text{und} \quad \Omega = 0$$

setzt. Man ersieht hieraus, daß zwei Ursachen die Abweichungen der SPREITERschen Näherung von der exakten Lösung bewirken: 1. Die

---

[1] Auf der x-Achse gilt wegen $z = y = 0$: $[\varphi_x]_{z=\text{konst.}} = [\varphi_x]_{\nu=\text{konst.}}$: $[\varphi_{xx}]_{z=\text{konst.}} = [\varphi_{xx}]_{\nu=\text{konst.}}$

Variation von φ_{xx} mit x; sie ließe sich vielleicht mit erträglichem Rechenaufwand erfassen, indem man eine erste Näherung dafür der SPREITERschen Lösung entnimmt und damit nach (5.8) eine zweite Näherung berechnet usw. 2. Der in Ω zum Ausdruck kommende Einfluß des Unterschallgebietes stromaufwärts des Profils, der auch bei anderen Näherungsverfahren vernachlässigt wird. Er ist weniger einfach zu berücksichtigen, scheint aber um so mehr zur wesentlichen Quelle für die beobachteten Diskrepanzen zu werden, je mehr M_∞ vom Wert 1 nach unten abweicht.

Den Rechnungen wurde die Beziehung

$$\left[u - \gamma \frac{1 - M_\infty^2}{K} U_\infty\right]^3 = \frac{3 U_\infty^3}{\pi K} \int\limits_{x^*}^{x} \left[\frac{d}{dx_1} \int\limits_0^{x_1} \frac{dz_0/d\xi}{\sqrt{x_1 - \xi}} \, d\xi\right]^2 dx_1 \quad (5.10)$$

zugrunde gelegt, wobei, abweichend von SPREITERS Formel der Faktor γ zur Berücksichtigung des Störeinflusses vom Unterschallgebiet eingeführt wurde. Es wurde eine lineare Variation von γ mit dem transsonischen MACH-Zahlparameter m_∞, Gl. (4.1), angenommen, so daß

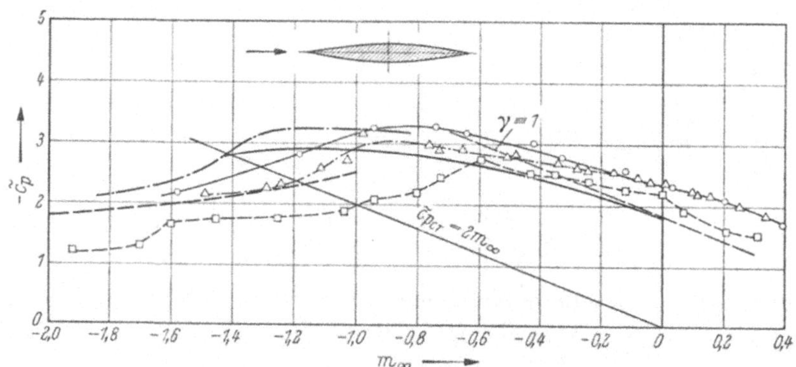

Abb. 6. Abhängigkeit des reduzierten Druckbeiwertes $\tilde{c}_p$ bei $x/l = 0,5$ (vor dem Stoß) vom MACH-Zahlparameter m_∞ beim Kreisbogenprofil, Dickenverhältnis $\delta = 0,06$.
Rechnungen: ———— γ nach AVA [4]; — — — $\gamma \equiv 1$; ——·—— NACA TN 4148 [10]; — — — PRANDTL-GLAUERTsche Regel
Versuchsergebnisse: ——O—— NASA [5]; —·—△—·— AVA [2]; — —□— — ONERA [9]

für $M_\infty = 1$ $\gamma = 1$ gilt und die Druckverteilung bei kritischer MACH-zahl an bekannte Rechenergebnisse anschließt. Zur Illustration gibt Abb. 6 den reduzierten Druckbeiwert für das Kreisbogenprofil bei $x/l = 0,5$ als Funktion von m_∞ im Vergleich mit Versuchsergebnissen. Der Vollständigkeit wegen sind hier auch die Rechnung mit $\gamma \equiv 1$, Rechenergebnisse nach SPREITER und Mitarbeitern [10] und die Lösung gemäß der PRANDTL-GLAUERTschen Regel eingezeichnet. In der Nähe von $m_\infty = 0$ wird die Änderung von $\tilde{c}_p$ durch die Gerade $\gamma \equiv 1$ recht gut angenähert. Nach der linken Seite des Diagramms hin konvergieren die Versuchs- und Rechnungsergebnisse gegen die PRANDTL-GLAUERT-sche Regel. Die Versuchsergebnisse zeigen Unterschiede, die zum Teil größer als die Abweichungen der verschiedenen Rechnungen unterein-ander sind. Die vorgeschlagene Rechnung fügt sich hier gut ein.

5.2. Druckverteilung stromabwärts des Stoßes

Die gleichen Überlegungen, die auf Gl. (5.8) führten, kann man auch für negative Werte von φ_{xx} anstellen und erhält dann Lösungen, bei denen die Strömung stetig von Überschall- in Unterschallgeschwindig-keit übergeht. Mathematisch sind die beiden Lösungsformen gleich-wertig; will man die Lösung mit negativem φ_{xx} zur Bestimmung der Druckverteilung im Unterschallgebiet hinter dem Stoß benutzen, muß man aber bedenken, daß die Störgeschwindigkeiten hinter dem Flügel wegen des endlichen Formwiderstandes nicht auf Null abklingen und die Strömung nicht mehr streng drehungsfrei ist. Man wird versuchen, diese Einflüsse durch eine additive Konstante c zu berücksichtigen, so daß man für die Störgeschwindigkeit an der Oberfläche

$$(u + c)^3 = -\frac{3\,U_\infty^3}{\pi\,K} \int\limits_{\hat{x}^*}^{x} \left[\frac{d}{dx_1} \int\limits_{x_1}^{l} \frac{dz_0/d\xi}{\sqrt{\xi - x_1}}\, d\xi \right]^2 dx_1 \qquad (5.11)$$

erhält, wobei für $x_1 = \hat{x}^*$

$$\frac{d}{dx_1} \int\limits_{x_1}^{l} \frac{dz_0/d\xi}{\sqrt{\xi - x_1}}\, d\xi = 0 \qquad (5.12)$$

gilt. Macht man über die Konstante c keine weiteren Aussagen, hat man zugleich einen freien Parameter, mit dem sich die Druckverteilung mit den Bedingungen am Stoß in Einklang bringen läßt.

Die experimentell ermittelte Druckverteilung hinter dem Stoß wird in vielen Fällen auch recht gut durch die mit der PRANDTL-GLAUERT-schen Regel ermittelte Druckverteilung für reine Unterschallströmung angenähert. Diese Möglichkeit wird in dem von SINNOT [11] vor-geschlagenen Verfahren benutzt. Beide Näherungen sind vom theore-tischen Standpunkt fragwürdig und lassen sich nur unter der Voraus-setzung vertreten, daß die Form der Druckverteilung hier haupt-sächlich durch die Geometrie des rückwärtigen Profilteiles bestimmt wird. Die von der Unterschallösung ausgehende Näherung ist weniger brauchbar, wenn der Stoß sehr nahe an die Hinterkante rückt. Deshalb wurde bei den vorliegenden Berechnungen die Verteilung nach Gl. (5.11) genommen, die sich beim Vergleich mit Versuchswerten als brauchbar erweist; insbesondere auch dann, wenn ein relativ großer Teil des Profils hinter der Stoßfront liegt (Abb. 4).

5.3. Strömung in der Nachbarschaft des Stoßes

Die Druckverteilung an der Oberfläche in der Umgebung des Verdichtungsstoßes wird durch das Zusammenwirken von Stoß und Grenzschicht geregelt. Die typische Erscheinungsform des Stoßes ist in Abb. 7 skizziert. Der Druckanstieg des Stoßes verursacht eine starke Verdickung und häufig Ablösung der Grenzschicht, so daß die Stromlinien am Rand der Grenzschicht eine Ablenkung erfahren und ein gegabelter Stoß entsteht. Obwohl interessante experimentelle Untersuchungen über die Struktur der Strömung vorliegen, z. B. [12], steht die rechnerische Erfassung noch aus. Wesentliches läßt sich an folgendem einfachen Modell erklären: Hinter einem schrägen Stoß löse die Strömung ab und bilde den Winkel ε mit der Oberfläche. Ein senkrecht auf den Stromlinien stehender Sekundärstoß führe die Strömung auf Unterschallgeschwindigkeit. Wenn die Mach-Zahl vor dem Stoß und der Druckanstieg $\Delta p_v = p_1 - p$ des vorderen Stoßes als gegeben angenommen werden, liegt der Druckanstieg $\Delta p_h = p_2 - p_1$ des Sekundärstoßes fest. In Abb. 8 sind der Druckanstieg des Sekundärstoßes Δp_h und der gesamte Druckanstieg $\Delta p_g = \Delta p_v + \Delta p_h$ unter Zugrundelegung der transsonischen Näherung im Vergleich zum Druckanstieg Δp_N des Normalstoßes dargestellt. Ist der vordere Stoß sehr schwach, so hat der Sekundärstoß gleiche Stärke wie der Normalstoß. Mit zunehmendem $\Delta p_v/\Delta p_N$ werden

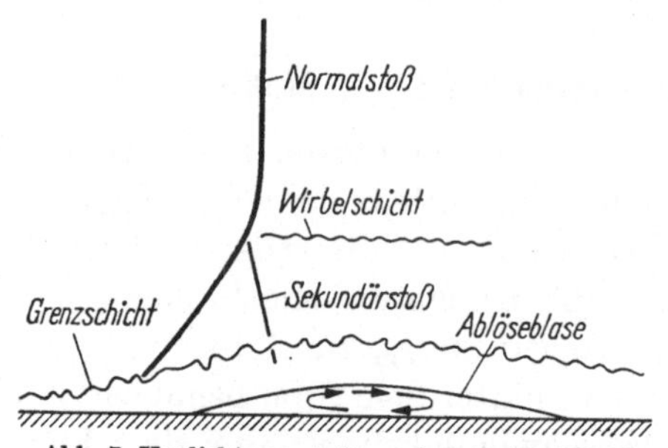

Abb. 7. Verdichtungsstoß an einer festen Wand

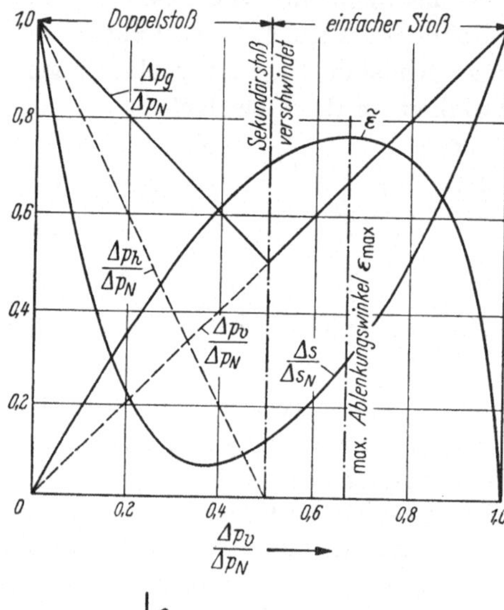

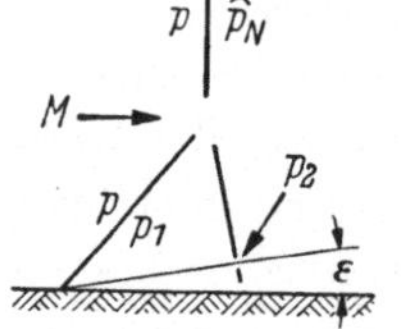

Abb. 8. Verdichtungsstoß mit Strömungsablösung an der Wand

$\Delta p_h/\Delta p_N$ und $\Delta p_g/\Delta p_N$ kleiner und bei $\Delta p_v/\Delta p_N = 0{,}5$ wird $\Delta p_h = 0$. Bei noch stärkerem vorderen Stoß bildet sich kein Sekundärstoß und für $\Delta p_v/\Delta p_N = 1$ geht der vordere Stoß schließlich in den Normalstoß über. Hiernach ist der Druckanstieg bei Strömungsablösung stets kleiner als bei senkrechtem Stoß, im Extremfall ist er halb so groß. Dies steht in Übereinstimmung mit Versuchsbeobachtungen. Außer den Druckverhältnissen ist in Abb. 8 der Ablenkungswinkel ε — mit den transsonischen Ähnlichkeitsregeln reduziert —,

$$\tilde{\varepsilon} = \frac{\varepsilon\, K}{(M^2 - 1)^{3/2}}, \tag{5.13}$$

($M = $ Mach-Zahl vor dem Stoß) sowie das Verhältnis der Entropiezunahme zu der des Normalstoßes $\Delta s/\Delta s_N$ aufgetragen. Der Ablenkungswinkel hat ein Maximum bei $\Delta p_v/\Delta p_N = 2/3$. Für das Produkt aus Temperatur T_∞ der ungestörten Strömung und Entropiezunahme im senkrechten Stoß gilt bei transsonischer Näherung

$$T_\infty\, \Delta s_N = \frac{2}{3}\, U_\infty^2\, \frac{(M^2 - 1)^3}{(\varkappa + 1)^2\, M_\infty^2}. \tag{5.14}$$

Da die Entropiezunahme der dritten Potenz des Drucksprunges im Stoß proportional ist, hat die Unterteilung in mehrere Teilstöße eine beträchtliche Verminderung zur Folge. Die Entropiezunahme hat nach Bild 8 ein Minimum bei $\Delta p_v/\Delta p_N \sim 0{,}37$ und beträgt dort nur 7% der des Normalstoßes.

Die erwähnten Druckverteilungsrechnungen wurden für die Grenzfälle vollen und auf die Hälfte reduzierten Druckanstieges des senkrechten Stoßes durchgeführt. Letzterer Fall, der den in Abbn. 3 und 4 dargestellten Ergebnissen zugrunde liegt, kommt der Wirklichkeit näher und hat somit vom praktischen Standpunkt größere Bedeutung als der mit vollem Druckanstieg. Die Verringerung der Entropiezunahme wurde nicht berücksichtigt; dies entspricht der idealisierten Annahme, daß sich die Gabelung nur auf ein relativ kleines Gebiet in Körpernähe beschränkt, was in Wirklichkeit nicht recht zutrifft.

5.4. Rücklage des Stoßes

Die Rücklage des Verdichtungsstoßes wird aus der Forderung bestimmt, daß der aus der Druckverteilung berechnete Luftwiderstand W_p gleich dem Widerstand W_s ist, der sich aus der durch die Verdichtungsstöße bewirkten Entropieänderung ergibt. Für diesen Widerstand gilt nach Oswatitsch [14]

$$W_s = \varrho_\infty\, T_\infty \int\limits_{\text{Stoß}} \Delta s_N\, dz, \tag{5.15}$$

wenn nur die durch Stöße verursachten Entropieänderungen berücksichtigt und die Stöße als senkrecht angesehen werden. Der Gedanke,

10*

aus der Gleichheit der Widerstände $W_p = W_s$ Nutzen für die Ermittlung der Lage des Stoßes zu ziehen, wurde erstmalig von BETZ [13] ausgesprochen. Eine praktische Anwendung war nicht bekannt geworden.

Qualitativ kann man aus der BETZschen Widerstandsbedingung für sehr dünne Profile zunächst folgern, daß der Stoß nur für Anström-MACH-Zahlen $M_\infty \geqslant 1$ an der Hinterkante liegen kann. Befindet sich nämlich bei $M_\infty = 1$ der Stoß an der Hinterkante und man geht zu etwas kleinerer Anströmgeschwindigkeit über, so bleibt die MACH-Zahlverteilung an der Oberfläche und damit W_p unverändert, wenn der Stoß weiterhin an der Hinterkante liegt. Wegen des höheren Drucks

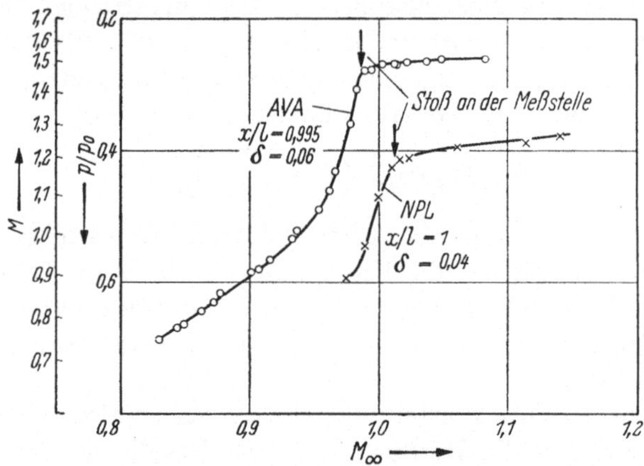

Abb. 9. Druck an bzw. nahe der Hinterkante des Kreisbogenprofils nach Versuchen von NPL [15] und AVA [2]

im Unendlichen nimmt aber das Integral der Entropieänderungen ab. Es ist deshalb zu erwarten, daß der höhere Druck der Umgebung den Stoß nach vorn verschiebt, bis wieder Gleichheit $W_s = W_p$ herrscht. Zwar sind die Verhältnisse am Profil endlicher Dicke mit Grenzschicht weniger übersichtlich, jedoch deuten die Versuchsergebnisse ein kontinuierliches Wandern des Stoßes mit der MACH-Zahl an, so daß der Stoß nahe bei $M_\infty = 1$ die Hinterkante erreicht. Dies geht aus Abb. 9 hervor, die den Druck an der Hinterkante eines Kreisbogenprofils mit $\delta = 0,04$ nach einer Messung des NPL [15] und den Druck bei $x/l = 0,995$ des bei der AVA untersuchten Profils über M_∞ darstellt. Die MACH-Zahl, bei der der Stoß an der Meßstelle liegt, ist durch die größte Krümmung der Kurve gekennzeichnet.

Um die Widerstandsbedingung für die Berechnung der Druckverteilung nutzbar zu machen, sind quantitative Kenntnisse über das Geschwindigkeitsfeld dicht vor dem Stoß notwendig. Bei bekannter Geschwindigkeitsverteilung $u(x, 0)$ an der Oberfläche ist die Bestimmung des Geschwindigkeitsfeldes mit beliebiger Genauigkeit nur eine Frage der aufzuwendenden Rechenarbeit. Die erste Ableitung der Geschwindigkeit an der Oberfläche folgt aus der Bedingung der Drehungsfreiheit der Strömung zu

$$\varphi_{xz} = \frac{\partial u}{\partial z} = U_\infty \, d^2 \, z_0/dx^2 \,. \tag{5.16}$$

Durch wiederholte Differentiation der Potentialgleichung (5.1) nach x und z können fortlaufend höhere Ableitungen berechnet werden, so daß sich $u(x, z)$ in eine Taylorreihe nach z entwickeln läßt. Ferner können gewisse Integrale der Potentialgleichung nützlich angewendet werden; hierauf hat schon GULLSTRAND [16] hingewiesen.

Die bisher durchgeführten Rechnungen basieren auf der von OSWATITSCH [17] stammenden Beziehung

$$\varphi_x = \frac{u(x, 0)}{\left[1 + \dfrac{\delta U_\infty}{\alpha \, u(x, 0)} \dfrac{z}{l}\right]^2} \,, \tag{5.17}$$

wobei die Größe α für jedes Profil als von x und M_∞ unabhängig angesehen und so festgelegt wurde, daß die BETZsche Bedingung erfüllt ist, wenn der Stoß bei $M_\infty = 1$ an der Hinterkante liegt. Dies ist etwa die einfachste Annahme, die man treffen konnte. In Abb. 10 sind die hiermit errechneten Abstände $(x/l)_s$ des Stoßes von der Vorderkante für die beiden Grenzfälle des Druckanstiegs im Stoß aufgetragen, desgleichen die Rechnungsergebnisse von SPREITER u. Mitarb. [10], bei denen der Stoß schon bei $M_\infty < 1$ die Hinterkante erreicht.

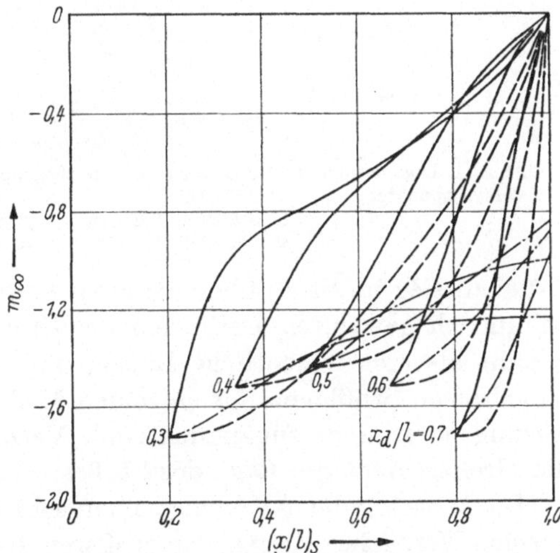

Abb. 10. Rücklage $(x/l)_s$ des Verdichtungsstoßes für Profile verschiedener Dickenrücklage in Abhängigkeit vom MACH-Zahlparameter m_∞.

———— voller Druckanstieg im Stoß [4]
———— abgeminderter Druckanstieg im Stoß [4]
——·—— nach NACA 4148 [10]

Da es in der wirklichen Strömung keine exakt definierte Lage des Stoßes gibt, wird im folgenden als Lage die Stelle im Gebiet $dp/dx > 0$ definiert, an der die örtliche MACH-Zahl den Wert

$$M = \frac{M_{\max} + 1}{2} \tag{5.18}$$

hat. Die so ermittelten Stoßlagen wurden in Abb. 11 für mehrere Meßreihen des Kreisbogenprofils über M_∞ aufgetragen. Ferner sind die gerechneten Lagen nach [4] und Spreiter [10[eingezeichnet. Die von Malavard [9] angegebenen Messungen und die Ergebnisse von Knechtel [5] zeigen sehr unterschiedliche Stoßlagen. Die durch die Meßpunkte gelegten Kurven verlaufen jedoch angenähert parallel und stimmen qualitativ mit unserer gerechneten Kurve (abgeminderter

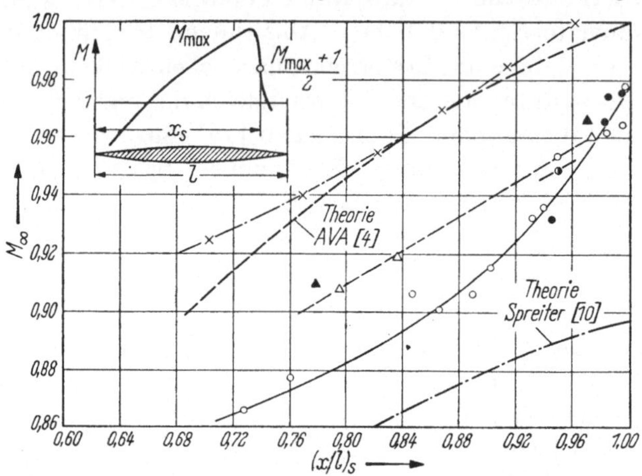

Abb. 11. Lage des Verdichtungsstoßes am Kreisbogenprofil, Dickenverhältnis $\delta = 0{,}06$.
Versuchspunkte: AVA [2]:   × ONERA [9]
       ⊙ Störleiste 0,2 mm   △ glatt
       ● Störleiste 1,5 mm   ▲ mit Rauhigkeit } NASA [5]

Druckanstieg im Stoß) überein; mehr kann man aber schon wegen der willkürlich gewählten Definition der Stoßlage nicht erwarten. Es erscheint als eine wesentliche Lücke, daß die Ursachen für die unterschiedlichen Stoßlagen der einzelnen Meßreihen der theoretischen Erfassung noch nicht zugänglich sind. Vermutlich beeinflußt die Dicke der Grenzschicht die Lage des Stoßes sehr empfindlich.

Die Messung der AVA zeigt einen sehr viel anderen Verlauf, als die übrigen Versuche. Wegen der größeren Reynoldszahl sind etwas größere Rücklagen zu erwarten, jedoch wird die Hauptursache für den Unterschied in der verschiedenen Profilform zu suchen sein. Es läßt sich theoretisch erklären, daß für die Wanderung des Stoßes nahe bei $M_\infty = 1$ die Krümmung der Oberfläche am hinteren Profilteil sehr wesentlich ist.

6. Zusammenfassung und Schluß

Im ersten Teil wurden Druckverteilungsmessungen bei schallnaher Strömung im Freistrahlwindkanal der AVA besprochen und dabei die Feststellung getroffen, daß die Ergebnisse den Verhältnissen bei freier Anströmung sehr nahe kommen.

Bei dem im zweiten Teil diskutierten Berechnungsverfahren für die Druckverteilung bei zweidimensionaler Strömung sind die wesentlichen Kennzeichen, daß die Druckverteilung vor und hinter dem Stoß unabhängig voneinander bestimmt wird und die Lage des Stoßes sich unter Erfüllung zweier physikalischer Bedingungen, nämlich der Druckänderung am Stoß und der BETZschen Widerstandsbedingung, ergibt. Man wird diese Prinzipien als brauchbar bezeichnen dürfen, weil sich die angenäherte Berechnung der Druckverteilung vor dem Stoß, zumindest für gewisse Profilformen, als möglich erwiesen hat, wodurch dann grundsätzlich auch das für die Anwendung der BETZschen Widerstandsbedingung benötigte Geschwindigkeitsfeld vor dem Stoß bestimmbar ist, und weil sich auch die Druckverteilung hinter dem Stoß abschätzen läßt.

In der benutzten Form ist das Verfahren noch verbesserungsfähig. Insbesondere sind hinsichtlich der Ermittlung des Geschwindigkeitsfeldes vor dem Stoß noch Verbesserungen denkbar. Quantitativ noch nicht erfaßbar ist die durch Gabelung des Stoßes hervorgerufene Wirkung auf die Entropieänderung. Hier liegt meines Erachtens eine der größten Unsicherheitsquellen bei der Berechnung transsonischer Strömungen. Sollte es gelingen, die Ausbildung des Stoßes unter dem Einfluß der örtlichen Grenzschicht rechnerisch zu erfassen, so bestünde wohl berechtigte Aussicht, dies in das dargelegte Verfahren einbauen zu können.

Literatur

[1] LUDWIEG, H., u. TH. HOTTNER: Z. Flugwiss. 7, 294—299 (1959).

[2] ROTTA, J. C.: AVA—FB 62—01, 1—36 (1962).

[3] ROTTA, J. C.: Jb. 1959 WGL, 102—109.

[4] ROTTA, J. C.: AVA—FB 61—02, 1—102 (1961).

[5] KNECHTEL, E. D.: NASA TN D—15 (1959).

[6] SPREITER, J. R. u. A. Y. ALKSNE, NACA Rep. 1359 (1958).

[7] MARSCHNER, B. W.: J. Aero. Sci. 23, 368—376 (1956).

[8] SPREITER, J. R., D. W. SMITH u. B. J. HYETT: NASA TR R—73 (1960).

[9] MALAVARD, L.: Jb. WGL 1953, 96—103.

[10] SPREITER, J. R., A. Y. ALKSNE u. B. J. HYETT: NACA TN 4148 (1958).

[11] SINNOTT, C. S.: J. Aero/Space Sci. 27, 767—778 (1960).

[12] SEDDON, J.: RAE TM No. Aero 667 (1960).

[13] BETZ, A.: Vortrag vor der Deutschen Akademie der Luftfahrtforschung 1943. AVA-Bericht 43 A 31 (1943).

[14] OSWATITSCH, K.: Nachr. Akad. Wiss. Göttingen, Math. Phys. Kl., 88—90 (1945).

[15] HENSHALL, B. D., and R. F. CASH: ARC R & M 3180 (1961).

[16] GULLSTRAND, T. R.: KTH—AERO TN 24 (1952).

[17] OSWATITSCH, K.: Acta Physica Austriaca 4, 228—271 (1950).

V. Sitzung

Vorsitzender: D. KÜCHEMANN, England

The local linearization method in transonic flow theory

By

John R. Spreiter

National Aeronautics and Space Administration
Ames Research Center, Moffett Field, Calif., U. S. A.

I. Introduction

Considerable progress has been made in recent years in solving the important, but elusive, theoretical problem of transonic flow past thin wings and slender bodies (see refs. 1 and 2 for recent reviews). The basic foundations for this progress were essentially completed nearly a decade ago with the demonstration that the results indicated by the small disturbance theory of inviscid transonic flow were in strikingly good agreement with wind-tunnel observations. The theoretical results available at that time had been determined in the years immediately preceding and were of two types, both essentially exact in nature. There were a number of special solutions obtained by application of the hodograph method for two-dimensional flows past simple shapes, principally thin wedges and slightly inclined flat plates. There were, in addition, a number of relations between solutions such as the transonic similarity rules that relate the flows past families of affinely related thin wings or slender bodies of revolution and the equivalence rule that relates the flow around a slender wing and/or body configuration of arbitrary cross section to that around an equivalent body of revolution having the same longitudinal distribution of cross-section area.

The continued exploitation of the new theory was slowed, however, by mathematical difficulties resulting from the fact that the governing differential equations are both nonlinear and of mixed type. The hodograph method avoided part of this difficulty by linearizing the differential equation without approximation by interchanging the dependent and independent variables. The general utility of this method was severely restricted, however, since inherent limitations confine the variety of cases that can be treated successfully to two-dimensional flows past a relatively small class of airfoil shapes.

As a result, a number of approximate procedures that avoided the use of the hodograph transformation were proposed and applied to two-dimensional and axisymmetric flows. Many of these, such as the successive approximation procedures that had already proved so successful in the study of subsonic and supersonic flows, yielded, or appeared to yield, results for transonic flows, but closer theoretical examination or comparison with experimental data revealed their inadequacy. Gradually, however, approximate methods, such as the integral equation method and the parabolic or linearized method, were evolved that were able to reproduce many of the known features of transonic flow fields. Out of these two particular methods, both attributed originally to OSWATITSCH and summarized in detail by other lectures at this symposium, have grown several other methods that have led ever nearer to achieving the desired goal. Of these, the method of local linearization has proved to be rewarding because of the wide variety of cases that can be treated and the good agreement that is achieved with exact theoretical results for simple bodies, and with experimental results in general. It is the purpose of this lecture to summarize the basic concepts and results of this method. The plan to be followed is first to present the basic concepts from a simple heuristic point of view, second to present a number of results for specific applications, third to indicate how the same results can be obtained by several alternative, and apparently different, approaches, and fourth to provide some hints regarding how further extensions of the method might be accomplished.

II. Fundamental equations of transonic flow theory

Consider the steady flow of an inviscid compressible gas past a thin wing or a slender body, and introduce a Cartesian coordinate system with the x axis extending in the direction of the free stream. Let the free-stream velocity and MACH number be U_∞ and M_∞, the perturbation velocity potential be φ, and the perturbation velocity components parallel to the x, y, and z axes be φ_x or u, φ_y or v, φ_z or w, where the subscript indicates differentiation. In the small disturbance theory of inviscid transonic flow, the differential equation for φ is approximated by

$$(1 - M_\infty^2)\,\varphi_{xx} + \varphi_{yy} + \varphi_{zz} = \frac{M_\infty^2(\gamma + 1)}{U_\infty}\,\varphi_x\,\varphi_{xx} = k\,\varphi_x\,\varphi_{xx} \qquad (1)$$

where γ is the ratio of the specific heats ($\gamma = 1.4$ for air).

Shock waves are a prominent feature of transonic flows; additional relations needed for the transition through the shock are that φ be continuous across a shock wave, and that u, v, and w be discontinuous in such a manner that the values immediately ahead of the shock wave and behind it are related according to the following equation:

$$(1 - M_\infty^2)\,(u_a - u_b)^2 + (v_a - v_b)^2 + (w_a - w_b)^2$$
$$= \frac{M_\infty^2\,(\gamma + 1)}{U_\infty}\left(\frac{u_a + u_b}{2}\right)(u_a - u_b)^2. \tag{2}$$

The boundary conditions require that u, v, and w vanish far upstream of the body, and that the flow be tangential to the body surface. The latter condition is approximated in transonic flow theory in exactly the same way as in linear theory. Thus, the appropriate relation for a thin wing having ordinates $Z(x, y)$ is given by

$$(w)_{z=0} = U_\infty\,(\partial Z/\partial x) \tag{3}$$

and that for axisymmetric flow past a slender body of revolution having an axial distribution of cross-section area $S(x)$ is given by

$$(r\,\varphi_r)_{r=0} = \frac{U_\infty}{2\pi}\frac{dS}{dx} \tag{4}$$

where

$$r = (y^2 + z^2)^{1/2}. \tag{5}$$

The expression that relates the pressure coefficient C_p and the velocity is likewise approximated in the same way as in linear theory. Thus, the appropriate expression for thin wings is

$$C_p = -2\,(\varphi_x/U_\infty). \tag{6}$$

The corresponding expression for axisymmetric flow around slender bodies is

$$C_p = -2\frac{\varphi_x}{U_\infty} - \left(\frac{\varphi_r}{U_\infty}\right)^2. \tag{7}$$

It is also presumed necessary to prescribe that the Kutta condition apply whenever the component of the velocity normal to a sharp trailing edge is subsonic and that the direct influence of a disturbance in the supersonic region proceed only in the downstream direction.

Although the theory defined by the above equations has grown out of efforts directed originally toward providing a useful first approximation for flows with free-stream Mach number very nearly equal to unity, it is noteworthy that it has evolved into the simplest unified theory for subsonic, transonic, and supersonic flow that is capable of yielding reliable results for thin wings and slender bodies throughout this entire range of speeds.

III. Basic concepts and principal results

The principal results of the method of local linearization can be attained following several different lines of argument. The simplest and most heuristic of these is based essentially on the idea of linearizing Eq. (1) in a small region by replacing part of the nonlinear term by a constant, λ, and then introducing different values for different points in the field. This procedure might be considered equivalent, in some sense, to the replacement of the original nonlinear equation by a different linear differential equation for each point. Results obtained by such a procedure depend, of course, on the choice of λ and must be assembled to determine the final results. This step is accomplished in all cases by putting the results into such a form that a first-order nonlinear ordinary differential equation is obtained for u after λ is replaced by the quantity it originally represented. In many cases, this equation is of sufficiently simple form that it can be integrated analytically and the solution expressed in closed analytic form. In other cases, the integration must be performed numerically, but the equation is of such a form that standard methods can be applied.

1. Two-Dimensional Flow

The method of local linearization was described first and in greatest detail in reference 3 for the case of two-dimensional flow past thin nonlifting airfoils. Additional results obtained by application of the same procedures were given subsequently in [1, 4 and 5]. Attention was confined to flows with free-stream MACH number 1, or sufficiently near 1 that the MACH number freeze applies, and to flows that are purely subsonic or purely supersonic. Some of the principal results are described below. Comparatively simple cases that do not involve transition from subsonic to supersonic flow are discussed first. More important cases that are truly transonic are treated last.

Supersonic flows. Consider, first, two-dimensional supersonic flow $(M_\infty^2 - 1 + k\,u > 0)$ past a nonlifting airfoil, the upper surface of which has ordinates given by $Z(x)$. Introduce the symbol λ_H as an abbreviation for $M_\infty^2 - 1 + k\,u$ and rewrite Eq. (1) in the form:

$$-\lambda_H\,\varphi_{xx} + \varphi_{zz} = 0, \qquad \lambda_H > 0. \tag{8}$$

It is now assumed that λ_H varies sufficiently slowly that it can be considered a constant in the initial stages of the analysis. The solution u_H on the upper surface of the airfoil is

$$u_H = -\frac{U_\infty}{\sqrt{\lambda_H}}\frac{dZ}{dx} \tag{9}$$

Differentiation and subsequent replacement of λ_H by $M_\infty^2 - 1 + k\,u$, so that the local value for λ_H is used at each point, lead to the following nonlinear ordinary differential equation for u on the airfoil surface:

$$\frac{du}{dx} = - \frac{U_\infty}{\sqrt{M_\infty^2 - 1 + k\,u}} \frac{d^2Z}{dx^2}. \tag{10}$$

This equation can be solved by separation of variables. The result, expressed in terms of C_p rather than u, is

$$C_p = \frac{2}{M_\infty^2(\gamma + 1)} \left\{ (M_\infty^2 - 1) - \left[C - \frac{3}{2} M_\infty^2 (\gamma + 1) \frac{dZ}{dx} \right]^{2/3} \right\} \tag{11}$$

where C is a constant of integration. If the flow is supersonic everywhere, C can be evaluated simply by use of the result suggested by Eq. (8) that u, and hence C_p, is zero at the point where u_H, and hence dZ/dx, vanishes. This procedure leads to the following relation between C_p and dZ/dx:

$$C_p = \frac{2}{M_\infty^2(\gamma + 1)} \left\{ (M_\infty^2 - 1) - \left[(M_\infty^2 - 1)^{3/2} - \frac{3}{2} M_\infty^2 (\gamma + 1) \frac{dZ}{dx} \right]^{2/3} \right\} \tag{12}$$

This result is the precise equivalent, in transonic flow theory, of that given by simple wave theory of supersonic flow. It should be observed that this relation does not fail when $M_\infty = 1$, as does the corresponding relation of linearized compressible flow theory resulting from combination of Eqs. (6) and (9) with λ_H equated to $M_\infty^2 - 1$, but reduces to the following simple form:

$$C_p = - \left(\frac{18}{\gamma + 1} \right)^{1/3} \left(\frac{dZ}{dx} \right)^{2/3}. \tag{13}$$

The variation of C_p with dZ/dx for flow with free-stream MACH number 1 around a sharp convex corner is shown in Fig. 1 together with the exact variation given by the simple wave solution of PRANDTL-MEYER. This figure illustrates that solutions of the approximate equations of transonic flow theory are, indeed, good approximations to solutions of the complete equatons of compressible flow theory.

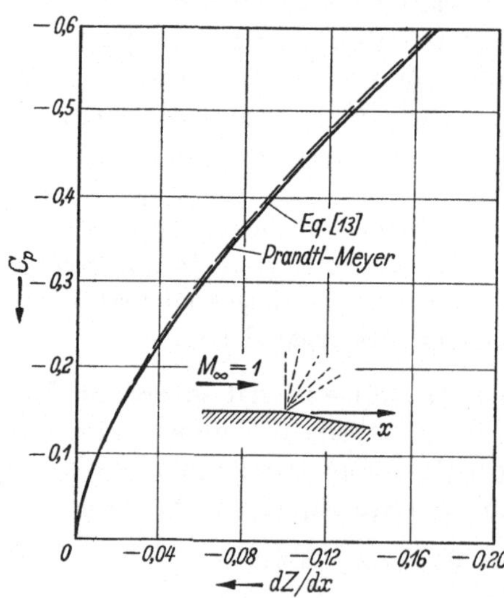

Fig. 1. Pressures, convex corner, $M_\infty = 1$

An alternative procedure for the evaluation of the integration constant C that leads to a slightly different result, but also one of interest, is to use the expression between u and dZ/dx provided at the leading edge by the transonic approximation to the shock relation, that is, by Eq. (2) with u_a and w_a equated to zero, u_b to $(u)_{x=0}$, and w_b to $U_\infty (dZ/dx)_{x=0}$. The result given by Eq. (11) with C evaluated in this way is the equivalent, in transonic flow theory, of shock-expansion theory.

Subsonic flows. The procedure described in the preceding section will now be applied to the analysis of two-dimensional subsonic flow $(1 - M_\infty^2 - k\,u > 0)$ past a nonlifting airfoil of chord c. It is convenient to introduce the symbol λ_E as an abbreviation for $1 - M_\infty^2 - k\,u$ and rewrite Eq. (1) in the form:

$$\lambda_E\,\varphi_{xx} + \varphi_{zz} = 0, \qquad \lambda_E > 0 \tag{14}$$

Application of the same procedures as described above leads to the following expressions in place of (9) through (11).

$$u_E = \frac{U_\infty}{\pi\,\sqrt{\lambda_E}} \int_0^c \frac{dZ/d\xi}{x - \xi}\,d\xi = \frac{u_i}{\sqrt{\lambda_E}} \tag{15}$$

$$\frac{du}{dx} = \frac{1}{\sqrt{1 - M_\infty^2 - k\,u}}\,\frac{du_i}{dx} \tag{16}$$

$$C_p = -\frac{2}{M_\infty^2(\gamma + 1)}\left\{(1 - M_\infty^2) - \left[C + \frac{3}{4}\,M_\infty^2\,(\gamma + 1)\,C_{p_i}\right]^{2/3}\right\} \tag{17}$$

where the subscript i refers to the values for $M_\infty = 0$, where $C_{p_i} = -2u_i/U_\infty$, and C is again a constant of integration. In applications to flows that are subsonic everywhere, C is evaluated by use of the result suggested by Eq. (15) that u, and hence C_p, is zero at the point where u_E, and hence u_i, vanishes. This procedure leads to the following relation

$$C_p = -\frac{2}{M_\infty^2(\gamma + 1)}\left\{(1 - M_\infty^2) - \left[(1 - M_\infty^2)^{3/2} + \frac{3}{4}\,M_\infty^2\,(\gamma + 1)\,C_{p_i}\right]^{2/3}\right\}. \tag{18}$$

Eq. (18) may be described as a pressure-correction formula that relates the pressure at a given point on an airfoil in compressible flow to the pressure at the same point on the same airfoil in an incompressible flow. Many pressure-correction formulas have been proposed in the past, but few of these permit the possibility of considering subsonic flows with free-stream MACH number 1, as does Eq. (18). Thus, when $M_\infty = 1$, Eq. (18) reduces to the following simple form:

$$C_p = \left(\frac{9/2}{\gamma + 1}\right)^{1/3} C_{p_i}^{\,2/3}. \tag{19}$$

It is interesting to note that KUSUKAWA [6] has independently derived Eqs. (18) and (19) (except for a trivial replacement of $M^2_\infty(\gamma+1)$ by $\gamma + 1$ due to a consistent difference in the governing differential equation) by application of IMAI's WKB method of approximation (see ref. [7], ch. VI).

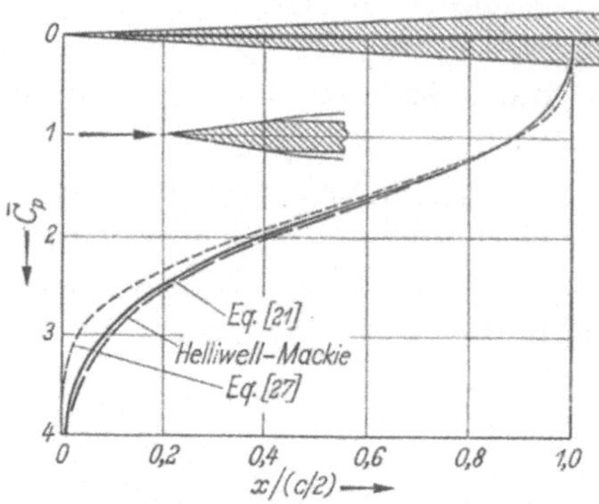

Fig. 2. Pressures, finite wedge, separated flow, $M_\infty = 1$

A simple application of Eq. (19) is furnished by consideration of free-streamline flow past a finite wedge of thickness t and chord $c/2$. The expression for C_{p_i} on the wedge surface, for incompressible flow cannot be computed by direct integration of Eq. (15) but is (see [6]).

$$C_{p_i} = \frac{4\tau}{\pi} \operatorname{sech}^{-1} \sqrt{\frac{x}{c/2}} \qquad (20)$$

where $\tau = t/c$, or approximately the semiapex angle. The corresponding expression for flow with $M_\infty = 1$ is thus

$$\overline{C}_p = \frac{[M^2_\infty(\gamma + 1)]^{1/3}}{\tau^{2/3}} C_p = 2\left(\frac{3}{\pi} \operatorname{sech}^{-1} \sqrt{\frac{x}{c/2}}\right)^{2/3}. \qquad (21)$$

This result is shown in Fig. 2 together with the result indicated by an exact solution of the equations of transonic flow theory given by HELLIWELL and MACKIE [8]. It can be seen that the two results are nearly identical numerically.

Transonic flows with $M_\infty \approx 1$. The result indicated by Eq. (10) and (16) that du/dx is infinite at a point where $1 - M^2_\infty - k\,u = 0$, unless d^2Z/dx^2 or du_i/dx also vanish sufficiently rapidly at the same point, is proper for flows in which the sonic point is situated at a convex corner, but not for flows in which the sonic point is situated somewhere along a smoothly curved surface and the transition from subsonic to supersonic velocity is accomplished with finite acceleration. Examples of the latter cases having free-stream MACH numbers near unity can be brought within the scope of the present discussion if the procedures described in the preceding sections are applied to the relations that follow upon introduction of the symbol λ_p as an abbreviation for $k(\partial u/\partial x)$. Thus, Eq. (1) is rewritten in the form:

$$\varphi_{zz} - \lambda_p\, \varphi_x = \frac{(M^2_\infty - 1)\,\lambda_p}{k}; \qquad \lambda_p > 0. \qquad (22)$$

It is assumed, again, that λ_p is positive and varies sufficiently slowly that it can be considered a constant in the initial stages of the analysis.

The solution at the airfoil surface is

$$u_p = \frac{(1 - M_\infty^2)\, U_\infty}{M_\infty^2 (\gamma + 1)} - \frac{U_\infty}{\sqrt{\pi\, \lambda_p}}\, \frac{d}{dx} \int_0^x \frac{dZ/d\xi}{\sqrt{x - \xi}}\, d\xi . \tag{23}$$

If $k\,(du/dx)$ is now restored in place of λ_p, a simple nonlinear ordinary differential equation is obtained for u

$$u = \frac{(1 - M_\infty^2)\, U_\infty}{M_\infty^2 (\gamma + 1)} - \frac{U_\infty}{\sqrt{\pi\, k\,(du/dx)}}\, \frac{d}{dx} \int_0^x \frac{dZ/d\xi}{\sqrt{x - \xi}}\, d\xi . \tag{24}$$

This equation can be solved readily by separation of variables. The result, expressed in terms of C_p rather than u, is

$$C_p = \frac{-2(1 - M_\infty^2)}{M_\infty^2 (\gamma + 1)} - 2 \left[\frac{3}{\pi\, M_\infty^2 (\gamma + 1)} \int_{x^*}^x \left(\frac{d}{dx_1} \int_0^{x_1} \frac{dZ/d\xi}{\sqrt{x_1 - \xi}}\, d\xi \right)^2 dx_1 \right]^{1/3} \tag{25}$$

where x^* is the value for x at which the local velocity is sonic, that is, at which $u - (1 - M_\infty^2)\, U_\infty/M_\infty^2 (\gamma + 1) = 0$. An alternative expression in terms of the transonic similarity parameter ξ_∞ is

$$\overline{C}_p = 2 \xi_\infty - 2 \left\{ \frac{3}{\pi} \int_{x^*}^x \left[\frac{d}{dx_1} \int_0^{x_1} \frac{d(Z/\tau)/d\xi}{\sqrt{x_1 - \xi}}\, d\xi \right]^2 dx_1 \right\}^{1/3} = 2 \xi_\infty + \overline{C}_{p_{\xi_\infty = 0}} \tag{26}$$

where

$$\overline{C}_p = \frac{[M_\infty^2 (\gamma + 1)]^{1/3}}{\tau^{2/3}}\, C_p , \qquad \xi_\infty = \frac{M_\infty^2 - 1}{[M_\infty^2 (\gamma + 1)\, \tau]^{2/3}}$$

and the subscript $\xi_\infty = 0$ refers to the values for $\overline{C}_p$ at MACH number 1. The variation of $\overline{C}_p$ with ξ_∞ expressed by Eq. (26) is exact, within the approximation of transonic small disturbance theory, for flows with free-stream MACH numbers very near unity, and is associated with the fact that the local MACH number distribution on an airfoil is independent of the free-stream MACH number at values of the latter near unity, that is, the "MACH number freeze". Because of this fact, and the simplicity of the relation given by Eq. (26), the remainder of the results in this section will be for the case of $M_\infty = 1$.

Although the above relations are derived through considerations that are most appropriate for flows past smoothly curved airfoils, they also lead to useful results for flow past a single wedge for which the sonic point is known from a priori considerations to occur at the shoulder. Application of Eq. (26) to this case leads to the following expression for the pressure distribution:

$$\overline{C}_p = - 2 \left(\frac{3}{\pi} \ln \frac{x}{c/2} \right)^{1/3} . \tag{27}$$

This result is included in Fig. 2 for comparison with the exact result of HELLIWELL and MACKIE for flow that separates at the shoulder. The result given in Eq. (27) is independent of the conditions downstream of the shoulder, and can also be compared with the solution given by GUDERLEY and YOSHIHARA [9] for unseparated flow past a single wedge, or past the front half of a double-wedged airfoil. Such a comparison is presented in Fig. 3. Also included on this figure are the corresponding experimental data from [10]. It can be seen that the theoretical and experimental results exhibit the same trend, but are displaced somewhat. This difference was examined further in reference 11 where it was shown to be highly unlikely that the differences could be attributed to wind-tunnel interference effects.

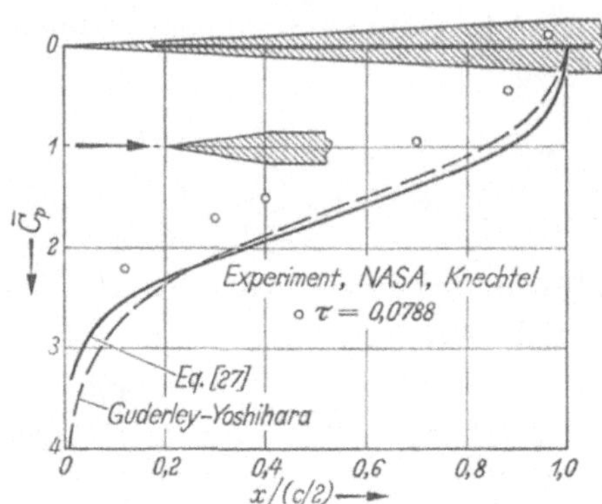

Fig. 3. Pressures, finite wedge, unseparated flow, $M_\infty = 1$

Application of Eq. (25) to the flow past smoothly curved airfoils requires that the location of the sonic point be determined. This can be readily accomplished, however, since the condition that du/dx be finite at the sonic point requires that $u = u_p$ where $u_p = (1 - M_\infty^2)$ $\cdot U_\infty/M_\infty^2 (\gamma + 1)$. Thus x^* is the value of x for which

$$\frac{d}{dx} \int_0^x \frac{dZ/d\xi}{\sqrt{x - \xi}} \, d\xi = 0. \tag{28}$$

Application of Eq. (25) and (28) to the flow around a parabolic-arc airfoil of thickness ratio τ and chord c having ordinates given by

$$\frac{Z}{c} = 2\tau \left[\frac{x}{c} - \left(\frac{x}{c} \right)^2 \right] \tag{29}$$

leads to the following expression for $\overline{C}_p$ for $M_\infty = 1$:

$$\overline{C}_p = - 2 \left\{ \frac{12}{\pi} \left[\ln \left(4 \frac{x}{c} \right) - 8 \frac{x}{c} + 8 \left(\frac{x}{c} \right)^2 + \frac{3}{2} \right] \right\}^{1/3}. \tag{30}$$

This result is presented graphically in Fig. 4 together with experimental data of MICHEL, MARCHAUD, and LE GALLO [12] for four such airfoils having values for τ that range from 0.06 to 0.12. It can be seen that the theoretical and experimental results are in substantial agreement. The most notable discrepancy is that found near the trailing edge and can be attributed to flow separation induced by boundary-layer shockwave interaction.

Eqs. (25) and (28) have also been employed in [3] to determine explicit expressions for C_p on the surface of airfoils having ordinates given by

$$\frac{Z}{c} = A\left[\frac{x}{c} - \left(\frac{x}{c}\right)^n\right] \tag{31}$$

and

$$\frac{Z}{c} = A\left[\left(1 - \frac{x}{c}\right) - \left(1 - \frac{x}{c}\right)^n\right]. \tag{32}$$

The values selected for A and n determine the thickness ratio and the location of the point of maximum thickness. Experimental pressure distributions have been given for a number of these airfoils in [13]. Fig. 5 presents a comparison of theoretical and experimental results for an airfoil described by Eq. (31) with $n = 6.05$. The point of maximum thickness for this airfoil is situated at 70-percent chord. The corresponding results for an airfoil described by Eq. (32) and having the point of maximum thickness at 30-percent chord are shown in Fig. 6. It should be noted that the theoretical and experimental results are for very slightly different airfoils that correspond to the use of the values 6 and 6.05, respectively. The results for each of these airfoils display a discrepancy near the trailing edge that is very similar to that noted above in the discussion of the results for the parabolic-arc airfoil, and is undoubtedly to be attributed to the same cause. It is interesting to observe that the the-oretical and experimental re-

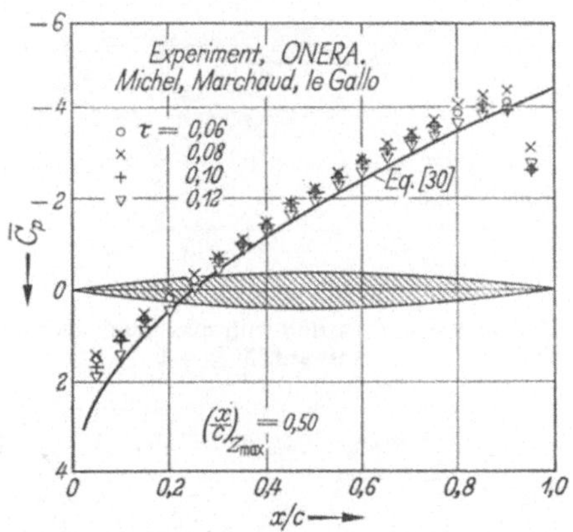

Fig. 4. Pressures, parabolic-arc airfoils, $M_\infty = 1$

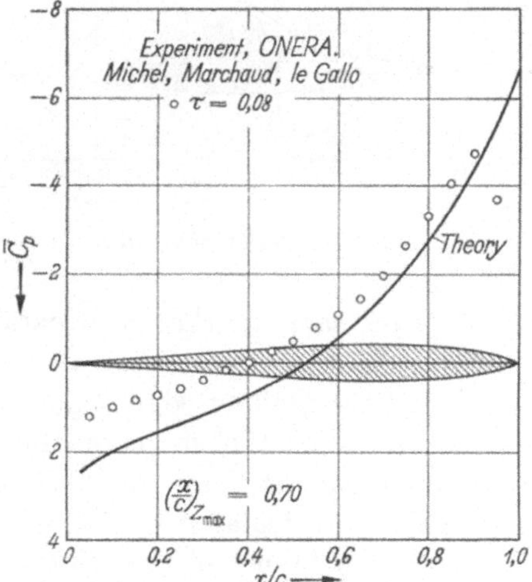

Fig. 5. Pressures, airfoil with maximum thickness rearward, $M_\infty = 1$

sults shown in Fig. 4, 5, and 6 tend to agree better as the thickness ratio increases and as the location of the point of maximum thickness moves forward. It is shown in [14] that such trends are consistent with the effects of tunnel-wall interference and suggest that at least part of the discrepancies between theory and experiment, particularly in the case of Fig. 5, are to be attributed to this source.

The calculation of the pressure distribution for $M_\infty = 1$ on an airfoil having such a shape that the velocity increases over part of the chord and decreases over the remainder cannot be accomplished by direct application of any of the relations developed above. The reason is that the method described for transonic flows fails when the velocity gradient is zero, and the methods described for subsonic and supersonic flows fail if the local velocity is sonic. The breakdown in each case is associated with a degeneration that occurs when λ is zero. Pressure distributions can be readily determined for such cases, however, if the procedure is adopted of joining together various results derived above in such a way that the failings associated with vanishing λ are avoided. The results for such a case are shown in Fig. 7 together with experimental data from [15]. The front half of this airfoil is the same as that of a parabolic-arc airfoil but the rear half is shaped in such a way that an inflection point is located at 0.75 chord and the trailing-edge angle is zero. No analytic expression is given in [15] for the shape of the rear, but graphs of the ordinates and slopes can be found in [15] and [3]. The values for $\overline{C}_p$ for the front half are calculated by use of Eq. (30). Those for the rear half are calculated by use of the relation

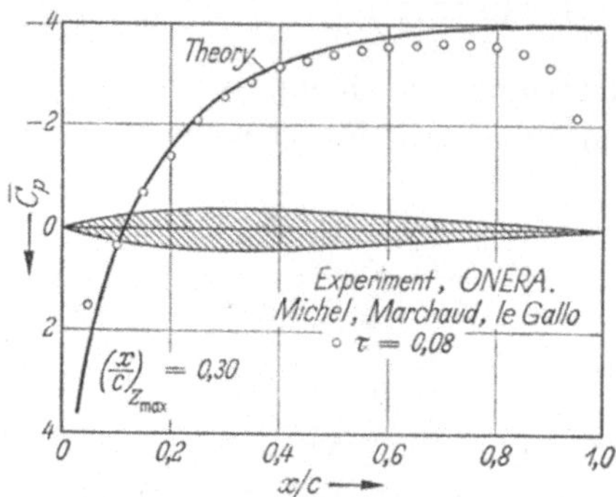

Fig. 6. Pressures, airfoil with maximum thickness forward, $M_\infty = 1$

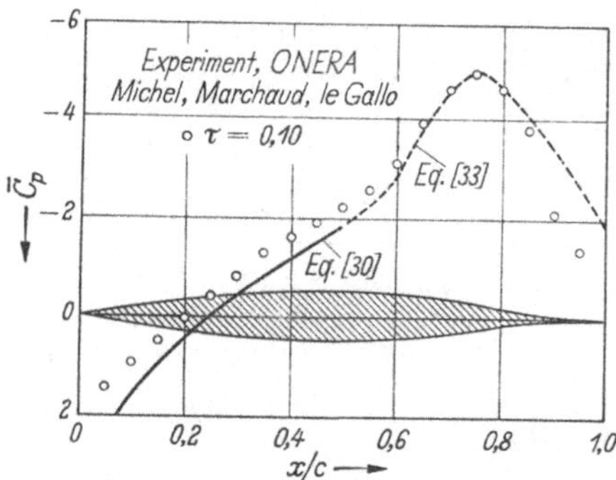

Fig. 7. Pressures, cusped airfoil, $M_\infty = 1$

$$\overline{C}_p = -2\left[\sqrt{\frac{6}{\pi}(-1+\ln 4)} - \frac{3}{2\tau}\frac{dZ}{dx}\right]^{2/3} \tag{33}$$

that follows from Eq. (11) upon selection of such a value for C that $\overline{C}_p$ is equal, at the midpoint of the airfoil, to the value indicated by Eq. (30). It can be seen from Fig. 7 that the results join together in a satisfactory manner, and are in reasonable agreement with the experimental data. It is apparent, however, that the pressures computed over the rear half of the airfoil by using Eq. (33) will tend to be somewhat too negative because the use of this relation corresponds to the use of simple wave theory and hence disregards the influence of a family of incoming compression waves arising from the sonic line.

Although Eq. (25) and (28) have been developed explicitly for the case of symmetrical airfoils at zero incidence, an essentially identical result is obtained when the corresponding procedures are applied to an airfoil of nonvanishing thickness at small incidence α. As discussed by RANDALL in [5], the only difference is that dZ/dx in Eqs. (25) and (28) is to be replaced by $dZ/dx + \alpha$ in the calculation of the pressure on the lower surface, and by $dZ/dx - \alpha$ in the corresponding calculation for the upper surface, Z in both expresions representing the coordinates of the upper surface of the airfoil at zero incidence. The quality of the results obtained in this way is not so good, in general, as that illustrated in Fig. 1 through 7 for zero incidence, however.

As an example, consider flow with free-stream MACH number 1 past an inclined thin wedge of semiapex angle τ for which the sonic point is known a priori to be at the shoulder. Application of Eq. (25) then leads to the following expression for C_p:

$$C_p = \frac{(\tau \mp \alpha)^{2/3}}{(\gamma + 1)^{1/3}} \left[-2 \left(\frac{3}{\pi} \ln \frac{x}{c/2} \right)^{1/3} \right] \tag{34}$$

where the upper and lower signs are to be used for the upper and lower surfaces of the airfoil, respectively. For small α/τ, C_p varies linearly with α and the difference in C_p between the lower and upper surfaces of the wedge; that is, the aerodynamic loading $\Delta p/q_\infty$ is given approximately by

$$\frac{\Delta p}{q_\infty} = \frac{-8\alpha}{3\left[(\gamma + 1)\tau \right]^{1/3}} \left(\frac{3}{\pi} \ln \frac{x}{c/2} \right)^{1/3}. \tag{35}$$

This result is illustrated in Fig. 8 together with the exact theoretical result given by GUDERLEY and YOSHIHARA [16] and the corresponding experimental result given by KNECHTEL [10]. The qualitative features of the approximate result are satisfactory, but the magnitude of the loading appears to be somewhat too small. Eq. (34) can also be used to calculate the pressure distribution at free-stream MACH number 1 on the lower surface of an inclined flat plate of zero thickness. Fig. 9 shows the result for this case together with the exact result given by GUDERLEY in [17]. It can be seen that the accuracy with which the

11*

exact theoretical result is approximated is substantially better than in the case of the lifting wedge of finite thickness. The corresponding

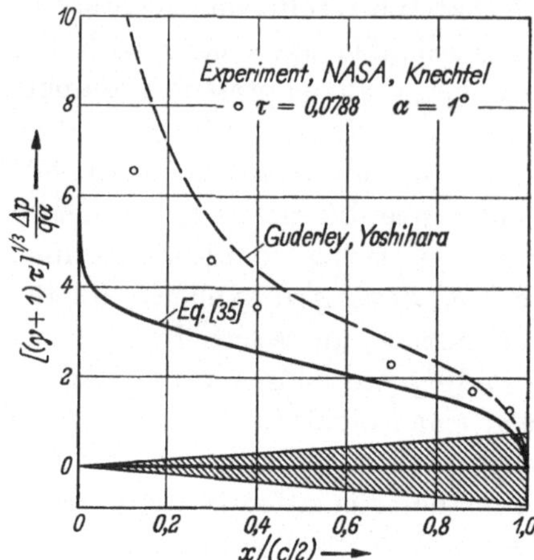

Fig. 8. Loading, lifting wedge, $M_\infty = 1$

approximate result for the upper surface of an inclined flat plate of zero thickness cannot be determined by the procedures described above, however, since the flow decelerates along the upper surface and thereby violates the requirement that $du/dx > 0$.

As a second example, consider flow past a slightly inclined parabolic-arc airfoil for which the location of the sonic point is not known from a priori considerations. The ordinates of this airfoil are given by Eq. (29). The approximate expression for the pressure distribution determined by application of Eq. (25) and (28) is

$$\overline{C}_p = -2\left\{\frac{12}{\pi}\left[\left(1\mp\frac{\alpha}{2\tau}\right)^2\ln\frac{4(x/c)}{1\mp(\alpha/2\tau)}\right.\right.$$
$$\left.\left.-8\left(1\mp\frac{\alpha}{2\tau}\right)\frac{x}{c}+8\frac{x^2}{c^2}+\frac{3}{2}\left(1\mp\frac{\alpha}{2\tau}\right)^2\right]\right\}^{1/3}.$$

(36)

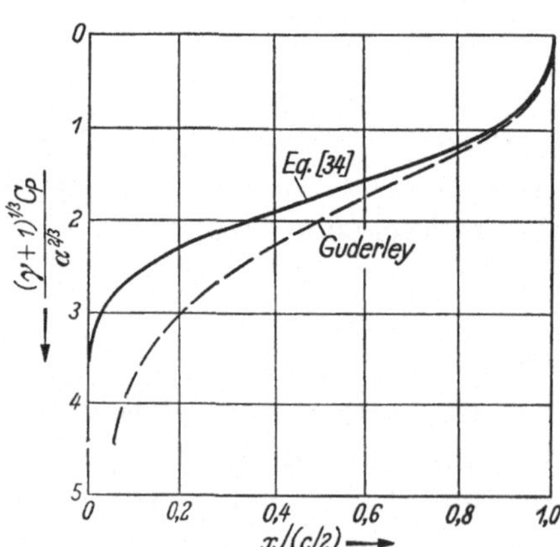

Fig. 9. Pressures, lifting flat plate, $M_\infty = 1$

where the upper and lower signs are again to be used for the upper and lower surfaces of the airfoil. Fig. 10 shows a plot of the results for the special case in which $\alpha/\tau = 0.562$, which corresponds to an angle of incidence of 2° for a 6-percent-thick airfoil, or 4° for a 12-percent-thick airfoil. Also shown on this plot are experimental data from [10] and [18] for these two cases. As for the wedge, the qualitative features of the experimental result are

well represented by the approximate solution, but the magnitude of the change in the pressure distribution due to incidence is underestimated somewhat. At angles of incidence only 1° greater than those indicated for the two examples in Fig. 10, however, the experimental results indicate that a substantial region of decelerating supersonic flow develops on the upper surface near the leading edge. No indication

of this feature of the flow is provided by the approximate solution given by Eq. (36). Neither does the approximate solution provide any warning of its impending shortcomings with increasing α/τ, except possibly when $\alpha/\tau = 2$ and the sonic point on the upper surface is indicated to be at the leading edge. It follows that a major discrepancy develops for this case when α/τ is greater than about 0.6. This inadequacy is not associated with the method of local linearization alone but is general in transonic flow theory, since there exists at the present time no method for the calculation of satisfactory results for cases in which the magnitudes of α and τ are comparable.

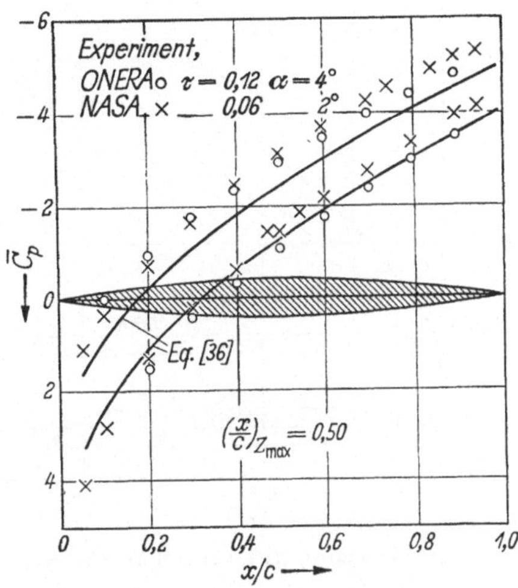

Fig. 10. Pressures, lifting parabolic-arc airfoils, $\alpha/\tau = 0.58$, $M_\infty = 1$

RANDALL has shown in [5] that Eqs. (25) and (28) can also be used to obtain satisfactory results for airfoils that have a round nose given by an equation of the form

$$Z = x^{1/2} (a - b x + \cdots) \qquad (37)$$

where a and b are constants. In this application, Eq. (28) is used to determine the value for x^* on only the lower surface. The results for the upper surface are determined with x^* equated to zero. The coordinate for x^* on the lower surface is thus found to be proportional to $(\alpha/\tau)^2$; hence, the sonic point is at the leading edge when the airfoil is at zero incidence. A comparison of theoretical results calculated in this way and the corresponding experimental results has been given by RANDALL for the forward 40 percent of a slightly modified NPL 491 airfoil at several angles of incidence. This airfoil has a thickness ratio of 4.18 percent and the point of maximum thickness is at the 20.9-percent chord station. The results for 0° and 1° incidence are shown in Fig. 11. Results for the remainder of the airfoil are omitted because the flow decelerates along the rear of the airfoil, Eq. (25) becomes inapplicable, and additional considerations, such as those described above for the cusped airfoil, must be introduced. The results shown on Fig. 11 are sufficient for the present purposes, however, because the prime interest here is in the behavior of the solution in the vicinity

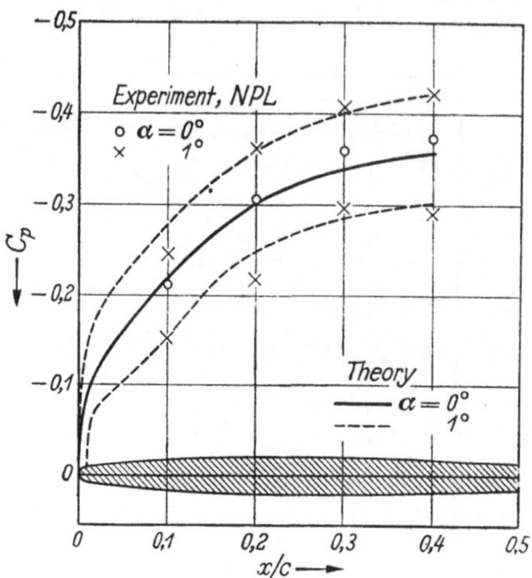

Fig. 11. Pressures, NPL 491 airfoil, $M_\infty = 1$

of the nose of the airfoil. It can be seen that the quality of the results provided by the approximate solution is satisfactory for most purposes. As with all thin-airfoil theories, however, the details of the flow in the immediate vicinity of the stagnation point at the nose are inadequately given. A further limitation is associated with the fact that the success of the procedure described above is highly dependent on the nature of the geometry of the nose. No results can be determined in this way, for instance, for an airfoil defined by an equation that contains terms in both $x^{1/2}$ and x when expanded about the leading edge ($x = 0$).

Transonic flows with $M_\infty \neq 1$. Eq. (18), (12), and (25) permit calculation of pressure distributions on thin airfoils at all subsonic MACH numbers less than the lower critical, at all supersonic MACH numbers greater than the upper critical, and at MACH numbers near 1. Pressure distributions for these three special MACH numbers are shown in Fig. 12

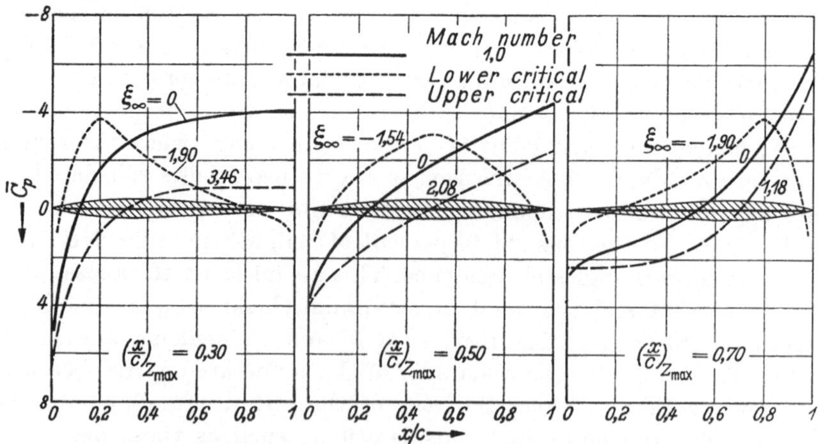

Fig. 12. Pressures, $M_\infty = 1$, and upper and lower critical MACH numbers

for the three airfoils for which results have already been presented for MACH number 1 in Fig. 4, 5, and 6. The results are expressed in terms of $\overline{C}_p$ and ξ_∞ so that each curve applies to a family of thin airfoils of arbitrary thickness ratio. A remarkable property of the results shown for each airfoil is that the subsonic portion of the pressure distribution for $M_\infty = 1$ differs from the pressure distribution at the lower critical MACH number by nearly a constant, and the supersonic portion differs from the pressure distribution at the upper critical MACH number by nearly the same constant, although of opposite sign. In spite of the apparent simplicity of this relationship, the intermediate

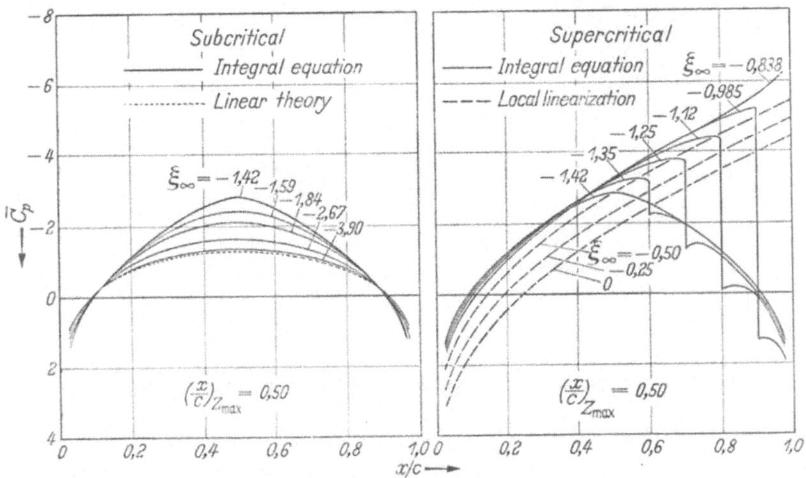

Fig. 13. Pressures, parabolic-arc airfoil, $M_\infty \leqslant 1$

details are very complicated as the free-stream MACH number increases from the lower to the upper critical. A particularly troublesome feature is the development and rearward movement of shock waves both along the rear part of the airfoil at MACH numbers less than 1 and in front of the nose at MACH numbers greater than 1. As a result, counterparts of the procedures described in the preceding sections have not yet been developed for transonic flows with free-stream MACH number substantially different from unity.

An empirical procedure based on the use of Eqs. (25) and (28) together with certain additional hypotheses has been described by ROTTA in [19] for the range of MACH numbers between unity and the lower critical. The results appear reasonable in most respects, as do also those provided for this range by the integral equation method. Examples of the results obtained with the latter method are shown in Figs. 13 and 14 for the three airfoils of Fig. 12 [14]. Also included

on these plots are the corresponding results indicated by the method
of local linearization for $M_\infty = 1$ ($\xi_\infty = 0$) and for high subsonic MACH
numbers defined by $\xi_\infty = -0.25$ and -0.5. Although there are minor
discrepancies between the results of the two approximate methods, it

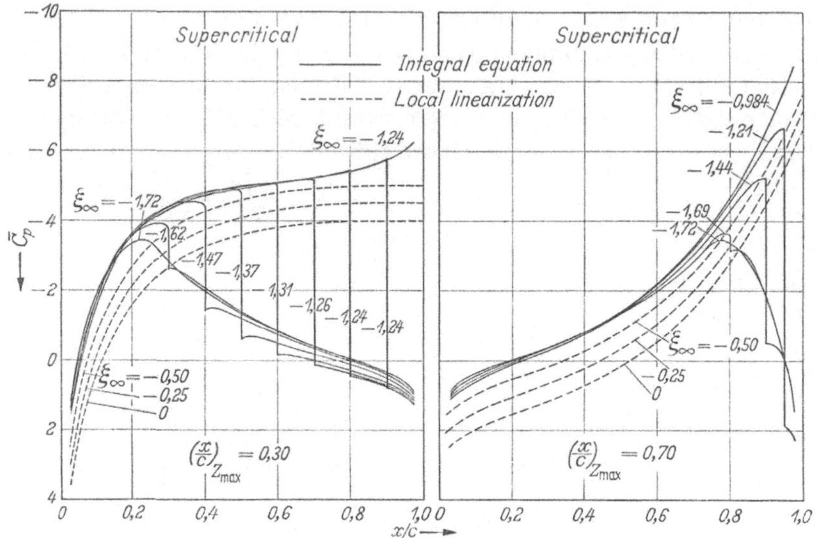

Fig. 14. Pressures, airfoils with maximum thickness forward or aft, $M_\infty \leqslant 1$

can be seen that essential agreement is attained. It is difficult to
assess the quantitative accuracy of approximate results for this part
of the MACH number range, however. This is due not only to a lack of
exact solutions with which to make comparisons, but also to the fact
that viscous effects associated with shock-wave boundary-layer interaction are known to be very important at MACH numbers somewhat
greater than the lower critical.

2. Axisymmetric Flow

An analysis similar to that given for two-dimensional flow can
likewise be given for axisymmteric flow. These procedures, which have
been described in detail in reference 20, lead directly to the following
nonlinear ordinary differential equation for u on the surface of a slender
body of revolution

$$\frac{d(u/U_\infty)}{dx} = \frac{S'''(x)}{4\pi} \ln (M_\infty^2 - 1 + k\,u)$$

$$+ \frac{d}{dx}\left[\frac{S''(x)}{4\pi} \ln \frac{S}{4\pi x^2} + \frac{1}{2\pi} \int_0^x \frac{S''(x) - S''(\xi)}{x - \xi}\,d\xi \right] \tag{38}$$

for supersonic flow, to

$$\frac{d(u/U)_\infty}{dx} = \frac{S'''(x)}{4\pi} \ln\left(1 - M_\infty^2 - k\,u\right)$$

$$+ \frac{d}{dx}\left[\frac{S''(x)}{4\pi} \ln \frac{S}{4\pi\,x\,(l-x)} + \frac{1}{4\pi} \int_0^l \frac{S''(x) - S''(\xi)}{|x-\xi|}\,d\xi\right] \tag{39}$$

for subsonic flow, to

$$\frac{u}{U_\infty} = \frac{1 - M_\infty^2}{M_\infty^2\,(\gamma+1)} + \frac{S''(x)}{4\pi} \ln\left\{\left[\frac{d}{dx}\left(\frac{u}{U_\infty}\right) - \frac{S'\,S''}{4\pi S}\right]\left[\frac{M_\infty^2\,(\gamma+1)\,Se^{C_1}}{4\pi\,x}\right]\right\}$$

$$+ \frac{1}{4\pi} \int_0^x \frac{S''(x) - S''(\xi)}{x-\xi}\,d\xi \tag{40}$$

for accelerating transonic flow with $M_\infty \approx 1$. The primes indicate differentiation with respect to x, the symbol C_1 represents EULER's constant ≈ 0.5772, and

$$\frac{d}{dx}\left(\frac{u}{U_\infty}\right) - \frac{S'\,S''}{4\pi S} = \frac{\partial u}{\partial x} \tag{41}$$

Eqs. (38), (39), and (40) play the same role in the analysis of axisymmetric flow as Eqs. (10), (16), and (24) in the analysis of two-dimensional flow. Numerous applications of these equations to purely subsonic and purely supersonic flows, as well as to transonic flows with $M_\infty \approx 1$, are given in [20]. Here, however, attention is confined to the case of flow with free-stream MACH number 1.

A simple application of Eq. (40) is furnished by consideration of sonic flow past a cone-cylinder of maximum diameter d and cone length $l/2$, for which the point of sonic velocity ($u = 0$) is known to be situated at the shoulder. Eq. (40) simplifies considerably for this case, and can be readily integrated upon introduction of the new variable

$$G = \frac{u}{U_\infty} - \left(\frac{d}{l}\right)^2 \ln x. \tag{42}$$

The resulting expression for C_p on the surface of the cone follows through application of Eq. (7) and is

$$C_p = -\,2\tau^2 \ln \frac{\tau\,x}{(l/2)} + \tau^2 \ln\left\{\tau^2 + \frac{4\left[1 - \dfrac{x^2}{(l/2)^2}\right]}{M_\infty^2\,(\gamma+1)\,\tau^2\,e^{C_1}}\right\} - \tau^2 \tag{43}$$

where $\tau = d/l$ or, approximately, the semiapex angle. It is observed in [20] that this result indicates that $\partial u/\partial x$ vanishes at the apex, whereas $\partial u/\partial x$ is required to be greater than zero in the derivation. This indicates that the range of usefulness of the result has probably been exceeded in the vicinity of the apex, and suggests a course of action analogous to that described for the rear of the cusped airfoil shown in Fig. 7. Thus, Eq. (39) for subsonic flow is used to recalculate the pressure distribution in the vicinity of the apex. The details of this procedure are described in reference 20 where it is shown that the two results can be joined without discontinuity in C_p or dC_p/dx if the connection is made at the point $x/(l/2) = 1/3$. The resulting expression for C_p on the surface of the forward third of the cone is

$$C_p = -2\tau^2 \ln \frac{\tau x}{(l/2)} + \tau^2 \ln \left\{ \left[\frac{16}{M_\infty^2 (\gamma + 1)\, \tau\, e^{c_1}} \right] \left[\frac{x}{l/2}\left(1 - \frac{x}{l/2}\right) \right] \right\}$$

$$+ \frac{\tau^2}{2}\left(\frac{1 - 3\dfrac{x}{l/2}}{1 - \dfrac{x}{l/2}} \right) - \tau^2. \tag{44}$$

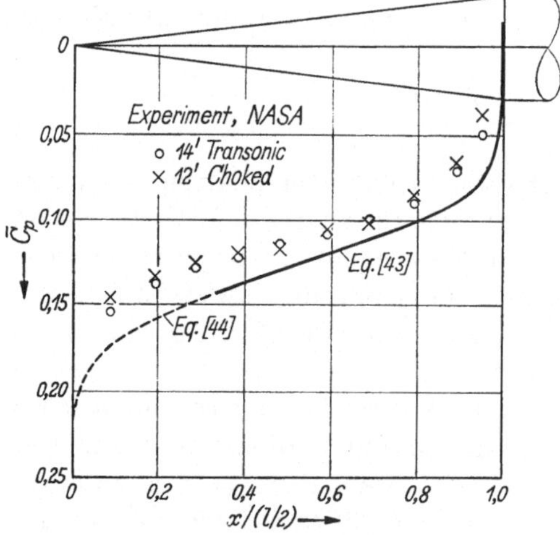

Fig. 15. Pressures, cone cylinder, $M_\infty = 1$

The result indicated by Eqs. (43) and (44) is presented graphically in Fig. 15 for a cone-cylinder having a semiapex angle of $7°$ ($\tau = 0.1225$). Also included on this plot are the corresponding experimental results obtained in tests with a 1.35-inch-diameter model in a 14-foot square transonic wind tunnel having perforated walls [21] and with the same model in a 12-foot-diameter solid wall wind tunnel operating in the choked condition [11]. The latter results, like all the results from choked wind tunnels to be quoted subsequently herein, are reduced to coefficient form by use of the theoretical values for the static and dynamic pressure for sonic velocity rather than the values measured at the static orifice in the wind tunnel. Thus, the values for the pressure coefficient are computed by use of the expression $C_p = (p - p^*)/q^*$ in which $p^* = 0.5283\, p_t$ and $q^* = 0.3698\, p_t$, where p_t refers to the stagnation or total pressure. It can be seen that the two experimental pressure distributions are in essential agreement. The calculated pressure distribution is similar in form, although the indicated values are all slightly greater than those of the experimental pressure distributions. This situation is similar to that observed with the wedge in two-dimensional flow with free-stream MACH number 1 [10] and [11]. It is conjectured that these discrepancies may be associated with conditions in the vicinity of the sharp shoulder, where the theoretical results display an infinite pressure gradient in violation of the assumption of small perturbations fundamental to the theory, and where viscous effects of substantial magnitude may be expected to occur.

Application of Eqs. (38), (39), or (40) to the flow past smoothly curved bodies of revolution requires the evaluation of a constant of integration. A simple procedure that leads to satisfactory results in applications of Eq. (38) to purely supersonic flow, or of Eq. (39) to purely subsonic flow is to specify that u be equal to the value indicated by the solution of the linearized equations of compressible flow (i. e., by Eq. (38) or (39) with $1 - M_\infty^2 - k u$ replaced by $1 - M_\infty^2$) at the point where $S''(x) = 0$. This procedure, which is analogous to that used in the analysis of two-dimensional flow, does not suffice in the case of Eq. (40). The reason is that this equation is singular at the point where $S''(x) = 0$, and infinitely many integral curves pass through this value for u at the point where S'' vanishes. Of all these curves, only one is analytic (all derivatives finite) at this point, and selection of it suffices to determine a unique solution that is in good agreement with experimental data. This procedure assures that the solution for u can be expanded in a TAYLOR series in the neighborhood of the point where $S''(x)$ vanishes. The remainder of the solution can be determined by application of standard numerical methods.

It is shown in [20] that these considerations suffice to calculate the pressure distribution on the forward part of a parabolic-arc body of revolution at $M_\infty = 1$, but that additional considerations are necessary to complete the calculation for the entire length of the body. The reason is that the velocity reaches a maximum at a point somewhat rearward of the middle, and then decreases continually along the remainder of the length of the body. The flow is, moreover, subsonic in the vicinity of the rear tip. It is thus necessary to consider the solution in sections and join the results together in a manner analogous to that described for the cone-cylinder and for the cusped airfoil shown in Fig. 7.

The results of such a calculation are shown in Fig. 16 for a parabolic-arc body of revolution having a ratio, τ, of maximum diameter, d, to length, l, of $1/6$. The ordinates R of this body are given by

$$\frac{R}{l} = 2\tau \left[\frac{x}{l} - \left(\frac{x}{l} \right)^2 \right]. \tag{45}$$

The point at which the results calculated by use of Eqs. (38) and (40) are joined is selected so that dC_p/dx, as well as C_p, match. The point at which the results calculated by use of Eqs. (38) and (39) are joined is fixed by the occurrence of sonic velocity. Both C_p and dC_p/dx match at the point where the two sets of results are joined together. The slight bend at this point is the consequence of a logarithmic infinity in dC_p/dx at the sonic point. Also included in Fig. 16 are experimental results obtained by DROUGGE [22] in tests of the forward 5/6 of a parabolic-arc body mounted on a cylinder extending downstream from the rear of the body as indicated by the broken lines. The theoretical and experimental results are in satisfactory agreement except over a small part of the body immediately forward of the point where the body becomes cylindrical. Additional comparisons of theoretical and experimental results for this same body have also been given in [11] and [20]. Experimental results from a solid-wall wind tunnel operating in the choked condition, as well as results obtained in a more conventional manner using transonic wind tunnels with perforated or slotted walls, are presented. The results are essentially the same as those shown in Fig. 16, although minor systematic differences are evident between the results from the choked wind tunnel and those from the transonic wind tunnels.

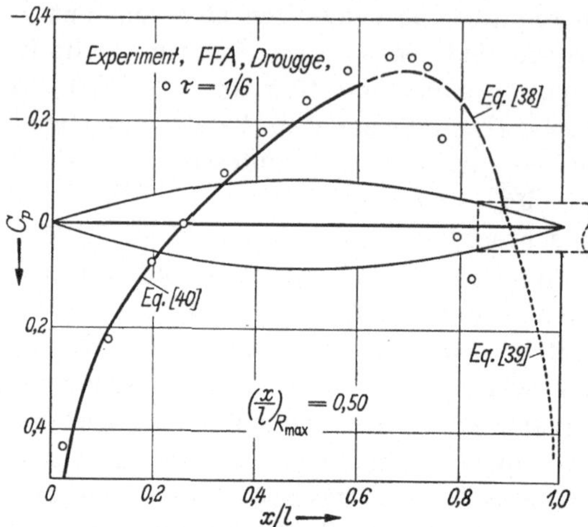

Fig. 16. Pressures, parabolic-arc body of revolution, $\tau = 1/12$, $M_\infty = 1$

Many additional comparisons of the sort shown in Fig. 16 are also presented in [11]. Of particular interest are the results for the parabolic-arc body of thickness ratio 1/12 and for the two related bodies of the same thickness ratio that have the point of maximum thickness at 30 and 70 percent of the distance from the nose to the tail. The ordinates of the first body are given by Eq. (45), those of the latter bodies by

$$\frac{R}{l} = \frac{6^{6/5}\tau}{10}\left[\left(1 - \frac{x}{l}\right) - \left(1 - \frac{x}{l}\right)^6\right] \tag{46}$$

and

$$\frac{R}{l} = \frac{6^{6/5}\tau}{10}\left[\frac{x}{l} - \left(\frac{x}{l}\right)^6\right] \tag{47}$$

with $\tau = 1/12$ in all cases. In each case, the same body, 6 inches in diameter, was tested in the Ames 14-Foot Transonic Wind Tunnel and also in the Ames 12-Foot Pressure Wind Tunnel. Since the latter tunnel has solid walls, the measurements were made with the tunnel operating in the choked condition and the pressure coefficients were calculated in the manner described above for the cone-cylinder.

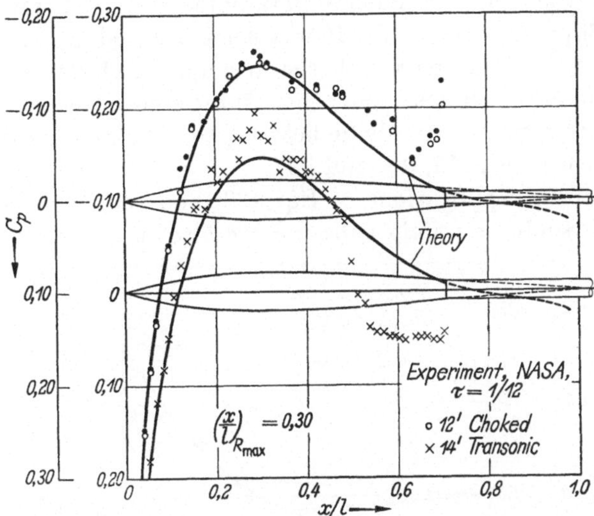

Fig. 17. Pressures, body with maximum thickness forward, $\tau = 1/12$, $M_\infty = 1$.

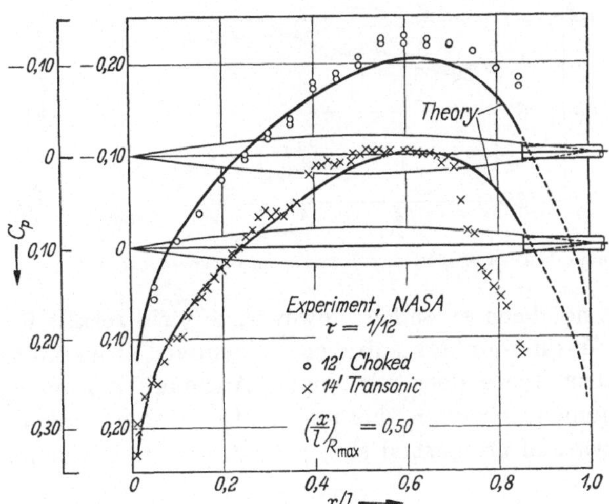

Fig. 18. Pressures, parabolic-arc body of revolution, $\tau = 1/6$, $M_\infty = 1$

The results for the three bodies are shown in Figs. 17, 18, and 19 together with the corresponding theoretical results from [11] and [20]. It can be seen that the experimental and theoretical results are in essential agreement over the front part of each body, but that substantial discrepancies appear among the results for the rear part, particularly, for the case in which the maximum thickness is at 30 percent of the body length. The experimental data obtained in the choked wind tunnel are, moreover, generally on the opposite side of the theoretical curve from the experimental data obtained in the transonic wind tunnel with partly open walls. It was demonstrated in [11] that these differences were consistent with the anticipated character of tunnel-wall interference effects, and that interference-free experimental results would almost certainly lie between the two sets of experimental results shown in Fig. 17, 18, and 19.

A number of applications of Eqs. (38) and (39) to flows that are purely supersonic or purely subsonic are also presented in [20]. The

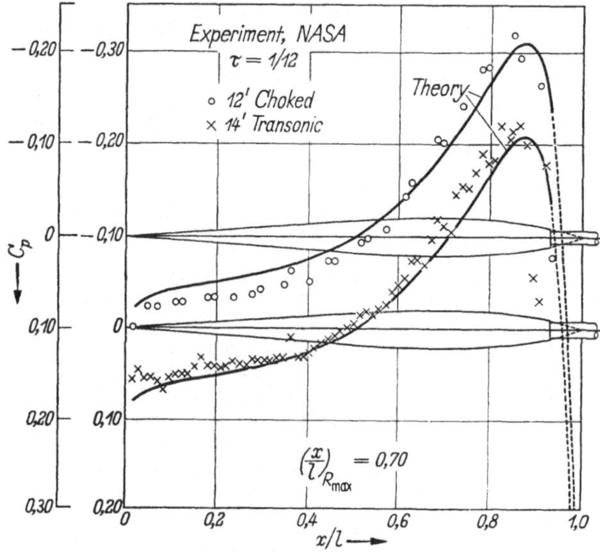

Fig. 19. Pressures, body of revolution with maximum thickness rearward, $\tau = 1/12$, $M_\infty = 1$

method has not been extended, however, to yield results for transonic flows with MACH numbers sufficiently removed from unity that the MACH number freeze does not apply. Although a number of interesting phenomena occur in this part of the MACH number range, the author is aware of no method that provides for their adequate prediction.

It should be remarked before closing this section that the case of axisymmetric flow is not only of interest because of the frequent use of bodies of revolution in practical applications, but also because knowledge of the aerodynamic properties of a body of revolution in axisymmetric flow taken, together with the transonic area rule and equivalence rule described in [23, 24, 25] and elsewhere, permits the ready calculation of the aerodynamic properties of a wide class of wings, bodies, wing-body combinations, etc., having the same longitudinal distribution of cross-section area as the body of revolution. These considerations are dealt with in detail by other lectures at this symposium, however, and we will proceed directly to a discussion of the application of the method of local linearization to sonic flow past thin wings of finite span without invoking the restriction of low aspect ratio.

3. Three-Dimensional Flow Past Wings of Finite Span

The procedure described in the preceding sections have been extended in [26] to apply to accelerating transonic flow with $M_\infty \approx 1$ past thin nonlifting wings of finite span. The wing is considered to lie in the $x\,y$ plane and have a plan form given by $y = \pm\, s(x)$, and the analysis proceeds in a manner that is completely analogous to that employed to arrive at Eq. (25) for two-dimensional flow and Eq. (40) for axisymmetric flow. There results the following differential equation for u on the wing surface

$$u = \frac{(1 - M_\infty^2)\, U_\infty}{M_\infty^2 (\gamma + 1)}$$

$$-\frac{U_\infty}{2\pi} \left(\frac{\partial}{\partial x}\right)_{u' = \text{const}} \int\limits_0^x d\xi \int\limits_{-s(\xi)}^{+s(\xi)} \frac{\partial Z/\partial \xi}{x - \xi} \exp\left[\frac{-k\,u'(y-\eta)^2}{4(x-\xi)}\right] d\eta \qquad (48)$$

where u' represents $\partial u/\partial x$. It is important that the order in which the operations have been performed be retained, and this is indicated in the above equation by a notation designed to show that the derivative with respect to x is to be taken holding u' constant. It can be deduced from the form of Eq. (48) that both the MACH number freeze and the transonic similarity rules are imbedded in the results.

For each value of y, Eq. (48) is a first-order ordinary differential equation and its solution requires the specification of one auxiliary condition. The simplest case is one for which a value of u is known at some value of x for every spanwise station. This is the case for a wing of wedge profile, for which it is required that the velocity be sonic at the shoulder. In general, however, there is no point at which u is known a priori. The solution for such cases is obtained by imposition of the requirement described previously for two-dimensional and axisymmetric flows that the solution for an analytic shape be itself analytic. It is shown in [26] that this condition suffices to determine a unique solution because Eq. (48) contains a singular point through which pass an infinity of integral curves, only one of which is analytic at the singular point. Although the principle remains the same as in the previous applications, the details are more complicated since a pair of equations must be solved simultaneoulsy to determine the location of the singular point and the velocity gradient at that point.

Figs. 20 and 21 present plots of the pressure distributions calculated in this way for flow with $M_\infty = 1$ past rectangular wings of three different aspect ratios having wedge and parabolic-arc airfoil sections. It can be seen that the pressure distributions are similar in most respects to those given by Eqs. (27) and (30) for two-dimensional

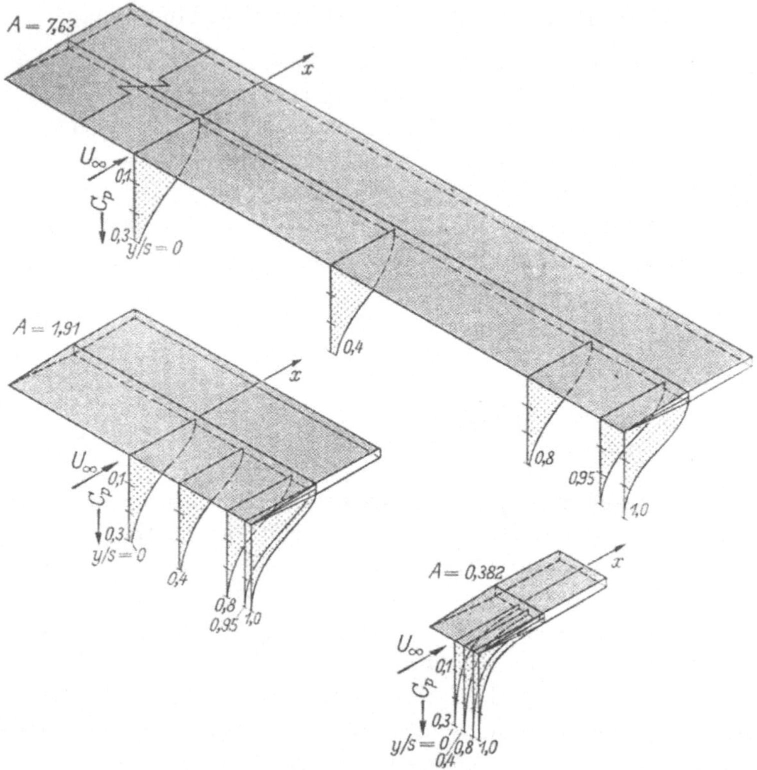

Fig. 20. Pressures, rectangular wings, wedge airfoil sections, $\tau = 0.06$, $M_\infty = 1$

flow with $M_\infty = 1$, although the magnitudes of the pressures are generally somewhat smaller for the wings of finite span as would be anticipated. More precisely, it is shown in [26] that, as the aspect ratio approaches infinity, the pressure distribution in the midspan region of a wing approaches that indicated by the method of local linearization for the same airfoil section in two-dimensional flow, whereas that at the wing tip is uniformly smaller by a factor $(1/2)^{2/3}$. The magnitudes of the pressure are smaller in both regions for wings of finite aspect ratio. It is also shown that simple analytic expressions can be determined for the pressure distributions on a number of low-aspect ratio wings. Thus, the pressure distribution on a wing of rectangular plan form having a wedge airfoil section as illustrated in Fig. 20 is given by

$$C_p = \frac{A\,\tau}{\pi\,(x/c)} \qquad (49)$$

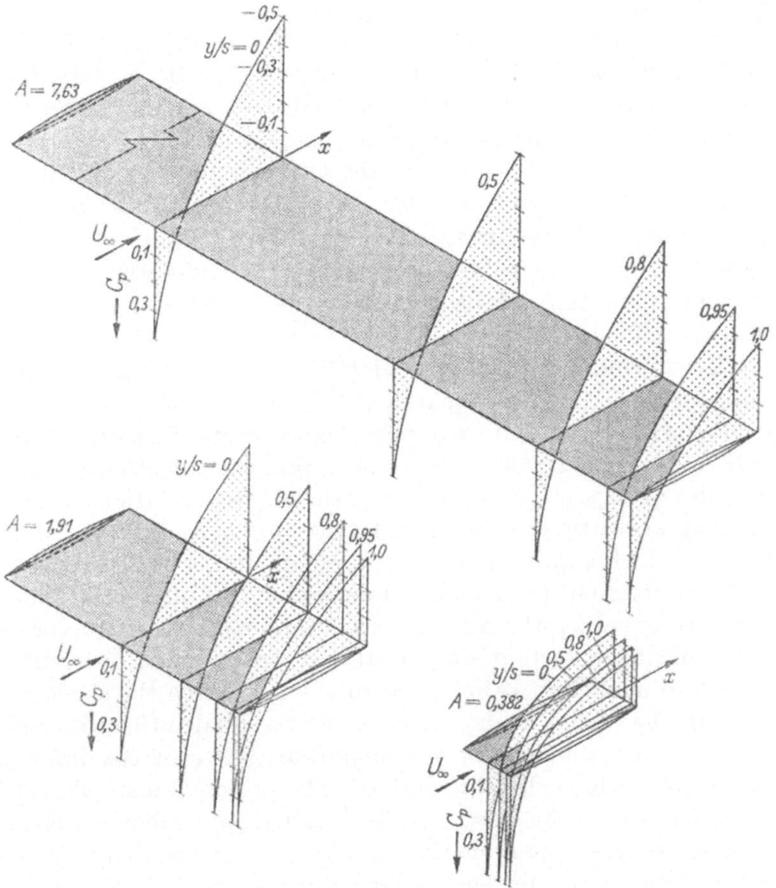

Fig. 21. Pressures, rectangular wings, parabolic-arc sections, $\tau = 0.06$, $M_\infty = 1$

as the aspect ratio A approaches zero. The corresponding expression for a rectangular wing having a parabolic-arc airfoil section is somewhat lengthier and will not be repeated here. The reader is referred to [26] for further discussion of these and related cases.

IV. Concluding remarks

In summary, two principal conclusions emerge from the preceding discussion. The first is that the method of local linearization provides a simple procedure for obtaining approximate solutions of good accuracy for transonic flows past a wide variety of thin wings and slender bodies. The second is that the simple heuristic arguments used to derive the results are not entirely satisfying because certain steps appear to be arbitrary and there is no a priori way in which the accuracy of the approximations can be judged. Both the virtue and weakness of these procedures are the result of introducing the essential simplifications at the beginning of the analysis. If the introduction of approximations is deferred to the end, a better understanding of the nature of the approximations may be achieved, but the relations that occur in the initial stages of the analysis are considerably more complicated than those presented in the preceding sections. Three such alternative derivations, each distinctly different, are known to the author. Their principal features are described briefly in the following paragraphs. For full details, however, the reader is referred to the references indicated.

In the appendix of [3], Eqs. (10), (16), and (24) are derived through consideration of integral equations deduced without approximation from Eqs. (1), (2), and (3) by application of forms of GREEN's theorem that involves second-order differential expressions identical to the left-hand sides of Eqs. (8), (14), and (22). In this way, relations are developed that are entirely equivalent to the governing differential equations, but which express φ, u, $\partial u/\partial x$, etc., in terms of distributions of elementary solutions (sources and doublets) of the differential equation defined by equating the adjoint second-order differential expression to zero. Although certain simplifications can be made by restricting attention to nonlifting airfoils, and to cases in which the shock waves are not in the region of dependence, the essential difficulties remain because the integral equations are nonlinear, just as is the differential equation from which they are derived. The principal method that has been employed in the past for the solution of similar problems is that of successive approximation in which φ is expanded in a power series of some parameter such as the thickness ratio, and the coefficients in this series are determined as the solution develops. In practice, these methods are very difficult to apply to problems of compressible flow, and calculations of approximations higher than the second have, in most cases, proved prohibitively lengthy. In addition, there are serious questions of convergence, and it is doubtful if the results apply when transonic flow occurs. It is shown in [3] that the results described in the preceding sections of this paper are just those indicated by the first step of still another type of successive approximation procedure that is more suitable for the discussion of transonic flows. Perhaps the most important result, though, is the insight provided into the question whether the original variable value for λ should be inserted in the equation for φ, u, $\partial u/\partial x$, etc. Although this choice appears to be quite arbitrary in the derivations presented in the preceding sections, it is shown in [3] that the particular choices adopted are the only ones that have the property of effectively removing the singularity from the remainder integral, thereby shifting an important part of its contribution into the first approximation. In this way, certain features of the solution that are considered to be of higher order in the usual methods are incorporated into the first approximation, and the difficult task of iteration is avoided for all of the examples presented herein.

Eqs. (16) and (24) are derived by Heaslet in [27] in a quite different manner through approximation of reciprocal relations developed by application of special forms of GREEN's theorem that involve nonlinear second-order differential expressions suggested by Eq. (1) rewritten with all terms collected on one side of the equal sign. Novel features of this derivation are that the companion solution to which the desired solution is related refers not only to a different airfoil but to a flow in which the direction of the oncoming stream is reversed. The analysis therefore bears many resemblances to that employed in the development of reciprocal and reverse-flow theorems in linearized wing theory (see particularly, [28]). It is shown that application of these considerations to the equations of transonic flow theory leads to a reciprocal relation that relates the desired solution to the solution of a linear, rather than nonlinear, equation defined by equating the adjoint differential expression to zero. All difficulties are not avoided, however, since the latter equation has a variable coefficient that depends upon the solution of the original transonic flow problem. HEASLET shows, however, that Eqs. (16) and (24) follow directly if the assumption is introduced that the quantity denoted in the preceding sections by λ varies sufficiently slowly that it can be regarded as a constant in the adjoint differential equation. The necessary analysis is simplified considerably not only because this assumption enables one to proceed directly to the solution through application of familiar methods from the theory of linear partial differential equations, but also because the reciprocal theorem only requires a knowledge of the solution of the adjoint equation for points on the airfoil surface, that is, on the x axis. The procedures just outlined are significant not only because they provide an independant derivation of the approximate solution indicated by the method of local linearization but also because they demon-

12*

strate the close connection between the present technique and HEASLET's method of approximating a reciprocal flow field. In addition to the application just described, the latter method has been applied in [27] to yield approximate results of good accuracy for another nonlinear problem of fluid mecnanics, namely, flow of a compressible gas through a porous wall.

Eqs. (24) and (40) for two-dimensional and axisymmetric transonic flows with $M_\infty = 1$ can also be derived by a slight modification of the nonlinear correction theory described in recent papers by HOSOKAWA [29, 30, 31] and [32] and by MAEDER and THOMMEN [33]. This method is, in turn, essentially a refinement of the linearized transonic flow theory described by OSWATITSCH and KEUNE [34] and MAEDER and THOMMEN [35], but includes a correction to take account of the non-linear character of the basic equations of transonic flow theory. Although many of the principal features of the analysis appear to be closely related to those that arise in the transonic equivalence rule and in the integral equation method, they are combined in a novel manner to achieve many new results. The most noteworthy accomplishment is that the method provides results for a wide class of two-dimensional and axisymmetric flows for all MACH numbers throughout the transonic range, and that these results display most of the known qualitative features of such flows. Quantitatively, however, the results for $M_\infty = 1$ do not agree so well with experimental and other theoretical results as those that are determined by application of the method of local linearization. It is shown below, however, that the latter results can be recovered from the equations of the nonlinear correction theory by a slight change in the final step.

The basic concept of the method of HOSOKAWA is that the solution for $u = \varphi_x$ of Eq. (1) is considered to be written in the form

$$u = \overline{u} + g_x(x, y, z) \tag{50}$$

where $u = \overline{\varphi}_x$ satisfies

$$(1 - M_\infty^2)\,\overline{\varphi}_{xx} + \overline{\varphi}_{yy} + \overline{\varphi}_{zz} = K\overline{\varphi}_x. \tag{51}$$

It is then shown the $g(x, y, z)$ can be approximated for two-dimensional flows past thin airfoils or axisymmetric flows past slender bodies by

$$g_x(x, y, z) \approx g_x(x) = -\left[\overline{u} - \frac{1 - M_\infty^2}{M_\infty^2(\gamma + 1)}\right]$$

$$\pm \sqrt{\left[\overline{u} - \frac{1 - M_\infty^2}{M_\infty^2(\gamma + 1)}\right]^2 - 2 \int_{x^*}^{x}\left[\overline{u}_\xi - \frac{K}{M_\infty^2(\gamma + 1)}\right]\overline{u}\,d\xi}$$

$$\tag{52}$$

in which the plus or minus sign should be taken according to the sign of $\bar{u} - (1 - M_\infty^2)/(\gamma + 1) \, M_\infty^2$ in order to satisfy the condition that $g = 0$ at the point where the integrand of the integral in Eq. (52) vanishes. There remains the question of a choice of value for the coefficient K. HOSOKAWA, and MAEDER and THOMMEN suggest that it be a constant selected so that the location of the sonic point is as given by the solution of Eq. (51). This is in agreement with OSWATITSCH and KEUNE's inference in [34] that the linearized transonic flow field indicated by the solution of Eq. (51) should be a good approximation in the vicinity of the sonic point on the surface of the body. This inference is also in agreement with the procedures employed in the method of local linearization for the analysis of two-dimensional transonic flows with $M_\infty = 1$, but differs slightly from the procedures employed in the analysis of the other cases.

The recovery of Eqs. (24) and (40) from the above analysis requires that the technique described for the evaluation of K be relinquished and replaced by a new procedure. The principal concept is that Eqs. (50), (51), and (52) are considered to apply at an arbitrary point, and that the coefficient K is equated to the local, but unknown, value $k \, \partial u/\partial x$. It can be shown that this procedure leads to a substantial reduction of the contribution of the correction term with increasing distance from the sonic point, although this is achieved at the expense of complicating the expression for the term indicated by $\bar{u}$. The latter term becomes identical, however, for accelerating flows with free-stream MACH number 1, to Eq. (24) or (40). If the contribution of the correction term is now considered to be sufficiently small to be disregarded, it follows immediately that the results indicated by this modification of the theory of HOSOKAWA coincide with those of the method of local linearization. Whether the analogous step can be applied to yield corresponding improvements in the results for transonic flows with MACH numbers different from unity remains an unanswered and provocative question. Certainly the presence of shock waves adds a complicating feature, but the role of the plus and minus signs in representing the conditions at a normal shock wave in a manner remindful of that encountered in the integral equation method, particularly as described in [14] and [36], is a promising sign.

Finally, it is pleasant to be able to close on an optimistic note. Considerable progress has been made in the approximate solution of many difficult problems of transonic flow theory. The method of local linearization has been particularly valuable for both two-dimensional and three-dimensional flows with free-stream MACH number equal to or near unity. Other approximate methods, such as the integral equation method and the nonlinear correction theory, have provided useful

182
JOHN R. SPREITER

results for other parts of the transonic range. More work remains to
be done, however, since none of these methods has yet been developed
to the point where it has been demonstrated that it can yield solutions
of good accuracy for the wide variety of shapes and MACH numbers
that concern a practicing aerodynamicist. The success of the various
approximation methods is encouraging, however, and the recurring
appearance of similar features in seemingly diverse methods may well
provide the clues necessary for further developments.

References

[1] SPREITER, J. R.: Jour. Aero/Space Sci. **26**, No. 8, 465—486 (1959).

[2] GUDERLEY, K. G.: Theorie schallnaher Strömungen. Berlin/Göttingen/Heidelberg: Springer 1957.

[3] SPREITER, J. R., and A. Y. ALKSNE: NACA Rep. **1359**, (1958) (supersedes NACA TN 3970).

[4] SPREITER, J. R., and A. Y. ALKSNE: Proceedings of the ASME Third U. S. National Congress of Applied Mechanics, 1958.

[5] RANDALL, D. G.: Aeronautical Research Council C. P. No. 456 (1959).

[6] KUSUKAWA, KEN-ICHI: J. Phys. Soc. Japan **12**, No. 9, 1031—1041 (1957),

[7] IMAI, ISAO: Technical Note BN—95 of the Institute for Fluid Dynamics and Applied Mathematics, University of Maryland, 1957.

[8] HELLIWELL, J. B., and A. G. MACKIE: J. Fluid Mech. **3**, 93—109, pt. 1, (1957).

[9] GUDERLEY, K. G., and HIDEO YOSHIHARA: Jour. Aero. Sci. **17**, No. 11, 723—735 (1950).

[10] KNECHTEL, E. D.: NASA **TN D**—15, (1959).

[11] SPREITER, J. R., D. W. SMITH and B. HYETT: NASA **TR R**—73, (1960).

[12] MICHEL, R., F. MARCHAUD and J. LE GALLO: ONERA Pub. No. **65**, (1953).

[13] MICHEL, R., F. MARCHAUD and J. LE GALLO: ONERA Pub. No. **72**, (1954).

[14] SPREITER, J. R., A. Y. ALKSNE and B. HYETT: NACA **TN 4148**, (1958).

[15] MICHEL, R., F. MARCHAUD and J. LE GALLO: La Recherche Aéronautique, No. 40, 15—19 (1954).

[16] GUDERLEY, K. G., and H. YOSHIHARA: Jour. Aero. Sci., **20**, 757—768, No. 11, (1953).

[17] GUDERLEY, K. G.: Jour. Aero. Sci. **21**, 261—274, No. 4, (1954).

[18] MICHEL, R., and M. SIRIEIX: ONERA Memo Tech. No. **17**, (1959).

[19] ROTTA, J.: RAE Trans. **876**, (1960).

[20] SPREITER, J. R., and A. Y. ALKSNE: NASA **TR R**—2 (1959).

[21] PAGE, W. A.: NACA **TN 4233** (1958),.

[22] DROUGGE, GEORG: The Aeronautical Research Institute of Sweden, Meddelande **83**, FFA Rep. 83, Stockholm 1959.

[23] OSWATITSCH, K.: Appl. Mech. Rev. **10**, 543—545, No. 12 (1957).

[24] HEASLET, M. A., and J. R. SPREITER: NACA Rep. **1318**, (1957) (supersedes NACA **TN 3717**).

[25] WHITCOMB, R. T.: NACA Rep. **1273**, (1956) (supersedes NACA RM L 52 H 08).

[26] ALKSNE, A. Y., and J. R. SPREITER: NASA Rep. **R**—88, (1961).

[27] HEASLET, M. A.: Proc. 9th Japan National Congress for Appl. Mech., 1—11, (1959).

[28] HEASLET, M. A., and J. R. SPREITER: NACA Rep. **1119** (1953) (supersedes NACA **TN 2700**).
[29] HOSOKAWA, I.: J. Phys. Soc. Japan **15**, 149—157, No. 1 (1960).
[30] HOSOKAWA, I.: J. Phys. Soc. Japan **15**, 2080—2086, No. 11 (1960).
[31] HOSOKAWA, I.: J. Phys. Soc. Japan **16**, 546—558, No. 3 (1961).
[32] HOSOKAWA, I.: National Aeronautical Laboratory Tech. Rep. **9**, (1961).
[33] MAEDER, P. F., and H. U. THOMMEN: Jour. Appl. Mech. **28**, 481—490, series E, No. 4, (1961).
[34] OSWATITSCH, K., and F. KEUNE: Proc. Conf. on High-Speed Aeronautics; Polytechnic Institute of Brooklyn, Brooklyn, N. Y., Jan. 20—22, (1955), 113—131.
[35] MAEDER, P. F., and H. U. THOMMEN: Jour. Aero. Sci. **23**, 187—188, No. 2, (1956).
[36] SPREITER, J. R., and A. ALKSNE: NACA Rep. **1217**, (1955) (supersedes NACA **TN 3096**).

A simplified analysis for transonic flows around thin bodies

By

Iwao Hosokawa

National Aero/Space Laboratory, Shinkawa, Mitaka, Tokyo, Japan

1. Introduction

As is well known, it is very difficult to deal exactly with the non-linear equation for the transonic flow even in its simplified form proposed by OSWATITSCH, VON KÁRMÁN and others:

$$(1 - M_\infty^2)\, \Phi_{xx} + \Phi_{yy} + \Phi_{zz} = (\gamma + 1)\, M_\infty^2\, \Phi_x \Phi_{xx} \tag{1}$$

where Φ is the disturbance velocity potential divided by the free stream velocity and M_∞ and γ are the free stream MACH number and the ratio of specific heats respectively, this form of the nonlinear term being due to SPREITER. In this situation, it seems natural to look for an approximate method of solving Eq. (1) with some plausible assumptions, which enables us to find various over-all characteristics of the transonic flow around thin bodies. From this point of view, the recent successive works by OSWATITSCH, GULLSTRAND, SPREITER and ALKSNE, OSWATITSCH and KEUNE [1], and MAEDER and THOMMEN [2] are of much value.

The method of analysis to be proposed here is based on the works of the last two groups of the above-mentioned authors. The idea consists, first, in solving the linearized transonic flow equation due to OSWATITSCH and MAEDER:

$$(1 - M_\infty^2)\, \varphi_{xx} + \varphi_{yy} + \varphi_{zz} = K \varphi_x \tag{2}$$

together with given linearized boundary conditions, and next, in finding the approximate correction term g to φ in the neighbourhood of a thin body, so that we have

$$\Phi = \varphi + g \tag{3}$$

as an approximate local solution of Φ.

2. Approximate method of solution [1]

From Eqs. (1), (2) and (3), the equation governing g is easily obtained as

$$g_{yy} + g_{zz} = \frac{\partial}{\partial x}\left[\{(M_\infty^2 - 1) + (\gamma + 1)\, M_\infty^2\, \varphi_x\}\, g_x + \frac{1}{2}\,(\gamma + 1)\, M_\infty^2\, g_x^2\right]$$
$$+ \{(\gamma + 1)\, M_\infty^2\, \varphi_{xx} - K\}\, \varphi_x. \tag{4}$$

This shows the mixed-flow character such that it changes type according as

$$(M_\infty^2 - 1) + (\gamma + 1)\, M_\infty^2\, \Phi_x \gtrless 0. \tag{5}$$

In order to solve Eq. (4), the following simplifications are made.

First, we apply all the boundary conditions (which are appropriate to Eq. (1)) also to the linear Eq. (2). Thus,

$$\left.\begin{array}{l} \Phi_z \text{ (for a thin wing)} \\[2mm] r\,\Phi_r \text{ (for a slender body)} \end{array}\right\} = \left.\begin{array}{l} \varphi_z \\[2mm] r\,\varphi_r \end{array}\right\} = O(\tau) \tag{6}$$

so that

$$\left.\begin{array}{l} g_z \\[2mm] r\, g_r \end{array}\right\} = \text{ higher order than } O(\tau) \tag{7}$$

just in the neighbourhood of the boundary ($z \simeq 0$; $r \simeq 0$), where τ is the order of small disturbance in transonic flow, and $r = \sqrt{y^2 + z^2}$. On the other hand, we have

$$\text{Both sides of Eq. (1), Eq. (2)} = O(\tau^2),\ (\Phi, \varphi = O(\tau)) \tag{8}$$

Here it is naturally assumed that

$$K = O(\tau). \tag{9}$$

Accordingly we may have

$$\left.\begin{array}{l} \dfrac{\partial}{\partial z}\, \Phi_z \\[4mm] \dfrac{\partial}{r\,\partial r}\, (r\,\Phi_r) \end{array}\right\} = O(\tau^2) \tag{10}$$

and in general

$$\text{Both sides of Eq. (4)} = O(\tau^2) \tag{11}$$

Now, comparison of Eqs. (6) and (10) gives

$$\left.\begin{array}{l} \partial/\partial z \\[2mm] \partial/r\,\partial r \end{array}\right\} = O(\tau) \tag{12}$$

---

[1] The mathematical deduction described here is partly different from that in [4], and maybe more interesting.

in the neighbourhood of the boundary, so that we obtain

$$\left.\begin{array}{c} \dfrac{\partial}{\partial z}\, g_z \\[2mm] \dfrac{\partial}{r\,\partial r}\, (r\, g_r) \end{array}\right\} = \text{higher order than } O(\tau^2) \tag{13}$$

there. Here taking account of Eq. (13), we can reasonably obtain the approximate equation in place of Eq. (4)[1]. That is,

$$\frac{\partial}{\partial x}\left[\{(M_\infty^2 - 1) + (\gamma + 1)\, M_\infty^2\, \varphi_x\}\, g_x + \frac{1}{2}\, (\gamma + 1)\, M_\infty^2\, g_x^2\right]$$
$$+ \{(\gamma + 1)\, M_\infty^2\, \varphi_{xx} - K\}\, \varphi_x = 0. \tag{14}$$

Next, we shall consider a condition equivalent to the boundary condition for g. Now, let Eq. (4) be linearized by omitting the nonlinear term and let all the boundary values of g be assumed to vanish (according to Eq. (7)), and then we shall have a unique solution such that

$$g \to 0 \quad \text{as} \quad \{(\gamma + 1)\, M_\infty^2\, \varphi_{xx} - K\}\, \varphi_x \to 0 \tag{15}$$

identically in the whole space. (This could be easily understood by use of transformation to the integral equation.) Then, it is reasonable to consider this condition (15) to be equivalent to the boundary condition when we solve the simplified Eq. (14), to which this can be easily applied. However, here we should be more careful in dealing with the nonlinear Eq. (4) or Eq. (14); to be sure, there can always be at least one solution which satisfies the condition (15), but besides we might have other kinds of solution violating this condition. This possibility is related to the non-uniqueness of solution because of the nonlinearity of the equation. But nevertheless, it seems plausible to adopt the solution subject to the condition (15) as a realizable solution of Eq. (4) or (14), because only this solution has the reasonable property that it represents uniform flow in the limit when the body is made thinner and thinner so as to disappear from the flow space. (This property is common to both subsonic and supersonic flows.)

Now, integration of Eq. (14) gives

$$g_x = -\left\{\varphi_x - \frac{1 - M_\infty^2}{(\gamma + 1)\, M_\infty^2}\right\}$$
$$\pm \sqrt{\left\{\varphi_x - \frac{1 - M_\infty^2}{(\gamma + 1)\, M_\infty^2}\right\}^2 - 2 \int_c^x \left\{\varphi_{xx} - \frac{K}{(\gamma + 1)\, M_\infty^2}\right\}\, \varphi_x\, dx} \tag{16}$$

---

[1] In case of the flow around a finite wing with the planform in the x-y plane, g_{yy} should be estimated as well, but it is natural to assume $\partial/\partial y < \partial/\partial z$ for the case of a usual wing where the variation of thickness is comparatively small in the y-direction.

where the double sign should be taken according as

$$\varphi_x - (1 - M_\infty^2)/(\gamma + 1)\, M_\infty^2 \gtrless 0 \tag{17}$$

in order to satisfy the condition (15). The unknown constants c and K are uniquely determined in the following way.

In the first place, g_x will in general be discontinuous at a point where

$$\varphi_x - (1 - M_\infty^2)/(\gamma + 1)\, M_\infty^2 = 0. \tag{18}$$

But from the consideration of entropy, any accelerating discontinuity of flow velocity must be forbidden, so that we should have

$$c = c^*; \qquad g_x(c^*) = 0 \tag{19}$$

where $x = c^*$ is the point satisfying Eq. (18) in the accelerated flow region.

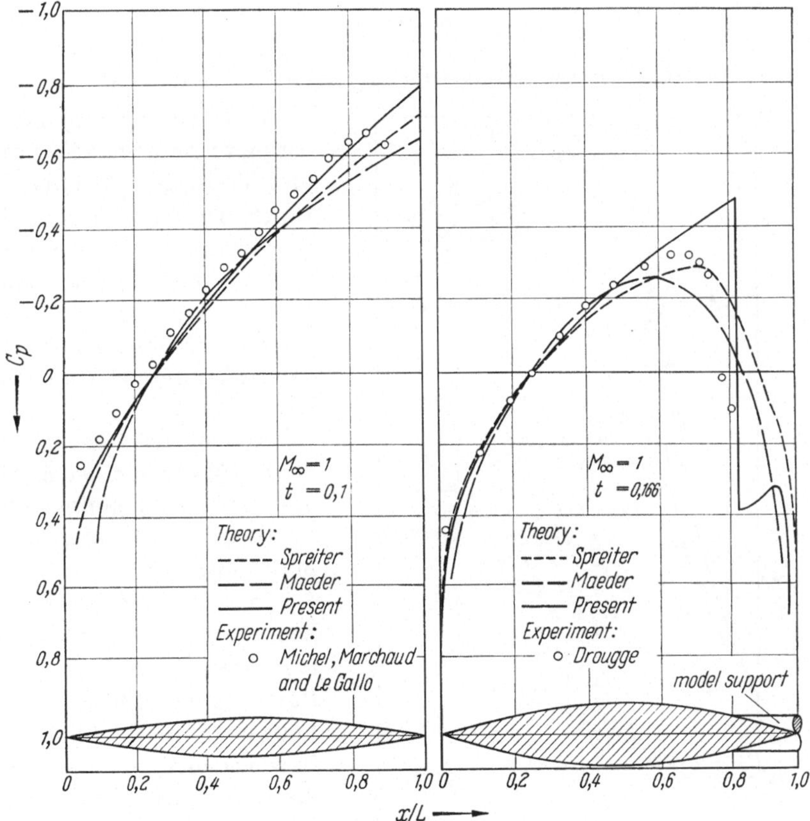

Fig. 1. Pressure coefficients on a symmetrical circular-arc aerofoil (left) and on a circular-arc body of revolution (right) [4].

Secondly, we know that

$$\varphi_x(c^*) = \Phi_x(c^*) \tag{20}$$

from Eqs. (3) and (19). Together with Eqs. (5) and (18), this means that c^* is the parabolic (or sonic) point. Now, comparing Eqs. (1) and (2) at $x = c^*$ with each other and taking account of Eqs. (13), (18) and (20), finally we have

$$\varphi_{xx}(c^*) - K/(\gamma + 1)\, M_\infty^2 = 0. \tag{21}$$

to the approximation of $O(\tau)$. As a result, the two Eqs. (18) and (21) determine c^* and K simultaneously.

Thus, we have, from Eq. (16),

$$\Phi_x = (1 - M_\infty^2)/(\gamma + 1)\, M_\infty^2 \pm \sqrt{Y(x)} \tag{22}$$

where

$$Y(x) = \left\{\frac{1 - M_\infty^2}{(\gamma + 1)\, M_\infty^2}\right\}^2 + \varphi_x^2(c^*) - 2\frac{1 - M_\infty^2}{(\gamma + 1)\, M_\infty^2}\, \varphi_x(x)$$
$$+ 2\frac{K}{(\gamma + 1)\, M_\infty^2}\, \{\varphi(x) - \varphi(c^*)\} \tag{23}$$

the double sign corresponding to $\varphi_x \gtrless (1 - M_\infty^2)/(\gamma + 1)\, M_\infty^2$.

It is particularly interesting to note that MAEDER and THOMMEN [3] have recently arrived at almost the same formula as above by consideration of the equivalent integral equations.

The characteristics of the solution obtained are as follows.

Above the free stream critical MACH number, $K \neq 0$, and c^* moves monotonically upstream with increasing MACH number.

In some cases, Eq. (18) has another root c^{**} which is located in the decelerated flow region. Then, as is known from Eq. (22), the flow velocity experiences a discontinuous drop from $\Phi_x(c^*) + \sqrt{Y(c^{**})}$ to $\Phi_x(c^*) - \sqrt{Y(c^{**})}$ according to the

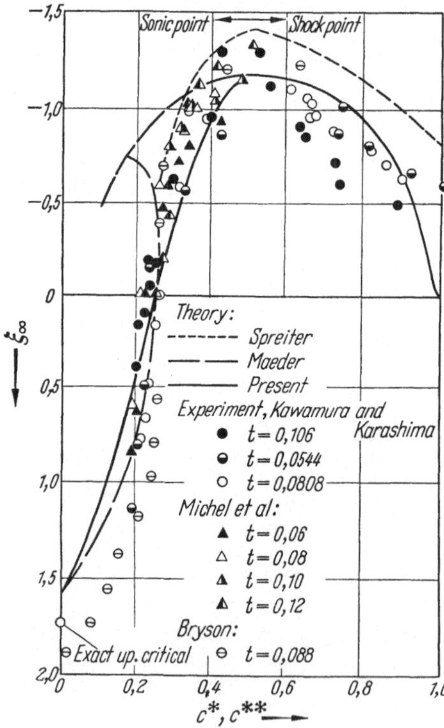

Fig. 2. Behaviours of the sonic and shock points on a circular-arc aerofoil [5].

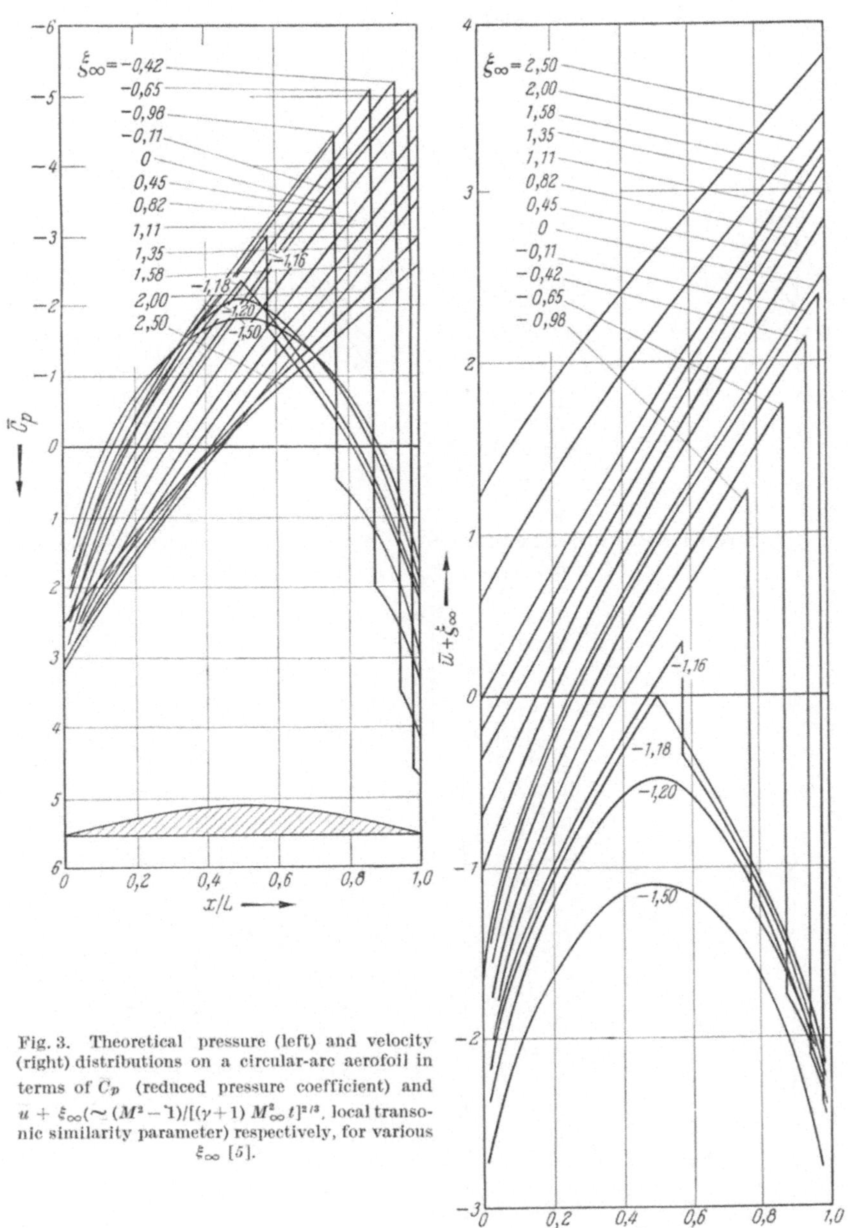

Fig. 3. Theoretical pressure (left) and velocity (right) distributions on a circular-arc aerofoil in terms of $\bar{C}_p$ (reduced pressure coefficient) and $u + \xi_\infty (\sim (M^2 - 1)/[(\gamma + 1) M_\infty^2 t]^{2/3}$, local transonic similarity parameter) respectively, for various ξ_∞ [5].

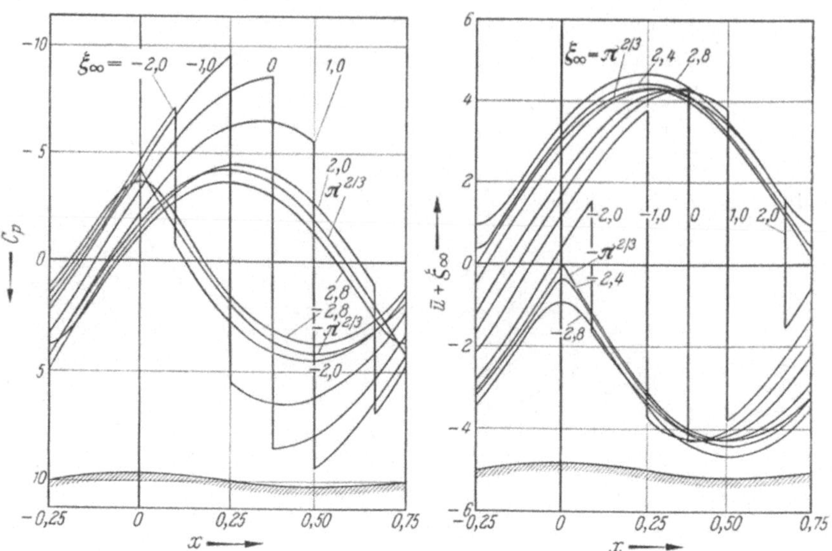

Fig. 4. Theoretical pressure (left) and velocity (right) distributions on a sinusoidal wall in terms of $\overline{C}_p$ and $\overline{u} + \overline{\xi}_\infty$ (cf. Fig. 3) respectively [6].

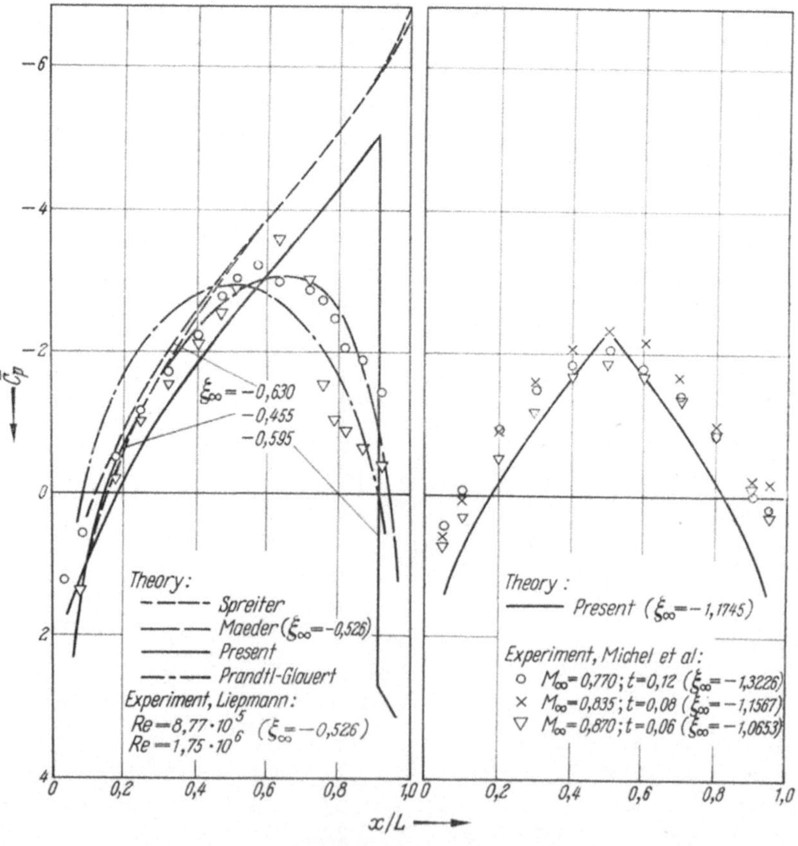

Fig. 5a. Pressure distributions on a circular-arc aerofoil in the lower critical flow (right) and in a supercritical flow ($\xi_\infty = -0.526$; left) [5].

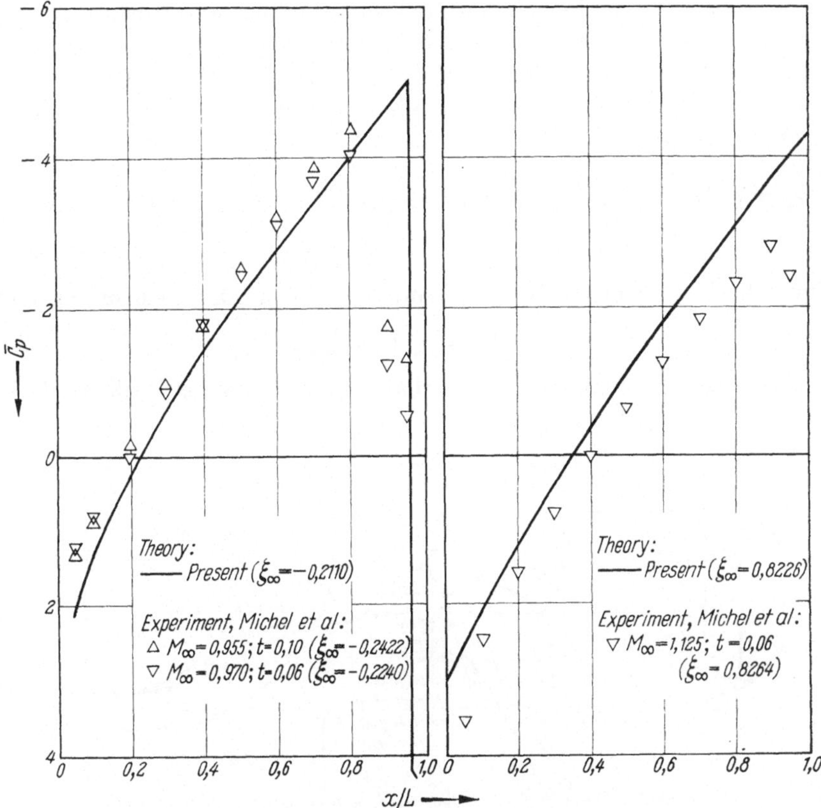

Fig. 5b. Pressure distributions on a circular-arc aerofoil in a supercritical (left) and low-supersonic (right) flow [5].

selection rule of the double sign. This can be quantitatively interpreted as a transonic normal shock wave.

This method can be extended so as to join asymptotically to the subsonic and supersonic linear theories by making the following artificial prescription about c^* and K; in case of purely sub- or supersonic flow when Eq. (18)

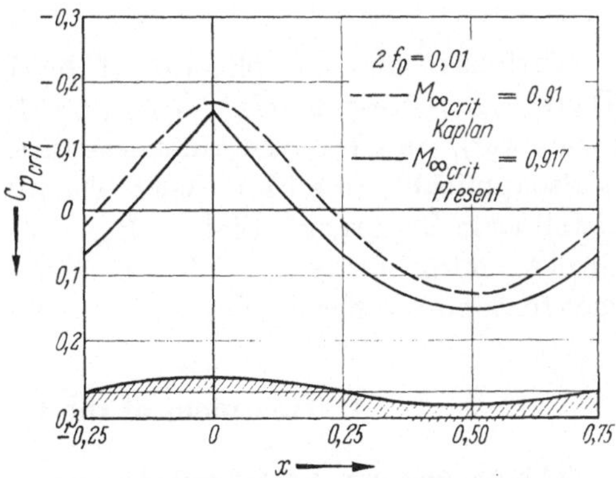

Fig. 5c. Comparison of pressure distributions on a sinusoidal wall in the lower critical flow, predicted by KAPLAN and by the present method (f_0: amplitude of the sinusoidal surface) [6].

has no root, c^* should take the fixed value of the (lower or upper) critical point so as to ensure the continuity of the solution from transonic to sub- or supersonic, and then K is determined by Eq. (21) for this value of c^*. With this extended definition, the limiting form of Φ_x is obtained as

$$\Phi_x = \varphi_x(x) + \frac{(\gamma + 1)\,M_\infty^2}{2\,(1 - M_\infty^2)}\{\varphi_x^2(x) - \varphi_x^2(c^*)\} - \frac{K}{1 - M_\infty^2}\{\varphi(x) - \varphi(c^*)\}$$

$$(24)$$

since the last term in Eq. (23) tends to zero as $M_\infty \to 0$ or ∞, and

$$|M_\infty^2 - 1|/(\gamma + 1)\,M_\infty^2 \gg |\varphi_x| \tag{25}$$

in the sense of usual small perturbation. Of course, φ itself tends to the conventional linear theory.

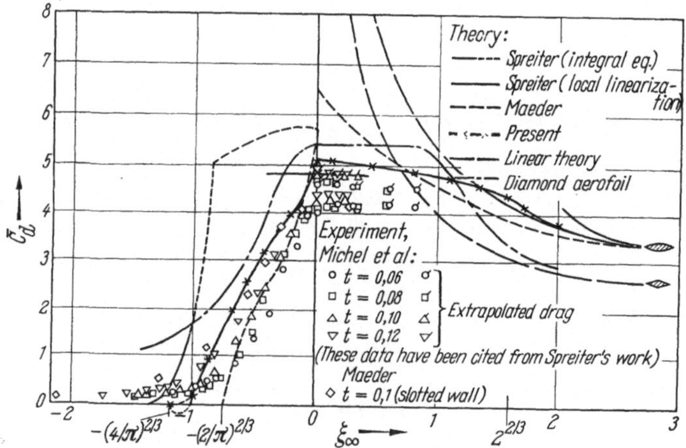

Fig. 6. Reduced pressure drag coefficient of a circular-arc aerofoil versus ξ_∞ [5].

Various results of application of the theory are shown in Figs. 1 to 6. There, ξ_∞ represents $(M_\infty^2 - 1)/[(\gamma + 1)\,M_\infty^2\,t]^{2/3}$ (transonic similarity parameter), and t is the thickness ratio of an aerofoil. This method is also applicable to a finite wing. Then it can be proved in this theory as well as in Spreiter's that at $M_\infty = 1$, the pressure coefficient on the tip of a semi-infinite wing with a constant sectional form is $(1/2)^{2/3}$ times that for a two-dimensional aerofoil with the same section.

3. Treatment of the lifting problem

The theory can be extended to the lifting problem formally.

First, it is convenient to separate the asymmetric part of the solution with respect to the horizontal plane including the plan-form

of a wing or about the longitudinal axis of a slender body, by taking
the differentials of Eqs. (22) and (23) on the assumption that the
asymmetry is small enough; that is,

$$\Delta \Phi_x = \pm \, \Delta Y(x)/2 \sqrt{Y(x)} \tag{26}$$

$$\Delta Y(x) = - \, 2 \frac{(1 - M_\infty^2)}{(\gamma + 1) \, M_\infty^2} \{\Delta \varphi_x(x) - \Delta \varphi_x(c^*)\}$$
$$+ \, 2 \frac{K}{(\gamma + 1) \, M_\infty^2} \{\Delta \varphi(x) - \Delta \varphi(c^*)\}$$

$$\tag{27}$$

where the double sign corresponds to the inequality (17).

If Eq. (2) can be solved for $\Delta \varphi$ with the boundary condition which
should give an asymmetric flow, we can easily have the answer of
the problem. Here it is worthwhile to note that the lift distribution
in the transonic flow can no longer be independent from the symmetric
part of the solution, that is, the thickness effect, as is seen in Eq. (26).

For example, for a lifting two-dimensional aerofoil at $M_\infty = 1$, we
have [7]

$$\Delta \varphi(x) = - \frac{2}{\sqrt{\pi K}} \int_0^x \frac{s(\xi)}{\sqrt{x - \xi}} \, d\xi \tag{28}$$

where $s(x)$ is the slope of camber and the leading edge is located at
the origin. (The KUTTA-JOUKOWSKI condition is not needed for this
case, because the integral equation for $\Delta \varphi$ is of ABEL-type; while it
is needed for the singular integral equation for $\Delta \varphi$ at $M_\infty < 1$, which
is difficult to solve except for the case of $K = 0$ (PRANDTL-GLAUERT's
theory).) From Eqs. (26) and (27), we can give

$$\Delta \overline{C}_p = 4 \left\{ \frac{K^{1/2}}{(\gamma + 1)^{1/3} \, t^{1/3}} \right\} \frac{1}{\overline{C}_p} \left(\frac{\sqrt{K}}{t} \right) \{\Delta \varphi(x) - \Delta \varphi(c^*)\}, \quad \text{for} \quad M_\infty = 1 \tag{29}$$

where $\overline{C}_p$ is the reduced pressure coefficient, and t: the thickness ratio.
This is the expression consistent with the transonic similarity rule.
For the case of a biconvex circular-arc aerofoil of unit length, we
have

$$\Delta \overline{C}_p = \frac{16}{\sqrt{\pi}} \, \chi \, \frac{\sqrt{x} - \sqrt{c^*}}{\overline{C}_p} \left(\frac{\theta}{t} \right) \tag{30}$$

$$\overline{C}_p = \mp \, 4 \frac{\chi^{1/2}}{\pi^{1/4}} \sqrt{\left(\frac{8}{3} \, x^{3/2} - 2 \, x^{1/2} \right)} \Big|_{c^*}^x \tag{31}$$

where θ: angle of incidence, $c^* = 1/4$, and $\chi^3 = K^{3/2}/(\gamma + 1) \, t = 16/\sqrt{\pi}$.

The calculated results of the last example are shown in Fig. 7. But
it must be remarked that the contributions of ΔK and Δc^* which are

13   Oswatitsch, Symposium Transsonicum

differentials due to the small deviation of the real sonic points from $x = c^*$ were taken into account in this figure, though the modification of Eqs. (29) and (30) by these is not so essential [7, 8]. Further, since the proposed theory fails near the leading edge on account of the break-down of the order estimation, the subsonic singularity in $\Delta\varphi$ at the leading edge predicted by the linearized transonic flow theory was added in the figure; both of the theories seem to be smoothly connected to each other at $x \cong c^*$.

4. Extension to Unsteady Transonic Flow

We shall start from the basic equation which follows;

$$(1 - M_\infty^2)\,\Phi_{xx} + \Phi_{yy} + \Phi_{zz}$$
$$= (\gamma + 1)\,M_\infty^2\,\Phi_x\,\Phi_{xx} \qquad (32)$$
$$+ 2M_\infty^2\,\Phi_{xT} + M_\infty^2\,\Phi_{TT}$$

where T is the time variable multiplied by U_∞, the free stream velocity. Correspondingly we have the linearized equation:

$$(1 - M_\infty^2)\,\varphi_{xx} + \varphi_{yy} + \varphi_{zz} \qquad (33)$$
$$= K\varphi_x + 2M_\infty^2\,\varphi_{xT} + M_\infty^2\,\varphi_{TT}.$$

Also here, we had better introduce the same idea of the correction term g as before. However, in the integration of the equation governing g, it is convenient to make the following assumption for simplification;

$$g_T,\, g_{xT},\, g_{TT} \cong 0. \qquad (34)$$

This (quasi-steady) assumption (about g) is valid when the nondimensional reduced frequency $k \gg O(\tau)$, because then Φ should asymptotically join to φ as is well known in the unsteady flow aerodyna-

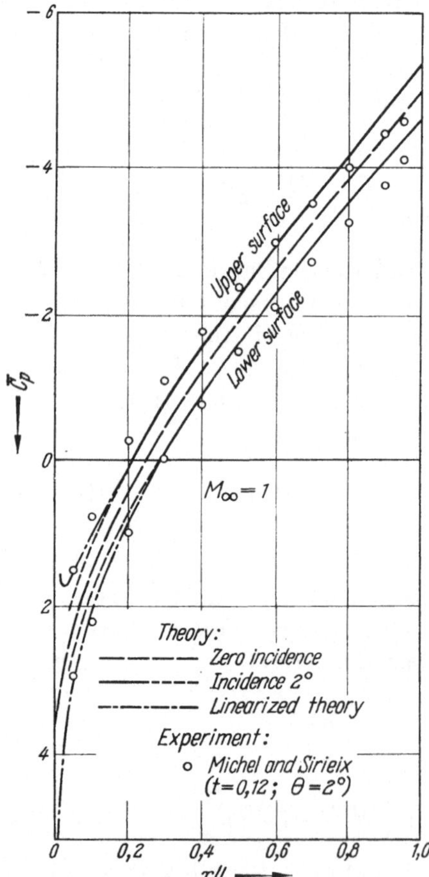

Fig. 7. Pressure distribution on the two surfaces of a biconvex circular-arc aerofoil at incidence 2° [7, 8].

mics (then, of course, $k \gg K$, so that K can comparatively be neglected in Eq. (33)), so that any time-rate of g is comparatively not important; and on the other hand, it is also valid when $k \ll O(\tau)$, because we may then expect the quasi-steady behaviour of the flow. As a result, we have just exactly the same equation governing g as before, and so the same resultant formulas for Φ_x and $\Delta\Phi_x$ as in the steady flow case (Eqs. (22), (23), (26) and (27)). Then, we should have Eq. (35) as the pressure formula[1].

$$C_p = -2\Phi_x(-\varphi_r^2) - 2\varphi_T. \tag{35}$$

For example, we have the following integral equation for $\Delta\varphi(x, T)$ in case of a periodically oscillating two-dimensional aerofoil at $M_\infty = 1$;

$$h_x + h_T = \lim_{z \to 0} \int_0^x \Delta\varphi(\xi, T)\frac{\partial^2}{\partial z^2} G(x - \xi, z)\, d\xi \tag{36}$$

$$G(x,z) = \frac{-1}{2\sqrt{\pi(K + 2ik)x}} \exp\left[\frac{k^2}{K + 2ik}x - \frac{K + 2ik}{4x}z^2\right] \tag{37}$$

where $z = h(x, T)$ is the dynamic position of the camber of the aerofoil and the integral sign with a solidus means the HADAMARD finite part of integral. In the limit when $K = 0$, $G(x,z)$ is reduced to the source function of the conventional unsteady linear flow equation which was obtained by ROTT [9]. Eq. (36) can in general be solved by the LAPLACE transformation; if $h_x + h_T = (a + b x) e^{ikT}$, we have

$$\Delta\varphi = \frac{-2}{\sqrt{\pi(K + 2ik)}} \cdot \left(a \int_0^x \frac{e^{\lambda x}}{\sqrt{x}}\, dx + b \int_0^x \int_0^x \frac{e^{\lambda x}}{\sqrt{x}}\, dx\, dx\right) e^{ikT} \tag{38}$$

where $\lambda = k^2/(K + 2ik)$. A periodical pitching is given by $a = -\theta$ and $b = -ik\theta$, θ being the amplitude of pitching angle. Since the dynamic form of the reduced pressure coefficient is given from Eq. (35) as

$$\Delta \bar{C}_p = 4\left\{\frac{K^{1/2}}{t^{1/3}(\gamma + 1)^{1/3}}\right\}\frac{1}{C_p}\frac{\sqrt{K}}{t}\{\Delta\varphi(x) - \Delta\varphi(c^*)\}$$

$$- 2\left\{\frac{t^{1/3}(\gamma + 1)^{1/3}}{K^{1/2}}\right\} i k \frac{\sqrt{K}}{t}\Delta\varphi(x) \tag{39}$$

we have, for the periodical pitching,

$$\Delta\bar{C}_p = \frac{8}{\sqrt{\pi(1 + 2i\nu)}}\left\{\frac{\chi}{\bar{C}_p}\left(\int_{c^*}^x \frac{e^{\lambda x}}{\sqrt{x}}\, dx + i k \int_{c^*}^x \int_0^x \frac{e^{\lambda x}}{\sqrt{x}}\, dx\, dx\right)\right.$$

$$\left. - \frac{i k}{2\chi}\left(\int_0^x \frac{e^{\lambda x}}{\sqrt{x}}\, dx + i k \int_0^x \int_0^x \frac{e^{\lambda x}}{\sqrt{x}}\, dx\, dx\right)\right\}\left(\frac{\theta}{t}\right) e^{ikT} \tag{40}$$

---

[1] $(-\varphi_r^2)$ in Eq. (35) is retained only for the case of a slender body.

13*

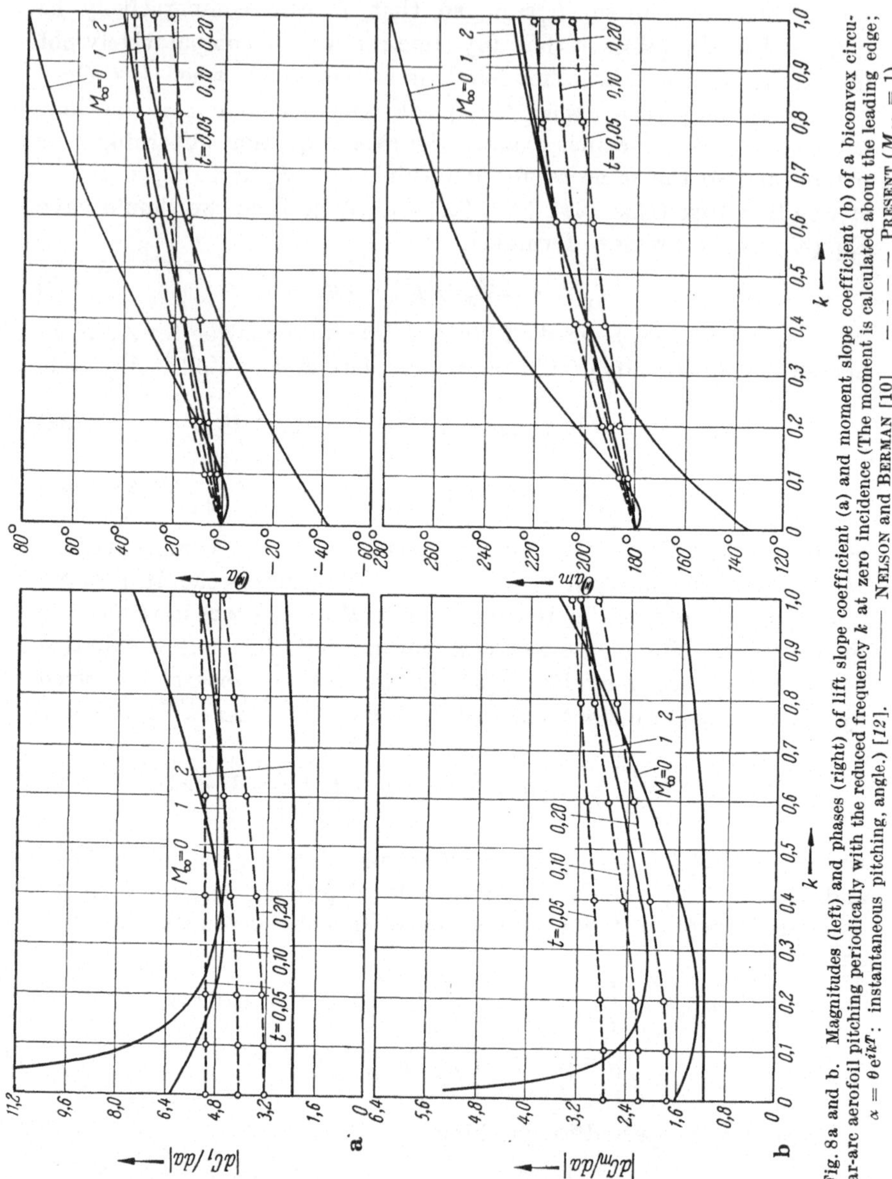

Fig. 8a and b. Magnitudes (left) and phases (right) of lift slope coefficient (a) and moment slope coefficient (b) of a biconvex circular-arc aerofoil pitching periodically with the reduced frequency k at zero incidence (The moment is calculated about the leading edge; $\alpha = \theta e^{ik\tau}$: instantaneous pitching, angle.) [12]. ——— Nelson and Berman [10] – – – Present ($M_\infty = 1$)

where $\nu = k/K$. Reasonably this is in agreement with Eq. (30) at the limit, $k = 0$. It is interesting to note that the dynamic lift and moment slopes obtained from this depend on the thickness effect of the aerofoil, and have finite values at $k = 0$ for $t \neq 0$, contrary to the corresponding result by Nelson and Berman [10] based on the conventional unsteady linear flow theory.

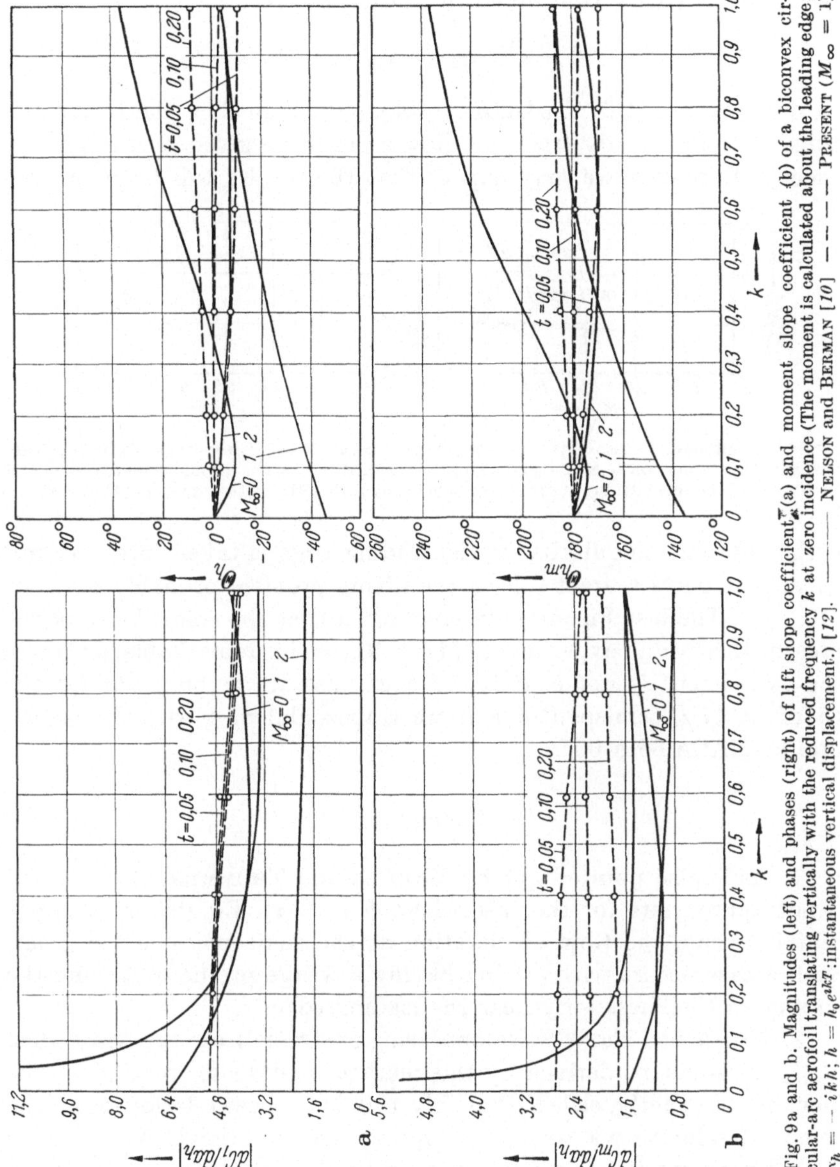

Fig. 9a and b. Magnitudes (left) and phases (right) of lift slope coefficient (a) and moment slope coefficient (b) of a biconvex circular-arc aerofoil translating vertically with the reduced frequency k at zero incidence (The moment is calculated about the leading edge; $\alpha_h = -ikh$; $h = h_0 e^{ikT}$:instantaneous vertical displacement.) [12]. —— NELSON and BERMAN [10] —–— PRESENT ($M_\infty = 1$)

There are some examples of calculation for a circular-arc aerofoil in Figs. 8 and 9[1], where the effect of ΔK and Δc^* (cf. the preceding

---

[1] In Figs. 8 and 9, notations are according to NELSON and BERMAN [10]. All coefficients shown there are no longer the reduced coefficients.

198   Iwao Hosokawa

section) was partly considered by adding the term:

$$2 \frac{\Delta K}{(\gamma + 1) M_\infty^2} \{\varphi(x) - \varphi(c^*)\}$$

to ΔY; that is, $(1/2)\,\overline{C}_p(\Delta K/K)$ to Eq. (39). Plausible qualitative features of the unsteady transonic flow seem to be given by the present theory. Moreover, we may expect that the results will be improved,

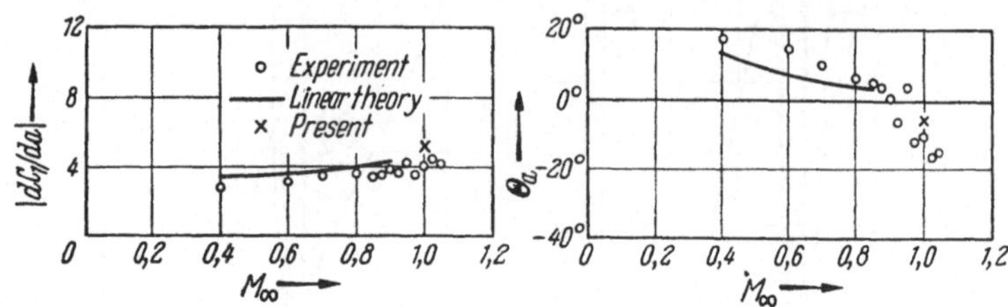

Fig. 10. Magnitude and phase of lift slope coefficient of the chord at 17% semispan of a finite tapered wing with the section profile NACA 65A005, pitching periodically about the midchord axis ($k = 0.23$ for $M_\infty = 1$ [11]; this pitching motion is constructed by both of the motions shown in Figs. 8 and 9.)

if the subsonic singularity at the leading edge is taken into account, because it plays a great role in the lifting problem probably even for $M_\infty \cong 1$. The last Fig. 10 is interesting in that the coincidence of the present theory and experiment [11] at $M_\infty = 1$ is remarkable, although the experiment is not exactly for a circular-arc aerofoil but for the chord at 17% semispan of a finite trapezoidal wing with the section profile, NACA 65 A 005.

Addendum

1. As is also pointed out by Maeder and Thommen, this method is not appropriate for the case where $K = O(\tau)$ (Eq. (9)) is violated; that is, where the flow acceleration at the sonic point is too great. Such a case occurs with a wing having a wedge profile or having the maximum thickness very near the leading edge.

2. A detached shock wave appearing upstream from the body when $M_\infty \gtrsim 1$ cannot be derived by this method, and sonic freezing of the flow cannot exactly, either. Probably this is in close relation with the choice of solution we took by adopting the condition (15).

3. Interpretation of a resulting velocity discontinuity as a transonic normal shock wave is actually questionable when the discontinuity results onto a concave surface of an aerofoil or the rear part of an axisymmetric body at $M_\infty = 1$; though appearance of a shock wave in the flow field near (not on) the body is rather well predicted in these cases. However, since the linearized boundary condition can give no clear discrimination between "near" and "on" the body, it seems that

we must base on a more exact treatment in order to get a delicate information concerning attachment or detachment of a shock wave on the surface of the body. In case of a shock wave detached, such a treatment is expected to smooth out an abrupt velocity change predicted by our approximation method.

References

[1] OSWATITSCH, K., and F. KEUNE: Proceedings of the Conference on High-Speed Aeronautics, Polytech. Inst. Brooklyn, Jan. 1955.

[2] MAEDER, P. F., and H. U. THOMMEN: J. Aero. Sci. **23**, 187—188 (1956).

[3] MAEDER, P. F., and H. U. THOMMEN: J. Appl. Mech. **28**, 481—490, Series E, No. 4, (1961).

[4] HOSOKAWA, I.: J. Phys. Soc. Japan **15**, 149—157 (1960).

[5] HOSOKAWA, I.: J. Phys. Soc. Japan **16**, 546—558 (1961).

[6] HOSOKAWA, I.: J. Phys. Soc. Japan **15**, 2080—2086 (1960).

[7] HOSOKAWA, I.: J. Aero. Sci. **28**, 588—590 (1961).

[8] HOSOKAWA, I.: J. Aero. Sci. **29**, 604 (1962).

[9] ROTT, N.: J. Aero. Sci. **16**, 380—381 (1949).

[10] NELSON, H. C., and J. H. BERMAN: NACA Rep. **1128**.

[11] LEADBETTER, S. A., S. A. CLEVENSON and W. B. IGOE: NASA TN **D—1236**.

[12] HOSOKAWA, J., and H. MIYOSHI: NAL TR-27 (Japan; 1962).

Correspondent profiles and correspondence law

By

Carlo Ferrari

Politecnico di Torino, Italia

1. Introduction

It is well known that the parameter of transonic similitude χ and the corresponding similarity rule for the pressure coefficient C_p are well defined when the MACH number of the free stream, M_∞, is so near to one, that $(1 - M_\infty)^2$ can be neglected with respect to $(1 - M_\infty)$. However to extend the similarity rule to a wider range of M_∞ many different methods have been suggested [1, 2, 3]

$$\chi_S = \frac{1 - M_\infty^2}{M_\infty^{4/3}(\gamma + 1)^{2/3}\, \theta_0^{2/3}}\;;$$

$$\chi_G = \frac{1 - M_\infty^2}{M_\infty^{4/3}\, [2 + (\gamma - 1)\, M_\infty^2]^{2/3}\, \theta_0^{2/3}}\;;\tag{1}$$

$$\chi_O = \frac{1 - M_\infty^2}{\left(\dfrac{1 - M_\infty^2}{1 - q^*}\, q^*\right)^{2/3} \theta_0^{\,2/3}}$$

being q^* the ratio between the velocity q and the critical speed a^*, while θ_0 is the thickness parameter, or a characteristic slope of the profile.

Now, if we expands χ in terms of $(1 - M_\infty)$ we obtain

$$\chi_S = \frac{1}{(\gamma + 1)^{2/3}\, \theta_0^{2/3}}\left[2\,(1 - M_\infty) + \frac{5}{3}\,(1 - M_\infty)^2\right] + \cdots \tag{2}$$

$$\chi_G = \frac{1}{(\gamma + 1)^{2/3}\, \theta_0^{2/3}}\left[2\,(1 - M_\infty) + \left(-1 + \frac{8}{3}\,\frac{2\gamma}{\gamma + 1}\right)(1 - M_\infty)^2\right] + \cdots$$

$$\chi_O = \frac{1}{(\gamma + 1)^{2/3}\, \theta_0^{2/3}}\left[2\,(1 - M_\infty) + \left(-\frac{1}{3} + \frac{6\gamma + 2}{3(\gamma + 1)}\right)(1 - M_\infty)^2\right] + \cdots.$$

It appears that up to the linear term in $(1 - M_\infty)$ the three expressions are coincident; however, they differ already in the quadratic term, and the coefficient of $(1 - M_\infty)^2$ for χ_G becomes equal to the one for χ_S when $\gamma = 1$, while the same coefficient for χ_O approaches the value corresponding to χ_S when γ approaches infinity.

The determination of the more appropriate expression of χ and the similarity rule corresponding to it may be a problem of non great practical interest; on the other hand this problem is connected with the more important question of defining classes of profiles whose form depends on one parameter β_0, and for which the pressure coefficients can be related, so that knowing the pressure distribution along a given profile of a given class for a given MACH number M_∞, it is possible to find how this distribution varies with β_0 and M_∞ for the widest possible range of M_∞. This possibility of relating the pressure coefficients does not yield a similitude in the usual sense, as it is restricted to the single quantity, pressure, as evaluated only on the body surface, but it is more general than a similitude in this, that not only it is valid for a wider interval of values of M_∞, but also its validity is not restricted to the case of small perturbations.

2. Correspondent profiles

The approach used to study the problem above indicated is the following: the *"Loewner transformation"* [4] and the *"Germain-Liger transformation"* [5] allow to reduce equations whose form is

$$\varkappa_a(\sigma)\, \psi_{\theta\theta} + \psi_{\sigma\sigma} = 0$$

to the *"Tricomi equation"*

$$s\, \psi_{1,\beta\beta} + \psi_{1,ss} = 0$$

whereas $\varkappa_a(\sigma)$ corresponds to a compressibility law much nearer to the real law than that of the *"Tricomi gas"*. Now the TRICOMI equation admits the *similar solution* $\psi_1\left(\frac{s}{\beta_0^{2/3}}, \frac{\beta}{\beta_0}\right) = \psi_1(\hat{s}, \hat{\beta})$, being β_0 a constant parameter: I define *"correspondent profiles"* the ones for which the flow is represented in the (s, β) plane by the same function ψ_1 and different values of β_0.

3. Case of the "Loewner transformation": "correspondence parameter"

Let us consider at first the "LOEWNER transformation", defined by the formulae

$$\sigma = \frac{s}{b(c\,s + b)}\;; \quad \theta = \beta; \quad \psi_1 = (c\,s + b)\,\psi \tag{3}$$

whereas b and c are suitable constants; it is

$$\varkappa_a(\sigma) = \frac{b^6\,\sigma}{(1 - c\,b\,\sigma)^5}$$

and if we impose that in the plane $(\varkappa, \sigma)$ the curve $\varkappa = \varkappa_a(\sigma)$ in the point $\sigma = 0$ has the same tangent and the same curvature as the one corresponding to the real gas we obtain

$$b^6 = \gamma + 1; \quad c\,b = -\frac{\gamma + 5}{10}$$

so that it results

$$\varkappa_a(\sigma) = \frac{(\gamma + 1)\,\sigma}{\left(1 + \dfrac{\gamma + 5}{10}\,\sigma\right)^5}\,.$$

Since $\psi = 0$ when $\psi_1 = 0$, it appears that "correspondent profiles" are represented in the *Tricomi plane* by the same streamline, and "homologous points" on the "correspondent profiles" are those in which $\hat{s} = \dfrac{s}{\beta_0^{2/3}}$ and $\hat{\beta} = \dfrac{\beta}{\beta_0}$ have the same values. If $(\hat{s}_\infty, 0)$ is the point of the (s, β) plane which is corresponding to the point at infinity in the physical plane, it turns out that in the flows past "correspondent profiles" the following relation must be satisfied

$$\chi = \frac{s_\infty}{\beta_0^{2/3}} = \frac{(\gamma + 1)^{1/3}\,\sigma_\infty}{1 + \dfrac{\gamma + 5}{10}\,\sigma_\infty}\,\frac{1}{\beta_0^{2/3}} = \text{const.} \tag{4}$$

We can write

$$\frac{f(M_\infty, \gamma)}{\beta_0^{2/3}} = \chi = \text{const.}, \quad \text{putting} \quad \frac{\sigma_\infty(\gamma + 1)^{1/3}}{1 + \dfrac{\gamma + 5}{10}\,\sigma_\infty} = f(M_\infty, \gamma). \tag{5}$$

It is easy to obtain the function $f(M_\infty, \gamma)$: the expression is rather complicated and involves the BESSEL's functions $I_{-1/3}$ and $I_{1/3}$; however as far as our problem is concerning it is enough to express $f(M_\infty, \gamma)$ as a series expansion in term of $(1 - M_\infty)$. Readily we obtain

$$f(M_\infty, \gamma) = \frac{1}{(\gamma + 1)^{2/3}}\left[2\,(1 - M_\infty) + \frac{3}{5}\frac{\gamma + 5}{\gamma + 1}(1 - M_\infty)^2 + \cdots\right]. \tag{6}$$

The coefficient of $(1 - M_\infty)^2$ within the square bracket is equal to 1.5 for $\gamma = 1.666\ldots$ (monatomic gases); 1.6. for $\gamma = 1.4$ (diatomic gases); 1.62 for $\gamma = 1.333\ldots$ (three- or pluriatomic gases). It appears therefore that this coefficient is very close to the one of the expression of χ_S for $\gamma = 1.4$ (1.6 against 1.6667); on the other hand it is depending on γ in analogous manner as the corresponding terms in the expressions of χ_G and χ_O, whilst the one in χ_S is not depending on γ.

4. "Loewner transformation":
contours of the correspondent profiles

In order to relate the contours of the correspondent profiles it is useful to use the formula

$$\frac{R}{l^*} = -\frac{1}{q^*}\frac{\varkappa_a\,\phi_\theta^2 + \phi_\sigma^2}{\varkappa_a\,\phi_\theta} \tag{7}$$

being ϕ the potential function of the flow, R the curvature radius at any point of a given streamline, and l^* a characteristic length. Applying the "Loewner transformation" and indicating with $\phi_1(\beta, s)$ the potential associated to the stream function ψ_1 we obtain that along the line $\psi = 0$ it is

$$\frac{R}{l^*} = - \frac{c\,s + b}{q^*}\,\frac{s\,\phi_{1,\beta}^2 + \phi_{1,s}^2}{s\,\phi_{1,\beta}} = - \frac{c\,s + b}{q^*}\,\frac{\hat{s}\,\phi_{1,\hat{\beta}}^2 + \phi_{1,\hat{s}}^2}{\hat{s}\,\phi_{1,\hat{\beta}}}\,\frac{1}{\beta_0}$$

whereas $\dfrac{\hat{s}\,\phi_{1,\hat{\beta}}^2 + \phi_{1,\hat{s}}^2}{\hat{s}\,\phi_{1,\hat{\beta}}}$ takes the same value in homologous points; moreover it is possible to deduce [6] the relation

$$\frac{c\,s + b}{q^*} = (\gamma + 1)^{1/6}\,F\,[(\gamma + 1)^{1/6}\,s] \tag{8}$$

being

$$F\,[(\gamma + 1)^{1/6}\,s] = \sqrt{b\,s}\left[3^{-1/3}\,\Gamma\!\left(\frac{2}{3}\right) I_{-1/3}\!\left(\frac{2}{3}\,b^{3/2}\,s^{3/2}\right)\right.$$
$$\left. + 3^{-2/3}\,\Gamma\!\left(\frac{1}{3}\right) A\,I_{1/3}\!\left(\frac{2}{3}\,b^{3/2}\,s^{3/2}\right)\right] \tag{9}$$

and $A = \dfrac{5-\gamma}{10}\,\dfrac{1}{(\gamma + 1)^{1/2}}$. We deduce, when $b\,s \ll 1$

$$F = 1 + \frac{5-\gamma}{10}\,\frac{1}{(\gamma + 1)^{1/3}}\,s + \frac{(\gamma + 1)^{1/3}}{6}\,s^3 + \cdots \tag{9'}$$

and therefore, under the condition above specified,

$$\frac{R}{l^*} = - \frac{\hat{s}\,\phi_{1,\hat{\beta}}^2 + \phi_{1,\hat{s}}^2}{\hat{s}\,\phi_{1,\hat{\beta}}}\left[\frac{1}{\beta_0} + \frac{5-\gamma}{10}\,\frac{1}{(\gamma + 1)^{1/3}}\,\frac{1}{\beta_0^{1/3}}\,\hat{s} + \cdots\right]. \tag{7'}$$

If β_0 is small enough, so that

$$\beta_0^{-2/3} \gg \frac{5-\gamma}{10}\,\frac{1}{(\gamma + 1)^{1/3}}\,\hat{s} = 0{,}23\,\hat{s} \quad (\text{if} \quad \gamma = 1.4)$$

it appears that "*correspondent profiles*" are "*affine profiles*". In any case, the ratio of the curvature radii in homologous points of two "correspondent profiles" results to be given by the formula

$$\frac{R'}{R''} = \frac{\beta_0''}{\beta_0'}\,\frac{F\,[(\gamma + 1)^{1/6}\,\beta_0'\,\hat{s}]}{F\,[(\gamma + 1)^{1\,6}\,\beta_0''\,\hat{s}]}\,. \tag{10}$$

being $\hat{s}$ a known function of $\hat{\theta}$.

5. "Loewner transformation": correspondence law

Finally, in order to relate the velocity, and consequently the pressure coefficients, in homologous points it is enough to remember that in these points $\hat{s}$ has the same value, and therefore $\dfrac{(\gamma + 1)^{1\,3}\,\sigma}{1 + \dfrac{\gamma + 5}{10}\,\sigma}\,\dfrac{1}{\beta_0^{2\,3}} =$

= const. in homologous points. The correspondent expression for the pressure coefficient C_p may be easily obtained, but it is complicated; the expression becomes simple if we limit ourselves to write C_p as series expansion in term of $\left(1 - \dfrac{q^*}{q_\infty}\right)$: we obtain

$$C_p = \frac{p - p_\infty}{(1/2)\varrho_\infty q_\infty^2} = \left(1 - \frac{q^{*2}}{q_\infty^{*2}}\right)\left[1 + \frac{1}{4} M_\infty^2 \left(1 - \frac{q^{*2}}{q_\infty^2}\right)\right] + \cdots.$$

Now, it is

$$q^{*2} = \frac{(c\,s + b)^2}{(\gamma + 1)^{1\,3} F^2} \; ; \quad q_\infty^{*2} = \frac{(c\,s_\infty + b)^2}{(\gamma + 1)^{1/3} F_\infty^2}$$

and consequently

$$1 - \frac{q^{*2}}{q_\infty^{*2}} = 1 - \frac{(c\,s + b)^2\,F_\infty^2}{(c\,s_\infty + b)^2\,F^2} =$$

$$= \frac{[(c\,s_\infty + b)\,F - (c\,s + b)\,F_\infty]\,[(c\,s_\infty + b)\,F + (c\,s + b)\,F_\infty]}{(c\,s_\infty + b)^2\,F^2}.$$

Using for F and F_∞ the expressions corresponding to the formula (9′) we deduce

$$1 - \frac{q^{*2}}{q_\infty^{*2}} = A_1(s_\infty - s) + A_2(s_\infty - s)^2 + \cdots \tag{11}$$

whereas

$$A_1 = \frac{2}{(\gamma + 1)^{1/3}}\left[1 + \chi\frac{\beta_0^{2/3}}{(\gamma + 1)^{1/3}}\frac{\gamma}{5} + \chi^2\frac{\beta_0^{4/3}}{(\gamma + 1)^{2/3}}G(\gamma)\right] \; ;$$

$$G(\gamma) = \frac{25 - \gamma^2}{100} - \frac{(\gamma + 1)^{7/6}}{6}\left[1 - \frac{\gamma}{5} + 3\,(1 + \gamma)^{1/3}\right] + \frac{\gamma^2}{25}\frac{1}{(\gamma + 1)^{1/3}} \; ;$$

$$A_2 = \frac{2}{(\gamma + 1)^{1/2}} + \chi\frac{\theta_0^{2/3}}{(\gamma + 1)^{1/3}}G_1(\gamma) \tag{12}$$

$$G_1(\gamma) = 2\frac{25 + \gamma^2}{50\,(\gamma + 1)^{1/2}} + (\gamma + 1)^{5/6} - \frac{(\gamma + 5)\,(\gamma + 1)^{1/2}}{10} + \frac{2\,(5-\gamma)\,(3\,\gamma-5)}{5(\gamma + 1)^{1/2}\,10}$$

and therefore it results to be

$$\frac{(\gamma + 1)^{1/3}\,C_p}{\beta_0^{2/3}} = 2\,(\chi - \hat{s})\left\{1 + \chi\frac{\beta_0^{2/3}}{(\gamma + 1)^{1/3}}\left(\frac{\gamma}{5} + \frac{\chi - \hat{s}}{\chi}\right)\right. \tag{13}$$

$$+ \chi^2\frac{\beta_0^{4\,3}}{(\gamma + 1)^{2/3}}\left[G(\gamma) + \frac{\chi - \hat{s}}{\chi}G_1(\gamma)\right]\right\} + \frac{\beta_0^{2/3}}{(\gamma + 1)^{2/3}}\,(\chi - \hat{s}^2)$$

$$\times \left\{1 - 2\chi\frac{\beta_0^{2/3}}{(\gamma + 1)^{2/3}}\left[(\gamma + 1)^{4/3} - \frac{\gamma}{5}\right]\right\}.$$

If we consider only the linear term in $(\chi - \hat{s})$ at the right side of the foregoing equation we have

$$\frac{(\gamma + 1)^{1/3}\,C_p}{\beta_0^{2/3}} = 2\,(\chi - \hat{s})\left[1 + \chi\frac{\beta_0^{2/3}}{(\gamma + 1)^{1/3}}\frac{\gamma}{5} + \chi^2\frac{\beta_0^{4/3}}{(\gamma + 1)^{2/3}}G(\gamma)\right]. \tag{14}$$

The equation (13), or (14), expresses the "correspondence law" relating the pressure distributions over "correspondent profiles". On the other hand if we use the similarity rule corresponding to the expression χ_S of the transonic similitude parameter we deduce

$$\frac{(\gamma + 1)^{1/3}}{\beta_0^{2/3}}\, C_p = \frac{1}{M_\infty^{2/3}}\, \varphi \cong \left[1 + \frac{2}{3}\,(1 - M_\infty)\right]\varphi \qquad (14')$$

whereas φ has the same value in homologous points of the "similar profiles"; being, due to the similarity law

$$1 - M_\infty \cong \frac{(\gamma + 1)_0^{2/3}\,\beta_0^{2/3}}{2}\,\chi\left[1 - \frac{5}{12}\,(\gamma + 1)^{2/3}\,\beta_0^{2/3}\,\chi\right]$$

we obtain

$$\frac{(\gamma + 1)^{1/3}}{\beta_0^{2/3}}\, C_p = \left[1 + \frac{(\gamma + 1)^{2/3}\,\beta_0^{2/3}}{3}\,\chi - \frac{5}{36}\,(\gamma + 1)^{4/3}\,\beta_0^{4/3}\,\chi^2\right]\varphi \qquad (15)$$

which is of the same form as the relation (14). Since

$$\frac{\gamma}{5}\,\frac{1}{(\gamma + 1)^{1/3}} = 0.21; \qquad \frac{G(\gamma)}{(\gamma + 1)^{2/3}} = -\,0.6$$

$$\frac{(\gamma + 1)^{2/3}}{3} = 0.6; \qquad -\frac{5}{36}\,(\gamma + 1)^{4/3} = -\,0.435 \qquad \text{for} \qquad \gamma = 1.4$$

it appears that the agreement between the two expressions of the term within the square bracket is good for what concerns the sign of the dependence of said term on χ and on χ^2, it is not so good, particularly for the coefficient of χ, from a quantitative point of view.

6. Case of the "Germain-Liger transformation": correspondence parameter

We use now the *"Germain-Liger transformation"*: the relations between the independent variables (β, s) of the *Tricomi plane* and (θ, σ) of the real hodographic plane are [5, 7]

$$\beta = \frac{\sin 2\theta}{Ch\,2t + \cos 2\theta}\,; \qquad \frac{2}{3}\,s^{3/2} = \frac{Sh\,2t}{Ch\,2t + \cos 2\theta}$$

$$\sigma = \frac{1}{K}\int_0^t \frac{dt}{[B_1(t)]^2}\,; \qquad\qquad\qquad (16)$$

$$B_1(t) = F\left(\frac{1}{12},\frac{5}{12}\,;\,1;\,-\frac{1}{Sh^2\,2t}\right) = (Tgh\,2t)^{1/6}\,F\left(\frac{1}{12},\frac{7}{12}\,;\,1;\,\frac{1}{Ch^2\,2t}\right)$$

whereas K is a suitable constant, and $F(a, b; c; x)$ indicates, as usual, the hypergeometric series of variable x and constant parameters a, b, c: for simplicity sake we consider only the *"Germain-Liger transformation"* containing only one constant "a priori" arbitrary, namely K. The stream function ψ is connected with the stream function ψ_1 of the

206　　CARLO FERRARI

corresponding *Tricomi equation* by the formula

$$\psi = \left(\frac{Sh\,2t}{Ch\,2t\,+\,\cos 2\theta}\right)^{1/6} [B_1(t)]^{-1}\,\psi_1(\beta,\,s)$$

whilst the function $\varkappa_a(\sigma)$ is given by the relation

$$\varkappa_a(\sigma) = K^2\,[B_1(t)]^4.$$

If we proceed in a completely analogous manner as before, we deduce that the parameter which must be constant in the flows past "correspondent profiles" is $\frac{s_\infty}{\beta_0^{2/3}}$, and being

$$s_\infty = \left(\frac{3}{2}\,Tgh\,t_\infty\right)^{2/3}$$

we must have $\dfrac{Tgh\,t_\infty}{\beta_0} = \text{const.} = \chi^*$. In the limit case $M_\infty \nrightarrow 1$ it is $t_\infty \to 0$ and

$$\varkappa_a(\sigma) \to K^2 \left[\frac{3^{1/2}\,\Gamma^3\,(1/3)}{2^{4/3}\,\pi^2}\right]^4 t^{2/3}.$$

If we calculate K in such way that $\left(\dfrac{d\varkappa_a}{d\sigma}\right)_{\sigma=0} = \gamma + 1$ we obtain

$$K = \left(\frac{3}{2}\right)^{1/3} (\gamma + 1)^{1/3} \left[\frac{\sqrt{3}\,\Gamma^3\,(1/3)}{2^{4/3}\,\pi^2}\right]^{-2}$$

and being the limit expression of $(1 - M^2)$ for $t \to 0$ given by the relation $1 - M^2 = \varkappa_a(\sigma)$ we deduce

$$1 - M^2 = \left(\frac{3}{2}\right)^{2/3} (\gamma + 1)^{2/3}\,t^{2/3}$$

when $t \to 0$, so that $t = \dfrac{2}{3}\,\dfrac{1 - M^2)^{3/2}}{\gamma + 1}$. Therefore it is

$$\frac{Tgh\,t_\infty}{\beta_0} \simeq \frac{t_\infty}{\beta_0} = \frac{2(1 - M_\infty^2)^{3/2}}{3(\gamma + 1)\,\beta_0} = \chi^*,$$

or $\dfrac{1 - M_\infty^2}{(\gamma + 1)^{2/3}\,\beta_0^{2/3}} = \left(\dfrac{3}{2}\,\chi^*\right)^{2/3}.$

Since in this case $\beta \simeq \theta$, this formula is perfectly equivalent to the relation (4); besides it appears that in order the parameter whose constance expresses the correspondence law assumes the usual form in the limit case $M_\infty = 1$, we must write

$$\left(\frac{3}{2}\,\frac{Tgh\,t_\infty}{\beta_0}\right)^{2/3} = \chi. \tag{17}$$

If we assume that θ along the contour is everywhere, or quasi-everywhere, so small that $\sin\theta \simeq \theta$, and $\cos\theta \simeq 1$ we have

$$\beta \simeq \frac{2\theta}{Ch\,2t\,+\,1}.$$

We write $\beta = \beta_0 \hat{\beta}$; $\theta = \theta_0 \hat{\theta}$, and we put the condition that $\hat{\beta} = \hat{\theta}$ when $t = t_\infty$, we deduce

$$\beta_0 = \frac{2\theta_0}{Ch\, 2t_\infty + 1}$$

and therefore it results from (17)

$$\left[\frac{3}{2}\,\frac{Tgh\, t_\infty}{2\theta_0}(1 + Ch2t_\infty)\right]^{2/3} =$$
$$= \frac{f(\gamma, q^*)}{\theta_0^{2/3}} = \chi. \qquad (18)$$

The relation (18) defines the *correspondence parameter*: the Fig. 1 shows the diagram which gives the variation law of $f(\gamma, q^*_\infty)$ with q^*_∞ for $\gamma = 1.4$, in comparison with the correspondent variation law of $\dfrac{1 - M^2_\infty}{M^{4/3}_\infty(\gamma + 1)}$; the agreement between the two diagrams is good in all the range $0 \leqslant q^*_\infty \leqslant 1$.

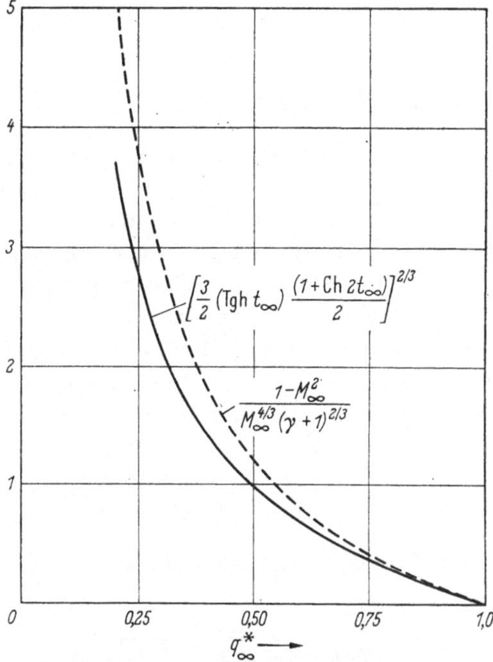

Fig. 1. Comparison between the transonic similarity parameter $(\chi_s\,\theta_0^{2/3})$ and the transonic correspondence parameter $(\chi\,\theta_0^{2/3})$.

7. "Germain-Liger transformation": correspondence law

We can relate the velocities in homologous points of the "correspondent profiles" observing that in these points $\hat{s}$ and $\hat{\beta}$ must have the same values; now from the relations connecting the variables (s, β) and (t, θ) we deduce

$$\frac{Tgh\, 2t}{\beta_0} = \frac{2\hat{s}^*}{1 + \beta_0^2(\hat{s}^{*2} + \hat{\beta}^2)} \qquad (19)$$

where $s^* = \frac{2}{3}s^{3/2}$, and $s^* = s_0\,\hat{s}^* = \beta_0\,\hat{s}^*$. This formula defines the values of t, and therefore of q^*, in homologous points, and expresses, by consequence, the "*correspondence law*", being q^* connected with t by the relation

$$\frac{1}{q^*} = \frac{Ch\, t}{B_1(t)}\left\{C_2\,(Tgh\, t)^{1/6} + C_2(Tgh\, t)^{5/6}\right\}. \qquad (20)$$

The constant C_1 and C_2 are given (see [6] page 15) by the formulae

$$C_1 = \frac{\sqrt{3}\,[\Gamma(1/3)]^3}{2^{4/3}\,\pi^2}\,; \quad C_1\,C_2 = \frac{3}{2K} - \frac{\sqrt{3}}{\pi}\,. \qquad (20')$$

In the limit case $q^* \to 1$, and under the assumption of small perturbations, the relation (19) becomes

$$\frac{t}{\beta_0} = \hat{s}^*$$ (19')

which leads to the formula

$$\frac{(\gamma + 1)^{1/3}\, C_p}{\beta_0^{2/3}} = \text{const.}\ (\hat{s}^{*2/3} - \hat{s}_\infty^{*2/3})\ [(1 + \text{const.}\ (1 - M_\infty)]. \quad (21)$$

This expression is formally identical to that of the Eq. (14'): we do not write now the value of the constant within the square bracket at the right side of the relation (21), because it is depending on the values of the arbitrary constants contained in the *"Germain-Liger transformation"*, and it should be necessary to consider the "complete" transformation with *two* arbitrary constants for a quantitative comparison between the two formulae (21) and (14').

In the second limit case $q^* \to 0$; $t \to \infty$, we have

$$\varkappa_a(\sigma) \to K^2\, (Tgh\ 2t)^{2/3}; \quad \frac{1}{q^*} \to A\ Cht$$

being $A = C_1 + C_2$. We obtain

$$Tgh\ 2t = \frac{\dfrac{2}{A\ q^*}\sqrt{\dfrac{1}{A^2 q^{*2}} - 1}}{\dfrac{2}{A^2 q^{*2}} - 1} = 1 - \frac{1}{8}\, A^4\, q^{*4} + \cdots$$

and therefore

$$\varkappa_a(\sigma) \cong K^2\left(1 - \frac{1}{12}\, A^4\, q^{*4}\right)$$

or also, under the assumption of small perturbations,

$$\varkappa_a(\sigma) \cong K^2\left(1 - \frac{1}{12}\, A^4\, q_\infty^{*4}\right).$$

Thus the equation which defines the stream function ψ becomes

$$K^2\left(1 - \frac{1}{12}\, A^4\, q_\infty^{*4}\right)\psi_{\theta\theta} + \psi_{\sigma\sigma} = 0.$$

We put

$$\sigma = \frac{\sigma_1}{K\left(1 - \dfrac{1}{12}\, A^4\, q_\infty^{*4}\right)^{1/2}}$$

and we obtain

$$\psi_{\sigma_1\sigma_1} + \psi_{\theta\theta} = 0$$

which admits the similar solutions

$$\psi(\hat{\sigma}_1,\, \hat{\theta}) = \psi\left(\frac{\sigma_1}{\theta_0},\, \frac{\theta}{0_0}\right)\ .$$

To obtain the similarity rule for the pressure coefficient, we may observe that for $t \to \infty$ it is $\sigma \cong \frac{1}{K} t$, and since

$$t \cong \log \frac{1}{A} - \log q^*;$$

we deduce

$$\sigma - \sigma_\infty = \frac{1}{K}(t - t_\infty) \cong \frac{1}{K}\left(1 - \frac{q^*}{q_\infty}\right)$$

owing to the hypothesis of small perturbations. It turns out that $\dfrac{\left(1 - \frac{1}{12} A^4 q_\infty^{*4}\right)^{1/2}}{\theta_0} C_p$ takes the same value for correspondent profiles in omologous points, and this rule is to set against the PRANDTL-GLAUERT rule $\dfrac{\left(1 - \frac{2}{\gamma + 1} q^{*2}\right)^{1/2}}{\theta_0} C_p = \text{const.}$ in homologous points.

The disagreement between these two results is not surprising because the compressibility law corresponding to the generalized *Tricomi equation* using the *"Germain-Liger transformation"* with only one arbitrary constant parameter is far from the compressibility law of the real gas when $q^* \to 0$.

8. "Germain-Liger transformation":

contour of the "correspondent profiles"

We can determine the relation between the curvature radius in homologous points of the correspondent profiles by means of the formula

$$\frac{R}{l^*} = -\frac{1}{q^*} \frac{\varkappa_a \phi_\theta^2 + \phi_\sigma^2}{\varkappa_a \phi_\theta}$$

We calculate now

$$\phi_\theta = -K [B_1(t)]^2 \left\{ \left(\frac{Sh\, 2t}{Ch\, 2t + \cos 2\theta}\right)^{1/6} \frac{[B_1(t)]^{-1}}{(3/2\, s^*)^{2/3}} \left[\phi_{1,s^*} \frac{\partial \beta}{\partial t} - \phi_{1,\beta} \frac{\partial s^*}{\partial t}\right] \right\}$$

$$\phi_\sigma = K^2 [B_1(t)]^3 \left(\frac{Sh\, 2t}{Ch\, 2t + \cos 2\theta}\right)^{1/6} \frac{1}{(3/2\, s^*)^{1/3}} \left(\frac{\partial \beta}{\partial \theta} \phi_{1,s^*} - \frac{\partial s^*}{\partial \theta} \phi_{1,\beta}\right)$$

and therefore it is

$$\varkappa_a \phi_\theta^2 + \phi_\sigma^2 = \frac{K^4 [B_1(t)]^6}{(3/2\, s^*)^{2/3}} \left(\frac{Sh\, 2t}{Ch\, 2t + \cos 2\theta}\right)^{1/3} \left\{ \phi_{1,s^*}^2 \left[\left(\frac{\partial \beta}{\partial t}\right)^2 + \left(\frac{\partial \beta}{\partial \theta}\right)^2\right] \right.$$

$$\left. + \phi_{1,\beta}^2 \left[\left(\frac{\partial s^*}{\partial t}\right)^2 + \left(\frac{\partial s^*}{\partial \theta}\right)^2\right] - 2\phi_{1,s^*}\phi_{1,\beta} \left(\frac{\partial \beta}{\partial t} \frac{\partial s^*}{\partial t} + \frac{\partial \beta}{\partial \theta} \frac{\partial s^*}{\partial \theta}\right) \right\}.$$

Being

$$\beta + i\, s^* = \operatorname{tg}(\theta + i\, t); \qquad \left(\frac{\partial \beta}{\partial t}\right)^2 + \left(\frac{\partial \beta}{\partial \theta}\right)^2 = [\operatorname{grad} \beta(t, \theta)]^2;$$

$$\left(\frac{\partial s^*}{\partial t}\right)^2 + \left(\frac{\partial s^*}{\partial \theta}\right)^2 = [\operatorname{grad} s(t, \theta)]^2; \quad \frac{\partial \beta}{\partial t} \frac{\partial s^*}{\partial t} + \frac{\partial \beta}{\partial \theta} \frac{\partial s^*}{\partial \theta} = \operatorname{grad} \beta \cdot \operatorname{grad} s^*$$

we deduce

$$(\operatorname{grad} \beta)^2 = (\operatorname{grad} s)^2 = \frac{4}{(Ch\,2t + \cos 2\,\theta)^2} \; ; \quad \operatorname{grad} \beta \cdot \operatorname{grad} \hat{s} = 0$$

Finally we obtain

$$\frac{\partial \beta}{\partial t} = -\,2\beta\,s^* ; \quad \frac{\partial s^*}{\partial t} = 1 + \beta^2 - s^{*2}$$

so that it results

$$\beta_0\,\frac{R}{l^*} = -\,\frac{K}{q^*}\left(\frac{2}{3}\right)^{1/3}\frac{B_1(t)}{(s^*)^{1/6}}\,\frac{4}{(Ch\,2t + \cos 2\,\theta)^2}\,\frac{\phi_{1,\hat{s}*}^2 + \phi_{1\hat{\beta}}^2}{2\beta_0^2\,\hat{\beta}\,\hat{s}^*\,\phi_{1,s*} + \phi_{1,\hat{\beta}}\,(1 + \beta_0^2\,\hat{\beta}^2 - \beta_0^2\,\hat{s}^{*2})}.$$

$$(22)$$

Under the assumption that β_0 is small enough and M_∞ is not near to zero the preceeding relation can be simplified and written in the form

$$\beta_0\,\frac{R}{l^*} = K\left(\frac{2}{3}\right)^{1/3}[C_1 + C_2\,(\beta_0\,\hat{s}^*)^{2/3}]\,\frac{\phi_{1,\hat{\beta}}^2 + \phi_{1,\hat{s}}^2}{\phi_{1,\hat{\beta}}} \qquad (22')$$

and therefore, as in the case of the "*Loewner transformation*", under the conditions above indicated, "correspondent profiles" are "affine profiles".

Literatur

[1] Spreiter, J. R.: Report NACA **1153**, (1953).
[2] Gullstrand, T. R.: KTH Aero TN **24**, Royal Inst. Tech. Stockholm 1952.
[3] Oswatitsch, K.: Acta Physica Austriaca Bn **4**, Nr. 2—3, (1950).
[4] Loewner, Ch.: NACA TN **2065**, April (1950).
[5] Germain, P., et M. Liger: C. R. Acad. Scien. **234**, No. 19 (1962).
[6] Ferrari, C., et F. Tricomi: Aerodinamica Transonica. Ediz. Cremonese 1962. Pages 73—74.
[7] Liger, M.: Pubbl. No. **64** ONERA (1953).

Diskussionsveranstaltung

On an improvement to the linearized transonic theory

By

Hans U. Thommen

General Dynamics/Astronautics San Diego, Calif., U. S. A.

Dr. Maeder has discussed the linearized transonic theory in his review paper. He has shown, in particular, that the method yields good results only in some cases.

Let me briefly review the situation for the special case of free stream MACH number one and two-dimensional flow. In this case the potential equation reduces to

$$\Gamma \phi_x \phi_{xx} - \phi_{yy} = 0 \tag{1}$$

where $\Gamma = (k+1) M_\infty^2 = k + 1$ and where k is the ratio of specific heats. We have studied the linear equation

$$K_0 \phi_{0x} - \phi_{0yy} = 0 \tag{2}$$

with the solution at the body $(y \to 0)$

$$u_0(x) = \phi_{0x}(x, 0) = -\frac{1}{\sqrt{\pi K_0}} \int_{-\infty}^{x} \frac{y_0''(\bar{x}) \, d\bar{x}}{\sqrt{x - \bar{x}}} = \frac{\tau}{\sqrt{K_0}} F(x) \tag{3}$$

where $y_0(x)$ describes the body surface. Combining Eqs. (1) and (2), we obtain

$$\frac{\partial}{\partial x}(\phi_x^2) = \frac{2 K_0}{\Gamma} \phi_{0x} + \frac{2}{\Gamma}(\phi_{yy} - \phi_{0yy}). \tag{4}$$

Now in [1] it was argued, on physical grounds, that the last term in Eq. (4) is presumably small on the body surface and that an approximate solution u_1 can be obtained by neglecting this term. Considering u_1 to be a function of x only on the body, it is found by solving the differential equation

$$\frac{d}{dx}(u_1^2) = \frac{2 K_0}{\Gamma} u_0(x). \tag{5}$$

The parameter K_0 is then so chosen that the approximation is best near the sonic point x^*. This gives

$$K_0 = \Gamma \left[\frac{du_0}{dx}\right]_{x^*} = [\tau \, \Gamma \, F'(x^*)]^{2/3}. \tag{6}$$

The sonic point is assumed to be given with sufficient accuracy by the solution to Eq. (2), i. e., by

$$u_0(x^*) = 0.$$

In considering the solution u_1 it is found that the pressure coefficient remains finite at the leading edge of the airfoil, while the small perturbation equation, Eq. (1), of course predicts a singular behavior. Therefore, although the last term in Eq. (4) is presumably quite small in the neighborhood of the sonic point, this certainly is not the case near the leading edge of the airfoil where it seems to be the dominant term. And neglecting it everywhere leads locally to a catastrophe.

The situation bears some resemblance to that encountered often in successive approximation schemes where the convergence is locally non-uniform. In such cases the POINCARÉ-LIGHTHILL-KUO (PLK) method of rendering the solution uniformly convergent often succeeds.

Unfortunately, however, no successive approximation procedure seems possible in the present case. Since the solution $u_1(x)$ exhibits no singular character at the leading edge, the next approximation would have to be singular and, therefore, the convergence would have to be necessarily non-uniform. Hence the situation is just reversed from that for which the PLK-method has been developed.

It seems, nevertheless, worthwhile to investigate whether the basic idea of the PLK-method cannot be used to advantage in the present case. The PLK-method makes use of a simultaneous disturbance of the dependent and the

14*

independent variables. Thus, let us introduce a new independent variable ξ and consider the velocities u and u_0 and the coordinate x all to be functions of this new variable. Then Eq. (5) transforms into the two simultaneous equations

$$x = x(\xi)$$

$$\frac{d}{d\xi}\,[u^2(\xi)] = \frac{2\,K}{\Gamma}\,u_0(\xi)\,\frac{dx}{d\xi}\,. \tag{7}$$

In Eq. (7) we have replaced the parameter K_0 by a new parameter K. This parameter again will be determined such that the approximation is best near the sonic point.

The transformation $x(\xi)$ shall be subjected to the boundary conditions

$$
\begin{aligned}
x = 0: &\qquad \xi = 0; \\
x = x^*: &\qquad \xi = x^*; \\
x = 1: &\qquad \xi = 1,
\end{aligned}
\tag{8}
$$

i. e., the leading and trailing edge as well as the sonic point shall remain unchanged.

Let us now first consider the simple case of flow over a wedge. In this case we know from the exact solution of GUDERLEY and YOSHIHARA [2] the behavior of $u(x)$ at the leading edge. There we have

$$\lim_{x \to 0} u(x) \sim x^{-1/5}\,. \tag{9}$$

By inspection of Eq. (7) we conclude that the behavior of $x(\xi)$ must accordingly be

$$\lim_{\xi \to 0} x(\xi) \sim \xi^{5/14}\,. \tag{10}$$

In this case, the sonic point x^* coincides with $x = 1$. Thus of the three boundary conditions, Eq. (8), the last two reduce to one condition and the first is automatically fulfilled by Eq. (10). As an additional boundary condition we now require that the slope of $u(x)$ at the sonic point shall be the same as that of $u_1(x)$, both being in this case infinite. This condition

$$\left[\frac{du}{dx}\right]_{x^*} = \left[\frac{du_1}{dx}\right]_{x^*} \tag{11}$$

then requires that

$$\left[\frac{dx}{d\xi}\right]_{x^*} = 1\,. \tag{12}$$

These conditions can most easily be satisfied by a power series which takes the form

$$x(\xi) = \frac{1}{14}\,\xi^{5/14}\,(5 + 9\xi)\,. \tag{13}$$

The question now arises how to adjust the parameters K_0 and K. In this case, $u_0(x)$ is discontinuous at the sonic point and hence Eq. (6) can not be used to determine K_0. Let us consider the transonic similarity rule. In order that $u_1 \sim (\tau^2/\Gamma)^{1/3}$ we must have $K_0 \sim (\tau\,\Gamma)^{2/3}$. Also from $u \sim (\tau^2/\Gamma)^{1/3}$ we conclude that $K/\sqrt{K_0} \sim (\tau\,\Gamma)^{1/3}$. Using these facts together with the condition of Eq. (12), we find from Eq. (11) that K must be equal to K_0. However, K_0 is still only prescribed with an arbitrary constant. Let us put this constant arbitrarily equal to one, i. e., assume that

$$K = K_0 = (\tau\,\Gamma)^{2/3}\,. \tag{14}$$

The resulting pressure distribution

$$\overline{C}_p = \left(\frac{\Gamma}{\tau^2}\right)^{1/3} C_p = -2\left(\frac{\Gamma}{\tau^2}\right)^{1/3} u \tag{15}$$

is shown in Fig. 1. The agreement with the exact solution of GUDERLEY and YOSHIHARA is quite good.

Also indicated is the result obtained by assuming $u(x)$ to be proportional to $x^{1/4}$. This changes the requirement of Eq. (10) to be modified to

$$\lim_{\xi \to 0} x(\xi) \sim \xi^{1/3}. \tag{10a}$$

This requirement is somewhat easier to use. Since the results of the two approximations differ only in the immediate neighborhood of the leading edge, the simpler condition [Eq. (10a)] is probably sufficient.

Consider now airfoils with continuous derivatives of the contour $y_0(x)$. Let us assume that the pressure distribution in the immediate neighborhood of the leading edge is similar to that on the wedge. Hence we require that

$$\lim_{x \to 0} u(x) \sim x^{-1/5}$$

or

$$\lim_{x \to 0} u(x) \sim x^{-1/4}$$

and that therefore

$$\lim_{\xi \to 0} x(\xi) \sim \xi^{5/14}$$

or

$$\lim_{\xi \to 0} x(\xi) \sim \xi^{1/3}.$$

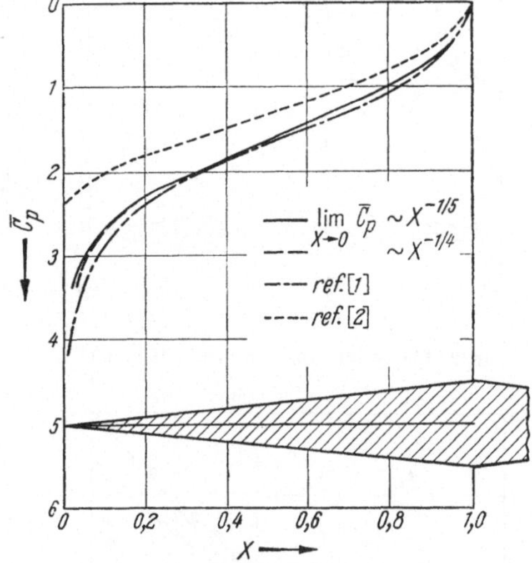

Fig. 1. Flow over a wedge, $M_\infty = 1$

Assume a simple power series for the transformation $x(\xi)$ in the form

$$x(\xi) = \xi^{5/14}(a + b\xi^m) \qquad \text{or} \qquad x(\xi) = \xi^{1/3}(A + B\xi^m) \tag{16}$$

where $m = 1, 2, \ldots$

The coefficients a, b or A, B respectively are determined from the boundary conditions in Eqs. (8).

It has been found in [1] that both $u_0(x)$ and $u_1(x)$ in general predict the pressure distribution at the sonic point with good accuracy. Therefore, let us require additionally that

$$\left[\frac{du}{dx}\right]_{x^*} = \left[\frac{du_1}{dx}\right]_{x^*} = \left[\frac{du_0}{dx}\right]_{x^*}.$$

This then gives for the parameter K_0 the condition of Eq. (6) and for K we obtain:

$$K = K_0\left[\frac{dx}{d\xi}\right]_{x^*}. \tag{17}$$

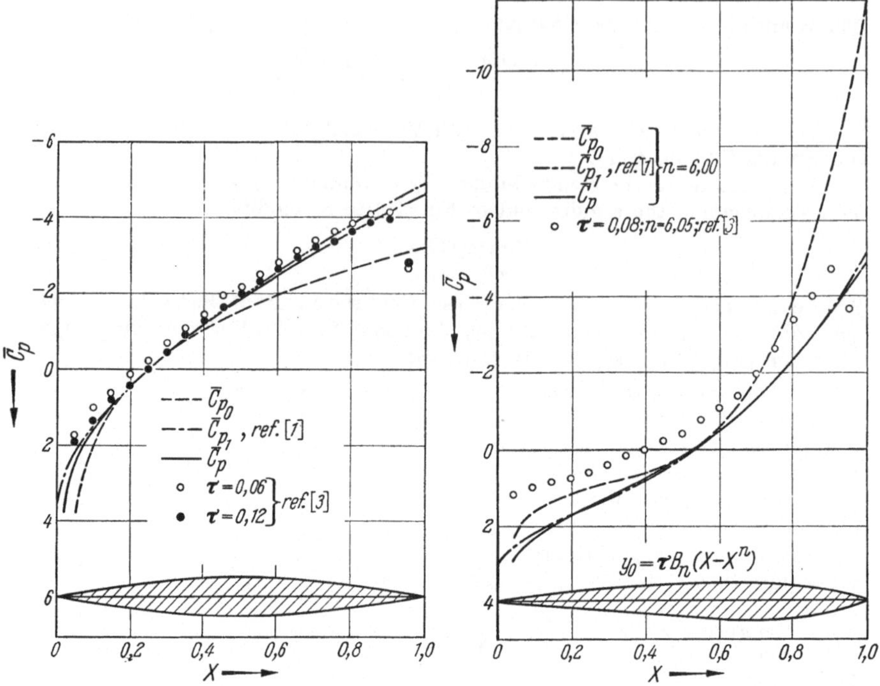

Fig. 2. Flow ower parabolic airfoil, $M_\infty = 1$

Fig. 4. Flow over airfoil with $y_{\max}$ at $X \doteq 0.7$

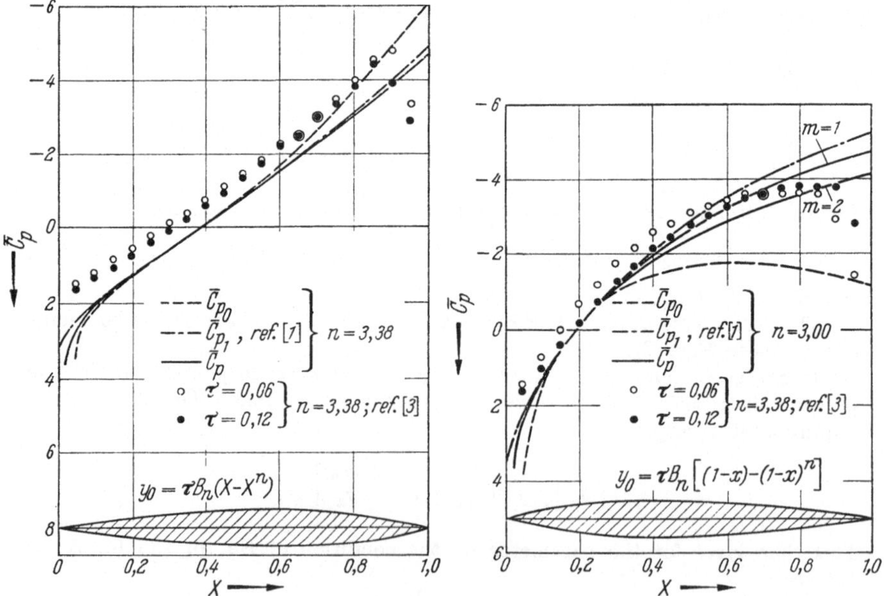

Fig. 3. Flow over airfol with $y_{\max}$ at $X \doteq 0.6$

Fig. 5. Flow over airfoil with $y_{\max}$ at $X \doteq 0.4$

This procedure has been applied to a family of airfoils whose contour is described by

$$y_0(x) = \tau\, B_n (x - x^n) \tag{18}$$

and

$$y_0(x) = \tau\, B_n \left[(1 - x) - (1 - x)^n\right] \tag{19}$$

where $B_n = n^{n/n-1}/2(n - 1)$.

The results are shown in Figs. 2 to 6. In Fig. 2 the results for the parabolic airfoil with $n = 2$ are plotted. They are compared to the measurement of MICHEL, MARCHAUD and LE GALLO [3]. The agreement is very good, but the result differs only little from those of [1] except at the leading edge.

For the airfoils with points of maximum thickness at $x = 0.6$ (Fig. 3) and $x = 0.7$ (Fig. 4) with $n = 3.38$ and $n = 6.05$ [Eq. (18)] respectively, the change in pressure distribution compared to those of [1] is even less significant. In both cases the theoretical differ from the experimental results approximately by a constant. It is presently not known whether this discrepancy has to be attributed to the inaccuracies of the theory or to the experimental results. Some short-comings to the latter have been investigated in [4].

In Figs. 5 and 6 the results for airfoils with points of maximum thickness at $x = 0.4$ and $x = 0.3$ are shown. The experiments were performed on air-foils with $n = 3.38$ and $n = 6.05$ [Eq. (19)] respectively, but the calculations were carried out for the simpler cases $n = 3.0$ and $n = 6.0$. Both cases $m = 1$ and $m = 2$ [see Eq. (16)] are demonstrated. In both cases it is seen that the results for $m = 1$ and 2 differ significantly from each other and also from the results of [1]. The differences increase as the point of maximum thickness and also the sonic point moves towards the leading edge. The results seem to indicate, that with a different transformation formula $x = x(\xi)$, the experimental results could be predicted with better accuracy. However, at present no theoretical justification for the choice of a particular transformation has been found. In the case of the wedge, the transformation represents an interpolation between the prescribed behavior at the end points. In contrast to this, for smooth bodies the transformation formula has been found by extrapolating from the subsonic region towards the trailing edge. It is conceivable that the method could be improved by imposing an additional condition at the trailing edge. However, the behavior of the exact solution near the trailing edge is unfortunately not known. Experimental evidence seems to indicate that du/dx vanishes at the trailing edge for airfoils with points of maximum thickness ahead of the midpoint of the airfoil. This would mean that the derivative $dx/d\xi$ has to become infinite at the trailing edge. However, because of boundary layer shockwave interaction, the experimentally observed trends are probably quite unreliable.

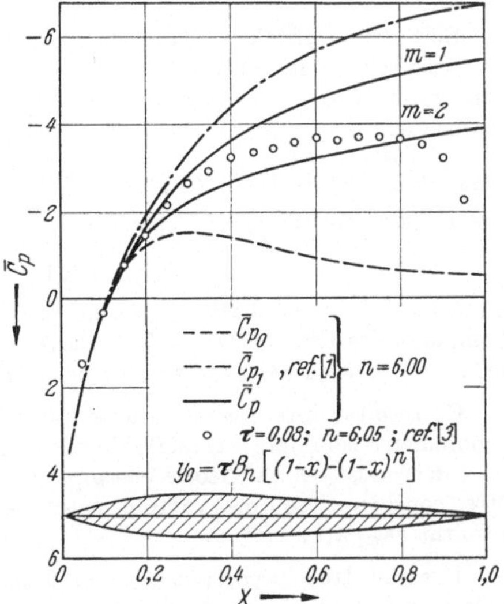

Fig. 6. Flow over airfoil with $y_{\max}$ at $X \doteq 0.3$

References

[1] Maeder, P. F., and H. U. Thommen: Journ. Appl. Mech. **28**, Series E, No. 4, (1961).

[2] Guderley, G., and H. Yoshihara: J. A. S. **17**, 723 (1950).

[3] Michel, R., F. Marchaud and J. Le Gallo: ONERA, Publication No. 65, (1953).

[4] Carrol, J. B., and G. F. Anderson: J. Aeronautical Sci. **23**, 604—605 (1956).

Diskussionsbemerkungen

P. Germain:

Je crois intéressant de signaler un résultat du à M. Szaniawski de Varsovie et qui fera prochainement l'objet d'un article dans le JOURNAL DE MÉCANIQUE.

Soit Δ le coefficient d'absorption des ondes sonores (Δ est une combinaison des coefficients de viscosité et de conductibilité calorifique) et τ le paramètre sans dimension caractérisant l'intensité des petites perturbations. Considérons un passage à la limite dans lequel Δ et τ tendent simultanément vers zéro, le rapport $\dfrac{\Delta}{\tau}$ restant fixe. On peut montrer que la partie principale φ du potentiel des vitesses vérifie alors l'équation

$$L(\varphi) = \delta\varphi_{xxx}$$

où $L(\varphi) = 0$ est l'équation classique (non linéaire) gouvernant les écoulements transsoniques des fluides parfaits dans la théorie des petites perturbations et δ un nouveau paramètre de similitude formé avec Δ, τ et $1 - M_\infty^2$.

Ce résultat intéressant montre que, théoriquement, lorsqu'on considère des écoulements semblables d'un fluide *donné, très faiblement visqueux* pour des valeurs de τ décroissantes, la théorie classique reposant sur l'équation $L(\varphi) = 0$ ne peut être considérée comme valable *pour des valeurs de τ, suffisamment petites*. Ce résultat est paradoxal.

Il serait très important de voir à partir de quelle valeur de τ, pour l'air, l'effet qui vient d'être signalé devient sensible. Pour comprendre pourquoi cet effet, qui n'existe pas dans le cas des écoulements subsoniques ou supersoniques, se présente dans le cas des écoulements transsoniques, il suffit de se rappeler que l'épaisseur d'un choc faible est inversement proportionnelle à la différence des vitesses amont et aval, si bien que l'épaisseur de choc peut être finie.

K. Oswatitsch:

Die wesentliche Schwäche der parabolischen Methode dürfte noch immer in der mit ihr verknüpften Anfangsbedingung liegen, nämlich in dem Umstand, daß alle Störungen vor dem Körper bei einer Anströmmachzahl $M_\infty = 1$ verschwinden. S. Keune und ich haben den Fehler, der aus dieser Anfangsbedingung entspringt, im günstigen achsensymmetrischen Falle in der ersten Arbeit als ziemlich klein abgeschätzt. Wir versuchten aber auch gleich damals auf iterativem Wege nicht nur zu einer Verbesserung der Resultate, sondern auch zu einer Verbesserung der Grundlegung der parabolischen Methode zu kommen. Unser damals entwickeltes Iterationsverfahren divergierte jedoch und wir gaben die Arbeit zugunsten anderer Pläne auf. Dennoch glaube ich, daß an die parabolische Methode keine höheren Ansprüche gestellt werden dürfen, bevor nicht auch die richtigen Anfangsbedingungen gestellt werden können. Insbesondere kann man unter den gegenwärtigen Verhältnissen nicht die vollständig richtigen Singularitäten an der Profilspitze erwarten.

Damit soll freilich nichts gegen die erfolgreichen Verbesserungen der Methode z. B. durch SPREITER und durch MAEDER und THOMMEN gesagt sein. Man darf nur die noch immer vorhandenen Mängel der Theorie nicht übersehen.

Stationäre Strömungen im Raum, Schallkanten

VI. Sitzung

Vorsitzender: N. LUNC, Polen

On some threedimensional flow phenomena of the transsonic type

By

D. Küchemann

Royal Aircraft Establishment, Farnborough, England

1. Introduction

The intention of the present paper is to describe in context some fluid-motion problems of the mixed type, which are not quite of the kind commonly treated in the classical papers and textbooks. In particular, most of them are not concerned with flow phenomena which occur at mainstream MACH numbers near unity. The problems considered have all in common that they are related to threedimensional flows. Another common feature is that they all arise in the design of aircraft and other flying vehicles.

The approach from the side of the design problem colours the whole outlook to a considerable extent. It has become more and more apparent in recent years that it is far beyond our present abilities to determine the aerodynamic properties of any given body shape in any given flow. Therefore, more emphasis is placed on the design problem, namely, to find and to design bodies to have given aerodynamic properties[1]. This means, on the one hand, that we do not feel obliged to

---

[1] This, of course, is not new: The first fifty years of aviation have been concerned almost exclusively with a set of shapes which had the same basic aerodynamic properties.

attempt detailed investigations of the properties of complex flows which we know to have undesirable features from the standpoint of practical application; investigations which are, in any case, beyond our present capabilities. It means, on the other hand, that we seek to define desirable aerodynamic properties beforehand and then try to find bodies and flows which possess these. For example, we should like a lifting body at hypersonic speeds to have a certain overpressure over its lower surface, preferably no more and no less than what is necessary, and we try find body shapes and flows that provide this. One implication of this approach is that only what is of fundamental and general interest in all the work on two-dimensional aerofoil sections at MACH numbers near unity remains vital. In the practical application, especially in the design of swept wings, our interest is primarily directed towards finding means of avoiding any of the well-known "transsonic" effects, and this will be demonstrated by the papers which H. H. PEARCEY and R. C. LOCK have prepared for this Symposium. A similar attitude will be detectable in some of the other cases discussed here.

Whereas mixed-flow effects in the transsonic speed range have thus largely lost their practical importance because classical aerofoil shapes should not be used in that condition and because they are somewhat in the nature of a curiosity in the case of slender wings, similar flow phenomena do occur in various forms with lifting propulsive bodies designed to fly at high supersonic and hypersonic speeds with flows involving strong shock waves. It would appear that they assume prime importance in these cases and that it is here that the classical theories might find their practical application.

The discussion will begin with a description of flow phenomena occurring with slender wings in the neighbourhood of MACH number one. From then on, we shall concern ourselves mainly with lifting . bodies at higher MACH numbers in continuum flows and it seems desirable for the present purpose to restrict the discussion primarily to conical flows because they display the various features most clearly and allow the various regions to be defined mathematically. A number of specific cases is discussed in turn, mainly with the aid of experimental results.

The author is extremely reluctant and hesitant to face the community of workers on mixed flows with problems so different from the classical ones and so geared to practical design problems; and, furthermore, without offering any solutions in any of the cases considered! It will be seen that the only cases where agreement between experimental and theoretical results can be demonstrated are those few where the relations of HUGONIOT (1889) and PRANDTL-MEYER (1908) apply to some regions in the flow. The paper will be confined to descriptions of various flow phenomena and attempts to define what are regarded to be the main problems. The intention is to demonstrate that, with threedimensional bodies, there exist a number of interesting flow phenomena of the transsonic type which would appear to merit further consideration.

2. Slender wings at Mach numbers near unity

The slender wings considered here are understood to be shapes designed for supersonic cruising flight, of near-triangular planform with subsonic leading edges and supersonic trailing edges. Volume and lifting surface are integrated into one smooth shape which is geometrically slender in the sense that its semispan-length ratio, s/l, is about 1/4 or less (for flight at Mach numbers of about 2 or more). The aerodynamic slenderness ratio $\beta\, s/l$ is about 1/2 or less. The shapes are so designed that all the edges are separation lines, except in one condition where the leading edges are attachment lines. The slender wing produces small perturbations in the flow field, except near the trailing edge at supersonic speeds, where a shock wave exists. The aerodynamic design of such wings has been discussed in [1, 2] and [3].

The flow about such wings at subsonic speeds is such that, even though coiled vortex sheets exist above the wing surface, some isobaric surfaces near the trailing edge are practically normal to the direction of the streamlines, with the pressure rising towards the trailing edge. This is particularly so for thick wings at zero lift (see e. g. [4] and [5]). As the mainstream Mach number increases a local supersonic region is formed which may be terminated by a shock wave. At Mach numbers near unity, therefore, a "transsonic problem" of the classical kind exists.

Very little theoretical work has as yet been done on this problem [6] and [7]. This is not surprising in view of the highly threedimensional nature of the flow. But experimental studies have also encountered quite formidable difficulties. This is mainly because the perturbations on practical shapes are generally small, so small, in fact, that it is very difficult in wind-tunnel results to distinguish between possible shock waves associated with the unbounded flow past the wing and other pressure changes brought about incidentally by tunnel-wall and support interferences. For instance, the maximum velocity on the centre line of a practical slender wing is typically about 2% higher than the mainstream velocity at Mach numbers of 0.6 and 2 and between 3% and 5% higher at a lift coefficient of 0.1 at the same Mach numbers. No detailed experimental results are, therefore, offered here and we confine ourselves to the general statement that weak shock waves have been observed, which travel backwards as the MACH number is increased and reach the trailing edge at some low supersonic speed. Thus the flow phenomena are somewhat related to those observed on two-dimensional aerofoil sections; they only take a much milder form in that the disturbances are so much weaker.

One of the consequences of the flow changes which occur in the transsonic region between the purely subsonic and the purely supersonic types of flow is that a pressure drag occurs, which builds up to the supersonic wave drag. This build-up is illustrated for the case of thick wings at zero lift[1] in Fig. 1, where s is the semispan of the wing, l its length, and $\beta = \sqrt{M_0^2 - 1}$. It is consistent with the observed shock movements that the transsonic changes are confined to a very narrow MACH number range on either side of the MACH number of unity, i. e. between about $M_0 = 0.95$ and $M_0 = 1.05$. Since the drag is expressed, as a factor K_0, in terms of the drag of the corresponding SEARS-HAACK body of revolution of the same volume and length, we note that the drag of these wings is always below that of the optimum body of revolution, that is, the sonic area rule does not apply to wings because, as is well known, the

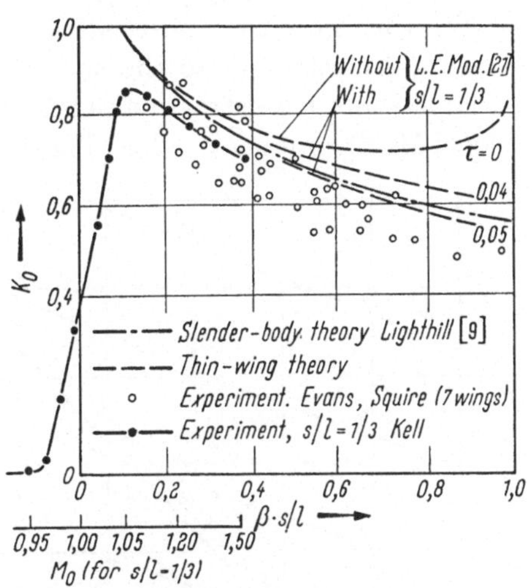

Fig. 1. Volume-dependent wave drag for 8 slender wings with the same area distribution

theory which leads to the sonic area rule for pointed bodies contains additional terms for wings with non-zero edge angles along an unswept trailing edge. These are infinite at $M_0 = 1$, but once supersonic flow conditions have been established, both the slender-body theory of WARD [8] and LIGHTHILL [9] and the thin-wing theory (which is equivalent to the supersonic "area rule" [10]) represent the experimental

---

[1] These wings have different volume coefficients but have the same shape otherwise; for delta wings,

$$z(x, y) = \text{Const.} \; x(1 - x)(4 - 6x + 4x^2 - x^3)\left[1 - \frac{|y|}{s\,x}\right],$$

where the chord of the centre section is taken as unity. (These wings have the so-called Lord V area distribution.)

results adequately, as long as the wings may be regarded as aerodynamically slender. Conditions near $\beta\, s/l = 1$ will be discussed in section 4.

Similar flow changes occur with lifting wings in the transsonic speed range. The most important change from the practical point of view is that in the position of the aerodynamic centre, brought about by differential shock movements on the upper and lower surfaces and a final build-up of a non-zero load along the trailing edge at supersonic speeds. For conical wings of delta planform, practically all the rearward movement of the aerodynamic centre occurs in the transsonic speed range; in the general case, further changes occur at supersonic speeds. This general phenomenon introduces a trim problem into the aerodynamic design of slender wings, which can be solved by suitable camber desing [3].

We turn now to a different kind of mixed-flow problem and illustrate it by referring to the special case of a thick wing at zero lift. At supersonic mainstream MACH numbers, the flow reaches in general a local MACH number on the wing surface near the trailing edge, which is higher than the mainstream MACH number: the question is, how the necessary recompression and change in flow direction (for a non-zero trailing edge angle) can be effected. The problem is essentially threedimensional because the local MACH number on the threedimensional wing is lower than that on the two-dimensional wing with the same trailing edge angle. Fig. 2 illustrates the special case of delta wings with "Lord V" area distributions and rhombic cross-sections. The trailing-edge angle at the centre line for wings of different volumes (measured by the thickness-chord ratio at the centre line) is given. Further, the local MACH number just upstream of the trailing edge has been determined from thin-wing theory for various mainstream MACH numbers

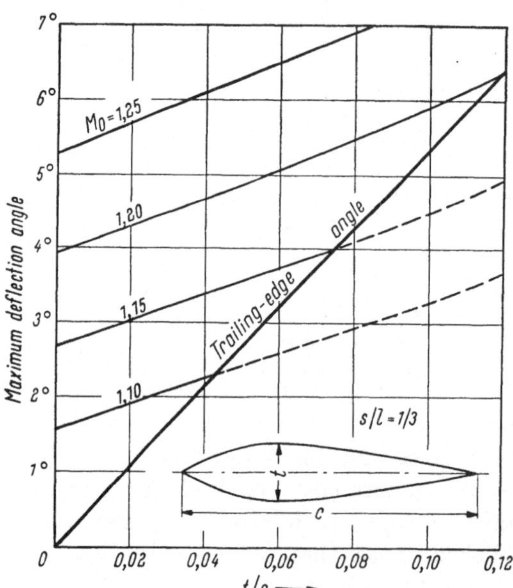

Fig. 2. Deflection of the low along the centre line at the trailing-edge of delta wings at various mainstream MACH numbers

at the centre line for wings of different volumes (measured by the thickness-chord ratio at the centre line) is given. Further, the local MACH number just upstream of the trailing edge has been determined from thin-wing theory for various mainstream MACH numbers and the attempt has been made to fit a (plane) oblique shock to give the required change in flow direction. In particular, the maximum turning angle has been found, and this has been plotted in Fig. 2. We find that an oblique shock can be fitted only if the mainstream MACH number is high enough and the thickness-chord ratio low enough. When the maximum turning angle turns out to be smaller than the trailing edge angle, such an attached shock cannot exist and a different flow pattern must in fact occur. It is to be expected that this is a genuine problem even though the actual values in Fig. 2 may be incorrect on account of the deficiencies of thin-wing theory.

Regarding an inviscid flow first, we may envisage a curved shock which joins the surface at a right angle upstream of the trailing edge so that the change in flow direction at the trailing edge can be negotiated in a subsonic manner. This then would be a mixed-flow problem, in three dimensions. Regarding the viscosity as an essential feature and admitting a flow separation upstream of the trailing edge, we may envisage a system of shock waves which would leave the flow supersonic in character throughout, outside the boundary layer. This problem has not yet been investigated and it is not known what happens in practice; it is closely related to the flow past compression corners (see e. g. E. EMINTON [11]).

3. Various regions in conical flows

Most of the cases which we shall discuss from now on concern conical flows and it seems advisable therefore to recapitulate briefly how the elliptic and hyperbolic regions in the flow, separated by a parabolic surface, can be distinguished from one another. These correspond to the subsonic and supersonic regions of a plane compressible flow. We consider the flow of an inviscid compressible fluid which is irrotational and isentropic, at least in certain regions, so that the velocity is the gradient of a potential, ϕ. In rectangular Cartesian coordinates, ϕ satisfies the second-order partial differential equation

$$(a^2 - u^2)\,\phi_{xx} + (a^2 - v^2)\,\phi_{yy} + (a^2 - w^2)\,\phi_{zz}$$
$$- 2\,v\,w\,\phi_{yz} - 2\,w\,u\,\phi_{zw} - 2\,u\,v\,\phi_{xy} = 0, \tag{1}$$

where

$$\underline{V} = (u,\,v,\,w) = \nabla\phi;$$

a is the speed of sound given by

$$a^2 = a_0^2 - \frac{\gamma - 1}{2}\,(u^2 + v^2 + w^2), \tag{2}$$

with a_0 as the velocity of sound under stagnation conditions and thus a constant; γ is the adiabatic index. This equation may be called quasi-linear because the highest derivatives appear only in linear form.

If, in addition, the flow is conical, that is to say the velocity is constant along half-lines through an apex which is taken as origin, the velocity potential can be written

$$\phi(x, y, z) = x\, f(\eta, \zeta), \tag{3}$$

where

$$\eta = y/x; \qquad \zeta = z/x.$$

Then

$$u = f - \eta\, f_\eta - \zeta\, f_\zeta; \qquad v = f_\eta; \qquad w = f_\zeta,$$

and Eq. (1) becomes

$$[a^2(1 + \eta^2) - (v - \eta\, u)^2]\, f_{\eta\eta} + 2\,[\eta\, \zeta\, a^2 - (v - \eta\, u)\,(w - \zeta\, u)]\, f_{\eta\zeta}$$
$$+ [a^2(1 + \zeta^2) - (w - \zeta\, u)^2]\, f_{\zeta\zeta} = 0. \tag{4}$$

This is a second-order quasi-linear equation in two independent variables only.

At a point (η, ζ) where the velocity components are (u, v, w) and the local speed of sound is a, the characteristics $g(\eta, \zeta) = 0$ of equation (4) satisfy:

$$[a^2(1 + \eta^2) - (v - \eta\, u)^2]\,(g_\eta)^2 + 2\,[\eta\, \zeta\, a^2 - (v - \eta\, u)\,(w - \zeta\, u)]\, g_\eta\, g_\zeta$$
$$+ [a^2(1 + \zeta^2) - (w - \zeta\, u)^2]\,(g_\zeta)^2 = 0. \tag{5}$$

Eq. (4) is hyperbolic, parabolic, or elliptic according as the characteristic directions determined by Eq. (5) are real and distinct, coincident, or complex, i. e. as

$$[\eta\, \zeta\, a^2 - (v - \eta\, u)\,(w - \zeta\, u)]^2$$
$$\gtreqless [a^2(1 + \eta^2) - (v - \eta\, u)^2]\,[a^2(1 + \zeta^2) - (w - \zeta\, u)^2],$$

which is equivalent to

$$(v - \eta\, u)^2 + (w - \zeta\, u)^2 + (\zeta\, v - \eta\, w)^2 \gtreqless a^2(1 + \eta^2 + \zeta^2), \tag{6}$$

since $a^2 > 0$. This inequality can be rearranged in the form

$$(u^2 + v^2 + w^2) - \frac{(u + v\, \eta + w\, \zeta)^2}{1 + \eta^2 + \zeta^2} \gtreqless a^2. \tag{7}$$

The first term on the left-hand side is the square of the local velocity and the second term is the square of the component of this velocity along the local conical ray. Thus Eq. (4) is hyperbolic, parabolic, or elliptic as the velocity component normal to the local ray, V_n, is supersonic, sonic, or subsonic, i. e. as $V_n \gtreqless a$.

When the flow is not isentropic this simple analysis is inadequate. A second equation for the variation of the rotation arises and the lines of constant entropy appear as characteristics. However, the remaining pair of characteristics directions are real and distinct, coincident, or complex according to relations (6) and (7) and so the same criterion applies to distinguish between the different types of flow (see e. g. S. H. MASLEN [12], L. R. FOWELL [13].

In the flow of a supersonic stream parallel to the x-axis about a body confined to a finite region of the (η, ζ) plane, v and w tend to zero as η and ζ increase; so relation (7) shows that Eq. (4) is hyperbolic at large enough distances from the origin. Further, if the flow has a plane of symmetry $\eta = 0$, the velocity component v vanishes there and, where the body surface meets the plane of symmetry, $w = u\,\zeta$, so that by (6) the Eq. (4) is elliptic. Therefore, Eq. (4) is of mixed type for a large class of flows, some of which will be described in the following sections.

We note further that, in the special case of an aerodynamically slender body, the flow is governed by an elliptic equation in the neighbourhood of the whole wing surface because the left-hand side of Eq. (6) is always smaller than the right-hand side if $\beta\,s/l \ll 1$. This is an important general feature in the aerodynamic design of slender wings for flight at supersonic speeds [2].

In this mixed character, Eq. (4) resembles the equation for inviscid compressible potential flow about a two-dimensional body in the transonic speed range. The doubts about the existence of two-dimensional smooth transonic compressions for general boundaries may now also be felt about the existence of conical flows with general boundaries in which the governing equation changes smoothly from hyperbolic to elliptic type. The possible similarity between these types of flow has been suggested by various authors [14] and [15].

In this paper, most or the flows will be described with the aid of experimental pressure distributions over the surface of conical bodies. Here we should remind ourselves that it will not be possible to recognise immediately from such pressure distributions whether we are dealing with a particular mixed flow and where the boundaries between the regions are. In this, conical flows are more general than the flows past infinite sheared wings which are being discussed in connection with swept wing design. There, an equation directly equivalent to Eq. (7) can be derived [16] and we known that the velocity component along the line of sweep is a constant, namely $V_0 \sin \varphi$, in all cases. The second term on the left-hand side of Eq. (7) is therefore known in advance and this makes it possible to calculate critical resultant velocities for given angles of sweep and given freestream MACH number and also to calculate critical pressure coefficients, if the assumption of an isentropic flow up to the sonic line can be made, which is usually justified in practical cases. Experimental pressure distributions thus reveal immediately where the flow changes type in that a certain critical value is exceeded. In the case of conical flows, however, none of the velocity components are known a priori and all are needed in order to enable us to apply Eq. (7).

One often finds that concepts applicable to infinite sheared wings are taken over in the analysis of conical flows, in particular, in the analysis of the flow near the leading edges of wing-like conical shapes. One then considers flows in sections normal to the leading edge. If, in addition, one assumes that the perturbations are infinitesimal, then the change-over from the hyperbolic to the elliptic type of flow takes place along the leading edge, of angle of sweep φ, when $M_0 \cos \varphi = 1$, i. e. when the component of the mainstream velocity normal to the leading edge is unity. This is equivalent to saying that the flow over the surface of a conical body becomes of a mixed type first when its leading edge lies along the MACH cone from its apex, i. e. when $\beta\, s/l = 1$. In this sense, we shall speak of nominally subsonic leading edges when they lie within the MACH cone and of supersonic leading edges when they lie without it.

In view of the analogy set out above, we may follow L. C. SQUIRE et al [17]. in using such terms as "conical sonic line" and "conically-supersonic region". The term "conically-supersonic", for instance, can be used to describe a region in which Eq. (4) is hyperbolic in type. In practical applications, however, the flows are hardly ever strictly conical although the physical nature may often be essentially the same as in a conical mixed flow, expecially if the phenomena are basically conical and have only been modified by details which are non-conical. Such flows will be loosely described as of the "transsonic type", and, in this more physical sense, we shall occasionally speak of flows of elliptic, or hyperbolic, kind.

4. Conical bodies at zero lift

We consider now the flow past a non-lifting conical body and take as an example one with rhombic cross-sections, a pyramid[1]. The body thus has two planes of symmetry, one vertical and one horizontal, and according to the general properties of conical flows discussed in

---

[1] We specifically exclude pyramids with rectangular non-square cross-sections because, in that case, EMINTON [18] has shown that the edges are not attachment lines, even when the flow is directed along the axis of the pyramid. All edges are then separation lines and one pair of surfaces behaves like the upper surface of a lifting conical wing and the other pair like the lower surface.

section 3, the flow can be expected to be of an elliptic kind in the neighbourhood of the side edges as well as in the neighbourhood of the top and bottom ridge lines.

Figs. 3 and 4 give measured pressure distributions over the surface along a line normal to the axis of the body. The experiment confirmed that the flows may be regarded as being conical up to the station where the pressures have been measured, and this is generally true in all cases considered below, if not stated otherwise. The results shown in Fig. 3 have been obtained on one cone (with $\dfrac{s}{l} = \dfrac{1}{4}$, i. e. aspect ratio of unity in plan view) tested at different MACH numbers, those in Fig. 4 have been obtained on three cones of different semispan-length ratio, tested at the same MACH number.

Figs. 3 and 4 contain also some theoretical results, obtained by three different approximations. Firstly, the linearised equations of motion were solved for a slender body of non-zero thickness, i. e. with the assumption that $\beta\, s/l \ll 1$, in which case the flows can be expected to be wholly elliptic near the body surface. The results in Fig. 3 are in good agreement with the measured pressures when $\beta\, s/l = 0.21$ (top diagram), but become progressively inadequate as $\beta\, s/l$ is increased; at $\beta\, s/l = 0.65$, the body can obviously no longer be regarded as aerodynamically slender.

Secondly, the linearised equations for the velocity components were solved for a thin wing without making the slenderness assumption, and BERNOULLI's equation was also linearised. The results are never fully adequate in the examples given and this can be expected to be partly due to the fact that the thinness assumption is not justified.

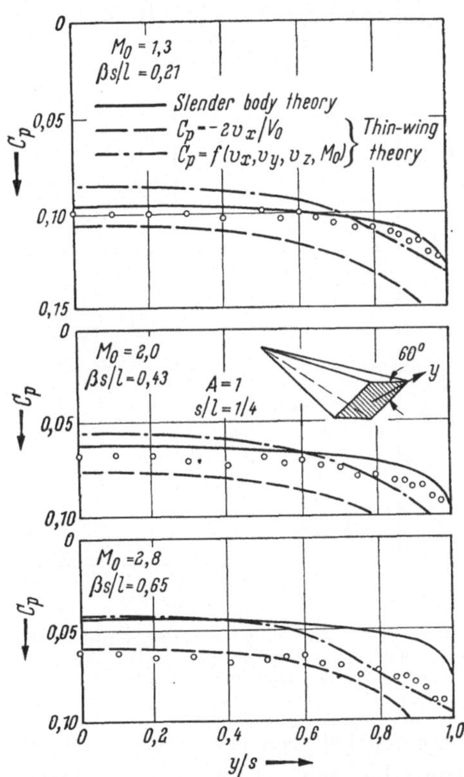

Fig. 3. Pressure distributions over a conical body with rhombic cross-sections at zero lift. Measurements by BRITTON [19]

Thirdly, the pressures were determined from the velocity components, obtained from thin-wing theory, by using the complete BERNOULLI equation. Since this as well as the previous approximation give infinite pressures along the subsonic leading edges, the solutions were rendered uniformly valid by a procedure suggested by D. G. RANDALL [21]. Finite values at the leading edges were obtained by satisfying the boundary conditions in such a way that the velocity component normal to the leading edges became zero, whereas the tangential velocity component there was taken from thin-wing theory. The resulting modifications to thin-wing theory are confined to the neighbourhood of the edges. In the cases considered, this theory always gives adequate answers near the leading edges as long as these are subsonic. Elsewhere agreement is not so good but matters could presumably be improved if the thinness assumption were dropped and the boundary conditions fulfilled on the surface[1]. We note that RANDALL's modification to thin-wing theory tends to reduce the wave drag, and that this helps to resolve the discrepancy between the measured results in Fig. 1 and those obtained from thin-wing theory for the larger values of $\beta\,s/l$.

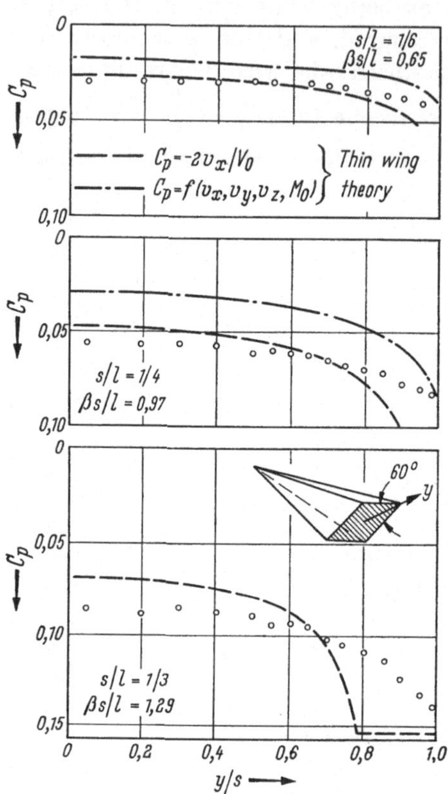

Fig. 4. Pressure distributions over three conical bodies with rhombic cross-sections at zero lift; $M_0 = 4.0$. Measurements by SQUIRE [20]

The case where $\beta\,s/l$ is equal to 0.65 is included in both Figs. 3 and 4, in the one case with a cone of $\frac{s}{l} = \frac{1}{4}$ at $M_0 = 2.8$, in the other case with a cone of $\frac{s}{l} = \frac{1}{6}$ at $M_0 = 4$. Of course, $\beta\,s/l$ is not the only

---

[1] For practical wings with subsonic edges, which are usually thinner than the cones considered here, one finds in general that this approximation is sufficiently accurate.

similarity parameter; a thickness parameter comes into it, too. According to linearised theory, this thickness parameter can be written as $\frac{h}{l} \times \frac{s}{l}$, where h is the semi-height of the cross-section of the cone. For the bodies considered, where the side edge angle is the same and equal to $60°$, $h/l = 0.577\, s/l$ and we find that $C_p/\left(\frac{hs}{l^2}\right)$ is indeed the same within the experimental accuracy when $\beta\, s/l = 0.65$.

Fig. 4 also includes results where the edge is nominally sonic ($\beta\, s/l = 0.97$) and where it is supersonic ($\beta\, s/l = 1.29$). We find in these cases that all the theories considered fail. The flow is obviously not like the flow assumed in the mathematical models. It would appear that there is a detached shock wave outside the side edges and that the flow near the whole of the body surface is still of the elliptic type for this reason. There is no theory available to deal with such flows.

In general, we may conclude that linearised thin-wing theory, with RANDALL's modification (and possibly an allowance for the non-zero thickness obtained by fulfilling the boundary condition on the surface rather than in the chordal plane, if the bodies are as thick as those considered here), is based on a suitable model of the flow and should give adequate results if the bodies are aerodynamically slender enough for the perturbations to be small everywhere and the flow wholly elliptic near the body surface. Viscous effects are then confined to thin boundary layers [22] and do not invalidate the model of the inviscid flow assumed. Fortunately, these shapes are also practically useful [2].

5. The upper surface of lifting cones

It is well known that lifting wings of delta planform with sharp edges develop a type of flow at low speeds which is characterised by the existence of coiled vortex sheets above the wing surface, which originate from the leading edges, these being separation lines as well as the trailing edge [1]. This type of flow is usually regarded as basically subsonic in character, and the governing equations should be of the elliptic type near the edges so that these are separation lines. We wish to consider here what happens to this flow as the MACH number is increased and, in particular, as the mainstream becomes supersonic.

Fig. 5 shows measured pressure distributions over a particular conical shape at a given angle of incidence for various MACH numbers. The pressures were measured on the upper surface along a line normal to the axis of the body. Fig. 6 gives the pressures over these bodies in a form where the pressure at each point obtained at zero incidence has been subtracted so that experimental results for a very low MACH

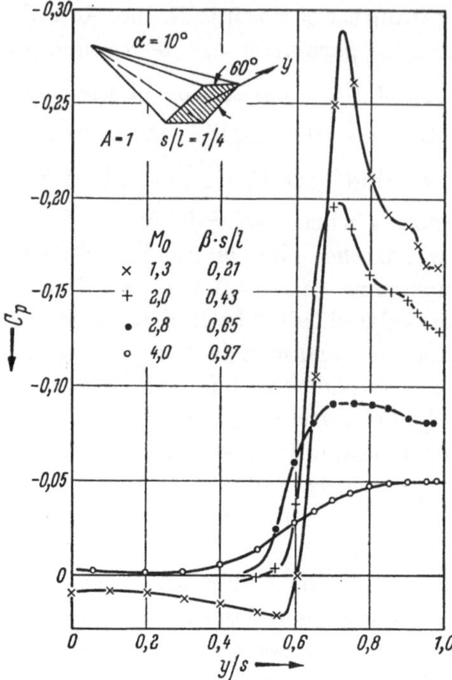

Fig. 5. Experimental pressure distributions over the upper surface of a conical body with rhombic cross-sections at $\alpha = 10°$. Measurements by Britton [19] and by Squire [20]

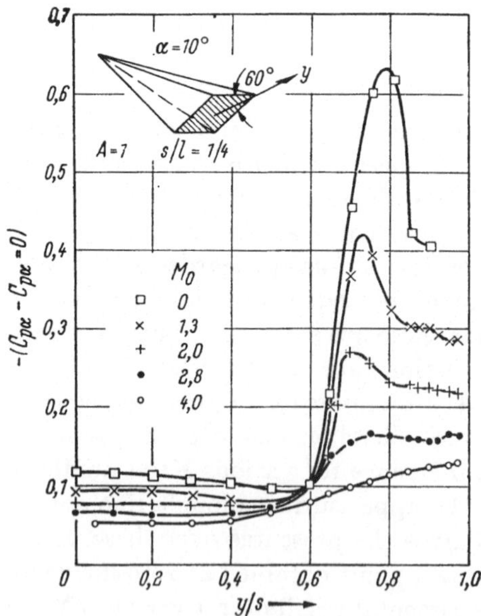

Fig. 6. Experimental pressure distributions over the upper surface of a conical body with Rhombic cross-section at $\alpha = 10°$. Measurements by Keating, by Britton [19] and by Squire [20]

number may be included although the displacement flow due to thickness is then not conical. The values in Fig. 6 therefore give the pressure increments due to lift on this body. The main feature of these results is that the pronounced suction peaks inboard of the leading edges are reduced as the Mach number is increased, although the character of the pressure distribution is not fundamentally changed.

The results shown in Figs. 7 and 8 were obtained on 3 wings at the same Mach number so that both nominally subsonic and supersonic leading edges are covered. In one case the 3 wings are compared at the same lift coefficient, in the other at the same value of the similarity parameter $\alpha/(s/l)$. Again, the character of the pressure distribution over the upper surface suggests the existence of leading-edge vortex sheets. This is confirmed by observation of the limiting streamlines in the surface, as obtained by some oil-flow technique, as at subsonic speeds. The flow separates along the leading edges and turns inward. An attachment surface (the position of which is marked by the letter A in Fig. 7) then divides the air which is directed immediately downstream from that which is drawn underneath the vortex sheet and flows towards the leading edges for a while until a secondary separation line (marked S in Fig. 7) is reached. It seems remarkable that this type of flow persists even when the leading edges are nominally supersonic. Some preliminary experimental traverses of the flow field, as well as an elementary analysis[1], indicate that a local conically-supersonic region exists above the vortex sheets which are much flatter and closer to the surface the higher the MACH number. This local hyperbolic region would seem to be embedded in an elliptic region, and it is terminated at the inner end by a shock wave or a system of shock waves above the vortex sheets. The subsequent changes in flow direction and pressure near the attachment lines appear to be achieved in a continuous and conically-subsonic manner. If the pressure is given in the form of a coefficient $C_p = (p - p_0)/\frac{1}{2}\varrho_0 V_0^2$, this will, of course, be less negative if the mainstream MACH number increases; C_p values which correspond to vacuum ($C_p = 2/\gamma M_0^2$) are indicated in some of the figures.

This type of flow has been observed by L. C. SQUIRE et al. [17] but has not yet been studied in detail; no attempts have been made to treat it theoretically. In the design

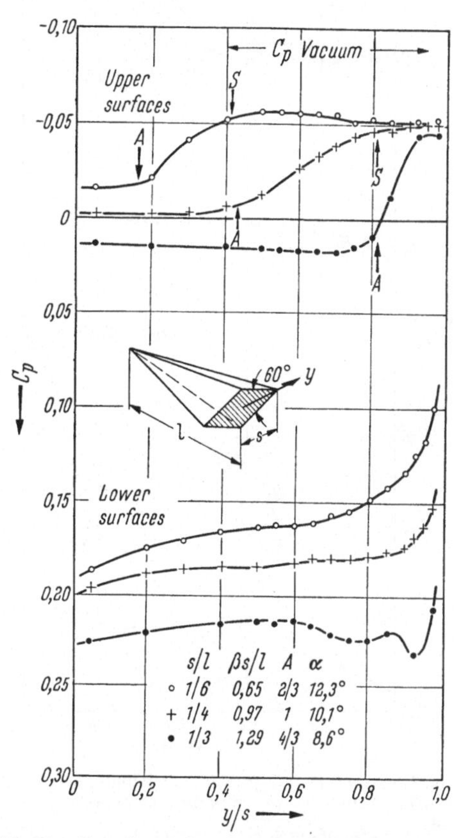

Fig. 7. Experimental pressure distributions over 3 conical bodies with rhombic cross-sections for $C_L = 0.2$ at $M_0 = 4$. Measurements by SQUIRE [20]

---

[1] That the flow becomes conically-supersonic first above the sheet, rather than below it, can be expected: The flow is generally directed inward above the sheet, relative to the direction of the mainstream, and outward below it; and the velocity immediately above the sheet is not likely to be less than that below. Hence, the velocity component normal to a conical ray (isobar) should be greater above the sheet than below and thus reach the local speed of sound first, with increasing mainstream MACH number.

of slender wings, these effects are not of prime importance because this type of flow is not normally established. But if the use of less slender wings is contemplated, this flow must be expected to occur and some of its more important aspects must be closely studied, such as: The loss of non-linear lift associatedwith the reduction of the suction peaks; the effect on the stability and dynamic behaviour of the aircraft, especially in motions involving lateral derivatives; the steadiness of the flow; and the aerodynamic heating of the surface associated with this type of flow. The latter aspect has been investigated experimentally by Thomann [23] who established that this type of flow exists and measured heating rates.

Turning our attention for a moment to a non-conical flow which appears to have similar physical characteristics, we note that the flow just discussed is related to that which has been observed on inclined bodies of revolution. Fig. 9 shows a typical example where the flow separates from the sides of the cylinder and leads to the formation of two vortex sheets with rolled-up edges. In this case, two large distinct vortex cores are formed, much in the same manner as is found in the case of rolled-up vortex sheets above delta wings at very low speeds. These are now close together and it has been found that a region of high-velolity flow directed towards the body extends from one core to the other. This region is then terminated by a shock wave which lies above the body between the vortex cores and is inclined at a slightly smaller angle to the mainstream than the body itself. Underneath this shock and

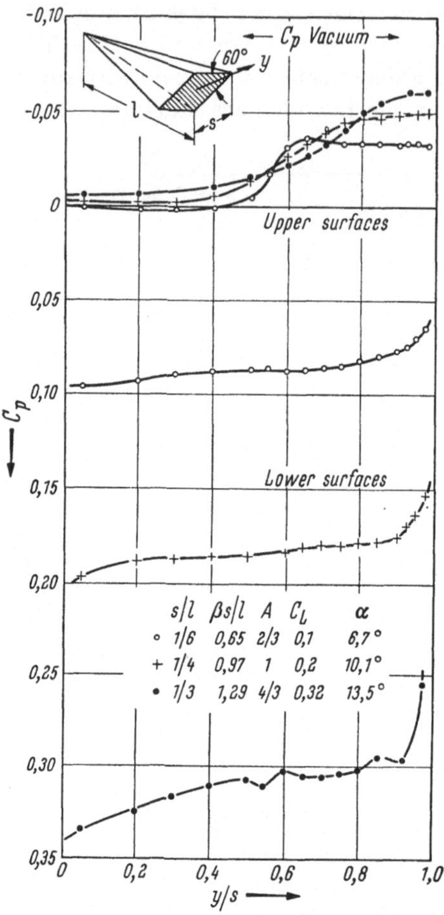

	s/l	$\beta s/l$	A	C_L	α
○	1/6	0,65	2/3	0,1	6,7°
+	1/4	0,97	1	0,2	10,1°
●	1/3	1,29	4/3	0,32	13,5°

Fig. 8. Experimental pressure distributions over 3 conical bodies with rhombic cross-sections for $\frac{\alpha}{s/l} \approx 40°$ at $M_0 = 4$. Measurements by Squire [20]

between the feeding sheets extends a region in which the flow is physically similar to a conically-subsonic flow. This particular flow may
be regarded as the one in the limiting case of vanishing cone angle
and span: When the vortex sheets are flat and close to a wing-like

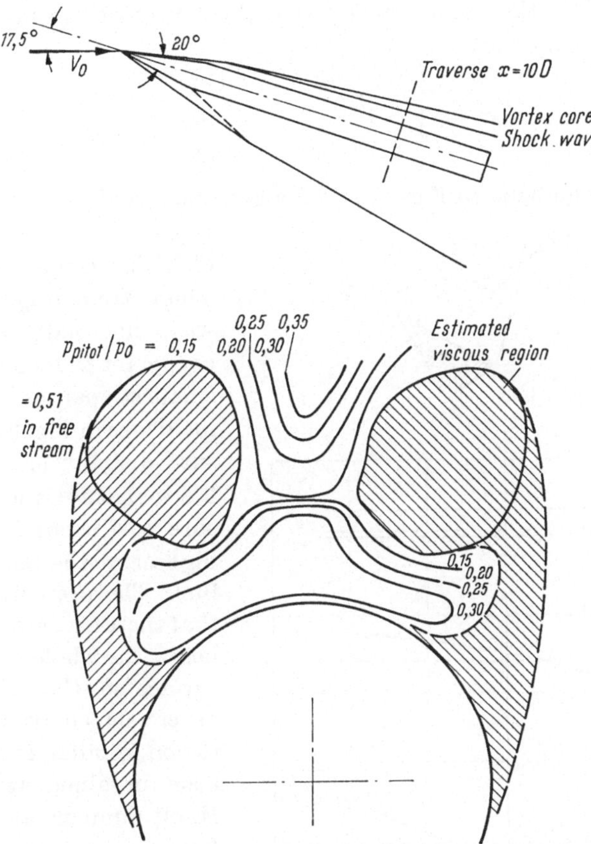

Fig. 9. Flow above a cone-cylinder body at $\alpha = 17.5°, M_0 = 2.47$, after PLASCOTT and TREADGOLD.

shape of finite span, two shocks are formed, one above each sheet;
when strong cores are formed and the sheets come close enough together over a body of very small span, the shocks may join up and
coalesce into one shock wave between the cores.

6. The lower surface of lifting cones

We recall that, in all the cases considered in section 4, the lower
ridge line of the conical body always stayed well within the MACH

cone. In fact,

$$\beta \frac{h}{l} = \begin{cases} 0.37 \text{ for } s/l = 1/6 \\ 0.55 \qquad\qquad 1/4 \\ 0.74 \qquad\qquad 1/3 \end{cases}$$

for the bodies considered in Fig. 4. But the lower edge can be brought near or through the MACH cone when the body is put at an angle of incidence. For the bodies considered, the bottom ridge line becomes nominally sonic when

$$\alpha = \begin{cases} 9.1° \text{ for } s/l = 1/6 \\ 6.4° \qquad\qquad 1/4 \\ 3.7° \qquad\qquad 1/3 \end{cases}$$

We now go back to Figs. 7 and 8 where measured pressure distributions over the lower surfaces of lifting cones are shown. The bottom ridge line is always nominally supersonic except for the cone with the smallest span at the lowest incidence in Fig. 8. The pressure distributions are similar in nature and the pressure coefficient is generally highest at the bottom ridge line. The pressures suggest that there is a detached shock below the whole of the lower surface so that this would be enveloped in an elliptic region. Similar results have been obtained at a higher MACH number, as shown in Fig. 10.

The measured pressures have been compared with a variety of theoretical results: answers from linearsed theory are given in Fig. 11; from a theory using the concept of an equivalent circular cone[1] in Fig. 11;

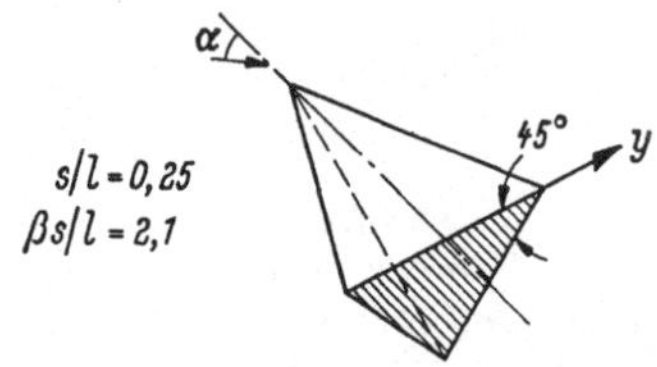

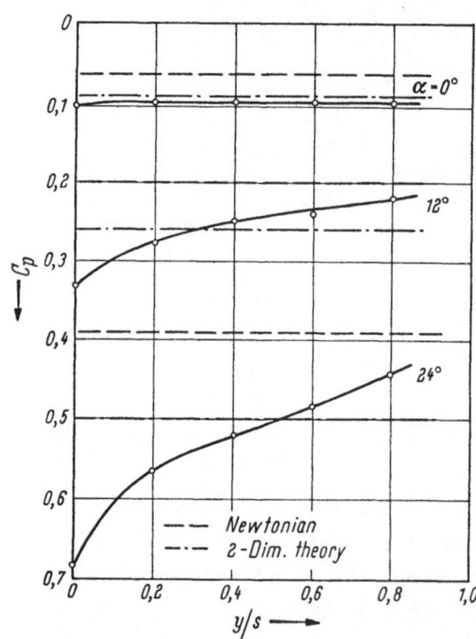

Fig. 10. Pressure distributions over the lower surface of a conical body with triangular cross-section for 3 angles of incidence at $M_v = 8.6$. Measurement by PECKHAM

---

[1] This is the circular cone at zero incidence, which has the same inclination as the surface of the body at the point considered.

from the Newtonian approximation in Figs. 10 and 11; and from
a calculation using two-dimensional shock relations for wedges in
Fig. 10. We find that none of the theories gives an adequate answer.
The reason for this must be expected to be that none of the flow
models employed corresponds to the real flow which is obviously of
mixed transsonic type. We note that not only does the pressure distri-

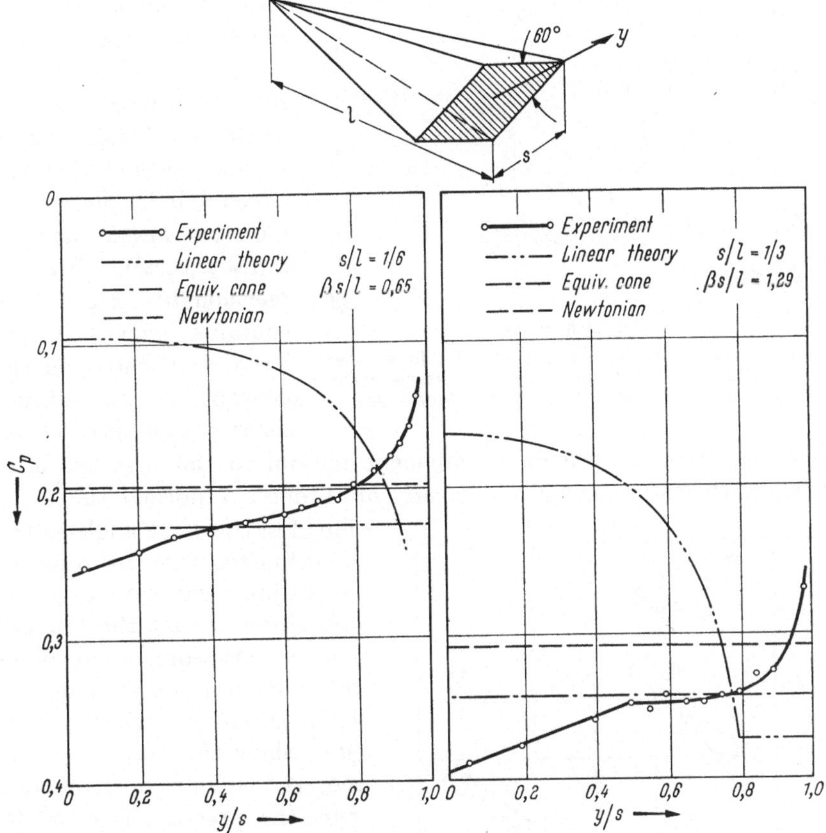

Fig. 11. Pressure distributions over the lower surfaces of 2 conical bodies with rhombic cross-sections
for $\alpha = 16°$ at $M_0 = 4$. Measurements by SQUIRE [20].

bution come out wrongly, but none of the theories gives an adequate
answer for the integrated forces.

The inadequacy of these theories is again demonstrated in Figs. 12
and 13. Here the pressures measured at the lower ridge line on three
conical bodies have been plotted for various angles of incidence at
the same MACH number. The experimental results in Fig. 13 would
suggest that the edge angle is a dominant parameter together with
$\beta \operatorname{tg} \alpha'$, where α' is the angle of incidence of the lower ridge line. Even

the results from the non-lifting cones discussed in section 4 for the side edges seem to follow the same trend, as shown in Fig. 13, which

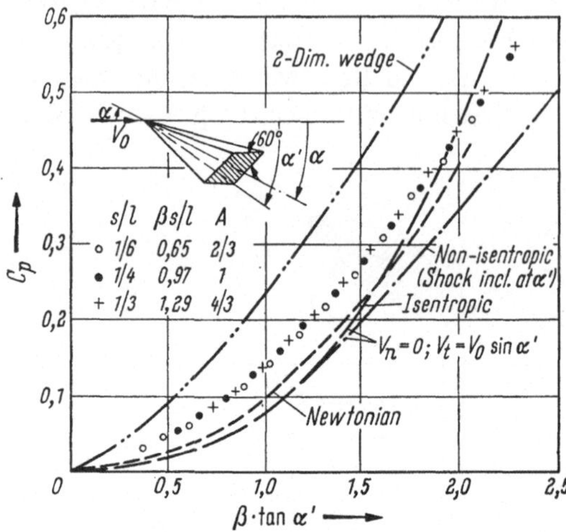

Fig. 12. Measured pressures at the lower ridge line on three conical bodies with rhombic cross-sections at various angles of incidence at $M_0 = 4$. Measurements by SQUIRE [20]

includes also the pressure which would be obtained on a two-dimensional wedge at the same angles of incidence. The measured pressures naturally lie below it, and it would appear that the two-dimensional values are not reached when the edge angle becomes 180°, i. e. the flow always retains a certain three-dimensionality. Fig. 12 also contains curves which have been based on the concept of an infinite sheared wing: it has been assumed that the velocity component normal to the edge has been brought to rest, either isentropically or through a normal shock inclined at the same angle as the ridge line together with another isentropic compression; it was also assumed that the tangential velocity component along the edge was simply equal to $V_0 \sin \varphi$. The experimental results show that this concept, too, is inadequate. However, since the pressure is strongly dependent on the edge angle (see Fig. 13), there will be one particular angle where the sheared-wing concept will give the right answer. Similarly, both the estimates according to the Newtonian and the equi-valent-cone approximations

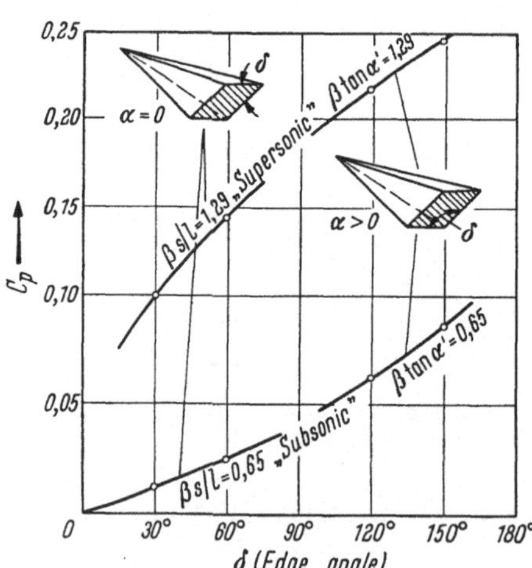

Fig. 13. Measured pressures along edges of conical bodies with rhombic cross-sections at $M_0 = 4$. Measurements by SQUIRE [20]

(which lie quite close to the estimate based on the sheared-wing con-cept) will also give the right answer for particular values of the edge angle. This agreement must be regarded as purely fortuitous, and conclusions that any of these theoretical estimates are adequate, which have sometimes been drawn, are quite misleading.

It would appear, therefore, that lifting cones present us with a problem of genuinely mixed flows, which has not yet been solved; we may assume that physically similar flows of the transsonic type occur also with a large class of non-conical lifting bodies of practical interest. Because of this nature of the flow, nothing short of a full treatment of the mixed-flow problem can be expected to give useful and reliable results. We note that this problem is more general than, but of the same kind as, the flow behind the detached shock wave on non-lifting blunt bodies of revolution. In general we have to deal with an accelerating flow so that there are no doubts as to whether or not a continuous solution exists.

7. Nonweiler wings

Even though we have seen that some geometric parameters appear to stand out in the aerodynamic behaviour of lifting bodies, it would seem unlikely that experimental work on a systematic geometric series of shapes will readily reveal the aerodynamic background and give us sufficient insight into the flow phenomena and efficient means to control them. For practical purposes, therefore, it seems desirable to design shapes to have given properties rather than to attempt to determine the properties of any given shape.

Fig. 14 illustrates this general thesis again by showing some measured pressure distributions on a variety of conical shapes with different cross-sections. These results have been obtained at the same MACH number and for the same angle of incidence of the lower central ridge line. Three of these shapes have

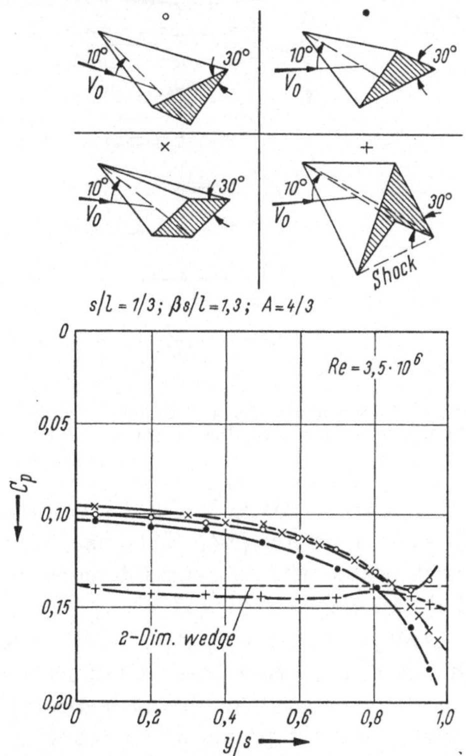

Fig. 14. Pressure distributions over the lower surfaces of various conical bodies at $M_0 = 4$. Measurements by SQUIRE [20], [26]

rather similar pressures near this ridge, obviously associated with a
detached shock wave in that region, but the pressures near the side
edges differ appreciably, even though we may assume that the shock
wave is detached there too, i. e. that the elliptic region extends to the
neighbourhood of the side edges. This feature is regarded as being
responsible for the fact that all these bodies have a flow separation
from the side edges and vortex sheets above the upper surface, as

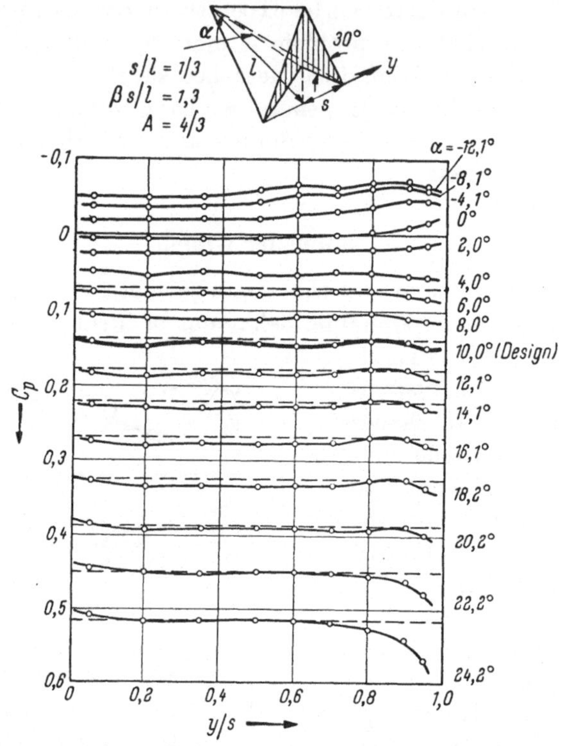

Fig. 15. Pressure measurements over the lower surface of a conical NONWEILER wing at various angles
of incidence at $M_0 = 4$. Full lines: experiment; broken lines: two-dimensional wedge. Measurements
by SQUIRE [26].

discussed in section 5. Fig. 14 contains also results obtained on a
NONWEILER wing [24]. This has been designed to produce a plane
shock wave with a constant pressure behind it, and it can be seen
that this aim is achieved.

The procedure of starting with a given shock shape and determining
the body shape that goes with it has successfully been applied before,
especially in work on blunt bodies of revolution. For lifting bodies
where a certain pressure is wanted, it appears natural to start with
a plane shock wave, and there is a variety of shapes which will support
a plane shock wave. The simplest of these is the two-dimensional

wedge, and the corresponding flow may be determined with considerable accuracy. The streamlines behind the shock are all parallel to one another, of course, and any surface formed by these streamlines, which reaches up to the shock wave, should not alter the inviscid flow and thus support the same plane shock wave as the basic two-dimensional wedge. In particular, two inclined planes, forming an inverted V in cross-section, will support and contain a plane shock. This is NONWEILER's proposal [24] and similar suggestions have been made by MAIKAPAR [25] for non-lifting bodies, which then have star-shaped cross-sections. Such bodies are designed for fixed values of the mainstream MACH number and angle of incidence of the ridge line[1].

Fig. 15 gives experimental pressure distributions over the lower surface of such a wing which is conical with plane compression surfaces, a triangular planform, and an upper surface which was

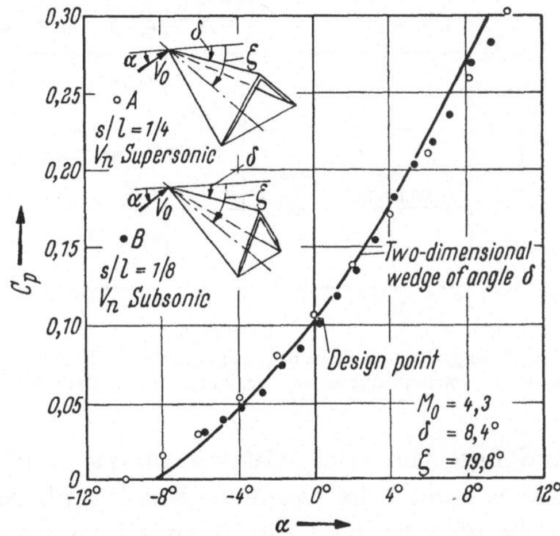

Fig. 16. Experimental pressure below two NONWEILER wings at various angles of incidence. After TREADGOLD

directed along the mainstream at the design angle of incidence of the lower ridge line. The experimental results show that, if the shock is contained in this way, the pressure is very nearly constant not only in the design condition but also when the angle of incidence differs considerably from its design value.

The flow behind the contained shock may again be nominally of a mixed type because the velocity component normal to the edge behind the shock may be subsonic or supersonic. In order to investigate whether both kinds of flow were real flows, TREADGOLD tested two shapes, one with a wholly elliptic region and the other with both elliptic and hyperbolic regions. The results in Fig. 16 indicate that this is a trivial distinction: A plane shock is possible in both cases and they give the same answer. TREADGOLD also determined the position of the shock wave in off-design conditions by optical means. The results in Fig. 17 show that the shock is never far away from the edge and that its inclination is very nearly the same as that calculated for a two-dimensional wedge.

---

[1] D. H. PECKHAM [27] has collected further information on these shapes.

On the whole, a great many problems asscoiated with mixed flows, which have been discussed in section 6, are avoided with these NON-WEILER shapes. Further, the uniform pressure and the relative insensitivity to changes in angle of incidence offer many practical advantages. However, a number of problems are still to be investigated. Some of these are the behaviour at off-design MACH numbers and in asymmetric flows, the effects of the boundary layer, which would appear to be just detectable in the results shown in Figs. 15, 16 and 17, and the flow in the immediate neighbourhood of the side edges. The latter is, no doubt, again of the mixed type,

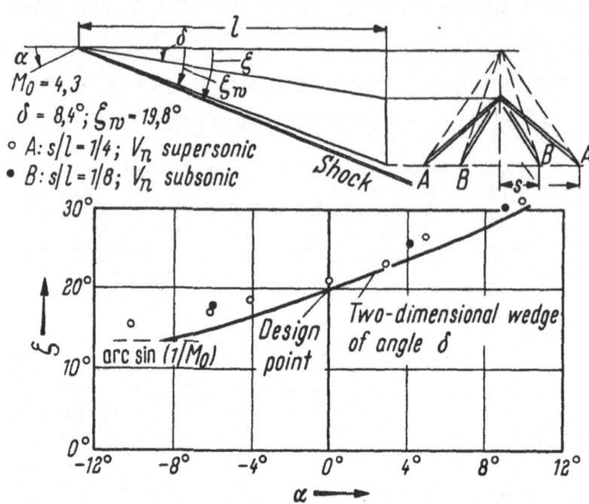

Fig. 17. Experimental shock inclination below two NONWEILER wings at various angles of incidence. After TREADGOLD.

and here the complete treatment of a mixed flow involving shock waves cannot be avoided. But its influence can obviously be limited to be of only local significance in many cases.

8. Conical expansions

So far, our attention has been directed mainly to mixed accelerating flows, which begin with a compression process. Now, we want to discuss briefly some decelerating flows, which begin with an expansion process, as they may occur on lifting bodies. There are several instances where one would want to incorporate such a flow mechanism into the design of a lifting propulsive body.

Consider first the leading-edge region of what might be regarded as a body of delta planform with sharp edges. In all the cases discussed so far, this was enveloped in an elliptic region behind a detached shock wave; this edge was then a separation line, and a vortex sheet originated from it. But this is not the only possible type of flow: On NONWEILER wings, for example, the shock below the lower surface can be regarded as contained between and attached to the edges, and the flows over the upper and lower surfaces of the body may then be independent of one another. The upper surface may be so shaped that the flow must first expand over the leading edge and this could take the form of a PRANDTL-MEYER expansion in a continuum flow, the edge being an attachment line. We note that this flow mechanism may not always be available because the turning angle is limited. For example, at a MACH number of 10, for the simple case of a flat surface at incidence, the PRANDTL-MEYER expansion is limited to angles of incidence below about 28° if the edge is unswept, and to angles below about 15° if the edge is swept through an angle of 90°. The flow which will occur instead is not yet known. If a PRANDTL-MEYER expansion occurs, we want to study the subsequent compression process.

There is a special case where the upper surface of a NONWEILER wing behind the leading edge lies in the same direction as the mainstream so that it produces no disturbance of the flow. We may then be faced with the problem of finding a suitable shape for the afterbody, for example, if a sharp trailing edge is wanted. This again is likely to involve an expansion followed by a compression, and the flow downstream of some line behind the leading edge will have features similar to those at the leading edge itself in the case discussed above.

Lastly, one may want to expand again the flow which has been compressed over the front part of the lower surface of a lifting body. This is required especially if heat (and possibly also mechanical energy) has been added to the compressed airflow, in order to obtain a fully integrated propulsive lifting body. This problem is closely related to that of designing a propelling nozzle which, as in this case, may be half open.

The study of all these flows is only in its early stages, and it is therefore desirable to investigate first flows which have been reduced to the simplest and most essential features. We, therefore, consider the leading edges of conical wings or swept ridge lines. The latter can be supposed to be on the upper surface or on the lower surface of a lifting body, and in either case we may assume that the flow upstream of the edge or ridge line is uniform. We must then except to be confronted again with flows of the transonic type. These will now be discussed, following a recent review by J. H. B. SMITH [28].

All these expansions can be effected by conical fields in which, typically, a uniform flow expands round two independent swept edges, acquiring in the process an inward velocity. These inward-turned flows then become aware of another and the inward component of velocity is destroyed through a compression process before the streamlines reach the plane of symmetry. The flow over the upper surface of a flat delta wing with supersonic leading edges at incidence in a uniform stream is an example of such a flow which has been extensively discussed (S. H. MASLEN [12], L. R. FOWELL [13], B. M. BULAKH [29], J. W. REYN [34]). In this conical expanding flow we may suppose initially that a velocity potential exists and then seek a continuous solution of the Eq. (4) derived earlier.

Fig. 18 illustrates the main features such a solution must exhibit. The initial expansion is achieved by the superposition of a PRANDTL-MEYER expansion in the plane normal to the leading edge on a constant velocity parallel to it. After passing through the expansion BGC the flow between it and the wing is again uniform in the region CGE and has a component towards the centre line. The region of influence of the apex is determined first by a portion AB of the freestream MACH cone of the apex, then by a curved characteristic BC of the PRANDTL-MEYER fan, then by a straight characteristic CD of the uniform expanded flow and finally (in the case when CD is inclined to OG at less than 90°) by a portion DE of the MACH cone of the apex in the uniform expanded flow. Since AB and DE are MACH cones in regions of uniform flow, they are arcs of the parabolic line, but along BCD the equation is hyperbolic. The continuation of the known solu-

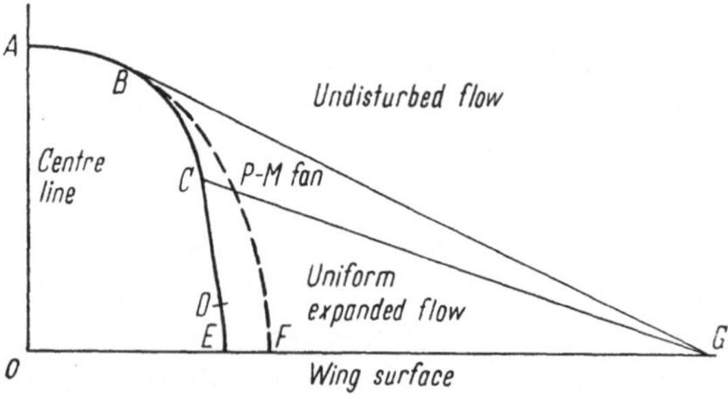

Fig. 18. Section normal to the centre-line of the flow over a delta wing with supersonic leading edges at incidence in a uniform stream

tion into the region $ABCDEO$ depends on the solution of an equation of mixed type, in which the parabolic line joining B and D is unknown. We know from the work of TRICOMI [30], FRANKL [31] and GUDERLEY [32] that problems involving linear equations of mixed type are not always well set, in the sense that boundary values on some portion of the boundary of the region may determine the solution throughout it, so that boundary values cannot be independently prescribed on the whole boundary. It might be therefore that the known solution cannot be continued so as to satisfy the boundary conditions on AOE. From experience with plane transsonic flow problems it is doubtful whether this situation would be revealed by a numerical "solution" based on a finite-difference approximation in the region $ABCDEO$ of mixed flow, such as MASLEN [12] has given, but must await a deeper mathematical investigation.

If the problem in this form is not well set, a solution of the problem must be sought with a discontinuity (shock) in the hyperbolic region. Initially we known nothing of the position and strength of this shock, but it seems plausible to introduce it along a curve BF neighbouring $BCDE$ on the upstream side, as BULAKH [29] does. The strength then tends to zero at B and the shock assumes the characteristic direction there. For such a position of the shock, the equation is elliptic behind it, but the flow is no longer isentropic. Imposing the shock relations along a curve such as BF over-determines the problem in $ABFO$, so the problem becomes one of determining a free boundary BF and the elliptic rotational flow behind it, consistent with the boundary conditions on AOE.

We are thus faced with two extremely difficult problems of applied mathematics, one of which would seem to be appropriate to the calculation of the inviscid model of the flow, and we are not even able to determine which is the appropriate one. Perhaps this may be called a typical transsonic situation.

In the absence of a well-founded theoretical solution, we may turn to the results of an experiment by TREADGOLD [33], which was specifically designed to show up the features of such flows clearly. As indicated in Fig. 19, the upper surface of the body consisted of two plane surfaces inclined to each other at some angle of anhedral and bounded by swept leading edges and two ridge lines parallel to these. The afterbody was another plane rearward-facing surface ending in an unswept trailing edge. The flow over the front surfaces[1] was parallel and its velocity equal to the mainstream velocity at some angle of incidence of the body (when these surfaces were along the mainstream). At other angles of incidence, the (almost uniform) velocity over these surfaces could lie either above or below the velocity of the mainstream, and by changing the MACH number of the mainstream also, the local MACH Number, M_1, upstream of the ridge lines could be varied continuously within a certain range. The angle of sweep of the ridge lines was such that the ridge lines were nominally sonic at $M_1 = 1.51$ and the tests were made through a range from $M_1 = 1.42$ to 1.92. In the nearly uniform flow over the front surfaces, and with equal distances between the leading edges and the ridge lines, the boundary layer can be expected to reach uniform conditions all along the ridge lines.

The measured pressures just behind the ridge lines, in Fig. 19, indicate that they follow a PRANDTL-MEYER expansion very accurately. With the initial conditions thus definitely fixed, the problem reduces to that of finding the continuation of this flow. If we assume an inviscid model of the flow with separation confined to the trailing edge only, the question is whether a continuous solution exists or whether a shock wave of finite strength occurs. If we consider possible effects

---

[1] We exclude here the regions which are influenced by disturbances originating from the tips of the leading edges.

16*

of the viscosity on the flow, an additional question arises from the fact that, whichever of the above inviscid flow models is correct, the pressure field will be wholly unfavourable with regard to the occurrence of additional flow separations because the pressure will rise both in a downstream direction and inwards[1]. In other words, if an inviscid solution were known and if the development of the boundary layer would then be calculated, we must be prepared to find that the limiting streamlines in the surface might form an envelope (i. e. rays from the apex in this conical flow) and that the viscous flow and, in particular, the limiting streamlines in the surface do not cover the whole surface. The inviscid flow model would thus be proved inadequate and we would have to start again with another and more suitable model of the flow.

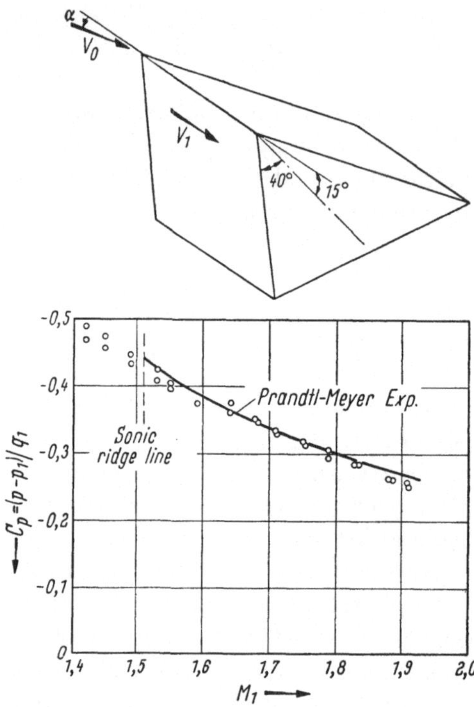

Fig. 19. Pressure just downstream of swept ridge lines. After TREADGOLD [33]

The experimental results in this particular case were quite unequivocal: There existed both finite shock waves and additional separation lines. This is illustrated by a typical oil flow pattern in the surface in Fig. 20 and by sketches of the main features of the probable flow pattern consistent with the observations in Fig. 21. The flow incorporates a conically-supersonic region with an expansion fan over the ridge lines (R) followed by a system of shock waves above the surface and also above coiled vortex sheets which spring from nearly conical separation lines (S) and are associated with attachment lines (A). The flow direction is thus inwards through the shock waves but outwards between A and S near the body surface, and this seems to be a way in which a boundary layer can cope with a large pressure rise imposed by a compatible external stream: It reverses the flow direction

---

[1] We follow here the discussion and the definitions relevant to threedimensional boundary layers by MASKELL and WEBER [1].

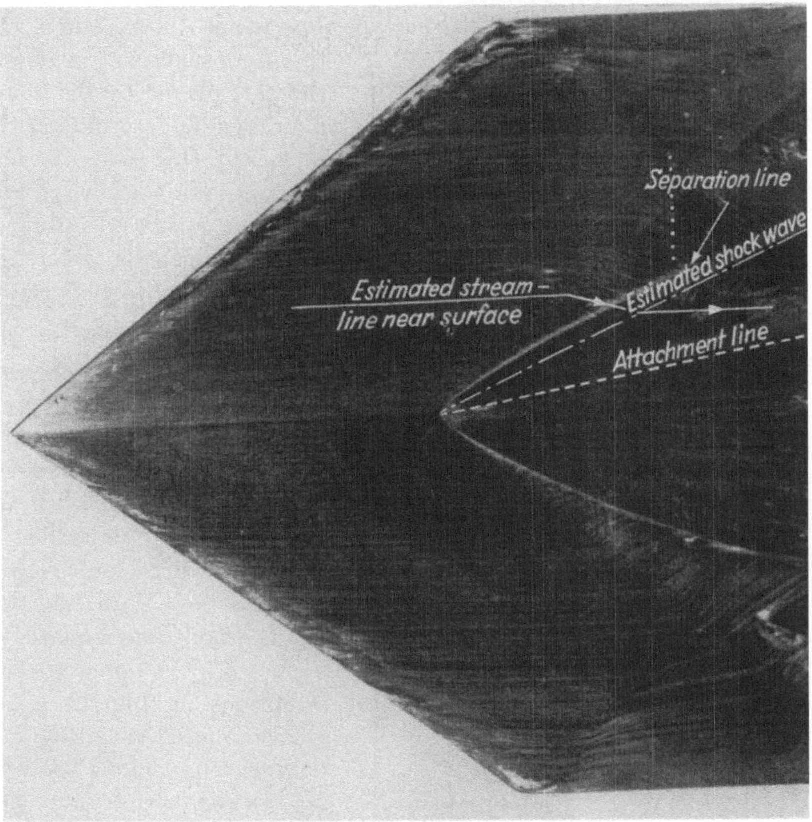

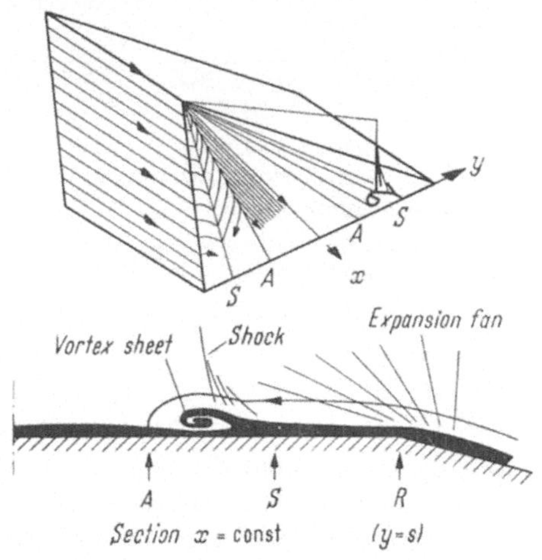

Fig. 20. Oil flow studies on wing with ridge line. $M_1 = 1.55$. — After TREADGOLD.

to some extent by means of a vortex sheet so that the air in the viscous region actually never flows against a large adverse pressure gradient. This type of flow occurs quite frequently; it has been found on swept wings when the critical MACH number has been exceeded[1], and it is, of course, quite closely related to that

Fig. 21. Flow over body with swept ridge lines. After TREADGOLD [33]

---

[1] It seems also to be a favoured solution which the air resorts to when confronted with a wrongly-designed swept wing.

found on the upper surface of lifting bodies, as discussed in section 5. We note from Fig. 20 that the flow is not quite conical but

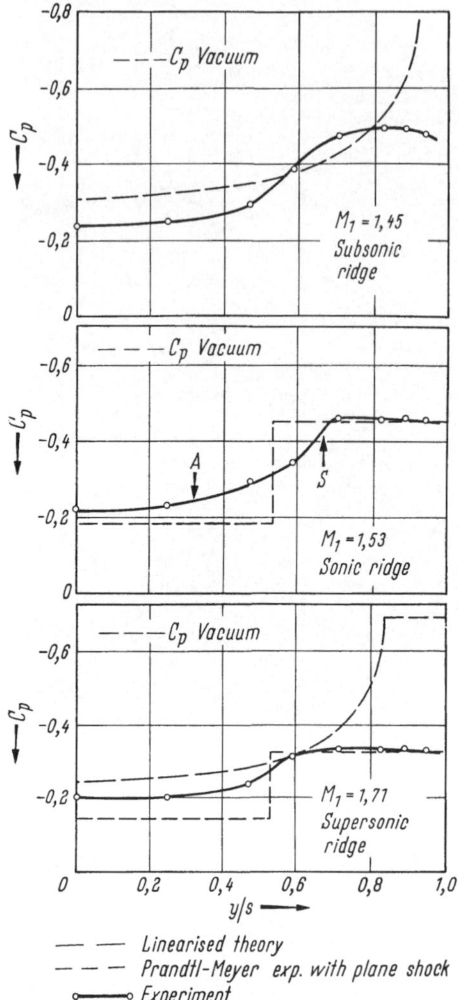

Fig. 22. Pressure distributions across flat face downstream of swept ridge lines. After Treadgold [33]

this is not surprising in view of the part played by the boundary layer in determining the flow field. One particular feature of the flow shown in Fig. 20 is the upstream influence of the expansion over the ridge on the flow direction in the boundary layer.

This flow must generally be expected to be of the transsonic type, with a conically-subsonic region between the shocks (which includes the vortex sheets), embedded in a conically-supersonic region. For this flow, linearised theory is wholly inadequate, as is shown by the pressure distributions in Fig. 22. A calculation based on a flow model incorporating a Prandtl-Meyer expansion and two plane shock waves inclined at such an angle as to turn the flow into the direction of the mainstream is also shown to give inadequate results apart from the expansion itself. As already stated, the full mixed-flow problem requires to be solved.

9. Conclusions

In these necessarily brief and scanty remarks which are mainly based on experimental observations, we hope to have demonstrated, and outlined perhaps somewhat more distinctly than hitherto, that there are some threedimensional flow phenomena of the transsonic type, which deserve our interest and attention. In particular, the design of hypersonic lifting bodies awaits the solution of a number of important and complex flow problems of the transsonic type even when the assumption of continuum flow is made. It would appear that these may have to be solved and understood before real progress with the more typically hypersonic problems can be made.

The author wishes to thank his colleagues in the Aerodynamics Department of the Royal Aircraft Establishment for their help and assistence, especially Mr. J. H. B. Smith, Mr. D. A. Treadgold, and Dr. J. Weber.

References

[1] Maskell, E. C., and J. Weber: Journ. R. Ae. Soc. **63**, 709 (1959).

[2] Küchemann, D.: Advances in Aeron. Sci. **3**, 221 (1961).

[3] Spence, A., and J. H. B. Smith: Some aspects of the low-speed and supersonic aerodynamics of lifting slender wings. Proc. of Third ICAS Conf., Stockholm 1962.

[4] Keune, F., u. K. Oswatitsch: Z. F. W. **1**, 137 (1953).

[5] Thwaites, B.: Incompressible Aerodynamics. Oxford, 1960 (esp. Chapter VII).

[6] Keune, F., u. K. Oswatitsch: ZAMP **7**, 40 (1956).

[7] Randall, D. G.: A. R. C. **21953** (1959).

[8] Ward, G. N.: Quart. J. Mech. Appl. Math. **2**, 75 (1949).

[9] Lighthill, M. J.: J. F. M. **1**, 337 (1956).

[10] Lomax, H.: NACA RM A **55** A **18** (1955).

[11] Eminton, E.: A. R. C. **23516** (1961).

[12] Maslen, S. H.: NACA Techn. Note **2651** (1952).

[13] Fowell, L. R.: Journ. Aeron. Sci. **23**, 709 (1956).

[14] Boyd, T. W., and E. R. Phelps: NACA RM A **50** J **17** (1951).

[15] Rogers, E. W. E., and C. J. Berry: ARC R & M **3042** (1957).

[16] Küchemann, D., and J. Weber: ARC R & M **2908** (1953).

[17] Squire, L. C., J. G. Jones and A. Stanbrook: An experimental investigation of the characteristics of some plane and cambered 65° delta wings at Mach numbers from 0.7 to 2.0. ARC R & M **3305**, 1961.

[18] Eminton, E.: Theoretical comparison of the flow over a flat delta wing and a rectangular pyramid. ARC CP No. **637**, 1961.

[19] Britton, J. W.: Pressure measurements at supersonic speeds on three uncambered conical wings of unit aspect ratio. ARC CP No. **641**, 1962.

[20] Squire, L. C.: Pressure distributions and flow patterns on some conical shapes with sharp edges and symmetrical cross sections at $M = 4.0$. ARC **24, 449** 1962.

[21] Randall, D. G.: ARC CP No. **418**, (1958).

[22] Cooke, J. C., and M. G. Hall: Progress in Aeron. Sci. **2**, 222 (1962).

[23] Thomann, H.: Aeron. Res. Inst. Sweden, Rept. **93**, 1963.

[24] Nonweiler, T. R. F.: Journ. Roy. Aeron. Soc. **67**, 39, 1963.

[25] Maikapar, G. I.: Prikladnaya Matematika i Mekhanika **23**, 528 (1959), Translated as J. App. Math. Mech.

[26] Squire, L. C.: Pressure distributions and flow patterns on some delta wings of inverted V cross sections. Unpublished R. A. E. Tech. Note.

[27] PECKHAM, D. H.: On three-dimensional bodies of delta planform which can support plane attached shock waves. ARC CP No. **640**, 1962.

[28] SMITH, J. H. B.: Remarks on the calculation of conical irrotational supersonic flows. R. A. E. Unpublished M. o. A. Report, 1962.

[29] BULAHK, B. M.: Prikladnaya Matematika i Mekhanika **25**, 229 (1961). Translated as J. Appl. Math. Mech.

[30] TRICOMI, F.: Lezioni sulle equazioni a derivate parziali. Torino: Editrice Gheroni. 1954.

[31] FRANKL, F. I.: Prikladnaya Matematika i Mekhanika **9**, 190 (1947). Translated as NACA Tech. Mem. **1251** (1950).

[32] GUDERLEY, G.: Theorie schallnaher Strömungen. Berlin/Göttingen/Heidelberg: Springer 1957.

[33] TREADGOLD, D. A.: ARC C. P. **546**, 1960.

[34] REYN, J. W.: Arch. rat. Mech. Analysis **6**, 299 (1960).

The formulation of a uniform approximation
for thin conical wings with sonic leading edges

By

L. E. Fraenkel and **R. Watson**

Imperial College, London, England

1. Introduction

In this paper we consider a thin, nearly planar, conical wing in a supersonic stream, such that the velocity normal to one or both leading edges is sonic, or nearly so. The results of linearized theory are incorrect (a) at points off the wing but near the MACH cone, where that theory predicts infinite velocity gradient, and (b) near the leading edges, where it predicts a particularly spurious singularity if the edge is sonic. We seek an approximation which corrects these errors.

Let (x_*, y_*, z_*) and (r_*, θ_*, z_*) be Cartesian and cylindrical coordinates such that the undisturbed stream, of velocity W and MACH number $M_0 > 1$, is in the direction of in-

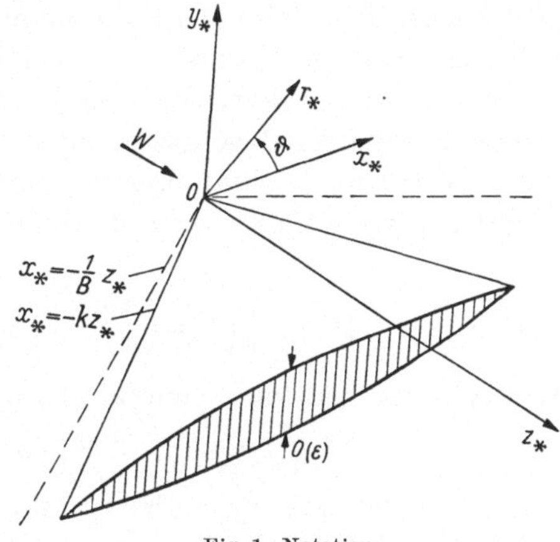

Fig. 1. Notation

creasing z^* (Fig. 1). The wing has its vertex at the origin 0, lies near the plane $y_* = 0$, and has thickness and incidence of $O(\varepsilon)$. Let $B^2 = M_0^2 - 1$ and define conical co-ordinates as follows:

$$x = B x_*/z_*, \quad y = By_*/z_*, \quad z = z_*,$$
$$r = Br_*/z_*, \quad \theta = 0, \quad z = z_*. \tag{1.1}$$

The undisturbed MACH cone is then $r = 1$. It will appear that a leading edge described by $|x_*| = k z_*$ is 'nearly sonic' if $|Bk - 1| \sim O(\varepsilon^{2/3})$. Throughout this paper we discuss a nearly sonic *leading* edge for the sake of definiteness, but only slight changes in boundary conditions are required to adapt our formulation to the case of a nearly sonic 'ridge line'.

To the second order in the disturbance velocities the flow is irrotational, and we may therefore use the total velocity potential

$$\Phi = W z \{1 + \phi(r, \theta)\}.$$

The reasons for the failure of linearized theory in the present context are not hard to find. The linearized equation is

$$(1 - r^2)\, \phi_{rr} + \frac{1}{r}\, \phi_r + \frac{1}{r^2}\, \phi_{\theta\theta} = 0, \tag{1.2}$$

and here it is assumed that signals travel with the undisturbed sound speed a_0 relative to the undisturbed velocity $(0, 0, W)$. In fact signals travel with a variable sound speed relative to the local fluid velocity. The velocity terms in the coefficients of ϕ_{rr} etc. which represent, in the exact equation for ϕ, the differences between these two modes of sound propagation are omitted from (1.2); this is legitimate where the coefficients retained are indeed much greater than the disturbance velocities, but is disastrous near the Mach cone $r = 1$, where the true coefficient of ϕ_{rr} (and the hyperbolic or elliptic character of the local field) is sensitive to changes in velocity. Intuition, the equations of plane transsonic flow, and the qualitative hints provided by the erroneous linearized solution, all suggest that near $r = 1$ gradients $\partial/\partial r$, normal to the characteristic surfaces, dominate the perturbation functions. Accordingly we approximate the exact equation, (2.3) below, by

$$\left\{1 - r^2 + (\gamma + 1) M_0^2 \left(1 + \frac{r^2}{B^2}\right) r\, \phi_r\right\} \phi_{rr} + \frac{1}{r}\, \phi_r + \frac{1}{r^2}\, \phi_{\theta\theta} = 0. \tag{1.3}$$

Here γ is defined for a general gas by

$$\gamma = 1 + 2\, [\varrho\, a^{-1} a_\varrho\, (\varrho, s)]_0, \tag{1.4}$$

where ϱ is the density, s the specific entropy, and $(\ )_0$ refers to free-stream conditions. For a perfect gas with constant specific heats γ is the specific-heat ratio. In (1.3) the additional term approximately represents both the variation of sound speed and the propagation of sound relative to the local velocity. However, this term is required only near $r = 1$ and is negligible elsewhere in comparison with $1 - r^2$ (for small values of ε), and we therefore reduce (1.3) to[1]

$$(1 - r^2 + \Gamma\phi_r)\, \phi_{rr} + \frac{1}{r}\, \phi_r + \frac{1}{r^2}\, \phi_{\theta\theta} = 0, \quad \text{where } \Gamma = \frac{(\gamma + 1)\, M_0^{4/3}}{B^2}. \tag{1.5}$$

---

[1] We have recently learned that equation (1.5), or one very like it, was derived, but not published, by W. G. Vincenti in 1954.

If these conjectures are correct, solutions of equation (1.5) and appropriate boundary and shock conditions should be uniform approximations except very near stagnation points of the cross-flow, where the regions of nonuniformity should be very much smaller than those of the linearized solution. However, although direct application of (1.5) to the whole field is believed to be correct in principle, another procedure is advocated here for the following reasons.

(a) By demanding solutions of (1.5) (which almost certainly can be solved only numerically, and even then only with difficulty) we would be rejecting the linearized solution altogether, and since this solution describes most of the flow field correctly, this would be wasteful.

(b) The work of KAPLUN and LAGERSTROM (1957) and others has shown that, while intuition cannot be dismissed from the search for uniform approximations, much can be gained by regarding approximate governing equations and approximate solutions as the results of 'inner' and 'outer' limiting processes applied to the known exact governing equations and the unknown exact solutions. We shall apply such limits in what follows, and it will appear that (1.5) does not result from any one limit: rather it is a composite equation incorporating all the terms appearing in three different limiting equations, each of which is simpler than (1.5).

(c) The three limiting processes refer, of course, to different domains of the field of disturbed flow. The first two (for the domains I: $r \neq 1$ and II: $r \sim 1$, $\theta \neq 0$, π) lead to known and simple problems: the third (for the leading-edge domain III: $r \sim 1$, $\theta \sim 0$ or π) leads to an equation which is nearly as difficult as (1.5), and which the authors have been unable to solve by analytical means, even for a particular case. This certainly restricts the value of the present work, but something has still been gained. The essential difficulties of (1.5) are now confined to a small domain, where they belong, and the solution elsewhere is known. From the viewpoint of numerical solution the problem for domain III is more promising than (1.5), because in terms of the natural variables (ξ, η below) of domain III gradients there are everywhere $O(1)$, whereas in terms of the natural variables r, θ of the complete field gradients are $O(1)$ over most of the field, but very large near $r = 1$. Moreover, the mere formulation of the problem in terms of three limits indicates clearly the orders of magnitude of the perturbations in the various parts of the field [a fact which has not emerged from our sketchy derivation of (1.5) above], leads directly to similarity laws which are perhaps a little more informative than is usually the case, and reveals at once *some* features of the flow in the difficult domain III.

2. Exact equations

We write (u_*, v_*, w_*) for the cylindrical components of the total velocity q, and $(1 + B^{-2} r^2)^{-\frac{1}{2}}\, \tilde{u}_*$ for the outward velocity normal to the cones $r = $ const. Then

$$
\left.
\begin{aligned}
&\frac{u_*}{W} \equiv u = B\phi_r,\; \frac{v_*}{W} \equiv v = \frac{B}{r}\,\phi_\theta,\; \frac{w_*}{W} \equiv 1 + w = 1 + \phi - r\phi_r, \\
&\text{and} \\
&\frac{\tilde{u}_*}{W} \equiv -\frac{r}{B} + \tilde{u} = -\frac{r}{B}\,(1 + \phi) + \left(1 + \frac{r^2}{B^2}\right) B\phi_r.
\end{aligned}
\right\}
\qquad (2.1)
$$

The pressure p and sound speed a are related to q by the energy equation

$$
\tfrac{1}{2}\, q^2 + h = \tfrac{1}{2}\, W^2 + h_0, \qquad (2.2\,\mathrm{a})
$$

where for constant entropy

$$
h - h_0 = \int_{\varrho_0}^{\varrho} \frac{p_\varrho(\varrho,\, s_0)}{\varrho}\, d\varrho = \int_{\varrho_0}^{\varrho} \frac{a^2(\varrho,\, s_0)}{\varrho}\, d\varrho; \qquad (2.2\,\mathrm{b})
$$

so that

$$
W^2\, w + \left[\frac{a^2}{\varrho}\, \frac{\partial\varrho}{\partial(a^2)}\right]_0 (a^2 - a_0^2) + O(w^2) = 0, \qquad (2.2\,\mathrm{c})
$$

for small perturbations. This is the basis of (1.4). The exact equation of irrotational conical flow may now be written

$$
\left\{\frac{a^2}{W^2}\left(1 + \frac{r^2}{B^2}\right) - \left(\frac{r}{B} - \tilde{u}\right)^2\right\} \phi_{rr} + 2\left(\frac{r}{B} - \tilde{u}\right) v\left(\frac{1}{r}\,\phi_{r\theta} - \frac{1}{r^2}\,\phi_\theta\right)
$$

$$
+ \left(\frac{a^2}{W^2} - v^2\right)\left(\frac{1}{r}\,\phi_r + \frac{1}{r^2}\,\phi_{\theta\theta}\right) = 0. \qquad (2.3)
$$

The inward velocity normal to a conical shock surface $r = R(\theta)$ is $(1 + B^{-2} R^2 + R^{-2} R_\theta^2)^{-\frac{1}{2}}\, \tilde{w}_*$, where

$$
\frac{\tilde{w}_*}{W} \equiv \frac{R}{B} + \tilde{w} = \frac{R}{B}\,(1 + \phi) - \left(1 + \frac{R^2}{B^2}\right) B\phi_r + \frac{B}{R^2}\, R_\theta\, \phi_\theta,
$$

and the shock conditions on normal and tangential velocity become

$$
\tilde{w}_2 - \tilde{w}_1 = \frac{2(B^{-1} R + \tilde{w}_1)}{\gamma + 1}\left\{\frac{a_1^2}{W^2}\,\frac{1 + B^{-2} R^2 + R^{-2} R_\theta^2}{(B^{-1} R + \tilde{w}_1)^2} - 1\right\} \leqq 0, \qquad (2.4\,\mathrm{a})
$$

$$
\phi_2 - \phi_1 = 0. \qquad (2.4\,\mathrm{b})
$$

where $(\ )_1$ and $(\ )_2$ refer respectively to the upstream $(r = R\,+)$ and downstream $(r = R\,-)$ sides of the shock. If the flow on the upstream side is undisturbed, (2.4a) shows that $R(\theta) \geqq 1$, where for $R = 1$ the shock has zero strength.

For the wing boundary condition, the conical variables (x, y) are more convenient than (r, θ). Let the wing surface be

$$y_* = Y_*(x_*, z_*) = \frac{\varepsilon z_*}{B} g\left(\frac{B x_*}{z_*}\right), \quad \text{or} \quad y = \varepsilon g(x),$$

where g is a two-valued function for a wing with thickness. Values associated with the upper and lower surfaces will be denoted by ( )$_+$ and ( )$_-$, respectively. The condition of tangential flow is

$$\left.\begin{array}{l}
-\varepsilon g_x \phi_x + \phi_y - \dfrac{\varepsilon}{B^2}(g - x g_x)(1 + \phi - x \phi_x - y \phi_y) = 0 \ \text{ on } \ y = \varepsilon g, \\[2mm]
\text{where} \\[2mm]
\qquad\qquad \dfrac{\varepsilon}{B^2}(g - x g_x) = \dfrac{1}{B}\dfrac{\partial Y_*}{\partial z_*}.
\end{array}\right\} \quad (2.5)$$

The foregoing equations are exact only where the flow is homentropic and irrotational, but they are everywhere correct to second order in the disturbance velocities and are therefore sufficient for our purpose.

3. The three domains

We now consider a nearly sonic leading edge $x_* = -k z_*$ with $k > 0$ and $|Bk - 1| \leq O(\varepsilon^{2/3})$. We assume that at least one of the two leading-edge slopes $g(-Bk) + Bk g_x(-Bk)$ is non-vanishing, and that g_x is continuous and g_{xx} bounded in a finite neighbourhood of $x = -Bk$. If the second (starboard) leading edge is subsonic, the only non-uniformities of the following approximation are the inevitable ones at cross-flow stagnation points and at ridge lines (discontinuities of g_x); if it is nearly sonic, the following analysis applies for $\theta \sim 0$, $r \sim 1$ as well as $\theta \sim \pi$, $r \sim 1$; and if it is supersonic there will be a region of non-uniformity near the intersection of the MACH cone and the MACH surface from the second leading edge, but this does not affect the pressures on the wing to our order of accuracy. To avoid constant qualifications in what follows, we take the second edge to be subsonic.

The domains I, II, and III have already been described loosely; they are now defined a little more precisely as follows:

I: $\qquad |1 - r| \geqq \delta > 0;$

$$\phi = \varepsilon \varphi_{\mathrm{I}}(r, \theta) + o(\varepsilon); \qquad\qquad (3.1)$$

$\qquad\qquad \lim_{\mathrm{I}} \equiv \lim \quad \text{as} \quad \varepsilon \to 0 \quad \text{with} \quad r, \theta \quad \text{fixed and in I.}$

II: $\qquad r = 1 - A\,\varepsilon^{\alpha}\zeta, \ |\zeta| \leq \delta^{-1}, \ |\pi - \theta| \geqq \delta, \ \delta > 0;$

$$\phi = B\,\varepsilon^{\beta}\,\varphi_{\mathrm{II}}(\zeta, \theta) + o(\varepsilon^{\beta}); \qquad\qquad (3.2)$$

$\qquad\qquad \lim_{\mathrm{II}} \equiv \lim \text{ as } \varepsilon \to 0 \text{ with } \zeta, \theta \text{ fixed and in II.}$

III:　　　　$r = 1 - K\,\varepsilon^{\varkappa}\,\xi,\ \theta = \pi - L\varepsilon^{\lambda}\,\eta,\ |\xi| \leqq \delta^{-1},\ |\eta| \leqq \delta^{-1},\ \delta > 0;$

$\phi = M\,\varepsilon^{\mu}\,\varphi_{III}(\xi,\eta) + o(\varepsilon^{\mu});$　　　　　　　　(3.3)

$\lim_{III} \equiv \lim$ as $\varepsilon \to 0$ with ξ,η fixed and in III.

Here the orders $\alpha, \beta, \varkappa, \lambda, \mu$ are to be found, and A, B, K, L, M are non-vanishing finite constants which will be chosen for convenience to eliminate parameters from the reduced equations. Note that the domains I, II and III do not cover the $r\,\theta$-plane completely for sufficiently small ε: we consider in addition 'intermediate' domains. If, for example,

$$1 - r = \varepsilon^{a}\,X,\qquad 0 < a < \alpha,\qquad 0 < |X| < \infty,\qquad \text{and}\qquad \theta \neq \pi,$$

then

$$r \to 1\qquad \text{and}\qquad |\zeta| \to \infty\qquad \text{as}\qquad \varepsilon \to 0,$$

and the point in question is in the intermediate domain (which we shall call I—II) between I and II. It is in such intermediate domains that the various solutions will be matched.

When (3.1) is substituted into the exact equations of § 2 and (after division by ε) $\lim_{I}$ is applied, the problem for φ_{I} is reduced to the conventional linearized one, except that the boundary condition $\varphi_{I} = \varphi_{Ir} = 0$ on $r = 1$ cannot be applied *a priori*, because $r = 1$ is outside the domain I. If, however, we assume that this boundary condition is valid in some sense, then φ_{I} is known; and, in particular,

$$\varepsilon\,\varphi_{I} \sim -\frac{2}{3}\,\varepsilon\,C(\theta)\,(1-r)^{3/2} = -\frac{2}{3}\,\varepsilon^{1+\frac{3}{2}\alpha}\,C(\theta)\,(A\,\zeta)^{3/2}\ \text{for}\ r\!\uparrow\!1,\qquad (3.4)$$

where $C(\theta)$ is known.

The orders α and β are now determined from the following requirements. In the reduced equation which results from substituting (3.2) into (2.3) and applying $\lim_{II}$, the term $\varphi_{II\zeta}\,\varphi_{II\zeta\zeta}$ must be neither negligible (for then that equation would be no better than the linearized one) nor the only dominant term (for this would imply $\varphi_{II\zeta} = \text{const.}$). Also, in the intermediate domain I—II, matching between $\varepsilon\,\varphi_{I}$ and $\varepsilon^{\beta}\,\varphi_{II}$ is to be possible. Thus we find that $\alpha = 2,\ \beta = 4$.

To determine $\varkappa, \lambda,$ and μ we use the wing boundary condition (2.5), the requirement that the reduced differential equation must be a partial rather than an ordinary one (if all the boundary conditions are to be satisfied), and the requirement that the effects of position and velocity are both to be represented in the coefficient of $\varphi_{III\zeta\zeta}$. Thus we find that $\varkappa = 2/3,\ \lambda = 1/3,$ and $\mu = 4/3$.

Suitably choosing the constants $A, \ldots, M$ we now have

$$\text{II}: \quad r = 1 - (\varepsilon \, \Gamma)^2 \, \zeta, \qquad \phi = \varepsilon^4 \, \Gamma^3 \, \varphi_{\text{II}}(\zeta, \theta) + o(\varepsilon^4), \tag{3.5}$$

$$\text{III}: \quad r = 1 - (\varepsilon \, \Gamma)^{2/3} \, \xi, \qquad \theta = \pi - (\varepsilon \, \Gamma)^{1/3} \, \eta,$$

$$\phi = \varepsilon^{4/3} \, \Gamma^{1/3} \, \varphi_{\text{III}}(\xi, \eta) + o(\varepsilon^{4/3}). \tag{3.6}$$

By way of verification, we can now reverse our viewpoint and, assuming that (3.1) and (3.5) are correct, deduce the boundary condition on φ_{I} for $r \uparrow 1$. Suppose that

$$\varepsilon \, \varphi_{\text{I}} \sim O(\varepsilon \, \{1 - r\}^a) \qquad \text{for} \qquad r \uparrow 1, \ \theta \neq \pi,$$

where a is unknown. Then $\varepsilon \, \varphi_{\text{I}} \sim O(\varepsilon^{1+2a} \, \zeta^a)$ in I—II and this must not exceed $\varepsilon^4 \, \varphi_{\text{II}}(\zeta, \theta)$ in order. Hence $a \geqq \dfrac{3}{2}$, $\varphi_{\text{I}} \sim O(\{1 - r\}^{3/2})$ at most, and $\varphi_{\text{I}} \to 0$, $\varphi_{\text{I}r} \to 0$ as $r \uparrow 1$.

4. The Mach-cone problem

Upon substituting (3.5) into the exact equations of § 2, dividing by ε^2, and applying $\lim_{\text{II}}$, we find that φ_{II} satisfies the ordinary differential equation

$$(2\zeta - \varphi_\zeta) \, \varphi_{\zeta\zeta} - \varphi_\zeta = 0, \tag{4.1}$$

with

$$(\varphi_\zeta)_2 = - (\varphi_\zeta)_1 + 4Z, \qquad \varphi_2 = \varphi_1, \tag{4.2a, b}$$

at a shock $\zeta = Z(\theta)$. With $\varphi_\zeta = \sigma$, (4.1) may be written

$$(2\zeta - \sigma) - \sigma \frac{\partial \zeta}{\partial \sigma} = 0.$$

Solving for ζ and inverting, we find that

$$\varphi_\zeta = -\frac{1}{2} \, C^2 - C\left(\frac{1}{4} \, C^2 + \zeta\right)^{\frac{1}{2}}, \tag{4.3}$$

where the constant of integration C has been chosen to be the $C(\theta)$ of (3.4), in order that $\varepsilon^2 \, \Gamma \varphi_{\text{II}\zeta}$ (for $\zeta \to \infty$) shall match $-\varepsilon \, \varphi_{\text{I}r}$ (for $r \uparrow 1$) in the intermediate domain I—II. For $C > 0$ (compression, $\varphi_\zeta < 0$) the disturbed field is bounded by a shock, whose location is found from (4.2a) to be $\zeta = Z = -\dfrac{3}{16} C^2$. For $C < 0$ (expansion, $\varphi_\zeta > 0$) we have $\varphi_\zeta = 0$ at $\zeta = 0$. Integrating (4.3), we have

$$\varphi = -\frac{1}{2} \left\{ C^2 \, \zeta + \frac{4}{3} \, C\left(\frac{1}{4} \, C^2 + \zeta\right)^{3/2} + \frac{1}{6} \, C^4 \right\}, \tag{4.4}$$

where the constant of integration has been chosen to make $\varphi = 0$ at $\zeta = Z$ for $C > 0$ and at $\zeta = 0$ for $C < 0$.

This solution is due to LIGHTHILL (1948, 1949) and HAYES (1954).

5. The leading-edge problem

Let us specify the leading-edge geometry completely by so choosing ε and the direction of $0y_*$ that

$$\frac{1}{B}\left(\frac{\partial Y_*}{\partial z_*}\right)_- = -\varepsilon < 0 \qquad \text{at} \qquad x = -Bk,$$

and by writing

$$\frac{(\partial Y_*/\partial z_*)_+}{(\partial Y_*/\partial z_*)_-} = -T \qquad \text{at} \qquad x = -Bk.$$

$$\frac{Bk-1}{(\varepsilon\,\Gamma)^{2/3}} = K.$$

Here T is a thickness parameter ($T = 1$ for a symmetrical wing at zero incidence, $T = -1$ for a wing without thickness) and K is a transsonic edge parameter (positive for a supersonic, and negative for a subsonic, edge).

Upon substituting (3.6) into the exact equations of § 2, dividing by $\varepsilon^{2/3}$, and applying $\lim_{\mathrm{III}}$, we find that φ_{III} satisfies

$$(2\xi - \varphi_\xi)\,\varphi_{\xi\xi} - \varphi_\xi + \varphi_{\eta\eta} = 0 \tag{5.1}$$

with

$$(\varphi_\xi)_2 = -(\varphi_\xi)_1 + 4\varXi + 2\varXi_\eta^2, \quad \varphi_2 = \varphi_1, \tag{5.2a, b}$$

at a shock $\xi = \varXi(\eta)$. We assume that (5.2), which includes the possibility $\varphi = \varphi_\xi = 0$ on $\xi = 0$, provides a boundary condition in $\xi \leqq 0$. The wing boundary condition reduces to

$$\left.\begin{aligned}
\varphi_\eta &= T &&\text{on} &&\eta = 0+,\ \xi > -K, \\
&= -1 &&\text{on} &&\eta = 0-,\ \xi > -K.
\end{aligned}\right\} \tag{5.3}$$

To impose matching conditions for $\xi,\ \eta \to \infty$ we define the functions

$$\psi(\xi, \eta) = -\frac{2}{\pi}\left\{(2\xi)^{\frac{1}{2}} - \eta \tan^{-1}\frac{(2\xi)^{\frac{1}{2}}}{\eta}\right\},$$

$$\chi(\xi, \eta;\, T) = -\left(\frac{2}{\pi}\right)^4 T^4\,\eta^{-8}$$

$$\left\{\left(\frac{2}{\pi}\right)^{-2} T^{-2}\,\xi\,\eta^4 + \frac{1}{3}\operatorname{sgn} T\left(1 + 2\left(\frac{2}{\pi}\right)^{-2} T^{-2}\,\xi\,\eta^4\right)^{3/2} + \frac{1}{3}\right\},$$

and the following intermediate domains for $\eta \geqq 0$:

$(\mathrm{III-I})_+$: $r \uparrow 1,\ \theta \uparrow \pi$ and either $\xi \to \infty$, or $\eta \to \infty$ such that $\xi\,\eta^4 \to \infty$.
$(\mathrm{II-III})_+$: $r \uparrow 1,\ \theta \uparrow \pi$ and $\eta \to \infty$ such that $\xi^{-\frac{1}{2}}\eta \to \infty$.
$(\mathrm{I-II-III})_+$: $r \uparrow 1,\ \theta \uparrow \pi$ and $\eta \to \infty$ such that $\xi\,\eta^4 \to \infty$ and $\xi^{-\frac{1}{2}}\eta \to \infty$.

$\varepsilon^{4/3}\,\Gamma^{1/3}\,T\psi$ is the dominant term of $\varepsilon\,\varphi_{\mathrm{I}}$ in $(\mathrm{III-I})_+$, and in this domain ψ is an asymptotic solution of (5.1). For ψ satisfies

$$2\xi\,\psi_{\xi\xi} - \psi_\xi + \psi_{\eta\eta} = 0 \tag{5.4}$$

exactly, and $\psi_\xi/2\xi \to 0$ in (III—I)$_+$. $\varepsilon^{4/3}\,\Gamma^{1/3}\,\chi$ is the dominant term of $\varepsilon^4\,\Gamma^3\,\varphi_{\mathrm{II}}$ in (II—III)$_+$, and in this domain χ is an asymptotic solution of (5.1). For χ satisfies

$$(2\xi - \chi_\xi)\,\chi_{\xi\xi} - \chi_\xi = 0 \tag{5.5}$$

exactly, and $\chi_{\eta\eta}/\chi_\xi \to 0 \quad$ in $\quad$ (II — III)$_+$. In (I — II — III)$_+$

$$T\psi \sim \chi(\xi,\,\eta;\,T) \sim -\frac{2^{5/2}}{3\pi}\,T\,\xi^{3/2}\,\eta^{-2},$$

and this expression is still an asymptotic solution of (5.1). Relations similar to these hold in the domains (III—I)$_-$ etc., where $\theta \downarrow \pi$ and $\eta \to -\infty$; the relevant functions are then ψ and $\chi(\xi,\,\eta;\,1)$ in place of $T\psi$ and $\chi(\xi,\,\eta;\,T)$.

Accordingly, we propose the following conditions for φ_{III}.

For $\xi \to \infty$, or $|\eta| \to \infty$ such that $\xi\,\eta^4 \to \infty$,

$$\varphi \sim T\psi(\xi,\,\eta) \qquad \text{for} \qquad \eta \geqq 0, \tag{5.6a}$$

$$\sim \psi(\xi,\,\eta) \qquad \text{for} \qquad \eta \leqq 0. \tag{5.6b}$$

For $\eta \to \infty$ such that $\xi^{-\frac{1}{2}}\,\eta \to \infty$,

$$\varphi \sim \chi(\xi,\,\eta;\,T) \tag{5.6c}$$

For $\eta \to -\infty$ such that $\xi^{-\frac{1}{2}}\,\eta \to -\infty$

$$\varphi \sim \chi(\xi,\,\eta;\,1). \tag{5.6d}$$

We assume that (5.1), (5.2), (5.3) and (5.6) specify the problem for φ_{III}. As has already been stated, the authors have not been able to solve this problem by analytical means: the application of numerical and/or approximate methods is intended. Certain local solutions, valid in sub-domains of III, will be sketched in § 7. For the present we note that

$$\varphi_{\mathrm{III}} = \varphi_{\mathrm{III}}(\xi,\,\eta;\,K,\,T),$$

where all parameters are shown, and the phrase 'for wings of similar shape' is *not* required.

For force corrections, we require the difference between the pressures predicted by $\varepsilon^{4/3}\,\Gamma^{1/3}\,\varphi_{\mathrm{III}}$ and by $\varepsilon\,\varphi_{\mathrm{I}}$ in the domain III. Accordingly, let $\varepsilon^{4/3}\,\Gamma^{1/3}\,\varphi_l(\xi,\,\eta)$ denote the dominant part of $\varepsilon\,\varphi_{\mathrm{I}}$ in the domain III:

$$\Gamma^{1/3}\,\varphi_l = \lim_{\mathrm{III}}\{\varepsilon^{-1/3}\lim_{\mathrm{I}}(\varepsilon^{-1}\,\phi)\}.$$

If $K = 0$, $\varphi_l = T\psi$ or ψ, for $\eta \gtrless 0$ respectively. For all cases, φ_l can be found either from φ_{I}, or as the solution of the following simple boundary-value problem. φ_l satisfies the differential equation (5.4) and the wing boundary condition (5.3). It satisfies the conditions (5.6a, b) at infinity, with the restriction $\xi\,\eta^4 \to \infty$ omitted, for all

17   Oswatitsch, Symposium Transsonicum

finite K [because the differential equation (5.4) is invariant under the transformation $\xi_1 = \xi K^{-1}$, $\eta_1 = \eta K^{-\frac{1}{2}}$ so that $\xi, \eta \to \infty$ and $K \to 0$ are equivalent]. For $0 < K < \infty$, $\varphi_l = 0$ on the leading characteristics $|\eta| + (-2\xi)^{1/2} = (2K)^{1/2}$, and $\varphi_l = \varphi_{l\xi} = 0$ on $\xi = 0$, $|\eta| > (2K)^{1/2}$. For $-\infty < K \leqq 0$, $\varphi_l = \varphi_{l\xi} = 0$ on $\xi = 0$. It can be shown that the solution of this problem exists and is unique, provided that the singularity of $\varphi_{l\xi}$ at $\xi = -K$, $K \leqq 0$, is integrable. Thus at least the linear equivalent of the problem for φ_{III} is correctly posed. Also, we have shown that

$$\varphi_l = \varphi_l(\xi, \eta; K, T),$$

where again all parameters are shown.

6. Similarity laws and force corrections

Here we need estimates of certain terms of higher order than those discussed so far. The terms of the exact equations which were neglected at the first stage imply the following second-order terms:

$$u = B\frac{\partial}{\partial r}(\varepsilon\,\varphi_{\mathrm{I}} + \varepsilon^2\,\varphi_{\mathrm{I}2}) + \cdots \quad \text{in I,} \tag{6.1a}$$

$$= -B(\varepsilon\,\Gamma)^{-2/3}\frac{\partial}{\partial \xi}(\varepsilon^{4/3}\,\Gamma^{1/3}\,\varphi_{\mathrm{III}} + \varepsilon^2\,\varphi_{\mathrm{III}2}) + \cdots \quad \text{in III,} \tag{6.1b}$$

with corresponding expressions for the other velocity components. Also, by (5.6)

$$\varphi_{\mathrm{III}} \sim \varphi_l \sim O(\xi^{1/2}) \quad \text{for} \quad \xi \to \infty, \eta \text{ finite,}$$

and study of the next terms shows that

$$\varphi_{\mathrm{III}} - \varphi_l \to 0 \quad \text{as} \quad \xi \to \infty, \eta \text{ finite.} \tag{6.2}$$

We now consider the corrections which should be added to the pressures and forces predicted by linearized theory. By (2.1) and (2.2)

$$C_p \equiv \frac{p - p_0}{\frac{1}{2}\varrho W^2} = -2w + O(u^2 + v^2 + w^2),$$

$$= -2(\phi - r\,\phi_r) + O(u^2 + v^2 + w^2), \tag{6.3}$$

and in III the term $2r\,\phi_r$ dominates. The notation

$$\bar{\varphi} = \varphi_{\mathrm{III}} - \varphi_l,$$

$$(\overline{}) = (\ )_{\text{2nd-order}} - (\ )_{\text{linearized}},$$

is now introduced; here '2nd-order' means that velocities of $o(\varepsilon^2)$ in I, and of $o(\varepsilon^{4/3})$ in III, are neglected. Then in III and III—I

$$\bar{C}_p = -2\varepsilon^{2/3}\,\Gamma^{-1/3}\,\bar{\varphi}_\xi(\xi, \eta; K, T) + O(\varepsilon^{4/3}),$$

and if N denotes the outward normal force on an upper or lower wing surface, and $l\,z_*$ the wing span in a plane $z_* = $ const.,

$$\overline{\overline{C}}_N = -\frac{1}{Bl}\int \overline{C}_p\, dx$$

$$= \frac{1}{Bl}\int_{-K}^{\infty} 2\varepsilon^{2/3}\, \Gamma^{-1/3}\, \overline{\varphi}_\xi \cdot (\varepsilon\,\Gamma)^{2/3}\, d\xi + O(\varepsilon^2),$$

where $\xi = \infty$ refers to a point in III—I. Then by (6.2)

$$\overline{\overline{C}}_N = -\frac{2\varepsilon^{4/3}\,\Gamma^{1/3}}{Bl}\,\overline{\varphi}(-K, 0;\, K, T) + O(\varepsilon^2), \tag{6.4}$$

and this is the contribution of one nearly sonic leading edge to the normal force on one surface. Since $\overline{\varphi}$ is continuous at the leading edge,

$$\overline{\overline{C}}_L = \overline{\overline{C}}_{N+} - \overline{\overline{C}}_{N-} = 0 + O(\varepsilon^2), \tag{6.5}$$

and there is no lift correction of $O(\varepsilon^{4/3})$. That of $O(\varepsilon^2)$ comes from φ_{I2}, from retaining $\overline{\varphi}$ itself in the pressure equation, and from the quadratic terms in that equation (based on φ_I and $\varphi_{III\xi}$). The contribution of φ_{III2} to the lift correction of $O(\varepsilon^2)$ will presumably vanish, like that of φ_{III} to the correction of $O(\varepsilon^{4/3})$.

For the drag correction, we neglect any point suction forces for the moment, to obtain

$$\overline{\overline{C}}_D = -\varepsilon\,BT\,\overline{\overline{C}}_{N+} - \varepsilon\,B\,\overline{\overline{C}}_{N-},$$

$$= \frac{2\varepsilon^{7/3}\,\Gamma^{1/3}}{l}\,(1 + T)\,\overline{\varphi}(-K, 0;\, K, T) + O(\varepsilon^3). \tag{6.6}$$

Here the number $\overline{\varphi}$ is unknown. However, for $K \geqq 0$, φ_l vanishes at the leading edge and $\overline{\varphi} = \varphi_{III}$ there. Now the 'bow' shock wave in domain III, which is the continuation of the shock noted in § 4 for the domain[1] II_-, is detached from the leading edge for $K < K_D$, where K_D is the larger of $\frac{3}{4}\,2^{-\frac{1}{2}}$ and $\frac{3}{4}\,2^{-\frac{1}{2}}\,T^{\frac{1}{2}}$ (see § 7). At the shock, $\overline{\varphi} = \varphi_{III} = 0$ and between the shock and the leading edge on $\eta = 0$ there must be compression ($\varphi_{III\xi} < 0$), since a stagnation point is approached. Hence the $\overline{\varphi}$ of (6.6) is negative for $0 \leqq K < K_D$. Linearized theory predicts a positive drag coefficient of $O(\varepsilon^2)$ which, as a function of Bk say, has a sharp peak at $Bk = 1$. While nothing has been proved, the foregoing reasoning makes it almost certain that the drag correction is $O(\varepsilon^{7/3})$ and negative, for $0 \leqq K < K_D$ and

---

[1] There is always compression in II_- near $\theta = \pi$. But if $T < 0$ there is no shock near $\theta = \pi$ in II_+, to our accuracy. This means that, if our formulation is correct, the velocity jump of the shock in III decays more rapidly than χ_ξ as $\eta \to \infty$, due to interaction of the shock with the expansive flow over the upper surface.

17*

$T > -1$. Thus the peaks of linearized theory are correct, but in practice $O(\varepsilon^{7/3})$ is unlikely to be negligible in comparison with $O(\varepsilon^2)$. The result (6.6) is therefore at least in qualitative agreement with experimental drag values, which are substantially lower than those of linearized theory near $Bk = 1$.

Regarding point suction forces: these occur in linearized theory only for $K < 0$, and according to that theory are $O(\varepsilon^{7/3}\{1 - T\}^2 |K|^{1/2})$ for $-\infty < K \leqq 0$. The non-linear problem for φ_{III} will not lead to a point suction force (see § 7). Thus these forces can be dismissed for $K \geqq 0$, and the drag of the present theory must vary continuously across $K = 0$.

7. Local solutions of the equation for φ_{III}

In this section we give certain isolated results for the leading-edge problem: these refer mainly to small sub-domains of III and are somewhat random in nature, but they do throw light on some aspects of the leading-edge problem.

(a) With the substitutions

$$\varphi_{\mathrm{III}}(\xi, \eta) = \xi^2 + f(\xi, \eta), \qquad f_\xi = \varphi_{\mathrm{III}\xi} - 2\xi = s, \qquad f_\eta = t,$$

the differential equation (5.1) becomes

$$f_\xi f_{\xi\xi} - f_{\eta\eta} = -(3f_\xi + 2\xi) \tag{7.1}$$

or in hodograph form,

$$\xi_s - \eta_t = (3s + 2\xi)(\xi_s \eta_t - \xi_t \eta_s),$$
$$\xi_t - \eta_s = 0.$$

In terms of the Legendre contact potential $\chi = \int (\xi \, ds + \eta \, dt)$ we have

$$\chi_{ss} - s\,\chi_{tt} = (3s + 2\chi_s)(\chi_{ss}\chi_{tt} - \chi_{st}^2). \tag{7.2}$$

The shock equations assume a form identical to that of plane transsonic flow:

$$s_2 = -s_1 + 2\Xi_\eta^2 \tag{7.3}$$

$$f_2 = f_1 \qquad \text{or} \qquad (f_\xi \Xi_\eta + f_\eta)_2 = (f_\xi \Xi_\eta + f_\eta)_1. \tag{7.4}$$

Eliminating Ξ_η we find the shock polar

$$(t_2 - t_1)^2 = \frac{1}{2}(s_2 - s_1)^2 (s_1 + s_2). \tag{7.5}$$

If (ξ_0, η_0) is a singular point at which $s, t \to \infty$ (logarithmically or algebraically in $\xi - \xi_0$ and $\eta - \eta_0$) then the terms on the left of (7.1) and (7.2) dominate for $\xi \to \xi_0$, $\eta \to \eta_0$. Hence the same considerations which determine the form of the singularity in plane flow apply here to the dominant term near (ξ_0, η_0), or near infinity in the hodograph plane, and the plane solution can be taken over as a first approximation in that neighbourhood.

(b) With s_1 fixed, the maximum deflexion across a shock is given by

$$(t_2 - t_1)^2 = \frac{16}{27}\, s_1^3,$$

and since $s_1 = -2\xi$ for undisturbed flow, necessary conditions for an attached shock at the leading edge are

$$T^2 \leq \frac{128}{27}\, K^3 \qquad \text{and} \qquad 1 \leq \frac{128}{27}\, K^3.$$

This yields the values of K_D mentioned in § 6.

(c) Consider a symmetrical wing at zero incidence ($T = 1$), with a detached shock. With $\frac{2}{3}\,(-s)^{3/2} = \sigma$, we have in the immediate neighbourhood of the leading edge ($\sigma \to \infty$, $0 \leq |t| \leq 1$)

$$\xi + K = -\left(\frac{3}{2}\right)^{1/3} C\, \sigma^{2/3}\, K_{2/3}(\pi\,\sigma)\, \cos \pi\, t + O(\sigma^{5/3}\, e^{-2\pi\sigma}),$$

$$\eta = C\, \sigma^{1/3}\, K_{1/3}(\pi\,\sigma)\, \sin \pi\, t + O(\sigma^{4/3}\, e^{-2\pi\sigma}),$$

where C is a positive constant which cannot be determined from local conditions, and K_ν is the modified BESSEL function of order ν. This result follows from the dominant (TRICOMI) terms of (7.2) and the local boundary conditions: with a slightly different error term, it is well known from wedge solutions for plane transsonic flow (GUDERLEY and YOSHIHARA 1950, COLE 1951, HELLIWELL and MACKIE 1957). The velocity on $\eta = 0$ is given to a much cruder approximation by

$$\sigma = -\frac{1}{\pi} \log |\xi + K| + O(\log \log |\xi + K|).$$

(d) Consider a wing of zero thickness ($T = -1$) with a detached bow shock. Due to overexpansion about the leading edge, a second shock runs upward from that edge. With $\varrho^2 = |\sigma|^2 + (t + 1)^2$ and $\vartheta = (t + 1)^2/\sigma^2$ we have in the immediate neighbourhood of the leading edge ($\varrho \to \infty$)

$$\xi + K = C\, s^{-5}\, F(\vartheta) + O(\varrho^{-16/3}),$$

$$\eta = C\, s^{-11/2}\, G(\vartheta) + O(\varrho^{-17/3}),$$

where C is again an unknown positive constant, and F and G, which have different forms before and after the second shock, are known hypergeometric functions. The shock is locally $\eta = c(\xi + K)^{11/10}$, where c is a known function of C. This local solution was given first by GUDERLEY (1954), and in more complete and elementary form by

Fraenkel (1958). We note that on the wing

$$s = \left(\frac{\xi + K}{CF(0)}\right)^{-\frac{1}{5}} + O(\{\xi + K\}^{2/5}).$$

(e) Consider the flow over an infinite plane in which there is a conical depression with sonic edges:

$$\frac{\partial Y_*}{\partial z_*} < 0 \qquad \text{for} \qquad B\,|x_*| \leq z_*, \qquad z_* > 0,$$

$$Y_* = 0 \text{ elsewhere.}$$

The cross-flow over the upper surface is free of stagnation points and our approximation should be uniform without exception. For the domain III_+ we pose the boundary conditions

$$f = f_\xi = 0 \qquad \text{on} \qquad \xi = 0,$$

$$f_\eta = -\frac{2}{3}\,b^3 \qquad \text{on} \qquad \eta = 0+,\ \xi > 0,$$

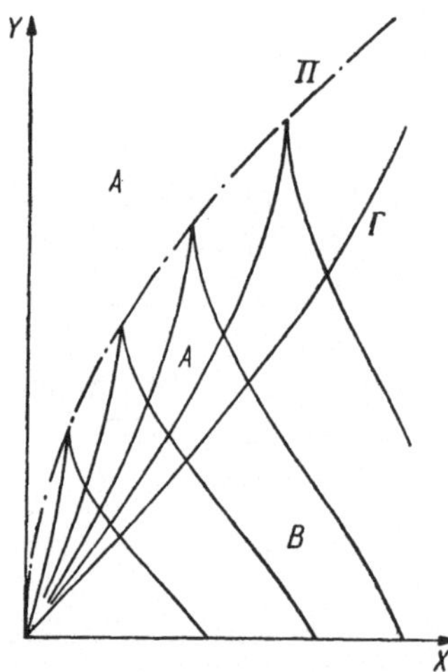

Fig. 2. Characteristics of the expansive flow over a sonic edge

[where $b = \left(\frac{3}{2}\right)^{\frac{1}{3}}$ if the previous choice of ε is made] and a local solution may be found as a series in powers of $(\xi^2 + \eta^2)^{1/2}$. There are two regions, A and B (Fig. 2). In A, which corresponds to the Prandtl Meyer expansion fan of plane flow, $f_{\xi\xi}$ and $f_{\eta\eta} \to \infty$ as $\xi^2 + \eta^2 \to 0$; in B, which corresponds to a region of uniform flow in the plane case, $f_{\xi\xi}$ and $f_{\eta\eta}$ tend to finite values as $\xi^2 + \eta^2 \to 0$. Regions A and B are separated by the characteristic curve Γ. For convenience we write

$$\xi = b^2\,X, \qquad \eta = b\,Y,$$

$$f(\xi, \eta) = b^4\,F(X, Y),$$

the differential equation being invariant under this transformation. Details of the derivation will be given elsewhere (Watson 1963); here we merely note a few points of interest. We obtain for A and B respectively

$$F_A(X, Y) = \frac{1}{3}\,X^3\,Y^{-2} - \frac{1}{2}\,X^2 + O(Y^5), \tag{7.6}$$

$$F_B(X, Y) = \left(X - \frac{2}{3}\,Y\right) - \left(X^2 - \frac{1}{2}\,Y^2\right) - \frac{1}{16}\,(X^3 + 3X\,Y^2)$$

$$- \frac{1}{16}\left(\frac{5}{6}\,X^4 + \frac{1}{2}\,X^2\,Y^2 + \frac{1}{3}\,Y^4\right) + O(X^5), \tag{7.7}$$

the characteristic Γ being

$$X = Y - \frac{1}{2} Y^2 - \frac{1}{16} Y^3 - \frac{1}{24} Y^4 + O(Y^5). \tag{7.8}$$

Undetermined constants, due to neglect of distant boundary conditions, appear only at the fifth stage, in the terms of $O(X^5 + Y^5)$. The first two terms of F_A happen to constitute an exact solution of the differential equation, although not of our boundary-value problem.

Region A is divided into elliptic ($F_X < 0$) and hyperbolic ($F_X > 0$) parts by the parabolic line

$$\Pi: X = Y^2 + O(Y^5). \tag{7.9}$$

Where does the characteristic Γ meet the parabolic line Π, terminating the hyperbolic part of A? This question cannot be answered accurately on the basis of truncated series, but we may observe that for the exact solution $F = \frac{1}{3} X^3 Y^{-2} - \frac{1}{2} X^2$, the answer turns out to be

$$X = 2^{-4/3} = 0.40, \qquad Y = 2^{-2/3} = 0.63;$$

while (7.8) and (7.9) yield the answer $Y = 0.64$.

In B, we have on $Y = 0$

$$F_X = 1 - 2X - \frac{3}{16} X^2 - \frac{5}{24} X^3 + O(X^4), \tag{7.10}$$

indicating a continuous change from hyperbolic towards elliptic as X increases: according to (7.10) the transition is at $X = 0.47$. In actual fact the hyperbolic region of A and B is likely to be terminated by a shock, and this must lie upstream of the parabolic boundary from (0.40, 0.63) to (0.47, 0) implied by the series.

References

Cole, J. D.: J. Math. Phys. **30**, 79 (1951).
Fraenkel, L. E.: J. Fluid. Mech. **4**, 629 (1958).
Guderley, K. G.: J. Aero. Sci. **21**, 261 (1954).
Guderley, K. G., and H. Yoshihara: J. Aero. Sci. **17**, 723 (1950).
Hayes, W. D.: J. Aero. Sci. **21**, 721 (1954).
Helliwell, J. B., and A. G. Mackie: J. Fluid. Mech. **3**, 93 (1957).
Kaplun, S., and P. A. Lagerstrom: J. Math. Mech. **6**, 585 (1957).
Lighthill, M. J.: Quart. J. Mech. Appl. Math. **1**, 309 (1948).
Lighthill, M. J.: Phil. Mag. (7) **40**, 1202 (1949).
Watson, R.: Thesis, University of London. (1963).

Some aspects of the physical nature of transonic flows past aerofoils and wings[1]

By

H. H. Pearcey

National Physical Laboratory, Teddington, England

Attention is confined to those transonic flows in which a local supersonic region is embedded within a subsonic flow and is terminated by shock wave impinging on the surface of the aerofoil or wing.

Great emphasis and reliance have had to be placed on the elucidation of the physical aspects of these flows because some of the problems of greatest importance are just those that have so far proved the most intractable mathematically.

A theme that runs through the present discussion is the changing nature of the flow as the local supersonic region develops, with increasing stream MACH number or aerofoil incidence, say, causing the terminating shock wave to move over the surface and in turn to induce the boundary layer at its foot to separate in some regions of MACH number and incidence and to attach again in others. Typical surface pressure distributions are used to show that the passage of the terminating shock over the surface, often starting from a point near the leading edge, and always proceeding to the trailing edge, can be regarded as the means of achieving a transonic transformation from a subsonic invariant form of distribution to a supersonic one.

This characteristic nature of change in the flows of the old-fashioned transonic regime is in direct contrast to the rather remarkable constancy of most of the newer types of mixed subsonic and supersonic flows; the local subsonic region embedded between the bow shock wave and a bluff leading edge at supersonic and hypersonic speeds is a typical example that does not change in form for a very wide range of speeds.

Another general theme that is emphasized in the present paper is the continued practical importance of these old-fashioned transonic

---

[1] A fuller version of this paper with diagrams and other illustrations is being prepared by the present author and Mr. J. OSBORNE for issue as an N. P. L. Aero Report.

flows. One illustration of this is provided in the paper to follow in which Dr. LOCK describes some of his current work on the aerodynamic design of highly swept wings.

In embracing swept wings, the definition of the transonic flows under consideration must be extended to include those flows for which the stream velocity resolved normal to the isobars is subsonic but which still contain local regions that are supersonic in this resolved sense and that are terminated by shock waves impinging on the wing surface. Although the introduction of sweep-back as a variable additional to incidence and MACH number spreads the regime for this type of transonic flow over a comparatively wide range of stream MACH number, its distingiushing feature remains one of a changing flow pattern.

Supersonic and hypersonic aircraft all have to pass through the transonic flow regime, and for these the designer must concern himself with the whole of the transonic transition; this often produces important subsidiary design considerations. However, there remains an important class of aircraft for which the transonic regime still produces the major aerodynamic design considerations. This class embraces those swept-wing aircraft which cruise with what is essentially subsonic flow on their wings in order to avoid the drag-producing terminating shock waves. Such aircraft might well operate with supersonic forward speeds up ot, say, twice the speed of sound if the sweep back is high enough, say 70°. For this class, our interest in the transonic flow is concentrated ot its early stages. For the cruising efficiency we are concerned particularly with the stage at which the shock waves first become strong enough to produce a significant drag increase. For off-design conditions we are concerned with the stage at which the further increase in shock strength triggers severe boundary-layer separations. These characteristics can now be predicted with some precision if we know the details of the distributions of local MACH number over the surface, and in particular if we know the position and strength of the shock wave [1]. The semi-empirical theory developed by SINNOTT and OSBORNE [2] in general gives these latter characteristics sufficiently accurately for this purpose.

The understanding that we have achieved of these flows has been built up from a large amount of theoretical and experimental research over the past 20 to 30 years, ranging from the pure research in the quest for knowledge at universities to the ad hoc testing in the development of transonic aircraft by the industry. The role played by the research establishments such as *NPL* has, in the main, been between these two extremes. We have endeavoured to strike some sort of balance between them and to rationalize the knowledge gained from both sources so that it can be used in aircraft design in a more general way.

In retrospect one would suggest that the aims of our efforts and the applications that have been, or could be made of our results can be grouped somewhat arbitrarily under the following headings:

(1) Elucidation of reasons for observed aerodynamic consequences.

(2) Advancement of mathematical theory.

(3) Synthesis of empirical theory.

(4) Provision of framework for extending knowledge.

(5) Derivation of aerodynamic design principles.

(6) Illumination of related problems.

There is, of course, a good deal of overlap between these various headings, but it is nevertheless instructive to use them in order to consider particular examples of research and of the way in which these have been useful.

The *elucidation of the reasons for observed aerodynamic consequences* has been a constant aim in most of the research and the results are continually being used for this purpose. Perhaps the most striking examples here are those connected with the effects of shock-induced separation of the boundary layer, to which we have been able to trace so many of the adverse consequences encountered in the transonic-flow regime [*3, 4* and *5*]. In particular we were able to demonstrate that the occurrence of a "bucket" in the variation of lift coefficient with Mach number through the transonic range was, for smooth aerofoils, entirely due to the effects of such separation. When separation occurs the "bucket" is formed just below $M = 1$ as the lift coefficient falls to a level below its supersonic value (i. e. that value associated with the flow pattern in which the terminating shock waves on both surfaces have moved to the trailing edge) and then recovers to this value as the Mach number is further increased through unity. In the absence of separation, the two terminating shock waves move smoothly to the trailing edge, with the upper surface one reaching there first; the fall in lift coefficient to its supersonic value is then monotonic, but still very rapid in some cases. Similarly, in the absence of separation, the centre of pressure moves monotonically back from its subsonic position to its supersonic one without the abrupt kick forwards associated with separation.

With separation eliminated [*6*] we are left with the inevitable drag rise, the monotonic fall in $\partial C_L/\partial \alpha$ and the monotonic shift in the centre of pressure position.

The *advancement of mathematical theory* has also been a constant aim for the very simple reason that this holds the key to the really satisfactory understanding of transonic flows and to the full generalization of aircraft design in this regime. This aspect has been covered very thoroughly in the many mathematical papers presented at this symposium. One perhaps should add at this point that further advances would be likely to spring from a better physical understanding of the readjustment that occurs in the pressure gradient immediately downstream of the finite terminating shock wave — the readjustment that fixes the effective pressure rise through the shock system at a level which is substantially less than that for a normal shock wave in uniform upstream flow. For inviscid flow, this readjustment takes the form of a very rapid expansion following the shock compression, to which EMMONS [7] and ACKERET et al [8] first drew attention. More recently OSWATITSCH and ZIEREP [9] and others have explained more fully certain of the mathematical implications of this expansion, but are still unable to predict the magnitude of the effective pressure rise, i. e. the nett effect of the compression and expansion. In practice both the compression and the expansion are substantially modified by the presence of the boundary layer at the foot of the shock, particularly when the shock is strong enough to cause the boundary layer to separate locally. The theoretical prediction of the shock position can be made reasonably well by defining an equivalent pressure rise in the manner proposed by SINNOTT and OSBORNE [2] or by ROTTA [10], but not the details of the pressure distributions in the immediate neighbourhood of the shock and downstream thereof.

Diagrams are included in the full paper to illustrate the significance of this equivalent shock-pressure-rise. It is suggested that the physical understanding of the whole process can be improved by considering the downstream readjustment and the effect of the interaction with the boundary layer in terms of the distribution of streamtube height, or of ϱU, normal to the surface; this normal distribution must readjust itself, or, alternatively, the flow must be such as to adjust the distribution, from that appropriate to local supersonic flow over the convex surface of the aerofoil to that appropriate to local subsonic flow. In order to be compatible with the convex curvature, the normal distribution of ϱU has to be a monotonic decrease from the surface if the flow is everywhere subsonic along the normal. However, if the flow adjacent to the surface is locally supersonic, ϱU at first increases along the normal, to reach a maximum at the sonic line, and then decreases again. The adjustment from the purely subsonic to the mixed-flow type of normal distribution occurs smoothly in the accelerating flow up to the shock wave. However, since continuity is satisfied on each elemental stream tube across the normal shock, the subsonic flow immediately downstream of the shock is presented with the same normal distribution of ϱU as exists immediately upstream, and which is therefore incompatible with the surface curvature. The readjustment process thus involves a rapid readjustment in the normal distribution of ϱU which must maintain continuity within the larger stream tube embracing the local supersonic region. It can be argued in a similar manner that this readjustment is less severe in the presence of boundary-layer thickening or local separation under the foot of the shock because the displacement effect of the thickening or separation transmits a compression into the external stream, tending to eliminate the region of lowest ϱU near the foot of the shock and so to reduce the degree of expansion required downstream of the shock compression.

So far the mathematical theories have been quite unable to predict with sufficient accuracy those characteristics of round-nosed lifting aerofoils that are basic to the aerodynamic design of so many aircraft wings. This is the reason why so much emphasis has had to be placed on the *synthesis of semi-empirical theories* for the prediction of pressure distributions in the presence of shock waves and why the successful theory developed by Sinnott [2] is being so widely used. This theory still has certain limitations, especially in its application to some of the more interesting section shapes. These are discussed in the full paper in the hope of stimulating further synthesis or, better still, developments in the mathematical theories. It is fair to claim that a good deal of the success so far achieved with this method can be attributed to the fact that it is realistically related to the physical nature of the flows.

The *building of a framework for the expansion of knowledge* is an obvious aim for this type of research and again its importance has been magnified by the absence of adequate mathematical theories. This framework has had to be built member by member as the understanding of the physical nature of the flows has developed. Occasionally parts of it have had to be dismantled and rebuilt. This happened, for example, when it was realized that many of the characteristic shock-wave movements and the effects of section-design parameters, such as camber, that had for so long been taken as the normal order of things were due solely to shock-induced boundary-layer separation and were, in fact, quite the opposite to what we should have to look for in the absence of separation. Thus, if aerofoil incidence is increased in the presence of shock-induced separation, the shock on the upper surface moves forwards instead of backwards as it must do for unseparated flow. Again the effects of separation led to the conclusion that negative camber was required for good section characteristics, whereas we now know that the onset of shock wave drag-rise and shock-induced separation can be delayed by the correct use of positive camber.

One of the best examples of framework building in the more recent research is that which followed from the recognition by ROGERS and HALL [11] of the characteristic three-dimensional shock-wave pattern for finite swept wings. This pattern has since been used for more generalized studies on the one hand and for many specific studies on the other.

Again the *derivation of aerodynamic design principles* has been a constant aim and has been the subject of repeated applications of the research. Currently, in the design of highly swept wings, the successful approach that LOCK describes in his paper relies on the physical knowledge of transonic flows for the choice of a chordwise velocity distribution and of an associated basic section shape that will ensure that the thickness and lifting supervelocities can be combined in a realistic shock-free flow on the finite wing.

In the design of the section shape itself we are having to rely entirely on a physical approach for the design of the so-called "peaky" class of section [1] in which a rapid acceleration to quite high local supersonic velocities is deliberately generated at the leading edge in order to provide the isentropic compression, following reflection from the sonic line, that can so successfully weaken the terminating shock to insignificant strength.

The *illumination of related problems* has not so far been a direct aim and, as far as I know, has not borne any direct fruit in the form of applications. My particular reason for including this heading is the conviction that the knowledge that we now have of the development of shock-induced separations in transonic flows can throw useful light on the older, but so far unsolved problem of the stalling of wings in incompressible flow. This conviction and the implication that the transonic problem is more straightforward to elucidate than the incompressible one are somewhat surprising and will, I hope, be justified by the examples quoted later in the full paper.

Following these generalizations, the remainder of the paper is concerned with particular examples of the development of separated transonic flows which are of interest under the headings 1, 4 and 6, and which also provide apt illustrations of the two general themes introduced earlier; namely, the characteristic element of change in the flow pattern and the continued importance of the basic physical ideas established in two-dimensional flows as exemplified by the manner in which they carry over in a broad sense to the three-dimensional flows on swept wings.

First a ciné film[1] is used to illustrate the many flow changes that occur in the transonic regime as both Mach number and angle of incidence are increased for a two-dimensional aerofoil. These flow changes can be summarized as follows:

(a) The effect of increasing Mach number at a fixed low angle of incidence: the shock waves form, develop and move smoothly over the surfaces to the trailing edge, and, if the aerofoil is thin enough and appropriately designed, they do this without causing boundary-layer separation at any stage.

(b) The effect of increasing Mach number at a higher fixed angle of incidence: the increase in the strength of the shock wave on the upper surface as it moves rearwards now leads to shock-induced separation of the boundary layer; the separation subsequently subsides as the shock moves to the trailing edge and then rotates about the trailing edge from its strong configuration normal to the surface to its weaker oblique configuration appropriate to the flow deflection at a supersonic trailing edge.

(c) The effect of increasing incidence at a fixed moderate Mach number: the shock wave on the upper surface forms and develops initially in much the same way as for (a), and then induces boundary-layer separation as it grows stronger.

(d) The effect of increasing incidence at a somewhat lower Mach number: the shock wave on the upper surface forms, develops, and causes separation; as the latter in turn develops it moves forward towards the leading edge, taking the shock with it and leading eventually to a collapse from shock-induced separation to leading-edge separation.

(e) The effect of increasing incidence at a low Mach number: leading-edge separation develops in much the same way as in incompressible flow due to the growth of peak suctions at the leading edge.

(f) The effect of increasing Mach number at a high incidence; starting with a leading-edge separation, supersonic flow develops at the outer edge of the separated flow and eventually leads to a leading-edge flow attachment; the flow thus becomes one in which there is attached local supersonic flow back to a terminating shock wave that often has separation at its foot.

Secondly a series of still sketches is shown to demonstrate that a similar sequence of flow changes occurs on a typical swept wing. The changes are, of course, more complex because the components of the

---

[1] "The Transonic Flow Regime" obtainable from Aerodynamics Division NPL, Teddington, Middlesex.

Rogers and Hall [11] three-dimensional shock pattern form and develop separately to build up the full pattern. These components can induce boundary-layer separations either individually or simultaneously, and, moreover, the individual separations often roll into vortex flows and interact with one another. The increased complexity can be regarded as a series of modulations on the basic flow changes already established for the two-dimensional aerofoil. One should add at this stage, however, that these modulations are greatly reduced, and often eliminated for a range of off-design conditions, by the warp distributions and fuselage junction shaping developed in the methods now available for designing swept-back wings, of the type to be described by Lock, for shock-free flow at supersonic cruising conditions.

Flow changes of the type (d) and (f) will now be considered in more detail for both two-dimensional aerofoils and swept wings.

The flow changes culminating in a collapse from shock-induced separation to a leading-edge one as incidence is increased are illustrated in the full paper by flow photographs and by distributions of pressure along the surface and wake for successive stages in the incidence increase.

The first significant repercussion of the developing shock-induced separation is the reversal of the rearward shock movement into a forward one. The basic reasons for this reversal and for the subsequent collapse are demonstrated by comparing the flow pattern that exists at a fixed stage in the incidence increase in the presence of separation with the pattern that would have existed at this stage in the absence of separation. The separation reduces the pressure rise through the shock itself and also the rate of rise downstream along the viscous flow. Because of these reductions, the pressure would be unable to recover from the relatively low pressures in supersonic flow upstream of the shock to the free-stream pressure at the edge of the wake far downstream if the shock were in the more rearward position associated with unseparated flow. The separation point and shock are thus displaced upstream to a point from which the overall required pressure rise is smaller (because the upstream local supersonic Mach number is lower), at which the separation is less severe and from which there is more room for the downstream diffuse pressure rise to complete its recovery to the stream pressure.

This illustrates certain general principles associated with the development of separated flows. First, if the pressure rise that is demanded in a given flow system becomes too large for an attached boundary layer to negotiate, then the resulting separation will convert the external flow pattern into one in which the pressure gradients can be negotiated by the resulting viscous flow pattern, namely the separation and re-attachment zones and the separated region between them. Secondly, in the flow past aerofoils and wings, the overall pressure rise demanded is that from the pressure at the separation point to the pressure at the edge of the wake far downstream, so that the adjustments in pressure distribution along the wake represent an important part of the effects on the external flow. Thirdly, an even more important part of the adjustments to the external flow is the movement of the separation point itself. This leads to a form of "upstream influence" in which the separation point and the shock itself are displaced substantially forwards into a region where no adverse gradients would otherwise exist. This is not the local upstream influence in the viscous flow under an essentially fixed shock that is familiar in classical problems of shock-wave boundary-layer interaction. We now have instead a bodily displacement of the shock wave and of the whole of the separated flow.

The process just considered for a fixed stage in the postulated incidence increase continues, with a growing upstream influence, as the incidence is increased still further, so that the shock and separation point move progressively towards the leading edge until ultimately the only flow that is possible is one in which the separation occurs at the leading edge itself, with a complete collapse of the local supersonic flow. The flow pattern then has all the appearances of a conventional low-speed leading-edge separation, but the important difference remains that it has resulted from an extreme form of upstream influence from shock-induced separation. This can be demonstrated, as illustrated in the full paper, by the application of boundary-layer control at the foot of the shock. As incidence is then increased, the flow remains attached at the leading edge with supersonic flow persisting back to the shock.

Similar processes occur in incompressible flow. In these, the developing separation leads to an upstream influence which displaces the separation point to a position at which the pressure gradients would be favourable in inviscid or unseparated flow. The classic example of the circular cylinder is a case in point; the separation position can move upstream of $\theta = 90°$ into a region where the pressure gradient would be favourable for potential flow. The degree of the potential flow acceleration that is actually achieved and the position of the separation point are determined, as shown by L. C. Woods [12], by the magnitude of the pressure recovery that can be accommodated along the wake. Similarly, in the low-speed stalling of wings, once separation has been triggered in the theoretically predictable initial position, the separation point moves forward into an otherwise favourable pressure gradient, in order to give a compatible pressure recovery downstream. The subsequent development of the separated flow and the whole stalling process are then governed by these considerations.

It is submitted, however, that these processes are more readily understood in the transonic case because the separation pressure-rise is more clearly defined in the shock and because the pressure distribution in the local supersonic flow upstream of the separation point is uninfluenced by the separation-induced changes in circulation prior to the collapse. This then is an example of where the understanding of the physical nature of the transonic flow may throw light on a relatively older, but, as yet, unsolved problem.

The collapse from shock-induced separation to leading-edge separation as incidence is increased occurs also on highly swept wings, often at supersonic stream speeds, and in a manner exactly similar to that just described for two-dimensional aerofoils. In the example shown in the full paper for a wing having 53° of sweep back on the leading edge, the collapse was very sudden with severe consequences in the form of a pitch-up change of moment. The suddenness of the collapse is traced to an interaction between a vortex separation on the "forward" shock and the bubble separation on the "outboard" shock.

The phenomenon of the transonic flow-attachment, (f) has been discussed frequently. In this, with the aerofoil incidence set at a fairly high value, increasing stream MACH number leads to a change from leading-edge separation to attached local supersonic flow over the leading edge back to a terminating shock which often has its own separation at its foot. Somewhat differing physical explanations of this phenomena have been offered in the past. Thus WOOD and GOODERUM of the NASA, Ames Laboratory [13] attempted to explain it as a consequence of shock-wave boundary-layer interaction through the classical concept of local upstream influence, with the attachment occurring as soon as the natural shock position was far enough downstream of the leading edge to allow this upstream-influence distance to be accommodated between the leading edge and the shock. LINDSEY and LANDRUM of NASA, Langley Laboratory [14] on the other hand, tended to discount the influence of shock-wave boundary-layer interaction and to attribute the attachment solely to the development of local supersonic flow at the leading edge.

The suggestion is made here that the phenomenon is, in fact, very closely related to that described above, and that when it is considered in reverse, with the stream MACH number decreasing instead of increasing, it becomes an analogous flow collapse, from a shock-induced separation to a leading-edge separation as a result of the grosser kind of upstream influence controlled by the need for compatability between the pressure rise that can be achieved along the viscous flow and the value imposed by the upstream and downstream pressures. In this light, the real explanation would seem to lie somewhere between those of Wood and Gooderum and of Lindsey and Landrum.

This is demonstrated in the full paper by considering the pressure distributions along the aerofoil and its wake for a series of stream Mach numbers decreasing from 0.95 to 0.5. An essential feature of the process is then seen to be the increase, that occurs as stream Mach number is reduced, in the value of the stream pressure at the edge of the wake far downstream. This, taken in conjunction with the almost constant level of pressure upstream of the shock (associated with the sonic freeze), imposes an increasing pressure rise to be accomplished between the separation point and the point far downstream. This increasing rise can be achieved through the restricted shock pressure-rise, determined by the separation, and along the resulting separated flow only if the shock moves progressively upstream away from the position near the trailing edge that is possible for the highest stream Mach number. Just as in the previous example, the situation is reached ultimately in which the only flow that is possible is one in which the boundary layer separates from the leading edge and in which the local supersonic flow has collapsed. Again this resulting flow has all the appearances of the conventional leading-edge separations associated with incompressible flow. But, again, it can be demonstrated by the application of boundary-layer control that the leading-edge separation represents a degenerate form of shock-induced separation; with boundary-layer control applied at the foot of the shock, the collapse is delayed to a substantially lower stream Mach number.

Alternatively, if this process is considered in the more conventional manner, with stream Mach number increasing from a low value at which leading-edge separation exists already, the flow attaches when the stream Mach number has risen sufficiently, and hence the pressure at the edge of the wake far downstream has *fallen* sufficiently, to reduce the overall pressure rise demanded between the attached local supersonic flow and the downstream pressure to a level that can be accommodated along the viscous flow arising from shock-induced separation. Of course, another necessary condition for the attachment is the existence of local supersonic velocities over the leading edge in the attached flow pattern, but this condition is not by itself sufficient.

In the examples shown in the full paper of the corresponding transonic flow attachment on a higly swept wing at supersonic stream speeds, the attachment occurred for certain parts of the span at an earlier stream Mach number than for others. The earlier attachment occurred for those parts of the span for which the pressure recovery downstream of the shock was enhanced by a vortex flow; this enhanced pressure recovery facilitated the accommodation of the overall pressure rise associated with the attached flow. The attachment subsequently spread along the whole leading edge as the stream pressure became low enough to permit this accommodation at all points.

The paper is closed with the expression of the hope that it has conveyed some of the fascination of the subject in its very broad form and that it has demonstrated the usefulness of studies of this kind in two ways in particular, namely, in promoting the understanding of new problems encountered an modern wings at transonic and supersonic speeds and, potentially, in promoting the understanding of the very old problem of the low-speed stall. In addition, Dr. Lock will fill this picture in by demonstrating how similar work is currently being used in yet a different way in aircraft design. The final word must therefore be a plea that the subject be kept alive at least for a little while longer in order that these applications may be the more fully exploited.

Acknowledgement: This paper was prepared as part of the research programme of the National Physical Laboratory and is published with the permission of the Director of the Laboratory.

References

[1] Pearcey, H. H.: Proceedings of 2nd I. C. A. S. Conference, Zurich 1960. Published in Advances in Aeronautical Sciences, Vol. 3, by Pergamon Press (1962).

[2] Sinnott, C. S., and J. Osborne: A. R. C., R & M 3156 (1958).

[3] Pearcey, H. H.: A. R. C., R & M 3108 (1955).

[4] Pearcey, H. H., and D. W. Holder: Examples of the effects of shock-induced boundary layer separation in transonic flight. Unpublished A. R. C. paper (1954). (To be published as an A. R. C., R & M.)

[5] Pearcey, H. H.: Shock-induced separation and its prevention by design and boundary-layer control. Part IV of "Boundary-layer and flow control" (ed. G. V. Lachmann). Pergamon Press (1961).

[6] Holder, D. W., and R. F. Cash: A. R. C., R & M 3100 (1957).

[7] Emmons, H. W.: N. A. C. A. TN 1003 (1946).

[8] Ackeret, J., F. Feldmann and N. Rott: Umbrechungen an Verdichtungsstößen und Grenzschichten in schnell bewegten Gassen. E. T. H., Zürich Report No. 10 (1946).

[9] Oswatitsch, K., and J. Zierep: Das Problem des senkrechten Stoßes an einer gekrümmten Wand, ZAMM, 40, T 143—T 144 (1960).

[10] Rotta, J.: A. V. A., Forschungsbericht, Nr. 61—02 (1961).

[11] Rogers, E. W. E., and I. M. Hall: J. R. Aero. Soc. 64, 449 (1960).

[12] Woods, L. C.: Proc. Roy. Soc. A 227, 367 (1955).

[13] Wood, G. P., and P. B. Gooderum: N. A. C. A., TN 3804 (1956).

[14] Lindsey, W. F., and E. G. Landrum: N. A. C. A., TN 4204 (1958).

Some experiments on the design of swept wing body combinations at transonic speeds

By

R. C. Lock

National Physical Laboratory, Teddington, England

1. Introduction

In recent years a great deal of attention has been paid to the aerodynamic design of swept winged aircraft intended to cruise economically at transonic, and higher, speeds. The principal problem is to reduce the wave drag as far as possible, at the design MACH number and lift coefficient; and in addition, care must be taken to ensure that the aircraft will behave satisfactorily in the off-design conditions that are likely to be encountered in flight. The use of swept wings for drag reduction depends for its efficacy on the avoidance of undesirable transonic effects — in particular of strong shock waves — in the flow over the wings. For this reason it has frequently been found in the past that design methods which rely purely on a theoretical minimisation of the drag, under some specified conditions such as the total volume or lift, have been less successful than was expected, mainly because these non-linear transonic effects were not correctly allowed for in the linearised theories that had so be used. So, more recently, a somewhat different approach has been tried, [1, 2] in which the aim is to design directly for a specified pressure distribution on the wings that is known to be physically realistic. This would normally be chosen to be of quasi two-dimensional type — that is, independent of spanwise position — thereby achieving the full benefit from the wing sweep over the whole span.

A practical method for designing for this condition was suggested in [2], involving successive calculations of the wing planform shape, symmetrical fuselage waisting, wing warp and asymmetric fuselage waisting. In order to avoid some of the deficiencies in linearised theory (particularly near the leading edge) the design process starts from an equivalent two-dimensional wing section, the pressure distribution on which is related to that on the three-dimensional wing by certain sweep factors [3]. It should therefore be possible to incorporate the latest refinements in two-dimensional section design [4] into a real three-dimensional aircraft configuration.

In order to investigate the validity of this method, an extensive experimental programme is in progress at the NPL. For the first series of experiments the basic section design was chosen to be of 'roof-top' type, and models were constructed to follow the successive stages of the design process in detail. It is the purpose of this paper to give an account of some of the results that have been obtained, concentrating almost entirely on design conditions.

2. Description of the experiments

The wing planform and fuselage shape are shown in Fig. 1. The wing is of aspect ratio 3.54 and is basically untapered, with 55° sweep. The leading edge curves in planform to a streamwise tip, designed by

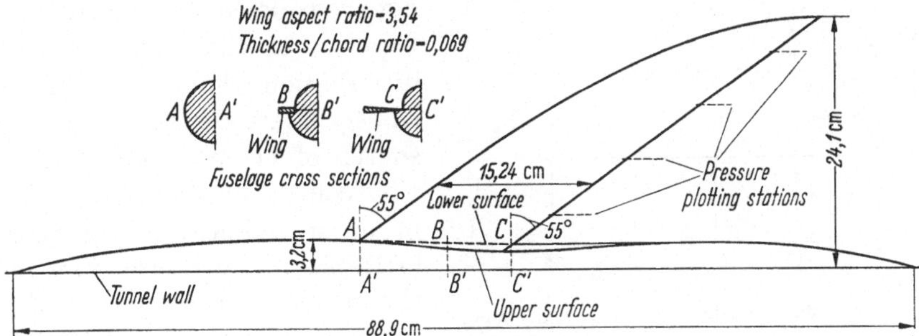

Fig. 1. Wind-tunnel model

the method of [5] to have favourable transonic characteristics under lifting conditions.

The basic wing section was designed to have a roof-top pressure distribution on the upper surface back to 50% of the clord, at a lift coefficient corresponding to about 0.18 for the swept wing at $M = 1.0$.

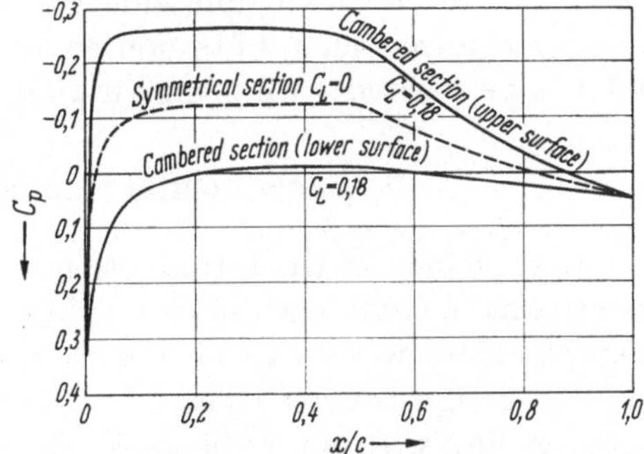

Fig. 2. Design pressure distribution

The section was a cambered version of an RAE 103 section, 6.9% thick streamwise (12% normal to the straight part of the leading edge). Fig. 2 shows the design pressure distribution for both the cambered and corresponding symmetrical sections; the latter is also of roof-top type. The basic fuselage is of fineness ratio 14.0 and has an ogival nose, a cylindrical central position and a parabolic afterbody. Two model wings were made, one symmetrical and with similar streamwise sections (6.9% thick RAE 103) across the whole span, the other warped for the design lift coefficient (0.18) at a Mach number of 1.0, according to the method of [2] (Fig. 3). These were tested with various fuselage modifications, which will be described later.

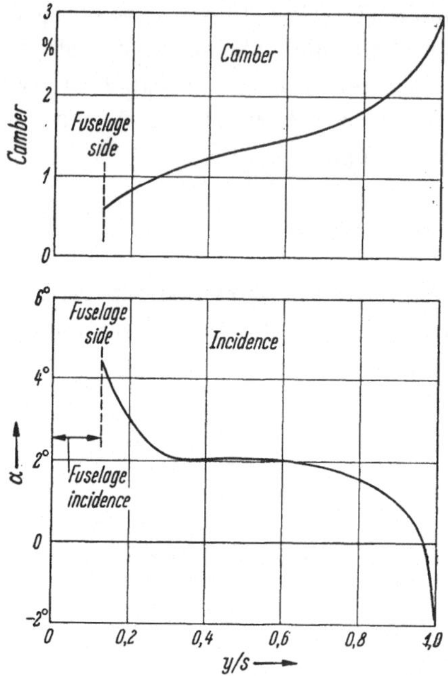

Fig. 3. Spanwise variation of incidence and camber

Half models were used throughout, mounted directly on the wind-tunnel wall; it is realised that this is liable to cause errors in the fuselage pressure distribution and therefore in the overall forces (these are not considered in the present paper), but the wing pressure distribution should not be seriously affected. A more serious source of error is provided by wind-tunnel interference, since in order to provide adequate facilities for pressure plotting the model size chosen was rather large for the tunnel (the models were of 24.1 cm semi-span and 88.9 cm length, the tunnel dimensions being 53×51 cm, with solid side walls and slotted horizontal walls). This means that all results quoted for Mach numbers greater than 1 must be treated with some suspicion.

3. Experimental results and discussion

As explained in the introduction, the main object of these experiments was to study each separate stage of the design process. The first step therefore was to check the theoretical method which had been used to design the wing planform [5]. Fig. 4 compares the measured wing loading with sonic theory at three Mach numbers (0.9, 1.0, 1.1) for the symmetrical wing on the basic fuselage. Good agreement was obtained at Mach numbers up to 1 except over a small region in the middle of the wing, though there is a slight deterioration for the highest Mach number (1.1). This subject was discussed in greater detail in [6], where it was pointed out that much better agreement between

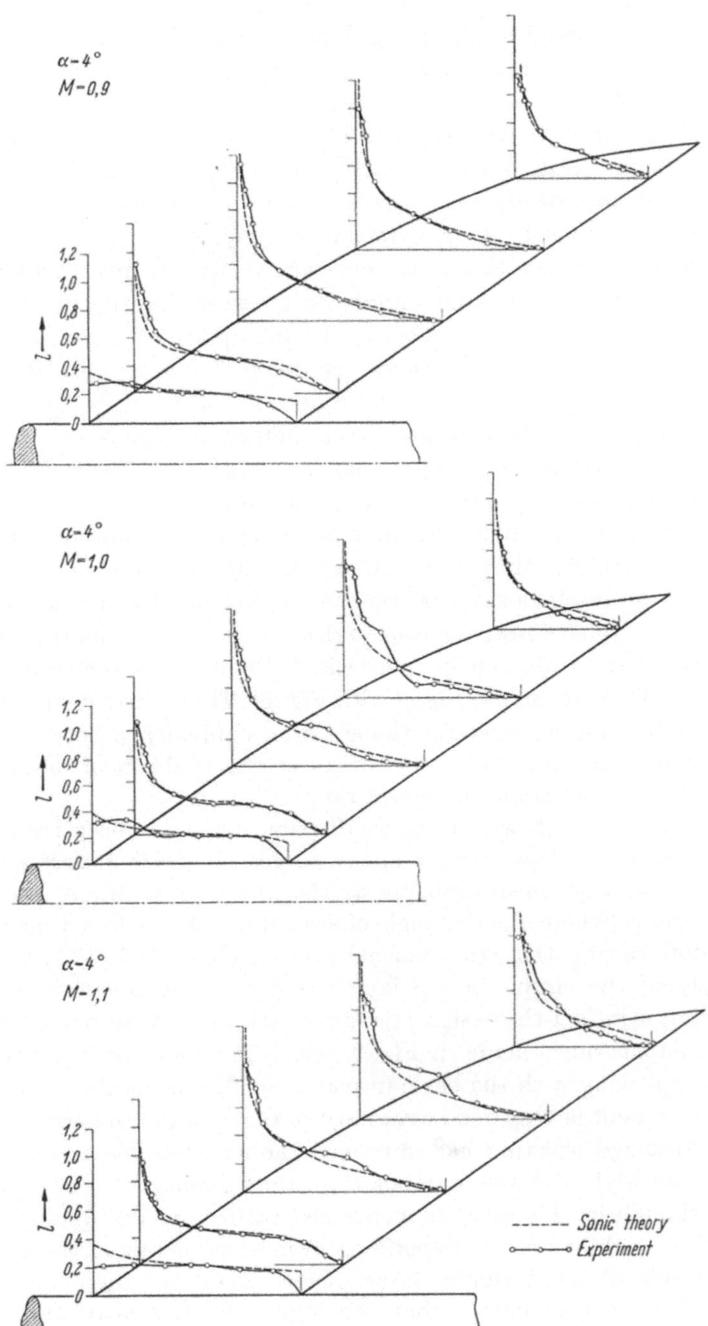

Fig. 4. Wing loading: Comparison with sonic theory symmetrical wing: $\alpha = 4°$

theory and experiment was obtained with the present wing than with wings of conventional straight-edged planforms. It is clear that the design of the planform was successful in keeping the chordwise loading independent of spanwise position over the outer part of the wing. It was also successful in keeping the isobars fully swept near the tip at zero incidence (Fig. 5) and at small positive incidences (Fig. 6), but there is a substantial loss of sweep near the root, due of course to the centre effect produced by the cylindrical fuselage.

In order to correct this it is necessary to find a way of shaping the fuselage so that the same chordwise pressure distribution is preserved right up to the wing root, in the first place at zero incidence for the symmetrical wing. Methods for doing this have been devised at subsonic and supersonic speeds by KÜCHEMANN, BAGLEY and others [1]; but at present there is no direct method available at $M = 1$. There was however some evidence that for wings of this type the sonic area rule does in fact produce the desired effect [2], and so the next step was to test the same symmetrical wing in conjunction with a fuselage waisted according to the area rule. Fig. 7 shows the result of doing this; the fuselage shaping has been highly successful in straightening out the isobars near the root so that they are now almost parallel to the leading and trailing edges, as desired; there is also some improvement at incidence (compare Fig. 8 with Fig. 6). These experiments thus provide additional evidence for the essential equivalence between the KÜCHEMANN and Area Rule approaches to the problem of designing for thickness in the transonic speed range.

Now that the chordwise pressure distributions have been rendered to a large extent independent of spanwise position, it is interesting to compare them with measurements at the appropriate MACH number $M_n = M \cos \varphi$ (where φ is the angle of sweep) made on a two dimensional aerofoil having the same normal section (RAE 103, 12% thick) and applying the simple sweep factor $\cos^2 \varphi$ to the pressure coefficients[1]; this is in fact the design pressure distribution at zero incidence. Such a comparison is made in Fig. 9, which includes also the results for the swept wing with the basic fuselage. For MACH numbers 0.9 and 1.0 the agreement is very good over most of the wing; note particularly how the fuselage waisting has improved the situation near the wing root. At the highest MACH number (1.1) the agreement is less satisfactory, though in this case, as mentioned earlier, it is difficult to be sure of the reliability of the experimental measurements on the swept wing because of wind tunnel interference. Even so, there is some evidence from other sources that the high velocities near the mid-

---

[1] Here φ was taken to be 55° throughout, even near the tip.

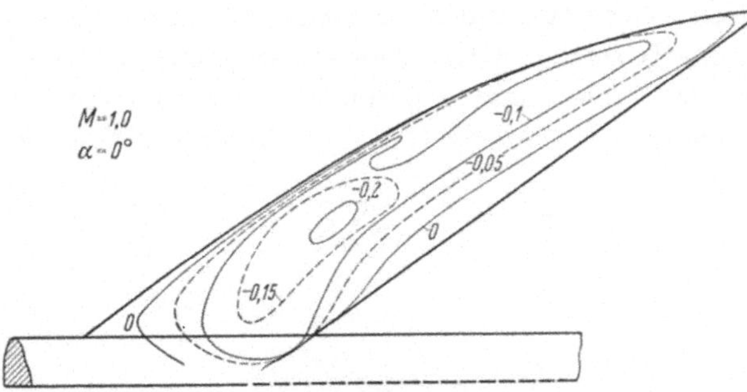

Fig. 5. Isobar pattern: Symmetrical wing on unwaisted fuselage $\alpha = 0°$, $M = 1.0$. The numbers on the isobars give the value of C_p.

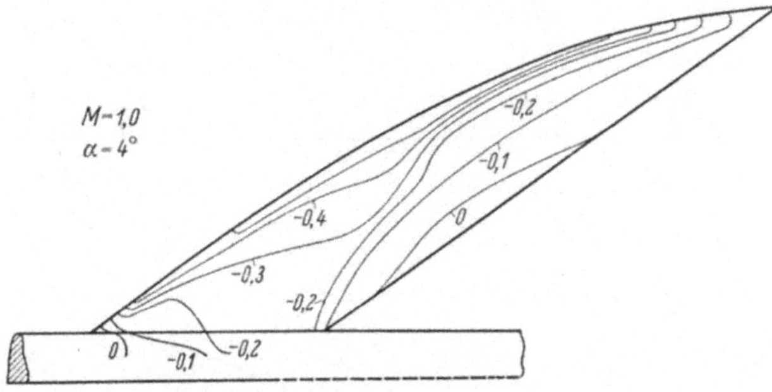

Fig. 6. Isobar pattern: Symmetrical wing on unwaisted fuselage $\alpha = 4°$, $M = 1.0$.

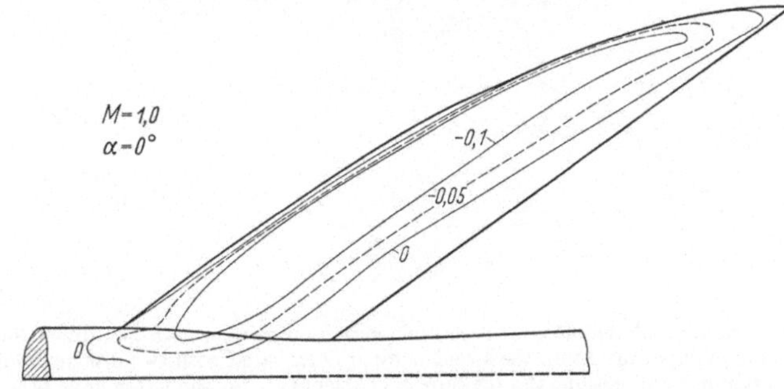

Fig. 7. Isobar patterns: Symmetrical wing on waisted fuselage $\alpha = 0°$, $M = 1.0$.

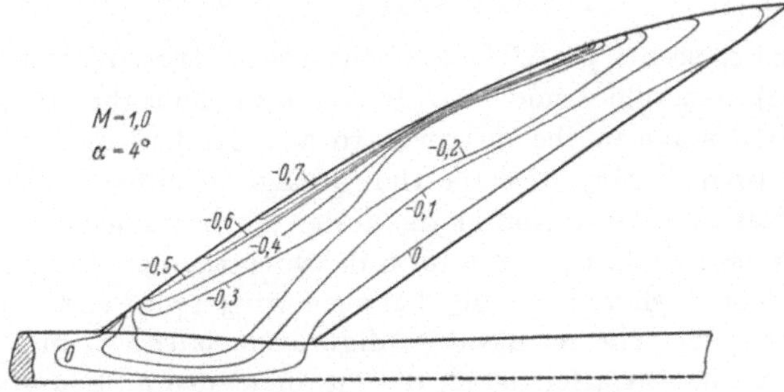

Fig. 8. Isobar pattern: Symmetrical wing on waisted fuselage $\alpha = 4°$, $M = 1.0$.

closed position at the two inner stations are genuine, and they are of
course particularly serious with a roof-top type of pressure distribution
because they are liable to cause premature shock formation. It should
however be possible to remedy this fault by redesigning the fuselage,

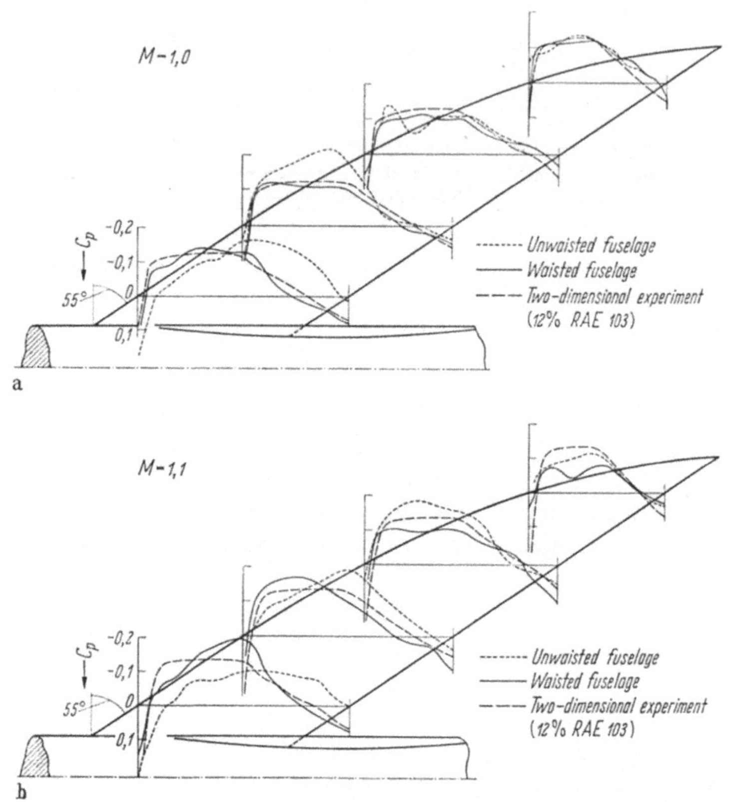

Fig. 9a and b. Pressure distribution at zero incidence: Comparison with two-dimensional experiments. The results of experiments on the swept wing are compared with two-dimensional tests on a wing with the same normal section; the pressure coefficients C_p for the latter have been multiplied by $\cos^2 55°$ on symmetrical wing.

and indeed it seems probable that the use of the supersonic (rather
than sonic) area rule would provide a step in the right direction.

The final stage in the design is to add camber and twist to the
wing and (if necessary) reshape the fuselage in order to produce the
desired pressure distribution at the design lift coefficient. The method
of [2] was used to do this, in a form in which the necessary treatment
near the root is shared equally between wing twist and asymmetric
fuselage shaping. The resultant configuration is shown in Fig. 1 and
Fig. 3 gives the variation of local wing incidence and camber across

the span. The pressure distributions achieved at the design condition
are shown in Fig. 10; in order to allow for viscous effects we have
chosen a slightly higher incidence (2.5°) than the design incidence

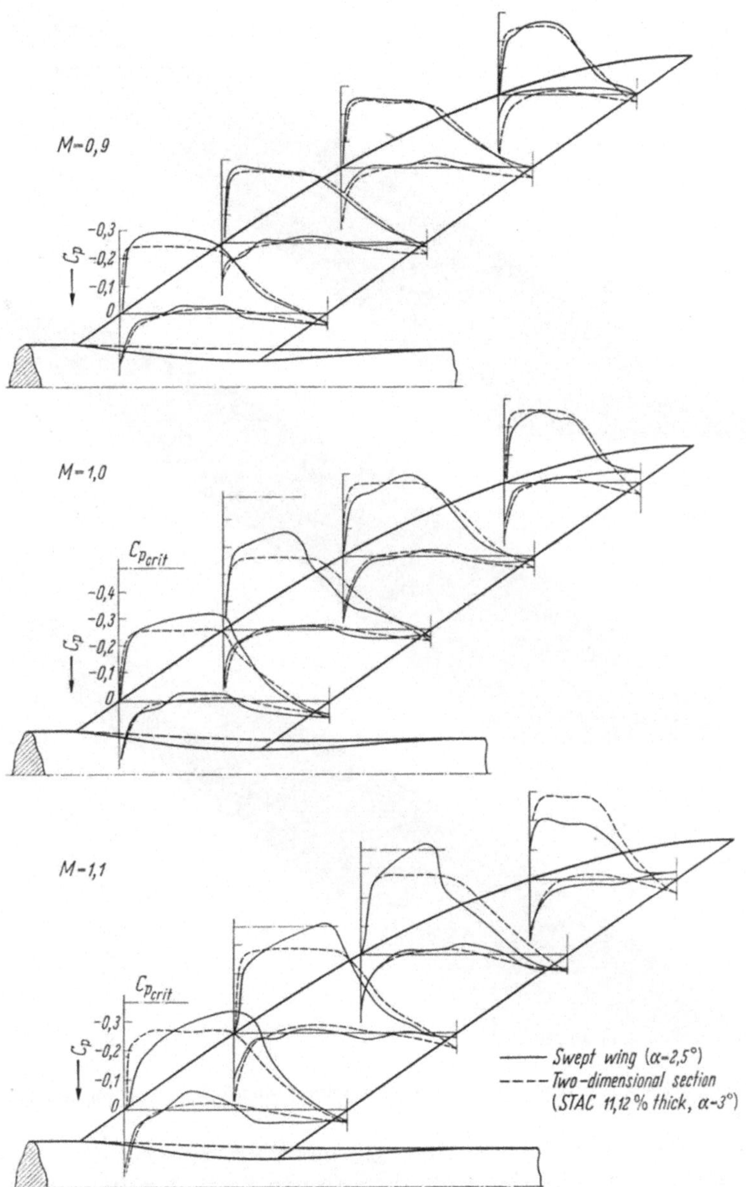

Fig. 10. Pressure distribution at design condition ($C_L = 0.18$). Warped wing on asymmetrically waisted fuselage. Comparison with two-dimensional experiments.

(2.0°), giving approximately the correct lift coefficient [0.18 at $M = 1$).
The results are compared with the appropriate two-dimensional experiments on the basic wing section, again at a slightly higher incidence

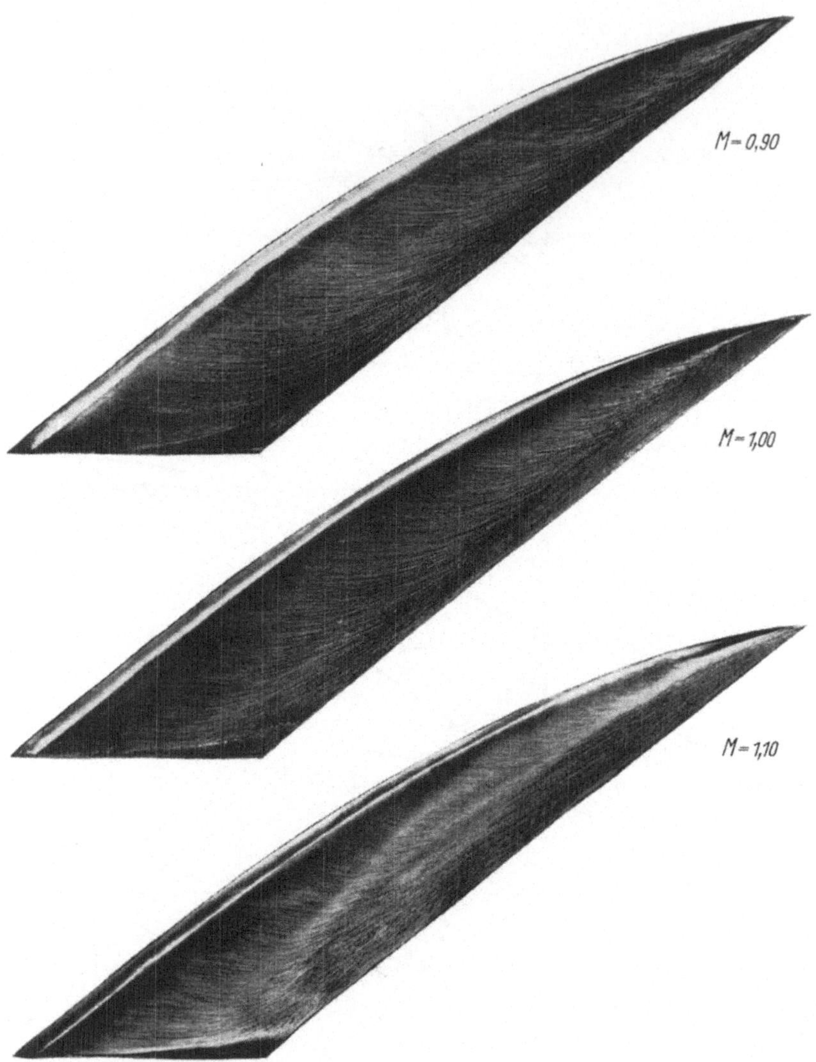

Fig. 11. Surface oil patterns on upper surface of warped wing at $\alpha = 2.5°$ (design condition).

to allow for viscous effects. The agreement is very good over most of
the wing at subsonic MACH numbers (up to 0.95), but just as for the
symmetrical wing at zero incidence (Fig. 9) a deterioriation occurs at
higher MACH numbers. The discrepancies are of the same type — an

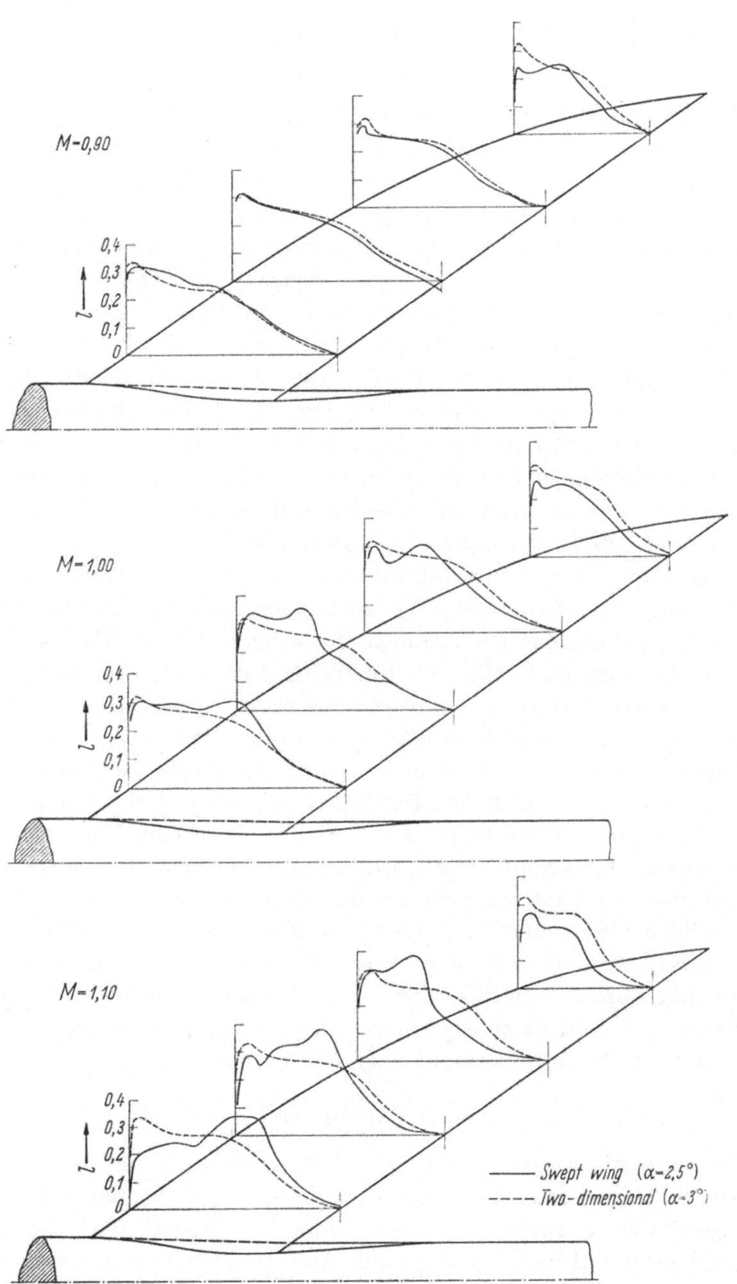

Fig. 12. Wing loading: Warped wing asymmetrically waisted fuselage. Comparison with two-dimensional experiments.

over-expansion near the mid chord — and in this case at $M = 1.10$ the flow has become just supercritical over part of the wing, leading to a weak shock wave over the inner part of the upper surface; this can be seen from a surface oil pattern (Fig. 11). Over the lower surface the agreement with the two-dimensional experiments is still good, while the upper surface isobars show only small departures from the ideal; so that again a small change in the shape of the upper half of the fuselage should be able to improve the situation.

It is obviously of interest to compare the detailed loading that was measured on the wing with the load distribution that was assumed in the theoretical design process; or more precisely with the loading of the two-dimensional section, multiplied by $\cos^2 \varphi$. This comparison is made in Fig. 12, and shows similar features to those obtained previously; excellent agreement up to $M = 1$ and then a deterioration, with insufficient loading near the leading edge and too much near the mid-chord. It is not known yet whether this is due to the use of sonic theory in the calculations, or to some other cause; and of course the possibility cannot be excluded that all experimental results for $M \geqslant 1$ may be seriously affected by wind-tunnel interference.

A further point of interest concerns the pressure distribution near the trailing edge of the wing. As can be seen from Fig. 10, the pressure recovery on the upper surface near the wing root is satisfactory, being almost the same as in the two-dimensional experiments; but towards the tip a marked change occurs and the pressure fails to reach the free stream value at the trailing edge. The same effect also occurs on the symmetrical wing (Fig. 9), and is due to the strong outward drift of the boundary layer near the trailing edge, which can be clearly seen from the surface oil patterns (Fig. 11). This is of course a well-known phenomenon for swept wings, and is aggravated in the present case by the use of a roof-top pressure distribution back to the half-chord line, with a correspondingly strong adverse pressure gradient towards the trailing edge. It is to be expected that the effect of increasing the REYNOLDS number[1] to full-sclae will be favourable in this respect, but preliminary results of an experiment designed to investigate this point suggest that the improvement may not be very large.

4. Conclusion

In spite of the partial failure of these experiments to obtain in detail the desired pressure distribution on the wing at supersonic speeds, the results seem sufficiently encouraging to suggest that the design method proposed in [2] is a sensible one. It must however be remem-

---

[1] The REYNOLDS number of the present experiments was $2 \cdot 4 \times 10^6$.

bered that the achievement of a quasi-two-dimensional pressure distribution on the wings is not in itself a sufficient guarantee that the overall wave drag of the wing-fuselage combination is as low as possible. In any practical design it is essential to ensure at the same time that the overall area and load distributions are reasonably close to those required to give a theoretically minimum drag under the specified conditions.

Future experiments in this field are being planned to investigate the following points:

(a) Using a wing of the same planform, to see whether pressure distributions of the favourable 'peaky' type [4] can be obtained on a highly swept wing.

(b) To investigate the effects of wing planform taper on the design method.

(c) To determine whether all these features can be incorporated at higher supersonic speeds; at the same time the theoretical methods are being extended to enable calculations to be made at an arbitrary supersonic design MACH number.

The research described in this paper is part of the research programme of the National Physical Laboratory, and is presented by permission of the Director of the Laboratory.

References

[1] BAGLEY, J. A.: Some aerodynamic principles for the design of swept wings. Progress in Aeronautical Sciences, Vol. 3, Pergamon Press, 1962.

[2] LOCK, R. C., and E. W. E. ROGERS: Aerodynamic design of swept wings and bodies for transonic speeds. Advances in Aeronautical Sciences, Vol. 3. Pergamon Press, 1961.

[3] LOCK, R. C.: An equivalence law relating three-and two-dimensional pressure distributions. ARC. 23952 October, 1962 (To be publisted es R. v M, 3346).

[4] PEARCEY, H. H.: The aerodynamic design of section shapes for swept wings. Advances in Aeronautical Sciences, Vol. 3. Pergamon Press, 1961.

[5] LOCK, R. C.: The design of wing planforms for transonic speeds. Aero. Qu. 12, 65 [(1961).

[6] LOCK, R. C.: The loading of swept wings at transonic speeds. Proc. Seminar in Aero. Sci. NAL, Bangalore, 1962 (also ARC. 23352).

List of Symbols

x, y	Cartesian coordinates (x streamwise, y spanwise)
M	Free stream MACH number
φ	Angle of sweep
$M_n = M \cos \varphi$	Component of MACH number normal to direction of sweep.
α	Angle of incidence
C_p	Pressure coefficient
C_L	Lift coefficient
l	Local wing loading $= C_p$ (lower surface) $- C_p$ (upper surface)
c	Wing chord
s	Wing semi-span.

Innere Strömungen, Windkanäle

VII. Sitzung

Vorsitzender: M. SCHÄFER, Deutschland

Theory of wall interference in transonic wind-tunnels

By

Sune B. Berndt

Kungl. Tekniska Högskolan, Stockholm, Sverige

1. Introduction

Planned as an introduction to some of the topics covered in this Symposium, this short review of the application of transonic-flow theory to problems of wind-tunnel interference is restricted to *sonic* and *subsonic* speeds. It must be stressed, however, that the interference at supersonic speeds poses problems which in practice might be more important than the problems considered here. One reason for excluding them was that they do not seem to be so easily arranged within the framework of transonic-flow theory. Also, they have received a rather full treatment in a recent monograph by GOETHERT [1].

For conciseness, the review is restricted almost exclusively to three-dimensional flows, which are the ones of most importance in aeronautics. Problems of plane wind-tunnel flow, which of course have a great principal interest, should be treated, as evidenced by GUDERLEY's lecture, by the hodograph method which is not applicable to three-dimensional flow.

To fix the ideas, let us look at a few typical test sections. First there is the *solid-wall* test section, which brings out the interference problem quite strongly — actually a little bit too strongly, as we now know. Since transonic flow is flow with almost constant stream-tube area, the work of the "pipe-fitter" [7], with a model in a closed test section, becomes very difficult, indeed, when sonic speed is approached. *Choking* occurs, with a sonic surface between the model and the wall, providing an upper limit for the mass flow and hence for the upstream MACH number. At choking, the flow at the model is usually very much different from the unbounded flow at the same MACH number, M_{ch}, and in this sense there is a strong wall interference. The flow at the model, however, resembles quite strongly the unbounded sonic flow [2, 5, 6] and [26], and thus one might equally well say that the wall interference is small, associating the wind tunnel flow with an unbounded flow at free-stream MACH number unity rather than M_{ch}.

This immediately brings out the general problem of determining a MACH number correction ΔM_0, such that the free stream MACH number corresponding to the test section MACH number M_0 is

$$M_\infty = M_0 + \Delta M_0. \tag{1}$$

This problem, as well as the underlying one of finding the conditions under which the wall interference permits such a simple correction, is our main concern.

The *slotted-wall* test section was designed to permit the streamlines to move laterally in response to the displacement effect of the model so as to avoid choking. A free jet was known to be too open, so the choice of a partly open wall was a natural one. Longitudinal slots where chosen, because they offered a minimum of flow disturbances and a simple geometry for the analysis. The test section is surrounded by a plenum chamber of stagnant air, providing uniform pressure at the outer edges of the slots.

Several different geometries are in current use, such as that in Fig. 1, having a few slots uniformly distributed around the periphery, or that in Fig. 2, having many narrow slots in the roof and floor only, leaving the side walls free for schlieren windows.

Usually there is provision in the plenum chamber for expanding the free-stream to supersonic speed by suction through the slots. It is generally accepted, however, that longitudinal slots are not efficient in reducing wall interference at supersonic speeds (mainly because of shock-induced flow within the slot). Some improvement in this respect has been achieved by providing each slot with a corrugated strip or with a perforated coverplate (*'perforated slots'*). However, for the satisfactory elimination of wall interference at supersonic speeds it has been found necessary to have small-scale perforations covering every part of the walls (*'perforated walls'*).

It seems to be general practice, in working with slotted-wall test sections, to aim at a slot configuration which eliminates the need for a MACH number correction ΔM_0. Different criteria are in use for finding the proper slot width, such as requiring the drag coefficients of a series

 Sᴜɴᴇ B. Bᴇʀɴᴅᴛ

Fig. 1. FFA 0.7 m² transonic test section with 8 slots. Total slot width = 9.2% of circumference

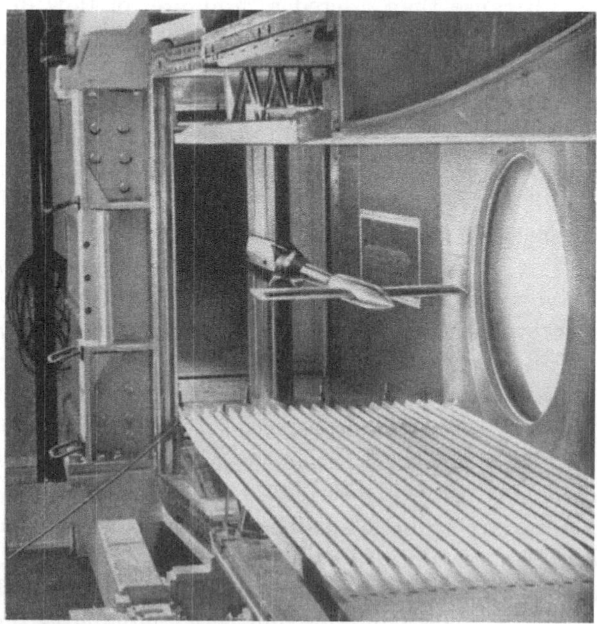

Fig. 2. FFA 0.8 m² transonic test section with 36 slots. Total slot width = 2% of circumference

of similar models of different size to be equal, or simply requiring ΔM_0 computed by linearized subsonic theory to be zero. Ideally, of course, one would like to base the analysis on the transonic-flow theory, and to check it by comprehensive tests with models of many different types, in order to find out how large a model can be used, and what MACH number corrections should be applied. In addition to solving a non-linear differential equation there is, on one hand, the difficulty of establishing boundary conditions at the test section walls, while on the other, the variability of model geometry is overwhelming, so it is easy to see that in practice a short-cut had to be made when the slotted-wall test section was developed. Recently, however, some progress has been made towards a rational calibration procedure, based on transonic-flow theory, as will be evident from the present review.

Our program will be, to establish the wall boundary conditions for the transonic differential equation, to formulate its similarity laws, to apply these to experimental situations, and, finally to discuss their implications with respect to transonic wind tunnel testing. 'Ventilated' as well as solid-wall test sections will be treated.

2. Features of transonic-flow theory

We shall assume, then, that the first order transonic small-perturbation theory is applicable to the flow in the test section as well as to the corresponding unbounded flow. Introducing a velocity potential φ such that the perturbation velocity is $U_\infty\,\mathrm{grad}\,\varphi$, the *transonic equation* for φ takes the following form in cylindrical polar coordinates with the x-axis in the free-stream direction ($\gamma =$ ratio of specific heats):

$$(1 - M_\infty^2)\frac{\partial^2\varphi}{\partial x^2} + \frac{1}{r}\frac{\partial}{\partial r}\left(r\,\frac{\partial\varphi}{\partial r}\right) + \frac{1}{r^2}\frac{\partial^2\varphi}{\partial\theta^2} = M_\infty^2(\gamma + 1)\frac{\partial\varphi}{\partial x}\frac{\partial^2\varphi}{\partial x^2}. \tag{2}$$

The unperturbed uniform flow of velocity U_∞ and MACH number M_∞ is that of unbounded flow. Since the free-stream MACH number M_0 of the test section, in the case of wind-tunnel flow, generally is different from the M_∞ of that unbounded flow which the wind-tunnel flow is supposed to simulate, the two cases have different boundary conditions far upstream:

$$x \to -\infty : \frac{\partial\varphi}{\partial x} = \begin{cases} 0 \text{ in unbounded flow,} \\ -\dfrac{2}{\gamma + 1}\dfrac{\Delta M_0}{M_\infty} \text{ in test section.} \end{cases} \tag{3}$$

In addition to the differential equation, there is the shock polar equation, which, in a corresponding approximation, and written as a

19*

difference equation for the velocity jump through a shock wave, has the same algebraic structure as the differential equation.

Solutions of the transonic equation, including the shock condition, have a well known group property, leading to the transonic similarity laws. If, for example, $\varphi(x, r, \theta)$ is a solution with $M_\infty = 1$, then $C^{-3}\varphi(Cx, r, \theta)$ is another such solution, depending on a (positive) parameter C.

The transonic *principle of equivalence* saves us the trouble of considering the detailed boundary condition at the model. With a small model, as used in practice, we may assume that the flow in that part of the field which is modified by the presence of the walls, is the same as with an equivalent body of revolution, i. e. one having the same distribution $S(x)$ of cross-sectional area along the longitudinal axis. We are then neglecting — presumably small — effects of lift and of model surface irregularities, as will be done hence forward. With the body axis as x-axis the boundary condition at the body is

$$\lim_{r \to 0} r \, \partial\varphi/\partial r = S'(x)/2\pi. \tag{4}$$

With this boundary condition the transonic similarity law for *unbounded* sonic flow permits the potential for a family of affine bodies to be written

$$\varphi = \tau^2 \, l \, \varphi\left(\frac{x}{l}, \tau(\gamma + 1)^{1/2}\frac{r}{l}\right), \tag{5}$$

where l is the length of a body and τ is its thickness ratio.

Perhaps one would prefer to take l as the length of the body up to the limiting Mach wave, since the rest of the body does not influence the transonic field. This length is not known in advance, however, so some other choice is more practical, such as the length up to the point where $S'' = 0$, which, at sonic speed, is located not very far from the sonic point. The corresponding thickness ratio is $\tau = (S(l)/\pi)^{1/2}/l$. Of course, the actual choice of l is of no consequence for the validity of the similarity law until one goes on to correlate different families of affine bodies, when a choice such as the one proposed might serve to reduce the influence of body shape on aerodynamic coefficients referred to l and τ.

For example, combining Eq. (5) with the Guderley-Yoshihara self-similar solution for the distant flow-field at sonic speed, [8], the following approximate expression, relating the perturbation potential at large distance to l and τ, results:

$$\left. \begin{aligned} \varphi &= C^{-3} \, r^{-2/7} \, f(C(\gamma + 1)^{-1/3} \, x \, r^{-4/7}); \\ C &= l^{-3/7} \, \tau^{-4/7} \, (\gamma + 1)^{1/21} \cdot C_R. \end{aligned} \right\} \tag{6}$$

Here $f(\ )$ is a known function, and C_R is a constant which depends only upon the area distribution of the family of bodies considered, and not upon l or τ. There is some evidence, for one particular body shape, that C_R is approximately equal to unity when l and τ are defined with respect to the point where $S'' = 0$ [3], but none to show how C_R depends upon the shape. Perhaps it is almost independent of shape, as seems to be the case when, in plane flow, l and τ are defined with respect to the sonic point [28].

Such a result would have an obvious application to our present problem, since it would permit us to specify a wall giving no interference at sonic speed. However, we do not know at present how to compute C_R, or the distance from the axis at which the approximation becomes valid, and, furthermore, these quantities are difficult to measure in wind tunnels for no other reason than wall interference.

This lack of information about the distant field is connected with the fact that practically all methods available for computing unbounded axisymmetric transonic flows are of the type involving a 'local linearization', restricting the integration to the immediate vicinity of the body. The remarkable fact that the integration does not have to be extended to infinity in these approximate methods, makes one expect, turning to the problem of computing transonic wind-tunnel flows, that somehow the effect of the walls cannot be very large in the vicinity of the body. Still, the necessity of including a wall boundary condition seems to spoil the simplicity of the local linearization approach. MURASAKI [9] has made some progress in this direction, however, and so has ROMBERG, as is evident from his Symposium paper. For the present, however, we will have to be content with applying the theory in the form of similarity rules useful for the correlation of calibration data.

3. Similarity considerations

It seems that DROUGGE, in [10] from 1951, was one of the first to apply transonic similarity concepts to wind-tunnel flow. Then, of course, there was GUDERLEY, who in the early fifties wrote a series of important reports (such as [29, 33] and [34]) on this and related subjects. His reports, however, did not become known outside a restricted circle in USA until he published his book in 1957 [2]. Partly for this reason, it was not realized until recently that the similarity considerations immediately lead to important, and, as it seems, unexpected conclusions with respect to the influence of slenderness upon the useful model size in transonic test sections [4, 17] and [19].

The similarity rule for a family of affine bodies of revolution gives, using a cross-flow length of reference R to be identified with the cross-sectional extension of the test section, the perturbation potential in the following form:

$$\left.\begin{aligned}
\varphi &= \frac{M_\infty\, \tau^3\, R}{\gamma + 1}\, \overline{\varphi}\left(\frac{x}{M_\infty\, \tau\, R}\,,\,\frac{r}{R}\,,\,\theta\,;\,F,\,B\right)\,; \\[2mm]
F &= \frac{1 - M_\infty^2}{M_\infty^2\, \tau^2}\,;\ B = \frac{l}{M_\infty\, \tau\, R}\,.
\end{aligned}\right\} \tag{7}$$

Here the free-stream Mach number M_∞ must be varied with τ in such a way as to keep the parameter F constant. In addition, the boundary condition along the body axis introduces the parameter $B = l/(M_\infty\, \tau\, R)$, which must also be kept constant as follows from the transformation of the x-coordinate. This is the crucial point, in fact, from the point of view of wall interference.

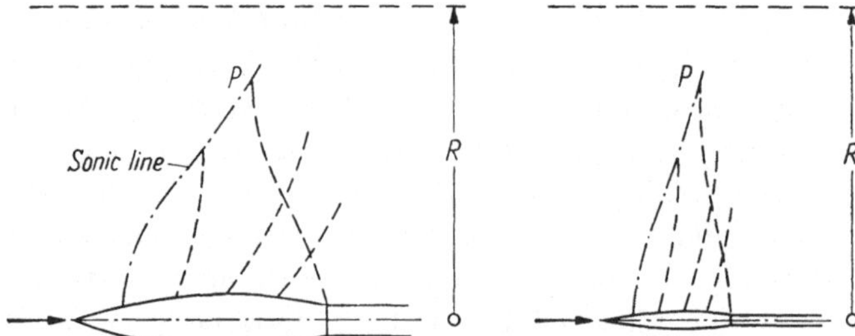

Fig. 3. Variation of Mach-wave pattern with thickness ratio at $M_\infty = 1$ according to the transonic similarity rule, keeping radial distances constant

Therefore, let us consider the similar flow fields of two bodies of different thickness ratio at sonic speed ($F = 0$), plotted with the same reference length R (Fig. 3). The more slender body produces smaller perturbation velocities, and so the Mach waves stand steeper than for the thicker body. The reduction in body length required to give the same value of $B = l/(\tau\, R)$ matches this change in the Mach-line pattern, so that corresponding points have the same radial coordinate, for example, that point P on the sonic line from where the Mach-line starts that ends up at the tail of the body.

The implication of this in wind-tunnel testing is obvious. If a thick body is not influenced by the walls in one particular case, say because the wall is located well outside P, then a more slender body must be shorter as well to keep P away from the wall. This is in strong contrast to the old and primitive concept with the maximum cross-sectional area of the model as the determining quantity.

To complete the similarity analysis of wind-tunnel flows, we have to consider the boundary conditions far upstream and at the walls.

The upstream condition (3) takes the form (writing ξ for $x/(M_\infty \tau R)$):

$$\xi \to -\infty : \frac{\partial}{\partial \xi} \varphi\left(\xi, \frac{r}{R}, \theta\right) = -\frac{2}{\tau^2} \frac{\Delta M_0}{M_\infty}, \tag{8}$$

and so introduces the new parameter

$$D = \Delta M_0/(M_\infty \tau^2). \tag{9}$$

This must be kept constant to preserve similarity, and thus permits us to determine how the Mach number correction varies with the thickness ratio of the model (keeping $B = l/(M_\infty \tau R)$ constant).

4. Similarity of wall conditions

There remains to consider the boundary conditions at the walls. Each type of test section has its own set of wall conditions. In general, a particular wall condition will produce a parameter to be kept constant to preserve similarity. Only if this parameter does not depend upon τ will similarity be possible without changing the test section wall together with the thickness ratio of the body.

The simplest type of wall condition is provided by the *solid wall* in the absence of boundary layer effects. We then have simply $\partial \varphi/\partial n = 0$, n being the distance along the normal. Postulating that the wall Γ is an infinite cylinder, then Γ is invariant under the similarity transformation (since only the x-coordinate is transformed), and the transformed boundary condition becomes $\partial \overline{\varphi}/\partial (n/R) = 0$. No new parameter is introduced, and similarity is obtained with a fixed wall geometry.

Equally simple is the case of a *longitudinally slotted wall* without boundary layer effects. The solid strips Γ_c and the open strips Γ_0 are again invariant under the similarity transformation, provided that their widths do not vary with x. The transformed boundary condition on Γ_c again becomes $\partial \overline{\varphi}/\partial (n/R) = 0$, which is independent of τ. Postulating the cross-flow velocity in the slots to be small, we shall require that the pressure on the open part Γ_0 is equal to the plenum pressure, i. e. to the pressure far upstream, corresponding to the Mach number $M_0 = M_\infty - \Delta M_0$. This is identical to the upstream condition (8), and introduces no new parameter. Thus the longitudinally slotted wall permits similarity with fixed geometry. If the slots are not long enough to be treated as infinitely long this is, of course, not true any longer (experimental results relevant to this point are to be found in [23]).

Before proceeding to other walls, let us record the *averaged* small-perturbation boundary condition for a thin wall with many, uniformly distributed slots, introduced by Guderley [29], Baldwin et al. [11]:

$$\text{On } \Gamma: \frac{\partial}{\partial x}\left(\varphi + K\frac{\partial \varphi}{\partial n}\right) = -\frac{2}{\gamma+1}\frac{\Delta M_0}{M_\infty}\, ; \left.\begin{array}{c} \\ \\ \end{array}\right\}$$

$$K = \frac{d}{\pi}\ln\frac{1}{\sin\dfrac{\pi a}{2d}} \qquad (10)$$

Here, a is the slot width while d is the distance between slots. The condition implies that, on the average, there is a pressure difference over the wall which is proportional to the average radial curvature of the stream-lines at the wall. The condition is, as it should be, invariant under the similarity transformation. It indicates that, for a given total slot width (a given value of a/d) many narrow slots are more efficient than a few wide ones. In a remarkable paper, L. C. Woods [12] recently derived an improved averaged condition for the case of almost plane, subsonic flow. Interpreted in terms of a circular test-section, his result indicates that the number of slots should be greater than six for the condition (10) to be applicable. Goethert [30] has modified the condition (10) to include the effect of slot depth.

As far as other types of ventilated walls are concerned, such as perforated walls, or walls with non-longitudinal slots, or slots of varying width, it is immediately seen that the form of the open and closed parts of the wall are changed under the similarity transformation: circular holes, for example, becoming elliptical. In addition, there is the complication of having to satisfy a Kutta condition at trailing edges. For details the reader is referred to [13] or [1]. One can also here obtain an averaged condition as a linear relationship between the pressure drop across the wall and the mean stream-line slope at the wall. Usually the coefficient of proportionality varies with the free-stream Mach number, which complicates the similarity analysis.

Turning now to *viscous and related effects*, let us reconsider the solid-wall test section. As demonstrated experimentally by Petersohn [15], the wall boundary layers have a considerable influence upon the choking Mach number. This, of course, is due to the fact that the low-Mach-number stream tubes in the boundary layer can contract in response to a pressure perturbation and give the constant-area tubes of the almost sonic free-stream room to get past the model. Before the advent of the slotted-wall test section, there was even developed a type of transonic test section with a thick layer of slow air at the wall. According to Stack and Mattsson [27], this 'twin-stream' method was originally suggested by Küchemann. We will soon return to the problem of using the wall boundary layers as a means for reducing transonic wall interference.

Let us, as a contrast, consider a case where this boundary layer influence has an adverse effect. Fig. 4 shows the outcome of measuring the drag of a half-model (a calibration model consisting of a circular body and a rectangular wing) mounted on one of the side-walls of a test section with slotted roof and floor [16]. There are three sets of data, corresponding to respectively reduced, normal, and increased boundary layer thickness on the reflection wall. In addition, there is a curve which is believed to be free of interference since it was obtained with a complete model in a large transonic test section. Evidently, there is a very pronounced effect of the wall boundary layer in the transonic region. Since the normal boundary layer thickness is roughly equal to the maximum body radius, while the contribution from the body to the drag is, at most, 2%, the

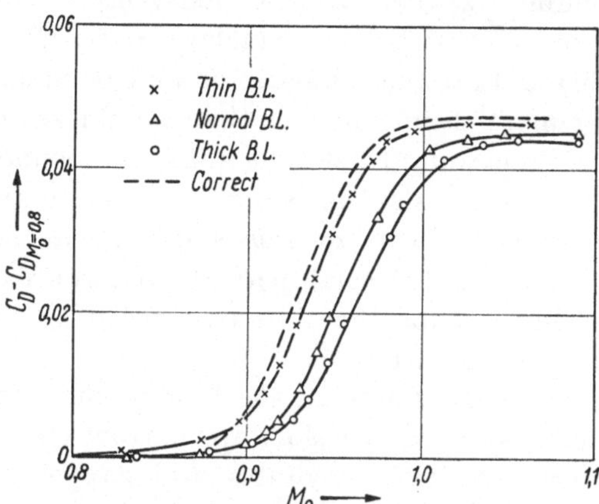

Fig. 4. Effect of reflection-wall boundary layer thickness on wawe drag of wing-body combination as determined from half-model tests in transonic test section [16]

boundary layer influence on the pressure distribution cannot be restricted to the boundary layer region but must, to a large extent, act on the wing outside the boundary layer. Clearly, transonic half-model tests should be used with considerable caution. This conclusion should apply as well to the simulation of plane flow, using a narrow test section with solid side walls.

How then, can this boundary layer influence be included in the analysis? This problem was treated in [3], and it was concluded that, for turbulent boundary layers, one should change the boundary condition at the solid wall Γ from $\partial \varphi/\partial n = 0$ to

$$\text{On } \Gamma : \frac{\partial \varphi}{\partial n} = \varepsilon \, \delta \, \frac{\partial^2 \varphi}{\partial x^2} , \tag{11}$$

where δ is the thickness of the boundary layer and ε is a non-dimensional coefficient which is determined by the MACH number distribution in the boundary layer and takes the value 0.5 for a natural boundary layer. The implication is, that the streamwise slope of a stream-line outside the boundary layer is proportional to the stream-wise pressure gradient, and this is precisely what we would expect from our primitive stream-tube-area consideration.

Application of the similarity transformation to this modified boundary condition leads to

$$\text{On } \Gamma : \frac{\partial \bar{\varphi}}{\partial (n/R)} = L \frac{\partial^2 \bar{\varphi}}{\partial \xi^2} \; ; \; L = \frac{\varepsilon \, \delta}{M_\infty^2 \tau^2 R} \cdot \tag{12}$$

Thus we obtain a new parameter, L, which must be kept constant to preserve similarity. Since it contains τ, this condition cannot be fullfilled with a fixed boundary layer: the thinner the model is, the thinner must be the boundary layer. The important conclusion from this is that the influence of wall boundary layers tends to be larger for more slender models than for thicker ones.

Proceeding to slotted walls, the boundary layer on the solid part Γ_c between slots is bound to react in the way just described. The combined effects of this and inviscid slot flow could certainly be analyzed in the small-perturbation approximation, and could perhaps be lumped together in an averaged boundary condition of the type mentioned earlier.

Viscous effects on the flow in the slots can be expected to show up as soon as the slots are narrow compared to the wall boundary layer, and this inevitably will happen when many slots are used, since the total required slot width is then very small, of the order of a few percent of the circumference. With narrow slots there will be the added complication of large cross-flow velocities in the slots. Of course, since there is almost infinite variability of slot geometry, nothing in the way of a generally valid wall condition can be hoped for. Also, there are very few experimental results available. One set of experiments, however, reported by Goethert [1], indicate that in addition to the non-viscous pressure drop through the slot associated with streamline curvature, there is a pressure drop associated with streamline slope – a cross-flow resistance as it were. The experiments reported in [24] also seem to confirm the importance of this effect.

For small slopes, the pressure drop in question can be taken to be linear with respect to average slope, which leads to a term $-C \, \partial \varphi / \partial n$ in the right hand side of the condition (10) with the 'resistance' coefficient C independent of M_∞ [1]. If this modified averaged boundary condition is transformed for similarity, the result introduces the new parameter $M_\infty \tau C$, and so similarity cannot be obtained with a fixed wall. It is realized, however, that the influence of the resistance term tends to become smaller for more slender bodies.

It might be added that the experiments reported by Goethert show that in the region where air flows through the slots $into$ the test section, there is a considerable deviation from the assumed boundary condition. In many cases, however, this should not be a great concern, namely when the inflow region is situated far enough downstream so as not to influence the flow at the model.

Evidently there is a need for a systematic experimental investigation of how wide a slot should be, as compared to the wall boundary layer thickness and the test section size, for the viscous and related effects to be negligible. With the primitive assumption that it is sufficient that the slot is wider than the boundary layer thickness, the averaged boundary condition (10), with the typical value of 0.5 for K/R, indicates that not more than 8 slots should be used.

A difference between inflow and outflow, and other non-linear effects associated with the boundary layer flow, are found with perforated walls as well. Since such effects must be largely eliminated to achieve the purpose of cancellation of supersonic perturbations, perforated test sections are usually designed with a preset outflow through the walls (for details the reader is referred to the very complete exposition in [1]). This boundary layer removal seems to largely eliminate viscous effects and to permit the use of a linear wall condition of the type already discussed. As noted, the MACH number dependence of this condition obscures the similarity analysis. At sonic speed, however, where similarity is possible with constant MACH number, we reach the important conclusion that a fixed perforated wall, appears, as it were, more open to slender bodies than to thick ones.

As suggested in [17], one might expect that walls with perforated slots behave very much as perforated walls. Thus an added cross-flow resistance term in the averaged slot condition (10), if we use this expression as proposed in [1], then can possibly have a dominating influence. Also, since with this type of test section there is usually no boundary layer removal, the difference between inflow and outflow conditions might be large.

In concluding this exposition of wall conditions, it ought to be pointed out that we do not know whether they combine with the transonic differential equation and the other boundary conditions to define well-set problems. Certainly, existence as well as uniqueness of solutions can be proved for the linearized, subsonic equation (see e. g. [3]). While existence of solutions to our non-linear problem might perhaps be argued on physical grounds, and also by analogy with the case of plane flow where the hodograph transformation is available, uniqueness seems to be lost as soon as shocks can appear. Nevertheless, as far as our similarity considerations are concerned, the situation is perhaps satisfactory since for their validity it is only required that the actual solution varies continously with the similarity parameters.

5. Wall interference at sonic speed

After this survey of the basic theory of transonic wind-tunnel flow, we turn to the central question of how free from wall interference can transonic test sections be made at sonic and subsonic speeds. Concentrating on slotted-wall and solid-wall test sections, we will mainly consider two limiting cases: first the case of sonic free-stream, and, secondly, the case when the Mach number is low enough for the wall interference to be treatable by linearized theory. Only towards the end will a few words be said about the intermediate Mach number range.

Beginning, then, with the problem of simulating sonic flow, the most serious situation arises when a Mach line from the wall carries the wall interference directly to the model (Fig. 5a) as contrasted with the situation where the wall interference reaches the model only by

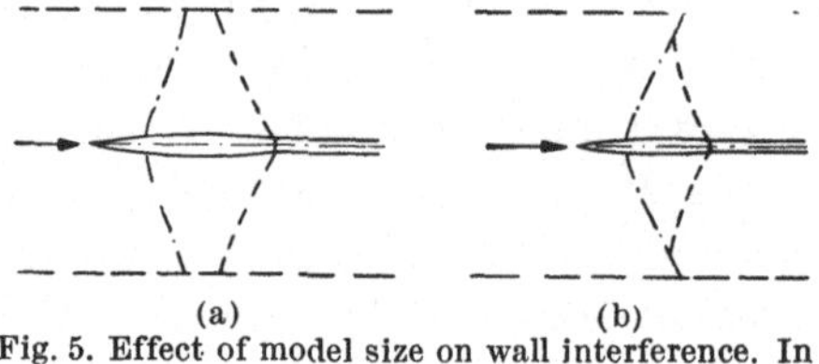

(a)   (b)

Fig. 5. Effect of model size on wall interference. In (a) Mach waves reach the model from the wall but not in (b)

way of the diffusive, averageing subsonic part of the field (Fig. 5b). Evidently it would be wise to try to eliminate the wall interference in the latter case first, and, only if that succeeds, to tackle the more complicated problem of a large model. This is self-evident with a closed test section (where the scheme is to associate the choked flow with sonic free-stream): in this case there is nothing else to do other than finding how large a model can be used without excessive wall interference. With a slotted wall there are such things, however, as choosing the number, distribution, width etc., of the slots. In addition, there is the question of how to choose the upstream Mach number in the test section for best simulation, i. e. to determine a Mach number correction. Perhaps the latter problem is relevant in connection with the solid-wall test section as well, but nobody seems to have given it any thought.

In view of the equivalence principle, this scheme of calibrating a transonic test section can be restricted to bodies of revolution, and for each type of area distribution $S(x)$ it should be sufficient to choose only one thickness ratio, using then the similarity transformation to cover other thickness ratios. In any case, as shown in Section 4, this should be correct with a slotted or a solid-wall test section when boundary layer effects are unimportant, but perhaps not quite right with perforated slots (and probably quite unsatisfactory with a solid-wall test section with thick boundary layers or with a perforated-wall test section).

Therefore, although the discussion of experimental data will have to be restricted to the only type of body which was extensively tested in different test sections, our conclusions might still have some general validity. The body in question is a parabolic-arc body, cut off at 5/6 of the full length to provide for a mounting sting. It is shown in Fig. 6 for different values of τ [defined as (max. diameter)/(full length)], drawn according to the similarity rule so as to keep at a fixed radial distance that point P on the sonic line from where starts the last MACH

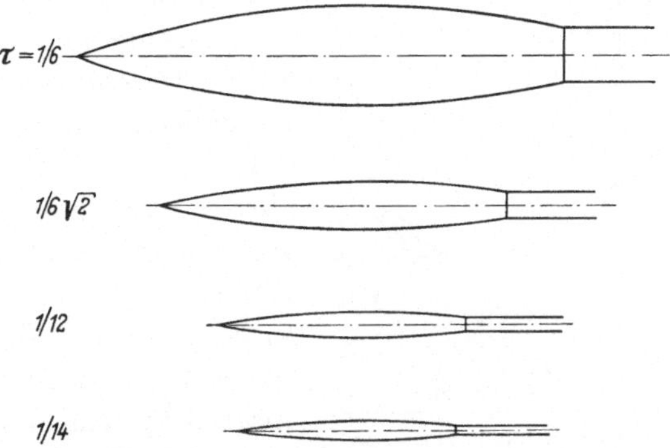

Fig. 6. Family of affine bodies used for the data given in Figs. 7, 8 and 9. The bodies were drawn according to the similarity rule, keeping corresponding radial distances equal

line to reach the body. Most of the data to be used here were obtained for $\tau = 1/6\sqrt{2}$, in which case the radial distance to P is roughly twice the body length. In a few cases with other values of τ, the similarity rule for the pressure distributions of bodies of revolution [31] has been applied to transform the data to $\tau = 1/6\sqrt{2}$; to judge from [20] and [32], this is a very accurate process.

Fig. 7 shows the pressures obtained on three such bodies of different size, measured at $M_0 = 1$ in a test section (Fig. 1) having eight uniformly spaced, longitudinal slots with a total width of 9.2 percent of the circumference [18]. For the small body, P is located well within the test section, for the middle-sized one P is located approximately at the wall, and for the large one, there are definitely MACH waves from the wall reaching the rear part of the body. The agreement is seen to be practically perfect over most of the body, well beyond the limiting MACH wave. The deviations on the rear-most part, in the compression region, are likely to be due to differences in the boundary layer flow on the models, but are perhaps equally likely due to wall interference.

However, the excellent agreement should not be taken as conclusive evidence that the distributions are free from wall interference in the region where they agree. When commenting on a similar situation,

Spreiter at al. [6] warned against expecting high precision from the method of using similar models of different size in calibrating transonic test sections, and demonstrated that, in the particular case of plane flow [25] considered by them, the uncertainty was considerable.

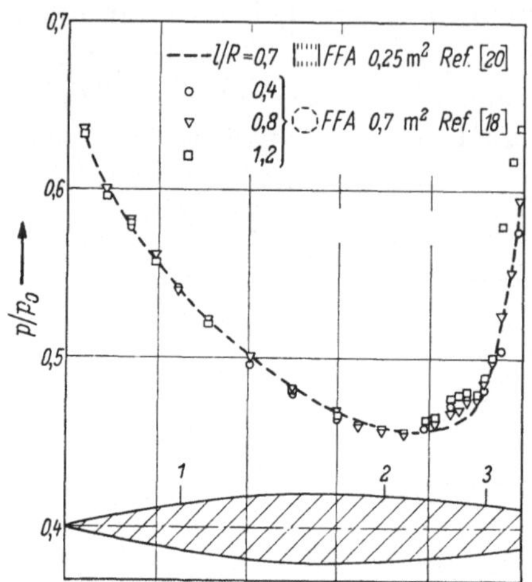

Fig. 7. Pressure distributions at $M_0 = 1$ on a body of revolution ($\tau = 1/6\,\sqrt{2}$) as obtained in FFA test sections with models of different size ($p_0 =$ stagnation pressure; $\pi R^2 =$ cross-sectional area of test section; $l =$ length of full body)

There is, however, some additional evidence for the reliability of the present data. First, the test section in question was not calibrated by the three models considered here, but rather by a different type of model in a smaller prototype test section. Furthermore, looking at the dashed curve, there is also agreement with results [20] from a different test section with slots in the roof and floor only, this test section also having been calibrated by using a different type of models. Thus, we might tentatively accept the pressure distribution obtained as a reasonable standard by which to judge tests with larger models, or tests in closed test sections.

It might be added that the agreement between differently calibrated test sections is consistent with [4], where the solution (6) for the distant flow field, together with the wall condition (10), were used to estimate the best slot width for a very small model at sonic speed. It was there concluded that, for a test section with 8 slots, the width should be 6.6 percent as compared to 9.2 percent used here, but that the precise value would not be critical as long as the slots were not required to give zero interference in a large part of the supersonic field (which is not the case here). However the analysis also demonstrated that a Mach number correction ΔM_0 should be applied, while the present data do not seem to indicate a need for any such correction. This discrepancy is most likely due to the fact that the models are too large for the crude analysis to be valid, although it cannot be excluded that the wall condition applied is unsatisfactory.

In the next diagrams we will study how the pressure varies with the model size at three representative stations along the model (see Fig. 7): Stn 1 slightly in front of the sonic line, Stn 2 close to the point of minimum pressure, and Stn 3 farther back, in the compression region.

Consider first stations 1 and 2 (Fig. 8). The abscissa, proportional to model length, is the radial distance r_P to the point P, in unbounded flow, divided by the test section radius R (or a similar length), while the ordinate is the negative pressure coefficient. The set of points denoted (1) are the ones plotted in Fig. 7. The points (2) were obtained by DROUGGE [20] in two FFA wind tunnels with slot-free side walls, while the points (3) were obtained by TAYLOR and McDEVITT [19] in the NACA Ames 14-foot transonic wind tunnel with perforated slots.

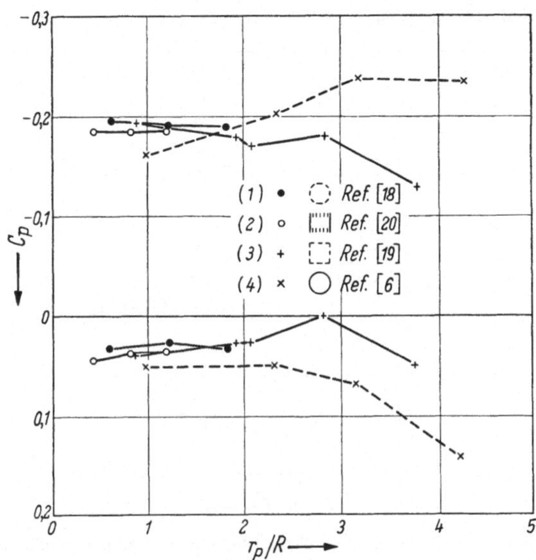

Fig. 8. Influence of model size on pressure coefficient C_p at Stns 1 and 2 (lower and upper sets of curves, respectively; see Fig. 7) in different test sections ($M_0 = 1$)

Disregarding for a moment the dashed curves, there is very good agreement between all results for small models (for $r_P/R < 2$ say), and some deviation for the larger models, although remarkably small considering how large the models are.

The dashed curves in Fig. 8 represent results for choked flow in a solid-wall test section as reported by SPREITER at al. in [6] (this report, incidentally, contains a very detailed and penetrating analysis of plane as well as axisymmetric choked flows and their relationship to sonic flow). At both stations in Fig. 8, these curves deviate somewhat from the slotted-wall data even at small values of r_P/R.

The corresponding results for Stn 3 are shown in Fig. 9. This station is located in the region where the data in Fig. 7 do not agree, although the exact position was chosen so as to minimize the spread of the data. Since boundary layer effects are likely to be involved, Fig. 9 does not give a clear-cut answer to the question of how large is the wall interference. An additional factor of uncertainty arises here because models having different values of τ were used, the boundary layer flow very likely being dependant on τ. However, the very large deviations which occur for larger values of r_P/R refer to the same set of models tested in almost equally large test sections, so it seems that either the solid-wall or the perforated-slot data at Stn 3, or both, are subject to considerable wall interference for $r_P/R > 1$.

It might be concluded from the discussion of Figs. 8 and 9 that it is advisable not to use so large models as to be reached by MACH

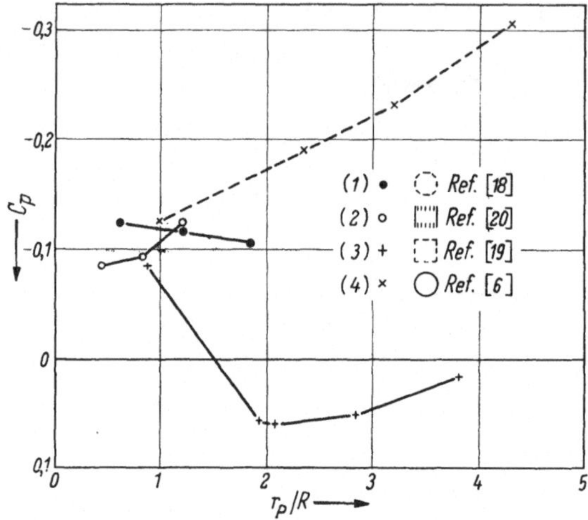

Fig. 9. Influence of model size on pressure coefficient C_p at Stn 3 (see Fig. 7) in different test sections
($M_0 = 1$)

waves from the walls. For smaller models the data do not permit us to select one type of slotted-wall test section as better than the others, while they seem to show the choked solid-wall test section to be slightly inferior. There is no indication that a MACH number correction is necessary or desirable.

It should be stressed, however, that none of the test sections considered were carefully calibrated to accomodate as large models as possible, and that consequently there still is the possibility that larger models can be used after such a calibration. If such a calibration is to be attempted, it evidently is desirable to use models, such as semi-infinite half-bodies, for which the pressure distribution is not influenced by boundary layer effects.

As far as the solid-wall test section is concerned, there also seems to be room for some improvement by increasing the wall boundary layer thickness. This possibility was investigated in [3], where it was concluded that a rather moderate increase in thickness would probably be sufficient to considerably relieve the wall interference at choking. To illustrate the point, some measurements reported by PETERSOHN in [15] have been plotted in Fig. 10. They were obtained in a solid-wall rectangular test section with a rather large model (a body of revolution). The local MACH number distribution along the model was determined with normal wall boundary layers, as well as with somewhat thicker boundary layers. Evidently, the latter distribution is much closer to the, presummably correct, one (dashed), obtained in a much larger wind tunnel.

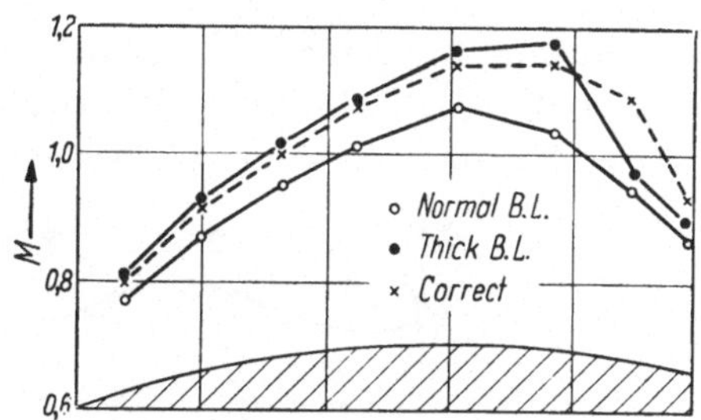

Fig. 10. Influence of wall boundary layers on the MACH number distribution on a body of revolution at choking in a 16×16 cm² solid-wall test section. Model length $= 12$ cm [15]

6. Wall interference at subsonic speeds

The possibility, only recently established, of using a solid-wall test section for transonic work, adds new importance to the problem of determining wall interference corrections at subsonic speeds. The corresponding problem for a slotted-wall test section is perhaps not equally important, since the wall interference is, in any case, small. At subsonic MACH numbers lift interference tends to be as important as blockage interference, since the wing of an airplane model will have an influence on the subsonic part of the flow field (which is less often the case at sonic speed).

As long as the flow is subsonic everywhere, and also when a local supersonic region at the model does not extend to the neighbourhood of the walls, linearized theory can be used to compute the wall interference. There is a considerable literature on this subject for slotted-wall [1, 11, 13, 14] and [33] as well as solid-wall test sections (see [21] for a survey), although viscous effects were, in most cases, neglected.

As far as slotted walls are concerned, the only problem to be mentioned here is one that has not been treated in the literature: How large is the influence on the wall interference of the non-uniformity of the slot distribution in a test section with slots in the roof and floor only? Fig. 11, taken from [22], serves to demonstrate the relevance of the problem. It shows the result of measuring the fin side-force due to yaw on a delta-wing airplane model in the test section of Fig. 2, the span of the model being around half of the test section width. Keeping the angle-of-attack and the yaw angle constant, the roll angle φ was varied, and it was found that the measured side force varied considerably with φ. The side force on the complete model, on the other hand, or on a model without a fin, does not show a variation, which seems to indicate that the wing is responsible for transforming the non-uniformity of the wall-induced flow field into a side-wash on the fin.

Turning to the solid-wall test section, it seems that in order to extend the applicability of linearized theory to as high Mach numbers as possible, it is necessary to base the computations on measured values

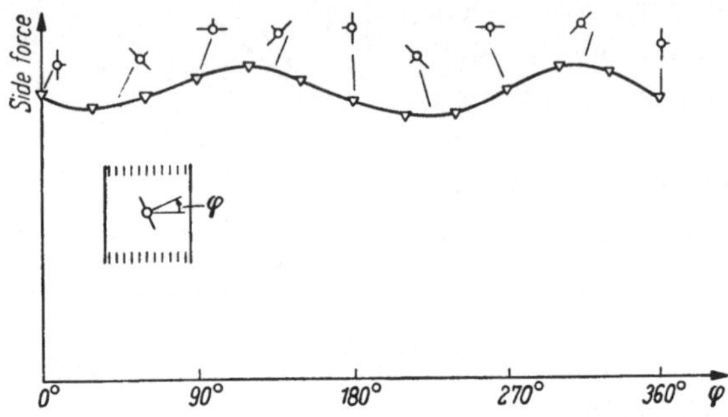

Fig. 11. Influence of non-uniform slot distribution on the fin side-force due to yaw of a delta-wing aircraft model at $M_0 = 0.8$ [22]

of the perturbation of the wall pressure distribution due the model, since otherwise one would have to solve the non-linear transonic equation in the neighbourhood of the model. Nowadays such a wall pressure analysis is perhaps not too much of a complication, considering the high capacity and speed of pressure measuring and data handling systems commonly used with wind tunnels.

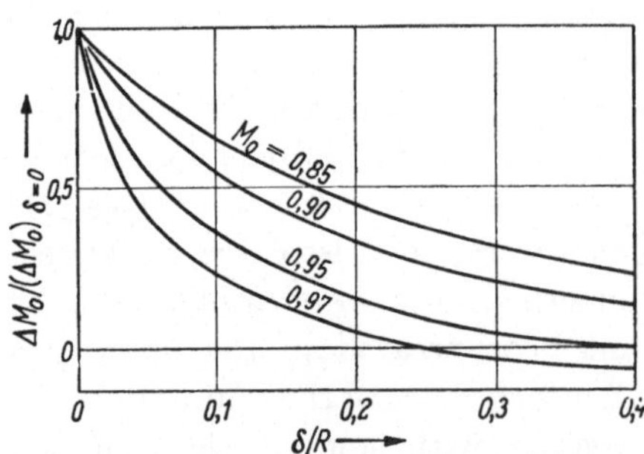

Fig. 12. Influence of wall boundary layer thickness on blockage correction ΔM_0 in circular solid- wall test section (radius $= R$) according to linear theory [3]

In [3], consideration was given to the influence of wall boundary layers on linear corrections. Fig. 12 shows the influence on the blockage correction in a circular test section of radius R; δ is the boundary layer thickness while ε in Eq. (11) has been given the value $1/2$. Evidently, there is a considerable reduction of ΔM_0, especially at higher Mach numbers, already at such values of δ/R as occur naturally, say 0.08. Since, furthermore, it was shown that a value of δ/R around 0.12 serves to considerably reduce the variation of wall induced velocity over the body length, there seems to be reason to consider the possibility of using a somewhat increased wall boundary layer thickness as a means of reducing wall interference at subsonic MACH numbers as well.

This takes us, finally, to the problem of how to determine the wall interference in a closed tunnel in that MACH number range, below choking, where linear theory is not applicable. Of course, the similarity considerations of sections 3 and 4 are still valid, and can again be used to simplify a calibration program.

Available experimental results do not contradict the assumption that there can be associated with the wind tunnel flow around models of reasonable size, an unbounded flow at another MACH number. The problem then is one of interpolating between the linear MACH number corrections and the correction at choking, which, evidently, is $\Delta M_0 = 1 - M_{ch}$. There is, however, a fundamental difficulty involved, since, when approaching choking by increasing the wind-tunnel pressure ratio, the upstream MACH number M_0 attains the value M_{ch} somewhat before the flow over the rear of the model settles down to its final form, so that ΔM_0 does not seem to be a unique function of M_0. One would expect this to be connected with the problem of MACH number freeze in wind tunnel flow, as considered in [2] (see also [9]). The difficulty would perhaps disappear if, as suggested by GUDERLEY [34], wall pressures were used for determining ΔM_0.

It is very likely that increasing the thickness of the wall boundary layers would be of some help in reducing the wall interference in the intermediate MACH number region as well, perhaps even to the extent that a rough guess as to the form of the interpolating curve will determine the free-stream MACH number with the precision commonly accepted from slotted test sections. However, it should be kept in mind that the wall condition with a boundary layer is not invariant under the similarity transformation, so that it might be necessary to vary the boundary layer thickness with the model thickness-ratio.

7. Conclusions

To summarize the preceding review of the application of transonic-flow theory to problems of three-dimensional wind-tunnel interference at sonic and subsonic speeds, the following conclusions should be emphasized:

(a) Application of the transonic similarity rule and equivalence principle lead to a considerable reduction of the work necessary for the complete calibration of a transonic test section.

(b) The similarity considerations indicate that only with a test section having a solid wall, or a longitudinally slotted wall (but not

20*

e. g. a perforated wall), can the calibration result be independant of the model thickness-ratio.

(c) However, for this to be true, it is necessary that the flow at the wall be free of viscous effects, and also that the slots be wide enough for the streamline slope to be small within them. It seems that a wall with 6 to 8 uniformly distributed slots would, on one hand, provide wide enough slots while, on the other hand, the number of slots would be sufficient to give uniform interference at the model. It seems desirable, however, to investigate experimentally how well the ideal slot flow is realized in such a case.

(d) Experimental results from slotted-wall test sections at sonic speed show that, as long as the model is not reached by MACH waves from the wall, the wall interference can be largely eliminated without having to introduce a MACH number correction. This holds true for solid-wall test sections as well (with choked flow corresponding to sonic free flight), although in this case the interference level seems to be some-what higher.

(e) For larger models the experiments show a high interference level on that part of the model which is reached by MACH waves from the walls. None of the slotted-wall test sections used, however, were calibrated for the elimination of this type of wall interference. If such a calibration is attempted, one should use models for which the pres-sure distribution at the rear is not much influenced by the boundary layer.

(f) To make full use of a solid-wall test section for transonic testing at subsonic speeds, MACH number corrections should possibly be determined by measuring the wall-pressure perturbation. At low MACH numbers this determination can be based on the linearized theory, while for higher MACH numbers it must be a strictly experimental procedure as long as no method is available for solving the transonic equation with boundary conditions at the wall.

(g) There is a possibility of reducing the wall interference in a solid-wall test section by using thick wall boundary layers. To take full advantage of this device, one would have to vary the boundary layer thickness with the model thickness-ratio.

Acknowledgement

The author wishes to acknowledge the generous cooperation of his friends and former colleagues at the Aeronautical Research Institute of Sweden in making experimental data available and discussing their implications.

References

[1] GOETHERT, B. H.: Transonic Wind Tunnel Testing. Edited by W. C. NELSON. Agardograph 49. Pergamon Press 1961.

[2] GUDERLEY, K. G.: Theorie schallnaher Strömungen. Berlin/Göttingen/Heidelberg: Springer 1957.

[3] BERNDT, S. B.: On the Influence of Wall Boundary Layers in Closed Transonic Test Sections. Aeron. Res. Inst. of Sweden (FFA), Rep. 71 (1957).

[4] BERNDT, S. B.: Aeron. Res. Inst. of Sweden (FFA) Rep. 74 (1957), or ZAMP IXb, Fasc. 5/6 Sonderband, 105—124 (1958).

[5] PAGE, W. A., and J. R. SPREITER: AGARD Rep. 293 (1959).

[6] SPREITER, J. R., D. W. SMITH, and B. JEANNE HYETT: NASA TR R—73 (1960).

[7] BUSEMANN, A.: NACA TN 2687 (1952).

[8] GUDERLEY, G., and H. YOSHIHARA: Qu. Appl. Math. 8, 333—339 (1950).

[9] MURASAKI, T.: Trans. Japan Soc. Aeron. Space Sci. 4, 29—56 (1961).

[10] DROUGGE, G.: Note on Wall Interference in Two-dimensional Flow at Subsonic and Transonic Speeds. Aeron. Res. Inst. of Sweden (FFA), Rep. 40 (1951).

[11] BALDWIN, B. S., Jr., J. B. TURNER, and E. D. KNECHTEL: NACA TN 3176 (1954).

[12] WOODS, L. C.: Int. J. Mech. Sci. 1, 313—321 (1960).

[13] MAEDER, P. E., and A. D. WOOD: Z. angew. Math. Phys. 7, 177 (1956).

[14] WRIGHT, R. H.: AGARD Rep. 294 (1959).

[15] PETERSOHN, E. G. M.: Aeron. Res. Inst. of Sweden (FFA), Rep. 44 (1952).

[16] NYBERG, S. E.: Motståndsmätningar på FFA-kalibreringsmodeller i 1 m² — och 0.25 m² — vindtunnlarna 1955—56. Aeron. Res. Inst. of Sweden (FFA). Unpublished report.

[17] PAGE, W. A.: NACA TN 4233 (1958).

[18] GUDMUNDSON, S. E., et al.: Tryckfördelningsmätningar på tre rotationskroppar. Aeron. Res. Inst. of Sweden (FFA). Unpublished report.

[19] TAYLOR, R. A., and J. B. MCDEVITT: NACA TN 4234 (1958).

[20] DROUGGE, G.: Aeron. Res. Inst. of Sweden (FFA) Rep. 83 (1959).

[21] EVANS, J. Y. G.: ARC R & M 2662 (1949).

[22] FRISTEDT, K.: Some Recent Work regarding Wind-Tunnel Technique and Instrumentation carried out at the Aeronautical Research Institute of Sweden (FFA). Paper presented at 13th Semi-Annual Meeting of Supersonic Tunnel Association in Dallas 1960.

[23] TIRUMALESA, D., and B. SATYANARAYANA: J. Ae. Soc. India 12, 51—62 (1960).

[24] REYNOLDS, W. G., J. M. SPIEGEL, and T. W. JARETT: CWT Rep. P—19 (1959).

[25] LARSSON, P. O. och H. SÖRENSÉN: Aeron. Res. Inst. of Sweden (FFA) Rep. SE—52 (1956).

[26] SPREITER, J. R.: J. Aero/Space Sci. 26, 465—486 (1959).

[27] STACK, J., and A. T. MATTSON: Transonic Testing Techniques, pp. 3—14. IAS S. M. F. Fund Paper FF—12 (1954).

[28] BARISH, D. T.: Wright Air Development Center Tech. Rep. 52—88 (1952).

[29] GUDERLEY, G.: Wright Air Development Center Tech. Rep. 53—150 (1953).

[30] GOETHERT, B. H.: AEDC—TN—55—56 (1957).

[31] OSWATITSCH, K., and S. B. BERNDT: Royal Inst. of Technology (KTH), Stockholm, Div. of Aeronautics, TN 15 (1950).

[32] SPREITER, J. R., and ALBERTA Y. ALKSNE: NASA Rep. 2 (1959).

[33] GUDERLEY, G.: Wright Air Development Center Tech. Rep. 54—22 (1954).

[34] GUDERLEY, G.: Wright Air Development Center Tech. Rep. 53—506 (1953).

The design of plane and axisymmetric nozzles by the method of integral relations

By

Maurice Holt

University of California, Berkeley, Calif., U. S. A.

1. Introduction

The problem of nozzle design in transonic flow is difficult because the governing equations are of mixed type, changing from elliptic in the low speed region near the nozzle entry to hyperbolic in the supersonic region near the exit.

In two dimensional irrotational flow the problem can be solved, in principle, by the hodograph method, developed successively by LIGHTHILL [1], FRANKL [2] and CHERRY [3, 4, 5]. In Cartesian coordinates (x, y) the equations of motion determining the velocity components (u, v) are homogeneous, of the first order and with coefficients only containing u and v. The equations, therefore, become linear when the independent variables are based on the hodograph or (u, v) plane rather than the physical plane. They can be reduced to a second order linear equation for a single dependent variable, taken to be the stream function Ψ in LIGHTHILL's formulation and the LEGENDRE potential Ω in CHERRY's treatment. Both authors use the velocity magnitude q and inclination θ as independent variables. By separating variables, the governing equation can be solved as a trigonometrical series in θ with hypergeometric functions as coefficients. In the general case of flow past a prescribed contour the difficulty in using the hodograph method arises in the surface boundary conditions, since the curve corresponding to the surface in the hodograph plane is not known until the problem is solved. This does not arise in the nozzle design problem when the prescribed data are the values of velocity along the nozzle axis. In the hodograph plane these are equivalent to giving the coordinate along the boundary $\theta = 0$ as a function of q, thus prescribing sufficient CAUCHY data for the dependent variable. However, in a region just downstream from the sonic line, at the throat of the nozzle, the velocity vector takes the same supersonic value at three distinct points, so that this region is mapped three times on the same corresponding region in the hodograph plane. A line of branch points separates this region from the single valued region. LIGHTHILL handles this difficulty by expanding Ψ in powers of θ in the region where the mapping of the hodograph on the physical plane is (1,1) and by using an inverse expansion for θ in powers of Ψ in the triply covered region. He works out a particular nozzle contour along which the MACH number varies smoothly between a subsonic value of 0.38 and a final value of 1.58.

CHERRY has recently considerably improved and simplified the use of the hodograph method in the channel design problem. Firstly, he ingeniously side steps the difficulties in the triply covered region by changing the independent variables from q, θ to q, ϕ where

$$\theta = \phi - 2\alpha \arctan \frac{q \sin \phi}{1 - q \cos \phi}$$

$$[2\alpha(1 + \alpha) = \beta, \quad \beta = 1/(\gamma - 1), \quad \alpha > 0]$$

The LEGENDRE potential (and also the stream function) is a single valued function of q, ϕ so that a (1,1) correspondence exists between the physical plane and the transformed q, ϕ plane. CHERRY is able to construct special solutions of Ω as function of q^2 and $q\,e^{i\phi}$ in terms of hypergeometric functions and superpose these to produce a variety of desirable channel contours. Basically, he takes a linear combination of the fundamental potentials Ω_T, Ω_R, Ω_U corresponding to three types of flow; transonic, radial, and uniform respectively. Each potential is dominant in the region associated with it so that the complete flow field converts a subsonic flow which is approximately radial into a supersonic, asymptotically uniform flow by acceleration through a transonic convergent-divergent nozzle. The formulation is very general and gives the nozzle designer freedom to provide for a wide variety of requirements. For most purposes the desirable nozzle is one which converts a low speed radial flow into a uniform supersonic flow over as short a transonic length as possible. CHERRY includes a nozzle with these characteristics among the examples he works out.

In spite of its high state of development, the hodograph method has limitations. It can only be applied to the design problem in plane flow and cannot be used in the inverse problem of calculating the flow field corresponding to a given nozzle contour. It does not apply at all to axially symmetric flow since the presence of the radial term in the equation of continuity destroys the linear character of the hodograph equations.

For such problems of more general character it is necessary to work in the physical plane and solve the governing system of nonlinear equations as they stand. Many calculations of this type have been considered. TAYLOR [6] used series expansions in the neighbourhood of the sonic throat, OSWATITSCH and ROTHSTEIN [7] developed an iterative method and EMMONS [8] calculated the flow in a hyperbolic nozzle by a relaxation method. All these methods are only partially satisfactory, although they were the best available at the time of their development.

The method of integral relations developed by DORODNITSYN [9] provides a powerful means of solving problems governed by non-linear partial differential equations with the aid of electronic computers and appears to be particularly well suited to the nozzle design problem. It is applicable to problems of elliptic or mixed elliptic-hyperbolic type in two independent variables. In such problems certain dependent variables are represented as polynomials or FOURIER series in one of the independent variables and the original system of partial differential equations is replaced by a system of ordinary differential equations for the coefficients. In elliptic problems the boundary conditions for these equations are fixed at either of two end points in the range of integration. In mixed problems some of the ordinary differential equations have floating saddle point singularities. Sufficient boundary conditions are left free to allow conditions of regularity at these saddle points to be satisfied. The method has been used with great success to solve the problem of critical flow past ellipses, ellipsoids, airfoils, and bodies of revolution by CHUSHKIN [10] and to solve the problem of hypersonic flow past blunt cylinders and bodies of revolution by BELOTSERKOVSKII [11, 12].

In the present paper this method is applied to the nozzle problem. It is presented so that it can be applied with equal facility either to the design problem (that of finding the contour producing a prescribed axial velocity distribution) or to the flow problem (the calculation of the flow field produced by a nozzle of given contour).

In the application of the method to the problem of hypersonic flow past a blunt body, the numerical integration scheme is started on the axis, where symmetry conditions must be satisfied, and proceeds towards the saddle points, the positions of which are not known in advance. Integral curves close to the required regular curves diverge rapidly as the saddle points are approached, and it is almost impossible to determine the correct curves by working only in the downstream direction. In the blunt body scheme, the correct integral curves can be determined, after a lengthy iteration process, as far as some base point ahead of the saddle points. The positions of the saddle points are estimated and series solutions are constructed in their neighborhood, using data provided by regularity conditions. The positions are then adjusted until these solutions join smoothly to the solutions ahead of the base point.

An alternative scheme is proposed for the nozzle problem. In this case there is no need to satisfy symmetry conditions at the start of the integration. Accordingly, the integration is initiated at the saddle points and is continued, upstream or downstream, away from these points in the direction of converging integral curves. The scheme is relatively simple to carry out in the first approximation, when only one saddle point has to be found. The results of the first approximation can then be used to give a reasonable estimate of saddle point positions in the second approximation.

As initial data in the design problem, it is necessary to prescribe an axial velocity distribution increasing monotonically downstream from the entry station. Only one transonic flow field corresponding to this distribution is free of shocks and any streamline within a certain band in this unique flow field can be taken as the nozzle contour. This property fixes the boundary conditions in the use of the method of integral relations. In the first approximation the axial coordinate of the saddle point (in the neighborhood of the axial sonic point) is fixed and the nozzle height at the saddle point is varied until the shock free velocity distribution is found. An extension of this criterion is applied to the second approximation.

The details of the method are developed for plane flow first so that, when examples are worked out, results can be compared with those calculated by the hodograph method (the latter may be regarded as highly accurate). Once the new method achieves the required standard of accuracy, it can easily be extended to apply to axially symmetric nozzle design. No new difficulties arise and the nature of the extension is described here. The method could also be extended to nozzle flow of reacting gases.

As an example, the method is applied to the channel flow first considered by EMMONS [8] and later by CHERRY [4]. EMMONS used a relaxation method to determine the flow field corresponding to a hyperbolic channel shape and tabulated, along with other data, the MACH number distribution along the axis. Recently, CHERRY used this axial distribution as initial data and applied his method to recalculate the corresponding channel. As might be expected, he found some departures from the original hyperbolic contour, in particular obtaining a slightly wider channel in the subsonic region. The present method is applied to the same axial MACH number distribution and, using only the first approximation, three channel contours are calculated. These fit well into the flow field determined by CHERRY's contour in the supersonic region but show some departures from this in the convergent part, where the linear approximation across the channel is least satisfactory.

The application of the method in the second approximation is expected to yield still closer agreement with Cherry's hodograph calculations.

2. Integral relations in channel flow

We consider the two dimensional flow through a symmetrical channel of convergent-divergent contour which converts high pressure flow from fluid at rest in a reservoir upstream to supersonic low pressure flow downstream. The x axis is taken along the axis of symmetry and conditions are uniform far upstream.

In the design problem the shape of the channel is specified upstream of some station in the low subsonic region, together with certain flow quantities. The channel is then to be extended to conform to a prescribed axial velocity distribution, increasing monotonically to ensure smooth transition to supersonic flow. Near the throat of the nozzle, under design conditions, there is sonic line extending from wall to wall across which the governing equations of motion change from elliptic to hyperbolic type. The flow originates from a state of constant entropy and total energy and is irrotational. The fluid is assumed to obey a polytropic equation of state with constant specific heat ratio.

All velocities are expressed as ratios to the maximum velocity.

The equations of motion may be taken as the continuity equation and the condition of irrotationality. These are, respectively, in the usual notation

$$\frac{\partial(\tau u)}{\partial x} + \frac{\partial(\tau v)}{\partial y} = 0 \tag{2.1}$$

$$\frac{\partial v}{\partial x} - \frac{\partial u}{\partial y} = 0 \tag{2.2}$$

where

$$\tau = (1 - u^2 - v^2)^{1/(\gamma-1)} \tag{2.3}$$

and can replace ϱ in Eq. (2.1) since the ratio of p to ϱ^γ is a function only of the entropy.

Eqs. (2.1) and (2.2) are already in divergence form, suitable for the application of the method of integral relations. Introduce the auxiliary dependent variables

$$h = \tau u, \qquad t = \tau v. \tag{2.4}$$

Let the height of the channel be $Y(x)$.

Change independent variables from x, y to x, η where

$$\eta = y/Y. \tag{2.5}$$

Then $\eta = 0$, on the axis,
$\eta = 1$, on the channel wall.
Eqs. (2.1) and (2.2) become

$$\frac{\partial h}{\partial x} - \frac{Y'}{Y} \eta \frac{\partial h}{\partial \eta} + \frac{1}{Y} \frac{\partial t}{\partial \eta} = 0 \qquad (2.6)$$

$$\frac{\partial v}{\partial x} - \frac{Y'}{Y} \eta \frac{\partial v}{\partial \eta} - \frac{1}{Y} \frac{\partial u}{\partial \eta} = 0 \qquad (2.7)$$

Integrate Eq. (2.6) and (2.7) with respect to η between 0 and a general value, at a constant x station.

$$\int_0^\eta \frac{\partial h}{\partial x} d\eta - \frac{Y'}{Y} [\eta\, h - \int h\, d\eta]_0^\eta + \frac{1}{Y} [t]_0^\eta = 0 \qquad (2.8)$$

$$\int_0^\eta \frac{\partial v}{\partial x} d\eta - \frac{Y'}{Y} [\eta\, v - \int v\, d\eta]_0^\eta - \frac{1}{Y} [u]_0^\eta = 0 \qquad (2.9)$$

To evaluate the integrals in Eqs. (2.8) and (2.9) we assume that h and v are polynomials in η, linear in the first approximation, quadratic in the second approximation and so on. The details of the first two approximations are set out separately.

3. The first approximation

Denoting values on the axis by suffix 0 and values on the channel wall by suffix 1, we write

$$h = h_0 + \eta(h_1 - h_0)$$

$$v = v_0 + \eta(v_1 - v_0).$$

Substitute in Eqs. (2.8) and (2.9) and put $\eta = 1$. Then

$$\frac{1}{2} h_0' + \frac{1}{2} h_1' - \frac{Y'}{Y} \left[\frac{1}{2} h_1 - \frac{1}{2} h_0 \right] + \frac{1}{Y} t_1 = 0 \qquad (3.1)$$

$$\frac{1}{2} v_1' - \frac{1}{2} \frac{Y'}{Y} v_1 - \frac{1}{Y} (u_1 - u_0) = 0 \qquad (3.2)$$

Since

$$h_1 = \tau_1 u_1$$

$$h_1' = \tau_1 u_1' + u_1 \tau_1'$$

$$\tau_1' = -\frac{2\tau_1^{2-\gamma}}{\gamma - 1} (u_1 u_1' + v_1 v_1') \qquad (3.3)$$

Hence

$$h_1' = \tau_1^{2-\gamma} \left[\left\{ 1 - \frac{u_1^2}{c^{*2}} - v_1^2 \right\} u_1' - \frac{2 u_1 v_1 v_1'}{\gamma - 1} \right] \qquad (3.4)$$

where $c^* = \sqrt{\dfrac{\gamma - 1}{\gamma + 1}}$ is the critical speed in dimensionless form. Similarly,

$$h_0' = \tau_0^{2-\gamma} (1 - u_0^2/c^{*2}) u_0' \qquad (3.5)$$

Design problem. The equations governing the design problem in the first approximation are

$$v_1' = \frac{Y'}{Y} v_1 + \frac{2}{Y} (u_1 - u_0) \tag{3.6}$$

$$Y' = \frac{v_1}{u_1} \tag{3.7}$$

$$u_1' = E_1/D_1 \tag{3.8}$$

where

$$E_1 = c^{*2} u_1 \tau_1^{\gamma-1} \frac{h_1'}{h_1} + \frac{2}{\gamma+1} u_1 v_1 v_1' \tag{3.9}$$

$$D_1 = c^{*2} - c^{*2} v_1^2 - u_1^2 \tag{3.10}$$

$$h_1' = - h_0' + \frac{Y'}{Y} (h_1 - h_0) - \frac{2}{Y} t_1 \tag{3.11}$$

In Eqs. (3.6) to (3.11) h_0' is prescribed and u_0, v_0, Y are the primary dependent variables. Eq. (3.8), for u_1 has one saddle point, where $D_1 = 0$, slightly upstream of the sonic point on the channel wall. A family of channel shapes giving continuous shock free flow with the prescribed axial velocity distribution can be determined. On each of these channel contours there is a saddle point x_1^* just upstream of the sonic line. To determine one of the contours, we may prescribe the axial position of the saddle point and adjust the channel height at this point until the resulting flow is found to be free from shocks.

The boundary conditions are therefore

$$\text{at} \quad x = x_1^* \ \text{(prescribed)}$$

$$D_1 = 0, \qquad E_1 = 0. \tag{3.12}$$

The integral curve for u_1 is regular at the saddle point x_1^*. Adjust the height $Y_1^* = Y(x_1^*)$ until the $u_1(x)$ and $v_1(x)$ curves are free of local maxima or minima in the supersonic region.

Flow problem. In this case Y is given and the dependent variables are u_1 and v_1. The ordinary differential equations to be integrated are

$$u_0' = E_0/D_0 \tag{3.13}$$

together with (3.6), where

$$E_0 = c^{*2} u_0 \tau_0^{\gamma-1} h_0'/h_0 \tag{3.14}$$

$$D_0 = c^{*2} - u_0^2. \tag{3.15}$$

Eq. (3.4) now determines h_1' in terms of v_1' with the aid of the relation

$$u_1' = \frac{v_1'}{Y'} - \frac{v_1 Y''}{Y'^2} \tag{3.16}$$

derived from Eq. (3.7), h_0' is determined from Eq. (3.11). The boundary conditions are that entry conditions are defined at some $x = x_E$ and that the integral curve for u_0 passes regularly through the saddle point at $E_0 = 0,\ D_0 = 0$.

4. The second approximation

In the second approximation the dependent variables v and h are represented by quadratic functions of η

$$v = v_0 + \eta\,\bar{v}_1 + \eta^2\,\bar{v}_2 \tag{4.1}$$

$$h = h_0 + \eta\,\bar{h}_1 + \eta^2\,\bar{h}_2 \tag{4.2}$$

$$\bar{h}_1 = 4h_2 - h_1 - 3h_0$$

where

$$\bar{h}_2 = 2\,\{h_0 + h_1 - 2h_2\}$$

and similar expressions define $\bar{v}_1$ and $\bar{v}_2$. Here h_0 denotes the value of h on the axis, h_1 the value on the channel wall and h_2 the value on the curve $\eta = \dfrac{1}{2}$ half way between the axis and the channel wall.

We now substitute Eqs. (4.1) and (4.2) in Eqs. (2.8) and (2.9) and put $\eta = \dfrac{1}{2}$, $\eta = 1$ in succession. We then obtain two equations relating h'_2, h'_1 and h'_0 and two relating v'_2, v'_1.

Design problem. The dependent variables are u_1, v_1, u_2, v_2 and Y, determined from the following system of ordinary differential equations

$$v'_1 = (3v_1 - 4v_2)\frac{Y'}{Y} - \frac{4}{Y}(2u_2 - u_1 - u_0) \tag{4.3}$$

$$v'_2 = \frac{v_1 Y'}{2Y} + \frac{1}{2Y}(4u_2 + u_1 - 5u_0) \tag{4.4}$$

$$Y' = \frac{v_1}{u_1} \tag{4.5}$$

$$u'_1 = \frac{E_1}{D_1} \tag{4.6}$$

$$u'_2 = \frac{E_2}{D_2} \tag{4.7}$$

where

$$E_1 = c^{*2}\,u_1\,\tau_1^{\gamma-1}\frac{h'_1}{h_1} + \frac{2}{\gamma+1}\,u_1\,v_1\,v'_1 \tag{4.8}$$

$$E_2 = c^{*2}\,u_2\,\tau_2^{\gamma-1}\frac{h'_2}{h_2} + \frac{2}{\gamma+1}\,u_2\,v_2\,v'_2 \tag{4.9}$$

$$D_1 = c^{*2} - c^{*2}\,v_1^2 - u_1^2 \tag{4.10}$$

$$D_2 = c^{*2} - c^{*2}\,v_2^2 - u_2^2 \tag{4.11}$$

$$h'_2 = -\frac{1}{2}\,h'_0 - \frac{Y'}{2Y}(h_0 - h_1) - \frac{1}{2Y}(4t_2 + t_1) \tag{4.12}$$

$$h'_1 = h'_0 + \frac{Y'}{Y}(h_0 + 3h_1 - 4h_2) + \frac{4}{Y}(2t_2 - t_1). \tag{4.13}$$

The positions of the two saddle points are not the same and it is only possible to prescribe one of them. The position of the second must be adjusted until the integral curves starting from it blend smoothly with the integral curves from the first saddle point. Also, the velocity must increase continuously with x in the supersonic region. The boundary conditions are

At $x = x_1^*$ (prescribed)

$$D_1 = 0, \qquad E_1 = 0. \tag{4.14}$$

The integral curve for u_1 is regular at x_1^*.

At $x = x_2^*$ (to be determined)

$$D_2 = 0, \qquad E_2 = 0.$$

The integral curve for u_2 is regular at x_2^*.

Adjust x_2^* and the height $Y^* = Y(x_1^*)$ until all $u(x)$ and $v(x)$ curves are free from local maxima or minima in the supersonic region.

Flow problem. With Y now prescribed the dependent variables are u_0, u_1, u_2 and v_2; u_1 is given by Eq. (4.3), in terms of v_1, and u_1' by Eq. (3.17) in terms of v_1'. We determine h_1' from Eq. (3.4) and then regard Eq. (4.13) as one to find h_0'. Eq. (4.12) is replaced by the following equation relating h_2' with h_1',

$$h_2' = -\frac{1}{2} h_1' + 2(h_1 - h_2)\frac{Y'}{Y} + \frac{1}{2Y}(2t_2 - 5t_1). \tag{4.15}$$

The equations for the primary variables are

$$u_0' = \frac{E_0}{D_0}. \tag{4.16}$$

(Identical with Eq. (3.16)) together with Eqs. (4.3) for v_1, (4.4) for v_2, (4.7) for u_2. The correct solution corresponds to regular integral curves for u_0 and u_2 at the respective saddle points and satisfies the entry conditions at a given point $x = x_E$.

At $x = x_E$ (prescribed)

$$\frac{v_2}{u_2} = \left(\frac{v_2}{u_2}\right)_E \tag{4.17}$$

$$u_0 = (u_0)_E. \tag{4.18}$$

The relation expressing h_1' directly in terms of v_1' and Y can be reduced to

$$\frac{h_1'}{h_1} = \frac{1}{c^{*2}\,\tau_1^{\gamma-1}}\left[(c^{*2} - u_1^2 - v_1^2)\frac{v_1'}{v_1} - D_1\frac{Y''}{Y'}\right]. \tag{4.19}$$

The previous analysis can easily be extended to apply to axially symmetric flow. The continuity Eq. (2.1) is now changed by the addition of a radial term. The effect of this is to factor the terms to be differentiated by y. This introduces additional terms in the general integral relation (2.8) and hence changes the coefficients in Eqs. (3.11), (4.12) and (4.13). Otherwise the general procedure is unaltered.

5. Numerical procedure first approximation

We first consider the design problem and take the origin of coordinates at the sonic point on the axis, where $u_0' = 0$.
Suppose the saddle point is at $x = x_1^*$.

Then estimate $Y(x_1^*)$.

h_1' can now be expressed in terms of u_1^*, v_1^* and Y, and the equations

$$D_1 = 0, \qquad E_1 = 0$$

can be solved for u_1^*, v_1^*.

To start the integration at the estimated position of the saddle point, it is necessary to determine the slope of the regular integral curve for u_1 through the saddle point. Write

$$u_1 = u_1^* + a(x - x_1^*)$$
$$v_1 = v_1^* + b(x - x_1^*) \tag{5.1}$$
$$Y = Y^* + Y'^*(x - x_1^*).$$

The values of b and Y'^* are given immediately by Eqs. (3.6) and (3.7). To determine a substitute (5.1) in Eq. (3.8) and equate lowest order coefficients.

Then,

$$(a + \cdots)\left(\frac{dD_1^*}{dx}(x - x_1^*) + \cdots\right) = \frac{dE_1^*}{dx}(x - x_1^*) + \cdots \tag{5.2}$$

In Eq. (5.2)

$$\frac{dD_1^*}{dx} = D_1' = -2a\,u_1^* - 2c^{*2}\,b\,v_1^*. \tag{5.3}$$

After some reduction, it can be shown that

$$\frac{dE_1^*}{dx} = E_1^{*'} = A'\,a + B' \tag{5.4}$$

where

$$A' = \frac{c^{*2}\,\tau_1^{\gamma-2}}{u_1\,Y}\left[(\gamma-1)(h_1+h_0)\,Y' + (\gamma-2)\,h_0'\,Y\right] + \frac{4v_1(2u_1-u_0)}{(\gamma+1)Y} \tag{5.5}$$

$$B' = (\gamma-2)\,c^{*2}\,\frac{h_1^{\gamma-3}}{u_1^{\gamma-2}}\,h_1'^2$$
$$+ \frac{c^{*2}\,h_1^{\gamma-2}}{u_1^{\gamma-2}}\left[-\frac{Y'^2}{Y^2}(h_1-h_0) + \frac{Y'}{Y}(h_1'-h_0') + \frac{1}{Y}(h_1-h_0)\frac{v_1'}{v_1}\right.$$
$$\left. - 2t_1\frac{Y'}{Y} - \frac{2}{Y}\left(\frac{h_1\,v_1' + v_1\,h_1'}{u_1}\right) - h_0''\right]$$
$$+ \frac{2u_1\,v_1'^2}{\gamma+1} + \frac{2u_1\,v_1}{\gamma+1}\left[\frac{2v_1\,v_1'}{Y\,u_1} - \frac{Y'}{Y^2}\{v_1\,Y' + 2(u_1-u_0)\} - \frac{2u_0'}{Y}\right] \tag{5.6}$$

Comparing the coefficients of $(x - x_1^*)$ in Eq. (5.2), we obtain

$$a^2 + 2A\,a + B = 0 \tag{5.7}$$

where

$$A = \frac{A'}{4\,u_1^*} + \frac{c^*\,v_1^*}{2\,u_1^*}\,b \tag{5.8}$$

$$B = \frac{B'}{2\,u_1^*}\,. \tag{5.9}$$

Provided that x_1^* is sufficiently close to the sonic line, the two roots of Eq. (5.7) will be real and of opposite sign. Choose the *positive* root for a. Integrate Eqs. (3.6), (3.7) and (3.8) in both the upstream and downstream directions. If the resulting $u_1(x)$ and $v_1(x)$ curves show any local maxima or minima, the estimated height Y^* is not the correct one to give smooth shock-free flow with the saddle point at x_1^* and the procedure must be repeated with a new estimate of Y^*.

6. Numerical procedure, second approximation

To start the second approximation, it is assumed that the position of the first saddle point, together with the corresponding channel height, can be prescribed as the result of a preliminary calculation by the first approximation. Thus, x_1^* and Y_1^* are given, and an estimate is made of $u_2(x_1^*)$ and $v_2(x_1^*)$. With these data it is possible to analyse the integral curves near x_1^* and write

$$u_1 = u_1^* + a\,(x - x_1^*). \tag{6.1}$$

It can be shown that a is the positive root of the quadratic

$$a^2 + 2L\,a + M = 0 \tag{6.2}$$

where

$$
\begin{aligned}
L = \frac{1}{4\,u_1^*} &\left[(2 - \gamma)\,c^{*2}\,h_1'\,h_1^{\gamma-2}\,u_1^{*\,1-\gamma} + \frac{2}{\gamma + 1}\,v_1\,v_1' + c^{*2}\,\tau_1^{\gamma-2} \right.\\
&\times \left\{ \frac{4t_1}{u_1^*Y} - \frac{v_1}{Y\,u_1^{*2}}\,(h_0 + 3h_1 - 4h_2) \right\} \\
&\left. + \frac{2}{\gamma + 1}\,u_1^*\,v_1 \left\{ \frac{4}{Y} - \frac{v_1}{Y\,u_1^{*2}}\,(3v_1 - 4v_2) \right\} \right] + \frac{c^{*2}\,v_1^*\,v_1'^*}{2\,u_1^*}
\end{aligned}
\tag{6.3}
$$

$$
\begin{aligned}
M = \frac{c^{*2}}{2\,u_1^*} &\left[(\gamma - 2)\,h_1'^2\,h_1^{\gamma-3}\,u_1^{2-\gamma} + \tau_1^{\gamma-2} \left\{ h_0'' + \frac{1}{Y}\left(\frac{v_1'}{u_1} - \frac{Y'^2}{Y} \right) \right.\right.\\
&\times (h_0 + 3h_1 - 4h_2) + \frac{Y'}{Y}\,(h_0' + 3h_1' - 4h_2') - \frac{4Y'}{Y^2}\,(2t_2 - t_1) \\
&\left.\left. + \frac{4}{Y}\left(2t_2' - \frac{h_1'\,v_1}{u_1} - \frac{h_1\,v_1'}{u_1} \right) \right\} \right] + \frac{1}{(\gamma + 1)\,u_1^*} \\
&\left[u_1\,v_1'^2 + \frac{u_1\,v_1}{Y}\left\{ (3v_1 - 4v_2)\left(\frac{v_1'}{u_1} - \frac{Y'^2}{Y} \right) + (3v_1' - 4v_2')\,Y' \right.\right.\\
&\left.\left. + \frac{4Y'}{Y}\,(2u_2 - u_1 - u_0) - 4\,(2u_2' - u_0') \right\} \right]
\end{aligned}
\tag{6.4}
$$

and all quantities are evaluated at $x = x_1^*$.

The values of u_1^*, v_1^* are determined from the equations $D_1 = 0$, $E_1 = 0$, substituting Eqs. (4.10) and (4.8) respectively.

The next step is to estimate x_2^*, then determine $u_1(x_2^*)$ from Eq. (6.1) and $v_1(x_2^*)$ and Y from similar formulae. The values of $u_2(x_1^*)$ and $v_2(x_1^*)$ are determined from equations $D_2 = 0$, $E_2 = 0$ substituting Eqs. (4.11) and (4.9) respectively. Near $x = x_2^*$, u_2 is given by

$$u_2 = u_2(x_2^*) + \alpha\,(x - x_2^*) \tag{6.5}$$

where α is the positive root of the quadratic

$$\alpha^2 + 2P\alpha + Q = 0 \tag{6.6}$$

and

$$P = \frac{1}{4u_2^*}\left[(2-\gamma)\,c^{*2}\,h_2'\,h_2^{\gamma-2}\,u_2^{1-\gamma} + 2c^{*2}\,\tau_2^{\gamma-2}\,\frac{h_2\,v_2}{Y\,u_2^2}\right.$$
$$\left. + \frac{2}{\gamma+1}\left\{v_2\,v_2' + 2\,\frac{u_2\,v_2}{Y}\right\}\right] + \frac{c^{*2}\,v_2\,v_2'}{2u_2^*} \tag{6.7}$$

$$Q = \frac{c^{*2}}{2u_2^*}\left[(\gamma-2)\,h_2'^2\,h_2^{\gamma-3}\,u_2^{2-\gamma} + \tau_2^{\gamma-2}\left\{-\frac{1}{2}\,h_0'' - \left(\frac{Y''}{2Y} - \frac{Y'^2}{2Y^2}\right)(h_0 - h_1)\right.\right.$$
$$\left.\left. - \frac{Y'}{2Y}\,(h_0' - h_1') - \frac{1}{2Y}\left(4h_2'\,\frac{v_2}{u_2} + 4\,\frac{h_2\,v_2'}{u_2} + t_1'\right) + \frac{Y'}{2Y^2}\,(4t_2 + t_1)\right\}\right]$$
$$+ \frac{1}{(\gamma+1)\,u_2^*}\left[u_2\,v_2'^2 + u_2\,v_2\right.$$
$$\left.\left\{\frac{v_1'\,Y'}{2Y} + \frac{v_1\,Y''}{2Y} - \frac{v_1\,Y'^2}{2Y^2} - \frac{Y'}{2Y^2}\,(4u_2 + u_1 - 5u_0) + \frac{u_1'}{2Y} - \frac{5u_0'}{2Y}\right\}\right]. \tag{6.8}$$

In Eq. (6.7) and (6.8) all quantities are evaluated at $x = x_2^*$. Linear formulae such as Eq. (6.5) can now be used to determine new values of $u_2(x_1^*)$ and $v_2(x_1^*)$. If these differ from the original estimates of $u_2(x_1^*)$ and $v_2(x_1^*)$, the whole cycle of calculations must be repeated, with a new estimate of the second saddle point position x_2^*. The iteration ends when conditions at the two saddle points are compatible.

At this stage Eqs. (4.3) to (4.7) are integrated in the downstream and upstream directions. If any of the $u(x)$ or $v(x)$ curves show local maxima or minima, the height $Y(x_1^*)$ must be changed and the complete procedure repeated. The required solution is that which is compatible with regularity conditions at both saddle points and which gives velocity distributions continuously increasing with x along the channel wall and the half way line.

Application to Emmons' hyperbolic channel flow. The first approximation is now applied to a channel flow first calculated by EMMONS [8]. EMMONS developed a relaxation method for calculating two dimensional transonic flows and applied this to determine the flow field through a symmetrical hyperbolic channel, in particular, the MACH number distribution along the axis. Subsequently, CHERRY [4] took this axial distribution as initial data and applied his form of the hodograph method to recalculate the corresponding shape of channel wall required to produce this axial flow. He found that in the subsonic part of the channel the recalculated height was consistently higher than that on EMMONS' hyperbolic boundary although in the supersonic region the two channels agreed very closely.

The present calculations start with the initial data used by CHERRY. To these correspond a unique shock-free flow field and associated stream-lines, each of which can be identified by its minimum distance (throat height) from the axis. As CHERRY explains, there is a maximum throat height for flow free from singularities. If this height is exceeded, limit lines occur in the supersonic part of the nozzle and the actual channel would have a shock in this region.

This feature is also revealed in the calculation by the method of integral relations. There the critical parameter is the channel height at the chosen saddle point. Only one height corresponds to each saddle point position and as the latter is moved back, the corresponding height (and also the throat height) will increase. If the saddle point is moved too far back, the velocity curve will show an infinity in the supersonic region. All the streamlines calculated are free from such singularities.

The axial velocity distribution is deduced from EMMONS' original data. These include a graph of MACH number variation along the axis. Readings from this are made and the corresponding velocity variation calculated. These values are fitted by a quartic, using the Method of Least Squares. The x units are chosen so that the channel of maximum height would have approximately unit height at the entry station, and the velocity is expressed in terms of the maximum velocity. The axial velocity distribution is then given by

$$u_0 = 0.383363 + 0.258745\,x$$
$$+\ 0.018150\,x^2 - 0.038250\,x^3$$
$$-\ 0.004375\,x^4. \qquad (7.1)$$

The first approximation is carried through for three positions of saddle point, namely,

$$x_1^* = -0.10, \quad -0.15, \quad -0.20.$$

In each case the corresponding channel height Y_1^* is varied until the $u_1(x)$ and $v_1(x)$ curves are increasing continuously in the supersonic direction. It is found that this height can be determined within very close limits. For heights above the critical the u_1, x curve develops a maximum and minimum and for heights below the critical, the v_1, x

curve ceases to be increasing continuously. The corresponding channel shapes are shown in Fig. 1. These represent the best integration runs at each saddle point position and are compared with CHERRY's channel (for which the throat height has its maximum value).

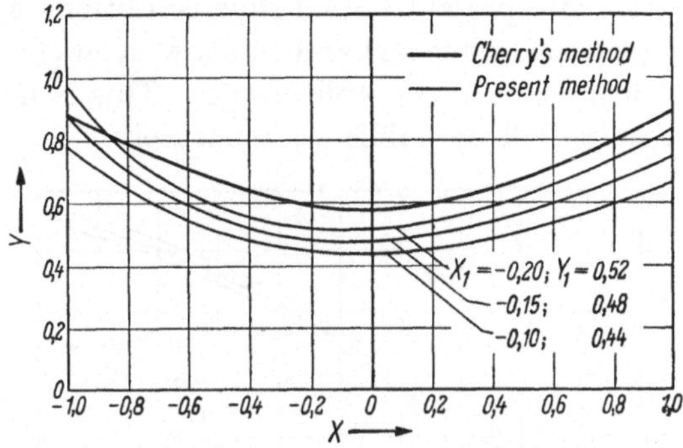

Fig. 1. Channel shapes corresponding to EMMONS axial MACH number distribution

In the supersonic region the calculated streamlines fit in well with CHERRY's channel but overestimate the height in the low subsonic region. The discrepancy is undoubtedly due to the use of the linear approximation for h and v across the channel, this apparently giving a particularly poor representation near the channel entrance.

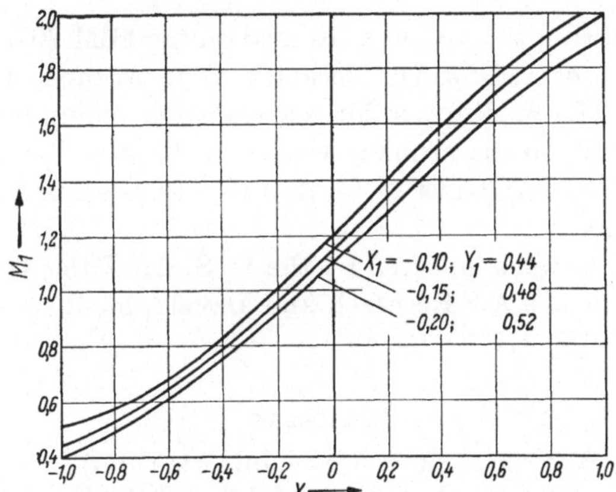

Fig. 2. Nozzle wall MACH number distributions

The corresponding distributions of total speed and MACH number along the channel wall are shown in Figs. 2 and 3. In all cases both variables increase smoothly with x as required.

Fig. 3 illustrates the weakness of the first approximation near the channel entrance. When $x_1^* = -0.20$, the present calculations indicate that the total speed q_1/v has a value 0.22 at $x = -1.0$, representing

21*

a 20 per cent increase above the axial value for $x = -1.0$. On the other hand, CHERRY's hodograph solution gives, at $x = -1.0$, a slightly higher value of q_1 on the axis than on the channel wall.

The quadratic variation assumed for h and v in the second approximation is expected to represent actual flow conditions with sufficient accuracy for all practical purposes and to show even closer agreement with the results using the hodograph method. This is now being programmed and results will be published separately.

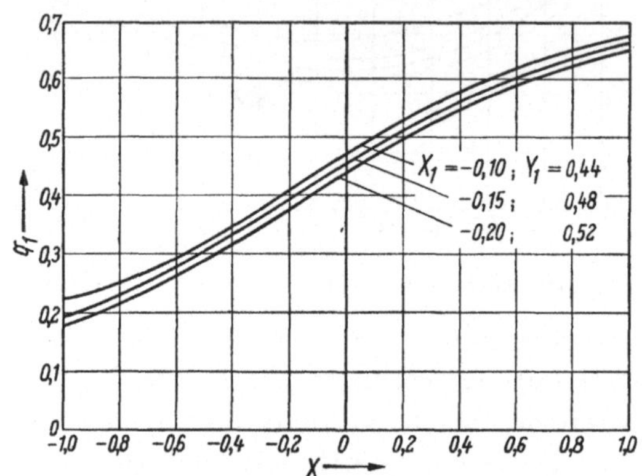

Fig. 3. Nozzle wall velocity distributions

The present results were programmed on the IBM 7090 Computer at the University of California, Berkeley. The author is indebted to S. C. LEE and R. A. BROWN for assistance in computational work. Preliminary work on the problem was carried out at Lockheed Missiles and Systems Division, Palo Alto, California with programming assistance from N. LARSEN.

This research was supported by the U. S. Air Force Office of Scientific Research of the Air Research and Development Command under Grant AFOSR 62—277.

References

[1] LIGHTHILL, M. J.: Proc. Roy. Soc. A **191**, 323 (1947).
[2] FRANKL, F.: Dokl. Akad. Nauk., USSR **9**, 387 (1945).
[3] CHERRY, T. M.: Phil. Trans. Roy. Soc. London A **904** (1953).
[4] CHERRY, T. M.: J. Australian Math. Soc. **1**, 80 (1959).
[5] CHERRY, T. M.: J. Australian Math. Soc. **1**, 357 (1960).
[6] TAYLOR, G. I.: British Aeronautical Research Committee R and M, 1381 (1930).
[7] OSWATITSCH, K., and W. ROTHSTEIN: NACA TN **1215**.
[8] EMMONS, H. W.: NACA TN **932**.
[9] DORODNITSYN, A. A.: Trans. Third All Union Math. Congress (1956).
[10] CHUSHKIN, P. I.: Vychislitel'naia Matematika **2**, 20 (1958).
[11] BELOTSERKOVSKII, O. M.: Vych. Mat. **3**, 149 (1958).
[12] BELOTSERKOVSKII, O. M.: Prik. Mat. Mekh. **24**, 511 (1960).

Transonic flow in ducts and nozzles; a survey

By

I. M. Hall

Manchester University, England

and

E. P. Sutton

Cambridge University, England

1. Early History

No other aspect of transonic flow has been the subject of serious study for nearly so long as that of the flow in ducts and nozzles. It is remarkable that the essential features of steady accelerating one-dimensional gas flow at speeds up to and beyond the speed of sound had been well described and understood by the end of the 19th century, before the rapid development of modern fluid mechanics had begun.

Transonic flow in ducts and nozzles has in fact been important in engineering for as long as supercritical pressure ratios have been attainable in steam engines. Realistic analysis on a one-dimensional basis proved possible. In particular, because viscous effects in continuously-accelerating nozzle flows are small, the concept of the boundary layer was not essential for progress. The early history of the subject was reviewed by PRANDTL [16] in 1905. It is still interesting to look back at some of the steps by which an understanding of transonic flow in the throat of a nozzle was reached.

The first investigations of importance were those of NAVIER [1] in 1829 and ST. VENANT and WANTZEL [2] in 1839, who calculated the flow in convergent nozzles taking account of the variation of gas density. NAVIER assumed isothermal expansion, ST. VENANT and WANTZEL adiabatic expansion. In both cases the existence of a maximum in the curve of mass flow against gas pressure at outlet from the nozzle was discovered.

ST. VENANT and WANTZEL went on to argue, supported by their experiments, that the discharge would not decrease when the back-pressure fell below the outlet pressure for maximum discharge, and that the outlet pressure of the gas could then no longer be put equal to the back-pressure. Their work did not become well known, WEISBACH [3] and others found the relation between discharge and outlet

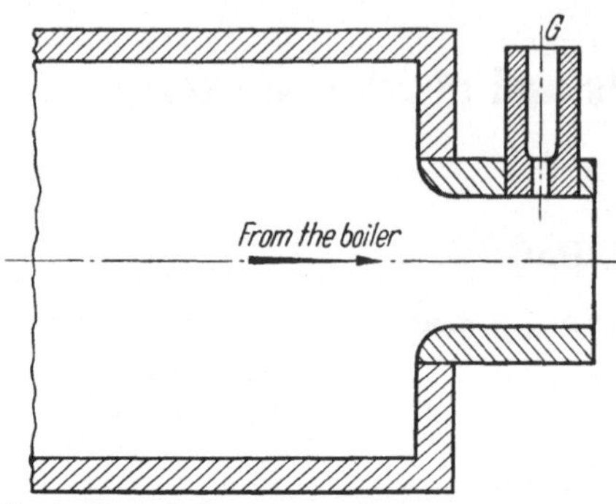

Fig. 1. Napier's illustration of his convergent nozzle with a pressure tapping near the outlet. [8]

pressure independently, but the constancy of discharge at low backpressures was not re-established for many years. It was stated again by HERRMANN [4] in 1860 and by HOLTZMANN [5] in 1861. In 1867 NAPIER [7] presented separate discharge formulae for supercritical and subcritical back-pressure, showing this feature correctly. His results were disputed in a heated controversy in 'The Engineer' until [8] he produced measurements of static pressure near the outlet (Fig. 1). RANKINE's acceptance of his arguments settled the matter [9].

In the meantime the practical importance of steam flow in nozzles had inspired analyses in more general thermodynamic terms, including effects of heat transfer as well as friction, notably by GRASHOF [6] and ZEUNER [10].

In 1886 HUGONIOT [11] and OSBORNE REYNOLDS [12] showed analytically that the outlet velocity of frictionless adiabatic flow from a convergent nozzle at subcritical back-pressures is the speed of sound. Physically, it was explained that once the outlet velocity became equal to the speed of propagation of small disturbances further reduction of the back-pressure could not influence the flow in the nozzle. The speed of sound as a limiting speed in nozzle flow had appeared first in 1861 in a treatise on mechanics by HOLTZMANN [5], but its significance was not explained correctly. It is perhaps surprising that others were not stimulated into developing and employing HOLTZMANN's ideas.

REYNOLDS deduced from his arguments about convergent nozzles that in continuously-accelerating flow through a convergent-divergent nozzle the throat velocity must be sonic [12]. At about that time DE LAVAL was applying such nozzles to generating higher jet speeds in steam impulse turbines. The subject of one-dimensional flow in convergent-divergent nozzles was energetically pursued by STODOLA [13], LORENZ [14], PRANDTL [15] and others in the first decade of this century.

It remained to PRANDTL [*16*] to explain the role of the speed of sound at a throat concisely. He argued simply that at the throat the stream tube may be considered to be cylindrical, and the stream speed must be equal to the local speed of sound if a steady pressure variation is to be maintained there.

The development of the two-dimensional study of nozzle flow, begun by MEYER [*17*] in 1908, is discussed in sectional 3 below.

2. One-dimensional flow

2.1. Introduction

The methods of one-dimensional analysis are well set out in text-books. SHAPIRO and HAWTHORNE [*29*] refined them as working tools for treating flows with area variation, friction and other external forces, heat exchange with the surroundings, chemical reactions in thermodynamic equilibrium, etc. It turns out that quite complex one-dimensional flows can be treated in terms of the three following simple flows:

(a) Isentropic adiabatic flow with variable cross-sectional area,

(b) Constant-area adiabatic flow with streamwise forces due to wall friction etc., (the FANNO process),

(c) Constant-area frictionless flow with heat transfer, (the RAYLEIGH process).

A general review of the subject has been made by CROCCO [*63*]. Here we consider applications to steady transonic flow in ducts and nozzles. The more important practical cases are continuously-accelerating flow through a throat and flow near the end of a duct choked by friction or heat transfer. The only more-or-less continuous deceleration through sonic speed which appears to be important is the pseudo-shock, which is far from one-dimensional; we refer to CROCCO's review for an analysis of this on a basis of piecewise uniformity.

2.2. Transonic features of one-dimensional flow

Consider one-dimensional steady flow in a duct of varying cross-sectional area subject to wall friction and heat exchange with the walls. The three conservation equations for an infinitesimal element of duct length may be written

$$d (\log \varrho u) = - dA/A$$
$$dp + \varrho u \, du = - dX/A \tag{1}$$
$$\varrho u (dh + u du) = dQ/A$$

where dA is the change of cross-sectional area over the length of the element, dX is the wall shear force on the element, dQ is the heat transfer to the element per unit time and h is the enthalpy per unit mass.

A coordinate transformation brings the flow within the element to rest except for the infinitesimal disturbance dp, etc. travelling through it and, in general, a transverse expansion or contraction. When dA, dX and dQ are all zero the disturbance is subject to no external influence and constitutes an ordinary acoustic wave. Finite gradients of pressure etc. at a stationary point of cross-sectional area in the steady flow with $dX = dQ = 0$ therefore imply a flow speed equal to the local speed of sound. It follows that the speed of sound is $a = (\partial p/\partial \varrho)_s^{\frac{1}{2}}$, since when dX and dQ are zero in (1) the change in entropy ds is also zero.

At such a sonic point we can rewrite Eq. (1) in the form

$$d(\varrho u) = 0$$
$$d(p + \varrho u^2) = 0 \tag{2}$$
$$d\left(h + \frac{1}{2} u^2\right) = 0$$

and add

$$ds = 0 \,.$$

The mass flow per unit area, the impulse per unit area, the stagnation enthalpy and the entropy all have stationary values. We deduce the important feature of transonic flow that small changes in duct cross-section area, application of small forces and small heat exchanges can produce changes in velocity and fluid properties which are of a higher order of magnitude.

Introducing the MACH number $M = u/a$ gives the dependence of dp, du etc. on dA, dX and dQ compactly for flow of a perfect gas with constant specific heats. For example

$$(1 - M^2)\frac{du}{u} = -\frac{dA}{A} + \frac{dX}{p\,A} + \frac{dQ}{\varrho\,hu\,A} \,. \tag{3}$$

As M tends to one, the magnitude of the acceleration tends to infinity if the right-hand side remains finite. At a sonic point with the right-hand side zero the acceleration may be finite but cannot be determined from (3); it is obtained by taking the limit as M tends to one.

In isentropic adiabatic flow $dX = dQ = 0$ everywhere, and sonic speed can occur only at a stationary point of cross-section area. In the FANNO process $dA = dQ = 0$ everywhere, and with dX always positive sonic speed can occur only at the downstream end of a duct. In the RAYLEIGH process $dA = dX = 0$ everywhere, and dQ would have to change sign in a manner difficult to realise practically to allow sonic speed elsewhere than at one end of a duct. Thus continuous transition through sonic speed is to all intents and purposes excluded in the two latter processes. (But see [42].)

KLINE and SHAPIRO [44] and SHERCLIFF [62] have studied the three flows (a), (b) and (c) for an arbitrary fluid or mixture of fluids in thermodynamic equilibrium. These have the same general features as the corresponding perfect-gas flows. Noting that in each of them two of the four differential quantities which appear in Eq. (2) are zero throughout, SHERCLIFF demonstrates concisely that in any process in which two are zero throughout the other two are also zero at a sonic section. Whether the sonic point in isentropic adiabatic flow is at a minimum or a maximum of cross-sectional area depends on the sign of the property $(\partial^2 p/\partial v^2)_s$ of the fluid (where $v = 1/\varrho$) at the sonic point, i. e. on whether the isentropic pressure-volume relationship is concave upwards or downwards there. For all known gases the curve is always concave upwards and the sonic station is a throat.

It is not necessary for all four of the quantities in Eqs. (2) to be zero at a sonic point. For adiabatic flow in a LAVAL nozzle with friction Eq. (3) gives a sonic point downstream of the throat. It is still correct in such a case to think of the process in the immediate neighbourhood of the sonic point as an infinitesimal acoustic wave travelling with speed $(\partial p/\partial \varrho)_s^{\frac{1}{2}}$ against the flow. On the other hand, at a throat in a flow without external forces $(dA = dX = 0)$ the speed is always $(dp/d\varrho)^{\frac{1}{2}}$, whether there is heat transfer there or not. Here $dp/d\varrho$ is to be evaluated for the actual process followed by the fluid.

The non-equilibrium flow of a dissociated gas in the neighbourhood of a throat has been considered by BRAY [69]. Here again the speed at the throat is equal to $(dp/d\varrho)^{\frac{1}{2}}$ for the process at that point. A speed equal to the local frozen sound speed is reached downstream of the throat.

2.3. The validity of the one-dimensional-flow assumption

The assumption made that the inclination of the velocity vector to the mean flow direction is everywhere small is usually quite well justified in a region of transonic flow in a duct, because the local wall slopes are usually small.

It is also assumed that mean flow properties can be defined for any cross-section, such that a one-dimensional flow with those properties is a satisfactory substitute for it in the conservation equations and the boundary conditions. The better the substitution, the better will the streamwise variation of the mean flow properties be predicted. In transonic flow with only small departures from sonic speed on any cross-section, as in isentropic adiabatic flow through a sonic throat of moderate wall curvature, the substitution is usually very good, by virtue of the characteristic features of transonic flow expressed in Eq. (2).

The further assumption that shear forces and heat transfer at the wall may be treated as uniformly distributed across the flow is unlikely to be well satisfied at transonic speeds, unless their influence is small. (Body forces and stagnation-enthalpy changes truly distributed across the flow will be better represented.) Note that while the errors associated with the first two assumptions decrease as the wall curvature at the throat of a nozzle is reduced, boundary-layer effects become relatively more important, other things being equal. In the flow near the end of a duct choked by friction or heat transfer at more-or-less constant area, streamwise changes in velocity profile must play an important part, especially as the influence of the back pressure is likely to be far from uniform over the outlet section. Experiments show [21, 68] mean exit Mach numbers as high as 1.1 from a parallel duct choked by friction.

Crocco's survey [63] contains a general review of the one-dimensional-flow assumptions, including transonic aspects. The uniformity assumptions have also been considered critically by Tyler [56] and Wyatt [48].

2.4. One-dimensional isentropic flow

We now examine the information provided by one-dimensional theory, supplemented by various elementary considerations, for isentropic adiabatic accelerating flow of a perfect gas through a transonic throat. Eq. (3) gives

$$\frac{1}{u}\frac{du}{dx} = -\frac{1}{1-M^2}\frac{1}{A}\frac{dA}{dx} = -\frac{\left(1-\dfrac{\gamma-1}{\gamma+1}\bar{u}^2\right)}{1-\bar{u}^2}\frac{1}{A}\frac{dA}{dx}$$

where $\bar{u} = u/a^*$, and a^* is the critical speed of sound. The acceleration at the throat is obtained by the l'Hospital rule, which gives there

$$\frac{1}{u}\frac{du}{dx} = \left[\frac{1}{(\gamma+1)A}\left(\frac{d^2A}{dx^2}\right)\right]^{\frac{1}{2}}.$$

For a plane nozzle with a straight centre line this leads to

$$\frac{d\bar{u}}{dx} = [(\gamma+1)R_1]^{-\frac{1}{2}} \tag{4a}$$

and for an axially-symmetric nozzle

$$\frac{d\bar{u}}{dx} = \left[\frac{(\gamma+1)R_1}{2}\right]^{-\frac{1}{2}} \tag{4b}$$

where R_1 is the radius of curvature of the wall profile at the throat made non-dimensional by dividing by the nozzle half-height or radius at the throat as the case may be.

These results agree with the limiting values obtained at the sonic point from two-dimensional approximate theories as R_1 tends to infinity, as is indeed to be expected. The non-dimensional transverse gradient of u at the throat is proportional to R_1^{-1} and so tends to zero faster than the longitudinal gradient when R_1 tends to infinity.

With finite wall curvature the pressure must be lower at the wall than at the axis on any transverse section, so sonic speed is reached further upstream at the wall than on the axis. A finite throat composed of a bundle of infinitesimal stream tubes, each with its minimum cross-section at its sonic point, must be straddled by the sonic line, the general shape and position of which are easily deduced.

It is interesting to note that in the flow of a hypothetical fluid with $(\partial^2 p/\partial v^2)_s$ negative, passing from subsonic to supersonic speed at a station of maximum cross-sectional area, the sonic line would again be concave upstream. The velocity would be lower at the wall than in the centre but the flow would be a decelerating one.

Because the minimum cross-sections of infinitesimal stream tubes do not all occur at the throat in a nozzle of finite wall curvature, it follows that the mean value of ϱu and the mass flow are slightly overestimated by one-dimensional theory.

The effect of finite inclination of the velocity vector to the mean flow direction is to produce an upstream shift of the sonic point. A simple example is the flow in an annular axially-symmetric nozzle with swirl [*34, 78*]. At the throat the axial velocity component u is given correctly (for one-dimensional flow) by the first two of Eqs. (2) as $(dp/d\varrho)^{\frac{1}{2}}$, and this is still identical with the local value of $(\partial p/\partial \varrho)_s^{\frac{1}{2}}$. The axial component thus remains sonic, but it is reduced. The resultant velocity is supersonic.

So far it has been assumed that the throat is formed by solid walls. For the generation of supersonic flow at a MACH number close to one, as in a transonic wind tunnel, area variation is a very clumsy method. The transonic wind-tunnel nozzle with permeable walls controls the variation of the static pressure p, instead of the flow density ϱu, to accelerate the flow. The pressure drop across the walls is made to vary with distance from the throat. The method of design is largely empirical, but a one-dimensional treatment which provides a qualitative description of the flow is given by GÖTHERT [*73*].

2.5. Boundary layers in nozzle flows

To describe a nozzle flow with an isentropic core and a boundary layer realistically it is necessary to consider the growth of the boundary layer as such. One-dimensional theory can predict qualitatively the effects of friction and heat transfer, but no close quantitative agreement can be expected.

In most practical cases the boundary layer is very thin at the throat and its rate of growth small, because of the favourable pressure gradients present; typical displacement thicknesses are between 1 and 0.1 percent of the half-height or radius of the throat. Theoretical and experimental data on sonic-throat boundary layers with and without heat transfer are to be found in papers by BARON [43], BARTZ [50], COHEN and RESHOTKO [51], SIBULKIN [52, 57], PERSH and LEE [53] and others. Effects of heat transfer can be very large in the throat region of rocket and hypersonic wind-tunnel nozzles. RESHOTKO has pointed out [50, 51] that in conditions of very high heat transfer to the wall the boundary-layer displacement thickness may be negative.

For some purposes, such as wind-tunnel nozzle design, it is a simple matter to apply to the throat dimensions a boundary-layer correction based on displacement thicknesses calculated from the one-dimensional pressure distribution. When the nozzle shape is given and R_1 is not small, concurrent step-by-step calculations of the isentropic flow and the boundary-layer along the nozzle may be necessary to determine the pressure distribution.

Under otherwise similar conditions effects of boundary-layer growth on the flow near the throat become relatively more important as R_1 increases. Not only does the boundary layer become thicker, because the pressure gradient falls, but also the isentropic flow becomes more sensitive to small perturbations by the boundary layer. STRATFORD [79] has given approximate formulae for the mass-flow reduction in adiabatic flow through axially-symmetric nozzles. In terms of R_1 and the REYNOLDS number Re based on the throat diameter, for a perfect gas with $\gamma = 1.4$, they can be written

$$\Delta W/W = 2.15\ R_1^{0.25}/Re^{0.5} \quad \text{(laminar boundary layer)}$$

and

$$\Delta W/W = 0.040\ R_1^{0.4}/Re^{0.2} \quad \text{(turbulent boundary layer)}.$$

These give mass-flow deficits of about 0.3% and 0.45% when $R_1 = 4$ and $Re = 10^6$, for example; the error made in treating the isentropic part of the flow as one-dimensional is about 0.15% at this value of R_1.

3. Plane two-dimensional and axially-symmetric flows

3.1. Indirect solution of the plane two-dimensional problem

The non-dimensional velocity perturbations u' and v' are defined by

$$u' = \frac{u}{a^*} - 1, \qquad v' = \frac{v}{a^*}. \tag{5}$$

In terms of these the condition of irrotationality is

$$\frac{\partial u'}{\partial y} = \frac{dv'}{dx} \tag{6}$$

which enables a potential ϕ to be defined by

$$u' = \frac{\partial \phi}{\partial x}, \qquad v' = \frac{\partial \phi}{\partial y}.$$

The equation of continuity is

$$\left(-2\phi_x - \phi_x^2 - \frac{\gamma - 1}{\gamma + 1}\phi_y^2\right)\phi_{xx} - \frac{4}{\gamma + 1}(1 + \phi_x)\phi_y\phi_{xy}$$
$$+ \left(\frac{2}{\gamma + 1} - \frac{2(\gamma - 1)}{\gamma + 1}\phi_x - \frac{\gamma - 1}{\gamma + 1}\phi_x^2 - \phi_y^2\right)\phi_{yy} = 0. \tag{7}$$

The first study of the continuously-accelerating flow in a LAVAL nozzle was made by MEYER [17]. He assumed that the velocity distribution along the axis increased linearly, i. e.

$$u' = K x, \qquad \phi = \frac{1}{2}K x^2, \tag{8}$$

and by direct substitution in Eq. (7) of a double power series for ϕ,

$$\phi = \sum \sum \phi_{mn} x^m y^n, \tag{9}$$

he obtained the coefficients ϕ_{mn} up to and including the sixth order terms ($m + n \leqslant 6$).

$$\phi = \frac{1}{2}K x^2 + \frac{\gamma + 1}{2}K^2 x y^2 + \frac{(\gamma + 1)^2}{24}K^3 y^4$$
$$+ \frac{(\gamma + 1)(2\gamma - 1)}{4}K^3 x^2 y^2 + \cdots. \tag{10}$$

The velocity components derived from Eq. (10) are

$$u' = K x + \frac{\gamma + 1}{2}K^2 y^2 + \cdots \tag{11}$$

$$v' = (\gamma + 1) K^2 x y + \frac{(\gamma + 1)^2}{6}K^2 y^3 + \cdots \tag{12}$$

Therefore the equation to the sonic line is

$$x = -\frac{\gamma + 1}{2}K y^2 + \cdots \tag{13}$$

and the line along which the flow is parallel to the x-axis is given by

$$x = -\frac{\gamma + 1}{6}K y^2 + \cdots. \tag{14}$$

It follows from these two results that on an isobar in the supersonic region y is a three-valued function of the flow direction Θ. From these results the structure of the flow can be deduced. This is shown in Fig. 2, after Lighthill [32]. The same deductions were made independently

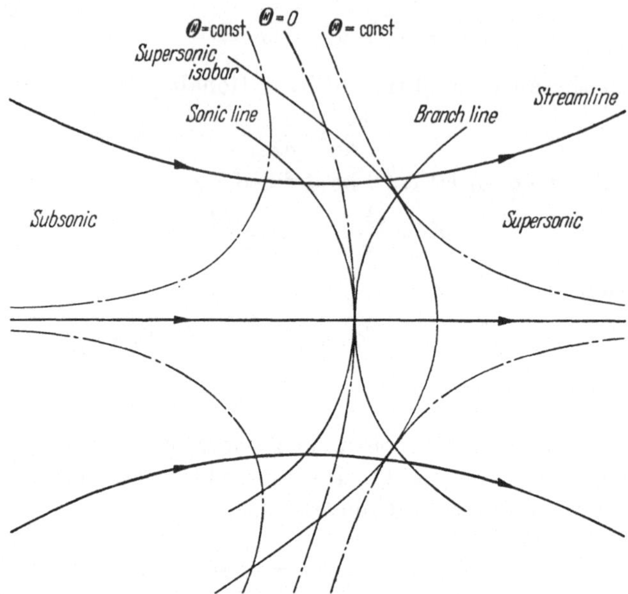

Fig. 2. The principal features of the flow in the throat of a two-dimensional nozzle (after Lighthill)

by Frankl [26]. It can also be shown that the length parameter K^{-1} is related to the radius of curvature R_1 of the streamlines in the throat region by

$$K = [(\gamma + 1) R_1]^{-\frac{1}{2}}. \tag{15}$$

This is the value of $\partial u'/\partial x$ obtained by one-dimensional considerations [cf. Eq. (4a)].

Eq. (13) shows that the sonic line is curved if the axial velocity gradient is non-zero. Frankl [20] and Görtler [22] examined the conditions which would result in a straight sonic line and obtained the leading terms of the series for ϕ in the cases $u' = K x^2$ and $u' = K x^3$ respectively. They showed that in these cases the sonic line lay along the y-axis.

A major simplification to Meyer's result was made by Sauer [25] who obtained a solution of the approximate differential Eq. (16)

$$-2 \phi_x \phi_{xx} + \frac{2}{\gamma + 1} \phi_{yy} = 0. \tag{16}$$

This solution, the first three terms of the one given by Eq. (10), is an exact solution of Eq. (16) although this did not appear to have been realised by SAUER. The same solution was given by FALKOVICH [*28*], BEHRBOHM [*36*] and by TOMOTIKA and TAMADA [*35*].

An exact solution of Eq. (16) when the term $\dfrac{4}{\gamma + 1}\,\phi_y\,\phi_{xy}$ is added was obtained by YURIEV [*47*] but this does not seem to be a valid improvement over SAUER's solution since other terms in the differential equation which are of the same order are neglected.

MARTENSEN and VON SENGBUSCH [*60, 61*] have extended MEYER's solution up to and including terms of the twenty-third order, assuming that the axial velocity is given by Eq. (8).

In the solutions mentioned above the approach was made in the physical plane. In addition a number of authors have studied the problem in the hodograph plane. Although the differential equations are linear when transformed into the hodograph plane the problem is still difficult because of the three-valued nature of the solution in part of the supersonic region. Solutions have been obtained by FRANKL [*26*], LIGHTHILL [*32*], FALKOVICH [*30*], FRANKL [*31*], EHLERS [*45*] and DORFMAN [*58*], but these are all to some extent approximate. CHERRY [*38, 41*], however, was able to obtain an exact solution by means of an ingenious transformation which enables a single-valued solution to be used over the whole plane. In two later papers CHERRY [*66, 70*] shows how other families of nozzles can be constructed by superimposing other solutions on the nozzle-like solution of his previous papers. The practical calculation, however, appears to be quite formidable.

3.2. Direct solution of the plane two-dimensional problem

The first attack on the direct problem was made by TAYLOR [*18*] in 1930. He assumed the velocity potential to be given by the double power series (9) terminated at the fourth order terms, i. e. with eight unknown coefficients ϕ_{mn}. Direct substitution in Eq. (7) gives four relations between these coefficients and four more are obtained by substituting in the boundary condition

$$\frac{v'(x, h)}{1 + u'(x, h)} = \frac{dh}{dx} \tag{17}$$

where $h(x)$ is the half-height of the nozzle. TAYLOR solved these eight simultaneous equations for a nozzle with circular-arc walls, R_1 being taken to be 4. With the computing facilities now available this approach could presumably be carried out to a much higher order but it is questionable whether this would be worthwhile in view of the more satisfactory methods now available.

A more promising approach was made by OSWATITSCH and ROTH-STEIN [*23, 55*] who, considering the flow as a perturbation of the one-dimensional solution, obtained a solution by a method of successive approximation. A comparison with Hall's results [75] (Fig. 4) shows that, although precise agreement is not obtained for the velocity, the velocity gradient is identical with Hall's second approximation.

A numerical study of the flow in a hyperbolic nozzle was made by Emmons [24, 27] using the relaxation method. Calculations for a nozzle with R_1 approximately equal to 2 included a range of flows, between the cases of entirely subsonic flow and the continuously-accelerating flow. (The transition between these two cases was also considered by Tomotika and Tamada [35].) Cherry [66] makes a comparison with Emmons' results and finds a small but noticeable disagreement upstream of the throat.

Sauer's solution, being an exact solution of the approximate equation, can also be considered as an approximate solution of the direct problem. An attempt to improve it by including more terms in the series for ϕ was made by Armstrong and Smith [40]. However, since they did not include all the second-order terms in the differential equation their solution is not likely to be a significant improvement over Sauer's.

The region in a nozzle in which a first approximation is likely to be valid can be shown to be $0(R_1^{-\frac{1}{2}})$. In a method recently devised [75][1] the x-coordinate is therefore replaced by a stretched coordinate z where

$$x = \left(\frac{(\gamma + 1)}{R_1}\right)^{\frac{1}{2}} z \tag{18}$$

so that y and z are both $0(1)$ in the region under consideration. Assuming then that u' and v' are given by

$$u' = \frac{u_1}{R_1} + \frac{u_2}{R_1^{3/2}} + \frac{u_3}{R_1^2} + \cdots \tag{19}$$

$$v' = \left(\frac{\gamma + 1}{R_1}\right)^{\frac{1}{2}} \left(\frac{v_1}{R_1} + \frac{v_2}{R_1^{3/2}} + \frac{v_3}{R_1^2} + \cdots\right) \tag{20}$$

where $u_1, u_2, \ldots, v_1, v_2, \ldots$ are functions of y and z, a sequence of equations for u_n and v_n can be obtained by direct substitution in Eqs. (5) and (6). These are

$$\frac{\partial u_n}{\partial y} = \frac{\partial v_n}{\partial z} \tag{21}$$

$$-u_1 \frac{\partial u_1}{\partial z} + \frac{\partial v_1}{\partial y} = 0 \tag{22}$$

$$-u_1 \frac{\partial u_n}{\partial z} - u_n \frac{\partial u_1}{\partial z} + \frac{\partial v_n}{\partial y} = \Phi_n (u_1, \ldots, u_{n-1}, v_1, \ldots, v_{n-1}) \tag{23}$$

---

[1] A similar method appears to have been used by Chaix and Henrici [46].

The method is directly applicable to asymmetric nozzles [76, 77] such as the one shown in Fig. 3 and a brief discussion of this case is given here. Nozzles of this type have been considered by JACOBS [54] for use in turbine passages. It is convenient to choose axes so that the ratio of the radii of curvature R_1/R_2 is equal to k, the ratio of the distances from the x-axis to the walls at the throat; the unit of length is taken to be $h(0)$, the half-height in the symmetrical case. The boundary conditions are then given by Eq. (17) and a similar equation with h replaced by j. Substituting for u' and v' from Eqs. (19) and (20)

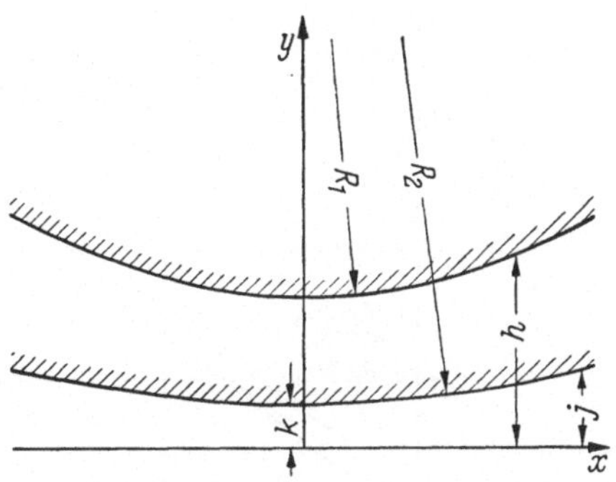

Fig. 3. The throat region of an asymmetric two-dimensional nozzle

and expanding about $h = 1$ and $j = k$ gives two series of boundary conditions,

$$v_1(z, 1) = z, \qquad v_1(z, k) = k\,z, \qquad (24)$$

$$v_3(z, 1) = z\,u_1(z, 1), \quad v_3(z, k) = k\,z\,u_1(z, k), \qquad (25)$$

$$\text{etc.} \qquad\qquad \text{etc.}$$

The terms with even suffices, u_2, v_2, u_4, v_4, etc., are all identically zero unless the nozzle is asymmetric about the y-axis; the asymmetric case has been considered by MOORE [77]. The solution of Eqs. (21) and (22) subject to the boundary conditions (24) is found to be

$$u_1 = \frac{1}{2}\,y^2 - \frac{1}{6}\,(k^2 + k + 1) + z, \qquad (26)$$

$$v_1 = \frac{1}{6}\,y^3 - \frac{1}{6}\,(k^2 + k + 1)\,y + \frac{1}{6}\,k\,(k + 1) + y\,z, \qquad (27)$$

which reduces to SAUER's solution for a symmetric nozzle when $k = -1$. It is then straightforward to calculate Φ_3 and to solve the differential equations for u_3 and v_3. Further details are given by MOORE [77].

Eqs. (21), (22) and (23) have been solved successively as far as the third approximation for the symmetrical nozzle with parabolic-, circular- or hyperbolic-arc walls [75]. Some numerical results for $R_1 = 5$, which are shown in Figs. 4 and 5, indicate that this order of approximation is probably satisfactory for practical calculations.

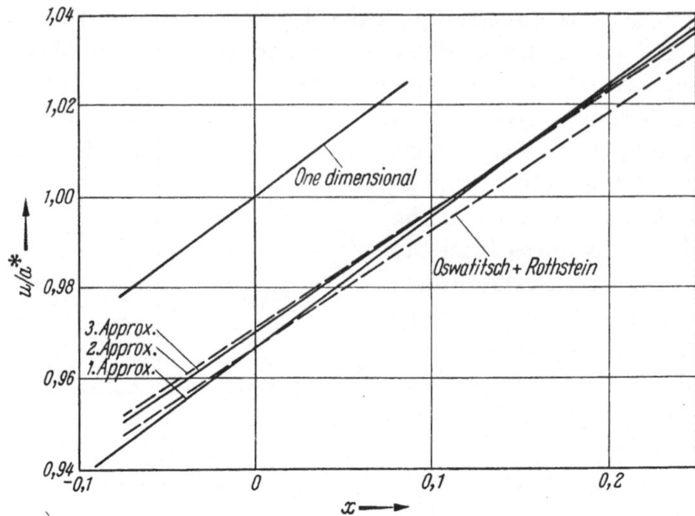

Fig. 4. Velocity distribution along the x-axis of a symmetric two-dimensional nozzle with hyperbolic-arc walls; $R_1 = 5$

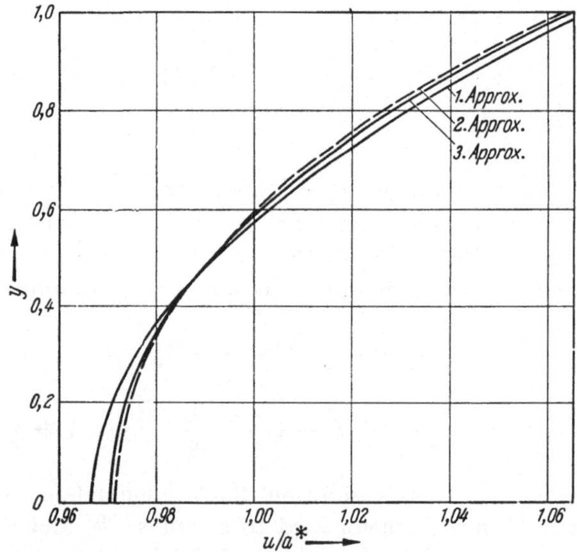

Fig. 5. Velocity distribution across the throat of a symmetric two-dimensional nozzle with hyperbolic-arc walls; $R_1 = 5$

3.3. Solution of the axis-containing axially-symmetric case

The methods used in the plane two-dimensional case, with the exception of the hodograph method, are all applicable to the axially-symmetric case. Again the double power series was used in the first approaches. HOOKER [19] followed TAYLOR's analysis and obtained an approximate solution for a nozzle with a circular-arc profile, OSWA-TITSCH and ROTHSTEIN [23, 55] considered the flow as a perturbation of the one-dimensional solution and SAUER [25] obtained an exact solution of the approximate differential equation, in this case

$$-2\,\phi_x\,\phi_{xx} + \frac{2}{\gamma+1}\,\phi_{yy} + \frac{2}{\gamma+1}\,\frac{\phi_y}{y} = 0\,. \tag{28}$$

BEHRBOHM [39] also obtained this exact solution as a special case of his exact solution of the three-dimensional case (see below) and TOMO-TIKA and HASIMOTO [37] included it in their solutions which describe the transition from entirely subsonic to continuously-accelerating flow. The culmination of the power series approach is again in the work of MARTENSEN and VON SENGBUSCH [60] who give the coefficients ϕ_{mn} up to the twenty-third powers for the case of linearly increasing axial velocity. LIPPS [67] has shown that the convergence is better than in the two-dimensional case. YURIEV [47, 65] has attempted to improve on SAUER's exact solution by including certain extra terms in the differential equation but he does not include all the second order terms and his more complicated solution is unlikely to be a significant improvement. In HALL's method the second and higher order terms are included systematically and his results appear to be the most reliable amongst those at present available [75].

3.4. Other axially-symmetric flows

Axially symmetric-flows which do not contain the axis have received comparatively little attention. They can be divided into two classes depending on the general flow direction in the region close to the minimum cross-section. These are

(a) where the flow is approximately parallel to the axis, and
(b) where the flow is significantly inclined to the axis of symmetry.

In the latter case the minimum cross-section occurs at some distance from the apparent throat, the actual location being where the contraction of the meridian section just balances the radial expansion. The configuration is shown in Fig. 6.

LORD [72] has considered the special case of (a) where the inner surface consists of a constant-diameter plug. He considered the indirect problem, where the velocity distribution along the inner boundary was specified, but used an expansion technique similar to that described in section 3.2 instead of the double series expansion used by many of the earlier workers. The direct problem in the general case of a curved inner boundary has been solved by MOORE [77].

22*

The simplest case of an inclined throat is that in which the general flow direction is perpendicular to the axis of symmetry, and in which the nozzle walls are symmetrical about this perpendicular direction, henceforth called the 'nozzle' axis. RAO [71] specifying a constant acceleration along the nozzle axis, obtained the first few terms of a series solution. Unfortunately this series did not terminate as it did in SAUER's application. However, by a slight modification to the method used for the simpler nozzle shapes HALL [76] has obtained an exact first approximation for the more general nozzle shown in Fig. 6. The coordinates are chosen so that

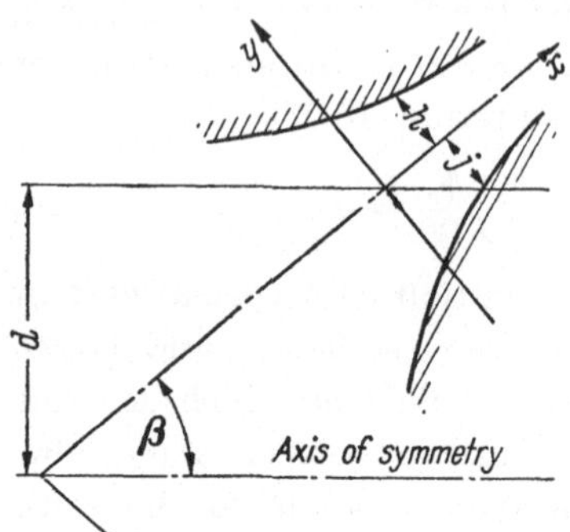

Fig. 6. The throat of an axially-symmetric plug nozzle

$$h_0 = j_0 = 1 \quad \text{and} \quad \left(\frac{dh}{dx}\right)_0 = \left(\frac{dj}{dx}\right)_0 , \tag{29}$$

the suffix o denoting values at the throat. For β substantially different from zero it can be shown that $\left(\frac{dh}{dx}\right)_0$ is $0\,(R_1^{-\frac{1}{2}})$, where R_1 is the smaller of the wall radii of curvature at the throat. Hence, defining m by

$$\left(\frac{dh}{dx}\right)_0 = - m \, R_1^{-\frac{1}{2}} = \frac{\sin \beta}{d} \tag{30}$$

a series solution can be obtained by assuming the following expressions for u' and v';

$$u' = u_1 R_1^{-1} + u_2 R_1^{-\frac{3}{2}} + \cdots \tag{31}$$

$$v = - m y R_1^{-\frac{1}{2}} + \{m^2 (y^2 - 1) \cot \beta\} R_1^{-1} + v_1 R_1^{-\frac{3}{2}} + v_2 R_1^{-2} + \cdots \tag{32}$$

where

$$x = z R_1^{-\frac{1}{2}}. \tag{33}$$

The solution is of the same general form as that given by Eqs. (26) and (27). As m is increased from zero the sonic line moves upstream.

4. Three-dimensional flows

The flow in a nozzle which is symmetrical about two mutually-perpendicular planes has been considered by BEHRBOHM [39] and later by RYZHOV [64]. Their solutions, which are analogous to SAUER's solution for the two-dimensional and axially-symmetric cases, are not identical. It is shown below that this is because neither is a complete first approximation.

In cylindrical polar coordinates r, θ, x the approximate differential equation to be satisfied by the velocity potential is

$$- (\gamma + 1)\, \phi_x\, \phi_{xx} + \phi_{rr} + r^{-1}\, \phi_r + r^{-2}\, \phi_{\theta\theta} = 0. \qquad (34)$$

The solution which has ϕ_{xx} constant when $r = 0$ can be assumed to be of the from

$$\phi = \frac{1}{2}\, K\, x^2 + x\, f(r,\, \theta) + g(r,\, \theta). \qquad (35)$$

Hence, by direct substitution in Eq. (34) the following equations are obtained for f and g,

$$f_{rr} + r^{-1}\, f_r + r^{-2}\, f_{\theta\theta} = (\gamma + 1)\, K^2 \qquad (36)$$

$$g_{rr} + r^{-1}\, g_r + r^{-2}\, g_{\theta\theta} = (\gamma + 1)\, K\, f. \qquad (37)$$

The general solution of Eq. (36) is

$$f = \frac{1}{4}\, (\gamma + 1)\, K^2 \left[r^2 + \sum_{1}^{\infty} \lambda_n\; r^{2n}\; \cos 2n\theta \right] \qquad (38)$$

Substituting in Eq. (37) and integrating gives

$$g = \frac{1}{64}\, (\gamma + 1)^2\, K^3 \left[r^4 + \sum_{1}^{\infty} \frac{4\lambda_n}{2n + 1}\, r^{2n+2}\, \cos 2n\theta + \sum_{1}^{\infty} \mu_n\, r^{2n} \cos 2n\theta \right]$$
$$(39)$$

λ_n and μ_n are arbitrary constants which depend on the cross-sectional shape of the nozzle and its rate of change at the throat. The solutions given by BEHRBOHM and by RYZHOV were special cases of this more general solution and the difference between the two is in the number of λ_n and μ_n which were taken to be non-zero.

References

[1] NAVIER, C. L. M. H.: Paris, Mémoires de l'Académie 9, 311 (1830).
[2] SAINT VENANT, B. DE, and G. WANTZEL: J. de l'École Polytechnique 27, 85 (1839).
[3] WEISBACH, J.: Lehrbuch der Ingenieur- und Maschinenmechanik. 3rd Edn, (1855).
[4] HERRMANN, M.: Zeitschrift des Österreichischen Ingenieurvereins 12, 34 (1860).
[5] HOLTZMANN, C.: Lehrbuch der theoretischen Mechanik. Stuttgart (1861).
[6] GRASHOF, F.: Theoretische Maschinenlehre, I. Leipzig (1863).
[7] NAPIER, R. D.: Engineer 23, 11 (1867).
[8] NAPIER, R. D.: Engineer 28, 287 (1869).
[9] RANKINE, W. J. M.: Engineer 28, 352 (1869).
[10] ZEUNER, G.: Zivilingenieur 17, 71 (1871).
[11] HUGONIOT, M.: Comptes Rendus, Acad. Sci., Paris 103, 1178 (1886).
[12] REYNOLDS, O.: Philosophical Magazine (5) 21, 185; Scientific Papers 2, 311 (1886).
[13] STODOLA, A.: Die Dampfturbinen. Berlin (1903).

[14] LORENZ, H.: Physikalische Zeitschrift 4, 333; Z. V. D. I. 47, 1600 (1903).

[15] PRANDTL, L., and R. PRÖLL: Z. V. D. I. 48, 348; Gesammelte Abhandlungen 2, 897 (1904).

[16] PRANDTL, L.: Strömende Bewegung der Gase und Dämpfe. Enzyklopädie der mathematischen Wissenschaften Bd. V, 5b, 287; Gesammelte Abhandlungen 2, 905 (1905).

[17] MEYER, TH.: V. D. I. Forschungsheft 62 (1908).

[18] TAYLOR, G. I.: A. R. C., R. & M. 1382 (1930).

[19] HOOKER, S. G.: A. R. C., R. & M. 1381 (1930).

[20] FRANKL, F. I.: Rec. math. Moscow 40, 1, 99 (1933).

[21] FRÖSSEL, W.: Forsch. Ing.-Wes. 7, 75 (1936); English Translation NACA TM 844.

[22] GÖRTLER, H.: ZAMM 19, 325 (1939).

[23] OSWATITSCH, K., and W. ROTHSTEIN: Jahrbuch 1942 Luftfahrtforschung 1, 91 (1942); English Translation NACA TM 1215.

[24] EMMONS, H. W.: NACA TN 932 (1944).

[25] SAUER, R.: FB 1992 (1944); English Translation NACA TM 1147.

[26] FRANKL, F. I.: Rep. of Acad. of Sci. USSR Math. Ser. 9, 5, 387 (1945).

[27] EMMONS, H. W.: NACA TN 1003 (1946).

[28] FALKOVICH, S. V.: PMM 10, 4, 503 (1946); English Translation NACA TM 1212.

[29] SHAPIRO, A. H., and W. R. HAWTHORNE: J. Appl. Mech. 14, A 317 (1947).

[30] FALKOVICH, S. V.: PMM 11, 223 (1947). English Translation Wright Field Tech. Rep. F—TS—1223—IA (1949).

[31] FRANKL, F. I.: C. R. Acad. Sci. USSR 56, 683 (1947).

[32] LIGHTHILL, M. J.: Proc. Roy. Soc. A 191, 323 (1947).

[33] TEMPLE, G., and J. YARWOOD: A. R. C., R. & M. 2077 (1947).

[34] BINNIE, A. M.: Proc. Roy. Soc. A 197, 545 (1949).

[35] TOMOTIKA, S., and K. TAMADA: Qu. App. Math. 7, 4, 381 (1950).

[36] BEHRBOHM, H.: ZAMM 30, 101 (1950).

[37] TOMOTIKA, S., and Z. HASIMOTO: J. Math. Phys. 29, 105 (1950).

[38] CHERRY, T. M.: Proc. Roy. Soc. A 203, 551 (1950).

[39] BEHRBOHM, H.: ZAMM 30, 268 (1950).

[40] ARMSTRONG, A. H., and M. G. SMITH: A. R. C. Report (Unpublished) (1951).

[41] CHERRY, T. M.: Phil. Trans. Roy. Soc. A 245, 583 (1953).

[42] SHAPIRO, A. H., K. R. WADLEIGH, B. D. GAVRIL and A. A. FOWLE: Trans. A. S. M. E. 78, 617 (1956).

[43] BARON, J. R.: NSL, MIT; WADC Report 54—279 (1954).

[44] KLINE, S. J., and A. H. SHAPIRO: Pub. sci. tech. Min. Air., Paris, Riabouchinsky Mémoires (1954).

[45] EHLERS, F. E.: J. Aero. Sci. 22, 107 (1955).

[46] CHAIX, B., and P. HENRICI: J. Aero. Sci. 22, 141 (1955).

[47] YURIEV, I. M.: PMM 19, 1, 103 (1955).

[48] WYATT, D.: NACA TN 3400 (1955).

[49] HOLDER, D. W., H. H. PEARCEY and G. E. GADD: A. R. C. Current Paper, No. 180 (1955).

[50] BARTZ, D. R.: Trans. A. S. M. E. 77, 1235 (1955).

[51] COHEN, C. B., and E. RESHOTKO: NACA TN 3326 (1955).

[52] SIBULKIN, M.: J. Aero. Sci. 23, 2, 162 (1956).

[53] PERSH, J., and R. LEE: NAVORD Report 4200 (1956).

[54] JACOBS, W.: Jb. wiss. Ges. Luftf. (1956).

[55] OSWATITSCH, K.: Gas Dynamics. New York: Academic Press, 474, (1956).

[56] TYLER, R. D.: A. R. C., R. & M. 2991 (1957).

[57] SIBULKIN, M.: J. Aero. Sci. **24**, 249 (1957).

[58] DORFMAN, A. SH.: PMM **22**, 3, 399 (1958); English Translation AMM **22**, 554.

[59] RYZHOV, O. S.: PMM **22**, 3, 396 (1958); English Translation AMM **22**, 3, 549.

[60] MARTENSEN, E., and K. v. SENGBUSCH: Mitt. Max Planck Inst. No. **19** (1958).

[61] MARTENSEN, E.: ZAMM **38** (1958).

[62] SHERCLIFF, J. A.: J. Fluid Mech. **3**, 645 (1958).

[63] CROCCO, L.: One-dimensional treatment of steady gas dynamics; High Speed Aerodynamics and Jet Propulsion III, Gas dynamics. (Editor, Emmons, H. W.) (1958).

[64] RYZHOV, O. S.: PMM **23**, 781 (1959). English Translation AMM **23**, 4, 1115.

[65] YURIEV, I. M.: Isv. Akad. Nauk., OTN., Mekh. Mashinostr (4), 140 (1959). English Translation ARS J. **30**, 4, 374 (1960).

[66] CHERRY, T. M.: J. Australian Math. Soc. **1**, 80 (1960).

[67] LIPPS, H.: ZAMM **40**, 10/11, 507 (1960).

[68] DEPASSEL, R.: Pub. sci. tech. Min. Air, Paris, No. **360** (1960).

[69] BRAY, K. N. C.: J. Fluid Mech. **6**, 1 (1960).

[70] CHERRY, T. M.: J. Australian Math. Soc. **1**, 357 (1960).

[71] RAO, G. V. R.: Progress in Astronautics and Rocketry **2**, 669 (1960).

[72] LORD, W. T.: A. R. C., R. & M. **3227** (1961).

[73] GÖTHERT, B.: Transonic Wind Tunnel Testing. AGARDograph **49**, London: Pergamon, (1961).

[74] HOLDER, D. W.: J. Roy. Aero. Soc. **65**, 633 (1961).

[75] HALL, I. M.: QJMAM **15**, 4, 488 (1962).

[76] HALL, I. M., and A. W. MOORE: A. R. C. Report (unpublished) (1962).

[77] MOORE, A. W.: Unpublished Manchester University Report (1962).

[78] MAGER, A.: ARS Journal **31**, 8, 1140 (1961).

[79] STRATFORD, B. S.: A. R. C. Report (unpublished) (1962).

[80] CABANNES, H.: Problèmes de magnétodynamique des fluides. Third International Congress in the Aeronautical Sciences, Stockholm (1962).

Additional Bibliography

TAYLOR, G. I.: J. Lond. Math. Soc. **5**, 224 (1930).

STANTON, T. E.: A. R. C., R. & M. **1388** (1931).

HOOKER, S. G.: Proc. Roy. Soc. A **135**, 498 (1932).

TOLLMIEN, W.: ZAMM **17**, 117 (1937).

GÖRTLER, H.: ZAMM **20**, 5, 254 (1940).

ASTROV, V., L. LEVIN, E. PAVLOV and S. KHRISTIANOVICH: PMM **7**, 1 (1943).

FRÖSSEL, W.: UM 6611, (1944); Mitt. Max Planck Inst. No. 4 (1951).

MARTINOT-LAGARDE, A., and G. GONTIER: Comptes Rendus, Acad. Sci., Paris **232**, 2288 (1951).

FENAIN, M.: Rech. aéro. **33**, 11 (1953).

GONTIER, G.: C. R., Acad. Sci., Paris **234**, 403 (1952).

HAACK, W., and J. ZIEREP: Z. Flugwiss. **2**, 2, 41 (1954).

ROGERS, E. W. E., and Miss B. M. DAVIS: A. R. C., Current Paper No. **333** (1957).

MARTINOT-LAGARDE, A.: C. R., Acad. Sci. Paris **246**, 2454 (1958).

RYZHOV, O. S.: PMM **22**, 4, 433 (1958); English Translation AMM **22**, 4, 608.

YURIEV, I. M.: PMM **22**, 6, 839 (1958); English Translation AMM **22**, 1202.

SMITH, M. G.: QJMAM **12**, 3, 287 (1959).

RYZHOV, O. S., and G. M. SHEFTER: Dokl. Akad. Nauk. **128**, 3, 485 (1959); English Translation Sov. Phys. "Doklady" **4**, 939.

Nocilla, S.: Aerotecnica **39**, 5, 232 (1959).
Ryzhov, O. S., and S. Iu. Cherniavskii: PMM **23**, 1, 86 (1959); English Translation AMM **23**, 1, 114.
Ogawa, A.: Trans. Japan Soc. Aero. Space Sci. **2**, 3, 77 (1959).
Ryzhov, O. S.: PMM **24**, 2, 378 (1960); English Translation AMM **24**, 2, 534.
Gontier, G.: Pub. Sci. Tech. Min. Air. **367** (1960).
Frankl, F. I.: ZAMM **41**, 9, 337 (1961).
Resler, E. L., and W. R. Sears: J. Aero. Sci. **25**, 4, 235 (1958).
Resler, E. L., and W. R. Sears: ZAMP **9**b, 509 (1958).
Chu, C. K.: Phys. Fl. **5**, 5, 550 (1962).
Uchida, S.: Proc. Japan Nat. Cong. App. Mech. **9**, 249 (1959).

Die Strömung im blockierten Kreiskanal

Von

G. Romberg

Deutsche Versuchsanstalt für Luft- und Raumfahrt, Aachen, Deutschland

1. Einleitung

Die Strömung im blockierten Windkanal wurde bisher nur im ebenen Falle theoretisch behandelt. Diese Untersuchungen beziehen sich auf eine sehr kleine Zahl einfacher Profile, hauptsächlich auf die flache Platte und das Rhombusprofil [4]. Spreiter vergleicht Messungen an einigen Profilen und Drehkörpern im blockierten Kanal mit den entsprechenden Ergebnissen in Schallströmung nach der Methode der Lokallinearisierung [5]. Die vorliegende Arbeit behandelt die Strömung um einen gegebenen Drehkörper im blockierten Kreiskanal rein theoretisch. An Hand der numerischen Resultate wird die Simulation der Schallströmung in Modellnähe diskutiert.

2. Problemstellung

In einem unendlich langen, kreiszylindrischen Rohr mit dem Halbmesser R befinde sich ein schlanker zugespitzter Drehkörper. Seine Symmetrieachse soll in der Rohrachse liegen. Der Drehkörperteil zwischen der Bugspitze und der maximalen Querschnittsfläche wird als Halbkörper bezeichnet. Seine Länge sei l, sein Dickenverhältnis $\tau \cdot x$ und $\bar{y}$ bedeuten Zylinderkoordinaten. Alle auftretenden Längen sind mit der Einheit dimensionslos gemacht zu denken.

Wir betrachten eine stationäre Strömung durch

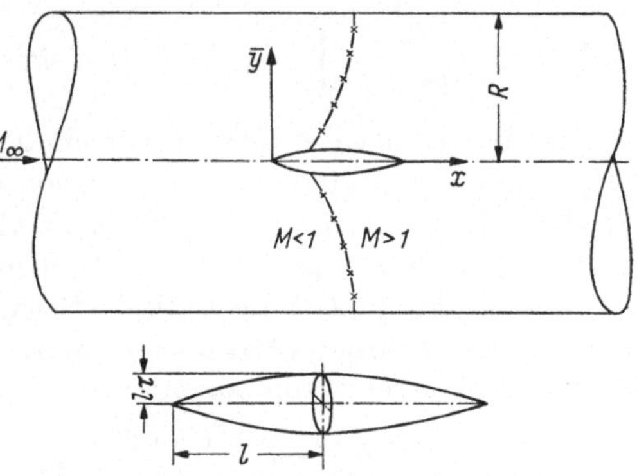

Abb. 1. Längsschnitt durch den Kanal mit Modell

den Kanal. Sie soll im Unendlichen stromaufwärts des Modells in eine Parallelströmung mit der Blockierungsmachzahl M_∞ übergehen. Das Medium wird als ideales Gas konstanter spezifischer Wärmen angesehen. Reibung, Wärmeleitung und Massenkräfte bleiben außer Betracht.

Unsere Aufgabe lautet nun folgendermaßen: Druckverteilung am Halbkörper, Halbkörperwiderstandsbeiwert (bezogen auf die Maximalquerschnittfläche), Schallinie und Blockierungsmachzahl sind in Abhängigkeit vom Kanalhalbmesser und der Modellform zu bestimmen.

3. Lösungsmethode

Die gesuchten Größen werden zunächst nach einem Dickenparameter entwickelt. Diese Rechnungen fußen auf der Methode der Variationsgleichungen. Es ergeben sich in erster Näherung folgende Darstellungen:

Druckkoeffizient am Körper:

$$c_p = \frac{p - p^*}{\frac{1}{2}\,\varrho^*\,c^{*2}} = -\,\tau^2\left[\frac{1}{2}\,q_{xx}(x)\ln\left(\tau^4\,q(x)\right) + 2f_{1x}(x) + \frac{q_x^2(x)}{4q(x)}\right] \qquad (3.1)$$

mit

$$f_{1x}(x) = \lim_{\substack{y\to 0 \\ x=\text{const}}}\left\{\Phi_x(x,y) - \frac{q_{xx}(x)}{2}\ln y\right\}. \qquad (3.2)$$

Halbkörperwiderstandsbeiwert:

$$C_w = -\,2\tau^2\int\limits_0^1 f_{1x}(x)\,q_x(x)\,dx. \qquad (3.3)$$

Schalliniengleichung:

$$\Phi_x(x,y) = 0. \qquad (3.4)$$

Verhältnis Anströmgeschwindigkeitsbetrag dividiert durch die kritische Schallgeschwindigkeit:

$$M_\infty^* = 1 - \frac{\sqrt{2}\,\tau^2}{\sqrt{\varkappa + 1}\,r}\sqrt{1 + (\varkappa + 1)\int\limits_0^r \Phi_x^2(1,y)\,y\,dy}, \qquad r = R\,\tau. \qquad (3.5)$$

$q(x)$ bezeichnet die Körperquerschnittfläche dividiert durch Halbkörperendquerschnittfläche als Funktion von x. Die Halbkörperlänge l ist gleich 1 zu setzen. $\varkappa$ bedeutet das Verhältnis der spezifischen Wärmen, p den Druck, p^*, ϱ^* den kritischen Druck beziehungsweise die kritische Dichte und c^* die kritische Schallgeschwindigkeit. Weiter gilt $y = \bar{y}\,\tau$. Das Störpotential $\Phi(x,y)$ hängt in erster Näherung mit den Störgeschwindigkeitskomponenten folgendermaßen zusammen:

$$\Phi_x = u = \frac{U - c^*}{\tau^2\,c^*}, \qquad \Phi_y = v = \frac{V}{\tau^3\,c^*}. \qquad (3.6)$$

Hierin bezeichnet U die Achsialkomponente, V die Radialkomponente der Geschwindigkeit. Eine unabhängige Veränderliche als Index bedeutet partielle Differentiation nach dieser Veränderlichen.

In den Resultaten (3.1) bis (3.5) tritt nur die reduzierte Komponente u als Unbekannte auf.

Sie wird nun in der Umgebung des Schalldurchganges und der Halbkörperoberfläche in Anlehung an OSWATITSCH [1] näherungsweise aus der Lösung der folgenden Anfangsrandwertaufgabe berechnet:

Gesucht ist die Lösung $\Psi(x, y)$ der parabolischen Differentialgleichung

$$-\frac{1}{a^2}\,\Psi_x + \frac{1}{y}\,\Psi_y + \Psi_{yy} = 0 \tag{3.7}$$

unter folgenden Bedingungen:
Anfangsbedingung:

$$\Psi_y(0, y) = 0 \quad \text{für} \quad 0 \leqslant y \leqslant r. \tag{3.8}$$

Randbedingung an der Kanalwand:

$$\Psi_y(x, r) = 0 \quad \text{für} \quad x > 0. \tag{3.9}$$

Randbedingung am Körper:

$$y\,\Psi_y(x, y) \to \frac{1}{2}\,q_x(x) \quad \text{für} \quad y \to 0,\ 0 < x = \text{const.} \tag{3.10}$$

Die formulierte Aufgabe stellt einen Sonderfall eines Wärmeleitungsproblems dar, welches in einer früheren Arbeit behandelt wurde ([2], Abschn. 1 bis 6). Auf die Bestimmung des freien Parameters a^2 wird später eingegangen.

Wir ersetzen nun in den Formeln (3.1) bis (3.5) die Unbekannte $\Phi_x(x, y)$ durch $\Psi_x(x, y)$ und erhalten:
Druckkoeffizient am Halbkörper:

$$c_p = -\tau^2 \left[\frac{q_{xx}(x)}{2}\ln\left(\tau^4 q(x)\right) + 2\,\omega_x(x) + \frac{q_x^2(x)}{4q(x)}\right] \quad \text{für}\ 0 < x \leqslant 1 \tag{3.11}$$

mit

$$\omega_x(x) = \lim_{\substack{y\to 0 \\ x=\text{const}}} \left\{\Psi_x(x, y) - \frac{1}{2}\,q_{xx}(x)\ln y\right\}. \tag{3.12}$$

Halbkörperwiderstandsbeiwert:

$$C_w = -2\tau^2 \int\limits_0^1 \omega_x(x)\,q_x(x)\,dx. \tag{3.13}$$

Schalliniengleichung:

$$\Psi_x(x, y) = 0. \tag{3.14}$$

Verhältnis Anströmgeschwindigkeitsbetrag dividiert durch kritische Schallgeschwindigkeit:

$$M^*_\infty = 1 - \frac{\sqrt{2}\ \tau^2}{\sqrt{\varkappa + 1}\, r}\sqrt{1 + (\varkappa + 1)\int\limits_0^r \Psi_x^2(1, y)\, y\, dy}\,. \qquad (3.15)$$

Wir kommen zur Bestimmung des freien Parameters a^2. Durch die Transformation

$$\begin{aligned}x &= x \\ \eta &= y\sqrt{\varkappa + 1}\end{aligned}\,, \quad \bar{u}(x, \eta) = u(x, y), \quad \bar{v}(x, \eta) = \frac{v(x, y)}{\sqrt{\varkappa + 1}} \qquad (3.16)$$

geht das System

$$-(\varkappa + 1)\, u\, u_x + \frac{v}{y} + v_y = 0, \qquad u_y - v_x = 0 \qquad (3.17)$$

über in

$$-\eta\, \bar{u}\, \bar{u}_x + (\eta\, \bar{v})_\eta = 0, \quad \bar{u}_\eta - \bar{v}_x = 0\,. \qquad (3.18)$$

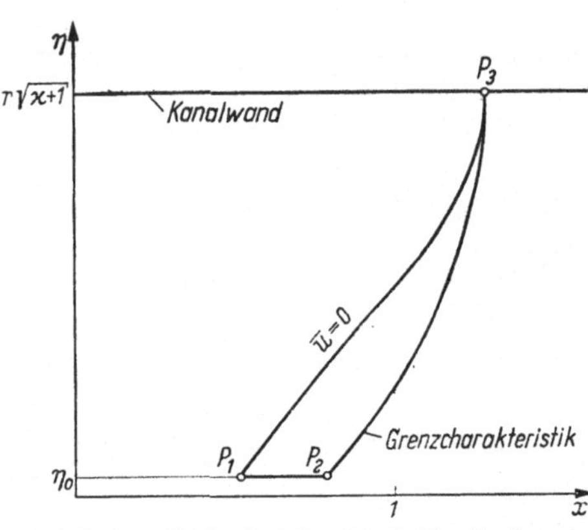

Abb. 2. Grenzen des Dreiecksbereichs bei der Festlegung von a^2

Angenommen, man kennt die Linie $\bar{u} = 0$ und ferner $\eta\, \bar{v}$ etwa längs eines Geradenstückes $\eta = \eta_0$ zwischen der Linie $\bar{u} = 0$ und der Grenzcharakteristik (die Strecke $P_1 P_2$ in Abb. 2). Dann läßt sich das $\bar{u}, \bar{v}$-Feld mittels eines nichtlinearen Charakteristikenverfahrens [3] in einem Dreiecksbereich berechnen. Dieser Bereich wird begrenzt durch die Linie $\bar{u} = 0$, die Grenzcharakteristik und die Gerade $\eta = \eta_0$ (s. Abb. 2).

Nun wird in die parabolische Lösung für a^2 ein geschätzter Wert eingetragen. Darauf ersetzen wir mit Benutzung dieser Lösung die Anfangsbedingung

$$\bar{u}(x, \eta) = \Phi_x\left(x, \frac{\eta}{\sqrt{\varkappa + 1}}\right) = 0 \qquad (3.19)$$

durch

auf der Linie

$$\left.\begin{aligned}\bar{u} &= 0 \\[1em] \Psi_x\left(x, \frac{\eta}{\sqrt{\varkappa + 1}}\right) &= 0\,.\end{aligned}\right\} \qquad (3.20)$$

Hierzu tritt an Stelle der Randbedingung auf dem Geradenstück $P_1 P_2$ die folgende:

$$\eta\, \bar v = \frac{1}{2}\, q_x(x) \tag{3.21}$$

auf einem Geradenstück $\eta = \eta_0 > 0$.

Dieses Geradenstück verläuft von der Linie $\Psi_x\left(x, \dfrac{\eta}{\sqrt{\varkappa + 1}}\right) = 0$ an stromabwärts nahe der Achse. Der Abstand η_0 soll so gewählt werden, daß der relative Fehler $\left|\dfrac{2}{q_x(x)}\left(\dfrac{\eta_0}{\sqrt{\varkappa + 1}}\, \Psi_y\left(x, \dfrac{\eta}{\sqrt{\varkappa + 1}}\right) - \dfrac{1}{2}\, q_x(x)\right)\right|$ auf der Schallinie einen vorgeschriebenen Wert γ hat. γ kann von $q(x)$ und r abhängen, soll jedoch stets unter einer festen oberen Schranke Γ bleiben (sie wird bei der Anwendung dieser Arbeit 0,002 gewählt). η_0 hängt also nur von $q(x)$, r und a^2 ab.

Die Lösung des Systems (3.18) unter den Bedingungen (3.20) und (3.21) läßt sich nach der Charakteristikenmethode berechnen, und zwar wieder in einem Dreiecksbereich. Dieser wird begrenzt durch die Linie $\Psi_x\left(x, \dfrac{\eta}{\sqrt{\varkappa + 1}}\right) = 0$, die Gerade $\eta = \eta_0$ und die Grenzcharakteristik [zu (3.20), (3.21)]. Wenn nun die $\eta\, \bar v$-Verteilung nach dem Charakteristikenverfahren die Randbedingung an der Kanalwand erfüllt, dann ist der geschätzte a^2-Wert der gesuchte.

Durch die Vereinfachung der nichtlinearen Randwertaufgabe für ϕ zur parabolischen Anfangsrandwertaufgabe für Ψ gehen die globalen Eigenschaften der gemischt elliptisch hyperbolischen Kanalströmung nicht verloren. Wir meinen damit das Ähnlichkeitsgesetz und die Verhältnisse hinsichtlich der Auswirkung kleiner Störungen in den Körperrandwerten stromaufwärts der Grenzcharakteristik.

Das Ähnlichkeitsgesetz bleibt offenbar erhalten, weil a^2 nur von $q(x)$ und r abhängt.

Tatsächlich bleibt auch die andere globale Eigenschaft erhalten, wie die folgenden Überlegungen zeigen:

Ändert man bei dem $\bar u, \bar v$-Feld mit dem richtigen a^2-Wert $q_x(x)$ zwischen der Schallinie und der Grenzcharakteristik (bei festgehaltenem a^2), so wird dadurch bereits Unter- und Überschallteil der Kanalströmung beeinflußt. Damit die $\eta\, \bar v$-Verteilung nach dem Charakteristikenverfahren wieder die Randbedingung an der Kanalwand erfüllt, muß man a^2 ändern. Das wirkt sich auf den gesamten Unter- und Überschallteil der Kanalströmung aus.

Ändert man bei dem $\bar u, \bar v$-Feld mit dem richtigen a^2-Wert $q_x(x)$ stromaufwärts der Schallinie (bei festgehaltenem a^2), so macht sich das stromabwärts der Störungsstellen bemerkbar. Damit die $\eta\,\bar{v}$-Verteilung nach dem Charakteristikenverfahren wieder der Randbedingung an der Kanalwand genügt, muß man a^2 ändern. Diese Änderung wirkt sich im gesamten Unter- und Überschallteil der Kanalströmung aus.

4. Zusammenfassende Darstellung der formalen Ergebnisse

Alle auftretenden Längen sind mit der Halbkörperlänge dimensionslos gemacht zu denken. x als Index bezeichnet partielle Ableitung nach x.

1. Universelle Funktionen. In den nachfolgenden Strömungsergebnissen spielt die Funktionenklasse

$$S_\sigma(x,y) = \sum_{n=1}^{\infty} \left(-\frac{4}{\alpha_n^2}\right)^\sigma \frac{J_0(y\,\alpha_n)}{J_0^2(\alpha_n)} \exp\left(-\frac{\alpha_n^2}{4}x\right), \quad \sigma = 0, 1, 2, \ldots \tag{4.1}$$

eine bedeutende Rolle. J_0 bezeichnet die BESSELsche Funktion nullter Ordnung. α_n, $n = 1, 2, \ldots$ bezeichnet positive Nullstellen der BESSELschen Funktion erster Ordnung. Die Reihen $S_\sigma(0, \varrho)$, $\sigma = 1, 2, \ldots$ lassen sich exakt summieren ([2], Abschn. 9). Außer (4.1) treten noch die universellen Funktionen

$$K(x,y) = \frac{1}{2x}\exp\left(-\frac{y^2}{x}\right) - \frac{1}{2}\left(1 + S_0(x,y)\right) \tag{4.2}$$

und

$$\Re(x) = \frac{2}{x} \int\limits_0^x d\vartheta \int\limits_0^\vartheta K(t,0)\,dt \tag{4.3}$$

auf.

2. Schallinie. Die Gleichung der Schallinie (Grenze des hyperbolischen Bereiches) lautet

$$\int\limits_0^x q_{xx}(t)\,[1 + S_0(T(x-t),\varrho)]\,dt = 0 \quad \text{mit} \quad \varrho = \frac{\bar{y}}{R}, \quad T = \frac{4a^2}{r^2}, \tag{4.4}$$

falls $q_x(x)$ für $x \geqslant 0$ glatt ist. Wenn $q_x(x)$ für $0 \leqslant x \leqslant x_B$ glatt ist und in der Form

$$\frac{q_x(x)}{2} = \begin{cases} \sum\limits_{\mu=1}^{m} c_\mu\, x^\mu = P_m(Tx) & \text{für} \quad 0 \leqslant x \leqslant x_A \geqslant 1 \\[2mm] \sum\limits_{\mu=0}^{m} \zeta_\mu\, x^\mu = \Pi_m(Tx) & \text{für} \quad x_A \leqslant x \leqslant x_B \\[2mm] 0 & \text{für} \quad x \geqslant x_B \end{cases} \tag{4.5}$$

$$m \geqslant 2, \quad \begin{array}{l} c_\mu, \zeta_\mu \quad \text{konstante Polynomkoeffizienten} \\ x_A, x_B \quad \text{Intervallgrenzen} \end{array}$$

darstellbar ist, gelten folgende Darstellungen:

$$P_m(Tx) - \sum_{\nu=1}^{m} P_m^{(\nu)}(Tx)\, S_\nu(0, \varrho) + \sum_{\nu=1}^{m} P_m^{(\nu)}(0)\, S_\nu(Tx, \varrho) = 0 \qquad (4.6)$$

$$\text{für} \quad 0 \leqslant x \leqslant x_A.$$

$$\Pi_m(Tx) - \sum_{\nu=2}^{m} [P_m^{(\nu)}(Tx_A) - \Pi_m^{(\nu)}(Tx_A)]\, S_\nu(T(x - x_A), \varrho) + \qquad (4.7)$$

$$+ \sum_{\nu=1}^{m} P_m^{(\nu)}(0)\, S_\nu(Tx, \varrho) - \sum_{\nu=1}^{m} \Pi_m^{(\nu)}(Tx)\, S_\nu(0, \varrho) = 0 \quad \text{für} \quad x_A \leqslant x \leqslant x_B.$$

$$\sum_{\nu=1}^{m} P_m^{(\nu)}(0)\, S_\nu(Tx, \varrho) - \sum_{\nu=2}^{m} [P_m^{(\nu)}(Tx_A) - \Pi_m^{(\nu)}(Tx_A)]\, S_\nu(T(x - x_A), \varrho) +$$

$$- \sum_{\nu=1}^{m} \Pi_m^{(\nu)}(Tx_B)\, S_\nu(T(x - x_B), \varrho) = 0 \quad \text{für} \quad x \geqslant x_B. \qquad (4.8)$$

$P_m^{(\nu)}(x)$ und $\Pi_m^{(\nu)}(x)$ bezeichnen die ν-te Ableitung von $P_m(x)$ beziehungsweise $\Pi_m(x)$ nach x an der Stelle x.

Der Schallinienpunkt $\varrho = 1$ liegt auf der Kanalwand.

3. Blockierungsmachzahl. Unter der Voraussetzung, daß $q_{xx}(x)$ im Intervall $0 \leqslant x \leqslant 1$ glatt ist, besteht die Beziehung

$$\frac{1 - M_\infty^*}{\tau^2} = \frac{\sqrt{2}}{r\sqrt{\varkappa + 1}} \sqrt{1 + \frac{(\varkappa + 1)\, r^2}{2} \sum_{n=1}^{\infty} z_n^2} \qquad (4.9)$$

mit

$$z_n = -\frac{1}{4 J_0(\alpha_n)} \int_0^T q_{xx}\left(\frac{t}{T}\right) \exp\left(-\frac{\alpha_n^2}{4}(T - t)\right) dt \qquad (4.10)$$

und ferner die Abschätzung

$$\sum_{n=1}^{\infty} z_n^2 \leqslant \frac{q_{xx}^{*2}}{16}\left[\frac{7}{12} + S_2(2\,T, 0) - 2\,S_2(T, 0)\right]. \qquad (4.11)$$

q_{xx}^* bedeutet das absolute Maximum von $|q_{xx}(x)|$ im Intervall $0 \leqslant x \leqslant 1$. Besonders einfach läßt sich die unendliche Reihe darstellen, wenn die Bedingung

$$\frac{q_x(x)}{2} = P_m(Tx),\, m \geqslant 2 \quad \text{für} \quad 0 \leqslant x \leqslant 1 \qquad (4.12)$$

zutrifft. Dann hat man:

$$\frac{4}{T^2} \sum_{n=1}^{\infty} z_n^2 = \sum_{\sigma=1}^{m} \sum_{\lambda=1}^{m} P_m^{(\lambda)}(T)\, P^{(\sigma)}(T)\, S_{\lambda+\sigma}(0, 0)$$

$$+ \sum_{\sigma=1}^{m} \sum_{\lambda=1}^{m} P_m^{(\lambda)}(0)\, P_m^{(\sigma)}(0)\, S_{\lambda+\sigma}(2\,T, 0) + \qquad (4.13)$$

$$- 2 \sum_{\sigma=1}^{m} \sum_{\lambda=1}^{m} P_m^{(\lambda)}(0)\, P_m^{(\sigma)}(T)\, S_{\lambda+\sigma}(T, 0).$$

4. Druckkoeffizient am Halbkörper und Halbkörperwiderstandsbeiwert. Unter der Voraussetzung, daß $q_{xx}(x)$ im Intervall $0 \leqslant x \leqslant 1$ glatt ist, gilt für den Druckkoeffizienten an der Halbkörperoberfläche:

$$\frac{c_p}{\tau^2} + \frac{1}{2}\,q_{xx}(x)\ln\tau^4 = -\frac{1}{2}\,q_{xx}(x)\ln\frac{e^{C_E}\,q(x)}{T\,r^2\,x} - \frac{1}{2}\int\limits_0^x \frac{q_{xx}(x) - q_{xx}(t)}{x-t}\,dt\ +$$

$$-\frac{q_x^2(x)}{4\,q(x)} - \int\limits_0^x q_{xx}(t)\,T\,K\,(T\,(x-t),\,0)\,dt. \qquad (4.14)$$

C_E bedeutet die Eulerkonstante.

Der Halbkörperwiderstandsbeiwert C_w (bezogen auf die Halbkörperendquerschnittfläche) läßt sich unter der genannten Voraussetzung in der Form

$$\frac{C_w}{\tau^2} = C_w' - \int\limits_0^1 \int\limits_0^x q_{xx}(t)\,T\,K\,(T\,(x-t),\,0)\,dt\,q_x(x)\,dx \qquad (4.15)$$

mit

$$C_w' = -\frac{1}{2}\int\limits_0^1 \left\{ \int\limits_0^x \frac{q_{xx}(x) - q_{xx}(t)}{x-t}\,dt - q_{xx}(x)\ln x \right\} q_x(x)\,dx \qquad (4.16)$$

schreiben und folgendermaßen abschätzen:

$$\left|\frac{\tau^{-2}\,C_w - C_w'}{C_w'}\right| \leqslant \frac{q_x^*\,q_{xx}^*}{2\,|C_w'|}\,|\Re\,(T)|. \qquad (4.17)$$

q_x^* bezeichnet das absolute Maximum von $|q_x(x)|$ im Intervall $0 \leqslant x \leqslant 1$. Im Grenzfall $T = 0$, der die Schallströmung um den Modellkörper darstellt, liefert die Formel (4.15)

$$\frac{C_w}{\tau^2} = C_w'. \qquad (4.18)$$

Unter der Voraussetzung (4.12) gelten die Darstellungen

$$\frac{c_p}{\tau^2} + \frac{1}{2}\,q_{xx}(x)\ln\tau^4 = -\frac{1}{2}\,q_{xx}(x)\ln\frac{q(x)}{r^2} - \frac{q_x^2(x)}{4\,q(x)} + T\left[P_m(Tx)\ +\right.$$

$$\left. -\frac{3}{2}\,P_m^{(1)}(Tx) - \sum_{\nu=1}^m P_m^{(\nu)}(Tx)\,S_\nu(0,0)\right. \qquad (4.19)$$

$$\left. + \sum_{\nu=1}^m P_m^{(\nu)}(0)\,S_\nu(Tx,0)\right]$$

und

$$\frac{C_w}{2\tau^2} = \int\limits_0^T P_m^2(t)\,dt - \sum_{\nu=2}^m S_\nu(0,0)\int\limits_0^T P_m(t)\,P_m^{(\nu)}(t)\,dt\ +$$

$$+ \sum_{\nu=1}^m P_m^{(\nu)}(0)\sum_{\lambda=1}^{m+1}(-1)^{\lambda-1}\{P_m^{(\lambda-1)}(T)\,S_{\nu+\lambda}(T,0) - P_m^{(\lambda-1)}(0)\,S_{\nu+\lambda}(0,0)\}.$$

$$(4.20)$$

Nach der zusammenfassenden Darstellung liegt die Schalliniengleichung in den unabhängigen Veränderlichen x und ϱ nach Vorgabe von $q(x)$ und T bereits fest. $\tau^{-2}(1 - M_\infty^*)$ ergibt sich bei festem $q(x)$ als Funktion von r und T. Die Größe $\tau^{-2} c_p + 0.5\, q_{xx}(x) \ln \tau^4$ kennt man als Funktion von x, wenn $q(x)$, r und T gegeben sind. $\tau^{-2} C_w$ stellt bei festem $q(x)$ eine Funktion von T dar.

Der Parameter T läßt sich durch r ausdrücken bei festem $q(x)$ (s. a^2-Bestimmung in 3).

5. Numerische Resultate

1. Modellform. Alle numerischen Rechnungen beziehen sich auf Modelle mit der Querschnittflächenverteilung

$$q(x) = \begin{cases} 3x^2 - 2x^3 & \text{für} \quad 0 \leqslant x \leqslant 1,3 \\[2mm] [a_1(x-1,3)^2 + a_2(x-1,3) + a_3]^2 & \text{für} \quad 1,3 \leqslant x \leqslant x^H. \end{cases} \tag{5.1}$$

Die Koeffizienten

$$a_1 = \frac{27,3}{2,08}\sqrt{0,1}, \qquad a_2 = \frac{9}{2}\sqrt{0,1}, \qquad a_3 = -2,6\sqrt{0,1} \tag{5.2}$$

sind so bestimmt, daß $q(x)$ eine stetige zweite Ableitung besitzt. Die x-Koordinate der Heckspitze lautet

$$x_H = 1,3 + 0,5\left(-\frac{a_2}{a_1} + \sqrt{\left(\frac{a_2}{a_1}\right)^2 - 4\frac{a_3}{a_1}}\right). \tag{5.3}$$

In den Abb. 3 und 4 finden sich graphische Darstellungen von $\sqrt{q(x)}$ und $q_{xx}(x)$.

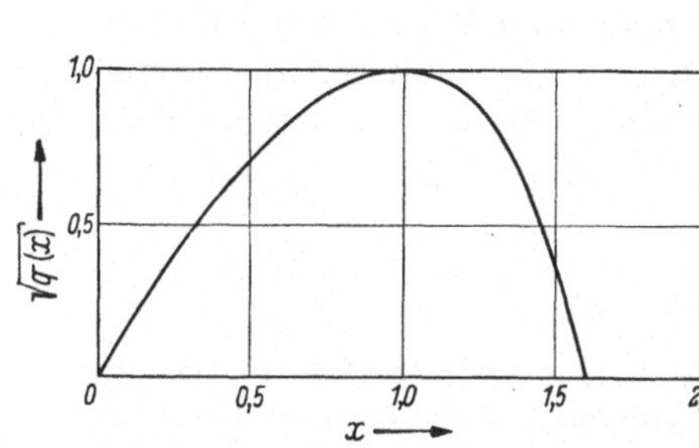

Abb. 3. Verlauf des Körperhalbmessers über der Körperlänge

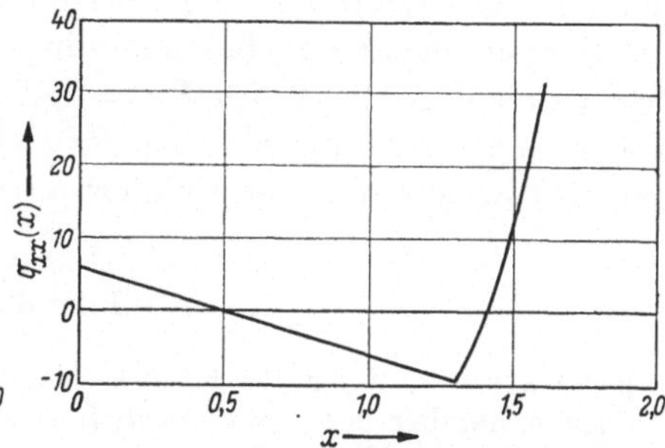

Abb. 4. Verlauf der zweiten Ableitung der Körperquerschnittfläche über der Körperlänge

2. Blockierungsmachzahl. Abb. 5 enthält $\tau^{-2}(1 - M_\infty^*)$ über $R\tau$ aufgetragen, und zwar nach der parabolischen Methode und der Stromfadentheorie. Beide Kurven nähern sich mit wachsendem $R\tau$ der $R\tau$-Achse. Zu gegebenem Querschnittflächenverhältnis $R^{-2}(R^2 - \tau^2)$ liefert die eindimensionale Theorie einen größeren M_∞^*-Wert als die mehrdimensionale Theorie. Dieser Sachverhalt folgt bekanntlich bereits aus einfachen physikalischen Überlegungen mit Hilfe des Kontinuitätssatzes und des Zusammenhanges zwischen Stromdichte und M^*. Entsprechende M_∞^*-Werte nach den beiden Kurven unterscheiden sich um weniger als 1 Prozent, falls $\tau \leqslant 0{,}2$ beträgt.

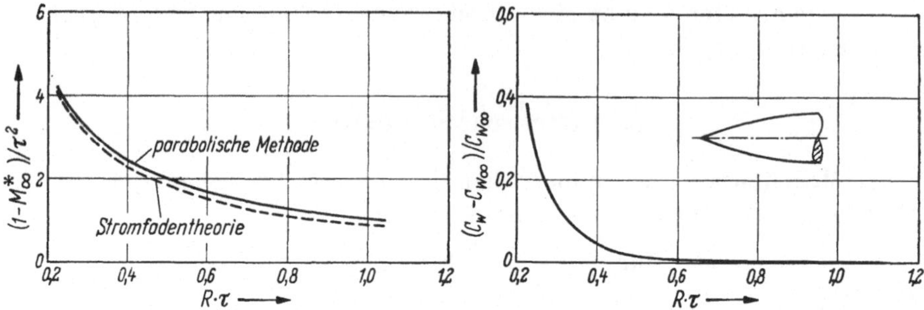

Abb. 5. Blockierungs-MACH-Zahl nach der parabolischen Mehode und nach der Stromfadentheorie

Abb. 6. Relative Abweichung des Halbkörperwiderstandsbeiwertes im Kanal von dem zugehörigen Wert in Schallströmung als Funktion von $R\tau$

3. Halbkörperwiderstandsbeiwert. Abb. 6 zeigt die relative Abweichung des Halbkörperwiderstandsbeiwertes im Kanal von dem zugehörigen Wert in Schallströmung als Funktion von $R\tau$. An Hand der Abb. 5 und 6 bestätigt man zunächst folgende Aussage, die sich schon aus dem Ähnlichkeitsgesetz schließen läßt. Vergleicht man zwei Modelle mit unterschiedlichem Halbkörperdickenverhältnis in einem Kreiskanal der gleichen Weite, dann ergibt sich die relative Abweichung des C_w-Wertes von dem zugehörigen in Schallströmung bei dem dickeren Körper geringer als bei dem dünneren, obwohl M_∞^* für den dickeren Körper niedriger liegt. Für $R\tau = 0{,}456$ beträgt die relative Abweichung nur noch etwa 2,3 Prozent. Zu $R\tau = 0{,}456$ gehört bei $\tau = 0{,}2$ ein Verhältnis Kanalhalbmesser dividiert durch Halbkörperlänge von nur 2,28.

Literatur

[1] OSWATITSCH, K., u. F. KEUNE: The flow around bodies of revolution at Mach number one. Proc. High Speed Conference at Polytechnic Institute Brooklyn, N. Y. (1955).
[2] ROMBERG, G.: ZAMM **42**, H. 7/8 (1962).
[3] OSWATITSCH, K.: Österr. Ing. Arch. **10**, H. 4 (1956).
[4] GUDERLEY, G.: Theorie schallnaher Strömungen. Berlin/Göttingen/Heidelberg: Springer 1957.
[5] SPREITER, J. R., D. W. SMITH and B. J. HYETT: NASA TR R—73 (1960).

Diskussionsveranstaltung

On the application of "Local-Linearization" methods to choked wind tunnel flow problems

By

R. J. Sandeman

Aeronautical Research Laboratories, Melbourne, Australia

Introduction

The ability of the choked wind tunnel with solid walls to simulate closely the flow about a profile in an unbounded stream with sonic velocity at infinity is now quite well established, both by the theoretical work of GUDERLEY [1] and by experiments such as those discussed by SPREITER et al [2]. It is desirable to be able to estimate the small corrections which must be applied to pressure distributions etc. measured in the choked tunnel to give the unbounded sonic distributions. As yet such estimates are available only for the two-dimensional wedge profile, mainly from the work of MARSCHNER [3] and MORIOKA [4], and for the flat plate at incidence, from the work of GUDERLEY [1]. There is a need for similar information for other profile shapes and for axisymmetric flows, but there seems little hope of obtaining it by the methods used for the wedge and flat plate.

In view of the success of the so called "local-linearization" method, as developed by SPREITER and ALKSNE [5], in providing approximate solutions for unbounded flow problems, the application of these methods to wind tunnel problems seems worthy of study. It is the results of such a study for two-dimensional choked tunnel problems which I wish to present here. A similar approach has been used by MURASAKI [6] for slotted and perforated-wall wind tunnels. Because of the complicated nature of the boundary conditions and succeeding analysis, MURASAKI was forced to make additional approximations. He had no more accurate data available with which to compare his results and so check the validity of his approximations. Now in the case of the choked wind tunnel with solid walls there are two criteria which can be used for testing the validity of any approximations made. Firstly, the results for the wedge profile can be compared with existing, more exact results of transonic theory. Secondly, it can be deduced from similarity considerations that the corrections for any given profile should vary approximately linearly with the interference parameter $(\tau^{1/3} H)^{-6/5}$, where τ is the ratio of the maximum thickness to the chord of the profile and H is the ratio of the tunnel height to the chord.

List of Symbols

a^*	critical sound velocity
$\tilde{C}_p^*$	generalised pressure coefficient referred to sonic pressure
c	profile chord
F	profile shape distribution function
H	height of tunnel wall from the profile axis non dimensionalised by the chord
$\left.\begin{array}{c} x \\ y \end{array}\right\}$	co-ordinates with origin at profile leading edge and non dimensionalised by the chord

23*

α arbitrary constant

γ ratio of specific heats for air

ζ $\lambda_w\, H^2\, n^2$

η variable of integration

λ parameter proportional to the longitudinal fluid acceleration

τ ratio of profile maximum thickness to chord

Φ velocity potential

ϕ perturbation velocity potential

Superscripts

*   values at sonic point

Subscripts

o values at profile axis

w values at tunnel wall

Note the subscript notation is used for differentiation.

The method

Small perturbations are taken about the critical sound velocity,

$$\Phi = c\, a^* \,(x + \phi) \tag{1}$$

and the results are presented in terms of the generalised pressure coefficient,

$$\tilde{C}_n^* = \frac{(\gamma + 1)^{1/3}}{\tau^{2/3}}\,(-2\,\phi_x) \tag{2}$$

referred to sonic pressure in the usual way.

The fluid acceleration is assumed to be a positive constant,

$$\lambda = (\gamma + 1)\,\phi_{xx} \tag{3}$$

and so the transonic equation,

$$(\gamma + 1)\,\phi_x\,\phi_{xx} = \phi_{yy} \tag{4}$$

is transformed into the parabolic heat-conduction form,

$$\phi_{yy} = \lambda\,\phi_x. \tag{5}$$

The solution to this equation which fulfills the boundary conditions at the profile axis,

$$(\phi_y)_{y=0} = \tau\,\frac{dF}{dx} \tag{6}$$

and at the walls,

$$\phi_y = 0 \tag{7}$$

is obtained by operational methods instead of the GREEN's-theorem approach used by SPREITER. In the application of the boundary conditions, λ is identified separately by λ_0 at the profile axis and λ_w at the wall.

The solution obtained for the velocity at the profile with λ_0 and λ_w constant is

$$\phi_x = \frac{-\tau}{\sqrt{\pi\,\lambda_0}}\,\frac{d}{dx}\int_0^x \frac{dF/d\eta}{\sqrt{x-\eta}}\left[1 + 2\sum_{n=1}^{\infty} e^{\frac{-n^2 H^2 \lambda_w}{x-\eta}}\right] d\eta. \tag{8}$$

The position of the sonic line ($x = x^*$) at the surface is given by (8) with $\phi_x = 0$. It is apparent from the form of the equation that the first term is the initial unbounded flow solution, while the remaining terms represent the super-position of the contributions from the images of the profile source distribution reflected in the walls. Because of the need to take λ as a positive constant, no contribution to the interference correction from the walls upstream of the profile leading edge, $x = 0$, can be included, and also no information can be obtained concerning the value of the choking MACH number.

The value of λ_0 is now allowed to vary according to (3), and in the solution of the resulting differential equation for ϕ_x the constant of integration is determined by integrating from the sonic line position $x = x^*$. The solution in terms of the pressure coefficient is

$$\tilde{C}_p^* = -2\left\{\frac{3}{\pi}\int\limits_{x^*}^{x}\left[\frac{d}{dx_1}\int\limits_0^{x_1}\frac{dF/d\eta}{\sqrt{x_1-\eta}}\left(1+2\sum_1^\infty e^{\frac{-n^2H^2\lambda_w}{x_1-\eta}}\right)d\eta\right]^2 dx_1\right\}^{1/3}. \tag{9}$$

The problem now is to determine the variation of λ_w along the wall, taking account of the criteria mentioned earlier. The solution chosen for this is based on the thesis that since λ_w is the fluid acceleration at the wall it should be possible to obtain a reasonable approximation to it from the asymptotic solution of the transonic equation given by GUDERLEY and BARISH [7]. This solution, which is valid for large lateral distances from the profile in unbounded flow, depends mainly on the profile thickness parameter and hardly at all on the shape. There is therefore some justification for using the same distribution of λ_w along the wall for different profile shapes. The solution is not given in analytic form, but between $x = 0$ and the trailing edge shock location at the wall height it can be represented approximately by a quadratic expression. Making use of the form of the dependence of the asymptotic field on the size parameters of the profile given by BERNDT [8], we find,

$$(\phi_{xx})_{\text{wall}}^{\text{asym}} = 0.35\,(1.15)(\gamma+1)^{-19/15}\,(x^*)^{-1/5}\,(\tau^*)^{-4/15}\,(H)^{-14/5}\,x^2$$
$$+ 1.21\,(\gamma+1)^{-1}\,(H)^{-2}\,x$$
$$+ 0.711\,(1.15)^{-1}\,(\gamma+1)^{-11/15}\,(x^*)^{1/5}\,(\tau^*)^{4/15}\,(H)^{-6/5}, \tag{10}$$

where $\tau^* = y^*/x^*$.

Direct substitution of this expression into (3) however, gives corrections which are much too small in the case of the wedge profile. I have assumed therefore that λ_w is of the form $\alpha\,(\gamma+1)\,(\phi_{xx})_{\text{w}}^{\text{asym}}$ where α is a constant between 0 and 1. It is found that the order of magnitude of the corrections depends critically on the value assumed for α; the linearity of their variation with the interference parameter depends on the form of $(\phi_{xx})_w$, and on the stage in the analysis at which the substitution is made for λ_w. Thus with $\alpha = 1$ and $(\phi_{xx})_w$ taken as independent of x, as in MURASAKI's analysis, the corrections are too large on the average and their dependence on the interference parameter is not linear; but with $\alpha = 1$ and the quadratic form assumed for $(\phi_{xx})_w$ the corrections are an order of magnitude too small as stated above. The best compromise is the following.

If we assume the profile shape to be such that $dF/d\eta$ is of polynomial form $\sum\limits_0^m a_s\,\eta^s$ then the solution becomes

$$\tilde{C}_p^* = -2\left\{\frac{3}{\pi}\int\limits_{x^*}^{x}\left[\sum_{s=0}^m\left\{a_s(2s+1)\,b_s\,x_1^{s-\frac{1}{2}} + 4a_s\sum_{k=0}^s(-1)^k\binom{s}{k}\right.\right.\right.$$
$$\times\left.\left.\left.\left[(s-k)\,\zeta^{k+\frac{1}{2}}\,x^{s-k-1}\,J_{k+1}\left(\sqrt{\frac{\zeta}{x_1}}\right)+\frac{1}{2}\,x_1^{s-\frac{1}{2}}\,e^{-\zeta/x_1}\right]\right\}\right]^2 dx_1\right\}^{1/3} \tag{11}$$

where

$$b_s = \frac{2s\,(2s-2)\cdots 2}{(2s+1)\,(2s-1)\cdots 3}\;;\; \zeta = \lambda_w\,H^2\,n^2 \ \text{(with}\ n = 1)$$

$$J_k\left(\sqrt{\frac{\zeta}{x}}\right) = \int\limits_{\sqrt{\frac{\zeta}{x}}-x}^{\infty} \frac{e^{-r^2}}{r^{2k}}\,dr\;,$$

and $\binom{s}{k}$ are the binomial coefficients. Only the first term of the superposition series which gives the correction has been included since check calculations have shown that the higher order terms do not affect the correction by more than one percent.

The substitution is now made for λ_w and α is chosen so that the corrections for the wedge profile have the same order of magnitude as those given by the MARSCHNER theory for one value of the interference parameter. This gives $\alpha = 3/4$.

Results

The generalised pressure distributions for a 10% thick wedge in which the chord is 13% of the tunnel height are shown in Fig. 1. The full line is the unbounded flow local-linearization solution of SPREITER [5], and the broken line the choked tunnel distribution using the corrections given by MARSCHNER [3]. The circles show the present result, for which α was chosen to give a close fit to the MARSCHNER distribution. The corrections given by the present method reach a maximum further back than those given by MARSCHNER's analysis. This is shown more clearly in Fig. 2 where the two corrections are compared, together with those for two other values of the interference parameter. Some of the difference between the more exact distribution and the present result is probably due to the neglect of the influence of the wall upstream of the leading edge.

Fig. 3 shows the correction distributions for the circular arc profile, for which the ordinate distribution is given by

$$F = 2\,(x - x^2). \tag{12}$$

Here the interference parameter values are given in terms of the length of the profile from leading edge to sonic-point position only.

In the choked wind-tunnel simulation study of SPREITER et al. [2] it was suggested that for a given profile chord and tunnel height, the correction would increase over the forward portion and decrease over the rear portion as the maximum thickness position moved rearward over the chord. Such a behaviour is substantiated by the present results. This is demonstrated in Fig. 4, which shows the unbounded and choked tunnel pressure distributions for a circular arc profile and one which has its maximum thickness at 69.9% chord. The ordinate distribution for the latter profile is given by,

$$F = \frac{6^{\,6/5}}{10}\,(x - x^6). \tag{13}$$

Both results are shown for profiles with a maximum thickness to chord ratio of 6% and the chord to full tunnel height ratio of 17%. On the other hand the interference parameter values based on chord length to the sonic point are quite different. The difference between these two correction distributions is shown

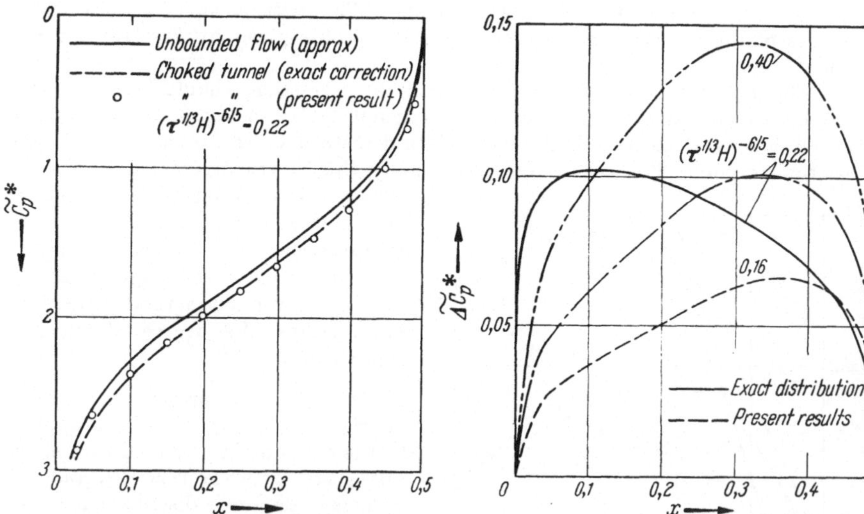

Fig. 1. Comparison of the choked tunnel distributions for a wedge profile with MARSCHNER's result [3]

Fig. 2. Correction distributions for the wedge profile

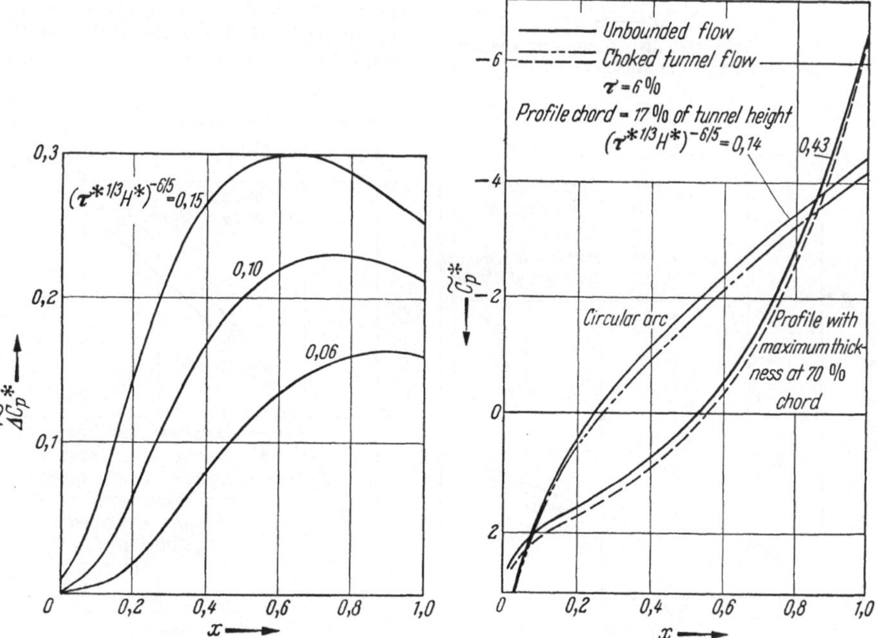

Fig. 3. Correction distributions for the circular arc profile

Fig. 4. Comparison of the choked tunnel distributions for a circular arc and a profile with the maximum thickness at 70% chord

more clearly in Fig. 5 by the two full lines. The distributions for three other values of the interference parameter for the profile given by Eq. (13) are also shown.

The degree to which the criterion that the corrections should be linear with the interference parameter is satisfied, is demonstrated in Fig. 6. Here the mean correction over the chord has been plotted instead of the correction at some particular point. For the wedge profile only this is proportional to the drag. When it is considered that values of the interference parameter larger than approximately 0.3 would not be expected to be within the range of validity of either the present method or MARSCHNER's theory, the degree of linearity appears acceptable.

In Fig. 7 the present corrections for the circular arc have been applied to the experimental choked-tunnel results given by KNECHTEL [9], and the resulting pressure distribution compared with his interpolated $M_\infty = 1$ perforated-wall results. The open-area ratio of the perforated wall was 5%, and although these results cannot be assumed to be interference-free, it is probable that the unbounded flow pressure distribution should lie closer to the perforated-wall result than to the sonic free jet or choked tunnel results.

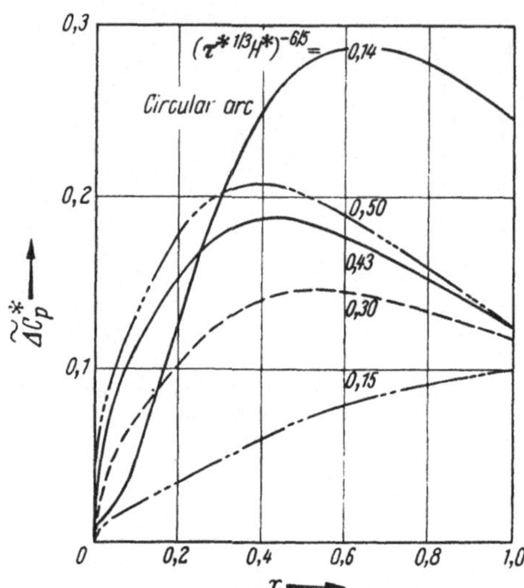

Fig. 5. Correction distributions for the profile with maximum thickness at 70% chord

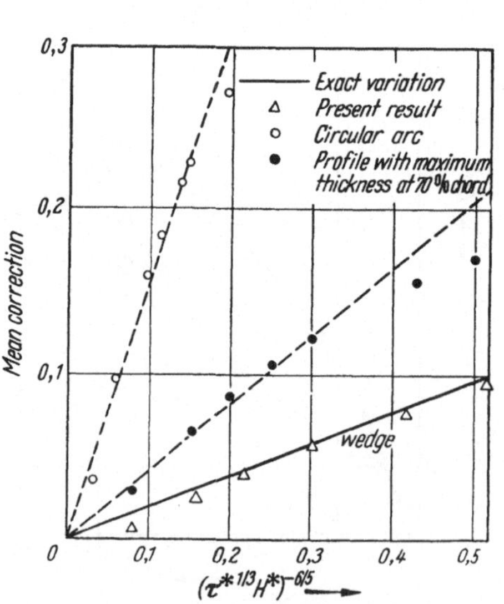

Fig. 6. Linearity of the mean correction with the interence parameter

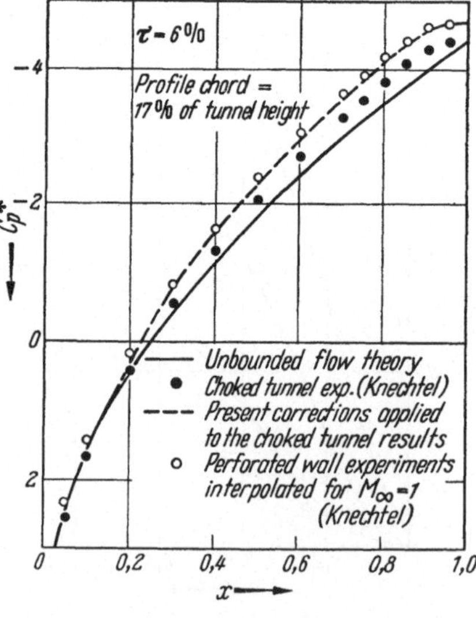

Fig. 7. Choked tunnel corrections applied to KNECHTEL's [9] circular arc results

Concluding remarks

By the use of local-linearization methods and suitable adjustment of the scale of the transonic asymptotic solution used to represent the tunnel wall pressure distribution the correction for the pressure distribution over a wedge profile in a choked wind tunnel can be made the same order of magnitude as that given by the more reliable results of transonic theory over a useful range of profile to wind-tunnel dimensions. Provided, as indicated by the asymptotic solution, the flow field at normal wind tunnel wall heights is largely independent of profile shape, these methods can also give reasonable estimates of the corrections for other shapes.

The corrections obtained seem likely to be too small near the leading edge, probably because no account can be taken of the influence of the wall upstream of the leading edge. The present methods predict an increase in the interference over the forward portion of the profile as the maximum thickness moves rearward and a corresponding reduction over the rear as suggested by previous studies of experimental results and unbounded flow theory.

The analysis for a sonic free jet follows a similar pattern and produces corrections of opposite sign but of the same order of magnitude as those for a choked tunnel.

The use of the present methods for axi-symmetric flows has added difficulties, in that an unknown constant appears in the asymptotic solution determining its dependence on the size of the profile. Moreover there appear to be no more reliable theoretical corrections available for the cone cylinder, for comparison with the results of these methods.

References

[1] GUDERLEY, K. G.: Theorie schallnaher Strömungen. Berlin/Göttingen/Heidelberg: Springer 1957.
[2] SPREITER, J. R., D. W. SMITH and B. J. HYETT: NASA, TR R—73 (1960).
[3] MARSCHNER, B. W.: Jour. Aero. Sci. 23, No. 4 (1956).
[4] MORIOKA, S.: Jour. Phys. Soc. Japan 14, No. 8 (1959).
[5] SPREITER, J. R., and A. Y. ALKSNE: NACA, Rep. 1359 (1958).
[6] MURASAKI, T.: Trans. Japan Soc. Aero. Space Sci. 4, No. 5 (1961).
[7] GUDERLEY, K. G., and D. T. BARISH: Jour. Aero. Sci. 20, No. 7 (1953).
[8] BERNDT, S. B.: FFA. Report 71 (1957).
[9] KNECHTEL, E. D.: NASA. TN D—15 (1959).

Verschiedenes

VIII. Sitzung

Vorsitzender: H. H. PEARCEY, England

Known applications of variational methods to transonic flow calculations

By

Władysław Fiszdon

Warsaw, Poland

1. Introduction

Variational methods have been used extensively in many fields of science and engineering not only to investigate the qualitative physical aspects of a general problem but also to find some quantitative solutions of particular practical problems.

This last type of application has found a rather very limited use in fluid dynamics generally and it may be appropriate here to review briefly the methods used and solutions obtained, in view to incite some further research into the use of this method, which in other fields was so fruitful, to the solution of transonic flow problems.

In gas-dynamic problems the known advantage of variational methods of giving a possibility of obtaining approximate solutions of direct problems and of replacing the non-linear differential equations by non-linear algebraic equations are offset by the difficulty of determining boundary conditions in a simple analytical form and finding functions that satisfy them and also by the great amount of computational work involved.

For the purpose of this paper we shall distinguish two types of transonic flow: one when the flow in the entire field can be considered as isentropic and irrotational and the other with shock waves, when behind this discontinuity the flow is not isentropic and irrotational.

In the first case the variational method used for compressible flow calculations is applicable and the papers of BRAUN [4], WANG [5] and GISPERT [12] are relevant. In the second case, which I should say is the real transonic flow case, the only known application of the variational method is given in WANG and CHOU's [11] paper. The main features of the methods used in these two cases will be briefly described.

2. Transonic irrotational flow

BATEMAN's [2], [3] variational principle, for the case of an irrotational, inviscid, compressible, stationary flow of a barotropic fluid, based on HARGREAVES [1] kinetic potential, is:

$$\delta I = \delta \int_V p(\phi)\, dV = 0, \tag{1}$$

where: p — pressure, ϕ — velocity potential, V — volume.

This principle is valid for a finite domain and as WANG [9] has proved in mostly encountered fluid flow problems, when the volume is infinite, the correct modified BATEMAN's variational principle is:

$$\delta I = \delta \left\{ \int_V p(\phi) - p(\phi_1)\, dv - \int_S \phi_2\, \varrho_0\, \frac{\partial \phi_1}{\partial n}\, dS \right\} = 0, \tag{2}$$

S is the surface enclosing the volume V of fluid, ϱ_0 is the fluid density on S, $\dfrac{\partial}{\partial n}$ is the derivative in the inward normal direction.

The velocity potential as in BRAUN's [4] paper is composed of two parts, one due to the corresponding incompressible flow and the other to the compressibility effect:

$$\phi = \phi_1 + \phi_2. \tag{3}$$

The addition of $p(\phi_1)$ in the first integral gives the possibility of keeping the integral finite for an infinite domain of integration and the last integral takes into account the possible boundary conditions. The additional terms do not affect the EULER-LAGRANGE equations, which as in the case of [1] can be reduced to the usual gas dynamic equations valid over the whole velocity range.

The neglect of the additional terms has led, as pointed out by WANG [5], to errors in BRAUN's [4] linearised solution of the flow passing a circular cylinder, which was probably the first practical application of variational methods to compressible flow problems.

Instead of solving the non-linear differential gas-dynamic equations WANG [5], [7], uses the above formulated variational principle and, applying the RAYLEIGH-RITZ procedure, obtains approximate solution of some cases of two-dimensional compressible flow.

It should be noted that the RAYLEIGH-RITZ method is strictly applicable to boundary value problems when the integral has an extremum, which has been proved to be the case in subsonic flow. COURANT and FRIEDRICHS have pointed out that if this is not the case the method is still applicable and although the differential equations and boundary conditions are not satisfied completely they are satisfied in the mean.

Hence although in the case of transonic mixed flow the variational principle [2] does not have an extremum, the RAYLEIGH-RITZ procedure leads to a good approximation.

For the case of a circular cylinder BRAUN [4] and WANG [5] take the following expression for the potential in polar coordinates r, θ:

$$\phi_1 = U\left(r + \frac{b^2}{r}\right)\cos\theta - \frac{\varkappa}{2\pi}\theta$$

$$\phi_2 = \sum_m \sum_n \left\{\left(\frac{b^{m+1}}{m\,r^m} - \frac{b^{m+3}}{(m+2)\,r^{m+2}}\right)(A_{mn}\cos n\theta + B_{mn}\sin n\theta)\right\} \tag{4}$$

where b is the radius of the cylinder and $\varkappa$ the circulation intensity.

The boundary conditions are in this case:

$$\left.\begin{aligned}
&r = \infty, \quad \frac{\partial\phi}{\partial r} = U\cos\theta, \quad \frac{\partial\phi}{r\,\partial\theta} = -U\sin\theta \\
&r = b, \quad \frac{\partial\phi}{\partial n} = 0
\end{aligned}\right\} \tag{5}$$

U is the velocity at infinity.

It can be seen that the chosen potential function satisfies the above boundary conditions. The coefficients A_{mn}, B_{mn} are determined from the set of non-linear algebraic equations obtained from [2]

$$\frac{\partial I}{\partial A_{mn}} = 0, \quad \frac{\partial I}{\partial B_{mn}} = 0 \tag{6}$$

which can be solved approximately to the required degree of accuracy.

GISPERT [12] solves the same problem using BATEMAN's original variational principle as deduced by BRAUN [4] but uses a different method of solution. Assuming the compressible part of the velocity potential to be of the form:

$$\phi_2\left(\frac{1}{r},\theta\right) = f_1\left(\frac{1}{r}\right)\cos\theta + f_3\left(\frac{1}{r}\right)\cos 3\theta + f_5\left(\frac{1}{r}\right)\cos 5\theta$$

and introducing these expressions in the variational integral, from the set of corresponding EULER-LAGRANGE equations a set of non-linear differential equations for the functions f_i is obtained. The improved finite difference method of COLLATZ is used for their solution.

Both WANG's and GISPERT's numerical results are compared by them with other known solutions of the circular cylinder example, particularly with the solution obtained by the RAYLEIGH-JANTZEN method, and the agreement is excellent even if a small number of terms is taken.

For the case of an arbitrary cross-section WANG [5], [7] and lately GISPERT [13] have used the conformal mapping method, transforming an arbitrary shape to a circular one, in conjunction with the variational method described above and obtained good results.

It should be noted that in the above mentioned examples the ratio of specific heats γ was taken 2 or 1,5 to facilitate or permit numerical calculations.

3. Transonic rotational flow with shock waves

When a shock-wave appears, the flow behind it is no more irrotational and the calculations made using the variational principle of the previous section fail. This occured e. g. in the case of the numerical example of a circular cylinder at $M = 0{,}5$ calculated by WANG [11].

It is necessary then to deduce a variational principle valid in the case of rotational flow and divide the whole space considered into two regions R_1 — where the flow is irrotational and R_2 where the flow is rotational as shown on the figure above for the case of an airfoil and schematically below.

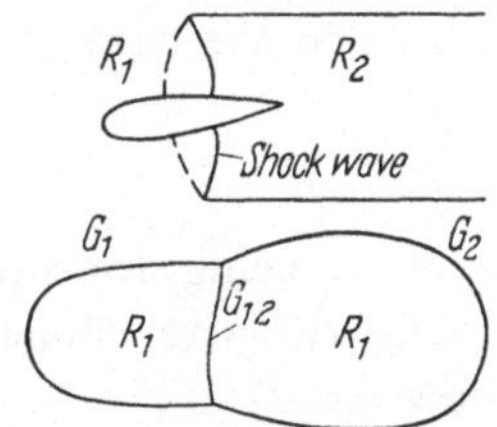

Fig. 1. Regions without (R_1) and with rotation (R_2) at an airfoil and schematically

The variational principle for rotational flow was deduced from BATEMAN's second variational integral

$$\tau = \int_V (p + \varrho\, u^2)\, dV \tag{7}$$

or rather

$$\tau = \int_V \left(F(\varrho) + \frac{1}{2}\varrho\, u^2 \right) dV \tag{8}$$

by LIN and RUBINOV [6] and by WANG and CHOU [11] for stationary isoenergetic two dimensional flows. GIESE [10] has formulated the variational principle for the case of stationary three-dimensional flows, HÖLDER [8] and KOOZNETSOV [14] have given a proof of a generalised variational principle for the case of rotational flows with shock-waves in a three-dimensional space.

We will recall here WANG and CHOU's results as these authors were closer to a practical application.

It is convenient in the case of rotational flow to use the stream function ψ, hence:

$$\begin{aligned} \varrho\, u &= \psi_y \\ \varrho\, v &= -\,\psi_x. \end{aligned} \tag{9}$$

The entropy s being constant along each streamline we have the known relations for entropy and pressure:

$$s = c_v \, f(\psi)$$
$$p = c_2 \, e^{f(\psi)} \, \varrho^\gamma. \tag{10}$$

If the pressure can be expressed by:

$$p = F(\varrho, s) - \varrho \, F'(\varrho, s) \tag{11}$$

then for the adiabate case

$$p = c_1 \, \varrho^\gamma \tag{12}$$

we obtain from the previous relation (11)

$$F = c_3 \, \varrho + \frac{c_2 \, e^{f(\psi)} \, \varrho^\gamma}{\gamma - 1} \tag{13}$$

which in the case of isentropic irrotational flow becomes:

$$F = c_3 \, \varrho + \frac{c_1 \, \varrho^\gamma}{\gamma - 1} \tag{14}$$

c_1, c_2, c_3 being appropriate constants.

Using these relations the variational principle for a transonic mixed flow is:

$$\delta\tau = \delta\tau_1 + \delta\tau_2 = \delta\left\{\iint_{R_1}\left[c_3 \, \varrho_1 - \frac{c_1 \, \varrho_1^\gamma}{\gamma-1} + \frac{(\psi_{1x}^2 + \psi_{1y}^2)}{2\varrho_1}\right] dx \, dy + \right.$$
$$\left. + \iint_{R_2}\left[c_3 \, \varrho_2 - \frac{c_2 \, \varrho_2^\gamma \, e^{f(\psi_2)}}{\gamma-1} + \frac{(\psi_{2x}^2 + \psi_{2x}^2)}{2\varrho_2}\right] dx \, dy\right\} = 0 \tag{15}$$

where the subscript 1 corresponds to the irrotational flow (region R_1) and subscript 2 to the rotational flow (region R_2).

As the variables ϱ and ψ must be varied independently we obtain from (15):

$$\delta\tau = \iint_{R_1}\left[c_3 - \frac{\gamma \, c_1 \, \varrho_1^{\gamma-1}}{\gamma-1} - \frac{(\psi_{1x}^2 + \psi_{1y}^2)}{2\varrho_1^2}\right]\delta\varrho_1 \, dx \, dy - \iint_{R_1}\left[\left(\frac{\psi_{1x}}{\varrho_1}\right)_x + \right.$$
$$\left. + \left(\frac{\psi_{1y}}{\varrho_1}\right)_y\right]\delta\psi, \, dx \, dy + \iint_{R_2}\left[c_3 \frac{\gamma \, c_2 \, e^{f(\psi_2)} \, \varrho_2^{\gamma-1}}{\gamma-1} - \frac{(\psi_{2x}^2 + \psi_{2y}^2)}{2\varrho_2^2}\right]\delta\varrho_2 \, dx \, dy$$
$$- \iint_{R_2}\left[\frac{c_2 \, \varrho_2^\gamma \, e^{f(\psi_2)} f'(\psi_2)}{\gamma-1} + \left(\frac{\varphi_{2x}}{\varrho_2}\right)_x + \left(\frac{\varphi_{2y}}{\varrho_2}\right)_y\right]\delta\psi_2 \, dx \, dy +$$
$$+ \int_{G_1}\frac{1}{\varrho_1}\frac{\partial\psi_1}{\partial n}\delta\psi_1 \, ds + \int_{G_2}\frac{1}{\varrho_2}\frac{\partial\psi_2}{\partial n}\delta\psi_1 \, ds$$
$$+ \int_{G_{12}}\left(\frac{1}{\varrho_1}\frac{\partial\psi_1}{\partial n}\delta\psi_1 - \frac{1}{\varrho_2}\frac{\partial\psi_2}{\partial n}\delta\psi_2\right) ds = 0. \tag{16}$$

The last integral is taken on the boundary line, G_{12}, of the two regions considered which corresponds to the shock-wave. As on crossing the shock-wave the tangential components of velocity must be equal and continuity must be preserved hence:

$$\frac{1}{\varrho_1}\frac{\partial \psi_1}{\partial n} = \frac{1}{\varrho_2}\frac{\partial \psi_2}{\partial n} \qquad \psi_1 = \psi_2 \tag{17}$$

and the last integral vanishes.

If the boundary conditions on G_1 and G_2 are such that the corresponding remaining two line integrals in (16) are not zero, than the values of these integrals must be subtracted from $\delta\tau$ and the variational principle (15) must be modified accordingly.

The independent expressions for ψ_1, ψ_2, ϱ_1, ϱ_2 must be chosen to satisfy the boundary conditions which are: on the body the velocity is tangential to its boundary, at infinity in the irrotational flow region the velocity must be equal to the undisturbed flow velocity and the density equal to ϱ_0, at infinity in the rotational flow region the pressure should be equal to the pressure at infinity p_0. In addition on the shock-wave relations (17) and on other common lines corresponding compatibility conditions must be satisfied.

For the case of plane two-dimensional flow passing a circular cylinder of radius equal to unity and without circulation WANG [11] assumed the following expressions, for the stream functions and density, in polar coordinates

$$\psi_1 = \varrho_0\, v\left[\left(r - \frac{1}{r}\right)\sin\theta \sum_{m=1}\sum_{n=1} A_{mn}\left(\frac{1}{r^m} - \frac{1}{r^{m+2}}\right)\sin n\,\theta\right],$$
$$\varrho = \varrho_0\left(1 + \sum_{m=1}\sum_{n=0} B_{mn}\frac{\cos 2n\theta}{r^{2\,m}}\right) \tag{18}$$

which on the body, $r = 1$, satisfy the boundary condition $\psi_{1\theta} = 0$, and at infinity, $r = \infty$, satisfy the boundary condition $\varrho = \varrho_0$,

$$\left(\frac{\psi_{1\theta}}{\varrho_{0r}}\right)^2 + \left(\frac{\psi_{2r}}{\varrho_0}\right)^2 = v^2, \text{ and}$$

$$\psi_2 = \sum_{m=1}\sum_{n=1} A'_{mn}\left(\frac{1}{r^m} - \frac{1}{r^{m+2}}\right)\sin n\theta + \left(r - \frac{1}{r}\right)\sin\theta \sum_{m=1} c_m\, r^m \sin m\theta,$$

$$\varrho_2 = \left[\frac{p_0}{c_2}e^{-f(\psi_2)}\right]^{1/\gamma}_{r=\infty} + \sum_{m=1}\sum_{n=0} B'_{mn}\frac{\cos 2n\theta}{r^{2m}} \tag{19}$$

which satisfy the corresponding boundary conditions: on the body, $r = 1$, $\psi_2 = 0$ as $\psi_1 = 0$, the body being a chosen zero stream line and $\psi_{2\theta} = 0$, at infinity, $r = \infty$, $p = p_0$, hence $\varrho_2^\gamma = \frac{p_0}{c_2}e^{-f(\psi_2)}$. The constants c_m of ψ_2 are found in terms of the other undetermined parameters by the collation method from the requirement that at a number of points on the shock-wave and an common boundaries the condition $\psi_2 = \psi_1$, is satisfied.

Wang carries out the calculation separately for the two regions $R_1 \, R_2$ using Galerkin's method for an assumed position and shape of the shock-wave and an approximate $f(\psi)$ found by rough calculations from the flow before the occurence of the shock-wave.

The results obtained are used to check the first compatibility condition (17) on the shock-wave and the new value of $f(\psi)$ is also calculated and compared with the assumed one. If these two check's are not satisfactory the obliquity and location of the shock wave must be adjusted and the calculation repeated.

4. Conclusions

There seems to be enough evidence that in the less interesting case of the so called transonic irrotational flow the variational method is usefull particularly for the solution of problems where some non-linear effects should be included, and the systematization and use of electronic computers will greatly facilitate the calculation of practical problems.

In the more interesting and much more complicated case of transonic flow with shock-waves some further research of the variational method is required. In particular an attempt should be made to express the shape and position of the shock-wave in terms of undetermined parameters partly expressed in function of other parameters using the compatibility conditions (17) on the shock-wave. All the other undetermined parameters could be found using the usual Rayleigh-Ritz procedure.

Undoubtedly the systematization and use of electronic computers is necessary to complete the calculations.

Numerical examples should be worked out not only for plane flow, as has been done exclusively, but also for axi-symmetric flow for which Lin and Rubinov [6] have formulated the variational principle:

$$\delta I = \delta \iint \left\{ \left(c \varrho - \frac{e^{f(\psi)}}{\gamma - 1} \varrho^\gamma \right) y^\varepsilon + \frac{1}{2 \varrho^\varepsilon} \left(\psi_x^2 + \psi_y^2 \right) \right\} dx \, dy$$

$\varepsilon = 0$ for plane flow and $\varepsilon = 1$ for axi-symmetric flow. Other variational principles may also be tried out.

It is th authors opinion, that the variational method is quite promising for the calculation of transonic flow and justifies further research.

References

[1] HARGREAVES, R.: Phil. Mag. 436—444 (1908).
[2] BATEMAN, H.: Royal Society, London A **125**, 598—618 (1929).
[3] BATEMAN, H.: Proc. Nat. Acad. Sci. **16**, No. 12, 816—825 (1930).
[4] BRAUN, G.: Ann. d. Phys. 5. Folge **15**, 645—676 (1932).
[5] WANG, C. T.: Jour. Aero. Sci. **15**, 675—685 (1948).
[6] LIN, C. C., and S. I. RUBINOV: Jour. Math. and Phys. **27**, 105—129 (1948).
[7] WANG, C. T., and G. V. R. RAO: Jour. Aero. Sci. **17**, 343—348 (1950).
[8] HÖLDER, E.: Mathem. Nachr. **3.4**, 366—381 (1950/1951).
[9] WANG, C. T.: Quart. Appl. Math. **9**, 99—102 (1951).
[10] GIESE, J. H.: Jour. Math. and Phys. **30**, 31—35 (1951).
[11] WANG, C. T., and P. C. CHOU: NACA. TN. **2539** (1951).
[12] GISPERT, H. G.: Wiss. Z. Univ. Halle, Math.-Not. VI/2, 209—221 (1957).
[13] GISPERT, H. G.: Wiss. Z. Univ. Halle, Math.-Not. VI/5, 803—806 (1957).
[14] KOOZNETSOV, B. G.: On Bateman's second variational principle (In russian). Transactions of the State University of Tomsk **144**, 117—124 (1959).

Transonic flow research in Japan

By

Isao Imai

University of Tokyo, Japan

1. Introduction

The purpose of this paper is to review recent theoretical researches on transonic flows carried out in Japan. Attention is paid only to papers dealing with problems of basic nature, so that practical applications will not be mentioned here.

In 2, studies of two-dimensional flows by use of the hodograph method are surveyed. Various procedures of transonic approximation and the examples of their application are discussed. In 3, investigations of high subsonic two-dimensional flows employing physical coordinates are mentioned, with special regard to the accuracy and convergence of various perturbation methods proposed for treating high subsonic flows. In 4, approximation methods for treating transonic flows past three-dimensional as well as two-dimensional bodies are presented, which are capable of wider application than the more accurate methods mentioned in 2 and 3. In 5 are given investigations on transonic flows in the presence of shock waves, such as detached and attached bow waves as well as normal shock waves standing on the surface of aerofoils. Finally, in 6, brief mention is made of transonic problems in magneto-fluid dynamics.

2. Hodograph method

The basic equations of the hodograph method for two-dimensional irrotational flow of an inviscid compressible fluid can be written as

$$\left.\begin{aligned}
\frac{\partial \Phi}{\partial q} &= q \frac{d}{dq}\left(\frac{1}{\varrho\, q}\right)\frac{\partial \Psi}{\partial \theta}\,, \\[2mm]
\frac{\partial \Phi}{\partial \theta} &= \frac{q}{\varrho}\,\frac{\partial \Psi}{\partial q}\,,
\end{aligned}\right\} \tag{2.1}$$

where q and θ are the magnitude and direction of the velocity, Φ and Ψ are the velocity potential and the stream function respectively, and the velocity q and the density ϱ are normalized to unity for the critical state, at which $q = c$, c being the local speed of sound.

Tomotika-Tamada gas. As is well known, TOMOTIKA and TAMADA [87] have put forward an excellent approximation to (2.1):

$$\left.\begin{aligned}
\frac{\partial \Phi}{\partial \tau} &= a\left(\tau - \frac{1}{\tau}\right)\frac{\partial \Psi}{\partial \beta}, \\
\frac{\partial \Phi}{\partial \beta} &= a\,\tau\,\frac{\partial \Psi}{\partial \tau},
\end{aligned}\right\} \tag{2.2}$$

and hence

$$\tau^2 \frac{\partial^2 \Psi}{\partial \tau^2} + \tau\frac{\partial \Psi}{\partial \tau} + (1 - \tau^2)\frac{\partial^2 \Psi}{\partial \beta^2} = 0. \tag{2.3}$$

Here

$$\tau = \exp\left(k\int\limits_1^q \frac{\varrho}{q}\,dq\right), \quad \beta = \frac{k\,\theta}{a}, \tag{2.4}$$

$$a = \left(\frac{2}{\gamma+1}\right)^{\frac{1}{\gamma-1}}, \qquad k = a^{-(\gamma+1)}, \tag{2.5}$$

γ being the ratio of specific heats.

By use of the TOMOTIKA-TAMADA approximation, OGAWA [67] proposed a method of designing the subsonic inlet of a LAVAL nozzle, whose supersonic part may be designed by the method of characteristics. Thus, combining fundamental solutions of (2.3) such as

$$\psi_1 = \tau \sin \omega,$$

$$\psi_2 = J_{\frac{1}{3}}\left(\frac{\tau}{3}\right)\,\sin\frac{\beta}{3},$$

$$\psi_3 = \beta,$$

where $\omega - \tau \sin \omega = \beta$, he took

$$\Psi = -\psi_1 - 5\psi_2 - \frac{1}{5\,\pi}\psi_3, \tag{2.6}$$

$$\Phi = a\left[\tau\cos\omega + 5\tau\,J'_{\frac{1}{3}}\left(\frac{\tau}{3}\right)\cos\frac{\beta}{3} + \left(1 - \frac{1}{5\,\pi}\right)\frac{\tau^2}{2} + \frac{1}{5\,\pi}\log\tau\right]. \tag{2.7}$$

The streamlines $\Psi = \pm 0.6$ start at infinity upstream perpendicularly to the nozzle axis, and the flow field $|\Psi| < 0.6$ can be continued downstream beyond its limiting MACH wave to various supersonic flows by the method of characteristics.

Tricomi gas. Next, let us consider the TRICOMI approximation for the treatment of transonic flows. MORIOKA [64] studied the two-dimensional transonic flow with a detached bow wave past a doubly symmetrical double-wedge placed midway between two parallel walls. The subsonic flow field over the front half of the profile is determined by the relaxation method on the basis of the TRICOMI approximation.

24*

The supersonic flow field over the rear half is calculated by the method of characteristics. This is an extension of Vincenti and Wagoner's investigation [91] for the same problem with free flight condition. Detailed computations were performed for three values of the ratio of the chord length to the tunnel width. It is remarkable that as the tunnel width is decreased, the bow wave moves forward and the pressure coefficient over the profile increases uniformly. There seems to exist a minimum tunnel width for a given transonic parameter: $\xi_\infty = (M_\infty^2 - 1) \, [(\gamma + 1) \, (t/c)]^{-\frac{2}{3}} = 0.921$. Marschner's investigation of the flow over a body in a choked wind tunnel [54] may be considered as the limiting case with the bow wave at infinity upstream.

By use of the same method as above, Morioka and Nakamura [65] studied two-dimensional transonic jets issuing into fluid at rest, for various outer pressures. Thus, the cases of formation of a curved shock wave (detached bow wave type), both below and at sonic pressure, and the case of two λ-shocks were discussed numerically. It may be added that Oguchi [70] treated analytically a similar problem for the case of formation of a curved shock wave, by superposing a regular solution on the source type solution in the hodograph plane, which represents a parallel uniform jet in the physical plane.

Hida [21] obtained some singular solutions of the Tricomi equation which are useful for the investigation of uniform flow, both subsonic and supersonic, past a cylindrical body. Such a singular solution had previously been found by Guderley [5] for the sonic case in the form:

$$\varphi = |u|^{-1} f(v^2/\zeta^2), \tag{2.8}$$

where

$$f(\chi) = \chi^{-\frac{1}{3}} F\left(\frac{1}{3}, \frac{5}{6}, \frac{3}{2}; 1 - \chi^{-1}\right). \tag{2.9}$$

Here the Legendre potential φ and the stream function Ψ satisfy the Tricomi equations:

$$\varphi_{ww} + w\, \varphi_{vv} = 0, \tag{2.10}$$

$$\Psi_{ww} + w\, \Psi_{vv} = 0, \tag{2.11}$$

where

$$\Psi = (\gamma + 1)\, \varrho_* \, \varphi_v. \tag{2.12}$$

Also, non-dimensionalized disturbance velocity components u (or w), v, instead of the velocity (q_x, q_y) are used:

$$\left.\begin{aligned}
u &= \frac{\gamma + 1}{c_*}\, (q_x - c_*) = -w, \\
v &= \frac{\gamma + 1}{c_*}\, q_y,
\end{aligned}\right\} \tag{2.13}$$

ϱ_*, c_* being the density and the sound speed at the critical state. Further, the variables:

$$\zeta = \frac{2}{3}\, u^{3/2}, \quad z = \frac{2}{3}\, w^{3/2} \tag{2.14}$$

are conveniently used for the consideration of subsonic or supersonic flow, respectively.

Now, in order to study the high subsonic flow past a finite wedge, COLE [2, 3] and TRILLING [88] employed some singular solutions of the TRICOMI equation. But their solutions do not reduce to GUDERLEY's (2.8) when the free stream MACH number M_∞ tends to 1. In view of this, HIDA proposed as φ and Ψ the fundamental solutions:

$$\left.\begin{array}{c} T_{\mp}(z, v; z_1) \\ \psi_{T\mp}(z, v; z_1) \end{array}\right\} = \left(\frac{2 z z_1}{3}\right)^{\frac{1}{3}} \int_0^\infty \left\{\begin{array}{c} \alpha^{\frac{1}{3}} \\ \alpha^{\frac{4}{3}} \end{array}\right\} e^{-\alpha v}\, J_{\mp\frac{1}{3}}(\alpha z_1)\, g_{\mp}(\alpha z)\, d\alpha, \tag{2.15}$$

where

$$\left.\begin{array}{l} g_-(\chi) = J_{-\frac{1}{3}}(\chi) + J_{\frac{1}{3}}(\chi), \\ g_+(\chi) = J_{-\frac{1}{3}}(\chi) - 2 J_{\frac{1}{3}}(\chi). \end{array}\right\} \tag{2.16}$$

They are singular at a point $(z = z_1,\ v = 0)$ in the subsonic region. Next, another type of singular solutions:

$$\left.\begin{array}{c} S_{\mp}(z, v; \zeta_1) \\ \psi_{S\mp}(z, v; \zeta_1) \end{array}\right\} = \mp\left(\frac{2 z \zeta_1}{3}\right)^{\frac{1}{3}} \int_0^\infty \left\{\begin{array}{c} \alpha^{\frac{1}{3}} \\ \alpha^{\frac{4}{3}} \end{array}\right\} e^{-\alpha v}\, I_{\mp\frac{1}{3}}(\alpha \zeta_1)\, g_{\mp}(\alpha z)\, d\alpha \tag{2.17}$$

were found, which have a singularity at a point $(z = 0,\ v = \zeta_1)$ and along two characteristics $v \pm \zeta = \zeta_1$ in the supersonic region.

He then studied the properties of these singular solutions, obtaining double infinite series expansions valid for various portions of the hodograph plane. It can be shown that $T_-(z, v; z_1)$ and $S_-(z, v; \zeta_1)$ reduce to GUDERLEY's solution when z_1 and ζ_1 tend to 0, respectively.

The solution $\Psi_{S-} + \Psi_{S+}$ was found to be suitable for investigation of low-supersonic flow with a detached bow shock wave past a body [22]. In fact, by use of this, asymptotic behaviour as $M_\infty \to 1$ of the form of the shock wave was found as follows. The distance, b, of a detached shock wave from an obstacle and the radius of curvature of the shock at its nose, R, vary in such a way that

$$b \propto (M_\infty - 1)^{-2}, \quad R \propto (M_\infty - 1)^{-3}. \tag{2.18}$$

It is to be remarked that, by use of GUDERLEY and BARISH's asymptotic solution [7] for the axisymmetric sonic flow, HIDA found that different relations are valid for the axisymmetric case. Thus,

$$b \propto (M_\infty - 1)^{-2/3}, \quad R \propto (M_\infty - 1)^{-5/3}. \tag{2.19}$$

The above relations had been overlooked in previous researches based on some intuitive considerations. (For instance, previous papers dealing with a circular cylinder with a detached shock wave invariably led to the result that $b \propto (M_\infty - 1)^{-1}$.)

WKB method. In order to have a better approximation than the transonic approximation originally proposed by VON KÁRMÁN, the author [32, 35] put forward a refined version of the transonic approximation based on the idea of the WKB method.

The exact hodograph equation is first written in the form:

$$\frac{\partial^2 \psi}{\partial \tau^2} + \frac{\partial^2 \psi}{\partial \theta^2} = k(\tau)\,\psi, \qquad (2.20)$$

where

$$\psi = K^{\frac{1}{4}}\,\Psi, \quad \tau = -\int_1^q \mu\,\frac{dq}{q}, \quad \mu = (1 - M^2)^{\frac{1}{2}}, \atop K = \left(\mu\,\frac{\varrho_0}{\varrho}\right)^2, \quad k = K^{-\frac{1}{4}}\,\frac{d^2 K^{\frac{1}{4}}}{d\tau^2}, \qquad (2.21)$$

M is the local MACH number, and ϱ_0 is the stagnation density. The approximation proposed consists in putting:

$$k(\tau) = 0 \quad \text{for} \quad M \neq 1, \qquad (2.22)$$

$$k(\tau) = -\frac{5}{36}\,\frac{1}{\tau^2} \quad \text{for} \quad M \doteqdot 1. \qquad (2.23)$$

The approximation proves to be very good for purely subsonic flow, and rather good even when the local sound speed is attained by the flow velocity somewhere in the flow field. The method was applied to the sonic flow past a finite wedge [33], which had been studied by GUDERLEY and YOSHIHARA [6] and by COLE [2]. Here the dead air model was adopted such that the flow breaks away, with sonic velocity, from the shoulders of the wedge. It was confirmed that both of the above-mentioned approximations (2.22) and (2.23) are rather good, and that the dead air model is particularly suited for the discussion of transonic flow. (MACKIE and PACK [52] and HELLIWELL [11—16] have subsequently employed this model and carried on extensive study of transonic flow.) Further applications of the approximation and the dead air model were made by SAKURAI to the study of sonic flows past a flat plate at small angle of incidence [73] and a bent flat plate (idealization of a cambered aerofoil) at ideal angle of incidence [74]. Recently, MATUNOBU [59] has investigated high subsonic flow past a finite wedge, by taking two dead air models; one is the dead air of RIABOUCHINSKY's type in an unbounded stream and the other is HELMHOLTZ's dead air in a stream between two parallel walls. It may be noted that the dead air model was also employed by KUSUKAWA

[*48*] who adopted RosHKo's model. The WKB method is believed to be valid even for flow with stagnation region, in contrast to the original transonic approximation, as may be observed from comparison of numerical results obtained by the original and the WKB approximation [*74*].

Finally, it may be mentioned that the approximation:

$$\frac{\partial^2 \psi}{\partial \tau^2} - \frac{\partial^2 \psi}{\partial \theta^2} = 0,$$

which corresponds to $\Delta\psi = 0$ for the subsonic case, has been used by HASIMOTO [*8, 9*] for investigating the flow structure of supersonic jets.

3. Studies of high subsonic flow using physical coordinates

The use of physical plane has the merit that the boundary conditions can be considered very easily, although the nonlinear character of the basic equations presents much difficulty. In the following lines, various researches on high subsonic flow carried out by use of the physical plane will be mentioned.

Relation between M^2-expansion method and thin-wing-expansion method. Among methods belonging to this category, the M^2-expansion method and thin-wing-expansion method are simplest in nature and best known. The former expresses the flow quantities as series in M_1^2, M_1 being a certain representative MACH number. Thus, for example, the flow velocity, q, over a body placed in a uniform flow of MACH number M_∞ is expressed as

$$q = Q_0 + M_\infty^2 Q_1 + M_\infty^4 Q_2 + \cdots, \tag{3.1}$$

where

$$Q_2 = Q_{20} + \frac{\gamma+1}{2} Q_{21}, \tag{3.2}$$

Q_0 being the corresponding velocity for incompressible flow.

On the other hand, with the thin-wing-expansion method, flow quantities are expressed as series in the thickness parameter ε, in the form [*36*]:

$$q = \mp \frac{dx}{ds} + \frac{1}{\mu} q_{10} + (1+\lambda)\, q_{20} + \lambda\, q_{21} + \mu\,(1+\lambda)^2\, q_{30}$$

$$+ \mu\,\lambda\,(1+\lambda)\, q_{31} + \frac{E}{\mu} q_{32} + O(\varepsilon^4), \tag{3.3}$$

where

$$q_{mn} = O(\varepsilon^m), \tag{3.4}$$

$$\mp \frac{dx}{ds} = |\sin\vartheta|\,\frac{d\vartheta}{ds} = \left[1 + \left(\frac{dg}{dx}\right)^2\right]^{-\frac{1}{2}}. \tag{3.5}$$

Here the thin profile is given parametrically by

$$x = \cos\vartheta, \qquad y = g(\vartheta), \tag{3.6}$$

where $g = O(\varepsilon)$, and ds is the line element along its surface. Further,

$$\mu = (1 - M_\infty^2)^{\frac{1}{2}}, \qquad \lambda = \frac{M_\infty^2}{\mu^2}(1 + \nu), \qquad \nu = \frac{\gamma+1}{4}\frac{M_\infty^2}{\mu^2}, \left.\vphantom{\frac{M_\infty^2}{12\mu^2}}\right\}$$
$$E = \frac{M_\infty^2}{12\mu^2}\nu(3 + 4\nu) - \frac{M_\infty^4}{8\mu^2}\nu(1 + \nu). \tag{3.7}$$

Expanding μ, λ, E in powers of M_∞^2, we have the relations:

$$Q_0 = \mp\frac{dx}{ds} + q_{10} + q_{20} + q_{30},$$
$$Q_1 = \frac{1}{2}q_{10} + q_{20} + q_{21} + \frac{3}{2}q_{30} + q_{31},$$
$$Q_{20} = \frac{3}{8}q_{10} + q_{20} + q_{21} + \frac{15}{8}q_{30} + \frac{3}{2}q_{31}, \left.\vphantom{\frac{3}{8}}\right\}$$
$$Q_{21} = q_{20} + q_{21} + 2q_{30} + q_{31} + \frac{1}{4}q_{32}. \tag{3.8}$$

Thus, it is found that close relationship exists between the M^2-expansion method and the thin-wing-expansion method. For the case of moderately thin profiles, the thin-wing-expansion method is very suitable. For practical computation, the following procedure has been recommended. First, calculate Q_0, Q_1, Q_{21}, q_{10}, q_{20} by the formulas given in [*36*]. Then calculate q_{21} by

$$q_{21} = \frac{1}{2}\left\{q_{10}^2 - \left(\frac{dg}{dx}\right)^2\right\}. \tag{3.9}$$

Finally, q_{30}, q_{31}, q_{32} can be determined by solving the above Eqs. (3.8) but the third. If only the second approximation of the thin-wing-expansion method is needed, Q_0 and Q_1 suffice to determine q_{10}, q_{20}, q_{21}. In other words, the first approximation of the M^2-expansion method automatically gives the results of the second approximation of the thin-wing-expansion method.

Meksyn's method. Meksyn [*61*] proposed a very interesting method of treating two-dimensional transonic flow past a body. He uses the curvilinear nets (α, β) which are given by the velocity potential and stream function for the incompressible flow past the same given profile. The exact equation for the velocity potential Φ can be written as

$$\frac{\partial^2\Phi}{\partial\alpha^2} + \frac{\partial^2\Phi}{\partial\beta^2} = \frac{1}{2c^2}\left(\frac{\partial\Phi}{\partial\alpha}\frac{\partial q^2}{\partial\alpha} + \frac{\partial\Phi}{\partial\beta}\frac{\partial q^2}{\partial\beta}\right), \tag{3.10}$$

where

$$q^2 = Q_0^2\left\{\left(\frac{\partial\Phi}{\partial\alpha}\right)^2 + \left(\frac{\partial\Phi}{\partial\beta}\right)^2\right\}, \tag{3.11}$$

Q_0 being the incompressible velocity. On the basis of some simplifying assumptions, he proposes to calculate q by

$$q = Q_0 \left| \frac{\partial \Phi}{\partial \alpha} \right|, \tag{3.12}$$

where $\partial \Phi / \partial \alpha$ is to de determined by solving the nonlinear equation:

$$\frac{\partial \Phi}{\partial \alpha} \doteq 1 + \frac{M_\infty^2}{8} \left(\frac{\partial \Phi}{\partial \alpha} \right)^3 \left(1 - \frac{\gamma - 1}{2} M_\infty^2 \right) P(\alpha, \beta)$$
$$+ \frac{M_\infty^4}{32} \left(\frac{\partial \Phi}{\partial \alpha} \right)^5 S(\alpha, \beta), \tag{3.13}$$

where $P(\alpha, \beta)$ and $S(\alpha, \beta)$ are functions of coordinates (α, β) to be determined for each given profile. In spite of the apparent simplicity of the method, the analysis needed for the calculation of $P(\alpha, \beta)$ and $S(\alpha, \beta)$ is very complicated and seems almost impracticable for arbitrarily given profiles. The author [36] has found that, with essentially the same approximation as MEKSYN's, we have the relations:

$$\left. \begin{aligned} P &= 8 \frac{Q_1}{Q_0}, \\ S &= 32 \left\{ \frac{Q_2}{Q_0} + \frac{\gamma - 1}{2} \frac{Q_1}{Q_0} - 3 \left(\frac{Q_1}{Q_0} \right)^2 \right\}. \end{aligned} \right\} \tag{3.14}$$

Thus, MEKSYN's method can be regarded as an interesting modification of the M^2-expansion method.

Transonic thin-wing-expansion method. The thin-wing-expansion method was improved in such a way that it can also be applied to transonic flow. Thus, inspection of the expansion formula (3.3) shows that the important parameter of the flow near $M_\infty = 1$ and for thin aerofoil is ε / μ^3. This fact led the author [34] to derive a simple basic equation:

$$\frac{\partial G}{\partial \bar{\zeta}} = 4 \beta \left(\frac{\partial \varphi}{\partial \xi} \right)^2 = \beta \left(\frac{\partial G}{\partial \zeta} + \frac{\partial G}{\partial \bar{\zeta}} + \frac{\partial \overline{G}}{\partial \zeta} + \frac{\partial \overline{G}}{\partial \bar{\zeta}} \right)^2, \tag{3.15}$$

where

$$\Phi = U(x + t\,\varphi/\mu), \qquad \Psi = U(y + t\,\psi), \tag{3.16}$$

$$\left. \begin{aligned} G &= \varphi + i\,\psi, \qquad \zeta = \xi + i\,\eta, \\ \beta &= \frac{1}{4} \lambda\,\mu\,t, \qquad \xi = x, \qquad \eta = \mu\,y, \end{aligned} \right\} \tag{3.17}$$

t being the thickness parameter. This can be considered as a refinement of VON KÁRMÁN's transonic equation, since it reduces to his equation for $M_\infty \doteq 1$ and gives correct second order approximation of the thin-wing-expansion method for $M_\infty < 1$. Indeed, the error of the equation is $O(t^3/\mu^5)$ for $M_\infty \neq 1$ and $O(t^{4/3})$ for $M_\infty \doteq 1$.

It should be emphasized that the Eq. (3.15) is of the same form as the original VON KÁRMÁN's equation, so that whatever result obtained on the basis of von Kármán's equation can be improved immediately by simple substitution of the values of the parameter β as defined in (3.17).

The equation formed the basis of the researches on high subsonic flows by Naruse [66] for the case of Tomotika-Tamada's profiles, and by Matunobu [55, 56, 57] for Kaplan's profiles and elliptic cylinders.

The Eq. (3.15) was also employed by Hida in order to derive Guderley-Barish's asymptotic solution for the uniform sonic flow past a body. In fact, by use of Tricomi's equation, Guderley and Barish [7] had obtained a solution of the form:

$$\Phi = c^*(x + \varphi), \tag{3.18}$$

where

$$\varphi = y^{3n-2} f(\chi), \qquad \chi = (\gamma + 1)^{-\frac{1}{3}} x\, y^{-n}. \tag{3.19}$$

The constant n is determined by the condition that the flow is symmetrical with respect to the x-axis and is regular from infinity upstream up to the limiting Mach wave emerging from the body. Thus, it was found that $n = 4/5$ for two-dimensional and $n = 4/7$ for axisymmetric flows. Further, $f(\chi)$ has the asymptotic form:

$$f(\chi) = \chi^\alpha \sum_{m=0}^{\infty} B_m\, \chi^{(\alpha-3)\, m}, \tag{3.20}$$

where $\alpha = 1/2$ for two-dimensional and $\alpha = -1/2$ for axisymmetric flows.

Now, on the basis of (3.15), Hida obtained the complex (perturbation) velocity potential G for the sonic flow in the series form:

$$G = G_1 + G_2 + \cdots,$$

where

$$\left.\begin{aligned}
G_1 &= k\,\zeta^{\frac{1}{2}}, \\
G_2 &= \frac{k^2\,\beta}{4}\left\{\frac{\bar\zeta}{\zeta} + 4\left(\frac{\bar\zeta}{\zeta}\right)^{\frac{1}{2}} + \log\frac{\bar\zeta}{\zeta} - 5\right\},
\end{aligned}\right\} \tag{3.21}$$

$$\cdots\cdots\cdots.$$

It will be interesting to note that this form of asymptotic expansion is the same as for the discontinuous flow past a body accompanied by dead air as obtained by the author [36]. The author believes that this fact explains the success of the dead air model for the discussion of sonic flows.

Accuracy and convergence of various approximation methods. Various modifications of the M^2-expansion method and thin-wing-expansion method were attempted by the author and detailed numerical discussions of their accuracy were made by TAKAMI, for the cases of CHERRY's profile [81] and TOMOTIKA-TAMADA's profiles [82, 83], for which accurate solutions had been known. It was found that, at least for purely subsonic flows, the approximation is quite satisfactory. However, for mixed flows, some peculiarity appears, which seems to be closely related to the non-existence of smooth transonic flow.

Indeed, as is well known, CHERRY obtained an exact numerical solution for transonic flow of perfect gas. But the question was raised that the solution might be an isolated solution that could not be reached from purely subsonic flow by increasing the MACH number. In fact, according to TAKAMI's accurate numerical calculation [81], the incompressible velocity distribution over CHEERY's profile has two peaks located symmetrically with respect to the maximum thickness point and they grow in height with increasing MACH number, whereas for transonic flow calculated by CHERRY the velocity distribution has a single peak at the maximum thickness point. Thus, smooth transition from subsonic to mixed flow type is very unlikely to take place. This aspect of change in the form of the velocity distribution curve was discussed analytically by MORIGUCHI [63], by use of the M^2-expansion method.

Through the well-known investigations by MORAWETZ, the non-existence of smooth transonic flow past a given body now seems to be well established. But, the question remains as to the manner in which smooth potential flow breaks down at the critical MACH number. This point was discussed by the author [30] for the case of a circular cylinder, for which analytical solution correct to M_∞^{10} had been obtained by SIMASAKI [77, 78]. It is observed that the curvature of the velocity curve q vs. θ, θ being the angular distance along the surface of the cylinder, becomes greater and greater as the MACH number M_∞ is increased. Thus, it may be conjectured that when M_∞ attains a certain critical value M_c, the curvature would be infinite, the q-θ curve having an agular point at $\theta = \pi/2$. This feature is quite analogous to that for a LAVAL nozzle. This may be taken to indicate the breakdown of smooth flow. Now, the curvature can be expressed as

$$\frac{1}{U}\left(\frac{d^2q}{d\theta^2}\right)_{\frac{\pi}{2}} = 2 + a_1 M_\infty^2 + a_2 M_\infty^4 + \cdots, \qquad (3.22)$$

which can also be expressed in the form:

$$2\,U\left(\frac{d^2q}{d\theta^2}\right)_{\frac{\pi}{2}}^{-1} = 1 - b_1 M_\infty^2 - b_2 M_\infty^4 - \cdots. \qquad (3.23)$$

Of course, M_c is given as the zero of the expression on the right-hand side of (3.23). By taking $\gamma = 1.4$, the results given in Table 1 were obtained. Here the degrees of approximation $0, 1, \ldots$ indicate that the values of M_c have been calculated from (3.23) by omitting $O(M_\infty^2)$, $O(M_\infty^4), \ldots$, respectively. The table includes also the usual critical MACH number M_*, at which the velocity of sound is first attained by the flow velocity somewhere in the field of flow. Although it is fairly certain that there should exist a definite value for M_c, a question still remains open as to whether M_c coincides with M_* or not.

Table 1.

Degree of approx.	M_*	M_c
0	0.4663	—
1	0.4209	0.6222
2	0.4092	0.5171
3	0.4046	0.4847
4	0.4023	0.4690

In view of its nature of approximation, it is conceivable that the thin-wing-expansion method might be unreliable for the case of a blunt-nosed body. The accuracy of the method has recently been discussed by MATUNOBU [58] for the case of a parabolic cylinder. This case is of special interest because it represents the limiting case of vanishing thickness of elliptic cylinders. Therefore, the thin-wing-approximation seems to be most adequate, although a stangation point is present in the field of flow under consideration. Assuming the parabola to be given by $y = \varepsilon \sqrt{x}$, he obtained the expression for the velocity along the surface in the form:

$$q = q_0 + q_1 + q_2 + q_3 + q_4,$$

where $q_N = O(\varepsilon^N)$. Surprisingly, the above expression gives a divergent result even at $M_\infty = 0.4$.

4. Approximate methods for treating transonic flow past slender bodies

Calculation of velocity and pressure distributions over given bodies can most conveniently be made by use of physical coordinates instead of the hodograph method, although mathematical rigor may be somewhat sacrificed.

Meksyn-Imai method. KUSUKAWA [43] attempted to apply MEKSYN's method of treating high subsonic flow to the axisymmetric case. Thus, he found that the velocity q can be obtained by solving the algebraic equation for q/Q_0:

$$\frac{q}{Q_0} = 1 + \frac{M_\infty^2}{8} \left(\frac{q}{Q_0}\right)^3 \left(1 - \frac{\gamma - 1}{2} M_\infty^2\right) P(\alpha, \beta) + \frac{M_\infty^4}{32} \left(\frac{q}{Q_0}\right)^5 S(\alpha, \beta), \quad (4.1)$$

which is the same as for the two-dimensional case. He then made use of the author's idea of finding P and S from Q_1 and Q_2 of the M^2-expansion method:

$$q = Q_0 + M_\infty^2 Q_1 + M_\infty^4 Q_2 + \cdots. \quad (4.2)$$

However, the only available three-dimensional case for which Q_1 and Q_2 are known is that of sphere. The values of the maximum velocity on the surface thus calculated for $M_\infty = 0.4$ and 0.5 are given in Table 2, together with those obtained by the usual M^2-expansion method.

Table 2.

M_∞	Incompr.	$O(M_\infty^2)$	$O(M_\infty^4)$	Meksyn-Imai
0.4	1.5000	1.5501	1.5592	1.5617
0.5	1.5000	1.5782	1.6005	1.6122

Correspondence between incompressible and compressible flows. For flows past axisymmetric slender bodies, the velocity components (u, v) are approximately expressed as

$$
\left.
\begin{aligned}
u &= q \cos \theta \doteqdot q, \\
v &= q \sin \theta \doteqdot q\,\theta.
\end{aligned}
\right\}
\tag{4.3}
$$

By making use of this as well as certain other approximations, KUSU-KAWA [42] reduced the basic equation written in terms of hodograph variables for compressible flow to the same form as for the incompressible flow. Thus, he derived the relation:

$$
Q = \frac{2}{1+\mu}\left(\frac{1 + a\,\mu}{1 + a}\right)^{\frac{1}{a}} q\,(1 - a^2\,q^2)^{(1-a)/2a} ,
\tag{4.4}
$$

where

$$
\mu = (1 - q^2/c^2)^{\frac{1}{2}} = \left(\frac{1 - q^2}{1 - a^2\,q^2}\right)^{\frac{1}{2}} ,
\tag{4.5}
$$

$$
a^2 = \frac{\gamma - 1}{\gamma + 1} .
\tag{4.6}
$$

Here Q and q denote the velocity at corresponding points in the incompressible and the compressible flow. This correspondence is just the same as that which the author had derived for the two-dimensional flow on the basis of two entirely different methods [31, 32, 38].

MORIGUCHI [62] showed that the same correspondence formula can be obtained, for both axisymmetric and plane flows, by quite a different consideration. He based his analysis on the equation for the variation given to an already known compressible flow, taking as the independent variables the velocity potential and stream function for the known compressible flow. The relation (4.4), being obtained by different methods, may be considered to be well founded.

As a matter of fact, KUSUKAWA first derived the velocity correspondence formula for the case of slender bodies, but later he proceeded to the case of moderately thick bodies. For this case, the difference in shape of corresponding bodies, (x_0, y_0) and (x, y), in the in-

382   Isao Imai

compressible and compressible flows should be taken into account.
Thus, he derived the relations:

$$dx = \frac{Q}{q}\,dx_0, \qquad dy = \frac{Q}{q}\,dy_0. \tag{4.7}$$

This should be compared with the two-dimensional case:

$$dx = K^{\frac{1}{4}}\frac{Q}{q}\,dx_0, \qquad dy = K^{\frac{1}{4}}\frac{Q}{q}\,dy_0, \tag{4.8}$$

which have been obtained by use of the simplified form (2.22) of the
WKB method [*32*]. It is believed that the correspondence relation for
the axisymmetric case (4.7) is less accurate than for the two-dimensional case (4.8).

Correspondence between two-dimensional and axisymmetric flows
Kusukawa [*45*] then considers the transonic flow past axisymmetric
slender bodies at zero incidence. It is well known that the two-dimensional transonic theory as proposed by von Kármán can be linearized
into Tricomi's equation by hodograph transformation. But, this is not
the case for the axisymmetric flow, the hodograph equation remaining
still nonlinear. Therefore, exact treatment such as has been made for
the two-dimensional case is very difficult. We may mention only the
sonic flow past a cone cylinder studied by Yoshihara [*92*]. Now,
Kusukawa considers the basic equation for the perturbation stream
function instead of velocity potential as is usually done. Thus, putting
the perturbations in the forms:

$$q' = q - 1, \quad \varrho' = \varrho - 1, \quad \psi = \Psi - \frac{1}{2}y^2, \tag{4.9}$$

$$-\Gamma q'^2 = \frac{1}{y}\frac{\partial\psi}{\partial y}, \qquad \theta = -\frac{1}{y}\frac{\partial\psi}{\partial x}, \tag{4.10}$$

with $\Gamma = (\gamma + 1)/2$, he obtains

$$\pm 2\Gamma^{\frac{1}{2}}\left(-\frac{1}{y}\frac{\partial\psi}{\partial y}\right)^{\frac{1}{2}}\frac{\partial^2\psi}{\partial x^2} + \frac{\partial^2\psi}{\partial y^2} - \frac{1}{y}\frac{\partial\psi}{\partial y} = 0, \tag{4.11}$$

where upper and lower signs correspond to the sub- and supersonic
case, respectively.

By the transformations:

$$x = l\,\xi, \qquad \frac{3}{2}y^{\frac{3}{2}} = k\,\eta, \qquad \psi = k^{-3}\,\omega(\xi,\eta), \tag{4.12}$$

(4.11) becomes

$$\pm 2\Gamma_1^{\frac{1}{2}}(-\omega_\eta)^{\frac{1}{2}}\,\omega_{\xi\xi} + \omega_{\eta\eta} + \frac{8}{9}k^6\,\Gamma q'^2\,\eta = 0, \tag{4.13}$$

where $\Gamma_1 = \Gamma/l^4$. After some discussions, it is concluded that the last
term on the left-hand side of (4.13) can be safely neglected. Then the
simplified equation becomes of the same form as for the two-dimen-

sional flow. Finally, he obtains the general formula for the pressure coefficient C_p in the form:

$$C_p = \frac{p - p_\infty}{\frac{1}{2}\,\varrho_\infty\,U^2}\,, \tag{4.14}$$

$$\frac{C_p}{t^2} = \frac{3}{4}\,F(x, K)\,H^{-\frac{1}{3}} - \frac{3}{2}\,H''\,(1 - H^{\frac{2}{3}})$$

$$+\, 2H''\log\{2(27\,\Gamma)^{-\frac{1}{4}}\,t^{-1}\} - 2K, \tag{4.15}$$

$$K = \frac{1 - M_\infty}{t^2\,\Gamma}\,, \tag{4.16}$$

where the meridian curve of the axisymmetric body is given by

$$y = t\,H^{\frac{1}{2}}(x), \tag{4.17}$$

and $H'' = d^2H/dx^2$.

The function $F(x, K)$ can be found from the pressure coefficient C_{p_1} for the two-dimensional case. That is,

$$C_{p_1} = \frac{p - p_\infty}{\frac{1}{2}\,\varrho_\infty\,U_1^2}\,, \tag{4.18}$$

$$C_{p_1}\left(\frac{\Gamma_1}{\tau^2}\right)^{\frac{1}{3}} = F(\xi, K_1) - 2K_1, \tag{4.19}$$

with

$$K_1 = (1 - M_{\infty 1})\,(\tau\,\Gamma_1)^{-\frac{2}{3}}, \tag{4.20}$$

where the corresponding two-dimensional symmetric body is given by

$$\eta = \pm\,\tau\,H(\xi). \tag{4.21}$$

In the above formulas, there must hold the relation:

$$K = \frac{3}{4}\,K_1. \tag{4.22}$$

Further, if the body is placed in a wind tunnel, the following correspondence should exist:

$$L\,t\,\Gamma^{\frac{1}{2}} = \frac{4}{3^{3/2}}\,L_1^{\frac{3}{2}}(\tau, \Gamma_1)^{\frac{1}{2}}, \tag{4.23}$$

L and L_1 being the radius and half width of the tunnels, respectively.

For example, starting from the sonic flow past a finite wedge at $M_\infty = 1$, as calculated by GUDERLEY and YOSHIHARA, axisymmetric flow past a semi-infinite body of revolution with paraboloidal nose can be studied.

Further, the case of a nearly axisymmetric transonic flow was investigated, such as flow past a nearly axisymmetric body or an axisymmetric body at a small angle of incidence [46, 47]. First, the perturbation velocity potential is expressed as

$$\varphi = \varphi_0(x, r) + \varphi_1(x, r, \theta), \tag{4.24}$$

where φ_0 represents the axisymmetric transonic flow, and φ_1 satisfies the two-dimensional Laplace equation in the plane perpendicular to the free stream velocity. If the surface is given by

$$r = R \equiv F(x, \theta) = F_0(x) + \sum_{n=1}^{\infty} F_n(x) \cos (n\,\theta + \alpha_n), \quad (4.25)$$

then

$$\varphi_1 = -\sum_{n=1}^{\infty} \frac{F_0^{n+1}}{n\,r^n} \frac{dF_n}{dx} \cos (n\,\theta + \alpha_n). \quad (4.26)$$

As examples of application, the pressure distribution over an elliptic paraboloid of finite length and the nose drag and the lift of a finite paraboloid of revolution at a small angle of incidence were discussed numerically.

Symmetric slender bodies with sharp shoulders. Kusukawa [48] then proceeds to the consideration of two-dimensional transonic flow past a thin symmetric obstacle with sharp shoulders in a choked wind tunnel as well as in an unbounded stream. For this purpose, he employs the WKB approximation in its simplified form (2.22). Thus, neglecting higher order terms in perturbation, he puts

$$\varepsilon = \left(\frac{q}{8\,\Gamma}\right)^{\frac{1}{3}} \eta^{\frac{3}{2}}, \qquad \Gamma = \frac{\gamma + 1}{2}, \quad (4.27)$$

with

$$\varepsilon = 1 - q, \qquad \eta = 1 - Q, \quad (4.28)$$

where q and Q are the compressible and incompressible flow velocity over the same obstacle. Then the reduced pressure coefficient is found to be

$$\tilde{C}_p = (\gamma + 1)^{\frac{1}{3}} t^{-\frac{2}{3}} C_p = 18^{\frac{1}{3}} \left(\frac{\eta}{t}\right)^{\frac{2}{3}} - 2\,\xi_\infty, \quad (4.29)$$

where

$$\xi_\infty = 2^{\frac{1}{3}} K_1 = (1 - M_\infty^2)\,[(\gamma + 1)\,t]^{-\frac{2}{3}}, \quad (4.30)$$

t being the thickness parameter.

Then he assumes that the flow separates from the surface of the body at the shoulder, and along the free streamlines the fluid velocity continues to be sonic up to the point where the flow direction becomes parallel to the free stream, after which the streamlines remain parallel to the free stream. This is known as Roshko's model of dead air.

The profile is assumed to be given by

$$y = \pm\,t\,H(x), \qquad 0 \leq x \leq 1, \quad (4.31)$$

up to the shoulder. Since the problem is essentially one of the incompressible dead water theory, it can be easily found that

$$\eta = \frac{2t\,v}{\pi} \int_1^{\infty} H'\left(\frac{u^2 - 1}{u^2 - e^{-2k_1}}\right) \frac{du}{u^2 - v^2}, \quad (4.32)$$

with

$$v = \left(\frac{1 - x\,e^{-2k_1}}{1 - x}\right)^{\frac{1}{2}}, \qquad -\infty < x \leq 1. \tag{4.33}$$

Thus the velocity η is explicitly given in terms of profile shape. The constant k_1 is related to ξ_∞. (For example, $k_1 = \infty$ corresponds to $\xi_\infty = 0$.)

For the case of a symmetrical body placed midway in a choked wind tunnel of width $2L$, he obtains

$$\eta = \frac{2t\,v}{\pi} \int\limits_1^\infty H' \left[1 + \frac{h}{\pi} \log\left(1 - \frac{1 - e^{-\pi/h}}{u^2}\right)\right] \frac{du}{u^2 - v^2}, \tag{4.34}$$

with

$$v = \left(\frac{1 - e^{-\pi/h}}{1 - e^{\pi(x-1)/h}}\right)^{\frac{1}{2}}, \tag{4.35}$$

where h is a constant related to the transonic parameter ξ_∞. Further, it is found that the relation holds:

$$L = (2\Gamma t)^{-\frac{1}{3}}\, h\, \xi_\infty^{-\frac{1}{2}}, \tag{4.36}$$

which indicates that $(\Gamma t)^{\frac{1}{3}} L$ is a definite function of ξ_∞ for the choked tunnel condition.

As an example, for a finite wedge in a free stream, we have

$$y = \pm\, t\, x, \qquad 0 \leq x \leq 1, \tag{4.37}$$

and

$$\tilde{C}_p = \tilde{C}_p^* - 2\xi_\infty, \tag{4.38}$$

where

$$\tilde{C}_p^* = P(x) + 2N(x)\,\xi_\infty^3 + \cdots, \tag{4.39}$$

with

$$P(x) = \left(\frac{18}{\pi^2}\right)^{\frac{1}{3}} \left(\log\left|\frac{1 + \sqrt{1 - x}}{1 - \sqrt{1 - x}}\right|\right)^{\frac{2}{3}}, \tag{4.40}$$

$$N(x) = \frac{1}{3}\left(\frac{18}{\pi^2}\right)^{\frac{1}{3}} \left(\frac{\pi}{3}\right)^2 (1 - x)^{\frac{1}{2}} \left(\log\left|\frac{1 + \sqrt{1 - x}}{1 - \sqrt{1 - x}}\right|\right)^{-\frac{1}{3}}. \tag{4.41}$$

Similarly, for a finite wedge in a choked wind tunnel,

$$\tilde{C}_p^* = P(x) + N(x)\,\xi_\infty^3 + \cdots, \tag{4.42}$$

$P(x)$ and $N(x)$ being the same as above. This result is found to be in good agreement with MARSCHNER's solution [54] based on the perturbation applied to GUDERLEY-YOSHIHARA's solution for $M_\infty = 1$.

Similar considerations were given to the profiles:

$$y = \pm\, t\, x^2 \quad \text{and} \quad y = \pm\, t\, x^4.$$

Finally, by use of the above-mentioned correspondence between the two-dimensional and axisymmetric transonic flows, the flow past

25 Oswatitsch. Symposium Transsonicum

a slender body of revolution having a sharp shoulder is considered both for the free flight and choked tunnel conditions. Indeed, the cases of a paraboloid of revolution: $y = t\, x^{\frac{1}{2}}$, a cone: $y = t\, x$, and a cusped nose body: $y = t\, x^2$ are derived from the two-dimensional flow about a finite wedge: $\eta = \pm\, \tau\, \xi$, a cusped wedge: $\eta = \pm\, \tau\, \xi^2$, and another kind of cusped wedge $\eta = \pm\, \tau\, \xi^4$, respectively. In particular, it was found that the pressure distribution over the surface of a cone cylinder at $M_\infty = 1$ is in satisfactory agreement with Yoshihara's calculation by the relaxation method [*92*].

Other theories. In a series of papers, Hosokawa [*26, 27, 28, 29*] developed a convenient method for treating the transonic flow equation:

$$(1 - M_\infty^2)\, \Phi_{xx} + \Phi_{yy} + \Phi_{zz} = (\gamma + 1)\, M_\infty^2\, \Phi_x\, \Phi_{xx}, \qquad (4.43)$$

where Φ is the disturbance velocity potential. As is well known, Behrbohm [*1*], Oswatitsch and Keune [*71*], and Maeder and Thommen [*53*] linearized the above equation by replacing the acceleration Φ_{xx} by a constant. Thus, the basic equation of the linearized transonic theory is

$$(1 - M_\infty^2)\, \varphi_{xx} + \varphi_{yy} + \varphi_{zz} = K\, \varphi_x. \qquad (4.44)$$

Now, Hosokawa writes

$$\Phi = \varphi + g, \qquad (4.45)$$

and proceeds as follows. The overall character of the transonic field about a slender body is roughly given by φ, while g represents the local correction. It is to be noted that φ and g are of the same order of magnitude, in spite of the terminology "correction". Putting (4.45) into (4.43) and taking account of (4.44), a nonlinear equation for g is obtained. Then it is shown that

$$g_{yy} + g_{zz} = O(\tau^3),$$

τ being the order of magnitude of the perturbation. Hence g can be found by quadrature with respect to x, leading to the formula:

$$\Phi_x = \varphi_x + g_x = N_\infty \pm \sqrt{Y(x)}, \qquad (4.46)$$

where

$$Y(x) = N_\infty^2 + \varphi_x^2(c^*) - 2 N_\infty\, \varphi_x(x) + 2\, \frac{K}{(\gamma + 1)\, M_\infty^2}\, \{\varphi(x) - \varphi(c^*)\}, \qquad (4.47)$$

$$N_\infty = \frac{1 - M_\infty^2}{(\gamma + 1)\, M_\infty^2}, \qquad (4.48)$$

and the double sign corresponds to

$$\varphi_x \gtrless N_\infty. \qquad (4.49)$$

The unknown constants c^* and K are determined by the conditions:

$$\left.\begin{aligned}
\varphi_x(c^*; K) &= N_\infty, \\
\varphi_{xx}(c^*; K) &= \frac{K}{(\gamma + 1)\, M_\infty^2},
\end{aligned}\right\} \qquad (4.50)$$

where $\varphi(x; K)$ is assumed to be already known by the linearized transonic theory (4.44). HOSOKAWA's theory has the merit that K can be determined unambiguously, in contrast to OSWATITSCH and MAEDER's original treatment. Moreover, this theory gives the position of a normal shock wave attached to the body, when $\varphi_x(x; K) = N_\infty$ has a solution $x = c^{**}$ in the decelerated flow region. The formula (4.46) itself is very similar in form to that of SPREITER's local linearization theory [79, 80]. HOSOKAWA showed that his theory is in good agreement with experiments on pressure distribution over a biconvex circular arc aerofoil and circular-arc body of revolution. Also, he could explain the transition of flow feature with MACH number in the whole transonic range from subsonic to supersonic for the case of flow along a sinusoidal wall [27] and past a symmetrical circular arc aerofoil [28]. Further, a simple theory of the lift of thin aerofoils at sonic speed has been put forward [29]. Similar analysis is now being carried on for the case of unsteady flow.

TANI [86] has recently proposed an interesting method of treating the nonlinear equation for axisymmetric transonic flow:

$$(1 - M_\infty^2)\, \Phi_{xx} + \Phi_{rr} + \frac{\Phi_r}{r} = (\gamma + 1)\, M_\infty^2\, \Phi_x\, \Phi_{xx}. \qquad (4.51)$$

On the assumption that Φ_x and Φ_r are small compared with 1, he remarks that the transformation of variables:

$$\left.\begin{aligned}
\Phi &= \varphi + \lambda\, \eta\, \varphi_\xi\, \varphi_\eta, \\
x &= \xi + \lambda\, \eta\, \varphi_\eta, \\
r &= \eta + \lambda\, \eta\, \varphi_\xi,
\end{aligned}\right\} \qquad (4.52)$$

where

$$\lambda = \frac{(\gamma + 1)\, M_\infty^2}{2(1 - M_\infty^2)}, \qquad (4.53)$$

reduces (4.51) to a linear equation:

$$(1 - M_\infty^2)\, \varphi_{\xi\xi} + \varphi_{\eta\eta} + \frac{\varphi_\eta}{\eta} = 0, \qquad (4.54)$$

if higher order small quantities are neglected. The disturbance velocity can then be obtained from

$$\Phi_x = \varphi_\xi, \qquad r\, \Phi_r = \eta\, \varphi_\eta. \qquad (4.55)$$

Thus, the problem is essentially reduced to the linear transonic theory; namely, simple transformation of the known results of linear theory

25*

is only required. It was confirmed that the agreement of this method with Van Dyke's second order slender body theory [90] is very good.

5. Studies of shock waves in transonic flow

In view of the fact that the flow in the presence of shock waves is of mixed type, a brief account will be given of the investigations concerning the bow shock wave of a body placed in supersonic flow. Detached bow waves in front of circular cylinders and spheres have been studied by Tamada, Kawamura, and Hida. Tamada and Kawamura [39] assumed that the shock wave can be expressed as a parabola:

$$y^2 = a(x + t), \tag{5.1}$$

where a and t are parameters specifying the curvature at the nose of the shock and its stand-off distance, respectively. The subsonic flow behind the shock is assumed to be irrotational and incompressible, which is the same as the uniform flow past the given body. The parameters a and t are determined so that the assumed irrotational flow may satisfy the Rankine-Hugoniot relation near the nose of the shock. The assumption of the shape of shock to be a hyperbola was also attempted by Kawamura [40]. Hida [17, 20] first introduced a refinement by taking account of the generation of vorticity due to entropy change across the curved shock wave, which is expressed as

$$r = b\{1 + \lambda\varepsilon^2 + O(\varepsilon^4)\}, \quad \varepsilon = \pi - \theta, \tag{5.2}$$

(r, θ) being the polar coordinates. Here the flow is still assumed to be incompressible. In this case, entropy variation along the shock wave gives one more condition. Next, for the case of a circular cylinder, he [24] assumed that the flow behind the shock is compressible but irrotational, adopting the first approximation of the M^2-expansion method. It is found that the effect of compressibility upon the stand-off distance is much larger than that of vorticity. Finally, he [25] takes into account both the compressibility and vorticity, using Croccos stream function and thin-wing-expansion method in order to express the flow behind the shock. The agreement with experimental results has thus been improved step by step.

Here, it will be interesting to mention the surprising finding of Hida [18, 19] about the shock wave due to an infinite wedge; that is, besides the well-known two straight shock waves (weak and strong), there can take place two more, which are curved. One is an attached shock which starts at the vertex of the wedge as a weak shock and goes over to a strong shock at infinity. The other is a detached shock which starts as a normal shock and becomes a strong shock at infinity.

TAMADA [*84*] studied the transition from attached to detached shock wave for the case of a finite wedge. He assumes that the shock wave is nearly straight, so that the flow field behind the shock is irrotational and nearly uniform. The equation for the disturbance velocity potential is reduced to the form of LAPLACE's equation. The shape of shock wave, the pressure distribution over the wedge surface, and the drag are thus calculated. The same problem was attacked by OGUCHI [*68*], who took account of the vorticity generated by the shock by using LIGHTHILL's potential function ϕ [*50*], such that

$$\frac{\partial \phi}{\partial x} = \frac{p_1 - p}{\varrho_1 u_1}, \qquad \frac{\partial \phi}{\partial y} = v.$$

He also considered the case of a finite wedge with slightly deformed surface. TAMADA and SHIBAOKA [*85*] took up the same problem and studied in more rigorous way, by means of the hodograph method, on the basis of the TRICOMI equation. They treated especially the flow past a finite wedge at the CROCCO MACH number, where the flow behind the shock is regular even at the nose of the wedge. Thus, they obtained the velocity distribution on the surface as well as the nose drag of the wedge.

In the usual treatment of transonic flow, the vorticity generated at the shock is neglected, but for strong enough curved shocks, the entropy change must have some effect. KAWAMURA [*41*] considered the effect of the entropy change on the direction of spines of the shock polar. OGUCHI [*69*] investigated the flow behind an attached shock wave due to an open-nosed axisymmetric body. Thus, he obtained the relation between the initial curvature of the shock and that of the body surface, which is nothing but the relation between the local curvature of the shock and inital curvature of the streamline for the case of axisymmetric curved shock waves.

HASIMOTO and MORIOKA [*10*] made a detailed study of local properties of the flow behind a two-dimensional, curved shock wave. They first express the various quantities as power series in physical coordinates, obtaining the values of derivatives up to the second explicitly in terms of the shape of shock wave. Hence, among other things, the pressure distribution along a given sharp-edged profile with an attached shock is given as

$$p = p_0 + p_0' \eta + \frac{1}{2} p_0'' \eta^2 + \cdots, \tag{5.3}$$

η being the distance along the surface. As an example, circular arc aerofoils are treated with success. They further consider carefully the flow behaviour in the hodograph plane; in particular, the flow fields in the neighbourhood of singular points where the Jacobian of the hodograph transformation vanishes.

A very simple method of treating high subsonic flow past a thin aerofoil with normal shock wave attached to the surface was proposed by SAKURAI [75]. This consists in dividing the flow field into two regions: outer subsonic region and inner sonic region. The location of the normal shock and the sonic line are determined together with the flow field in a self-consistent manner. The method has only been applied to the case of a circular arc aerofoil in a very rough manner. But, it seems very promising since it gives essential features of the transonic flow with embedded supersonic region terminated by a normal shock wave.

In view of the singular behaviour of flow at the foot of the normal shock, SAKURAI [76] was led to reconsider the general feature of normal shock wave attached to the curved surface, and discussed the discrepancy between LIN and RUBINOV's [51] and ZIEREP's work [93]. (But complete solution of the problem was later given by GADD [4] and OSWATITSCH and ZIEREP [72].)

Finally, it may be added that TSUGE [89] gave a general discussion of the treatment of transonic flow with embedded supersonic region bounded downstream by a shock wave. He presented a new boundary value problem for TRICOMI's equation corresponding to this type of flow.

6. Transonic problems in magneto-fluid dynamics

Recently, aerodynamic aspects of magneto-fluid dynamics have attracted much attention of aerodynamicists. In this case, interaction of sound and ALFVÉN waves makes the flow field much more complicated than the conventional gas flows. For the case of perfectly conducting, inviscid fluid in the presence of aligned magnetic field, the author [37] showed that the magneto-gas dynamics can be completely reduced to the classical gas dynamics. Thus. the BERNOULLI theorem is also valid in this case. In particular, for flow with uniform upstream condition, all physical quantities such as the velocity q, magnetic induction B, pressure p, density ϱ, MACH number M, ALFVÉN number $A, \ldots$ are functions of only one variable, just as in classical gas dynamics. Moreover, the velocity vector $\mathfrak{v}$ and the magnetic induction vector $\mathfrak{B}$ can be expressed as

$$\frac{\mathfrak{v}}{U} = \frac{1 - A_\infty^{-2}}{1 - A^{-2}}\, \mathfrak{b}, \qquad \frac{\mathfrak{B}}{B_\infty} = \frac{1 - A_\infty^2}{1 - A^2}\, \mathfrak{b}, \tag{6.1}$$

where

$$\operatorname{div} \tau\, \mathfrak{b} = 0, \qquad \operatorname{rot} \mathfrak{b} = 0, \tag{6.2}$$

$$\tau = \frac{1 - A_\infty^2}{1 - A^2}. \tag{6.3}$$

Here the suffix ∞ indicates the state at infinity upstream. It must further be noted that the ALFVÉN number is a very simple function of the density:

$$\frac{A}{A_\infty} = \left(\frac{\varrho}{\varrho_\infty}\right)^{-\frac{1}{2}}. \tag{6.4}$$

Eqs. (6.2) can be regarded as the basic equations for the irrotational flow of a hypothetical gas, $\mathfrak{h}$, τ being its velocity and density, respectively.

The analysis proceeds in quite a similar way to the classical gas dynamics. Thus, for instance, the pseudo MACH number m is found to be

$$m^2 = \frac{A^2 M^2}{A^2 + M^2 - 1}, \tag{6.5}$$

or

$$1 - \frac{1}{m^2} = \left(1 - \frac{1}{M^2}\right)\left(1 - \frac{1}{A^2}\right). \tag{6.6}$$

The flow is of elliptic or hyperbolic type according as $m^2 < 1$ or $m^2 > 1$. It may be interesting to note that the case $m^2 < 0$ can occur corresponding to $A^2 + M^2 < 1$, where the flow is of elliptic type. From (6.5) and (6.6) it is obvious that the transition occurs at $M^2 = 1$, $A^2 = 1$, and $A^2 + M^2 = 1$.

The author has indicated that the well-known methods of ordinary gas dynamics, such as the M^2-expansion method, thin-wing-expansion method, and hodograph method can also be applied to magneto-fluid dynamics. HIDA is now studying the flow past elliptic cylinders and KAPLAN's profiles by such methods. On the basis of a small perturbation theory in the hodograph plane, TAMADA has recently investigated the two-dimensional transonic flow past thin aerofoils in the presence of aligned magnetic field. In particular, he has found that VON KÁRMÁN's transonic similarity rule can be extended to the case of magneto-fluid dynamics, where the transonic parameter now takes the form:

$$\xi_\infty = (\gamma + 1)^{-\frac{2}{3}}\,\tau^{-\frac{2}{3}}\,(M_\infty^2 - 1)\,(1 - A_\infty^{-2})^{-\frac{1}{3}}.$$

References

[1] BEHRBOHM, H.: ZAMM **30**, 101; 268 (1950).

[2] COLE, J. D.: J. Math. Phys. **30**, 79 (1951).

[3] COLE, J. D.: ZAMP **3**, 286 (1952).

[4] GADD, G. E.: ZAMP **11**, 51 (1960).

[5] GUDERLEY, G.: USAF Tech. Rep. No. F—TR—1171—ND, June 1948.

[6] GUDERLEY, G., and H. YOSHIHARA: J. Aero. Sci. **17**, 723 (1950).

[7] GUDERLEY, G., and D. T. BARISH: J. Aero. Sci. **20**, 757 (1953).

[8] HASIMOTO, Z.: Memoirs Coll. Sci. Kyoto Univ. A **26**, 193 (1950).

[9] HASIMOTO, Z.: J. Phys. Soc. Japan **8**, 394 (1953).

[10] HASIMOTO, Z., and S. MORIOKA: J. Phys. Soc. Japan **16**, 1616 (1961).

[11] HELLIWELL, J. B.: J. Fluid Mech. **3**, 385 (1958).
[12] HELLIWELL, J. B.: Proc. Camb. Phil. Soc. **54**, 391 (1958).
[13] HELLIWELL, J. B.: Proc. Camb. Phil. Soc. **57**, 401 (1961).
[14] HELLIWELL, J. B.: J. Math. Phys. **40**, 1 (1961).
[15] HELLIWELL, J. B., and A. G. MACKIE: J. Fluid Mech. **3**, 93 (1957).
[16] HELLIWELL, J. B., and A. G. MACKIE: Q. J. Mech. Appl. Math. **12**, 298 (1959).
[17] HIDA, K.: J. Phys. Soc. Japan 8, 740 (1953).
[18] HIDA, K.: J. Aero. Sci. **21**, 214 (1954).
[19] HIDA, K.: J. Phys. Soc. Japan **9**, 853 (1954).
[20] HIDA, K.: J. Phys. Soc. Japan **10**, 79 (1955).
[21] HIDA, K.: J. Phys. Soc. Japan **10**, 869 (1955).
[22] HIDA, K.: J. Phys. Soc. Japan **10**, 882 (1955).
[23] HIDA, K.: J. Phys. Soc. Japan **10**, 1011 (1955).
[24] HIDA, K.: Bull. Naniwa Univ. Ser. A **3**, 31 (1955).
[25] HIDA, K.: Bull. Naniwa Univ. Ser. A **4**, 37 (1956).
[26] HOSOKAWA, I.: J. Phys. Soc. Japan **15**, 149 (1960).
[27] HOSOKAWA, I.: J. Phys. Soc. Japan **15**, 2080 (1960).
[28] HOSOKAWA, I.: J. Phys. Soc. Japan **16**, 546 (1961).
[29] HOSOKAWA, I.: J. Aerospace Sci. **28**, 588 (1961).
[30] IMAI, I.: Special Committee on Nonlinear Problems, Japan Assoc. Adv. Sci., Rep. **2**, (1946).
[31] IMAI, I.: J. Phys. Soc. Japan **3**, 352 (1948).
[32] IMAI, I.: J. Math. Phys. **28**, 173 (1949).
[33] IMAI, I.: J. Aero. Sci. **19**, 496 (1952).
[34] IMAI, I.: J. Phys. Soc. Japan **9**, 103 (1954).
[35] IMAI, I.: J. Phys. Soc. Japan **9**, 1009 (1954).
[36] IMAI, I.: Inst. Fluid Dyn. and Appl. Math., Univ. Maryland, Tech. Note BN—95, (1957).
[37] IMAI, I.: Rev. Mod. Phys. **32**, 992 (1960).
[38] IMAI, I., and H. HASIMOTO: J. Math. Phys. **28**, 205 (1950).
[39] KAWAMURA, T.: Memoirs Coll. Sci. Kyoto Univ. A **26**, 207 (1950).
[40] KAWAMURA, T.: J. Japan Soc. Appl. Mech. **5**, 32 (1952).
[41] KAWAMURA, T.: J. Phys. Soc. Japan **9**, 396 (1954).
[42] KUSUKAWA, K.: J. Phys. Soc. Japan **9**, 605 (1954).
[43] KUSUKAWA, K.: J. Phys. Soc. Japan **10**, 1088 (1955).
[44] KUSUKAWA, K.: J. Phys. Soc. Japan **10**, 1093 (1955).
[45] KUSUKAWA, K.: J. Phys. Soc. Japan **12**, 401 (1957).
[46] KUSUKAWA, K.: J. Phys. Soc. Japan **12**, 411 (1957).
[47] KUSUKAWA, K.: J. Phys. Soc. Japan **12**, 981 (1957).
[48] KUSUKAWA, K.: J. Phys. Soc. Japan **12**, 1031 (1957).
[49] KUSUKAWA, K.: J. Phys. Soc. Japan **12**, 1042 (1957).
[50] LIGHTHILL, M. J.: Phil. Mag. **40**, 214 (1949).
[51] LIN, C. C., and S. I. RUBINOV: J. Math. Phys. **27**, 105 (1948).
[52] MACKIE, A. G., and D. C. PACK: J. Rat. Mech. Anal. **4**, 177 (1955).
[53] MAEDER, P. F., and H. U. THOMMEN: J. Aero. Sci. **23**, 187 (1956).
[54] MARSCHNER, B. W.: J. Aero. Sci. **23**, 368 (1956).
[55] MATUNOBU, Y.: J. Phys. Soc. Japan **10**, 814 (1955).
[56] MATUNOBU, Y.: J. Phys. Soc. Japan **11**, 452 (1956).
[57] MATUNOBU, Y.: J. Phys. Soc. Japan **12**, 72 (1957).
[58] MATUNOBU, Y.: Keio Univ. „Kyoyo-Ronso" No. 7 (1960).
[59] MATUNOBU, Y.: J. Phys. Soc. Japan **17**, 1181 (1962).

[60] Matunobu, Y., and H. Takami: Proc. 9th Intern. Congr. Appl. Mech. 1, 426 (1957).
[61] Meksyn, D.: Proc. Roy. Soc. London A 220, 239 (1953).
[62] Moriguchi, H.: J. Phys. Soc. Japan 13, 1384 (1958).
[63] Moriguchi, H.: J. Phys. Soc. Japan 13, 1510 (1958).
[64] Morioka, S.: J. Aero. Sci. 24, 831 (1957).
[65] Morioka, S., and T. Nakamura: Memoirs Res. Inst. Sci. and Eng. Ritumeikan Univ., Kyoto 5, 11 (1950).
[66] Naruse, H.: J. Phys. Soc. Japan 12, 959 (1957).
[67] Ogawa, A.: Trans. Japan Soc. Aeron. Space Sci. 2, 77 (1959).
[68] Oguchi, H.: J. Phys. Soc. Japan 9, 249 (1954).
[69] Oguchi, H.: J. Phys. Soc. Japan 9, 861 (1954).
[70] Oguchi, H.: J. Phys. Soc. Japan 11, 155 (1956).
[71] Oswatitsch, K., and F. Keune: Proc. Conf. on High-Speed Aeron., Polytech. Inst. Brooklyn 113 (1955).
[72] Oswatitsch, K., and J. Zierep: ZAMM 40, 144 (1960).
[73] Sakurai, T.: J. Phys. Soc. Japan 11, 710 (1956).
[74] Sakurai, T.: J. Phys. Soc. Japan 13, 1055 (1958).
[75] Sakurai, T.: J. Phys. Soc. Japan 14, 658 (1959).
[76] Sakurai, T.: J. Aerospace Sci. 26, 460 (1959).
[77] Simasaki, T.: Bull. Naniwa Univ. Ser. A 3, 21 (1955).
[78] Simasaki, T.: Bull. Naniwa Univ. Ser. A 4, 27 (1956).
[79] Spreiter, J. R., and A. Y. Alksne: NACA T. R. 1359 (1958).
[80] Spreiter, J. R., and A. Y. Alksne: NASA Rep. 2 (1959).
[81] Takami, H.: J. Phys. Soc. Japan 11, 145 (1956).
[82] Takami, H.: J. Phys. Soc. Japan 11, 446 (1956).
[83] Takami, H., and H. Naruse: J. Phys. Soc. Japan 12, 977 (1957).
[84] Tamada, K.: J. Phys. Soc. Japan 8, 242 (1953).
[85] Tamada, K., and Y. Shibaoka: J. Aero. Sci. 22, 261 (1955).
[86] Tani, T.: Trans. Japan Soc. Aeron. Space Sci. 3, 34 (1960).
[87] Tomotika, S., and K. Tamada: Q. Appl. Math. 9, 129 (1950).
[88] Trilling, L.: ZAMP 4, 358 (1953).
[89] Tsuge, S.: J. Phys. Soc. Japan 12, 1412 (1957).
[90] Van Dyke, M. D.: NACA T. N. 4281 (1958).
[91] Vincenti, W. G., and C. B. Wagoner: NACA T. R. 1095 (1952).
[92] Yoshihara, H.: WADC Tech. Rep. 52—295 (1952).
[93] Zierep, J.: ZAMP 9b, 764 (1958).

Instationäre Strömungen, Flattern

IX. Sitzung

Vorsitzender: S. B. Berndt, Schweden

Unsteady motion in transonic flow

By

R. Timman

Technische Hogeschool Delft, Nederland

1. The fundamental equations of motion

The equations of motion for compressible unsteady flow can be simplified in the case, where the main flow speed is near to the velocity of sound, which corresponds to this speed.

Whereas small perturbation theory leads in sub- or supersonic flow to linearized equations, the governing equation in transonic flow is non linear in the steady case.

It appears, however, that for unsteady transonic flow a linearized equation is applicable if the unsteady accelerations are appreciable. In this case it is again possible to use the powerful methods of linear analysis.

The equations of motion are

$$\begin{cases} \underline{v}_t + (\underline{v} \cdot \nabla)\,\underline{v} = -\dfrac{1}{\varrho}\,\mathrm{grad}\,p \\[2mm] \varrho_t + \mathrm{div}\,(\varrho\,\underline{v}) = 0 \end{cases}$$

together with the Boyle-GayLussac law

$$p = R\,T\,\varrho\,.$$

Neglecting viscosity and heat conduction we can derive from the energy equation that the flow is homentropic

$$p = C \cdot \varrho^{\gamma}\,.$$

Moreover, if we assume that the flow is irrotational at one time, it follows from the HELMHOLTZ' equations, that it remains irrotational as long as the field quantities are continuous. Hence, there exists a velocity potential Φ, so that

$$\underline{v} = \operatorname{grad} \Phi$$

and we can write the equations as

$$\operatorname{grad}\left\{\Phi_t + \frac{1}{2}\left(\nabla\Phi \cdot \nabla\Phi\right)\right\} + \frac{1}{\varrho}\operatorname{grad} p = 0.$$

If H is the enthalpy of the fluid, defined by the relation

$$dH = \frac{1}{\varrho}\,dp + T\,dS$$

and $\operatorname{grad} S = 0$, we have

$$\frac{1}{\varrho}\operatorname{grad} p = \operatorname{grad} H$$

and BERNOULLI's law takes the form

$$\Phi_t + \frac{1}{2}\left(\nabla\Phi \cdot \nabla\Phi\right) + H = f(t),$$

where $f(t)$ is an arbitrary function of time.

For homentropic flow we have POISSON's law

$$p = K\,\varrho^\gamma, \quad \frac{dp}{d\varrho} = c^2 = \gamma\,K\cdot\varrho^{\gamma-1}$$

and we can express H as a power of ϱ

$$dH = \frac{c^2}{\varrho}\,d\varrho = K\cdot\gamma\cdot\varrho^{\gamma-2}\cdot d\varrho$$

$$H = K\cdot\frac{\gamma}{\gamma-1}\cdot\varrho^{\gamma-1} = \frac{1}{\gamma-1}\,c^2.$$

Consider now the continuity equation

$$\varrho_t + \varrho\left(u_x + v_y + w_z\right) + u\,\varrho_x + v\,\varrho_y + w\,\varrho_z = 0,$$

and eliminate ϱ, thus obtaining a single equation for the velocity potential. At first we transform this equation into an equation for H.

$$(ln\,\varrho)_t + (u_x + v_y + w_z) + u\,(ln\,\varrho)_x + v\,(ln\,\varrho)_y + w\,(ln\,\varrho)_z = 0$$

or

$$(ln\,H)_t + (\gamma-1)\,[\nabla\cdot\nabla\Phi] + u\,(ln\,H)_x + v\,(ln\,H)_y + w\,(ln\,H)_z = 0$$

or

$$H_t + (\gamma-1)\,H\,[\nabla\cdot\nabla\Phi] + u\,H_x + v\,H_y + w\,H_z = 0.$$

396　　　R. Timman

Elimination of H gives a single equation for Φ:

$$f'(t) - \Phi_{tt} - \frac{1}{2}(\nabla\Phi \cdot \nabla\Phi)_t + (\gamma - 1) \cdot [\Delta\Phi]\left\{f(t) - \Phi_t - \frac{1}{2}(\nabla\Phi \cdot \nabla\Phi)\right\}$$

$$-(\nabla\Phi \cdot \nabla) \cdot \left[\Phi_t + \frac{1}{2}\nabla\Phi \cdot \nabla\Phi\right] = 0.$$

We now fix the arbitrary time function $f(t)$ by the conditions at infinity.

We assume that the flow is a uniform flow with velocity U in the x-direction, perturbed by an airful or a nozzle, where everywhere the slope of the tangent plane with respect to the x, y plane is small. In this case we assume Φ to have the form

$$\Phi = U x + \varepsilon \tilde{\varphi}$$

where ε is a small parameter, which will be fixed later by the consideration of the boundary conditions.

In infinity $\tilde{\varphi}$ will vanish. We write Bernoulli equation in the form:

$$\varepsilon \tilde{\varphi}_t + \frac{1}{2}\{U^2 + 2 U \varepsilon \tilde{\varphi}_x + \varepsilon^2(\tilde{\varphi}_x^2 + \tilde{\varphi}_y^2 + \varphi_z^2)\} + \frac{C^2}{\gamma - 1} =$$

$$= \frac{1}{2} U^2 + \frac{C^2}{\gamma - 1} = C^2\left[\frac{1}{2} M^2 + \frac{1}{\gamma - 1}\right] = f(t)$$

where C is the speed of sound at infinity and $\dfrac{U}{C} = M$ is the Mach number of the unperturbed flow.

Substitution gives finally the equation for $\tilde{\varphi}$:

$$- \varepsilon \tilde{\varphi}_{tt} - \frac{1}{2}\{U^2 + 2 U \varepsilon \tilde{\varphi}_x + \varepsilon^2(\tilde{\varphi}_x^2 + \tilde{\varphi}_y^2 + \varphi_z^2)\}_t +$$

$$+ (\gamma - 1)\varepsilon[\tilde{\varphi}_{xx} + \tilde{\varphi}_{yy} + \tilde{\varphi}_{zz}]$$

$$\left[\frac{1}{2} U^2 + \frac{C^2}{(\gamma - 1)} - \varepsilon \tilde{\varphi}_t - \frac{1}{2}\{U^2 + 2\varepsilon U \varphi_x + \varepsilon^2(\tilde{\varphi}_x^2 + \tilde{\varphi}_y^2 + \tilde{\varphi}_z^2)\}\right]$$

$$- U \cdot \left\{\varepsilon \tilde{\varphi}_t + \frac{1}{2}(U^2 + 2\varepsilon U \tilde{\varphi}_x + \varepsilon^2(\tilde{\varphi}_x^2 + \tilde{\varphi}_y^2 + \tilde{\varphi}_z^2))\right\}_x -$$

$$- \varepsilon \tilde{\varphi}_x \cdot \left\{\varepsilon \tilde{\varphi} t + \frac{1}{2}(\cdots)\right\}_x - \varepsilon \tilde{\varphi}_y \cdot \left\{\varepsilon \tilde{\varphi}_t + \frac{1}{2}(U^2 + 2\varepsilon U\tilde{\varphi}_x + \cdots)\right\}_y$$

$$- \varepsilon \tilde{\varphi}_z\left\{\varepsilon \tilde{\varphi}_t + \frac{1}{2}(\cdots)\right\}_z = 0.$$

Rearranging in powers of ε we obtain

$$- \tilde{\varphi}_{tt} - U\tilde{\varphi}_t + [\tilde{\varphi}_{xx} + \tilde{\varphi}_{yy} + \tilde{\varphi}_{zz}] C^2 - U \tilde{\varphi}_{xt} - U^2 \tilde{\varphi}_{xx}$$

$$- \varepsilon(\tilde{\varphi}_x \tilde{\varphi}_{xt} + \tilde{\varphi}_y \tilde{\varphi}_{yt} + \tilde{\varphi}_z \tilde{\varphi}_{zt})$$

$$- (\gamma - 1)\varepsilon[\tilde{\varphi}_{xx} + \tilde{\varphi}_{yy} + \tilde{\varphi}_{zz}](\tilde{\varphi}_t + U \tilde{\varphi}_x) - \varepsilon U(\tilde{\varphi}_x \tilde{\varphi}_{xx} + \tilde{\varphi}_y \tilde{\varphi}_{xy} + \tilde{\varphi}_z \tilde{\varphi}_{xz})$$

$$- \varepsilon \tilde{\varphi}_x(\tilde{\varphi}_{tx} + U \varphi_{xx}) - \varepsilon \tilde{\varphi}_y(\tilde{\varphi}_{ty} + U \tilde{\varphi}_{xy}) - \varepsilon\tilde{\varphi}_z(\tilde{\varphi}_{tz} + U \tilde{\varphi}_{xz}) + 0(\varepsilon^2) = 0.$$

We now introduce dimensionless quantities

$$\xi = \frac{x}{L}, \qquad\qquad \zeta = \frac{z}{\delta L},$$

$$\eta = \frac{y}{\lambda L}, \qquad\qquad \tau = \frac{t\,C\,\omega}{L},$$

$$\tilde{\varphi} = U\,L\,\varphi.$$

Then the equation becomes:

$$-\omega^2\,\varphi_{\tau\tau} - 2\,M\,\omega\,\varphi_{\xi\tau} + \frac{1}{\lambda^2}\,\varphi_{\eta\eta} + \frac{1}{\delta^2}\varphi_{\zeta\zeta} + (1-M^2)\,\varphi_{\xi\xi} -$$

$$-2\,M\,\varepsilon\,\omega\,(\varphi_\xi\,\varphi_{\xi\tau} + \frac{1}{\lambda^2}\,\varphi_\eta\,\varphi_{\eta\tau} + \frac{1}{\delta^2}\,\varphi_\zeta\,\varphi_{\zeta\tau}) - (\gamma - 1)\,\varepsilon\,\Big(\varphi_{\xi\xi} + \frac{1}{\lambda^2}\,\varphi_{\eta\eta}$$

$$+ \frac{1}{\delta^2}\,\varphi_{\zeta\zeta}\Big)\,(M\,\omega\,\varphi_\tau + M^2\,\varphi_\xi)$$

$$-2\,\varepsilon\,M^2\Big(\varphi_\xi\,\varphi_{\xi\xi} + \frac{1}{\lambda^2}\,\varphi_\eta\,\varphi_{\eta\xi} + \frac{1}{\delta^2}\,\varphi_\zeta\,\varphi_{\zeta\xi}\Big) - \frac{\varepsilon\,M^2}{\lambda^2}\,\varphi_\eta\,(\varphi_{\eta\tau}\,M\,\omega + M^2\,\varphi_{\eta\eta})$$

$$-\frac{\varepsilon\,M^2}{\delta^2}\,\varphi_\zeta\,(\varphi_{\zeta\tau}\,M\,\varphi + M^2\,\varphi_{\eta\zeta}) + 0\,(\varepsilon^2) = 0$$

or

$$-\omega^2\,\varphi_{\tau\tau} - 2\,M\,\omega\,\varphi_{\xi\tau} + (1-M^2)\,\varphi_{\xi\xi} + \frac{1}{\lambda^2}\,\varphi_{\eta\eta} + \frac{1}{\delta^2}\,\varphi_{\zeta\zeta} -$$

$$-(\gamma + 1)\,\varepsilon\,M^2\,\varphi_\xi\,\varphi_{\xi\xi} - (\gamma - 1)\,\varepsilon\,M\,\omega\,\varphi_\tau\,\varphi_{\xi\xi} + \cdots = 0.$$

In the transonic regime $(1 - M^2)$ is small. $1 - M^2 \approx \varepsilon$. The steady case $(\omega = 0)$ leads to the well known equation

$$(1-M^2)\,\varphi_{\xi\xi} + \frac{1}{\lambda^2}\,\varphi_{\eta\eta} + \frac{1}{\delta^2}\,\varphi_{\zeta\zeta} - (\gamma + 1)\,\varepsilon\,M^2\,\varphi_\xi\,\varphi_{\xi\xi} = 0.$$

If $1 \approx \omega \gg \varepsilon$, we can simplify to the linear equation

$$-\omega^2\,\varphi_{\tau\tau} - 2\,\omega\,M\,\varphi_{\xi\tau} + \frac{1}{\lambda^2}\,\varphi_{\eta\eta} + \frac{1}{\delta^2}\,\varphi_{\zeta\zeta} = 0,$$

if $\omega \gg 1$ we even obtain

$$-\omega^2\,\varphi_{\tau\tau} + \frac{1}{\lambda^2}\,\varphi_{\eta\eta} + \frac{1}{\delta^2}\,\varphi_{\zeta\zeta} = 0,$$

the twodimensional wave equation, belonging to "slender body theory". If the unsteady motion is slow, $\omega \approx \varepsilon$, we cannot simplify to a linear equation. Retaining first order terms, we obtain

$$-2\,M\,\omega\,\varphi_{\xi\tau} + (1-M^2)\,\varphi_{\xi\xi} + \frac{1}{\lambda^2}\,\varphi_{\eta\eta} + \frac{1}{\delta^2}\,\varphi_{\zeta\zeta} - (\gamma + 1)\,\varepsilon\,M^2\,\varphi_\xi\,\varphi_{\xi\xi} = 0,$$

where the terms of order ε in the derivatives $\varphi_{\eta\eta}$ and $\varphi_{\zeta\zeta}$ are neglected.

2. Some remarks on the equation for slowly instationary motion

In the original quantities we have the equation for slowly unsteady motion

$$-\frac{2M}{C}\,\tilde{\varphi}_{xt} + (1 - M^2)\,\tilde{\varphi}_{xx} + \tilde{\varphi}_{yy} + \tilde{\varphi}_{zz} - (\gamma + 1)\,\frac{\varepsilon\,M}{C}\,\tilde{\varphi}_x\,\tilde{\varphi}_{xx} = 0.$$

For twodimensional motion $\tilde{\varphi}_{yy} = 0$ we have a quasilinear equation in the x, z, t space

$$\left(1 - M^2 - (\gamma + 1)\,\frac{\varepsilon\,M\,\varphi_x}{C}\right)\varphi_{xx} + \varphi_{zz} - \frac{2M}{C}\,\varphi_{xt} = 0.$$

The characteristic $\psi(x, z, t)$ cone in a point (x_0, z_0, t_0) has to satisfy the partial differential equation

$$\left(1 - M^2 - (\gamma + 1)\,\frac{\varepsilon\,M\,\varphi_x}{C}\right)\psi_x^2 + \psi_z^2 - \frac{2M}{C}\,\psi_x\,\psi_t = 0.$$

Using a well known device, we find the equation for the tangential cone, putting

$$x - x_0 = \xi$$

$$z - z_0 = \zeta$$

$$t - t_0 = \tau$$

$$A = 1 - M^2 - (\gamma + 1)\,\frac{\varepsilon\,M\,\varphi_x}{C}.$$

The equation for the tangent cone is thus

$$A\,\tau^2 + 2\,\frac{M}{C}\,\xi\,\tau + \frac{M^2}{C^2}\,\zeta^2 = 0$$

or

$$\left(A\,\tau + \frac{M}{C}\,\xi\right)^2 + \frac{M^2\,A}{C^2}\,\zeta^2 - \frac{M^2}{C^2}\,\xi^2 = 0.$$

For $A > 0$ the cross sections with planes $\xi = $ const. are ellipses, for $A < 0$ they are hyperbolas.
Characteristic surfaces are formed by envelopes of characteristic cones.

Consider a steady distribution of disturbances, i. e. a distribution of disturbances along the τ axis. In the subsonic regions $A > 0$ the cones with vertex at the points are elliptic with the τ axis as axis, and they have no envelope, in the supersonic region $A < 0$ envelopes are formed.

It should be a subject of research to develop calculation methods by three-dimensional characteristics for these transonic problems.

3. Integral representations for the solution of the linear equation for fast unsteady motion

The linear equation for fast unsteady motion

$$-\frac{1}{c^2}\,\varphi_{tt} - 2\,\frac{M}{C}\,\varphi_{xt} + \varphi_{yy} + \varphi_{zz} = 0\,,$$

can be treated by analytical methods, as is fully described in the book by M. LANDAHL [1].

At first by the LAPLACE transformation it can be reduced to the equation for the conduction of heat:

$$\overline{\varphi}\,(p) = \int\limits_{0}^{\infty} e^{-pt}\,\varphi\,(t,\,x,\,y,\,z)\,dt\,.$$

Suppose for $t = 0$, $\varphi = \varphi_t = 0$.
Then the transformed equation takes the form

$$-\frac{p^2}{C^2}\,\overline{\varphi} - 2\,\frac{p}{C}\,\frac{M}{C}\,\overline{\varphi}_x + \overline{\varphi}_{yy} + \overline{\varphi}_{zz} = 0\,,$$

which can easily be reduced to the equation for the conduction of heat

$$\overline{\varphi} = e^{-\frac{px}{2CM}} \cdot \psi\,(x,\,y,\,z)$$

$$\psi_{yy} + \psi_{zz} = \frac{2p}{C}\,\frac{M}{C}\,\psi_x\,.$$

If the boundary conditions are given on a part of the $x,\,y$ plane in the form of a given normal velocity

$$\frac{\partial \varphi}{\partial z} = w\,(x,\,y,\,t) \quad \text{in the wing}$$

its transform is

$$\frac{\partial \overline{\varphi}}{\partial z} = \int\limits_{0}^{\infty} e^{-pt}\,w\,(x,\,y,\,t)\,dt = \overline{w}\,(x,\,y,\,p)\,.$$

We consider only unsteady motions, which are caused by the formation of the camber of the wing.
Then, on upper and lower side

$$\frac{\partial \varphi}{\partial z}^{+} = \frac{\partial \varphi}{\partial z}^{-}\,.$$

Consequently φ is an odd function of z and outside the wing $\varphi = 0$, with the possible exception of the vertex wake extending behind the wing.

The same holds for the function ψ

$$\left.\begin{aligned}\frac{\partial \psi}{\partial z}^{+} &= \frac{\partial \psi}{\partial z}^{-} = e^{+\frac{px}{2CM}} \cdot \overline{w}\,(x,\,y,\,p) \quad \text{on the wing}\\ \psi &= 0 \quad \text{outside the wing}\,.\end{aligned}\right\} \text{in the plane } z = 0$$

We now derive an integral representation for the solution, which is analogous to the representation for solutions of the strip diffraction problem, given by R. E. Kleinman and the author [2].

A point source in the point $x = \xi$, $y = \eta$, $z = \zeta$ for the treat equation is

$$\frac{e^{-k \dfrac{(y-\eta)^2 + (z-\zeta)^2}{\eta(x-\xi)}}}{4k(x-\xi)}, \quad \text{for} \quad x > \xi$$

$$\text{when } k = \frac{2p}{C}\frac{M}{}.$$

Following a non-published manuscript by A. J. Hermans we derive a solution for the equation in the form:

$$\psi(x, y, z) = 2\pi i \int\limits_{K} \frac{d\beta}{x-\beta} \int\limits_{y-iz}^{y+iz} \exp\left\{-k\frac{(y-\alpha)^2 + z^2}{4(x-\beta)}\right\} \Phi(\alpha, \beta)\, d\alpha$$

where $\Phi(\alpha, \beta)$ is analytic in both complex variables α and β and K is a contour surrounding the point $\beta = x$ inside the region where K is analytic.

Hence it is possible to expand φ in a series:

$$\psi(x, y, z) = 4\pi^2 \int\limits_{y-iz}^{y+iz} \sum_{n=0}^{\infty} \frac{\partial^n \Phi(\alpha, x)}{\partial x^n} \cdot \frac{\left\{k\dfrac{(y-\alpha)^2 + z^2}{4}\right\}^n}{(n!)^2} \cdot d\alpha.$$

The function $\Phi(\alpha, x)$ will be determined by the boundary conditions. This is illustrated by a simple example, where

$$\frac{\partial\psi}{\partial z} = \overline{w}(x, y, p)\, e^{\frac{p\,x}{2\,C\,M}} |y| < a,\ 0 < x < b$$

on a rectangle with sides $2a$ and b in the x, y plane and

$$\frac{\partial\overline{\psi}}{\partial z} = 0$$

outside this rectangle.

Then:

$$\frac{\partial\psi}{\partial z}\bigg|_{z=0} = -2\pi \int\limits_{K} \frac{\Phi(y + i\,0, \beta) + \Phi(y - i\,0, \beta)}{x-\beta}\, d\beta,$$

$\Phi(\alpha, \beta)$ is analytic inside K and hence

$$\frac{\partial\psi}{\partial z}\bigg|_{z=0} = 4\pi^2 i\,\{\Phi(y + i\,0, x) + \Phi(y - i\,0, x)\}.$$

Then, for $0 < x < b$

$$\Phi(y + i\,0, x) + \Phi(y - i\,0, x) = \frac{w(x, y, p)}{4\pi^2 i}\, e^{\frac{p\,x}{2\,C\,M}}$$

$$\text{for} \quad |y| < a.$$

This is a HILBERT problem with the solution

$$\Phi(\alpha, x) = \frac{1}{4\pi^2 i} \cdot \frac{1}{2\pi i} \frac{e^{\frac{p\,x}{2\,C\,M}}}{\sqrt{a^2 - \alpha^2}} \cdot h(\alpha)^{-1} \int_{-a}^{a} \frac{w(\eta, x)\,\sqrt{a^2 - y^2}\,h(\eta)}{\eta - \alpha}\,d\eta$$
$$+ \frac{P(\alpha)}{\sqrt{a^2 - \alpha^2}}\,.$$

Here $h(\alpha)$ and $P(\alpha)$ are integer functions in the α plane.

For $x > b$ obviously

$$\Phi(\alpha, x) = 0 \quad \text{and} \quad \bar{\varphi}(y, z, x) = 0\,.$$

This function $\Phi(\alpha, \beta)$ yields a solution for the equation, satisfying the boundary conditions. There remains, however, the fairly difficult problem to determine the integer functions $h(\alpha)$ and $P(\alpha)$ from the conditions in infinity.

References

[1] LANDAHL, M.: Unsteady transonic flow.
[2] KLEINMAN, R., and R. TIMMAN: Integral representations forsolution of the HELMHOLTZ equation.

Quellen in schallnaher Strömung

Von

Klaus Oswatitsch

Technische Hochschule, Wien, Österreich
Deutsche Versuchsanstalt für Luft- und Raumfahrt, Aachen, Deutschland

1. Einleitung

Die Ausbreitung einer plötzlich einsetzenden punktförmigen Störung in einer ebenen Parallelströmung wird in zahlreichen Lehrbüchern der Analysis dargestellt (z. B. [1]). Die Störung breitet sich danach im x, y, t-Raum innerhalb eines kegeligen Gebildes aus (Abb. 1). Die Kegelachse ist die Teilchenbahn durch den Entstehungspunkt der Störung, das ist im vorliegenden Fall der Ursprung. Wenn sich die quellförmige Störung in Unterschallparallelströmung befindet, gibt es Erzeugende, welche stromaufwärts vordringen. In Überschallparallelströmung dagegen werden alle Erzeugenden in positiver x-Richtung stromabwärts getragen. Bei Schallströmung fällt bei der bisher geübten Art der Linearisierung der instationären

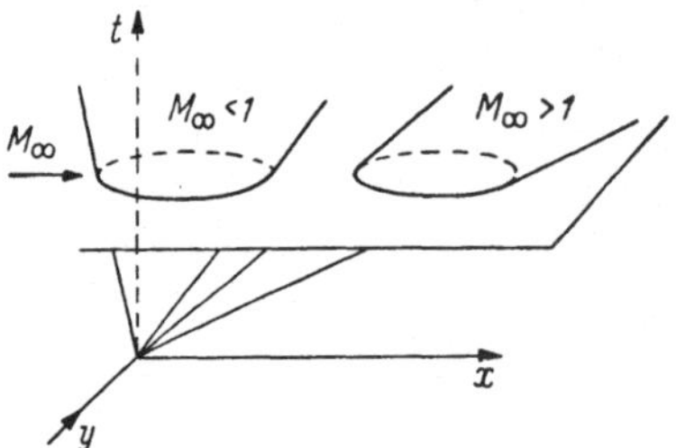

Abb. 1. MACH-Kegel in der ungestörten Parallelströmung bei Unter- und Überschallgeschwindigkeit

gasdynamischen Gleichung eine erzeugende Gerade mit der t-Achse zusammen. Die skizzierten Ergebnisse stellen außerhalb des schallnahen Gebietes (und natürlich auch außerhalb des Hyperschallgebietes) sicher eine richtige erste Näherung dar. In Schallnähe sind sie jedoch nur unter starken Einschränkungen zulässig, weil die durch die Störungen bedingten lokalen Unter- oder Überschallgebiete die Einflußbereiche verschieben. Zwar wird bei Schallanströmung die steilste Erzeugende noch immer annähernd mit der t-Richtung übereinstimmen. Gerade aber diese kleine Abweichung von der Zeit-Achse ist wesentlich.

Für eine korrekte Behandlung der skizzierten Aufgabe wird eine vom Verfasser neu entwickelte Methode herangezogen, bei der charakteristische Flächenscharen als unabhängige Veränderliche verwendet werden [2]. Bei dieser neuen Methode werden wie bei der Linearisierung der gasdynamischen Gleichung „kleine Störungen" vorausgesetzt: Der Strömungszustand darf sich also nur wenig von jenem einer Parallelströmung unterscheiden und die Normalen auf die Charakteristikenflächen dürfen nur wenig von den Normalenrichtungen einer entsprechenden Charakteristikenfläche im ungestörten Gebiet abweichen. Die Quelle darf daher auch nicht in einem Punkt konzentriert werden. Sie wird auf der x-Achse zwischen $0 \leqslant x \leqslant 1$ verschmiert. Nur für Werte $\sqrt{x^2 + y^2} \gg 1$, was genügend große Zeiten t voraussetzt, erhält man die einer punktförmigen Quelle entsprechenden Resultate. Soweit sind die Rechnungen bisher allerdings nicht gediehen. Zunächst kann nur einiges über die Strömung unmittelbar nach dem Eintreten der Störungen berichtet werden.

Die Rechnungen wurden von meinem Mitarbeiter E. Leiter durchgeführt. Auch an den allgemeinen Überlegungen hat sich Herr Leiter wesentlich beteiligt.

2. Die neue Berechnungsmethode

Das bei der Jablonna-Konferenz vorgetragene Verfahren soll nur in seinen Grundzügen dargestellt werden, um die folgenden Berechnungen verständlich zu machen. Als unabhängige Veränderliche werden also drei Scharen von charakteristischen Flächen gewählt. In der ungestörten Parallelströmung sind es drei Ebenenscharen, und zwar zwei mit der Normalenrichtung in der x, t-Ebene, nämlich $\xi = \mathrm{const}$ und $\eta = \mathrm{const}$ (Abb. 2, links) und eine Ebenenschar mit der Normalenrichtung in der y, t-Ebene. Hier hat man die Wahl noch frei, ob man

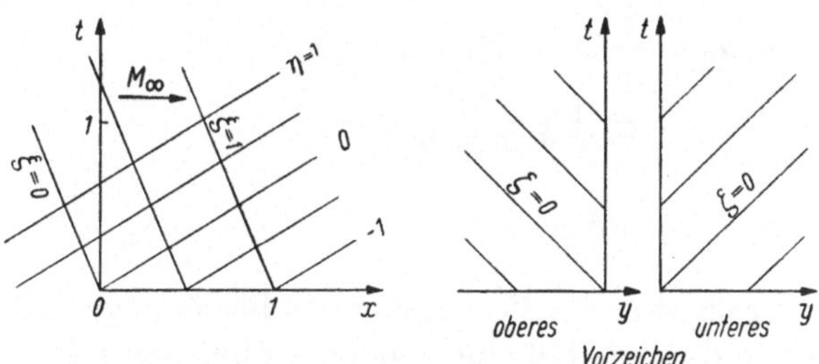

Abb. 2. Charakteristische Flächenscharen in Parallelströmung

die Ebene in der y-Richtung fallen oder steigen läßt. Dies lassen wir bis auf weiteres offen. Je nach der Wahl für $\zeta = \mathrm{const}$ gilt in den Gleichungen das obere oder untere Vorzeichen (Abb. 2, rechts).

Für die Koordinaten x, y und t, die Geschwindigkeitskomponenten u, v und die Schallgeschwindigkeit c wird ein „Störansatz" gemacht. Dabei ist es zweckmäßig, u, v, c durch c_∞ dimensionslos zu machen und t als die mit c_∞ multiplizierte Zeit einzuführen, womit es dieselbe Dimension wie x und y erhält. Mit M_∞ als Mach-Zahl der Anströmung gilt dann:

$$x = x_0(\xi, \eta, \zeta) + x_1(\xi, \eta, \zeta) + \cdots$$
$$y = y_0(\xi, \eta, \zeta) + y_1(\xi, \eta, \zeta) + \cdots \qquad (1)$$
$$t = t_0(\xi, \eta, \zeta) + t_1(\xi, \eta, \zeta) + \cdots$$

und ferner:

$$u/c_\infty = M_\infty + u_1(\xi, \eta, \zeta) + \cdots$$
$$v/c_\infty = \qquad\quad v_1(\xi, \eta, \zeta) + \cdots \qquad (2)$$
$$c/c_\infty = 1 + \quad\; c_1(\xi, \eta, \zeta) + \cdots .$$

Die mit dem Index 1 versehenen Funktionen sind die Störglieder erster Ordnung; Störglieder höherer Ordnungen werden in dieser Arbeit nicht berücksichtigt. Es ist wohl angenommen, daß u_1, v_1 und c_1 klein gegen 1 sind. x_1 braucht jedoch keineswegs klein gegen x_0 zu sein. Gerade bei Schallanströmung können x_0 und x_1 gleich groß sein.

In der ungestörten Parallelströmung gilt:

$$u_1 = v_1 = c_1 = 0; \qquad x = x_0; \qquad y = y_0; \qquad t = t_0. \qquad (3)$$

Da die ungestörte Parallelströmung die Näherung nullter Ordnung darstellt, kann der Zusammenhang von x_0, y_0, t_0 und den charakteristischen Koordinaten ξ, η, ξ leicht gefunden werden. Wir legen ihn im folgenden gemäß Gl. (4) fest, obwohl unter gewissen Umständen auch andere Festlegungen praktische Bedeutung haben können:

$$x_0 = \frac{1}{2}(1 + M_\infty)\,\xi - \frac{1}{2}(1 - M_\infty)\,\eta;$$
$$y_0 = \mp\frac{1}{2}\xi \mp \frac{1}{2}\eta + \zeta; \qquad (4)$$
$$t_0 = \frac{1}{2}\xi + \frac{1}{2}\eta.$$

Eine gewisse Freiheit in der Festlegung der Beziehungen Gl. (4) erklärt sich schon allein daraus, daß eine beliebige Funktion $f(\xi) = $ const eine Schar von charakteristischen Flächen darstellt, wenn $\xi = $ const eine solche Schar ist. Dies läuft nämlich einfach auf eine Umnumerierung der charakteristischen Koordinaten in Abb. 2 hinaus. Die Wahl in Gl. (4) ist so getroffen, daß unter anderem für Schallanströmung, $M_\infty = 1$, $x_0 = \xi$ gilt. In der Parallelströmung sind in diesem Falle die Scharen der Mach-Flächen wie die x-Koordinaten numeriert.

Aus den Neigungsbedingungen für die charakteristischen Flächen gewinnt man in der Theorie nach längerer Rechnung folgende Integral-formeln für die Störungen x, y, und t:

$$x_1 - (1 + M_\infty)\, t_1 = \frac{1}{2} \int\limits^{\xi} [u_1(\bar\xi, \eta, y_0) + c_1(\bar\xi, \eta, y_0)]\, d\bar\xi + K(\eta, y_0);$$

$$x_1 + (1 - M_\infty)\, t_1 = \frac{1}{2} \int\limits^{\eta} [u_1(\xi, \bar\eta, y_0) - c_1(\xi, \bar\eta, y_0)]\, d\bar\eta + K'(y_0, \xi); \quad (5)$$

$$y_1 \pm t_1 = \int\limits^{y_0} [\mp v_1(\xi - \eta, \zeta, \bar y_0) - c_1(\xi - \eta, \zeta, \bar y_0)]\, d\bar y_0 + K''(\xi - \eta, \zeta).$$

Die Integrationswege kann man im Rahmen der ersten Ordnung als Schnittkurven von Stromflächen mit charakteristischen Flächen deuten, Abb. 3. Sowohl die untere Grenze der Integration als auch die Funktionen K, K' und K'' sind zunächst willkürlich. Mit ihrer Hilfe

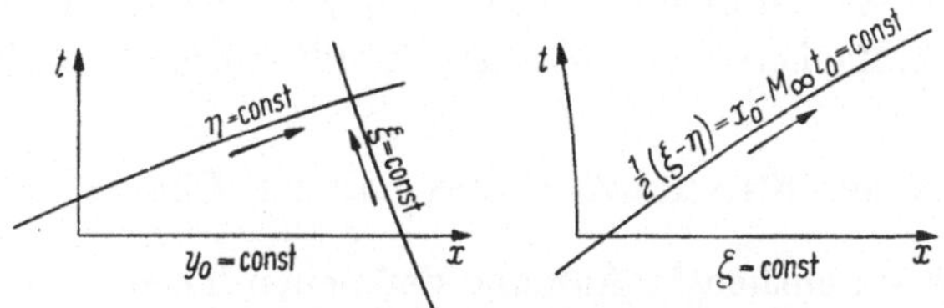

Abb. 3. Integrationswege zur Ermittlung der Koordinaten

kann beispielsweise erreicht werden, daß x_1, y_1 und t_1 am Rande des Störgebietes verschwindet und ähnliches. In Gl. (5) sind wegen der geometrischen Deutung der Integrationswege nicht die Veränderlichen ξ, η, ζ, sondern ein anderes unabhängiges Tripel eingeführt, in den oberen Gleichungen zum Beispiel ξ, η, y_0. Dies läßt sich mit Hilfe von Gl. (4) leicht machen. Die zwei ersten Gln. (5) sind rein formal aus einem bedeutend spezielleren Zusammenhang her, nämlich der Ausbreitung ebener Wellen [3] und aus einem etwas allgemeineren Zusammenhang, der Ausbreitung von Zylinder- und Kugelwellen [4] her bekannt. Es darf jedoch nicht übersehen werden, daß es sich bei uns um völlig andere Funktionen im Integranden handelt, als etwa in [3] oder in [4].

In der ersten Arbeit des Verfassers [2] wird gezeigt, daß die Störgrößen einem Potentialansatz genügen, nämlich ($\varkappa$ ist das Verhältnis der spezifischen Wärmen):

$$u_1 = \frac{\partial \Phi_1}{\partial \xi} - \frac{\partial \Phi_1}{\partial \eta}\,; \quad v_1 = \frac{\partial \Phi_1}{\partial y_0}\,; \quad c_1 = -\frac{\varkappa - 1}{2}\left[\frac{\partial \Phi_1}{\partial \xi} + \frac{\partial \Phi_1}{\partial \eta}\right]; \quad (6)$$

wobei das Potential die Differentialgleichung erfüllt:

$$4\frac{\partial^2 \Phi_1}{\partial \xi\, \partial \eta} - \frac{\partial^2 \Phi_1}{\partial y_0^2} = 0\,. \tag{7}$$

Auch die neue Theorie ist also linear, nur wird mit den charakteristischen Mannigfaltigkeiten als unabhängigen Veränderlichen linearisiert. Es werden also die Verträglichkeitsbedingungen linearisiert und nicht wie in der älteren Theorie die gasdynamische Gleichung. Um die beiden Methoden besser auseinanderhalten zu können, wird das ältere Verfahren als „akustische Theorie" bezeichnet.

Genau wie für diese akustische Theorie läßt sich für Gl. (7) ein allgemeiner Lösungsansatz angeben:

$$-2\pi\,\Phi_1 = \int\!\!\int \frac{v_1(\bar{\xi}, \bar{\eta}, y_0 = 0)\,d\bar{\xi}\,d\bar{\eta}}{\sqrt{(\xi - \bar{\xi})\,(\eta - \bar{\eta}) - y_0^2}}\,. \tag{8}$$

Die Integration ist dabei über das gesamte Belegungsgebiet auszuführen, das einen Einfluß im betrachteten Aufpunkt $P(\xi, \eta, \xi)$ ausübt. Als wesentlicher Vorteil erweist sich dabei, daß die Operation nur auf $y_0 = 0$ ausgeführt werden braucht, so lange man sich nur für den Zustand auf der Belegungsebene, d. h. in der x, t-Ebene interessiert. wie das bei den einfachsten Formeln der Profiltheorie der Fall ist.

3. Abbildung des Strömungsraumes auf den Charakteristikenraum

Wohl die wesentlichste Aufgabe der neuen Theorie besteht in der Übertragung der Randbedingungen in den Charakteristikenraum. Dabei erweist es sich als zweckmäßig, dem physikalischen x, y, t-Raum den charakteristischen x_0, y_0, t_0-Raum gegenüberzustellen. Im letzteren liegen die charakteristischen Mannigfaltigkeiten ξ, η, ζ, gemäß den Beziehungen in Gl. (4) als Ebenenscharen fest. Die unteren Integrationsgrenzen und die willkürlichen Funktionen K, K' und K'' in Gl. (5) lassen sich nun so festlegen, daß für den Zeitpunkt $t = 0$ des Einsetzens der Quelltätigkeit gilt:

$$t = 0: \quad t_1 = 0, \quad x_1 = 0, \quad y_1 = 0. \tag{9}$$

Beim Einsetzen der Störung ist also $t = t_0$; $x = x_0$ und $y = y_0$.

Außerdem läßt sich noch erreichen, daß für alle Zeiten die Ebene $y = 0$ mit der Ebene $y_0 = 0$ zusammenfällt, also:

$$y_0 = 0: \quad y_1 = 0. \tag{10}$$

Eine Quellverteilung auf der x, t-Ebene kann also durch eine Quellverteilung in der x_0, t_0-Ebene ersetzt werden. Die Übertragung der Randbedingungen können wir damit auf die Ebene $y_0 = 0$, also auf ein ebenes Problem beschränken, was die Arbeit wesentlich vereinfacht.

Das Problem stellt sich also so dar, daß in der x_0, t_0-Ebene eine Quellbelegung für $t_0 \geqslant 0$ zwischen zwei zunächst unbekannten Kurven $x = 0$ und $x = 1$ vorliegt (Abb. 4). Das Potential in einem Aufpunkt $P(\xi, \eta)$ ergibt sich durch die Integration über eine Fläche, die begrenzt wird durch $\bar{t}_0 = 0$, $\bar{\xi} = \xi$, $\bar{\eta} = \eta$ und die beiden noch nicht festgelegten Kurven $x = 0$ und $x = 1$. Mit den letzten beiden Kurven als unbekannten Funktionen läßt sich Φ_1, u_1 und c_1 berechnen und mit Hilfe von Gl. (5) dann x_1, t_1 und weiters mit Gl. (4) und (1) $x(\xi, \eta)$ bestimmen. Aus den Bedingungen, daß auf den Kurven

$$x(\xi, \eta) = 0, \qquad x(\xi, \eta) = 1 \qquad (11)$$

die Werte von x bekannt sind, ergeben sich Integralbeziehungen für die unbekannten Funktionen (11). Dazu kommt noch, daß damit nur auf die Begrenzung der Quellverteilung Rücksicht genommen wurde, nicht aber auf den Umstand, daß v_1 im physikalischen Problem als Funktion von x und t und nicht als Funktion von ξ und η oder x_0, t_0 gegeben ist. Diese zweite Problematik fällt jedoch bei dem im folgenden gewählten Beispiel einer Quellverteilung konstanter Stärke:

$$v_1(\xi, \eta, 0) = \tau \qquad (12)$$

weg.

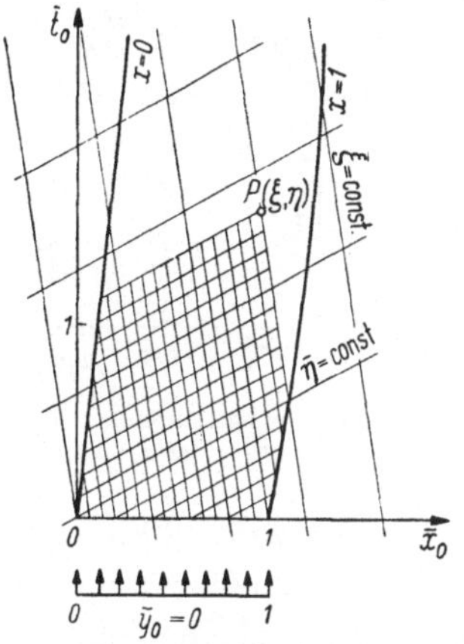

Abb 4. Integrationsgrenzen in der Belegungsebene des charakteristischen Raumes

Die geschilderte Ermittlung der Quellbegrenzung Gl. (11) ist für das schallnahe Problem wesentlich. Im reinen Unterschall oder im mittleren Überschallbereich, also in den Anwendungsgebieten der akustischen Theorie, wird im allgemeinen das Integrationsgebiet durch $x_0 = 0$ und $x_0 = 1$ ausreichend genau festgelegt sein. Die neue Theorie ergibt aber gegenüber der akustischen Näherung auch da den Vorteil, daß Verdichtungsstöße und PRANDTL-MEYER-Expansionen richtig wiedergegeben werden.

Beschränken wir unsere Betrachtungen zunächst auf $M_\infty = 1$, so folgt aus der zweiten Gl. (5) sowie aus (4) und (1) für $y = 0$:

$$x_1 = \frac{1}{2} \int\limits_{-\xi}^{\eta} [u_1(\xi, \bar{\eta}) - c_1(\xi, \bar{\eta})]\, d\bar{\eta}; \quad x = \xi + \frac{1}{2} \int\limits_{-\xi}^{\eta} [u_1 - c_1]\, d\bar{\eta}. \quad (13)$$

Da die Störung bei $t_0 = 0$, das ist gemäß Gl. (4) $\xi + \eta = 0$, einsetzt, ist die Bedingung Gl. (9) durch Gl. (13) erfüllt.

Nach Gl. (2) bedeutet Unter- oder Überschallgeschwindigkeit in erster Näherung:

$$M \lessgtr 1: \quad u_1 - c_1 \lessgtr 1 - M_\infty, \qquad (14)$$

das heißt weiter für $M_\infty = 1$, daß der Integrand in Gl. (13) für Unterschallgeschwindigkeit stets negativ ist, x also mit zunehmendem η oder mit zunehmender Zeit fortlaufend kleiner wird, bei Überschallgeschwindigkeit dagegen fortlaufend wächst. Damit kommt man zu Abb. 5, und zum qualitativ selbstverständlichen Ergebnis, daß die ξ-

Charakteristik bei örtlicher Unterschallgeschwindigkeit stromaufwärts läuft, bei örtlicher Überschallgeschwindigkeit dagegen stromabwärts getragen wird.

Aus ähnlichen Überlegungen kann man auch Schlüsse über den qualitativen Verlauf von Linien $x = $ const in der x_0, t_0-Ebene machen, Schlüsse, die hier auf den Fall $M_\infty = 1$ beschränkt werden sollen. Herrscht an der Stelle $x = 0$ Unterschallgeschwindigkeit, so ver-läuft die charakteristische Fläche $\xi = $ const

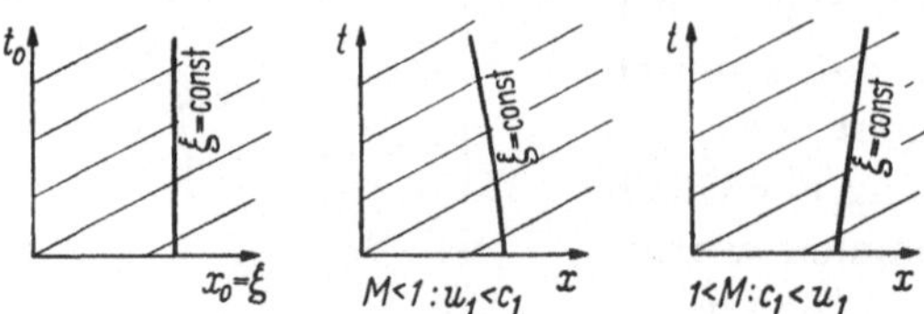

Abb. 5. Die stromauflaufende Charakteristik in der x_0, t_0-Ebene und in der x, t-Ebene bei $M_\infty = 1$

stromaufwärts, Abb. 6, $x = 0$ wird also von stromabwärts gelegenen Punkten erreicht und daher wird in der x_0, t_0-Ebene $x = 0$ nach rechts ge-neigt sein. Bei Überschallgeschwindigkeit ist das Umgekehrte zu erwarten.

Als besonders kritisch erweist sich der Schallpunkt zur Zeit $t = 0$ oder unter Umständen auch die Schallinie zu einem späteren Zeit-punkt (Abb. 6). Nehmen wir links vom betrachteten Punkt Unterschall und rechts Überschallgeschwindigkeit an, so laufen von diesem Punkt ein Bündel von Charakteristiken $\xi = $ const weg, zum Teil zum strom-aufwärts, zum Teil stromabwärts. Solche Lösungen sind von der Ana-logie zur PRANDTL-MEYER-Expansion bei der instationären Ausbrei-tung ebener Wellen seit langem bekannt. Das ganze Bündel in der x, t-Ebene entspricht einer einzigen Linie $\xi = $ const in der x_0, t_0-Ebene. Das heißt umgekehrt, daß eine unstetige Lösung in der x_0, t_0-Ebene sich in eine stetige Verteilung in der x, t-Ebene auflösen kann. Mit dieser Erscheinung werden wir im folgenden noch zu tun bekommen. Man kann ihr in verschiedener Weise begegnen. Man kann beispiels-weise die Belegung in der kritischen Umgebung so verschmieren, daß die Bündelung nicht auftritt und danach erst durch einen Grenzüber-gang die Verschmierung aufheben. Eleganter dürfte jedoch ein Weg sein, den einer meiner Mitarbeiter bei der Behandlung der PRANDTL-MEYER-Expansion in der stationären Überschallströmung gegangen ist [5]. Danach wird vor dem Eintritt der Störung, bei uns also für $t_0 = t < 0$ bereits eine Bündelung der einen Schar der Charakteristiken vorgenommen, die sich dann beim Eintritt der Störung nur mehr auf-fächert. Diese hier nur angedeutete Methode läuft darauf hinaus, daß die Beziehungen (4) im Bündelungsgebiet nicht mehr gelten, da sich für ein ganzes Bündel von charakteristischen Flächen dieselben Werte von x_0, y_0 und t_0 ergeben. Die weitere Folge ist, daß auch Gl. (7) für die betrachtete Umgebung nicht mehr stimmt, jedoch durch eine ein-fache Beziehung zu ersetzen ist.

4. Die Quelle konstanter Stärke, Überblick

Im folgenden sei auf der Länge 1, beginnend mit dem Zeitpunkt $t = 0$, eine Quelle konstanter Stärke $v_1 = \tau$ angenommen:

$$0 \leqslant t; \quad 0 \leqslant x \leqslant 1: \quad v_1 = \tau. \tag{15}$$

In der x, t-Ebene lassen sich dann am Anfang folgende Gebiete unterscheiden (Abb. 6, links). Im Gebiet I macht sich weder der Anfang bei $x = 0$, noch das Ende der Quelltätigkeit bei $x = 1$ bemerkbar.

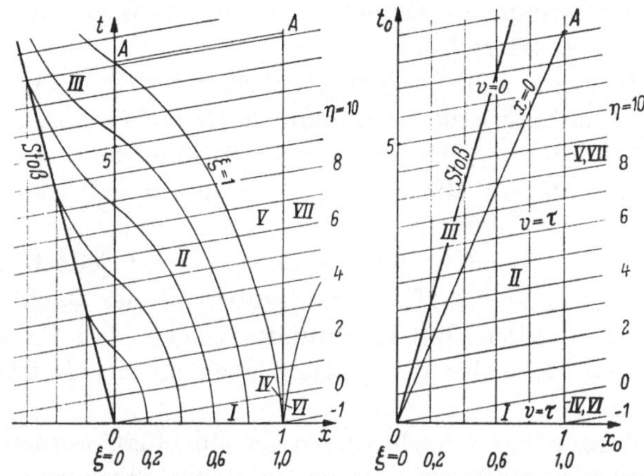

Abb. 6. Stoß, Mach-Linien und x-Kurven in der x, t-Ebene und in der x_0, t_0-Ebene

Es handelt sich also um eine von x unabhängige Wellenausbreitung in y-Richtung; $u_1 = 0$, $c_1 > 0$. In Feld I herrscht also Unterschallparallelströmung und die ξ-Linien sind stromaufwärts geneigte Gerade.

In dem durch $x = 0$, $\eta = 0$ und $\xi = 1$ begrenzten Gebiete II macht sich das Quellende bei $x = 1$ noch nicht bemerkbar, sondern nur der Quellanfang. Die Strömung ist also dieselbe wie bei einer sich nach $x \to \infty$ erstreckten Quelle. u_1 und c_1 sind nur Funktionen von x/t, die Strömung ist in der Zeit „kegelig".

Wegen der Stauwirkung der Quelltätigkeit ist in der Umgebung der t-Achse Unterschallgeschwindigkeit zu erwarten. Das von der t-Achse, dem stromaufwärts laufenden Stoß und der Charakteristik $\xi = 1$ begrenzte Gebiet III ist wie das Gebiet II in der Zeit „kegelig". Jedoch ist $v_1 = 0$, während im Feld II $v_1 = \tau$ ist.

Die Gebiete IV und VI sind noch unbeeinflußt vom Quellbeginn bei $x = 0$, die Verhältnisse sind hier dieselben, wie wenn sich die Quelltätigkeit stromaufwärts bis ins Unendliche erstrecken würde. Die Störungen hängen hier nun von $(x - 1)/t$ ab und sind wieder „kegelig in der Zeit". Während jedoch in Feld IV $v_1 = \tau$ ist, ist in Feld VI $v_1 = 0$. Das plötzliche Entstehen einer Quelle wird auch einen stromabwärts laufenden Stoß zur Folge haben, der in der Umgebung von

$\eta = -1$ liegen wird. Hinter diesem muß Überschallgeschwindigkeit herrschen und der Übergang vom Unterschallgebiet I wird sich in IV und VI vollziehen. Im Punkte $t = t_0 = 0$, $x = x_0 = 1$ haben wir eine Bündelung der Kurven $\xi = $ const.

In den Gebieten V und VII überlagern sich die kegeligen Felder. V und VII liegen im Einflußbereich des ξ-Bündels des Punktes $t = 0$, $x = 1$. In Feld V ist $v_1 = \tau$, in Feld VII ist $v_1 = 0$.

Die Übertragung in die Charakteristikenebene (Abb. 6, rechts) ergibt sich nun wie folgt. Das Gebiet I liegt mit den Begrenzungen $t_0 = 0$, $\xi = 1$ und $\eta = 0$ sofort fest.

Da die Kurve $x = 0$ von Charakteristiken $0 \leqslant \xi \leqslant 1$ erreicht wird, muß sie im Charakteristikendiagramm nach rechts geneigt sein und, weil es sich um ein kegeliges Feld handelt, kann man schließen, daß $x = 0$ eine Gerade ist. Mit $\eta = 0$, $\xi = 1$ und $x = 0$ ist das Feld II abgegrenzt.

Zwischen $x = 0$ und $x_0 = 0$ ist überall $v_1 = 0$ jedoch $u_1 \neq 0$, da alle Punkte dieses Feldes III im Einflußbereich der Quellbelegungen, das ist II und I liegen. Die Rechnungen zeigen, daß III in der x, t-Ebene gefaltet ist, wobei die Faltung noch stromaufwärts vor dem Stoß liegt.

Die Stoßfront kann nachträglich so eingefügt werden, daß alle Stoßbedingungen erfüllt sind. Dann kann das Störungsgebiet in der x, t-Ebene vor der Front weggelassen werden.

Die Felder IV, VI sowie V, VII schrumpfen in der Charakteristikenebene zu einer einzigen Geraden $\xi = 1$ zusammen, und zwar zu den Geradenstücken zwischen $-1 \leqslant \eta \leqslant 0$ einerseits und zu dem Geradenstück zwischen $\eta = 0$ und dem Punkt A andererseits. Die Lösung gemäß Gl. (8) weist in der Tat bei $\xi = 1$ eine Unstetigkeit auf. Ein Teil dieses singulären Gebietes muß dabei jedoch $v_1 = \tau$, das sind die Felder IV und V, ein anderer Teil $v_1 = 0$, nämlich die Felder VI und VII, liefern.

Es kann nicht geschlossen werden, daß die Belegung im Punkte A der charakteristischen Ebene endet, weil etwa v_1 jenseits der Geraden $x = 0$ verschwindet. Das gilt nur für $\xi < 1$. „Innerhalb" der Geraden $\xi = 1$ findet die Kurve $x = 0$ eine Fortsetzung, die einer besonderen Behandlung bedarf. Jedenfalls ist aber bei der gewählten Darstellung die Belegung für größere Zeiten allein in die Gerade $\xi = 1$ konzentriert. Denn die Belegung in der x, t-Ebene wird dann von der Bündelung $\xi = 1$ überstrichen.

Wenn auch das singuläre Verhalten innerhalb der Bündelung $\xi = 1$ einen ganz besonderen Reiz hat, so soll doch das Augenmerk im folgenden auf die Lösung in den stromaufwärts gelegenen Gebieten gelegt werden.

5. Die Felder I, II und III

Das Feld I bedarf keiner gesonderten Behandlung, schon weil sich die Zustände dort als Grenzfall des Feldes II für $\eta \to 0$ ergeben. Man erhält im Feld I:

$$u_1 = 0; \qquad c_1 = \frac{\varkappa - 1}{2}\,\tau, \tag{16}$$

was allein schon aus der Ausbreitung einer ebenen Welle in y-Richtung hergeleitet werden kann.

Die Integrationsbereiche für die Felder II und III sind in Abb. 7 gekennzeichnet. Für II handelt es sich um ein viereckiges Gebiet, für III um ein dreieckiges Gebiet, wobei es keine Rolle spielt, auf welcher Seite der später zu ermittelnden Stoßfront sich der Aufpunkt befindet. Die zunächst mit einem unbestimmten Koeffizienten α angesetzte Gerade:

$$x = 0 : \xi = \alpha\,\eta \tag{17}$$

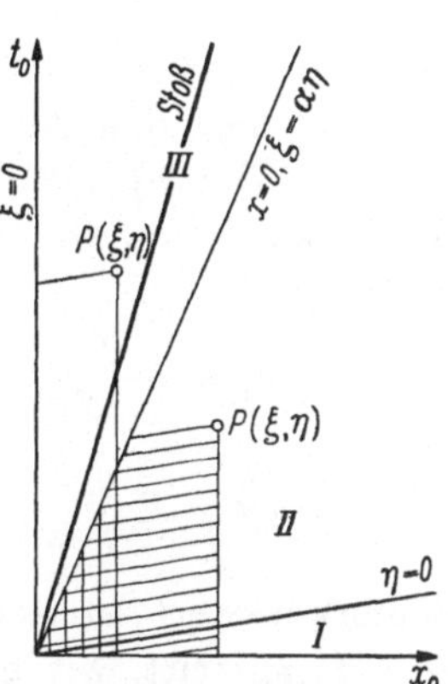

Abb. 7. Integrationsbereiche für die Felder II und III

verläuft sicher steil. Denn mit $\tau \to 0$ muß für alle η-Werte $\xi \to 0$, also $\alpha \to 0$ streben.

Man erhält aus Gl. (8) und (6) für die Felder II und III:

$$z = \xi/\alpha\,\eta : \frac{2\pi}{\tau}\,u_1 = -\frac{1}{\sqrt{\alpha}}\ln\left|\frac{1 + \sqrt{z}}{1 - \sqrt{z}}\right| + \cdots;$$

$$\frac{2\pi}{\tau}\,c_1 = \frac{\varkappa - 1}{2} \cdot \frac{1}{\sqrt{\alpha}}\ln\left|\frac{1 + \sqrt{z}}{1 - \sqrt{z}}\right| + \cdots. \tag{18}$$

Zur Erleichterung des Überblickes ist dabei in Gl. (18) nur das Hauptglied einer Entwicklung in α angegeben. Man sieht, daß auf der Geraden $x = 0$, das ist $z = 1$, ähnlich wie in einem Staupunkt u_1 logarithmisch unendlich wird.

Mit Gl. (13) erhält man immer unter Berücksichtigung nur der Hauptglieder in α:

$$x/\eta = \alpha\,z - \frac{\varkappa + 1}{8\pi}\frac{\tau}{\sqrt{\alpha}}\left[(1 - z)\ln\left|\frac{1 + \sqrt{z}}{1 - \sqrt{z}}\right| + 2\sqrt{z}\right] + \cdots. \tag{19}$$

Die zunächst unbekannte Neigungskonstante bestimmt sich nun aus:

$$x = 0,\, z = 1 : \alpha^{3/2} = \frac{\varkappa + 1}{4\pi}\,\tau. \tag{20}$$

Das Glied $\alpha \cdot z$ entspricht x_0/η, der Rest entspricht x_1/η. Man erkennt daraus, daß beide Summanden in Schallnähe gleichberechtigt geworden sind. Wesentlich ist dabei, daß in dem durch den Faktor τ gekennzeichneten x_1-Glied $\sqrt{\alpha}$ im Nenner steht, während x_0 einen Faktor α besitzt.

Das ist bei t keineswegs der Fall. Eine entsprechende Rechnung würde geben:

$$t/\eta = t_0/\eta + t_1/\eta = \frac{1}{2} + \frac{1}{2}\,\alpha\,z. \tag{21}$$

Auf $x = 0$, also $z = 1$, bleibt t_0 das Hauptglied.

Setzt man den Wert von α aus Gl. (20) ein, so erhält man schließlich aus Gl. (18), (19) und (21) folgende Parameterdarstellung für u_1 als Funktion von x/t, wobei wieder nur die Hauptglieder berücksichtigt sind:

$$
\begin{aligned}
u_1 &= -\left(\frac{\tau}{2\pi}\right)^{2/3}\left(\frac{\varkappa+1}{2}\right)^{-1/3}\ln\left|\frac{1+\sqrt{z}}{1-\sqrt{z}}\right| + \cdots \\
x/t &= 2\left(\frac{\varkappa+1}{4\pi}\,\tau\right)^{2/3}\left[z - \sqrt{z} - \frac{1}{2}(1-z)\ln\left|\frac{1+\sqrt{z}}{1-\sqrt{z}}\right|\right].
\end{aligned}
\tag{22}
$$

Bemerkenswert ist dabei, daß in u_1 dieselbe Potenz von τ und von $(\varkappa + 1)$ auftritt, wie bei der stationären Strömung, wie auch, daß in den Hauptgliedern von u_1 und c_1 gemäß Gl. (18) die stationäre Bernoullische Gleichung erfüllt ist, die in erster Näherung die Form besitzt:

$$u_1 = -\frac{2}{\varkappa-1}\,c_1. \tag{23}$$

Bei den Koordinaten ist eine Analogie zur stationären Schallströmung nicht zu beobachten und auch nicht zu erwarten, schon weil bei der stationären Lösung die Zeit t gar nicht auftritt.

6. Kopfwelle

Gl. (22) zeigt, daß $x/t = 0$ sowohl für $z = 1$ als auch für $z = 0$ erfüllt ist. Berechnet man die Zwischenwerte von x/t für $0 \leqslant z \leqslant 1$, so zeigt sich gleich, daß das Gebiet III der charakteristischen Ebene in der Strömungsebene doppelt überdeckt ist. Sucht man nun entsprechend der Näherung von Pfriem die Stoßfront als jene Kurve, die in jedem Punkt die Richtung der Winkelsymmetrale gleichlaufender Charakteristiken vor und hinter der Front besitzt, so findet man für die Kopfwelle die Bedingung für $M_\infty \sim 1$:

$$x/t = M_\infty - 1 + \frac{1}{2}(u_1 - c_1). \tag{24}$$

Dies ist eine Bestimmungsgleichung für den z-Wert der Kopfwelle. Wegen Gl. (23) ist auch die richtige Koppelung von u_1 und c_1 an der instationären Stoßfront gesichert. Die Lage der Stoßfront wurde nicht nur für $M_\infty = 1$, sondern in der ganzen Schallnähe bestimmt. Man erhält dann gemäß Abb. 8 die Stoßneigung als Abszisse abhängig von einem Mach-Zahlparameter als Ordinate. Bemerkenswert ist dabei wieder, daß der Parameter der Ordinate genau dieselbe Gestalt hat, wie die reduzierte Mach-Zahl oder die reduzierte Dicke der stationären,

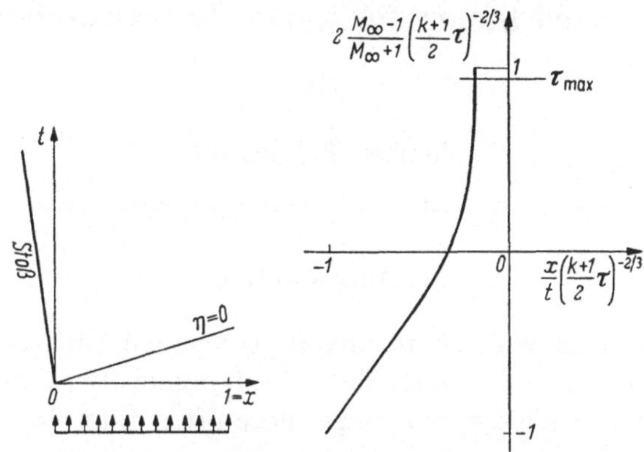

Abb. 8. Lage der instationären Kopfwelle, abhängig von M_∞ und τ

schallnahen Ähnlichkeitsgesetze. Daher konnte auch der Wert für die Kopfwellenablösung bei stationärer schallnaher Strömung an einem Keil mit der Bezeichnung τ_{max} eingetragen werden.

Es zeigt sich, daß selbst bei hoher Mach-Zahl M_∞ ein Stoß stromaufwärts wandert, ja es ergibt sich nicht einmal eine asymptotische Endlage für $M_\infty \to \infty$. Dazu ist jedoch zu bemerken, daß es sich beim plötzlichen Auftreten einer quellförmigen Störung um ein wesentlich anderes Problem handelt als bei der stationären Umströmung eines endlichen Keiles.

Literatur

[1] Courant-Hilbert: Methoden der Mathematischen Physik, II. Bd. S. 374ff.
[2] Oswatitsch, K.: Die Ausbreitung von Wellen mit Stößen in ebener Strömung. V. Scientific Conference, Jablonna 28. 8.—2. 9. 1962, Polen. Im Druck.
[3] Fox, Ph. A.: J. Math. and Physics **34**, 133—151 (1955).
[4] Oswatitsch, K.: Z. Flugwiss. **10**, 131—138 (1962), Heft 4/5.
[5] Schneider, W.: Analytische Berechnung achsensymmetrischer Überschallströmungen mit Stößen. In Bearbeitung.

Linearized theory for unsteady transonic flow

By

Marten T. Landahl

Massachusetts Institute of Technology, Cambridge, U. S. A.

1. Introduction

It is a well-known fact to anyone concerned with the prediction and prevention of flutter and other aerodynamically induced instabilities that the transonic speed range more often than not turns out to be the most critical one. In order to achieve an efficient, dynamically stable design one therefore needs to know oscillatory transonic air forces with good accuracy. Another more basic reason for studying unsteady transonic flow is to gain improved physical understanding

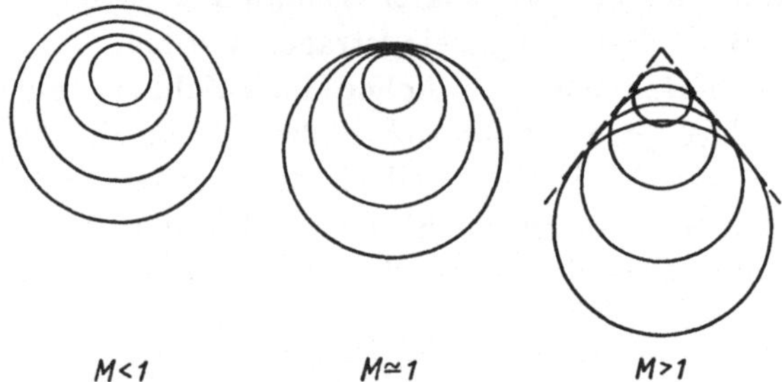

Fig. 1. Acoustic source in a parallel flow

of transonic flow in general. For example, a problem of fundamental importance in transonic flow is to study whether particular steady flow patterns are stable to small unsteady disturbances. The present paper will be mainly concerned with methods for predicting oscillatory forces. However, other more general unsteady transonic flows will also be considered briefly.

The affinity for aerodynamically induced instabilities in the transonic region may be traced to the same physical phenomenon that causes the drag and other steady air forces to be generally large in this speed range. This phenomenon is illustrated by the familiar graph shown in Fig. 1 of an acoustic source in a parallel flow field.

This simple picture was often used in the past to explain basic phenomena in a steady transonio flow; however, it is of course actually an illustration of unsteady flow. It is seen that parts of the wave fronts move upstream very slowly relative to the source whereas others move downstream with a velocity approximately equal to twice the speed of sound. These parts of the waves will be called the receding and advancing portions, respectively. Due to the DOPPLER effect the wave-length of the receding part is very small. Hence, for a continuous spatial distribution of acoustic sources the receding wave portions tend to cancel. This is a familiar phenomenon to anyone having listened to the noise from an approaching low-flying subsonic jet airplane; hardly any sound will appear until the airplane has passed.

Since the receding wave fronts move away very slowly they will spend a long time in the disturbance field from the source and may hence eventually be considerably deformed. If the source oscillates very slowly, or is steady, pressure waves of the same sign may consequently have time to interact and possibly build up to a finite amplitude, thus leading to the non-linear disturbance accumulation so typical of transonic flow. It is clear that because of the receding waves, large phase shifts between motion and pressure on a wing or body may be created, even at low frequencies. These phase shifts are instrumental in extracting the energy from the free stream needed to sustain aerodynamic instabilities and flutter.

It is apparent from the discussion above that for a flow that is sufficiently unsteady the transonic non-linear disturbance accumulation will not take place and the problem becomes essentially linear. For high frequencies the unsteady three-dimensional problem becomes actually simpler than in any other speed region due to the fact that the basic partial differential equation describing the flow is then parabolic. The application of the simple linearized theory has been explored extensively for various three-dimensional shapes by the author. An account of the work is given in a recent monograph (LANDAHL, 1961, in the following referred to as I.). Comparisons with available experimental data indicate that in the case of low-aspect ratio delta wings the simple theory gives results with fairly good accuracy down to surprisingly low reduced frequencies. For rectangular wings, however, reasonable agreement between theory and experiments has been lacking in the comparisons made so far for low-to-moderate frequencies.

Apparently, the validity of the theory is restricted to higher reduced frequencies for wings with unswept edges than for those having highly swept ones. Thus, for example, the theory unfortunately fails in a quantitative analysis of such a technically important problem as one-degree-of-freedom control surface flutter (control surface buzz).

In the present paper the emphasis is put on explaining the reasons for this and on suggesting methods for improving the accuracy of the theory. The basic underlying idea is to consider the solution for the velocity perturbation potential expressible as an asymptotic series in powers of a small parameter which is essentially an overall measure of the ratio of the receding wave length to some typical length of the wing or body. The lowest order term in this expansion is the theory described in I.

2. Small steady or unsteady perturbations in a transonic flow

Consider a thin wing performing unsteady motion of small amplitude in a transonic stream. The wing is assumed to be located close to the x, y-plane and the free stream is directed along the positive x-axis. The usual non-dimensional variables are introduced by dividing all lengths by the reference length b, velocities by the free-stream velocity U_∞, and time by b/U_∞. For small perturbations, the differential equation governing the (non-dimensional) perturbation potential may be written in the following form:

$$(c^2 - U^2)\, \phi_{xx} - 2\, U\, \phi_{xt} - \phi_{tt} + c^2(\phi_{yy} + \phi_{zz}) = 0 \qquad (1)$$

which is non-linear since c and U depend on the derivatives of ϕ. For simplicity, only those non-linear terms that are of importance for a first-order small-perturbation theory are retained. That the terms neglected in (1) indeed are negligible may be checked *a posteriori* using the technique described below. In case of subsonic or supersonic flow c and U may be replaced by their free-stream values giving the differential equation of acoustic theory

$$(1 - M_\infty^2)\, \phi_{xx} - 2\, M_\infty^2\, \phi_{xt} - M_\infty^2\, \phi_{tt} + \phi_{yy} + \phi_{zz} = 0, \qquad (2)$$

where M_∞ is the free-stream MACH number. For a transonic flow it is necessary to use the local values of c and U, i. e.,

$$c^2 = M_\infty^{-2} - \frac{1}{2}(\gamma - 1)(2\phi_x + 2\phi_t + \phi_x^2 + \phi_y^2 + \phi_z^2) \qquad (3)$$

and $\qquad U = 1 + \phi_x$

In steady flow only the first-order term in ϕ_x needs to be retained, but, as will be seen later, the unsteady case sometimes may also require the quadratic term to be included.

For simplicity, we will consider flight at a free-stream MACH number of exactly equal to unity. The results obtained may easily be extended later to cover the whole transonic region.

In deriving the appropriate small-perturbation simplified version of (1), we will use the "inner and outer expansion technique" developed by KAPLUN and LAGERSTROM and COLE (KAPLUN, 1954; KAPLUN and LAGERSTROM, 1957; LAGERSTROM and COLE, 1955). This method (in the following abbreviated as the "KLC method") has recently been successfully used in many fluid mechanics problems. It is a systematic procedure for expanding solutions to problems of a singular perturbation nature in powers of a small parameter. Many problems in classical inviscid aerodynamics are of this type[1]. To illustrate the power of the method we will first consider the non-lifting steady transonic flow around a thin wing of finite span.

We will assume that the free-stream component of the perturbation velocity is of order ε, where the small quantity ε is related to the body shape in a manner that needs not be specified at the moment. The proper set of equations describing the flow (in the asymptotic sense) as $\varepsilon \to 0$ is sought. We first consider an "inner" expansion of the form

$$\phi = \sum_{1}^{\infty} \varepsilon^n \, \phi_i^{(n)}(x, y, z). \tag{4}$$

By formally substituting in (1), we obtain for the lowest-order term:

$$\phi_{iyy}^{(1)} + \phi_{izz}^{(1)} = 0. \tag{5}$$

To first order the inner flow thus satisfies the equation of slender-body theory.

The inner boundary condition specifies that the flow should be tangent to the wing surface, i. e. that

$$\phi_z = \pm (1 + \phi_x) h_x \quad \text{at} \quad z = \pm h, \tag{6}$$

where $z = \pm h(x, y)$ is the function describing the thickness distribution of the wing. Introducing (4) we obtain

$$\phi_{iz}^{(1)} = \pm \varepsilon^{-1} h_x \quad \text{at} \quad z = \pm 0. \tag{7}$$

The "outer" boundary condition, namely that the perturbation velocities should vanish for $y^2 + z^2 \to \infty$, cannot be satisfied in general by the solution of (5). The reason for this is of course that by deleting the second-order derivative terms in x the character of the original equation (1) is changed. For the outer region, one therefore needs to make an affine transformation by introducing as new coordinates

$$\eta = \mu \, y, \tag{8}$$

$$\zeta = \mu \, z,$$

where μ is to be determined such that a non-trivial differential equation is obtained for the lowest-order term. Expanding in powers of ε as

---

[1] Of the problems that may be successfully treated by this method are lifting-line theory and slender-body theory.

418 Marten T. Landahl

before:

$$\phi = \sum_{1}^{\infty} \varepsilon^n \, \phi_o^{(n)}(x, \eta, \zeta) \tag{9}$$

but this time keeping η, ζ fixed in the expansion procedure we see that the proper choice of μ is

$$\mu = \sqrt{\varepsilon} \; . \tag{10}$$

We hence find that the first-order term is a solution of

$$- (\gamma + 1) \, \phi_{ox}^{(1)} \, \phi_{oxx}^{(1)} + \phi_{o\eta\eta}^{(1)} + \phi_{o\zeta\zeta}^{(1)} = 0 \tag{11}$$

which is equivalent to the standard form of the small-perturbation equation for sonic flow. The outer boundary condition is that

$$\phi_{ox}^{(1)} = \phi_{o\eta}^{(1)} = \phi_{o\zeta}^{(1)} = 0 \quad \text{for} \quad \eta^2 + \zeta^2 = \infty. \tag{12}$$

The inner boundary conditions for $\phi_o^{(1)}$ are obtained by matching the disturbance velocities obtained from the solution of (11) to those obtained from the inner solution. The inner solution satisfying the boundary condition (7) may be directly written down:

$$\phi_i^{(1)} = \frac{1}{\pi \, \varepsilon} \int\limits_{-\sigma(x)}^{\sigma(x)} h_x(x, y_1) \ln \sqrt{(y - y_1)^2 + z^2} \; dy_1 + g(x). \tag{13}$$

The function $g(x)$ is as yet undetermined[1]. In its simplest version the asymptotic matching procedure in the KLC method states that the outer limit of the inner solution should approach the inner limit of the outer solution, i. e. symbolically,

$$_i\lim [q_o] = {}_o\lim [q_i],$$

where q stands for φ or any physical quantity derived from it. The outer limit of the inner region in the present problem is

$$r = \sqrt{y^2 + z^2} = \infty$$

and the inner limit of the outer region is

$$\varrho = \sqrt{\eta^2 + \zeta^2} = 0 \,.$$

From (13) it follows that, to first order, the inner solution becomes axisymmetric in the outer limit with a radial velocity component $V_i^{(1)}$ given by

$$_o\lim V_i^{(1)} = {}_o\lim \phi_{ir}^{(1)} = \frac{1}{2\pi \, \varepsilon \, r} \, S'(x), \tag{14}$$

where $S(x)$ is the area of the body cross-section and prime means differentiation with respect to x. Hence the outer flow is axisymmetric to first order and matching of $V_o^{(1)}$ gives the following boundary con-

---

[1] For a wing with lift a term of the form $z \, g_2(x)$ should also be included but using the present technique one can show that it is of higher order in ε

dition for $\phi_o^{(1)}$

$$\lim_{\varrho \to 0} (\varrho\, \phi_{o\varrho}^{(1)}) = \frac{1}{2\pi\,\varepsilon}\, S'(x). \tag{15}$$

Eqs. (11), (12) and (15) together with first-order shock relations completely determine the outer flow. The function $g(x)$ in the inner solution is obtained by matching in the same way. Hence we obtain

$$g(x) = \lim_{\varrho \to 0} \left\{ \phi_o^{(1)}(x, \varrho) - \frac{1}{2\pi\,\varepsilon}\, S'(x) \ln \varrho \right\} + \frac{1}{2\pi\,\varepsilon}\, S'(x) \ln \sqrt{\varepsilon}\,. \tag{16}$$

It is easily recognized that (11) through (16) contain the statements of the "transonic equivalence law" by OSWATITSCH and KEUNE (1955).

It should be pointed out that the present derivation is not altogether new. GUDERLEY (1957) in his discussion of the equivalence law employed a way of reasoning that, in effect, is equivalent to the one used here.

We will now proceed to the unsteady flow problem. In order to assess the relative magnitude of time-derivative terms we will introduce a new time-coordinate

$$\tau = k\,t\,,$$

where k is chosen so that derivatives with respect to τ are of order unity. For example, for oscillatory motion k may be taken to be the reduced frequency $\omega\, b / U_\infty$; for transient type of motion it may be chosen to be equal to the inverse of the dimensionless time required to complete the motion.

For the inner solution we again assume a series of the form (4). This gives for the first-order term

$$-2k\,\phi_{ix\tau}^{(1)} - k^2\,\phi_{i\tau\tau}^{(1)} + \phi_{iyy}^{(1)} + \phi_{izz}^{(1)} = 0\,. \tag{17}$$

Since k may be of order unity, both terms involving time derivatives are to be retained. Using the transformed coordinates (8) for the outer flow and (9) we obtain for the first-order outer term

$$- (\gamma + 1)\frac{\varepsilon}{\mu^2}\, \phi_{ox}^{(1)}\, \phi_{oxx}^{(1)} - 2\,\frac{k}{\mu^2}\, \phi_{ox\tau}^{(1)} - \frac{k^2}{\mu^2}\, \phi_{o\tau\tau}^{(1)} + \phi_{o\eta\eta}^{(1)} + \phi_{o\zeta\zeta}^{(1)} = 0\,, \tag{18}$$

where it is assumed that $\varepsilon/\mu^2 = 0(1)$. The proper choice of μ in this case depends on the limiting value of k/ε as $\varepsilon \to 0$. Three cases may be distinguished, namely

$$(1) \qquad\qquad \lim_{\varepsilon \to 0} (k/\varepsilon) = 0\,, \tag{19}$$

$$(2) \qquad\qquad \lim_{\varepsilon \to 0} (k/\varepsilon) = 0(1)\,, \tag{20}$$

$$(3) \qquad\qquad \lim_{\varepsilon \to 0} (k/\varepsilon) = \infty\,. \tag{21}$$

Case (1) is the quasi-steady case for which $\mu = \sqrt{\varepsilon}$, and the same set of equations as in the steady case are obtained. Case (2) is the mildly unsteady case for which the proper choice of μ is again $\sqrt{\varepsilon}$ and the equation governing $\phi_o^{(1)}$ is

$$- (\gamma + 1)\, \phi_{ox}^{(1)}\, \phi_{oxx}^{(1)} - 2\,\frac{k}{\varepsilon}\, \phi_{ox\tau}^{(1)} + \phi_{o\eta\eta}^{(1)} + \phi_{o\zeta\zeta}^{(1)} = 0 . \tag{22}$$

Case (3) is the fully unsteady case which will be the main object of study in the remainder of the paper. Setting $\mu = \sqrt{k}$ in (18) and utilizing (21) gives

$$-2\phi_{ox\tau}^{(1)} - k\,\phi_{o\tau\tau}^{(1)} + \phi_{o\eta\eta}^{(1)} + \phi_{o\zeta\zeta}^{(1)} = 0 . \tag{23}$$

Comparing (17) and (23), we see that the inner and outer regions of the flow are governed by the same differential equation in the fully unsteady case, namely the linearized equation for acoustic disturbances in a flow of sonic velocity. Whereas in the steady-flow case the linearized equation gives a non-uniformly valid solution that fails at large distances from the body, the equation for the fully unsteady case allows the boundary condition of vanishing perturbation velocities to be satisfied at infinity. The areas of non-uniform validity of (17) are confined to leading and trailing edges and other regions of rapid local velocity variations. These areas will be studied in Section 4.

The physical meaning of the condition (21) was discussed in I. The deviation of the local Mach number, M, from unity is proportional to ε, hence ε/k is proportional to $|1 - M|/k$ which in turn is proportional to the wave-length of the receding wave. As this wave-length becomes vanishingly small compared to some typical dimension of the body, the nonlinear accumulation of disturbances along the receding wave fronts will not take place and the problem becomes essentially linear. Also, the receding waves from neighboring disturbance sources will interact and cancel out in the limit, provided the source strength varies smoothly in the free-stream direction. Consequently, there will be no upstream influence in a slightly subsonic flow in accordance with the character of the linearized equation.

With some minor modifications the above derivation will also hold for a free-stream Mach number that is slightly different from unity. The small parameter ε must then be reinterpreted to represent the maximum deviation of the local Mach number from unity in the flow. An asymptotic theory which is correct in the limit as $k/\varepsilon \to \infty$ is then given by the solution of

$$-2 M_\infty^2\, \phi_{xt} - M_\infty^2\, \phi_{tt} + \phi_{yy} + \phi_{zz} = 0 \tag{24}$$

which differs from (23) by the factor of M_∞^2 for the time-derivative terms. As shown in I (Section 1.8) solutions of (24) for $M_\infty \neq 1$ may be obtained from solutions for $M_\infty = 1$ by a simple PRANDTL-GLAUERT type transformation. In particular one finds that in two-dimensional flow forces and moments will be proportional to M_∞^{-1}.

Since (24) should as well give the correct asymptotic form of the acoustic theory as $k/|1 - M_\infty| \rightarrow \infty$, a means is afforded whereby the practical limitations of the present theory may be studied. Comparisons of oscillatory forces and moments calculated from (24) with those obtained from the acoustic Eq. (2) show that reasonable agreement is

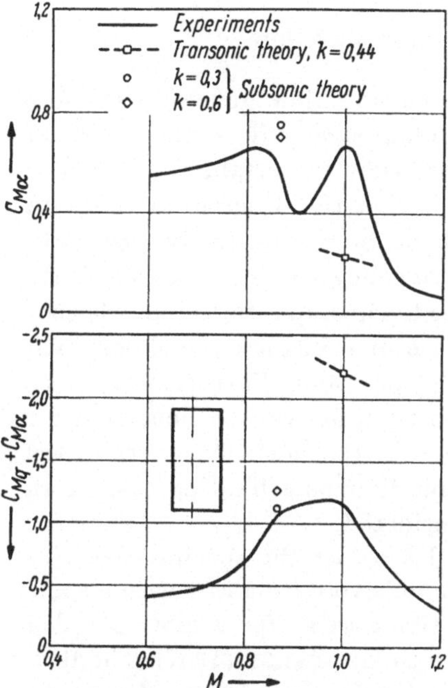

Fig. 2. Comparisons of transonic theory with experiments by BRATT (1959) for a rectangular wing of $A = 2$ oscillating in pitch

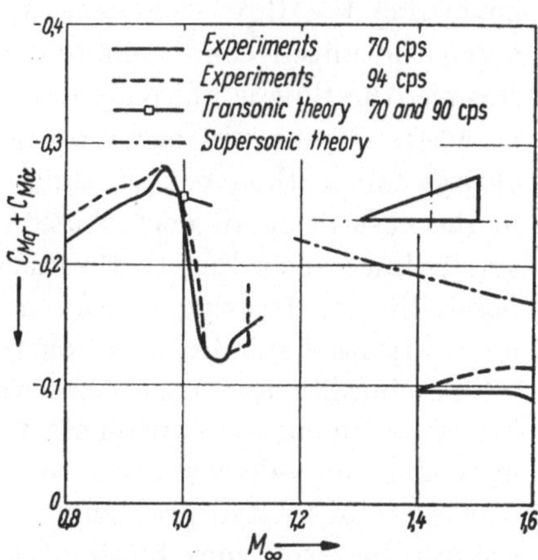

Fig. 3. Comparison of transonic theory with experiments by ORLIK-RÜCKEMANN and OLSSON (1956) for a delta wing of $A = 1.45$ oscillating in pitch

obtained for $k/|1 - M_\infty| > 6$ in the case of a two-dimensional or rectangular wing and for $k/|1 - M_\infty| > 2$ or less, in the case of a low aspect ratio delta wing (see I, Section I.8). One would therefore expect that the theory presented would give an acceptable approximation to the true air forces if these inequalities were satisfied for the local MACH number everywhere in the flow.

To illustrate the effect of planform on the validity of the theory we show in Figs. 2 and 3 some comparisons of measured and computed damping-in-pitch derivatives for a rectangular wing and a delta wing. Whereas the agreement for the delta wing is fairly good, at least for the lower transonic region, that for the rectangular wing is poor. That the theory should be more restricted for a wing with unswept edges than for one with highly swept ones is perhaps not entirely unexpected. Near an unswept edge the double x-derivative term, which is neglected in the theory, will actually dominate. On the other hand, near a highly swept one the double y- and z-derivative terms will be much larger than the term neglected. In addition, the straight edge will cause strong receding waves which will be incompletely cancelled. This subject will be further discussed in Section 4.

3. The limiting case of steday flow

Although the calculation of an unsteady flow generally is more complicated than that for a corresponding steady flow, the unsteady flow is from a mathematical point of view in certain fundamental respects simpler. The reason for this is that the differential equation governing the flow is always hyperbolic in the unsteady case and, given the initial conditions and the tangency condition on the body surface, the flow is uniquely determined. Thus, questions like whether or where shocks will occur do not arise in principle: the shocks will always fall in their correct (and stable) positions. Furthermore, since in the case of small perturbations the equation can be linearized for small times according to the discussion in the preceding section, the possibility of treating steady transonic flow as a limiting case of an unsteady flow should be seriously considered.

To simplify the discussion, we will consider the specific case of a thin two-dimensional airfoil starting impulsively from rest with a sonic or near sonic velocity along the negative x-axis. For a more detailed discussion of related problems we refer to GUDERLEY (1957). The flow around the airfoil may be simulated by distributing sources of strength proportional to the airfoil slope and U_∞ along the x, t-plane (see Fig. 4). For short times the flow may be determined from the linearized differential eqation which for a coordinate system fixed with the fluid becomes

$$\phi_{xx} + \phi_{zz} - \frac{1}{c_\infty^2}\phi_{tt} = 0. \tag{25}$$

However, since the airfoil moves at practically the same speed as its own disturbances, these will eventually accumulate causing the receding wave fronts to move at a speed slightly different from the speed of sound in the undisturbed gas. Thus, although linearized theory is adequate for predicting the disturbance due to any individual source pulse shortly after it is created, the location of the receding wave front will begin to deviate more and more from the linearized value as time increases. In order to find the pressure on the airfoil for large time one would then need to evaluate the displacement of the receding wave front from each particular source pulse as the front travels a long time through the disturbance field of the others. This nonlinear problem is very similar to that of determining the flow field at large distances from a body in supersonic flow, a problem that was extensively studied by WHITHAM (1952, 1956) with the emphasis on shock-wave patterns. He found that the linearized theory could be modified in a comparatively simple way to give a uniformly valid approximation at large distances. Many of the results obtained by WHITHAM could possibly be directly applied to the present problem. In fact, the problem illustrated in Fig. 4 is mathematically analogous to that for a steady supersonic flow around a semi-infinite swept wing with a sweep angle close to that of the MACH angle. The method developed for a general three-dimensional wing in WHITHAM's (1956) paper would presumably be directly applicable to the present sent problem. It is likely that similar methods would be useful also for the study of more general quasisteady or mildly unsteady transonic flows.

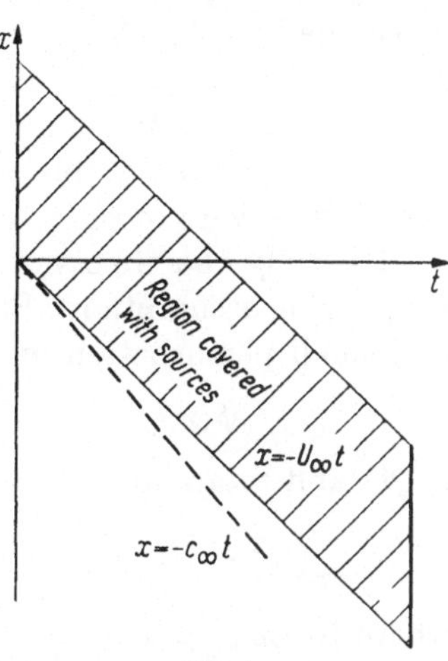

Fig. 4.
Airfoil starting impulsively from rest

4. Analysis of the effect of the receding waves

The remainder of the paper will be concerned only with lifting, oscillatory flow as is of interest in connection with flutter and dynamic stability calculations.

In the derivation in Section 2 of the small-perturbation equations it was implicitly assumed that x-derivatives remain finite as $\varepsilon \to 0$. For a highly unsteady transonic flow this assumption may not be allowable, however. This can be demonstrated from solutions of the acoustic Eq. (2). The solution for an oscillating source of unit strength in a stream of $M_\infty < 1$ reads

$$\phi = - \frac{\exp\left\{i\,k\left[t + \dfrac{M_\infty^2\,x}{1-M_\infty^2} - \dfrac{M_\infty\,\sqrt{x^2+(1-M_\infty^2)\,(y^2+z^2)}}{1-M_\infty^2}\right]\right\}}{4\pi\,\sqrt{x^2+(1-M_\infty^2)\,(y^2+z^2)}}. \tag{26}$$

For large positive x such that $x^2 \gg (1-M_\infty^2)\,(y^2+z^2)$ this approaches

$$\phi = -\frac{1}{4\pi\,x}\exp\left\{i\,k\left[t - \frac{M_\infty\,x}{1+M_\infty} - \frac{M_\infty\,(y^2+z^2)}{2x}\right]\right\}, \tag{27}$$

424 MARTEN T. LANDAHL

whereas for large negative x

$$\phi = \frac{1}{4\pi x} \exp\left\{i\, k \left[t + \frac{M_\infty\, x}{1 - M_\infty} + \frac{M_\infty(y^2 + z^2)}{2x}\right]\right\}. \tag{28}$$

The advancing wave portion is represented by (27) and the receding wave one by (28). One may infer from (28) that, in the receding wave, x-derivatives become very large as $M_\infty \to 1$. The receding wave portion of the solution is therefore lost in the linearized equation (23) for fully unsteady flow since this was derived under the assumption that x-derivatives were of order unity.

To study the effects of the receding waves, we will introduce two simplifying assumptions. First, we will assume that the oscillatory flow is a small perturbation on the steady mean flow. Thus, setting

$$\phi(x, y, z, t) = \phi_1(x, y, z) + Re\left\{\varphi(x, y, z)\, e^{ikt}\right\} \tag{29}$$

in (1) and retaining only terms linear in φ we obtain

$$\frac{\partial}{\partial x}\left[(c_1^2 - U_1^2)\, \varphi_x\right] - 2\, i\, k\, U_1\, \varphi_x - k^2\, \varphi + c_1^2(\varphi_{yy} + \varphi_{zz}) = 0, \tag{30}$$

where for $M_\infty = 1$

$$c_1^2 = 1 - \frac{1}{2}\, (\gamma - 1)\, (2\phi_{1x} + \phi_{1x}^2 + \phi_{1y}^2 + \phi_{1z}^2). \tag{31}$$

The reason why quadratic terms in the expression for c_1 must be retained may be made clear from (28). The receding wave will have a wave length of order $|1 - M_1|/k$, where M_1 is the local MACH number in the steady flow. Consequently, φ_x will be of order $k/|1 - M_1|$ $= 0(k/\phi_{1x})$ and φ_{xx} of order $(k/\phi_{1x})^2$ and thus $\phi_{1x}^2\, \varphi_{xx}$ and $\phi_{1x}\, \varphi_x$ of order unity.

It is likely that the solution of (30) will provide all the information necessary for flutter and stability calculations since only the stability of infinitesimal oscillations are normally investigated. Furthermore, at least in the case of three-dimensional flow, true nonlinear effects (in amplitude) are likely to be small, even for low frequencies, since slender-body theory gives a valid lowest-order approximation for the lifting flow.

The linearization in terms of the unsteady lifting flow necessitates a minor modification in the expansion scheme. Since the small quantity ε now refers only to the mean steady flow, an expansion of the unsteady lifting flow in powers of ε will start out with a term independent of ε, i. e. a term of zeroth order in ε. (All the terms in the expansion of φ are of course of first order in the amplitude of oscillation δ.) This term, which is the only one that is considered in detail in the present paper, will be referred to as "the zeroth order solution". For simplicity in writing, the sub- and superscripts referring to the different terms in the expansion will be omitted from now on, except when needed for clarity.

The second assumption made is that the variation of U_1 and c_1 with y and z is small so that they may be treated as functions of x only. The errors introduced thereby are hard to assess, but without this assumption a simple solution does not seem possible. Although for this simplified model the analysis will strictly be valid only for oscillatory perturbations in steady one-dimensional channel flow, many of the features of the receding waves in a general three-dimensional flow will probably be retained.

With these assumptions, we will now determine the asymptotic solution, as $\varepsilon/k \to 0$, for a fully unsteady source using the KLC method. First consider an inner solution valid in the immediate neighborhood of the source (assumed to be located at the origin). In this region the perturbation velocities will vary rapidly so that in order to obtain the proper first-order equation the coordinates must be stretched in such a manner that all second-order derivatives are retained. It is found that this is achieved by setting

$$\xi = k\,x/\varepsilon, \qquad \eta = k\,y/\sqrt{\varepsilon}\,, \qquad \zeta = k\,z/\sqrt{\varepsilon}\,. \tag{32}$$

Introduction into (30) and (31) gives upon letting $\varepsilon \to 0$

$$f\left(\frac{\varepsilon\,\xi}{k}\right)\varphi_{\xi\xi} - 2i\,\varphi_\xi + \varphi_{\eta\eta} + \varphi_{\zeta\zeta} = 0, \tag{33}$$

where the following abbreviation has been used:

$$-(\gamma + 1)\,\phi_{1x} = \varepsilon\,f(x). \tag{34}$$

Further simplification is possible by expanding f in a TAYLOR series about the origin. Assuming both $f(0)$ and $f_x(0)$ to be of order unity, we may then replace f by $f(0) = f_0$. Thereby (33) becomes essentially equivalent to (2) for a constant free-stream MACH number of $1 - M_\infty^2 = \varepsilon f_0$ but with the term involving k^2 deleted. Hence the inner solution may be directly obtained by adopting the known solution for an acoustic source. Thus for $f_0 > 1$ (the source located in a subsonic portion of the flow)

$$\varphi_i = -\frac{k}{4\pi\,\varepsilon\,\sqrt{\xi^2 + f_0(\eta^2 + \zeta^2)}}\exp\left\{\frac{i}{f_0}\left[\xi - \sqrt{\xi^2 + f_0(\eta^2 + \zeta^2)}\right]\right\}. \tag{35}$$

(The coefficient k/ε is needed to make the source of unit amplitude.)

An outer solution representing the advancing wave is obtained from the Eq. (23) for fully unsteady flow, i. e. from

$$-2i\,k\,\varphi_x + k^2\,\varphi + \varphi_{yy} + \varphi_{zz} = 0. \tag{36}$$

The solution may be found directly from (27) by setting $M_\infty = 1$. Thus

$$\varphi_o = -\frac{A}{4\pi x}\exp\left\{-i\,\frac{k}{2}\left(x + \frac{y^2 + z^2}{x}\right)\right\}, \tag{37}$$

where the constant A is to be determined from the matching procedure.

Since $M_\infty(1 - M_\infty)^{-1}$ is the non-dimensional form of $(c_\infty - U_\infty)^{-1}$, Eq. (28) suggests that a second outer solution representing the receding wave may be obtained by setting

$$\varphi_o = \chi\exp\left\{i\,k\int_0^x \frac{dx_1}{c_1(x_1) - U_1(x_1)}\right\}. \tag{38}$$

Upon introduction into (30) we find that χ must satisfy the following equation:

$$(c_1^2 - U_1^2)\,\chi_{xx} + \chi_x\left[\frac{\partial}{\partial x}(c_1^2 - U_1^2) + 2\,i\,k\,c_1\right]$$

$$+ i\,k\,\chi\left[\frac{\partial}{\partial x}(c_1 + U_1)\right] + c_1^2(\chi_{yy} + \chi_{zz}) = 0. \tag{39}$$

In this, we may now let ϕ_{1x} vanish whereupon c_1 and U_1 both tend to unity. Hence, in the limit the equation for χ becomes

$$2\,i\,k\,\chi_x + \chi_{yy} + \chi_{zz} = 0. \tag{40}$$

Before proceeding, we will consider the consequences of omitting some of the higher order terms in (30). From (31), it follows by series expansion in ϕ_{1x} that

$$\int_0^x \frac{dx_1}{c_1 - U_1} = -\frac{2}{\gamma + 1}\int_0^x \frac{dx_1}{\phi_{1x}(x_1)} + \frac{(\gamma - 1)}{2(\gamma + 1)}\,x + 0\,(\phi_{1x}). \tag{41}$$

If, on the other hand, we instead had started from the simpler differential equation

$$-(\gamma + 1)\frac{\partial}{\partial x}(\phi_{1x}\,\varphi_x) - 2\,i\,k\,\varphi_x + k^2\,\varphi + \varphi_{yy} + \varphi_{zz} = 0 \tag{42}$$

which is the one obtained by retaining only the quadratic term required in steady transonic flow, the expression (41) would be replaced by

$$-\frac{2}{\gamma + 1}\int_0^x \frac{dx_1}{\phi_{1x}(x_1)} + \frac{x}{2}. \tag{43}$$

The term proportional to x will thus be in error by a factor of 6 for $\gamma = 1.4$.

The solution of (40) is easily obtained by modifying that of (36). Hence the outer solution for the receding wave is found to be

$$\varphi_0 = -\frac{B}{4\pi x}\exp\left\{i\,k\left[\int_0^x \frac{dx_1}{c_1 - U_1} + \frac{y^2 + z^2}{2x}\right]\right\},\tag{44}$$

where the constant B is to be determined from the matching which is most easily carried out for the u-component along the x-axis. From (44) it follows that to the lowest order in ε

$$u_0(x, 0, 0) = -\frac{i\,k\,B}{4\pi\,x(c_1 - U_1)}\exp\left\{i\,k\int_0^x \frac{dx_1}{c_1 - U_1}\right\}\tag{45}$$

which for $x \to 0$ approaches

$$u_0(x, 0, 0) \sim -\frac{i\,k\,B}{2\pi\,x\,\varepsilon\,f_0}\exp\left\{\frac{2i\,k\,x}{\varepsilon\,f_0}\right\},\tag{46}$$

where, from (34),

$$f_0 = -(\gamma + 1)\,\varepsilon^{-1}\,\phi_{1x}(0).$$

This is to be set equal to the corresponding limit as $|\xi| \to \infty$ for the inner solution. From (35) it follows that for large negative ξ

$$u_i = \frac{k}{\varepsilon}\,\phi_{i\xi} \sim \frac{i\,k^2}{2\pi\,\varepsilon^2\,\xi\,f_0}\exp\left(\frac{2i\,\xi}{f_0}\right) = \frac{i\,k}{2\pi\,\varepsilon\,x\,f_0}\exp\left(\frac{2i\,k\,x}{\varepsilon\,f_0}\right).\tag{47}$$

Comparing (47) and (46) we find that

$$B = -1.\tag{48}$$

To complete the solution the same procedure is carried out for $x > 0$. Thus it is found that (35) will match (37), provided

$$A = 1.\tag{49}$$

As an illustration of the results obtained the u-component is computed along the x-axis for two cases in which the local MACH number M_1 varies linearly with x. In Fig. 5a the MACH number increases with x whereas in Fig. 5b it decreases. The reduced frequency chosen is $k = 1.0$. In both cases the MACH number at the location of the source is $M_1 = .95$. For comparison, the result for a constant free-stream MACH number of $M_\infty = .95$ is also included. It is seen that the receding wave is very much different in the two cases. In the accelerated flow its amplitude decreases and wave-length increases away from the source. The amplitude decreases faster away from the source than for the case of a constant MACH number. In the decelerated flow, on the other hand, the amplitude goes to infinity and wave length to zero as the sonic line is approached. This behavior is to be expected for physical reasons since the energy transported by the receding wave gets trapped at the sonic line. This would indicate that a flow that decelerates smoothly from supersonic to subsonic flow is unstable and must eventually develop a compression shock. However, care must be exercised in applying the present result to general two- and three-dimensional flows since curvature of the flow and the sonic line or surface may allow the disturbance energy to escape sideways.

The analysis for a source located in the supersonic part of the flow, as well as for a two-dimensional source, may be performed in a similar manner. The procedure is straightforward following the outline abov eand will therefore not be reproduced. The results may be all stated simply as follows: the receding wave portion will be given by the limit as $M_\infty \to 1$ of the corresponding portion of the acoustic solution, except that the exponential factor

$$e^{\dfrac{ikM_\infty x}{1-M_\infty}} \qquad (50)$$

is replaced by

$$e^{ik \int_0^x \dfrac{dx_1}{c_1 - U_1}} . \qquad (51)$$

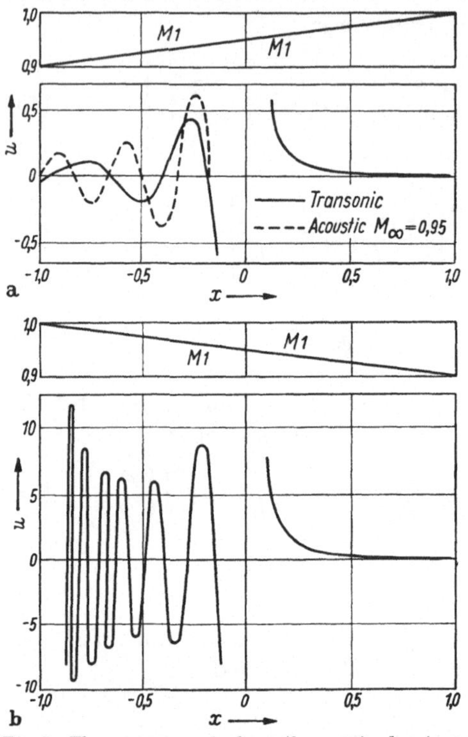

Fig. 5. The u-component along the x-axis due to an acoustic source in a nonuniform flow. (a) Accelerating low. (b) Decelerating flow. Reduced frequency $k = 1.0$

The decrease in amplitude of the perturbation potential with distance from the source is thus predicted correctly by the acoustic theory, but the phase must be corrected for the non-uniform flow.

As indicated earlier, the receding wave would be important near edges or other regions of rapid upwash variations where the source strength would vary so rapidly that there would be incomplete cancellation of neighboring redecing waves. To illustrate this we will consider an oscillating two-dimensional wing over which the steady mean flow is slightly supersonic everywhere. The boundary value problem is to find a solution of (30), with the y-derivative term omitted, subject to the boundary condition

$$\varphi_z(x, +0) = w(x), \tag{52}$$

where $w(x)$ may be computed from the motion of the airfoil. (Only the upper surface is considered since it is not influenced by the lower surface when the flow is supersonic.)

The inner region is now a region of order ε/k near the leading edge. Using again the stretched variables given by (32) we obtain the following boundary value problem for the lowest order solution

$$f_0\, \varphi_{\xi\xi} - 2i\, \varphi_\xi + \varphi_{\zeta\zeta} = 0, \tag{53}$$

$$\varphi_\zeta = \frac{\sqrt{\varepsilon}}{k}\, w\!\left(\frac{\varepsilon\,\zeta}{k}\right) = \frac{\sqrt{\varepsilon}}{k}\, w(0) + 0\,(\varepsilon^{3/2}), \tag{54}$$

where $f_0 = -(\gamma + 1)\,\varepsilon^{-1}\,\phi_{1x}(0)$ is now negative. The solution of (53) and (54) is given by

$$\varphi_i = -\frac{\sqrt{\varepsilon}\,w(0)}{k\,\sqrt{|f_0|}} \int\limits_{0}^{\xi-\zeta\sqrt{|f_0|}} e^{-i\frac{(\xi-\xi_1)}{|f_0|}}\, J_0\!\left[\frac{1}{|f_0|}\sqrt{(\xi-\xi_1)^2 - |f_0|\,\zeta^2}\right] d\xi_1. \tag{55}$$

Thus for the u-component on the ξ-axis:

$$u_i = \frac{k}{\varepsilon}\,\varphi_{i\xi} = -\frac{w(0)}{\sqrt{\varepsilon\,|f_0|}}\, e^{-i\frac{\xi}{|f_0|}}\, J_0\!\left(\frac{\xi}{|f_0|}\right). \tag{56}$$

Using the asymptotic formula for large arguments of the Bessel function J_0 this is in the outer limit found to approach

$$u_i \sim -\frac{e^{-\frac{\pi i}{4}}\, w(0)}{\sqrt{2\pi\,\varepsilon\,\xi}}\left(1 + i\, e^{-\frac{2i\xi}{|f_0|}}\right)$$

$$= -\frac{e^{-\frac{\pi i}{4}}\, w(0)}{\sqrt{2\pi\,k\,x}}\left[1 + i\, e^{-i\frac{kx}{(c_1-U_1)_{x=0}}}\right]. \tag{57}$$

We turn next to the outer solution. The solution of (36) satisfying (52) is given by

$$\varphi_0 = -\frac{e^{-\frac{\pi i}{4}}}{\sqrt{2\pi\,k}} \int\limits_{0}^{x} \frac{\exp\left\{-i\,\frac{k}{2}\left[x - x_1 + \frac{z^2}{x - x_1}\right]\right\}}{\sqrt{x - x_1}}\, w(x_1)\, dx_1. \tag{58}$$

To this, one may add any arbitrary multiple of a solution of the second set of equations for the outer flow (38), (40), having zero upwash on the airfoil. Such a solution is provided by the receding wave portion of a source located at $x = 0$. Thus the complete outer solution reads

$$\varphi_0 = -\frac{e^{-\frac{\pi i}{4}}}{\sqrt{2\pi k}} \int_0^x \frac{\exp\left\{-i\frac{k}{2}\left[x - x_1 + \frac{z^2}{x - x_1}\right]\right\}}{\sqrt{x - x_1}} w(x_1)\, dx_1$$
$$- \frac{C e^{\frac{\pi i}{4}}}{\sqrt{2\pi k x}} \exp\left\{i k \left[\frac{z^2}{2x} - \int_0^x \frac{dx_1}{U_1 - c_1}\right]\right\}. \tag{59}$$

From this we obtain that along the x-axis, to zeroth order,

$$u_0 = -\frac{e^{-\frac{\pi i}{4}}}{\sqrt{2\pi k}}\left\{x^{-1/2}\, w(0)\, e^{-i\frac{kx}{2}} + \int_0^x \frac{\exp\left[-i\frac{k}{2}(x - x_1)\right]}{\sqrt{x - x_1}} w_{x_1}(x_1)\, dx_1\right\}$$
$$+ \frac{i\,k\,C}{U_1 - c_1}\frac{e^{-\frac{\pi i}{4}}}{\sqrt{2\pi k x}}\, e^{-ik\int_0^x \frac{dx_1}{U_1 - c_1}}. \tag{60}$$

In the inner limit, i. e. for $x \to 0$, this approaches

$$u_0 \sim -\frac{e^{-\frac{\pi i}{4}}}{\sqrt{2\pi k x}}\left[w(0) + \frac{k\,C}{(U_1 - c_1)_{x=0}}\, e^{-\frac{ikx}{(c_1 - U_1)_{x=0}}}\right]. \tag{61}$$

Comparing this to (57) we find that

$$C = \frac{i}{k}\left[(U_1 - c_1)\, w\right]_{x=0}. \tag{62}$$

The pressure on the airfoil may now be calculated without difficulty and we find that

$$C_p = C_{pa} + \frac{[(U_1 - c_1)\, w]_{x=0}}{U_1 - c_1}\sqrt{\frac{2}{\pi k x}}\exp\left\{\frac{\pi i}{4} + i k\left(t - \int_0^x \frac{dx_1}{U_1 - c_1}\right)\right\}, \tag{63}$$

where the pressure coefficient uncorrected for the effect of the receding waves, C_{pa}, is given by the following formula

$$C_{pa} = \sqrt{\frac{2}{\pi k}}\, e^{ikt - \frac{\pi i}{4}}\left\{x^{-1/2}\, w(0)\, e^{-\frac{ikx}{2}} + \int_0^x \frac{e^{-i\frac{k}{2}(x - x_1)}}{\sqrt{x - x_1}}(w_{x_1} + i\,k\,w)\, dx_1\right\}. \tag{64}$$

For constant U_1 and c_1 equal to their free-stream values, (63) becomes identical to the formula given by JORDAN (1957).

In the above derivation we assumed that the free-stream MACH number was identical to unity. The result may easily be corrected for values of M_∞ slightly different from unity by using in the differential equations M_∞^{-1} as a zeroth order value for c_1 instead of unity. By methods similar to that discussed in Section 2 above one finds that the correction is obtained simply by multiplying the result (63) by M_∞^{-1}.

In Fig. 6 we have applied (63) (with the M_∞^{-1} factor included) to a biconvex airfoil of 3% thickness oscillating in vertical translation with a reduced frequency of $k = 1$ in a slightly supersonic flow of $M_\infty = 1.2$. For comparison, results obtained from the acoustic theory are also included. The latter is strictly valid only for wings of zero thickness. One would conclude from the large difference between the two curves that thickness effects may be extremely large for unsteady transonic pressures.

It follows from (59) and (62) that the effect of the receding wave part on the potential is of first order in ε/k, and hence of first order also on unsteady forces and moments. Thus it is verified that the solution of (24) gives forces and moments correct to zeroth order in ε/k also when the leading edge is slightly supersonic.

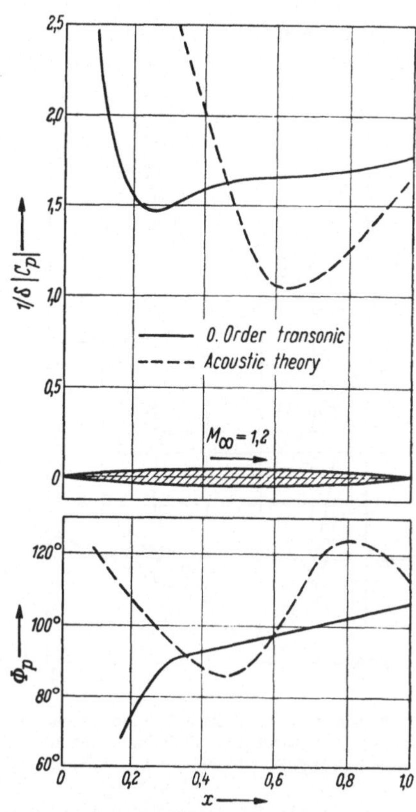

Fig. 6. Pressure distribution on the upper surface of a 3% thick biconvex airfoil oscillating in vertical translation at $M_\infty = 1.2$

Total forces and moments may easily be corrected for the receding-wave effects, although it would be inconsistent to do so without also including other neglected first-order contributions. For a simplified study of first-order effects we have calculated the complete first-order solution for the case of a two-dimensional airfoil oscillating in vertical translation in a uniform supersonic mean flow (corresponding to the case of zero airfoil thickness). For this case, a direct comparison can be made with the acoustic solution. The calculation may be carried out without much difficulty using the method outlined above. Since the procedure leads to lengthy equations without much general interest the intermediate results are omitted. For the coefficient of lift due to translation the following final result is obtained

$$l_{11} = l_{11}^{(0)} + \left(\frac{M_\infty - 1}{M_\infty \, k}\right) \sqrt{\frac{2}{\pi \, k^3}} \left[2 e^{-i\left(\frac{k M_\infty}{M_\infty - 1} - \frac{\pi}{4}\right)} + (1 + i \, k) \, e^{-i\left(\frac{k}{2} + \frac{\pi}{4}\right)} \right].$$

(65)

The zeroth order term $l_{11}^{(0)}$ is obtained simply by multiplying the $M_\infty \equiv 1$ result by M_∞^{-1}. (For numerical values, see Nelson and Berman, 1953.) The receding wave effect is given by the first term alone.

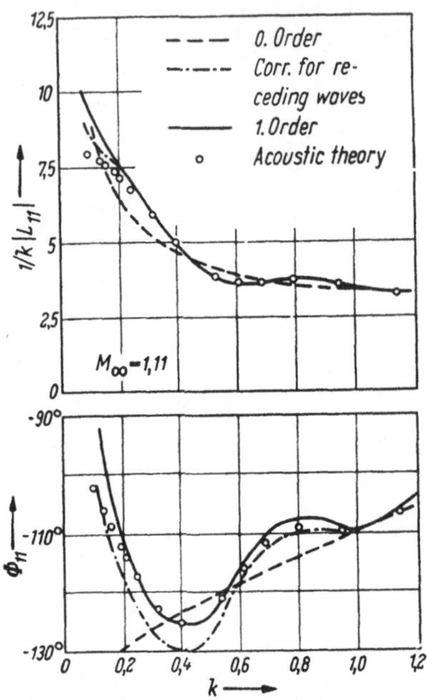

Fig. 7. Lift coefficient for a two-dimensional airfoil of zero thickness oscillating in vertical translation at $M_\infty = 1.2$

In Fig. 7 a comparison is made at $M_\infty = 1.11$ with the acoustic theory. Numerical values for the latter were taken from Garrick and Rubinow (1946). The calculation shows that the first-order theory gives almost perfect agreement with the exact acoustic theory for $k > .2$. The receding wave effect is seen to constitute a large fraction of the total correction and, in particular, reproduces well the oscillations versus k exhibited by the exact theory. It might therefore seem justified from a practical point of view to include only the receding wave effect, which is relatively simple to calculate, and omit other first-order effects. However, preliminary calculations indicate that such an approximation may not be particularly good for other types of motion.

It should be emphasized that the first-order corrections calculated above by starting from the acoustic equation (2) is of no direct practical value since the first-order effects are ectually governed by (30) and thus are strongly influenced by non-uniformities in the steady mean flow, i. e. by thickness effects.

A subsonic trailing edge may be treated in a similar manner to that employed above for a supersonic leading edge. The inner solution will be more complicated, however, since it cannot be obtained directly from a source distribution as in the supersonic case. The effect of the receding wave will in that case be felt in the zeroth order pressure only in a region of order $\sqrt{\varepsilon/k}$ near the edge. Hence its effect is weaker than in the case of a supersonic leading edge.

5. Zeroth-order solutions for three-dimensional wings

Since the application of the zeroth-order theory to three-dimensional cases has been described extensively in I, the survey given below will be very brief and all details will be omitted.

It was shown in I that exact solutions for oscillating wings of any polygonal shape could be obtained in form of infinite series starting from the basic solution for the effect of an isolated streamwise side edge. Consider first the case of a rectangular wing. For φ the boundary value problem is to find a solution of (36) with the normal derivative

$$\varphi_z = w(x, y) \tag{66}$$

prescribed over the wing planform and

$$\varphi = 0 \tag{67}$$

on $z = 0$ outside the wing and wake. It is convenient first to apply FOURIER transformation to the problem.

Denoting transformed variables by capital letters, e. g.,

$$\Phi = \frac{1}{\sqrt{2\pi}} \int_{-\infty}^{\infty} \varphi \, e^{-isx} \, dx, \tag{68}$$

the boundary value problem takes the form (see Fig. 8)

$$\Phi_{yy} + \Phi_{zz} + K^2 \Phi = 0, \tag{69}$$

$$\Phi_z(y, 0) = W(y) \quad \text{for} \quad |y| < \sigma, \tag{70}$$

$$\Phi(y, 0) = 0 \quad \text{for} \quad |y| > \sigma, \tag{71}$$

where

$$K = (2k\,s + k^2)^{1/2}.$$

The transformed problem is essentially the classical one of two-dimensional diffraction around a strip of width 2σ. A method of solution suitable for the present problem was devised by SCHWARZSCHILD (1901). This method is illustrated in Fig. 9. A solution $\Phi^{(0)}$ valid to zeroth order in σ^{-1} is first sought

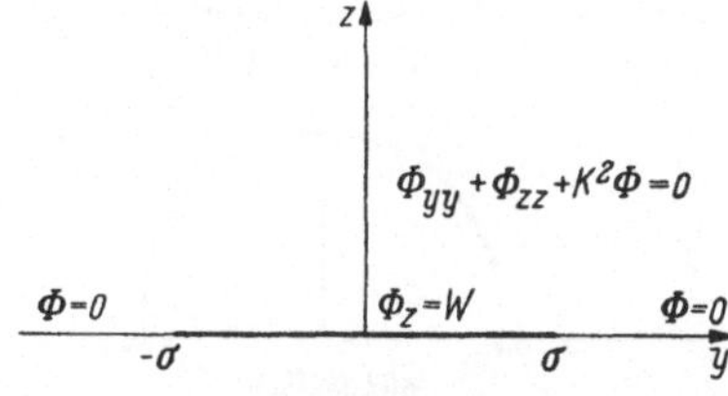

Fig. 8. Boundary value problem after FOURIER transformation

by disregarding the boundary condition (71). Such a solution may easily be found, for example, by distributing sources of strength proportional to $W(y)$ along the y-axis (for $|y| < \sigma$, W may be chosen arbitrarily). A solution $\Psi^{(1)}$ is then added wich cancels $\Phi^{(0)}$ on the y-axis for $y > \sigma$ but leaves the normal derivative unchanged for $y < \sigma$. By also adding a similar correction term for the other edge a first-order correction $\Phi^{(1)}$ for finite span is obtained. The process may then be repeated until desired accuracy is attained. It can be shown (Landahl, 1958) that the series obtained converges for all nonzero values of aspect ratio and reduced frequency.

The virtue of Schwartzschild's method is that it replaces the boundary value problem for a finite strip with another much simpler one for a semi-infinite strip. Theo solution for the edge correction term is given for $z = 0$ by the following simple formula:

$$\Psi^{(1)} = -\frac{1}{\pi} \int\limits_0^\infty \sqrt{\frac{r}{r_1}} \frac{e^{-ik(r+r_1)}}{r+r_1} \Phi^{(0)} dr_1 , \tag{72}$$

r being the distance *inboard* and r_1 the distance *outboard* from the side edge. Upon inversion to the physical plane one obtains (I, p. 81)

$$\Psi^{(1)} = -e^{\frac{\pi i}{4}} \sqrt{\frac{k}{2\pi^3}} \int\limits_0^\infty \sqrt{\frac{r}{r_1}} dr_1 \int\limits_0^x \frac{\varphi^{(0)} dx_1}{(x-x_1)^{\frac{3}{2}}} e^{-i\frac{k}{2}\left[x-x_1+\frac{(r+r_1)^2}{x-x_1}\right]} . \tag{73}$$

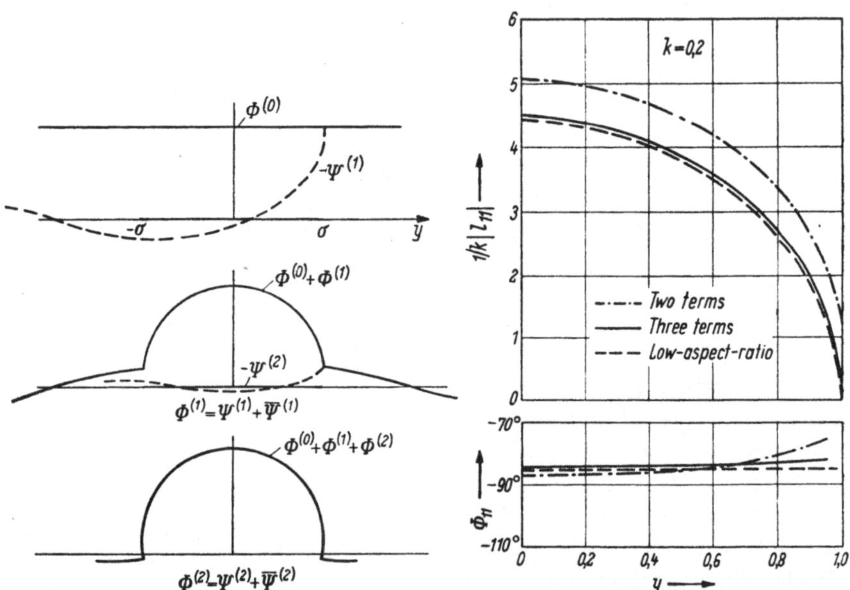

Fig. 9. Principle of solution

Fig. 10. Zeroth-order spanwise distribution of lift due to translation on a rectangular wing of aspect ratio 2 oscillating with $k = 0.2$ at $M_\infty = 1$

As an illustration of the use of the method, we show in Fig. 10 the spanwise distribution of lift on a rectangular wing of aspect ratio 2 performing translational oscillations with a reduced frequency of $k = .2$. Also included for comparison is the result obtained from a theory for low aspect ratios (see I, Chapter 4). Apparently the convergence of the series is extremely rapid and, in fact, for $A\sqrt{k} > 1.3$ two terms will generally suffice.

From the general solution for a rectangular wing it is possible to construct the solution for a delta wing using the coordinate transformation

$$X = -1/x, \qquad Y = y/x, \qquad Z = z/x \tag{74}$$

by means of which the delta wing is transformed to a rectangular wing with its leading edge at $X = -\infty$ and trailing edge at $X = -1$ (see Fig. 11). If $\Omega(X, Y, Z)$ is a solution of the basic differential equation (36) expressed in X, Y, Z then

$$\varphi = x^{-1}\,\Omega\,\exp\left\{-i\,\frac{k}{2}\,[x + x^{-1} + (y^2 + z^2)/x]\right\} \tag{75}$$

is also a solution of (36). From (73) and (75) one may easily construct the solution for the side-edge correction term due to a swept side edge.

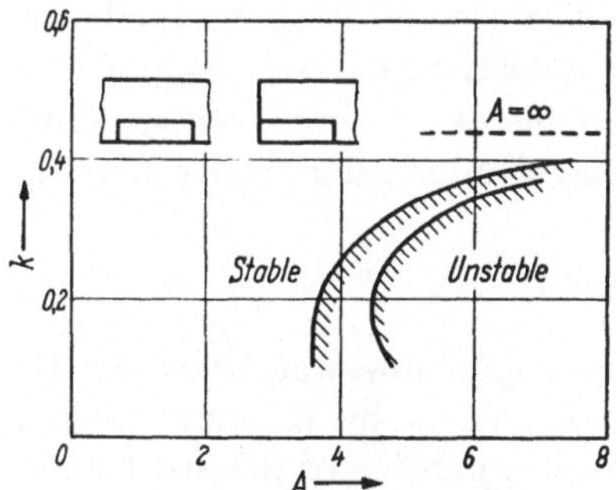

Fig. 11. Curves of zero hinge-moment damping at $M_\infty = 1$ on rectangular control surfaces computed from zeroth-order theory

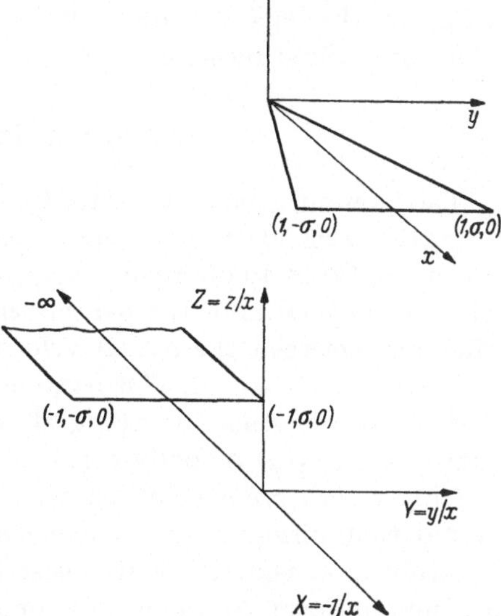

This can then be used to build up, piece by piece, the solution for any wing whose leading edges consist of piecewise straight-line segments. Swept trailing edges may also be treated, but the theory then becomes so complicated as probably to be impractical.

Fig. 12. Coordinate transformation for the delta wing

The numerical calculations for some simple wing and control surface configurations show, not unexpectedly, that three-dimensional flow effects are always very large. For a rectangular wing two-dimensional theory gives adequate accuracy for total forces and moments only if $A\sqrt{k} > 8.5$. An informative example is presented in Fig. 12, which shows the stability boundary for one-degree-of-freedom flutter of a control surface as function of its aspect ratio and reduced fre-

28*

quency. For an aspect ratio less than 3.5 for an inboard control surface and 4.5 for an outboard one the zeroth order theory thus indicates stability for all frequencies. Now, in interpreting these results quantitatively, it should be remembered that the zeroth order theory is severely limited in accuracy for just such configurations and regions of frequency, and the numbers given may thus not be of much practical value. However, the qualitative effect of decreasing the aspect ratio is nevertheless likely to be given correctly. Thus the three-dimensional cross-flow will prevent large phase angles to build up and hence will have a large stabilizing effect. As would be expected, this effect is larger for an outboard control surface with free side edge than for an inboard one.

Approximate solutions valid for low aspect ratios have also been developed by the author using the method of Adams and Sears (1953). A variety of planforms have been treated as well as slender wing-body combinations (see I, Chapters 3—5). The slender-wing methods are useful complements to the exact solution described above. As indicated in Fig. 11, the region of applicability of the exact series solution truncated after three terms and that of the slender-wing theory overlap.

6. Conclusions

The present study of unsteady transonic flow was based on the use of the method of outer and inner expansions by Kaplun, Lagerstrom and Cole, to obtain an asymptotic expansion of the disturbance velocities in powers of the parameter ε/k, where ε is a measure of the difference between the actual velocity in the mean steady flow and the local speed of sound. This parameter represents essentially the ratio of the wave-length of receding slow-moving waves to some typical length of the wing or body considered.

Only zeroth order solutions were studied in detail. It was demonstrated that different sets of equations were obtained depending on the problem considered. In the case of a concentrated acoustic source in a non-uniform transonic flow one found that, for the part of the solution representing the receding waves, some triple product terms which are negligible in steady transonic flow had to be retained. A simple asymptotic solution representing the effects of the receding wave could be found if variations of the steady mean flow properties in the plane normal to the free-stream direction were neglected. The receding wave portion was found to enter into the zeroth-order perturbation velocity potential, and the streamwise velocity perturbation in the receding portion of a concentrated source is thus of order k/ε. In the case of wings with unswept supersonic leading edges, the receding wave part only contributes terms of first order in the velocity potential but of zeroth order in the pressure distribution. For wings with highly swept leading and trailing edges, finally, the receding wave solution problaby only contributes to the second or higher order solutions for the potential.

Neglecting the receding wave solution altogether, one arrived at the zeroth order theory explored by the author in I. This theory gives results for forces and moments that are correct to zeroth order, also for wings with unswept edges. However, due to the nature of the asymptotic theory, the first-order terms are often rather large for this latter class of wings, as was demonstrated by a simple example. This would possibly explain the poor agreement with wind-tunnel measurements experienced for rectangular wings.

There are several extensions of the theory suggested by the present study. One is to try to find the solution for the receding wave when the velocity in the steady flow varies with y and z as well as with x. That a simple asymptotic solution for this more general case exists does not seem likely. However, the results for the simplified model considered in the present paper indicate how an approximate solution could be found. It is seen by comparing (28) to (44) that the decay of the amplitude of the perturbation velocity potential with distance for a source is given correctly (as $(4\pi x)^{-1}$) by the acoustic theory. The phase lag, on the other hand, must be corrected for the effect of the non-uniform steady flow. The calculation of the phase lag will be much more complicated than in the case of the simplified model and one would probably have to resort to purely numerical methods using the concepts of geometrical acoustics.

A second obvious extension of the theory is to calculate the first-order correction terms for forces and moments. That this would be worthwhile is demonstrated by the results given in Fig. 7 for a two-dimensional airfoil in a uniform supersonic flow (corresponding to zero airfoil thickness). When first-order terms are included almost perfect agreement with the exact acoustic theory is obtained for $kM_\infty/(M_\infty - 1) > 2$. This remarkable agreement was quite unexpected and gives confidence in the soundness of the asymptotic expansion scheme employed. Adopting the simplifying assumption used above that the basic steady flow varies only in the streamwise direction, the extension to first order does not seem to present any major obstacles and should be straight-forward, if only somewhat lengthy. Particularly interesting would be the application to a control surface oscillating behind a normal shock (aileron buzz problem). Such a theory would remove one limitation in Echkaus' (1962) approximate theory which assumes that the Mach number behind the shock is constant.

The methods discussed in I for obtaining exact zeroth-order solutions for three-dimensional wings lead to relatively uncomplicated computations only for wings of simple shape like rectangular wings. For more complicated planforms it would probably be more practical to resort to approximate numerical techniques like that of Watkins, Runyan and Woolston (1955). The solutions given in I can then serve as an exact reference against which the approximate methods can be checked and calibrated.

In many practical stability and flutter problems, the reduced frequencies are very low. For investigations of dynamic stability, aerodynamic stability derivatives as $k \to 0$ are desired. The asymptotic theory is of course invalid for $k = 0$. However, the present study suggests how an approximate theory could be constructed which would be uniformly valid for all frequencies. Using the expansion procedure it can be shown that the influence of a source or other singularity is given correctly in the immediate neighborhood of the source by the acoustic solution for the same free-strem Mach number and speed as the local values at the source position. Hence, an approximate kernel could be obtained by using the concepts of the "local linearization technique" proposed by Spreiter and Alksne (1958) provided that the phase angles are corrected at large distances for the effects of the non-uniform mean flow.

An alternative, completely different, approach to the almost steady case that could be tried would be to formulate the problem in terms of a coordinate system fixed with the gas at rest and then use methods similar to Whitham's (1952, 1956) to analyze the flow at large times. Such an approach, if successful, would presumably also give new results for steady flow.

Symbols

A	Aspect ratio
b	reference length (root chord)
$C_{M\alpha}$	moment coefficient due to pitch
$C_{Mq} + C_{M\dot{\alpha}}$	coefficient of damping in pitch
C_p	$= \lvert C_p \rvert\, e^{i\phi_p}$, pressure coefficient
c	speed of sound
h	function describing the location of wing surface
k	$= \omega\, b/U_\infty$, reduced frequency
l_{11}	$= k_{11}/e^{i\phi_{11}}$, sectional coefficient of lift due to translation (see I)
M	Mach number
r	radial distance from x-axis
S	cross-sectional area of wing or body
s	Fourier variable
t	time
U	$= 1 + \phi_x$, (non-dimensional) component of velocity in free-stream direction

u, v, w	perturbation velocity component (for oscillatory perturbations the exponential time factor is usually deleted)
V	radial velocity component
x, y, z	cartesian coordinate system, the x-axis in the free-stream direction
γ	ratio of specific heats
δ	non-dimensional amplitude of motion
ε	non-dimensional small parameter measuring the overall deviation of the local MACH number from unity in the flow
ϱ	$= \sqrt{n^2 + \zeta^2}$
ξ, η, ζ	stretched Cartesian coordinates
σ	(Wing semispan)/(root chord)
τ	$= k\,t$
ϕ	non-dimensional perturbation velocity potential; for oscillatory flow $\phi = Re\,\{\varphi\,e^{i\omega t}\}$
χ	function appearing in the solution for the receding wave
φ	side-edge correction potential
ω	angular velocity of oscillation
Ω	function appearing in the solution for a delta wing

Subscripts

i	inner flow
o	outer flow
1	for dependent variables: referring to mean steady flow; for independent variables: referring to integration variables
∞	free stream

References

ADAMS, M. C., and W. R. SEARS, 1953: J. Aero. Sci. **20**, No. 2, 85—98.

BRATT, J. B., 1959: Unpublished experiments at the NPL.

ECKHAUS, W., 1962: J. Aero. Space Sci. **29**, No. 6, 712—718.

GARRICK, I. E., and S. RUBINOW, 1946: NACA Rep. **846**.

GUDERLEY, K. G., 1957: Theorie schallnaher Strömungen. Berlin/Göttingen/ Heidelberg: Springer.

KAPLUN, S., 1954: ZAMP **5**, No. 2, 111—135.

KAPLUN, S., and P. A. LAGERSTROM, 1957: J. Math. and Mech., **6**, No. 5, 585—606

LAGERSTROM, P. A., and J. D. COLE, 1955: J. Rational Mech. and Analysis **4**, No. 6, 817—882.

LANDAHL, M. T., 1958: Aero. Res. Inst. of Sweden (FFA) Rep. **81**.

LANDAHL, M. T., 1961 (I): Unsteady Transonic Flow. Pergamon Press, London.

NELSON, H. C., and J. H. BERMAN, 1953: NACA Rep. **1128**.

ORLIK-RUCKEMANN, K., and C-O. OLSSON, 1956: Aero. Res. Inst. Sweden (FFA), Report **62**.

OSWATITSCH, K., and F. KEUNE, 1955: Z. Flugwiss. **2**, 29—46.

SCHWARTZSCHILD, K., 1901: I. Math. Ann. **55**, 177—247.

SPREITER, J., and A. ALKSNE, 1958: NACA Rep. **1359**.

WATKINS, C. E., H. L. RUNYAN and D. S. WOOLSTON, 1955: NACA Rep. **1234**.

WHITHAM, G. B., 1952: Comm. Pure Appl. Math. **5**, 301—348.

WHITHAM, G. B., 1956: Jour. Fluid Mech. **1**, Part 3, 290—318.

Applications at $M = 1$ of a method for solving the subsonic problem of the oscillating finite wing with the aid of high-speed digital computers[1]

By

Valter J. E. Stark

Svenska Aeroplan Aktiebolaget, Linköping, Sverige

1. Introduction

An aeroplane may be most susceptible to flutter in the transonic part of its speed range. Therefore, it is essential that theoretical flutter investigations can be carried out at MACH numbers in the vicinity of one. And for this purpose one must be able to calculate the aerodynamic forces which arise due to the flutter mode.

The calculation of the aerodynamic forces at subsonic MACH numbers is usually based on the linearized theory. But this theory is not always applicable in the case of transonic flow. The reduced frequency must be sufficiently high [8]. If this is not the case, the difficulties are increased significantly.

In those practical cases where linearization is permissible it is clearly desirable to find the linear solution. An iterative method for this purpose was developed by LANDAHL [6, 7]. It is based on successive cancellation of the potential on the wing plane outside the edges. There are also other methods [1, 10], in which a linear approximation to the lift distribution is assumed. The weight coefficients are determined by collocation. Numerical results were given by LANDAHL [6] and by RUNYAN and WOOLSTON [10] for a rectangular wing.

Another method for solving the nonsteady linear sonic problem can be found by specializing a method developed by the author [11, 12] for subsonic flow. The modifications required are described in the following. This also uses a linear approximation to the lift distribution. The weight coefficients are determined by satisfying the tangency condition in the least square sense. We present here some applications for rectangular and cropped delta wings. The results obtained for a rectangular aspect ratio 2 wing agree with those given by LANDAHL [6].

---

[1] The author is indebted to S. LIDIN for preparation of computer programs.

2. Method of computation

We consider an unbounded, parallel flow of density ϱ and subsonic free-stream velocity U in the direction of the x-axis of a right-handed coordinate system (x, y, z). A thin wing occupies a region V of the plane $z = 0$. The x-coordinates of the upstream and the downstream edges are called e_0 and e_1 respectively. The semi-span is b (see Fig. 1).

The aerofoil is assumed to oscillate harmonically with non-zero angular frequency ω and small amplitude.

We let the function $\psi(x, y, z)$ be the integral in the x-direction of the acceleration potential. This function, which we call the inte-

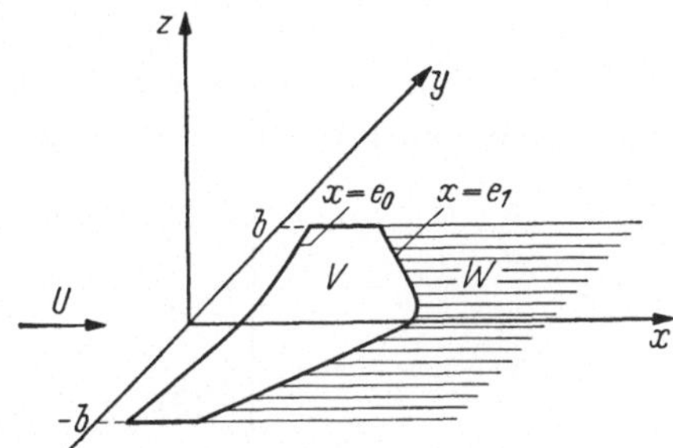

Fig. 1. Coordinate system

grated acceleration potential, was introduced by LANDAHL [5]. In contrast to the velocity potential it is independent of the x-coordinate in the wake region W. Its z-derivative shall satisfy the relation

$$\psi_z(x, y, z) - i\,\omega \int_{-\infty}^{e_0} e^{\frac{i\omega}{U}(\xi - e_0)} \psi_z(\xi, y, z)\, d\xi =$$

$$= UH(x, y) + i\,\omega \int_{e_0}^{x} H(\xi, y)\, d\xi = U\,c\,Y(x, y) \quad (x, y, z) \text{ on } V.$$

(1)

This corresponds to the usual condition for tangential flow. The function $H(x, y)$ is given by the prescribed deflection of the wing.

We try to approximate the potential $\psi(x, y, z)$ by a linear combination

$$\bar{\psi}(x, y, z) = U\,c^2 \sum_{jk} \Psi_{jk}(x, y, z)\, d_{jk}$$

(2)

of selected functions $\Psi_{jk}(x, y, z)$. Then from the normal derivative condition (1) there follows the relation

$$\sum_{jk} [c\,\Psi_{jkz}(x, y, z) - G_{jk}(y)]\, d_{jk} = Y(x, y) + \varepsilon(x, y) \quad (x, y, z) \quad \text{on } V.$$

(3)

The terms $G_{jk}(y)\, d_{jk}$ represent the contribution from the second term, the so called fore-integral, on the left hand side of (1), and $\varepsilon(x, y)$ is the remaining error function. The quantities d_{jk} are the weight coefficients to be determined, and c a reference length equal to $b/3$.

The values on the wing of the functions $\Psi_{jk}(x, y, z)$ are chosen as products

$$\Psi_{jk}(x, y, 0+) = u_j(\xi)\, v_k(\eta)$$

(4)

of two factors. The first of these depends solely on the chord-wise coordinate

$$\xi = \frac{2x - (e_1 + e_0)}{e_1 - e_0} \tag{5}$$

and the second one solely on the span-wise coordinate

$$\eta = \frac{y}{b}. \tag{6}$$

These functions are closely related to those which are used in some other lifting-surface theories (e. g. [9]). They are defined in [11] as

$$u_j(\xi) = \begin{cases} v_0(\xi) + \arcsin \xi + \dfrac{\pi}{2} & j = 0 \\[2mm] v_1(\xi) - \dfrac{1}{2}\left(\arcsin \xi + \dfrac{\pi}{2}\right) & j = 1 \\[2mm] v_j(\xi) & j > 1 \end{cases} \tag{7}$$

and

$$v_k(\eta) = \begin{cases} \sqrt{1 - \eta^2} & k = 0 \\[2mm] -\dfrac{1}{2}\eta\sqrt{1 - \eta^2} & k = 1 \\[2mm] -\dfrac{2}{3}(1 - \eta^2)\sqrt{1 - \eta^2} & k = 2 \\[2mm] \text{etc.} \end{cases} \tag{8}$$

In the space outside V and the wake W the functions $\Psi_{jk}(x, y, z)$ are given by the integral representation

$$\Psi_{jk}(x, y, z) = \iint\limits_{V+W} \Psi_{jk}(\xi, \eta, 0+) K(x - \xi, y - \eta, z)\, d\xi\, d\eta. \tag{9}$$

The kernel $K(x, y, z)$ has the familiar form

$$K(x, y, z) = \frac{\partial}{\partial z}\left\{ \frac{(-1)}{2\pi r} \exp\left[\frac{i\,\omega\,M}{U\,\beta^2}(M\,x - r)\right]\right\} \tag{10}$$

where

$$r = \sqrt{x^2 + \beta^2(y^2 + z^2)} \tag{11}$$

and

$$\beta = \sqrt{1 - M^2}. \tag{12}$$

Thus the approximation (2) identically satisfies the linear differential equation of the accoustical theory.

The weight coefficients d_{jk} in (3) are determined by the method of least squares. That is we minimize the mean-square-value of the values of the error function $\varepsilon(x, y)$ in rather many control points on the wing. From (3) we see that the z-derivatives of the functions in the approximation must be calculated on the wing plane. We try to do this in the case of sonic flow by specializing the method developed for subsonic free-stream velocity [11].

The formulas above are valid for the general subsonic case, but also in the special case of sonic flow. In the latter case the problem is simplified, however, if the upstream edge is not swept. Then the fore-integrals $G_{jk}(y)$ vanish; but they can be deleted, probably, even when the edge is slightly swept.

At first sight this circumstance does not appear beneficial because the leading edge of actual wings is often strongly swept. But if we recall the reverse-flow theorem, we find that we may interpret the upstream edge (see Fig. 1) as the trailing edge. And the trailing edge is often unswept or just slightly swept. Therefore, we have chosen to study the flow about the reversed wing. From this choice it follows that $H(x, y)$ in (1) shall be identified with the amplitude of the wing. This implies one further advantage. The z-derivative of the potential of the reversed flow is continuous at the hinge of a trailing edge control (without aerodynamic balance).

We select the control points as centres of square boxes with side 2Δ in a lattice dividing the wing plane. The coordinates of the centres are $x = x_\mu = (2\mu + 1)\Delta$ and $y = y_\nu = (2\nu + 1)\Delta$ where μ and ν are integers. In each box the boundary functions $\Psi_{jk}(x, y, 0 +)$ are expanded in generalized FOURIER series of the LEGENDRE polynomials $P_n(x)$. Then the values of the z-derivatives in the box centres are found by calculating the quadruple sum

$$\Delta\Psi_{jkz}(x_\mu, y_\nu, 0) = \sum_{pq} \sum_{mn} a_{mn}^{(pq)} I_{mn}(\mu - p, \nu - q). \tag{13}$$

The coefficients $a_{mn}^{(\mu\nu)}$ are the FOURIER coefficients

$$a_{mn}^{(\mu\nu)} = \left(m + \frac{1}{2}\right)\left(n + \frac{1}{2}\right) \int_{-1}^{1} \int_{-1}^{1} \Psi_{jk}(x_\mu + u\Delta, y_\nu + v\Delta, 0 +)$$
$$\times P_m(u)\, P_n(v)\, du\, dv \tag{14}$$

of the functions in the approximation, and the influence functions $I_{mn}(x, y)$ are the limits at $z = 0$

$$I_{mn}(x, y) = \lim_{z \to 0} \int_{-1}^{1} \int_{-1}^{1} P_m(u)\, P_n(v)\, K_z\big((2x - u)\Delta, (2y - v)\Delta, z\big)\, \Delta^3\, du\, dv \tag{15}$$

of similar FOURIER coefficients of the z-derivative of the kernel $K(x, y, z)$. In the FOURIER expansions we retain only 9 terms for which $m = 0, 1$ or 2 and $n = 0, 1$ or 2. But in order to obtain sufficient accuracy we omit the term $(p, q) = (\mu, \nu)$ in (13) and calculate the contribution from the corresponding box by using a finer lattice in this box. At sonic free-stream velocity there is a contribution to the z-derivatives only from those terms in (13) for which $\mu - p \geqslant 0$; that is from the part upstream of the point $(x, y) = (x_\mu, y_\nu)$. The summation in q extends over the span.

In the case of sonic flow we must find the limit at $M = 1$ of the influence functions $I_{mn}(x, y)$. For $x > 0$ this presents no problem. We may integrate the limit of the integrand, and for this purpose we use numerical quadrature. The integration has to be performed only once, so even comparatively inefficient quadrature formulas are applicable. In the singular case $x = 0$ the field of integration is reduced to the rectangle $-1 < u < 0, -1 < v < 1$. And we still integrate the limit of the integrand, but we assume that ω be complex and that the imaginary part of $-\omega$ is positive (but as small as we please). Then the integrals in question converge when $|y| > 0$. For $x = y = 0$ the limit $I_{mn}(0, 0)$ is identified with the finite part [2] of the improper integral.

Also at sonic free-stream velocity the approximation to the potential is required to satisfy the Kutta condition at the downstream edge if this edge is swept. And the lift distribution shall contain the characteristic square root singularity at the upstream edge (for $\omega > 0$). Therefore, the set of functions $\Psi_{jk}(x, y, 0+)$ should be applicable in principle also at $M = 1$ for ordinary wings. But any kinks in the edges should be rounded off.

From some examples for cropped delta wings (with the apexes rounded off) we have found, however, that linear combinations of the functions $\Psi_{jk}(x, y, z)$ did not produce accurate approximations. These contained 30 terms. Since we do not consider it practical to increase the number of terms significantly, we have tried to design a new set. With the aid of this it is thought that more accurate solutions can be obtained.

3. A new set of functions for approximation

The fact that it was neccessary to use too many functions from the original set (4) in the case of blunt cropped delta wings seems to be due to the choice of $\Psi_{jk}(x, y, 0+)$ in the particular product form. Because $u_j(\xi)$ depends (solely) on the variable ξ, which is constant on the constant per cent chord lines, the functions $\Psi_{j0}(x, y, 0+)$ (as well as the corresponding z-derivatives) exhibit a strong variation along lines $y = $ const. in the central part of the wing. Since such a variation is usually not present in the desired solution, the new functions to be proposed are given a smoother shape in this region.

The new set of functions is intended for pointed wings with slightly swept or unswept trailing edges. A kink in the upstream edge $x = e_0(y)$ (in Fig. 1) is rounded off in such a way that the y-derivatives e_{0y} and

e_{0yy} become continuous. The equation for the downstream edge is written

$$x = e_1 = e_1(y) = e_1' - y \tan \varphi_1 \tag{16}$$

where φ_1 is the leading edge sweep angle and $e_1' = e_1(0)$.

We consider now the three functions

$$R(x, y) = \left[(e_1' - x)^2 - y^2 \tan^2 \varphi_1\right]^{\frac{1}{2}} \tag{17}$$

$(b^2 - y^2)^{\frac{1}{2}}$ and $(x - e_0)^{-\frac{1}{2}}$. The first of these represents an elliptic cone cutting the plane $z = 0$ along the downstream edges of the wing. If we multiply these three functions, we find a product which is regular in the interior of the wing and possesses the same singular character along the edges as the lift on the plane wing at incidence. Therefore, and if we further multiply by integer powers of $(x - e_0)$ and of y, we obtain a set which should be suitable for approximating the acceleration potential. And consequently, the integrals of these in the x-direction

$$y^k (b^2 - y^2)^{\frac{1}{2}} \int_{e_0}^{x} (\xi - e_0)^{j - \frac{1}{2}} R(\xi, y) d\xi \quad j = 0, 1, 2, \dots \quad k = 0, 1, 2, \dots \tag{18}$$

should be suitable for approximating the integrated acceleration potential of the reversed flow on the wing.

The functions (18) form essentially the new set suggested. But we introduce a few slight modifications. We multiply them by the factor $\frac{\pi}{4} (2j + 1) (2j + 3) \left[(e_1' - e_0')^{j + \frac{1}{2}} R(e_0, y)\right]^{-1}$ and we replace the factors $y_k (b^2 - y^2)^{\frac{1}{2}}$ by the functions $v_k(\eta)$ from (8). If we further introduce a new variable of integration

$$t = \left[(\xi - e_0)/(e_1 - e_0)\right]^{\frac{1}{2}} \tag{19}$$

we obtain the functions

$$\Phi_{jk}(x, y, 0 +) = \frac{\pi}{2} (2j + 1) (2j + 3) C^{j + \frac{1}{2}} J_j(\zeta, \varkappa) v_k(\eta) \tag{20}$$

which form the new set. Here

$$C = (e_1 - e_0)/(e_1' - e_0') \tag{21}$$

$$\zeta = \left[(x - e_0)/(e_1 - e_0)\right]^{\frac{1}{2}} \tag{22}$$

$$\varkappa = \left[(e_1 - e_0)/(2e_1' - e_1 - e_0)\right]^{\frac{1}{2}} \tag{23}$$

and the factors $J_j(\zeta, \varkappa)$ are the integrals

$$J_j(\zeta, \varkappa) = \int_0^{\zeta} t^{2j} \left[(1 - t^2)(1 - \varkappa^2 t^2)\right]^{\frac{1}{2}} dt. \tag{24}$$

We have chosen $\Phi_{jk}(e_1', 0, 0 +) = \pi v_k(0)$, and the arguments ζ and $\varkappa$ satisfy $0 \leq \zeta \leq 1$ and $0 < \varkappa \leq 1$ in points on the wing. $\varkappa$ equals 1 on the x-axis, and ζ takes on the value 0 on the upstream edge and 1 on the downstream edge.

The integrals $J_j(\zeta, \varkappa)$ can be reduced to incomplete elliptic integrals of the first and second kind. These can be calculated numerically by known methods but for the present purpose we propose an alternative procedure. We write

$$[(1 - t^2)(1 - \varkappa^2 t^2)]^{\frac{1}{2}} = [2(1 + \varkappa)(1 - t)(1 - \varkappa t)]^{\frac{1}{2}}$$
$$\left\{1 - \frac{1}{2}\left(\frac{1}{2} + \frac{\varkappa}{1 + \varkappa}\right)(1 - t) - \frac{1}{8}\left[\frac{1}{4} - \frac{\varkappa}{1 + \varkappa} + \left(\frac{\varkappa}{1 + \varkappa}\right)^2\right](1 - t)^2 - \cdots\right\}.$$
$$(25)$$

The square root in the integrand is replaced by this expansion, which due to the inequalities above can be integrated termwise. The integrals appearing can be expressed in closed form.

The reason why this procedure may be preferable is that only a few terms, or simply the first two terms, need be retained in the expansion. In spite of this the functions $\Phi_{jk}(x, y, 0 +)$ retain their character along the edges as well as their regularity in the interior of the wing. Hence a new definition of the factors $J_j(\zeta\ \varkappa)$ in (20) may be based on the curtailed series.

4. Applications and discussion

· **4.1. Rectangular wing.** In the first instance we have applied the method described to a rectangular wing of aspect ratio $A = 2$. The approximation to the potential contained 28 functions from the original set (4). These were formed by 7 different chord-wise factors and 4 span-wise. When determining the weight coefficients in the approximation by the method of least squares, we used 70 control points on the half wing.

With the aid of the coefficients in the approximation one easily calculates the total lift, the pitching moment or weighted lift integrals of higher order. We define nondimensional weighted lift integrals $L_{mn,\mu\nu}$ (aerodynamic moments) by

$$L_{mn,\mu\nu} = \frac{1}{2\pi\varrho U^2 c^2 b} \iint_V H_{mn}(x, y)\, p^*_{\mu\nu}(x, y)\, dx\, dy \qquad (26)$$

where $p^*_{mn}(x, y)$ is the lift per unit area of the wing in direct flow (free-stream velocity in the negative x-direction) when it oscillates with the amplitude $H_{mn}(x, y)$. For the rectangular wing we considered the amplitude functions

$$H_{mn}(x, y) = c\, P_m(\xi)\, P_n(\eta) \qquad (27)$$

where $P_n(x)$ is the LEGENDRE polynomial of degree n.

In Figs. 2 and 3 the lift ($L_{00,10}$) and the pitching moment ($L_{10,10}$) coefficients due to pitch are plotted against the reduced frequency $\bar{\omega} = \dfrac{\omega\,c}{U}$, which is based on 1/3 of the semi-span b. The present results are compared to those of LANDAHL [6], which are represented by the solid and the dashed lines. The present method was used in two slightly different ways. The KUTTA condition should not be imposed in the sonic case at an unswept downstream edge. But the values marked by circles were found in a preliminary application without regard to the fact that all the functions $\Psi_{jk}(x, y, 0\,+)$ satisfy this condition.

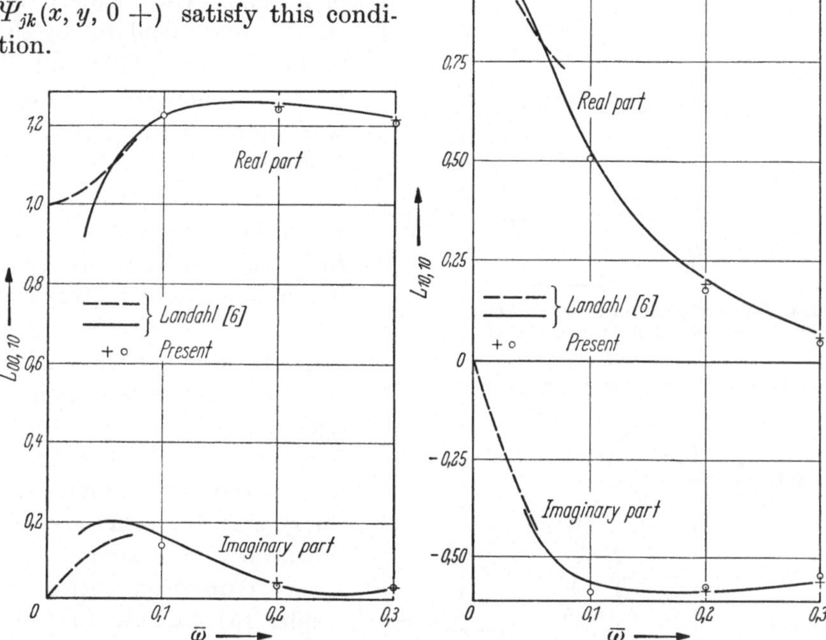

Fig. 2. Lift coefficient for a rectangular $A = 2$ wing oscillating in pitch at the MACH number $M = 1$

Fig. 3. Moment coefficient for a rectangular $A = 2$ wing oscillating in pitch at the MACH number $M = 1$

We thought that the discrepancies between the circles and the solid lines might be due to the fulfilment of the KUTTA condition. Therefore, we made a modified calculation. We used the same set of functions, but we considered a wing slightly extended in the downstream direction. In that way the lift became zero at the downstream edge of the extended wing but not at that of the actual one. The control points were distributed within the actual planform only. In these points we required that the amplitudes of the two wings should be the same. By this

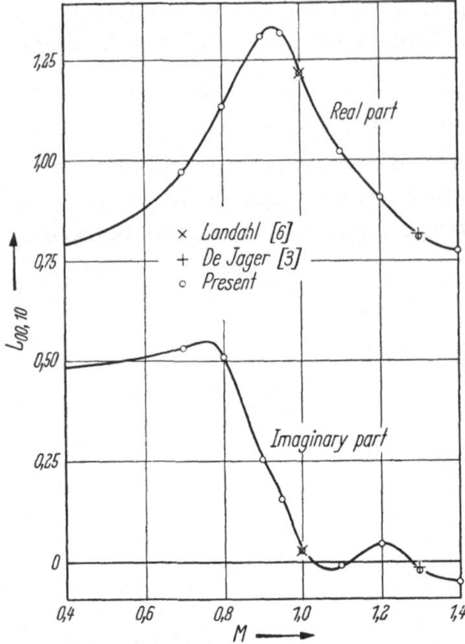

Fig. 4. Lift coefficient for a rectangular $A = 2$ wing oscillating in pitch at the reduced frequency $\bar{\omega} = 0.3$

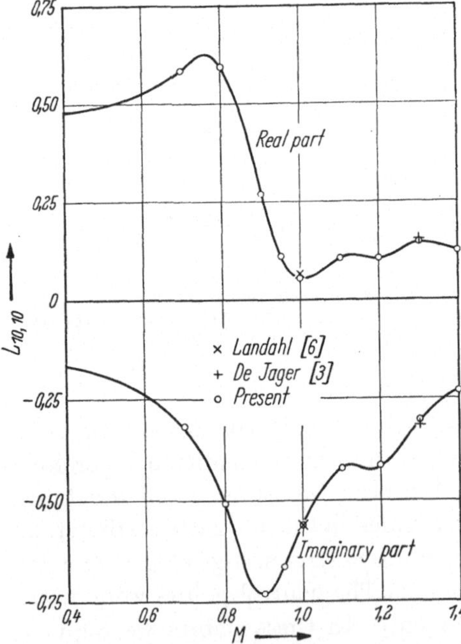

Fig. 5. Moment coefficient for a rectangular $A = 2$ wing oscillating in pitch at the reduced frequency $\bar{\omega} = 0.3$

calculation we obtained the values marked by $+$ in Figs. 2 and 3. We see that these agree rather closely with those of LANDAHL.

In Figs. 4 and 5 the coefficients $L_{00,10}$ and $L_{10,10}$ are plotted once more but now against the MACH number M for a fixed reduced frequency $\bar{\omega} = 0.3$. The values for $M < 1$ were calculated by the original method [12], but 32 terms (8 chord-wise factors) were retained in these cases. It was found that at $M = 0.95$, $\bar{\omega} = 0.3$ the normal derivative condition could not be satisfied satisfactorily with a number of chord-wise factors less than 8.

For supersonic MACH numbers we used a box method programmed for the SAAB computer SARA. The boxes are formed by characteristic lines, and in each box the downwash is assumed constant. Comparisons with exact results [3] indicate that the accuracy of this box method is satisfactory.

The coefficients plotted in the Figs. 2 to 5 pertain to a rigid pitching mode. But elastic modes can be treated as well. The number of terms retained in the approximations may be sufficient for amplitude functions $H_{mn}(x, y)$ of order $m \leqslant 2$, $n \leqslant 6$ at high-subsonic or sonic MACH numbers.

It may be interesting to study the lift distribution on the oscillating rectangular wing. In Figs. 6 and 7 we have plotted the lift Δp on unit area due to pitch with amplitude $H(x, y) = -\dfrac{b}{2}\,\xi\,\alpha$ and free-stream velocity in the ξ-direction. q is the dynamic pressure. In both figures $\bar{\omega} = 0.3$, but the MACH number is 0.95 in the first case and 1 in the latter. In the figure for $M = 0.95$ the lift exhibits a waviness with a wave length roughly equal to the expected value $\dfrac{2\pi(1 - M)\,c}{\bar{\omega}\,M}$ (see [4]). The fact that we have to retain a rather large number of terms in the approximation is partly due to this characteristic. No such regular waviness is found at $M = 1$.

4.2. Cropped delta wings. Since the results for the rectangular wing were rather promising, we have extended the applications to cropped delta wings. Strictly speaking the aerofoils treated are not exactly cropped delta wings because the function describing

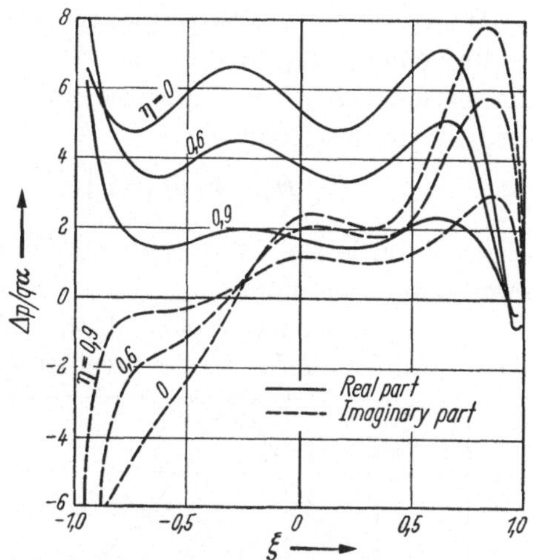

Fig. 6. Lift distribution on a rectangular $A = 2$ wing oscillating in pitch at the MACH number $M = 0.95$ and the reduced frequency $\bar{\omega} = 0.3$

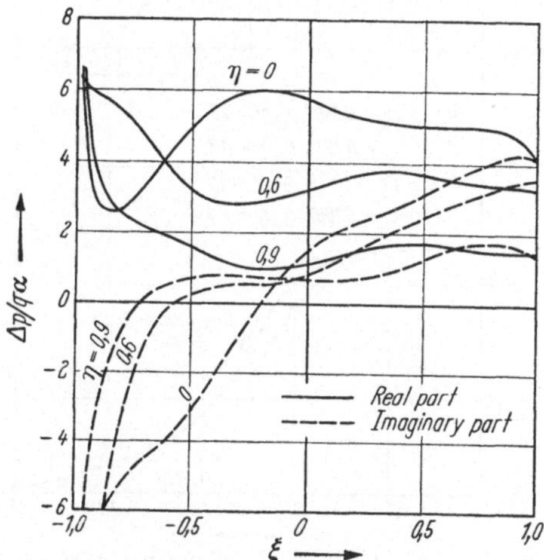

Fig. 7. Lift distribution on a rectangular $A = 2$ wing oscillating in pitch at the MACH number $M = 1$ and the reduced frequency $\bar{\omega} = 0.3$

ing the downstream edge (the leading edge) has the form

$$e_1(y) = e_1(b) + b\,\theta\!\left(\frac{y}{b}\right)\tan\varphi_1 \tag{28}$$

where

$$\theta(\eta) = \begin{cases} 1 - |\eta| & \gamma \leqslant \eta \leqslant 1 \\[2mm] 1 - \gamma\left[\dfrac{3}{8} + \dfrac{3}{4}\left(\dfrac{\eta}{\gamma}\right)^2 - \dfrac{1}{8}\left(\dfrac{\eta}{\gamma}\right)^4\right] & 0 \leqslant \eta \leqslant \gamma. \end{cases} \tag{29}$$

By giving the parameter γ a proper value the apex of the wing can be rounded off as desired. φ_1 is the leading edge sweep angle.

We consider here three planforms A, B, and C, which all have the leading edge sweep angle $\varphi_1 = 45^0$. The values of the tip chord c_t and the parameter γ are indicated in Fig. 8. The amplitude functions studied are described by

$$H_{mn}(x, y) = c \left[\frac{e_1 + e_0 - 2x}{2c} \right]^m P_n(\eta) \tag{30}$$

where $P_n(x)$ is the LEGENDRE polynomial of degree n. Corresponding aerodynamic moments $L_{mn,\mu\nu}$ are defined according to (26).

In Fig. 8 we have plotted the lift coefficient $L_{00,10}$ against the MACH number M for the reduced frequency $\overline{\omega} = 0.3$. Since we study the reverse flow, the function $Y(x, y)$ in the boundary condition (1) takes the form $Y(x, y) = 1 + i\,\overline{\omega}\,x/c$ in this case. In the approximations to the potential we used 30 terms with 6 different chordwise factors. The number of control points was 62 on the half wing. These were distributed nonuniformly and more densely in the outboard parts of the aerofoil.

The values for $M > 1$ were calculated by the box method mentioned in the preceding section. However, those indicated by squares ($\square$) refer to a pointed wing ($\gamma = 0$) (but otherwise identical with the wing A) and those marked by circles ($\bigcirc$) to the blunt planform A. The values for the pointed wing were calculated because in that case we could take into account the singular character of the normal derivative along the leading edge by a special correction. Since the planforms as well as the corresponding results (for $M > 1$) do not differ too much from each other, the latter may be rather close to the exact lift curves for the wing A.

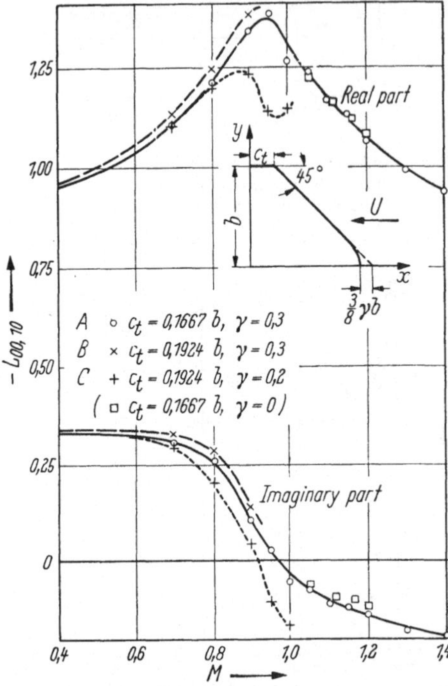

Fig. 8. Lift coefficients for cropped delta wings oscillating about the 50% chord line with angular amplitude independent of y at the reduced frequency $\overline{\omega} = 0.3$

The chords of the wing B are slightly longer than those of the wing A. From Fig. 8 we see that the corresponding curves have a similar shape, and that they differ somewhat. This difference is probably due to the different extensions of the wings in the x-direction. We consider these curves as rather reliable because the approximations satisfy the normal derivative condition rather accurately.

The planforms of the wings C and B are nearly the same. But there is a slight difference at the apex since the γ-values differ. In the diagram we see that the dotted curves, which represent the lift on the wing C, deviate considerably from those for the wing B. It is obvious, however, that the slight difference in planform cannot cause a significant change in the lift of the wing. Therefore, we cannot regard the lift obtained for the wing C as reliable. In the case of the wing C we also found that the normal derivative condition was not satisfied with good accuracy. We are thus led to the conclusion that the number of terms retained in the approximation must have been too small.

Here we have studied the lift which is comparatively easy to compute. But when we tried to calculate the pitching moment or weighted lift integrals of higher order, we found that the errors were greater. Even in the case of $\gamma = 0.3$ the lift integrals of high order were not accurate at high-subsonic or sonic MACH numbers. Therefore we must conclude that the method as it stands is not quite satisfactory for cropped delta wings. And we are faced with the problem whether we can improve it in some way.

Possibly the computer program could be extended to treat a number of terms greater than that considered in the present approximations. But this is not regarded as practical. Instead we have chosen to study whether more accurate approximations can be obtained if we use the set of functions proposed in section 3.

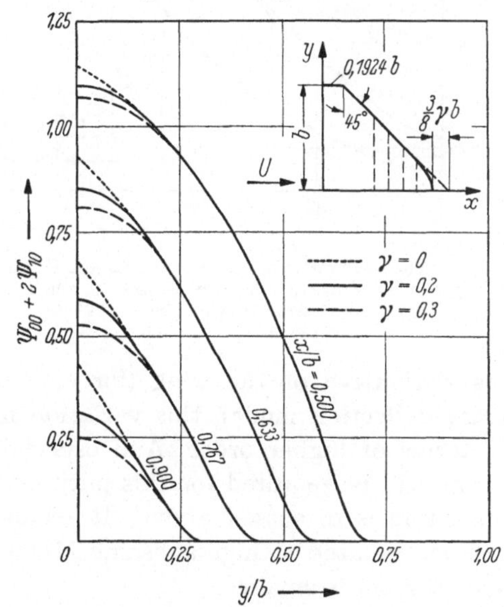

Fig. 9. The value of the function $\Psi_{00} + 2\,\Psi_{10}$ on a cropped delta wing with the apex pointed or rounded off

With the aid of the Figs. 9 and 10 we want to describe in somewhat more detail the reason why the combinations of the original functions did not form accurate approximations. In Fig. 9 we have plotted against the span-wise variable y the value of the function $_{00}\Psi(x, y, 0 +) + 2\Psi_{10}(x, y, 0 +)$ along four span-wise lines on the wing indicated. We consider this combination because its weight coefficient does not

29*

vanish in general. (The weight coefficients of the functions $\Psi_{0k} + 2\Psi_{1k}$ cannot all be zero in order that the square root singularity in $\psi_x(x, y, 0+)$ at the upstream edge shall be retained.)

In Fig. 10 the corresponding normal derivative is plotted for $M = 0$ in a similar way. The dashed lines refer to the wing B ($\gamma = 0.3$) and the solid ones to the wing C ($\gamma = 0.2$). The apexes of the curves become less blunt when γ decreases from 0.3 to 0.2. This is in accordance with the fact that the z-derivatives $\Psi_{jkz}(x, y, z)$ are not bounded on the chord $y = 0$ if γ vanishes. Hence it is not possible to treat pointed wings ($\gamma = 0$) with the original set. This is well known but the normal derivatives on the wing have an unfavourable shape even when the apex of the wing is rounded off.

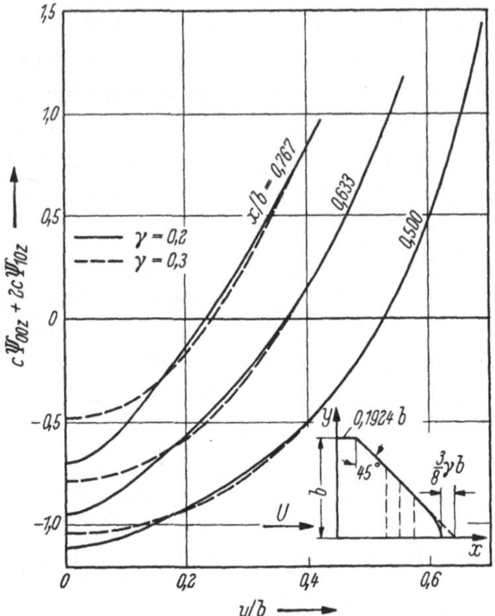

Fig. 10. The z-derivative of the function $\Psi_{00} + 2\Psi_{10}$ on a cropped delta wing with the apex pointed or rounded off at zero MACH number

According to Fig. 10 the derivative $\Psi_{00z} + 2\Psi_{10z}$ varies rapidly with y. When we want to find a potential function with constant normal derivative on the wing (for computing the lift due to an arbitrary deflection mode), this variation must be cancelled with the aid of terms of higher order. And especially if γ is small, rather many terms will be required for this purpose. This may be the cause of the inaccuracies discussed above. It seems natural also that the errors become greater at high-subsonic MACH numbers, where the effective aspect ratio is smaller.

It was mentioned in section 2 that linear combinations of the functions $\Psi_{jk}(x, y, 0+)$ are used as approximations also in some other lifting-surface theories. Therefore, one might fear that these methods would produce similar inaccuracies. But as the other theories treat the direct flow, and as the z-derivatives $\Psi_{j0z}(x, y, z)$ vary less rapidly with y on the rear part of ordinary wings (where an accurate satisfaction of the tangency condition is essential) the functions $\Psi_{jk}(x, y, 0+)$ may be somewhat more suitable in the other methods.

4.3. Applications of the new set. Till now only a few applications of the new set (20) have been made. It is rather simple, however, to introduce the modifications required in the computer program. The influence functions $I_{mn}(x, y)$ remain the same so it is essentially sufficient to replace the FOURIER coefficients $a_{mn}^{(\mu\nu)}$ with corresponding coefficients for the new set.

The function $\Phi_{00}(x, y, 0+)$ in the new set (with $J_j(\zeta, \varkappa)$ defined by (24)) is plotted in Fig. 11. The planform is a cropped delta wing with the tip chord 0.1924b and a leading edge sweep angle of 45°. We may observe that this function varies rather slowly along spanwise lines in the central part of the wing.

Some of the z-derivatives $\Phi_{jkz}(x, y, 0)$ have been calculated for $M = 0$ on another cropped delta wing with tip chord $b/6$ but with the same leading edge sweep angle. Four of these with indices $(j\ k) = (00), (02), (10), (12)$ were combined linearly so that the combination should approximate, in the least square sense, a constant value on the wing. The z-derivative of the approximation is compared to the prescribed one in Fig. 12. Although the approximation contained only 4 terms, the errors are not greater than 10%.

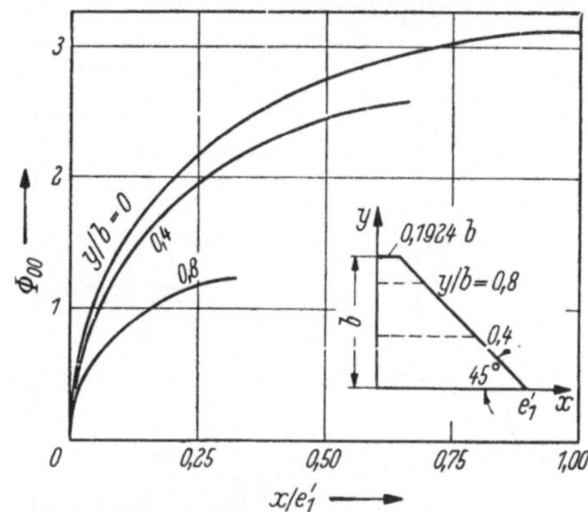

Fig. 11. The value of the function Φ_{00} in the new set on a cropped delta wing

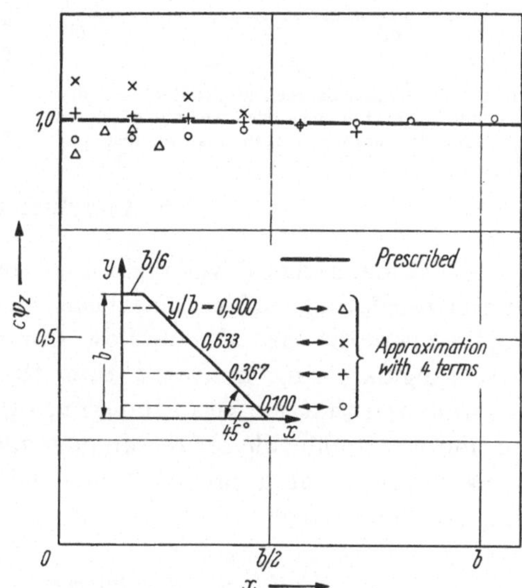

Fig. 12. Comparison between the normal derivative of a combination of functions from the new set and a prescribed constant value at zero MACH number

In order to make one further comparison we calculated at $M = 0$, with the aid of the original set of functions (4), the potential on the cropped delta wing in Fig. 13. We prescribed a constant normal derivative, and the apex was rounded of with $\gamma = 0.3$. In the potential approximation we retained 30 terms. In this case the original set presumably gives a fairly accurate result.

We also formed another approximation by combining the new functions $\Phi_{jk}(x, y, 0 +)$ with indices $(j\,k) = (00), (02), (10), (12)$. The weight coefficients were determined this time from the condition that the two approximations to the potential should coincide in 4 points on the wing. The values of the new approximation are plotted as circles in Fig. 13. We see that the agreement is rather close in most of the points considered.

The new set has not yet been applied at high-subsonic or sonic MACH numbers. But the comparisons described above indicate that it may be more expedient than the old one even in the transonic region.

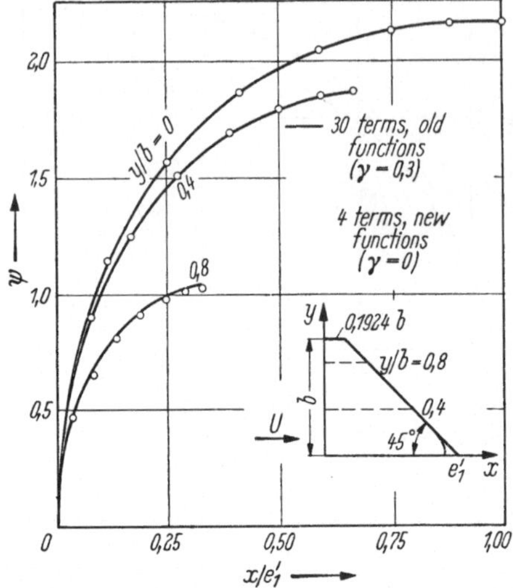

Fig. 13. Comparison between potential approximations formed by functions from the original set and from the new one at zero MCAH number

5. Conclusions

A method, earlier developed for solving the linear subsonic problem of the oscillating surface, has been specialized so that it should be applicable in the case of sonic flow. Comparisons with exact results for a rectangular wing indicated that the method of integration was accurate and that the set of functions originally employed for approximation was applicable for rectangular planforms. Preliminary applications showed that a proposed new set may be more expedient for cropped delta wings.

References

[1] DAVIES, D. E.: Three-dimensional sonic theory. Manual on aeroelasticity. Part II. Aerodynamic aspects. Chap. 4. AGARD, Paris, 1961.

[2] HADAMARD, J.: Lectures on CAUCHY's problem in linear partial differential equations. New York: Dover Publications Inc. 1952.

[3] DE JAGER, E. M.: Nat. Aer. Res. Inst. of the Netherlands (NLL), Report MP. **192** (1960).

[4] JORDAN, P. F.: A R C, R & M No. **2932** (1957).

[5] LANDAHL, M. T., and V. J. E. STARK: Roy. Inst. of Tech. Sweden, KTH AERO TN **34** (1953).

[6] LANDAHL, M. T.: The Aer. Res. Inst. of Sweden (FFA), Report **80** (1958).
[7] LANDAHL, M. T.: The Aer. Res. Inst. of Sweden (FFA), Report **81** (1959).
[8] MILES, J. W.: J. Math. Phys., **33** 135—143, No. 2 (1954).
[9] MULTHOPP, H.: A R C R & M No. **2884** (1955).
[10] RUNYAN, H. L., and D. S. WOOLSTON: NACA Report **1322** (1957).
[11] STARK, V. J. E.: SAAB Aircraft Company, Technical Note No. **41** (1958).
[12] STARK, V. J. E.: SAAB Aircraft Company, Technical Note No. **44** (1960).

Diskussionsbemerkung

K. OSWATITSCH:

Zur Iteration bei Entwicklung nach einem Parameter. In der Gasdynamik wird gerne in folgender Weise iteriert, daß nach einem Parameter, etwa dem Dickenverhältnis entwickelt wird. Im ersten Schritt hat man dann in der Regel linearhomogene Gleichungen zu lösen. Im zweiten Schritt treten die höheren Glieder als Belegungen unter einem mehrfachen Integral auf mit einem in der Regel singulären Kern. Nun hängt es ganz wesentlich von diesem Kern ab, ob das mehrfache Integral über die im Parameter höheren Gliedern wirklich von höherer Ordnung ist. Das ist nämlich die Voraussetzung für die Konvergenz einer Iteration.

Der Kern gibt an, in welcher Weise die Beiträge der höheren Glieder in der ganzen Strömungsebene gesammelt werden. Dafür ist unter anderem maßgebend, welche Ausdehnung die höheren Glieder in der Strömungsebene besitzen, und welche Abkling-Eigenschaft der Kern hat. Bei hyperbolischen Problemen z. B. sind die Einflüsse in Richtung der Charakteristiken besonders stark. Wenn nun in der Charakteristikenrichtung auch nur Störeinflüsse liegen, welche im Störparameter von höherer Ordnung sind, so können sich diese Einflüsse in der charakteristischen Richtung zu einer Störung akkumulieren, die von derselben Ordnung ist wie die Beiträge des ersten Iterationsschrittes.

Dies ist der Grund eines gewissen Versagens einer Iteration mit der sogenannten akustischen Theorie, also mit einer Linearisierung in der Strömungsebene und der Anlaß zu einer Linearisierung mit den charakteristischen Mannigfaltigkeiten als unabhängigen Veränderlichen, wie ich es in meinem Vortrag an diesem Vormittag getan habe.

Diskussionsveranstaltung

Détermination expérimentale de coefficients aerodynamiques instationnaires aux fréquences réduites élevées et comparaison avec la théorie[1]

Par

R. Destuynder et **S. Chopin**

O. N. E. R. A., Paris, France

Jusqu'à présent, la détermination des coefficients aérodynamiques instationnaires se faisait en mesurant les variations globales de rigidité et d'amortissement d'un montage comportant une aile de forme en plan donné considérée comme un solide indéformable et tournant autour d'un axe imposé par des liaisons extérieures. Les valeurs des fréquences ainsi explorées restent très inférieures aux valeurs intéressantes pour les calculs de flottement d'une aile d'avion tant que l'on maintient l'hypothèse du solide indéformable. On doit en effet travailler très en dessous de la première fréquence propre de l'aile considérée.

Aussi, renonçant à considérer l'aile comme indéformable, on utilise pour atteindre de grandes fréquences réduites, les modes propres sans vent considérés comme système à un degré de liberté.

Pour cela, on réalise sur ces modes, le meilleur découplage possible tant au point de vue massique qu'au point de vue élastique. Au point de vue massique, il suffit, pour que les modes propres de flexion soient purs, c'est-à-dire que le mouvement des tranches parallèles au vent ne comporte pas de rotation, d'annuler le moment statique par rapport à l'axe de rotation choisi.

Au point de vue élastique, il suffit que l'axe élastique soit confondu avec l'axe de rotation qui doit aussi être la ligne des centres de gravité.

En ce qui concerne le découplage aérodynamique, les forces aérodynamiques doivent rester faibles devant les forces de rigidité et d'amortissement de structure.

Dans les essais effectués, trois ailes étaient nécessaires à la résolution du système à 3 inconnues complexes.

On a suivi dans le vent, l'évolution de la fréquence et de l'amortissement en ce qui concerne les quatre premiers modes de la structure.

---

[1] Extrait de la conférence, publication originale dans: La Recherche Aéronautique, Nr. 90, Sept./Oct. 1962, p. 53—58.

Ces essais, effectués en transsonique entre $M = 0,7$ et $M = 1,25$, ont été exécutés avec différentes pressions génératrices.

Les résultats expérimentaux ont été comparés avec une théorie linéarisée de l'aile mince à $M = 1$ de M. T. LANDAHL pour le même allongement $\lambda = 4$ et les mêmes fréquences réduites.

Le tableau ci-dessous donne le résumé de cette comparaison.

ω_R	Coefficient	Expérience	Théorie LANDAHL
0,34	$k_b' + m_a'$	1,12	1,35
0,34	m_b'	0,27	0,53
0,45	k_a'''	0,96	1,11
0,34	$k_b''' + m_a'''$	1,10	0,18
0,34	m_b'''	1,07	0,98
0,88	m_b'''	1,03	0,84

Pour les coefficients $k_b' + m_a'$; k_a'''; m_b''', les valeurs théoriques accusent une erreur de l'ordre de 10 à 15%, erreur attendue dans cette zone de fréquence réduite.

La différence la plus importante entre théorie et expérience intéresse le coefficient $k_b''' + m_a'''$, le coefficient théorique k_b''' tend rapidement vers des valeurs négatives lorsqu'on décroit en ω_R comme le fait la courbe bidimensionnelle. L'effet tridimensionnel est sous estimé comme il fallait s'y attendre pour ces faibles valeurs de la fréquence réduite. Toutefois, on peut dire que la théorie linéarisée de M. T. LANDAHL, sous réserve de quelques nouveaux côntroles ultérieurs, est valable avec une approximation raisonable pour des valeurs de fréquences réduites assez élevées, valeurs qui sont d'ailleurs celles des avions pour lesquelles il est utile d'effectuer des calculs dans cette zone.

Bibliographie

[1] LANDAHL, M. T.: F. F. A. Report 77 à 81 — (1958—1959).
[2] Theoretical studies of unsteady transonic flow — These M. T. LANDAHL, Stockholm 1959.
[3] DESTUYNDER, R.: La Recherche Aéronautique No. 84 Octobre 1961.
[4] DESTUYNDER, R.: et S. CHOPIN: La Recherche Aéronautique No. 90, Octobre 1962.

Die Strömung um schwingende Profile bei der Anström-Mach-Zahl 1

Von

Ingolf Teipel

Deutsche Versuchsanstalt für Luft- und Raumfahrt, Aachen, Deutschland

Um die instationäre, schallnahe Strömung um schlanke Profile bei nicht zu großen zeitlichen Beschleunigungen zu berechnen, muß man eine nichtlineare Potentialgleichung lösen. Macht man einen Ansatz für das Geschwindigkeitspotential in der folgenden Form:

$$\varphi(x, y, t) = \Phi(x, y) + \Psi(x, y)\, e^{i\,\omega\, t}, \tag{1}$$

so erhält man, wenn man nur die erste Ordnung in der Amplitudenfunktion Ψ berücksichtigt, die beiden Gleichungen:

$$[1 - M_\infty^2 - (\gamma + 1)\, M_\infty^2\, \Phi_x]\, \Phi_{xx} + \Phi_{yy} = 0; \tag{2}$$

$$[1 - M_\infty^2 - (\gamma + 1)\, M_\infty^2\, \Phi_x]\, \Psi_{xx} - (\gamma + 1)\, M_\infty^2\, \Phi_{xx}\, \Psi_x + \Psi_{yy} - 2i\,\frac{\omega}{U_\infty}\, M_\infty^2\, \Psi_x$$

$$+ \frac{\omega^2}{U_\infty^2}\, M_\infty^2\, \Psi = 0. \tag{3}$$

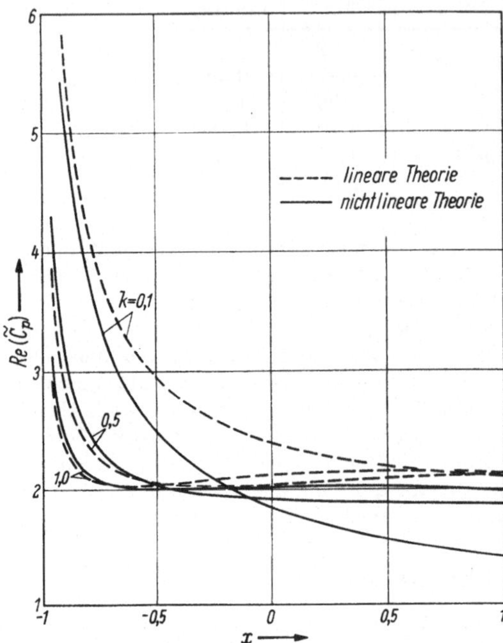

Abb. 1a. Realteil $Re\,(\tilde{C}_p)$ der Druckamplitude eines schwingenden Profiles

Mit Gl. (2) ist das stationäre Problem abgespalten worden. Da oszillierende, instationäre Bewegungen betrachtet werden sollen, konnte ein periodischer Ansatz für die Zeit gewählt werden.

Durch eine Näherungstheorie, basierend auf einer Idee von OSWATITSCH [1], soll Gl. (2) mit der Anström-MACH-Zahl 1 gelöst werden. Indem man Φ_{xx} konstant setzt, erhält man eine parabolische Differentialgleichung, deren Lösung man leicht angeben kann [2, 3]. Für $\Phi_{xx} =$ konst. sei hier der Wert von derjenigen Stelle genommen, an der die Geschwindigkeit für die inkompressible Strömung ein Maximum hat. Damit ist die stationäre Strömung um ein vorgegebenes Profil bekannt. Abschätzungen der einzelnen Glieder von Gl. (3) durch eine

exakte Berechnung [4] zeigen, daß das erste Glied von Gl. (3) viel kleiner ist als die anderen. Daher soll es jetzt vernachlässigt werden. Es ergibt sich dadurch ebenfalls eine parabolische Differentialgleichung:

$$\Psi_{yy} - \left[(\gamma + 1)\, \Phi_{xx} + 2i\,\frac{\omega}{U_\infty}\right] \Psi_x + \frac{\omega^2}{U_\infty^2}\, \Psi = 0. \tag{4}$$

Mit der Randbedingung:

$$y = 0: \qquad \Psi_y = \frac{\partial h}{\partial x} + i\,\frac{\omega}{U_\infty}\, h \tag{5}$$

erhält man als Lösung auf $y = 0$:

$$\Psi(x, 0) = - \frac{1}{\sqrt{\pi\left[(\gamma+1)\Phi_{xx} + 2i\,\dfrac{\omega}{U_\infty}\right]}} \int_{-1}^{x} \left(\frac{\partial h}{\partial \xi} + i\,\frac{\omega}{U_\infty}\, h\right)$$

$$\exp\left[\frac{\omega^2}{U_\infty^2} \cdot \frac{x - \xi}{(\gamma + 1)\, \Phi_{xx} + 2i\,\dfrac{\omega}{U_\infty}}\right] \frac{d\xi}{\sqrt{x - \xi}}. \tag{6}$$

Für diese Operationen wurde Φ_{xx} als Konstante beibehalten. Das Profil erstrecke sich von $-1 \leqslant x \leqslant +1$. Mit dieser Formel können alle gewünschten Größen berechnet werden. Die Auswertung des Integrales läßt sich häufig nur auf numerischem Wege durchführen. Der Exponent selbst enthält einen komplexen Parameter. Der Druckkoeffizient der gesamten Strömung ergibt sich zu:

$$C_p = -2\Phi_x - 2\left(\Psi_x + i\,\frac{\omega}{U_\infty}\,\Psi\right)e^{i\omega t}. \tag{7}$$

Als Beispiel sei die Drehschwingung eines Parabelbogenprofils mit der Vorderkante als Drehpunkt berechnet. In den Abbildungen sind nur die Amplitudenfunktionen $\tilde{C}_p$ des instationären Gliedes von Gl. (7) gezeigt. Das Dickenverhältnis betrage $\tau = 0{,}05$. Für mehrere reduzierte Frequenzen sind Real- und Imaginärteil $\tilde{C}_p$ des Druckes aufgetragen. Die gestrichelten Kurven stellen die lineare Theorie dar [5]. Man sieht, daß für hohe reduzierte Frequenzen die neuen Kurven sich den Werten der linearen Theorie nähern. Es ist ja bekannt, daß man bei großen Frequenzen mit den linearen Gleichungen rechnen kann. Der andere Grenzwert bei verschwindenden reduzierten Frequenzen wird ebenfalls durch diese Näherungsmethode wiedergegeben.

In einer Erweiterung soll später das erste Glied

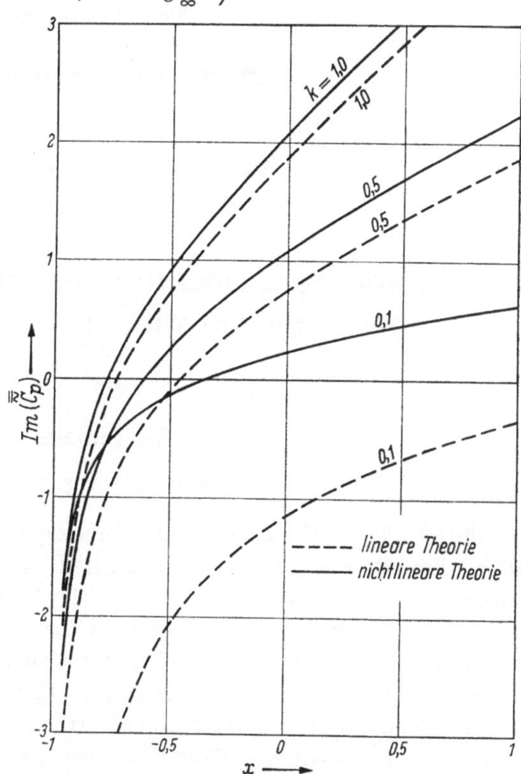

Abb. 1 b. Imaginärteil $Im\,(\tilde{C}_p)$ der Druckamplitude eines schwingenden Profiles

in Gl. (3) in der Form berücksichtigt werden, daß man Ψ_{xx} konstant setzt und für Φ_x die Verteilung auf der Profiloberfläche einsetzt. Ebenfalls kann die Lösung Gl. (6) als Ausgangsgleichung einer Iterationsrechnung benutzt werden.

Literatur

[1] OSWATITSCH, K., u. F. KEUNE: The Flow around Bodies of Revolution at MACH Number 1. Proc. High Speed Conference at Polytechnic Institute Brooklyn, Jan. 1955.

[2] MAEDER, P. F., u. H. U. THOMMEN: JAS **23**, 187—188 (1956), No. 2.

[3] SPREITER, J. R., u. A. ALKSNE: NACA—TN No. **3970** (1957).

[4] TEIPEL, I.: Die Berechnung instationärer Luftkräfte im schallnahen Gebiet durch ein Charakteristikenverfahren. (Erscheint demnächst.)

[5] ROTT, N.: JAS **16**, 380—381 (1949), No. 6.

Siebente Gruppe:

Magnetogasdynamik

X. Sitzung

Vorsitzender: I. Imai, Japan

Two-dimensional transonic flow of perfectly conducting gas with aligned magnetic field

By

Ko Tamada

Kyoto University, Kyoto

Steady flow of perfectly conducting, inviscid, compressible fluid with aligned magnetic field is studied, with special reference to the transonic, small-perturbation flow. It is shown that the equations of motion as well as the conditions for possible shock waves can be reduced to those of ordinary flow by a suitable affine-transformation. Thus, von Kármán's transonic similarity rule is extended to this class of magnetogasdynamic flow. In this extension, sub-Alfvénic flows are related to the ordinary flow with reversed flow direction. The flow past a half-wedge at Mach number 1 is considered in detail.

1. Introduction

This study concerns the steady two-dimensional flow of a perfectly conducting, inviscid, compressible fluid past a cylindrical obstacle with external magnetic field which is everywhere aligned with the flow direction. The governing equation for this category of flows may be either elliptic or hyperbolic depending upon the local values of the Alfvén number A (ratio of the flow speed to the propagation speed of Alfvén waves) and the Mach number M (ratio of the flow speed to the speed of sound in the absence of magnetogasdynamic effects). Namely, it is of hyperbolic type in the regions ($A > 1$, $M > 1$) and ($A < 1$, $M < 1$, $A^2 + M^2 > 1$), while it is elliptic in the remaining regions in the A, M plane. Changes of the type occur in passing each of three critical lines, $M = 1$, $A = 1$ and $A^2 + M^2 = 1$. In the physical field of flow, the transition depends upon local variation of the unknowns A and M, so that the problem is essentially non-linear and hence beyond the scope of linearized theory. It is found, however, that the hodograph transformation familiar in ordinary gasdynamics is still effective in linearization of the fundamental equation for the present flow in two dimensions. SEEBASS [1] studied some particular solutions of CHAPLYGIN type and showed the existence of smooth flows in the transonic ($M \cong 1$), trans-ALFVÉNIC ($A \cong 1$) and hypercritical ($A^2 + M^2 \cong 1$) regimes. The present work is mainly devoted to a general study of flows past thin bodies in the transonic regime where $M \cong 1$, by developing a small-perturbation theory in the hodograph plane. Conditions for possible shock waves in this regime are also examined in detail. Thus, it is shown that the fundamental equations, boundary conditions and shock relations can all be reduced to those of ordinary gasdynamics by means of a suitable affine-transformation. This is an extension of VON KÁRMÁN's transonic similarity rule. It is to be noted that the new rule relates super-ALFVÉNIC flows ($A > 1$) to the corresponding ordinary flow, while it relates sub-ALFVÉNIC flows ($A < 1$) to the ordinary flow past a similar body with reversed flow direction. The latter anomaly results from the fact that disturbances propagate along upstream-inclined characteristics in sub-ALFVÉNIC flows. Other new and interesting flow characteristics are pointed out in examples. Also, the flow over a half-wedge at MACH number 1 is treated in detail.

2. Fundamental equations

The fundamental equations for the present problem may be written in the hodograph plane as follows [1, 2]:

$$\left.\begin{aligned}
\frac{\partial \Phi}{\partial q} &= \frac{(M^2 - 1)(A^2 - 1)}{A^2 \varrho\, q} \frac{\partial \Psi}{\partial \theta}, \\[2mm]
\frac{\partial \Phi}{\partial \theta} &= \frac{(A^2 - 1)^2}{A^2(A^2 + M^2 - 1)} \frac{q}{\varrho} \frac{\partial \Psi}{\partial q},
\end{aligned}\right\} \tag{1}$$

where (q, θ) are the magnitude and angle of inclination of the velocity vector $\mathfrak{q}$, (Φ, Ψ) the (reduced) velocity potential and the stream function defined respectively as

$$\operatorname{grad} \Phi = (1 - A^{-2})\, \mathfrak{q}, \tag{2}$$
$$\operatorname{rot} \Psi\, \mathfrak{k} = \varrho\, \mathfrak{q},$$

$\mathfrak{k}$ being the unit vector perpendicular to $\mathfrak{q}$, and ϱ is the density of the fluid. Since there is no dissipation at all in an inviscid perfectly conducting flow, the change of state of the fluid must be isentropic. We have also the same BERNOULLI equation as in ordinary gasdynamics, because the LORENTZ force in the present flow is always perpendicular to q and does no work. Thus, there hold the familiar isentropic relations between ϱ and q, M and q, etc., i. e.

$$\frac{\varrho}{\varrho_*} = \left(\frac{\gamma+1}{2} - \frac{\gamma-1}{2}\frac{q^2}{q_*^2}\right)^{\frac{1}{\gamma-1}},$$

$$M^2 = \frac{q^2}{q_*^2}\bigg/\left(\frac{\gamma+1}{2} - \frac{\gamma-1}{2}\frac{q^2}{q_*^2}\right), \quad \text{etc.}$$

(3)

Here, γ is the ratio of specific heats and suffix $_*$ means the value at the critical condition in which q is equal to the local speed of sound. Further, it can be shown that the magnetic field $\mathfrak{H}$ is proportional to the flow density everywhere

$$\mathfrak{H} = \varkappa^{-1}\varrho\,\mathfrak{q}, \quad (\varkappa\text{: field constant}) \tag{4}$$

so that the ALFVÉN number $A \equiv q/\sqrt{\mu\,H^2/\varrho}$ (μ: permeability of the fluid) becomes

$$A^2 = (\varkappa^2/\mu)\,\varrho^{-1}. \tag{5}$$

The magnetogasdynamic effect appears explicitly through the parameter A, and the limit $A \to \infty$ corresponds to the ordinary flow case.

Elimination of Φ from (1) yields the equation for Ψ:

$$q^2(A^2-1)(A^2+M^2-1)\,\partial^2\Psi/\partial q^2$$
$$+ q\,[(M^2+1)(A^2-1)^2 - M^4\{\gamma(A^2-1)+1-3A^2\}]\,\partial\Psi/\partial q$$
$$+ (1-M^2)(A^2+M^2-1)^2\,\partial^2\Psi/\partial\theta^2 = 0. \tag{6}$$

The relation between the physical and the hodograph planes may be given by the equation

$$dx + i\,dy = q^{-1}\,e^{i\theta}\,\{(1-A^{-2})^{-1}\,d\Phi + i\,\varrho^{-1}\,d\Psi\}. \tag{7}$$

Here the correspondence ceases to be one-to-one when the Jacobian of the transformation

$$\frac{\partial(x,y)}{\partial(q,\theta)} = \frac{1}{\varrho^2 q}\left\{(M^2-1)\left(\frac{\partial\Psi}{q\,\partial\theta}\right)^2 - \frac{A^2-1}{A^2+M^2-1}\left(\frac{\partial\Psi}{\partial q}\right)^2\right\} \tag{8}$$

changes its sign just as in ordinary gasdynamics.

SEEBASS [1] made a detailed investigation of the flows represented by several exact solutions (of CHAPLYGIN type) of Eq. (6). The present paper will be devoted exclusively to a general study of the transonic small-perturbation flow with or without shock waves.

3. Transonic small-perturbation flow

Let us consider the case in which the flow is almost uniform and the local MACH number is close to one everywhere. (The case $M \cong 1$ with $A \cong 1$ will however be excluded in the present paper.) Denoting by q_* the critical velocity, we put

$$q/q_* = 1 + \nu \, \xi, \qquad \theta = \tau \, \vartheta, \tag{9}$$

where τ (body thickness) and ν are small parameters. If we take

$$\nu = \pm \, (\gamma + 1)^{-\frac{1}{3}} \tau^{\frac{2}{3}} \, |1 - A_*^{-2}|^{\frac{1}{3}}, \qquad A_* \gtrless 1 \tag{10}$$

and set

$$\left. \begin{aligned} \Phi &= l \, q_* \, (1 - A_*^{-2}) \varphi \, (\xi, \vartheta), \\ \Psi &= l \, \varrho_* \, q_* \, (\gamma + 1)^{-\frac{1}{3}} \tau^{-\frac{1}{3}} \, (1 - A_*^{-2})^{-\frac{2}{3}} \, \psi \, (\xi, \vartheta), \end{aligned} \right\} \tag{11}$$

l being the chord length of the body, we can eliminate all the parameters in the fundamental Eqs. (1), obtaining

$$\partial \varphi / \partial \xi = \xi \, \partial \psi / \partial \vartheta, \qquad \partial \varphi / \partial \vartheta = \partial \psi / \partial \xi, \tag{12}$$

or on elimination of φ, we have

$$\partial^2 \psi / \partial \xi^2 - \xi \, \partial^2 \psi / \partial \vartheta^2 = 0. \tag{13}$$

It will be seen that Eqs. (12) and (13) are quite the same as the familiar equations in the theory of ordinary transonic flow.

We have also approximate formulae:

$$\begin{aligned} p &\cong p_* \, (1 - \gamma \, \nu \, \xi), \qquad \varrho \cong \varrho_* (1 - \nu \, \xi), \\ M^2 &\cong 1 + (\gamma + 1) \, \nu \, \xi, \qquad \ldots \end{aligned} \tag{14}$$

and the approximation for the magnetic pressure $p^{(m)}$:

$$p^{(m)} \equiv \frac{1}{2} \, \mu \, H^2 = \frac{1}{2} \, \mu \, \varkappa^{-2} \, (\varrho \, q)^2 \cong p_*^{(m)}. \tag{15}$$

Thus, we have

$$\begin{aligned} C_p &= (p - p_*) \Big/ \left(\frac{1}{2} \varrho_* \, q_*^2 \right) \cong - \, 2 \nu \, \xi, \\ C_T &= (T - T_*) \Big/ \left(\frac{1}{2} \varrho_* \, q_*^2 \right) \cong C_p \cong - \, 2 \nu \, \xi, \end{aligned} \tag{16}$$

where $T = p + p^{(m)}$.

The coordinate relations (7) can also be approximated as

$$\left. \begin{aligned} (x - x_0)/l &= \varphi \, (\xi, \vartheta), \\ (y - y_0)/l &= (\gamma + 1)^{-\frac{1}{3}} \tau^{-\frac{1}{3}} (1 - A_*^{-2})^{-\frac{2}{3}} \, \psi \, (\xi, \vartheta). \end{aligned} \right\} \tag{17}$$

Now, let the singular point corresponding to the free stream be located at $\xi = \xi_\infty$, $\vartheta = 0$ in the (reduced) hodograph plane. This ξ_∞

corresponds to the so-called transonic parameter. By (10) and (14), ξ_∞ may be expressed as

$$\xi_\infty = \pm \, (\gamma + 1)^{-\frac{1}{3}} \, \tau^{-\frac{1}{3}} \, (M_\infty^2 - 1) \, |1 - A_\infty^{-2}|^{-\frac{1}{3}}, \quad A_\infty \gtrless 1 \quad (18)$$

where A_* has been replaced by A_∞ to the present approximation. Also, let the streamline $\psi = 0$ corresponding to the body surface be given by the equation $\xi = \Xi(\vartheta)$. Then, on the body contour, we have

$$y/l = (\gamma + 1)^{-\frac{1}{3}} \, \tau^{-\frac{1}{3}} \, (1 - A_*^{-2})^{-\frac{2}{3}} \, \psi \left(\Xi(\vartheta), \vartheta \right) = 0,$$
$$x/l = \varphi(\Xi(\vartheta), \vartheta).$$

Solving the second equation for ϑ, we get

$$\vartheta = \Theta(x/l), \quad \text{or} \quad \theta = \tau \, \Theta(x/l).$$

Thus, if we have a solution for conventional transonic flow past a body $\xi = \Xi(\vartheta)$ with a definite value of ξ_∞, we may have a whole family of conventional and magnetogasdynamic flows past geometrically similar bodies (one $\Xi(\vartheta)$ determines one $\Theta(x/l)$) with different M_∞, A_∞, and γ, provided that the (extended) transonic parameter (18) remains fixed. This is an extension of von Kármán's transonic similarity rule. An equivalent result was also given by Hida [3], based on the fictitious-gas approach in the physical plane [4]. Hida has further discussed similarity near the critical lines $A = 1$ and $A^2 + M^2 = 1$.

As pointed out by von Kármán himself, the classical similarity rule holds good even if the flow involves shock waves. We next proceed to try the extension of the new rule in the same direction.

4. Flow with shock wave

The conditions for a plane shock wave standing in an inviscid, perfectly conducting, aligned-field flow consist of the equations of continuity

$$[H \sin \alpha] = 0, \tag{19}$$

$$[\varrho q \sin \alpha] = 0, \tag{20}$$

equations of momentum

$$\left[p + \varrho \, q^2 \sin^2 \alpha + \frac{1}{2} \mu \, H^2 \cos^2 \alpha \right] = 0, \tag{21}$$

$$[(\varrho \, q^2 - \mu \, H^2) \sin \alpha \cos \alpha] = 0, \tag{22}$$

and equation of energy

$$\left[\frac{1}{2} q^2 + \frac{\gamma}{\gamma - 1} \frac{p}{\varrho} \right] = 0. \tag{23}$$

Here, α is the angle between the shock front and the flow direction and [ ] means difference of values on two sides of the shock wave.

The parameters γ and μ are assumed to be invariant across the shock wave. Introducing M and A in these conditions, we easily obtain the equations:

$$[\varrho\, A^2] = 0, \tag{24}$$

$$[\varrho\, p\, M^2 \sin^2 \alpha] = 0, \tag{25}$$

$$\left[p\left(1 + \gamma\, M^2 \sin^2 \alpha + \frac{1}{2}\,\gamma\, M^2\, A^{-2} \cos^2 \alpha\right)\right] = 0, \tag{26}$$

$$[(A^2 - 1)\cot \alpha] = 0, \tag{27}$$

$$\left[\frac{p}{\varrho}\left(\frac{2}{\gamma - 1} + M^2\right)\right] = 0. \tag{28}$$

Combining (25) with (27), we have

$$\cot^2 \alpha_1 = \frac{(A_2^2 - 1)^2 \left(1 - \dfrac{p_2}{p_1}\dfrac{\varrho_2}{\varrho_1}\dfrac{M_2^2}{M_1^2}\right)}{(A_2^2 - 1)^2 \dfrac{p_2}{p_1}\dfrac{\varrho_2}{\varrho_1}\dfrac{M_2^2}{M_1^2} - (A_1^2 - 1)^2}, \tag{29}$$

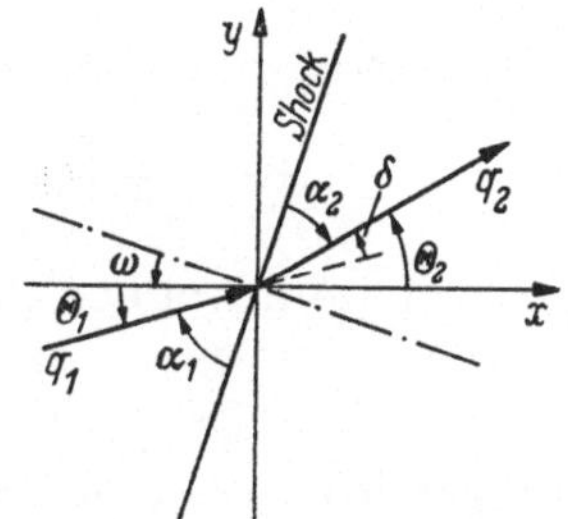

Fig. 1. Shock transition

where suffixes 1 and 2 indicate different sides of the shock wave. Further, on elimination of α_1, α_2 and M_2 from these equations, we get the (extended) Rankine-Hugoniot relation in the form

$$\frac{p_2}{p_1} = \frac{1 - \dfrac{\gamma + 1}{\gamma - 1}\dfrac{\varrho_2}{\varrho_1} - A_1^{-2}\left\{\dfrac{\gamma}{2}\,M_1^2\left(\dfrac{\varrho_2}{\varrho_1} - 1\right)^3 + \dfrac{\gamma}{\gamma - 1}\left(\dfrac{\varrho_2}{\varrho_1}\right)^2\left(\dfrac{\varrho_2}{\varrho_1} - 3\right) + 2\dfrac{\varrho_2}{\varrho_1}\right\}}{\dfrac{\varrho_2}{\varrho_1} - \dfrac{\gamma + 1}{\gamma - 1} - \dfrac{\varrho_2}{\varrho_1}\,A_1^{-2}\left(\dfrac{\gamma}{\gamma - 1}\dfrac{\varrho_2}{\varrho_1} - \dfrac{\gamma + 2}{\gamma - 1}\right)}. \tag{30}$$

Now, if the parameters M_1, A_1 and ϱ_2/ϱ_1 are assigned, we can calculate p_2/p_1 by (30) just obtained. Then (28) gives M_2, while (24) determines A_2. Inserting these data in (29), we get α_1 and then α_2 from (27). Thus, all the parameters of the shock transition may be in turn obtained.

We next proceed to more detailed consideration of the case of relatively weak shock waves. For a weak shock, we put

$$\varrho_2/\varrho_1 = 1 + \varepsilon, \qquad |\varepsilon| \ll 1, \tag{31}$$

and expand various quantities in powers of ε. Thus, after some calculation, we have

$$p_2/p_1 = 1 + \gamma\,\varepsilon + \frac{1}{2}\,\gamma(\gamma - 1)\,\varepsilon^2$$

$$+ \frac{1}{4}\,\gamma(\gamma - 1)\{\gamma - 1 + (M_1^2 - 1)(A_1^2 - 1)^{-1}\}\varepsilon^3 + \cdots, \tag{32}$$

$$M_2^2 = M_1^2 - 2\left\{1 + \frac{1}{2}(\gamma - 1)\,M_1^2\right\}\varepsilon + \gamma\left\{1 + \frac{1}{2}(\gamma - 1)\,M_1^2\right\}\varepsilon^2 + \cdots \tag{33}$$

and

$$\cot^2 \alpha_1 = \frac{(A_1^2 - 1)(M_1^2 - 1)}{A_1^2 + M_1^2 - 1}$$

$$-\frac{1}{2}\frac{A_1^2 - 1}{A_1^2 + M_1^2 - 1}\left[\gamma + 1 + \frac{(M_1^2 - 1)\{(\gamma + 1)(A_1^2 - 1)^2 + 3 A_1^2 M_1^2\}}{(A_1^2 - 1)(A_1^2 + M_1^2 - 1)}\right]\varepsilon + \cdots \tag{34}$$

Further, if the flow is transonic, i. e., $M \cong 1$, the shock wave becomes almost normal to the stream, so that

$$\frac{1}{2}\pi - \alpha_1 \equiv \omega \ll 1. \tag{35}$$

Since $\cot \alpha_1 \cong \omega$ and $M_1 \cong 1$, (34) may be approximated by

$$\omega = \pm\left[(1 - A_1^{-2})\left\{M_1^2 - 1 - \frac{1}{2}(\gamma + 1)\varepsilon\right\}\right]^{\frac{1}{2}}. \tag{36}$$

Also, if we introduce the deflection angle δ

$$\delta = \alpha_1 - \alpha_2, \qquad (|\delta| \ll 1) \tag{37}$$

we get from (24), (27) and (31) the result

$$\varepsilon\,\omega \cong (1 - A_1^{-2})\,\delta. \tag{38}$$

Also, for $M_1 \cong 1$, Eq. (33) gives

$$\varepsilon \cong (\gamma + 1)^{-1}(M_1^2 - M_2^2). \tag{39}$$

Then, elimination of ω and ε from (36), (38) and (39) yields

$$\delta = \pm (\gamma + 1)^{-1}(1 - A_1^{-2})^{-\frac{1}{2}}(M_1^2 - M_2^2)\left\{\frac{1}{2}(M_1^2 + M_2^2) - 1\right\}^{\frac{1}{2}}. \tag{40}$$

This is the equation of shock polar for transonic flow under consideration. By means of (9), (10) and (14) this equation can be made parameter-free as

$$\vartheta_2 - \vartheta_1 = \pm (\xi_1 - \xi_2)\left\{\frac{1}{2}(\xi_1 + \xi_2)\right\}^{\frac{1}{2}}. \tag{41}$$

On the other hand, the inclination of the shock wave to the x-axis is given by

$$(dy/dx)_{\text{shock}} = \tan(\alpha_1 + \theta_1) \cong \omega^{-1}.$$

Making use of (36), (39) and (41) here, we have

$$(dy/dx)_{\text{shock}} \cong \pm (\gamma + 1)^{-\frac{1}{3}}\tau^{-\frac{1}{3}}(1 - A_*^{-2})^{-\frac{2}{3}}\{2/(\xi_1 + \xi_2)\}^{\frac{1}{2}}.$$

Again, this becomes parameter-free by (17) in the form

$$(d\psi/d\varphi)_{\text{shock}} = \pm\{2/(\xi_1 + \xi_2)\}^{\frac{1}{2}}, \tag{42}$$

where the double signs should be taken in accordance with (41).

Eqs. (41) and (42), together with the obvious relations

$$\varphi_1 = \varphi_2, \tag{43}$$

$$\psi_1 = \psi_2 \tag{44}$$

constitute the boundary conditions on the shock images in the ξ, ϑ plane. It will be seen that these conditions are quite the same as those in non-magnetic case. Thus, it has turned out that the magnetogasdynamic transonic flow under consideration is completely reducible to the corresponding ordinary flow even if there exist shock waves in the field of flow. The author was informed that N. GEFFEN has also found the same result.

Now, in order to complete the shock conditions, we must examine the entropy change across the shock wave, which determines the proper direction of the flow. For a relatively weak shock, we can calculate the entropy change $S_2 - S_1$ from (31) and (32) as follows:

$$\begin{aligned}
\frac{S_2 - S_1}{R} &= \frac{1}{\gamma - 1} \ln \left\{ \frac{p_2}{p_1} \left(\frac{\varrho_2}{\varrho_1} \right)^{-\gamma} \right\} \\
&\cong \left\{ \frac{1}{12} \gamma (\gamma + 1) + \frac{\gamma}{4} \frac{M_1^2 - 1}{A_1^2 - 1} \right\} \varepsilon^3,
\end{aligned} \tag{45}$$

R being the specific gas constant. Therefore, in a transonic flow ($M \cong 1$), $S_2 - S_1 \gtrless 0$ according as $\varrho_2 \gtrless \varrho_1$ ($\varepsilon \gtrless 0$), so that flow takes place in the direction $1 \rightleftarrows 2$ respectively. In any case, if we indicate by the suffixes f and b the front and back sides of the shock wave, respectively, we have $\varrho_b > \varrho_f$, and from (39),

$$M_f > M_b. \tag{46}$$

From this together with (10) and (14), we have

$$\xi_f \gtrless \xi_b \quad \text{for} \quad A_* \gtrless 1. \tag{47}$$

The first condition for $A_* > 1$ is usual, but the second one for $A_* < 1$ (sub-ALFVÉNIC) is quite opposite to the ordinary flow case. It can be seen, however, that the second condition may just be satisfied if we reverse the whole flow in translating an ordinary flow to a magnetogasdynamic flow. Then, shock waves as well as magneto-sonic waves will all be brought to incline upstream. That this is the correct picture can be shown also by a study of the propagation of small disturbances from a traveling point source [5].

5. Some flow characteristics

We now examine some of the results from the similarity rule obtained above. Suppose that we had a solution $\{\varphi(\xi, \vartheta), \psi(\xi, \vartheta)\}$ for a definite shape of boundary $\xi = \varXi(\vartheta)$ and for a definite value of ξ_∞, the transonic parameter. Then, the patterns of flows belonging to this solution may be obtained by the coordinate relations (17) where A_* may be replaced by A_∞ to the present approximation, with the condition that the value of the transonic parameter (18) is fixed. Also, the velocity, pressure, etc. at any point may be calculated by (9), (14), etc. Let us consider the special case in which γ and the thickness τ are fixed. Then, since φ and ψ are common functions for the family, the effect of the magnetic field upon the flow pattern appears only through the factor $(1 - A_\infty^{-2})^{-\frac{1}{3}}$ in y. This factor is 1 for the nonmagnetic case $(A_\infty \to \infty)$, grows to ∞ as $A_\infty \to 1$, and decreases to zero as $A_\infty \to 0$. The corresponding change of the flow pattern will be a stretching or shrinking in the y-direction, as shown in Fig. 2. It may be interesting to note that the flow patterns in (b) and (c) may be the same if $1 - A_{\infty,b}^{-2} = A_{\infty,c}^{-2} - 1$. However, $M_\infty^2 - 1$ as well as perturbations of velocity and pressure must have different signs for

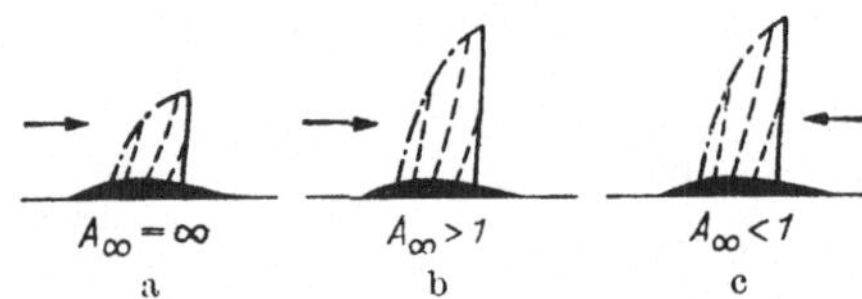

Fig. 2. Change of flow pattern with A_∞

respective cases. Also, the direction of flow should be reversed for the case (c) according to the remark given previously. In order to obtain the flow with original direction for $A_\infty < 1$, we must know the solution for nonmagnetic flow (a) with reversed direction.

As a more concrete example, we shall consider the case of flow past a half-wedge with vertex angle 2α at Mach number 1. Without

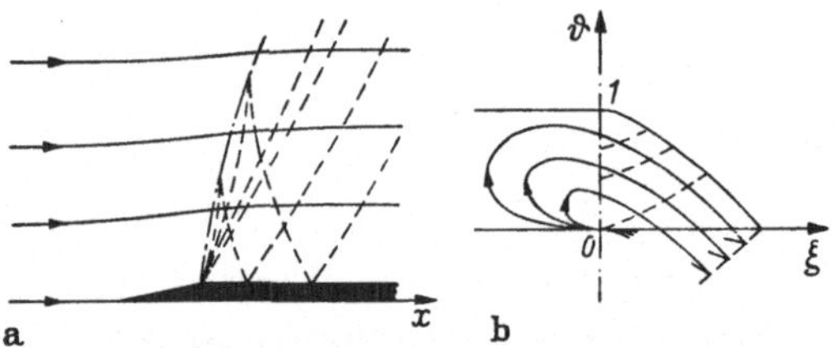

Fig. 3. Flow past a half-wedge for $A_\infty > 1$ (a) physical plane, (b) hodograph plane

magnetic field, this is a well-known case treated by Guderley-Yoshihara [6] and Barish-Guderley [7] (Fig. 3). In this case the transonic parameter ξ_∞ is zero and fixed despite changes of γ, τ, A_∞. We can obtain the results with magnetic field simply by applying the transformations stated earlier, provided that the flow is super-Alfvénic. In particular, the drag coefficient C_D can be calculated as follows:

$$C_D = 2 \int_0^l \frac{(T - T_*) \sin \alpha}{\frac{1}{2} \varrho_* q_*^2 l} \, dx$$

$$\cong -4\nu\alpha \int_0^l \frac{\xi}{l} \, dx$$

and
$$\int\limits_{0}^{l} \xi \, dx = l \int \xi \, d\varphi = l \int\limits_{-\infty}^{0} \xi \frac{\partial \varphi}{\partial \xi} \, d\xi = l \int\limits_{-\infty}^{0} \xi^{2} \frac{\partial \psi}{\partial \vartheta} \, d\xi$$

by (16), (17) and (12). The thickness parameter τ was identified to α.
There is also a normalization condition for ψ. That is,

$$l = \int\limits_{0}^{l} dx = l \int\limits_{-\infty}^{0} \xi \frac{\partial \psi}{\partial \vartheta} \, d\xi,$$

so that

$$\int\limits_{-\infty}^{0} \xi \frac{\partial \psi}{\partial \vartheta} \, d\xi = 1.$$

Thus,
$$C_D = \tilde{C}_D \, (\gamma + 1)^{-\frac{1}{3}} (1 - A_\infty^{-2})^{\frac{1}{3}} \, \alpha^{\frac{5}{3}} \tag{48}$$

with
$$\tilde{C}_D = - 4 \int\limits_{-\infty}^{0} \xi^{2} \frac{\partial \psi}{\partial \vartheta} \, d\xi = 3.52 \tag{48a}$$

according to the calculation of GUDERLEY and YOSHIHARA.

If the flow is sub-ALFVÉNIC, i. e., $A_\infty < 1$, we must know the solution
for the nonmagnetic flow
of the type shown in
Fig. 4. There seems to be
no published result about
this flow. However, the
flow along the wedge
surface is uniform, so
that it is a simple mat-
ter to evaluate the drag.

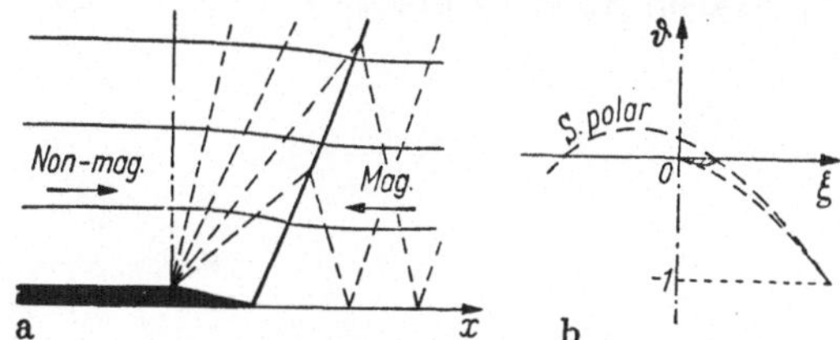

Fig. 4. Flow past a half-wedge for $A_\infty < 1$ (a) physical plane
(b) hodograph plane

Since the variation of ξ in the PRANDTL-MEYER expansion is given
by the characteristic curve $\vartheta = - \dfrac{2}{3} \, \xi^{3/2}$, the value of ξ on the face
of the wedge ($\vartheta = -1$) is $\xi = (3/2)^{2/3}$.
Therefore, the drag coefficient is

$$C_D = - 2 \int\limits_{0}^{l} \frac{(T - T_*) \sin \alpha}{\frac{1}{2} \varrho_* \, q_*^2 \, l} \, dx$$

$$\cong 4 \nu \, \alpha \int\limits_{0}^{l} \frac{\xi}{l} \, dx \tag{49}$$

$$= - 4 \left(\frac{3}{2}\right)^{\frac{2}{3}} (\gamma + 1)^{-\frac{1}{3}} (A_\infty^{-2} - 1)^{\frac{1}{3}} \alpha^{\frac{5}{3}} .$$

This C_D is negative for $A_\infty < 1$,
but the direction of flow must be
reversed, so that it gives positive
face-drag for an advancing half-

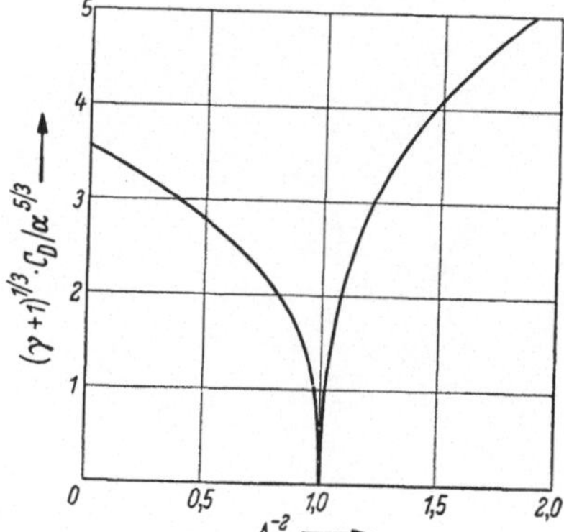

Fig. 5. C_D of a half-wedge vs. A_∞^{-2}

wedge. In Fig. 5 is plotted the drag calculated by (48) for $A_\infty > 1$
and by (49) for $A_\infty < 1$.

6. Acknowledgments

The present work was done under Contract AF 49 (638)—674, while the author stayed at the Graduate School of Aero-Space Engineering, Cornell University, on leave from Kyoto University. The author would like to express cordial thanks to Professor W. R. Sears, the Director, and other personnel of the School, for valuable discussions and criticism.

References

[1] Seebass, R.: Quart. Appl. Math. **19**, 231 (1961).
[2] Tamada, K.: Phys. Fluids **5**, 871 (1962).
[3] Hida, K.: Preprint, 6th Meeting on Mech. and Appl. Math., Tokyo (1961).
[4] Imai, I.: Revs. Modern Phys. **32**, 992 (1960).
[5] Sears, W. R.: Revs. Modern Phys. **32**, 701 (1960).
[6] Guderley, G., and Yoshihara H.: J. Aeron. Sci. **17**, 723 (1950).
[7] Barish, B., and Guderley G.: J. Aeron. Sci. **20**, 491 (1953).

Mixed flows in magnetogasdynamics

By

R. Seebass

Cornell University, Ithaca, N. Y., U. S. A.

1. Introduction

Magnetogasdynamics treats the effect of a magnetic field on the continuum dynamics of an electrically conducting gas. If the gas is highly conducting, only an electromotive body force is effected by the presence of the magnetic field. This force, in turn, provides a mechanism for the anisotropic propagation of small disturbances. It is primarily because of the latter that magnetogasdynamic flows may differ from their non-magnetic counterparts. This paper treats such highly conducting flows in the case of aligned magnetic and velocity fields. With this simplification the equations are found to be reducible in the strict sense; that is, they are identical in form to those of ordinary gasdynamics, and the wealth of techniques developed there is thus applicable. The primary concern here will be isentropic flows containing regions in which the usual aerodynamic luxury of linearization fails.

2. The basic equations

The equations that govern the steady flow of an "ideal conductor" in the presence of a steady magnetic field are

$$\nabla \cdot \varrho \, \boldsymbol{q} = 0, \tag{2.1}$$

$$\boldsymbol{q} \cdot \nabla \boldsymbol{q} + \frac{\mu}{4\pi \, \varrho} \, \boldsymbol{H} \times (\nabla \times \boldsymbol{H}) + \frac{\nabla p}{\varrho} = 0, \tag{2.2}$$

$$\nabla \cdot \boldsymbol{H} = 0, \tag{2.3}$$

$$\nabla \times (\boldsymbol{q} \times \boldsymbol{H}) = 0, \tag{2.4}$$

and

$$\boldsymbol{q} \cdot \nabla S = 0, \tag{2.5}$$

where p, ϱ, S, and μ are the pressure, density, entropy and magnetic permeability, and $\boldsymbol{q}$ and $\boldsymbol{H}$ the velocity and magnetic field vectors.

An equation of state, $\varrho = \varrho\,(p, S)$, is also required. By an "ideal conductor" we mean a fully ionized gas with sufficient electrical conductivity, σ, that the magnetic Reynolds number, $R_M = \sigma\,q_\infty\,L$, is large compared to one if L is a typical dimension. In addition we require that the viscosity and thermal conductivity be negligible, and further that the density be large enough to insure that the mean collision time for electron-ion encounters, τ_c, is small. Here we have taken the electrical conductivity to be large because the number density, n, is large: $\sigma = n\,e^2\,\tau_c/m_e$, where e is the electronic charge and m_e the mass of an electron.

For a collisionless plasma the conductivity and mean collision time become large together, and Eq. (2.4) must be replaced by

$$\nabla \times \left[\boldsymbol{q} \times \left(\frac{\boldsymbol{H}}{H_\infty} - \frac{l}{L}\,\Omega\right)\right] = 0, \tag{2.4'}$$

where Ω is the non-dimensional vorticity, $l = \varrho\,q_\infty/\mu\,n\,e\,H_\infty$,[1] and H_∞ and q_∞ are reference values of H and q. The additional term is due to the Hall current $\dfrac{\mu\,e\,\tau_c}{4\pi\,m_e}\,\boldsymbol{H} \times (\nabla \times \boldsymbol{H})$, which has been replaced by $(l/L)\,\boldsymbol{q} \times \Omega$ through Eq. (2.2). We conjecture that any solution of Eqs. (2.1) to (2.4), (2.5) may be thought of as the first term in an expansion of a solution of Eqs. (2.1) to (2.4'), (2.5) in powers of l/L as long as l is sufficiently small and the vorticity is bounded[2]. The length l is to be interpreted as a measure of how myopic one may be in examining a solution for our "ideal conductor" in the limit of a collisionless plasma.

Eq. (2.4) requires that $\boldsymbol{q} \times \boldsymbol{H}$ be constant in plane flow and inversely proportional to radial distance in axisymmetric flow. Thus if $\boldsymbol{q}$ and $\boldsymbol{H}$ are parallel anywhere (except in the limit of large radial distance for the axisymmetric case), they are parallel everywhere. This may be expressed as

$$\varrho\,\boldsymbol{q} = f\,\boldsymbol{H}, \tag{2.6}$$

where f is some scalar function. Eqs. (2.1) and (2.3) require $f = f(\psi)$ where ψ is the stream function. Substituting Eq. (2.6) into (2.2) and then forming the scalar product with $\boldsymbol{q}$ we get, noting Eq. (2.5), the

---

[1] $l^2 = \left(\dfrac{q_\infty}{\alpha_\infty}\right)^2 \dfrac{5.2}{n_e}\,10^{14}$ cm^2, where n_e is the number of electrons per cm^3 and α is the Alfvén speed. In an experiment conducted by Dr. Pugh at Cornell University in an electromagnetic shock tube, the ratio of l to the radius of the shock tube was the order of 1/35. (See Resler, Developments in Mechanics, Vol. 1, 1961.)

[2] One may show that flow is completely determined to $0\,(l/L)$ by the solution for $l/L = 0$ provided that the flow speed is not near the Alfvén speed; at Alfvénic conditions the expansion scheme appears to be singular.

usual BERNOULLI's equation:

$$\frac{q^2}{2} + \int \frac{dp}{\varrho} = \text{constant} \tag{2.7}$$

along a streamline. Assuming uniform conditions at infinity, we see that f is a constant, the flow is homentropic, and that Eq. (2.7) holds throughout the flow. The gradient of Eq. (2.7) combined with Eqs. (2.2) and (2.6) then yields

$$V \times (1 - A^{-2})\, \boldsymbol{q} = 0, \tag{2.8}$$

where A denotes the ALFVÉN number, defined in analogy with the MACH number as the flow speed divided by the ALFVÉN speed; i. e., $A = q/\alpha$ where $\alpha = H \sqrt{\mu/4\pi\varrho}$.

The current at any point in the flow is given by $V \times \boldsymbol{H}/4\pi$, and can be related to the vorticity by combining the curl of Eq. (2.6) with Eq. (2.8): $\varOmega = A_\infty^{-2}\boldsymbol{J}$, where $\boldsymbol{J}$ is the non-dimensional current and the subscript refers to the conditions chosen to non-dimensionalize the variables. Lines of current, like vortex lines, close on themselves and form rings in an axisymmetric flow, and are normal to the flow plane in a two-dimensional flow. To insure planar conditions in the latter case the current must be removed from the flow by electrodes with a conductivity much larger than that of the highly conducting gas. This is generally not possible in physically realizable situations; it is better to imagine the two-dimensional case as the limit approached far from the axis of an axisymmetric flow or in the center of a large duct. Hereafter we shall restrict our attention to two-dimensional motions for which a powerful mathematical technique, the hodograph transformation, is available.

The original system of equations can be replaced by Eqs. (2.1), (2.7), and (2.8) because $A = A(\varrho)$. We satisfy the first of these equations identically by introducing the usual stream function, and the last by defining a potential function, φ, to satisfy

$$V\varphi = (1 - A^{-2})\, \boldsymbol{q}. \tag{2.9}$$

For homentropic flow the set of equations can be reduced to a single equation in either ψ or φ:

$$\psi_x^2\,\psi_{xx} + 2\psi_x\psi_y\psi_{xy} + \psi_y^2\,\psi_{yy} - (\psi_x^2 + \psi_y^2)\left[\frac{(A^2-1)\,(M^2-1)}{A^2\,M^2}\right](\psi_{xx} + \psi_{yy}) = 0; \tag{2.10}$$

$$\varphi_x^2\,\varphi_{xx} + 2\varphi_x\varphi_y\varphi_{xy} + \varphi_y^2\,\varphi_{yy} - (\varphi_x^2 + \varphi_y^2)\left[\frac{A^2 + M^2 - 1}{A^2\,M^2}\right](\varphi_{xx} + \varphi_{yy}) = 0. \tag{2.11}$$

In vector form the latter equation is also valid for axisymmetric flow. The similar roles played by A and M in Eqs. (2.10) and (2.11) is illusory; the behavior for A near one is quite different from that for M near one. These two equations are analogous to the corresponding equations in ordinary gasdynamics, and they reduce to their counterparts in the limit of no magnetic field, $A \to \infty$.

The potential equation (2.11) was derived independently by Imai [1] and Hida [2]. Their derivations introduced a fictitious gas which reduced the equations to those of ordinary gasdynamics.[1] This reduction was discovered even earlier by Cowley [3], but went unnoticed. Recently this analogy has been extended to non-isentropic flows by Peyret [4]. The equation was also derived independently by the author. This, and the equation for the stream function, are the physical-plane counterparts of the hodograph equations given in [5].

Whether Eq. (2.10) or (2.11) is of the elliptic or hyperbolic type depends upon the sign of $(A^2 - 1)(A^2 + M^2 - 1)(M^2 - 1)$. If this quantity is negative they are elliptic, if positive, hyperbolic. This is illustrated in the Taniuti-Resler diagram, Fig. 1. Isentropes on this diagram represent the relationship between the Alfvén number and the Mach number for a given magnetic field strength. The linear theory for Eqs. (2.1) to (2.5) has been developed by McCune and Resler [6], and by Kogan [7]. Their results, which are equivalent to the linearized forms of Eq. (2.10) or (2.11), do not apply to regions of flow in which the equations change type. This is analogous to the failure of Ackeret theory in ordinary gasdynamics for the transonic regime. Near these transitions the motion of the fluid is fundamentally nonlinear, and at least some of the nonlinear terms must be retained in the equations.

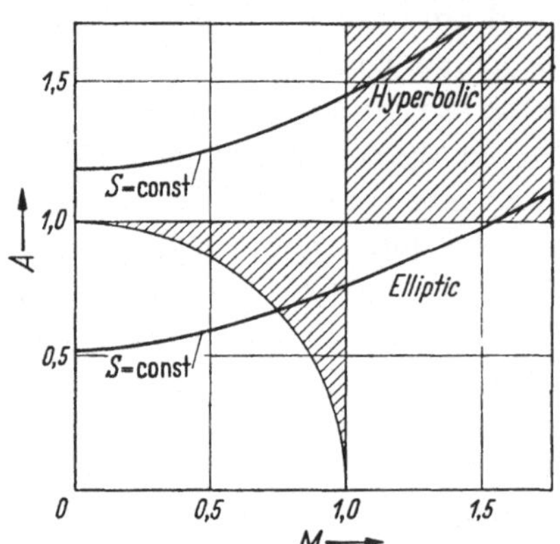

Fig. 1. Taniuti-Resler diagram

3. Characteristics

In ordinary supersonic gasdynamics the characteristics of one family in the physical plane are perpendicular to those of the other family in the hodograph plane. Furthermore, the characteristics occupy only a

---

[1] If we define $V = (1 - A^{-2})\, q$ and $\tilde{\omega} = \varrho (1 - A^{-2})^{-1}$, then Eq. (2.1) becomes $\nabla \cdot \tilde{\omega}\, V = 0$, and Eq. (2.9) $\nabla \times V = 0$.

single region of the hodograph plane. No such simplicity exists for the magnetogasdynamic characteristics. Here the characteristics of one family in the physical plane may be parallel to the hodograph characteristics of the other family at one point in a flow and perpendicular at another. Also, for all isentropes (except one) with a stagnation ALFVÉN number, A_0, less than one there are two distinct hyperbolic regions in the hodograph plane. The extent of these regions, as well as the behavior of the characteristics, depends on the value of A_0; for each A_0 we need a different hodograph plot.

The characteristic directions in the physical plane are given by

$$\tan \beta^\pm = \pm \left[\frac{A^2 + M^2 - 1}{(A^2 - 1)(M^2 - 1)} \right]^{1/2}, \tag{3.1}$$

where β is the angle of the characteristics with the stream direction. In hodograph variables the characteristics are

$$\frac{1}{q} \frac{dq}{d\theta} = \pm \left[\frac{A^2 - 1}{(M^2 - 1)(A^2 + M^2 - 1)} \right]^{1/2}. \tag{3.2}$$

The right-hand side of this equation is a function of q only, and so the characteristics are fixed. The angles, $\alpha^\pm$, between the radial and characteristic directions in the hodograph plane are just $\tan^{-1}$ $(\pm\, q\, d\theta/dq)$, so that

$$\tan \alpha^\pm = (M^2 - 1) \tan \beta^\pm.$$

For the subsonic-hyperbolic region the sense of the characteristics in the two planes is reversed. From the foregoing equations we see that the characteristics have the following behavior in the transitional regimes:

$$A^2 + M^2 \to 1: \quad \alpha^\pm, \beta^\pm \to 0.$$

$$A^2 \to 1: \quad \alpha^\pm, \beta^\pm \to \pm\, \pi/2.$$

$$M^2 \to 1: \quad \alpha^\pm \to 0,\, \beta^\pm \to \pm\, \pi/2.$$

Characteristics may be thought of as weak waves of vanishing strength. If we seek a wave speed, c, for our characteristics, then $c/q = \sin \beta$. Substituting from Eq. (3.1) for β, we have

$$c^2 = q^2 (A^2 + M^2 - 1)/A^2 M^2.$$

This wave speed will be termed the critical speed. Under this nomenclature note that trans-ALFVÉNIC and transonic flows are transcritical. Because $c \to 0$ as $A^2 + M^2 \to 1$, (i. e., q is much larger than c). we shall call the flow regime, $A^2 + M^2$ near 1, hypercritical. If we rewrite the expression for c in terms of the sound speed, a, and the ALFVÉN speed,

α, and then multiply the result by c^2 we obtain

$$c^4 - c^2 (a^2 + \alpha^2) + a^2 \alpha^2 \sin^2 \beta = 0.$$

This is in agreement with the well-known result for the propagation speed of small magnetogasdynamic disturbances.

Whether a forward- or rearward-facing wave is to be chosen in a given flow regime may be determined by constructing the envelopes of all the plane waves. This gives the disturbance pattern that is propagated from a point disturbance at the origin. Such a construction clearly demonstrates that the forward-facing waves must be chosen in the subsonic-hyperbolic region, while the supersonic-hyperbolic region requires conventional rearward-facing waves.

4. The hodograph transformation

Our main obstacle, the nonlinearity of either Eq. (2.10) or (2.11), may be removed by interchanging the role of the dependent and independent variables, that is, by making a transformation from the physical to the hodograph plane. That this technique is applicable here is obvious either from the form of the governing equations or from the fixity of the characteristics in the hodograph plane. The resulting equations are, for a perfect gas,

$$(M^2 - 1)(A^2 + M^2 - 1)^2 \psi_{\theta\theta} - (A^2 - 1)(A^2 + M^2 - 1) q^2 \psi_{qq}$$
$$- \{(1 + M^2)(A^2 - 1)^2 - M^4 [\gamma(A^2 - 1) + 1 - 3A^2]\} q \psi_q = 0, \qquad (4.1)$$

which reduces to Chaplygin's equation in the limit of no magnetic field, and

$$(M^2 - 1)^2 (A^2 + M^2 - 1) \varphi_{\theta\theta} - (M^2 - 1)(A^2 - 1) q^2 \varphi_{qq}$$
$$+ [(1 + \gamma M^4)(A^2 - 1) + M^2(M^2 - 1)] q \varphi_q = 0. \qquad (4.2)$$

Note that in the coefficients of the second derivatives $A^2 + M^2 - 1$ assumes the same role in Eq. (4.1) as $M^2 - 1$ does in Eq. (4.2), and further that $A^2 + M^2 - 1$ plays the role in Eq. (4.2) that $M^2 - 1$ does in Eq. (4.1). Here the symmetry is not misleading for the coefficients are simply functions of the independent variable q. It appears, then, that the stream function in a hypercritical transition is similar in some way to the potential function in a transonic transition, and vice versa. In section 6 we shall be able to determine more exactly the relationship between the two transitions and substantiate this conjecture.

In contradistinction to ordinary compressible flow, the Jacobian $\partial(\varphi, \psi)/\partial(q, \theta)$ may vanish even though the Jacobian of the coordinate transformation,

$$I = \frac{\partial(x, y)}{\partial(q, \theta)} = \frac{1}{\varrho^2 q^3} \left[(M^2 - 1) \psi_\theta^2 - \frac{(A^2 - 1)}{A^2 + M^2 - 1} (q \psi_q)^2 \right], \qquad (4.3)$$

does not. This occurs for $A = 1$. Nevertheless, Eqs. (4.1) and (4.2) are meaningful for ALFVÉNIC transitions as long as φ_θ and φ_q tend toward zero as A approaches one.

Given a solution of the Eqs. (4.1), (4.2) we must be able to transform it back to the physical plane. Quadrature of

$$dx = \frac{1}{q}\left[\frac{\cos\theta}{1 - A^{-2}}\,d\varphi - \frac{\sin\theta}{\varrho}\,d\psi\right]$$

and

$$dy = \frac{1}{q}\left[\frac{\cos\theta}{\varrho}\,d\psi + \frac{\sin\theta}{1 - A^{-2}}\,d\varphi\right]$$

achieves this end. On lines where I vanishes dx and dy change sign; i. e., the streamlines are cusped, and the solution fails to have physical significance. Such lines, termed "limit lines", have the same role in magnetogasdynamic flows as they do in ordinary gasdynamic flows. The only difference is that there are now two hyperbolic regions in which I may vanish instead of one.

The importance of HALL currents depends on the magnitude of Ω in Eq. (1.4'). In order that this term may be neglected, the vorticity must remain bounded. We claim that this is always true for solutions of our hodograph equations if I is not zero. The proof is direct from the definitions of I and Ω combined with the coordinate derivatives:

$$\Omega = -\frac{L}{q_\infty}\frac{M^2}{(A^2 + M^2 - 1)}\frac{\psi_q}{\varrho\,I} = -\frac{L}{q_\infty}\frac{A^2\,M^2}{(A^2 - 1)^2}\frac{\varphi_\theta}{q\,I}. \tag{4.4}$$

The transitions present no special problem as long as the derivatives are finite. Note that on "branch lines" where $I^{-1} = 0$ the vorticity, and hence the current, vanishes.

A canonical form of the second-order, linear partial differential equations (4.1) and (4.2) is clearly

$$\Phi_{\eta\eta} + \eta\,\Phi_{\theta\theta} + F(\eta)\,\Phi_\eta = 0,$$

where $F(\eta)$ depends on their respective coefficients and on derivatives of η with respect to q. For Eqs. (4.1) and (4.2)

$$\eta = \left\{\frac{3}{2}\int^q\left[\frac{(M^2 - 1)(A^2 + M^2 - 1)}{1 - A^2}\right]^{1/2}\frac{dq}{q}\right\}^{2/3}.$$

Therefore we can expect that the hypercritical transitions will be similar to the usual transonic transitions, but that the trans-ALFVÉNIC transitions will be rather different.

5. Particular solutions of the hodograph equations

The main consequence of the difference between our magnetogasdynamic and the ordinary gasdynamic equations is the existence of new flow regimes. Associated with each regime is a transition which, if it is possible, may differ in some essential way from the ordinary sonic transition. For example in a sonic, sub-Alfvénic[1] transition, an accelerating flow changes from a hyperbolic to an elliptic behavior. Moreover, on the hyperbolic side of a hypercritical transition, the characteristics are parallel to the streamlines and in an accelerating flow they carry information upstream to the transition. In this section we affirm the existence of such transitions through exact solutions of the hodograph equations. Some properties of the transitions are illustrated by these particular solutions; others will be discussed later when we examine each transition regime separately.

Two elementary solutions, $\psi = K_\sigma \, \theta$ and $\varphi = K_\nu \, \theta$, follow directly from the form of Eqs. (4.1) and (4.2). They are the analogs of source and vortex motions in plane potential flow.

The coordinate function and limit line for the source solution are just those of non-magnetic source flow. Depending upon the strength of the magnetic field, i. e. the isentrope in Fig. 1, and the branch of the solution chosen, the source solution exhibits one of the following: no transition; an Alfvénic (subsonic) and a hypercritical transition; a hypercritical transition; an Alfvénic (supersonic) transition. Thus for some isentropes the flow undergoes two transitions, for others one or none. Fig. 2 displays a two-transition flow. The velocity field is, of course, reversible. From Eq. (4.4) we note that our source solution is irrotational and, thereby, current-free. That this is the only possible irrotational motion, other than uniform and simple-wave flows, is clear from Eqs. (4.1) and (4.4).

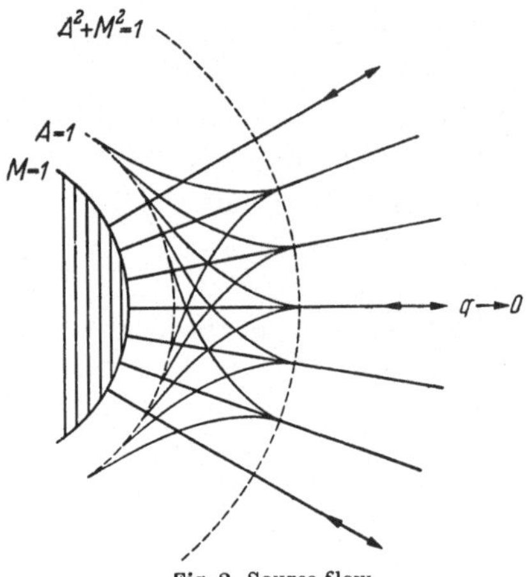

Fig. 2. Source flow

For the vortex motion the coordinate function and the Jacobian are

$$r = \frac{K_\nu \, A^2}{q(A^2 - 1)},$$

$$I = -\frac{K_\nu^2 \, A^4 (A^2 + M^2 - 1)}{q^3 (A^2 - 1)^3}.$$

Here there are no transitions, but a sonic line may occur in the flow. The solution has three branches for some isentropes, but only one for all others. The circulation and the vorticity are given by

$$\Gamma = \frac{2\pi K_\nu A^2}{A^2 - 1}$$

and

$$\Omega = \frac{L}{q_\infty} \frac{q^2}{K_\nu} \frac{M^2}{A^2} \frac{(1 - A^2)}{(A^2 + M^2 - 1)}\,.$$

This is in agreement with our general result (4.4) that the motion must be irrotational on branch lines and have infinite vorticity on limit lines. In Fig. 3 the flow with a sonic line is depicted.

Since our hodograph equations are linear, the source and vortex solutions may be superimposed to obtain another solution. The resulting motion is spiral in nature, as is its gasdynamic analog, but has two limit lines, one in each of the hyperbolic regions. The flow can undergo either sonic and ALFVÉNIC transitions or a hypercritical transition. The above solutions have also been pointed out by HIDA [3].

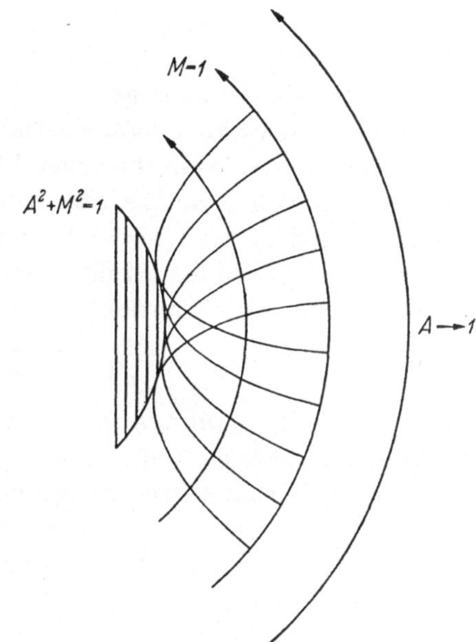

Fig. 3. Vortex flow

If we seek solutions to Eq. (4.1) of the form $\psi = F(q)\,e^{\pm i\theta}$, then $F(q)$ must satisfy

$$\frac{d}{dq}\left[\frac{(1 - A^2)^2}{(A^2 + M^2 - 1)} \frac{q}{\varrho A^2} \frac{dF}{dq}\right] + \frac{(M^2 - 1)(1 - A^{-2})}{\varrho q} F = 0\,. \qquad (5.1)$$

This can be simplified by introducing a new function[1],

$$f(q) = \frac{A^2 - 1}{\varrho(A^2 + M^2 - 1)} \frac{d}{dq} q(1 - A^{-2})\,F\,.$$

Differentiating this expression with respect to q and using Eq. (5.1), one obtains

$$\frac{df}{dq} = \frac{A^2 + M^2 - 1}{q(A^2 - 1)}\,f\,.$$

Upon integrating twice we find that the general solution of Eq. (5.1) is

$$F(q) = \frac{A^2}{q(A^2 - 1)} \int_{q_2}^{q} \left\{\frac{(A^2 + M^2 - 1)}{A^2 - 1} \varrho \exp\left[\int_{q_1}^{q} \frac{A^2 + M^2 - 1}{A^2 - 1} \frac{dq}{q}\right]\right\} dq, \quad (5.2)$$

---

[1] For the motivation see INCE: Ordinary Differential Equations. New York: Dover Publications, 1944, p. 372.

31*

480 R. Seebass

where q_1 and q_2 are arbitrary constants. The complexity of Eq. (5.2) is misleading because the integrations can be carried out in closed form with the result that

$$F(q) = \frac{K_1 A^2}{q(A^2 - 1)} + \frac{K_2(2\,p\,A^2 + \varrho\,q^2)}{q(A^2 - 1)} \tag{5.3}$$

where K_1 and K_2 are arbitrary constants replacing functions of q_1 and q_2. Professor Tamada has pointed out to the author that these solutions follow more simply from their counterparts in ordinary gasdynamics via the fictitious-gas analogy.

We now undertake a detailed study of two of these solutions. Since our primary interest is in the general features of the solutions, particularly the behavior near the transitions, the computational work has been simplified by taking $\gamma = 2$. The value $\gamma = 5/3$ would, of course, be more appropriate for a fully ionized gas.

Consider first the solution

$$\psi = \frac{K_1 \sin\theta\,A^2}{q(A^2 - 1)} \,,$$

which reduces to Ringleb flow in the limit of no magnetic field. If the streamlines are plotted in the hodograph plane along with the limit lines, one finds that there are two cases: if $A_0^2 > 2/3$, the streamlines

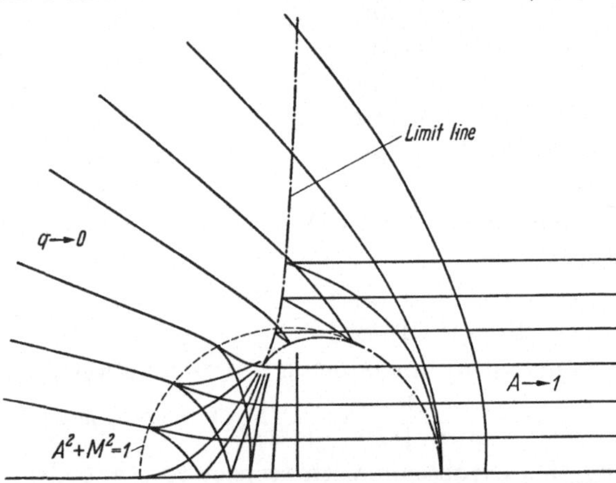

Fig. 4. An exact solution displaying a hypercritical transition

undergo a hypercritical and a sonic, super-Alfvénic transition; if $A_0^2 < 2/3$, they undergo a hypercritical and a sonic, sub-Alfvénic transition. In the first instance some of the streamlines which encounter the hypercritical transition do not intersect a limit line, and so we restrict our attention to this case.

The physical-plane map of the sub-Alfvénic portion of the hodograph plane is depicted in Fig. 4. Lines of constant speed are circles whose centers lie on the horizontal axis. The lines in Fig. 4 that focus on the limit line are typical characteristics. No limit line is encountered by the two streamlines nearest the axis, though they appear to intersect one, because they lie on a different sheet from the limit line. Along these streamlines the flow starts from rest at infinity on the left, accelerates to the circular transition line where $A^2 + M^2 = 1$, and continues to accelerate until it reaches $A = 1$ at infinity on the right. Most of this additional speed is acquired near the hypercritical transition. It can be shown that the maximum inclination of each streamline occurs along the hypercritical line.

Secondly we examine the solution

$$\psi = \frac{2\,p\,A^2 + \varrho\,q^2 - 2\,p_1 - \varrho_1\,q_1^2}{q\,(A^2 - 1)},$$

where the subscript refers to conditions at $A = 1$. As A approaches one ψ remains finite and thus the singularity at $A = 1$ has been removed. If $A_0^2 > 2/3$, some of the hodograph streamlines traverse all three transitions before encountering a limit line. On the other hand, for $A_0^2 < 2/3$, only two transitions occur without an intervening limit line. In either case the limit lines intercept all the streamlines that pass through a transition. Again we investigate only the first case.

The physical-plane map is shown in Fig. 5. Subsonic streamlines are indicated by solid lines and supersonic ones by dashed lines. A branch of one of the limit lines has been drawn coincident with the sonic line. Actually it lies to the right of the sonic line for all streamlines except the horizontal ones. The flow pattern is periodic in the vertical coordinate, the figure encompassing one cycle. Motion starts from rest at the far left, accelerates through $A^2 + M^2 = 1$, $A^2 = 1$, and $M^2 = 1$, meets a limit line, and then reflects onto a different sheet. Along some streamlines the flow continues to accelerate on the new sheet until encountering another portion of the same limit line, reflects again onto a third sheet where it eventually meets an image of itself at the centerline of the cycle. Along other streamlines the flow does not re-encounter the limit line, but returns to infinity on the left with q approaching q_{max}. For the streamlines that also encounter the other limit line the flow is still more complex, and thus they have been omitted. Lines of constant speed are the trochoids[1] generated by points at various radial distances on the flange of a wheel with a unit radius rolling along vertical lines. Fig. 6 depicts a portion of the flow and some typical characteristics. A local maximum occurs in the

---

[1] Curtate if A^2 is between 1 and $2\,A_0^2\,(2 - A_0^2)^{-1}$ (either may be the larger), and prolate for all other values. $A_0^2 = 3/4$ in the example.

streamline slope at the hypercritical transition if $A_0^2 > 2/5$; a local minimum occurs if $A_0^2 < 2/5$.

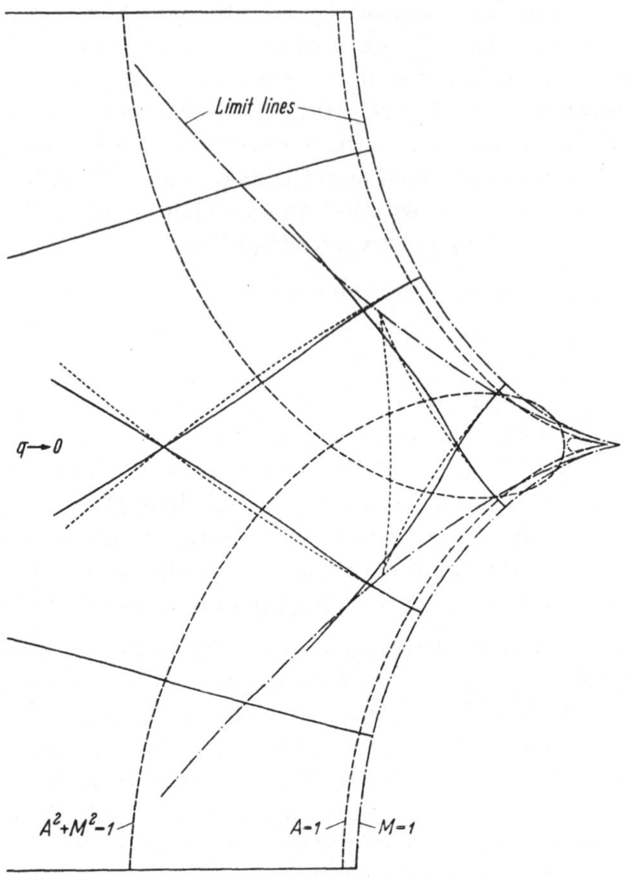

Fig. 5. An exact solution exhibiting all three transitions. The limit line lies to the right of the sonic line for all streamlines except the horizontal ones

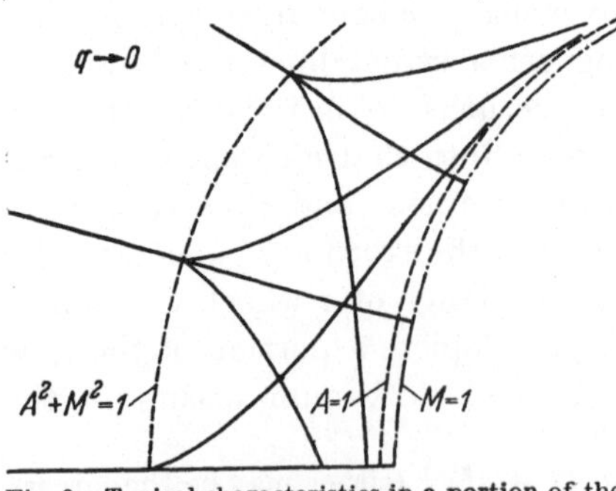

Fig. 6. Typical characteristics in a portion of the flow of Fig. 5

Chu [8] has shown that if the behavior at the hypercritical transition is analytic, then on the axis of symmetry the second streamwise derivative of streamline spacing must be zero. The foregoing solutions are in agreement with this result. The connection between the streamline inclination and the streamline spacing is clear: if the streamline inclination is maximum (or minimum) on a curve orthogonal to the axis of symmetry, then the rate of change of the streamline spacing along the axis must have a maximum (or minimum) at the point of intersection.

6. Separation of variables

Solutions to the hodograph equations for plane potential flow have been used successfully by LIGHTHILL, CHERRY, and others to study mixed flows about various bodies. These solutions were obtained by separating variables, which in the non-magnetic case leads to a hypergeometric equation in τ: $\tau = q^2/q_{\max}^2$. Solutions for the magnetic case are not so readily available. If we let $\psi = F(\tau)\,G(\theta)$, the process of separating variables in Eq. (4.1) yields $G(\theta) = e^{\pm ik\theta}$, where k is the separation constant, and a complicated differential equation for $F(\tau)$. The two independent solutions for $k = 1$ are those given in Eq. (5.3).

The major complexity of the equation for $F(\tau)$ compared to the equivalent one in ordinary gasdynamics is that the coefficients of the derivatives contain exponents involving γ. Except for $k = 1$, little can be said about this equation for the values of γ that introduce irrational functions into the coefficients. On the other hand if $\gamma = 1 + n^{-1}$ where n is a positive integer, the coefficients are polynomials in τ, and the equation is more amenable to analysis. We will consider only the simplest case $n = 1$. For this value the differential equation has five singularities, all of which satisfy the conditions of FUCHS' theorem, and it is, therefore, in the terminology of TRICOMI [9] "totally Fuchsian". To facilitate this discussion we introduce the constant $\beta = 1 - A_0^2$. The transitions in terms of τ and β are $\tau = \beta/3$, hypercritical; $\tau = \beta$, ALFVÉNIC; $\tau = 1/3$, sonic. The five singular points are displayed, with their indices, by the RIEMANN P-function

$$F(\tau) = P \begin{pmatrix} 0 & \beta/3 & \beta & 1 & \infty & \\ -k/2 & 0 & 0 & 0 & -3k/2 & \tau \\ +k/2 & 2 & -1 & 2 & +3k/2 & \end{pmatrix}. \qquad (6.1)$$

This array determines the differential equation with the exception of two constants in the coefficient of F. Hypercritical and ALFVÉNIC transitions are represented by singular points of the differential equation; the sonic transition is not.

Although singular points of the solution are necessarily singular points of the equation, the converse is not true. Singularities of the differential equation which do not appear as singularities in the solution are called apparent singularities. It is a straightforward exercise to show that the hypercritical singularity does not involve logarithms.

Further, since both indices are non-negative both solutions must be analytic there: hence $\beta/3$ is an apparent singularity. For the ALFVÉNIC transition it is clear from Eq. (6.1) that while one solution is analytic, the other involves a simple pole. The latter also contains a logarithmic term unless $k = 1$, or unless the sonic and ALFVÉNIC transitions occur simultaneously.

The analogous result for the potential Eq. (4.2) gives an equation identical to that for F if (in the equation for F) we change $\tau - \beta/3$ to $\tau - 1/3$ and $\tau - \beta$ to $\tau - 1$ and vice versa. Therefore, our speculation that the potential function for sonic transitions is related to a stream function for hypercritical transitions, and vice versa, is verified in this special case. That hypersonic flows and trans-ALFVÉNIC hyperbolic flows may have something in common is evident from the similar behavior of their characteristics. Nevertheless, the conclusion that trans-ALFVÉNIC and "trans-q_{max}" are flows related by interchanging the stream- and potential-function is more than a little surprising. Although the relationship between hypercritical and sonic transitions should prove useful, it is doubtful that the relationship between ALFVÉNIC and "q_{max}" transitions will, as the latter flows have no physical significance. In the potential equation there is no hypercritical singularity, and the sonic point is an apparent singularity. At the ALFVÉNIC point neither solution has a pole, but one will involve a logarithmic term unless $k = 1$ or $\beta = 1/3$.

The properties reviewed in this section leave us far from the solution of specific boundary-value problems. They do, nevertheless, elucidate some characteristic features of the transitions which are of importance.

7. The transition regimes in detail

We continue by investigating separately each transition regime in the physical plane. The equations for the potential function appropriate to the various regimes have been derived by HIDA [10], and independently by the author. Here we shall also derive equations for the stream function. With two sets of equations for each regime we shall be able to determine explicitly the relationship between hypercritical and sonic transitions. PEYRET [11] and KOGAN [12] have deduced equations for the perturbation velocity components appropriate to the nonlinear regimes. PEYRET's results are in agreement with ours. He has also determined the expressions for the pressure, lift, and drag coefficients in terms of the similarity parameters. KOGAN's results, on the other hand, rest on a faulty assumption, and this leads to incorrect results for the trans-ALFVÉNIC and transonic-ALFVÉNIC regimes.

The procedure in the physical plane is as follows: Eqs. (2.10) and (2.11) have the form

$$\psi_x^2\,\psi_{xx} + 2\psi_x\,\psi_y\,\psi_{xy} + \psi_y^2\,\psi_{yy} + m\,(q)\,(\psi_x^2 + \psi_y^2)\,(\psi_{xx} + \psi_{yy}) = 0 .$$

Consider the transition that occurs at $q = q_*$[1], and expand $m\,(q)$ in powers of $\delta: \delta = (q - q_*)/q_*$. Throughout we shall use $(\ )_*$ to represent values at the transition. Next express ψ as the sum of a function, Ψ, which results in a uniform flow of speed q_* parallel to the x-axis. and a perturbation, η, from this flow. That is, $\psi = c_*\,(\Psi + \eta)$, where c_* is a constant and $\eta = o\,(\Psi)$, unless $\psi = o\,(1)$ for which we take $\Psi = 0$. Let the velocity be expressed in terms of non-dimensional perturbation velocities (u, v) in the $(\boldsymbol{i}, \boldsymbol{j})$ directions:

$$\boldsymbol{q} = q_*\,[(1 + u)\,\boldsymbol{i} + v\,\boldsymbol{j}],$$

$(\boldsymbol{i}, \boldsymbol{j})$ being unit vectors along the (x, y)-axes. In addition the functions η_x and η_y may be written as

$$\eta_x = f\,(u, v) + o\,(f),$$
$$\eta_y = g\,(u, v) + o\,(g), \tag{7.2}$$

by using the definitions of η, u, and v. The function δ may also be expressed in terms of u and v, and thus from Eqs. (7.2) we may express δ as $\delta = \Delta\,(\eta_x, \eta_y) + o\,(\Delta)$. This result, combined with the definition of η, gives the partial differential equation

$$F\,(\eta_x, \eta_y)\,\eta_{xx} + 2G\,(\eta_x, \eta_y)\,\eta_{xy} + H\,(\eta_x, \eta_y)\,\eta_{yy} = 0 , \tag{7.3}$$

where F, G, and H are functions containing only the leading (lowest-order) terms in η_x and η_y. This equation governs the flow behavior near the transition $q = q_*$. For the stream function equation we shall denote the functions corresponding to Ψ and η by Ψ and η, and take $c_* = \varrho_*\,q_*$. For the potential equation we shall denote Ψ and η by Φ and ξ, and take $c_* = q_*$. It is only in this last case that Ψ, i. e., Φ, can be zero.

Eq. (7.2) may be simplified further in some of the transition regimes. The usual procedure is to seek a similarity form of the equation; this form often precludes some of the terms. Another approach is to use the linear results to obtain estimates of the magnitudes of the various terms. Although this procedure has less theoretical justification than others, it is the simplest and does give the correct equations for each regime. Here we take still a different tack that leads to the same differential equations.

---

[1] A somewhat more general procedure is to expand about q_∞, where $q - q_\infty$ is small (see SPREITER [13]). HIDA [10] and PEYRET [11] have followed this procedure.

486 R. Seebass

The procedure to be followed is essentially this: We assume that if $\eta_x = 0(\eta_y^n)$, then differentiation of this expression changes the orders of both sides by the same amount. That is $\eta_x = 0(\eta_y^n)$ implies that $\eta_{xx} = 0(\eta_y^{n-1} \eta_{xy})$ and $\eta_{xy} = 0(\eta_y^{n-1} \eta_{yy})$. These orders of magnitude are then used to determine the dominant terms in Eq. (7.3) for various ranges of the exponent n. This exponent is constrained within certain limits by the Eqs. (7.2) and the requirement that u and v be $o(1)$. We shall find that all allowed values of n except one yield trivial differential equations. The non-trivial equation resulting from the exceptional value of n governs the motion, provided that our assumptions about differentiation are satisfied. The theoretical basis of this procedure is the same as that of similarity. Its advantages are brevity — there is no need to introduce new variables and coordinates, and clarity — the assumptions involved are manifest.

The simplified η and ξ equations are given below for each regime. The details are given only for the η-equation in the hypercritical regime; details for the other regimes may be found in [14]. Simple solutions that display transitions for each regime are also given.

Hypercritical regime. From Eqs. (7.2) for η_x and η_y it follows that $n \geqslant 1/2$, for if $n < 1/2$ then $\eta_x \neq 0(\eta_y^n)$. Eq. (7.3) is

$$(a) \qquad (b) \qquad\qquad (c) \qquad\qquad\qquad\qquad (d)$$

$$\eta_{xx} \quad -2\eta_x \eta_{xy} \quad -\frac{\Gamma_*}{(1-M_*^2)^2}\, \eta_y \eta_{yy} \quad -\left[\frac{\Gamma_*}{2(1-M_*^2)^2}-1\right]\eta_x^2\, \eta_{yy} = 0,$$

where $\Gamma_* = 3 + (\gamma - 2)\, M_*^2$. The terms are related for the ranges of n indicated as follows:

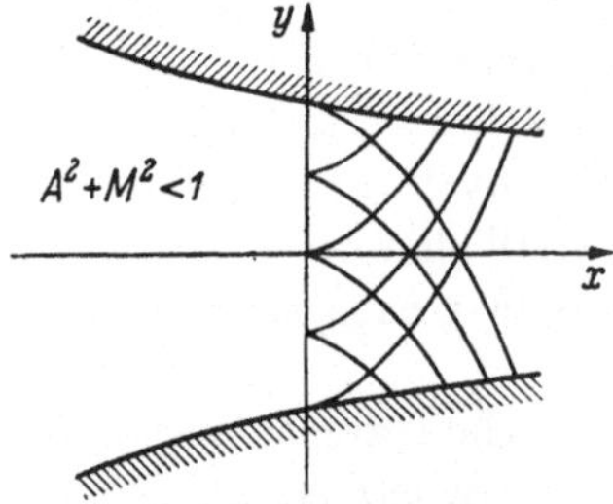

Fig. 7. Hypercritical flow

1. $1/2 \leqslant n < 3/2$: $b, c, d = o(a)$.

2. $n = 3/2$: $b, d = o(a)$; $a = 0(c)$.

3. $3/2 < n$: $a, b = o(c)$; $c = 0(d)$.

The first and third cases result in the trivial equations $\eta_{xx} = 0$ and $\eta_{yy} = 0$. On the other hand, $n = 3/2$ gives

$$\eta_{xx} - \Gamma_* (1 - M_*^2)^{-2}\, \eta_y \eta_{yy} = 0. \tag{7.4a}$$

For the potential equation the analogous result is[1]

$$\xi_{xx} - (1 - M_*^2)^{-1} [-2\Gamma_* \xi_x]^{1/2}\, \xi_{yy} = 0. \tag{7.4b}$$

An obvious solution of Eq. (7.4a), $\eta = \Gamma_*^{-1}(1 - M_*^2)^2\, c\, x\, y$, where $c = $ constant, is depicted in Fig. 7. The transition line is the y-axis.

---

[1] The appropriate sign must, of course, be associated with the square roots in Eqs. (7.4b) and (7.5a).

Transonic regime. Because of a symmetrical relationship between the transonic and the hypercritical Eqs. (7.3), the transonic results may be deduced directly from Eqs. (7.4). The results are

$$(1 - A_*^{-2})\,[-2\,(\gamma + 1)\,\eta_y]^{1/2}\,\eta_{xx} - \eta_{yy} = 0, \qquad (7.5\,\mathrm{a})$$

$$(\gamma + 1)\,(1 - A_*^{-2})^2\,\xi_x\,\xi_{xx} - \xi_{yy} = 0. \qquad (7.5\,\mathrm{b})$$

From every sonic super-ALFVÉNIC transition we can obtain a sonic sub-ALFVÉNIC transition simply by changing the sign of u. These related flows have similar streamlines. Eq. (7.5a) is satisfied by

$$\eta = \frac{-2\,c^2\,y}{(\gamma + 1)\,(1 - A_*^{-2})^2}\left[x^2 + \frac{2\,c\,x\,y^2}{3} + \frac{c^2\,y^4}{5}\right].$$

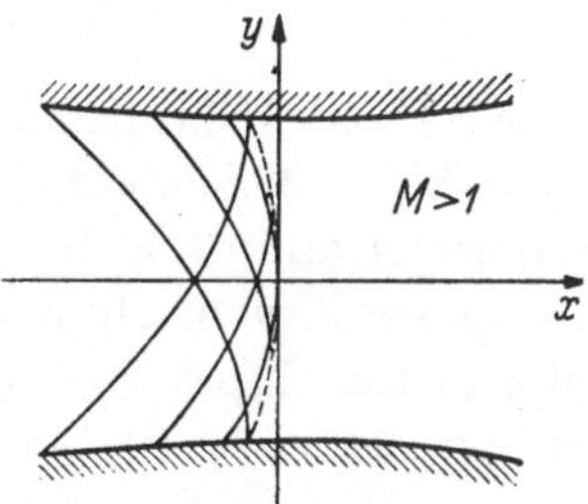
Fig. 8. Sub-ALFVÉNIC transonic flow

This is the magnetic analog of a familiar transonic solution. Fig. 8 depicts a sub-ALFVÉNIC transition corresponding to this solution. Here the transition line is $x = -c\,y^2$. The super-ALFVÉNIC transition is similar, but the characteristics appear to the right of the transition line. Note that if $\phi(\Gamma_*(1 - M_*^2)^{-2}; x, y)$ is a solution of either Eq. (7.4a) or (7.4b) then $\phi((\gamma + 1) \cdot (1 - A_*^{-2})^2; y. x)$ is a solution of Eq. (7.5b) or (7.5a) respectively. For every transonic flow, then, there is a related hypercritical flow and vice versa, the relationship being that the perturbation stream function of one is the reflection in the line $x = y$ of the perturbation potential function of the other. This follows simply by eliminating the parameters from the equations. A more general form of this relationship may be found in [14].

Trans-Alfvénic regime. In this case there is no simplification of Eqs. (7.3):

$$(\eta_y + 3\eta_x^2/2)\,\eta_{xx} + 2\eta_x\,\eta_{xy} + \eta_{yy} = 0; \qquad (7.6\,\mathrm{a})$$

$$[(1 - M_*^{-2})\,\xi_x^3 - \xi_y^2]\,\xi_{xx} + 2\xi_x\,\xi_y\,\xi_{xy} - \xi_x^2\,\xi_{yy} = 0. \qquad (7.6\,\mathrm{b})$$

Our previous discussion of the hodograph equations for $\gamma = 2$ indicates that we should also expect a symmetry between the trans-ALFVÉNIC and "trans-$q_{\max}$" equations. Such symmetry is of no practical value, and we only remark that if

$$f(\gamma; K^2; x, y) = K^2\,\phi(\gamma; x, y) + \frac{x}{\gamma - 1},$$

where f satisfies TSIEN's equation [15] for irrotational hypersonic flow, then $\phi(2; y, x)$ satisfies Eq. (7.6a). By inspection, a solution of Eq. (7.6a) is found to be $\eta = 3c\,y\,(x - c\,y^2)$. Corresponding to this solution is the subsonic transition depicted in Fig. 9. This transition is accomplished along $x = 3c\, y^2/2$. Any streamline pattern that represents a subsonic transition also represents a supersonic transition and vice versa, the only change being in ξ.

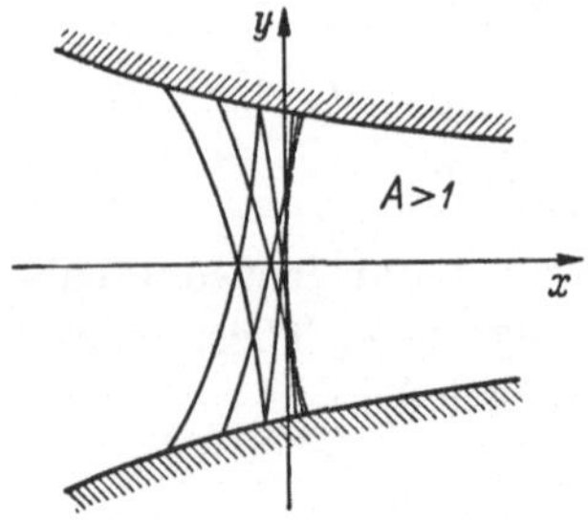

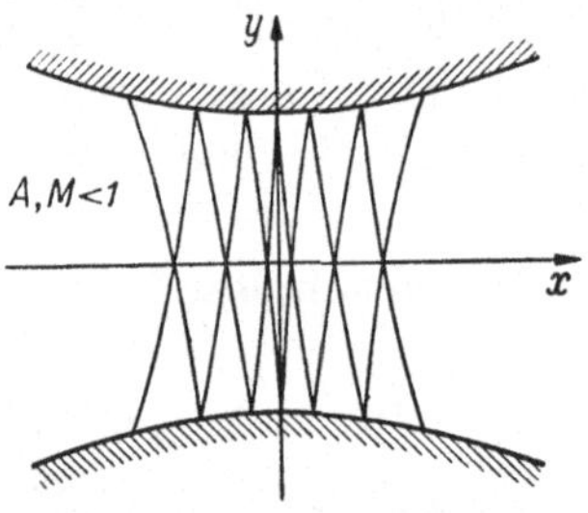

Fig. 9. Subsonic trans-Alfvénic flow

Transonic-Alfvénic regime. Here again there is no simplification of the differential equations, the results being

$$2(\eta_y + \eta_x^2)\,\eta_{xx} + 2\,\eta_x\,\eta_{xy} + \eta_{yy} = 0, \quad (7.7\,\mathrm{a})$$

$$[(\gamma + 1)\,\xi_x^4 - \xi_y^2]\,\xi_{xx} + 2\,\xi_x\,\xi_y\,\xi_{xy} - \xi_x^2\,\xi_{yy} = 0. \quad (7.7\,\mathrm{b})$$

Since A and M become one simultaneously, these equations are purely hyperbolic. The equations that result from expanding about q_∞ do not require A and M to be one simultaneously, and they thereby include the possibility of elliptic behavior (see Peyret [12]). The variation of q in the elliptic regions is of the same order as neglected terms. If we let $\phi = (\gamma + 1)^{1/2}\,\xi_x + \xi_y\,\xi_x^{-1}$, then Eq. (7.7b) becomes simply $\phi_y - \phi\,\phi_x = 0$. From solutions of this equation we may deduce the flow depicted in Fig. 10, which has $\eta = c^2\,x^2\,y\,(2c^2\,y^2 - 1)^{-1}$.

It is a straightforward procedure to derive the approximate hodograph equations; they may be found in [14]. The forms of the hypercritical and transonic equations are, as we would expect, identical. To solve flow problems in the hodograph plane an investigator often needs to know if, with certain boundary conditions, the problem set by him is correctly posed. Such information is readily available for equations such as those governing hypercritical and transonic motions where the characteristics are normal to the parabolic line. Indeed,

Fig. 10. Transonic-Alfvénic flow

Morawetz's uniqueness theorem [16] for the usual stream-function equation is also applicable to the full magnetogasdynamic potential equation if both A and M are less than one, thereby proving uniqueness to Frankl's problem for the hypercritical transition. Information concerning equations where the characteristics are tangent to the parabolic line may be procured from the results given by Prof. Tricomi in an earlier lecture at this symposium and those of Karol [17], who has investigated in some detail uniqueness questions for equations that are identical to the approximate trans-Alfvénic equations.

8. Flows with shock waves

In the preceding sections we have studied mixed flows in which shock waves do not occur. If we wish to study the flow field generated by a body in such motions, we must take into account the possibility of shock waves. Even for flows in which the variation of entropy may be neglected, the occurrence of a shock wave greatly complicates the whole affair.

TAMADA (in the preceding paper of this symposium) and GEFFEN [18] have studied such flows in the sub-ALFVÉNIC transonic regime; they have found the limiting solution ($M \to 1$) for the flow about a wedge with a straight afterbody. This flow involves a single shock wave. Plausibility arguments about the limiting procedure indicate that flows of this class for $M \neq 1$ will involve a strong and a weak shock. Stagnation points present a problem in sonic and ALFVÉNIC motions, for such flows may then involve a hypercritical transition. They may also have ALFVÉNIC and sonic transitions respectively. With two or more transitions in the same flow, the approximate equations for each regime are applicable only locally; thus the flow must be found either by a suitable matching of local solutions or from solutions to the full equations. The latter appears hopeless for problems in which prescribed boundary conditions are to be satisfied.

Stable gasdynamic discontinuities are possible across sonic and hypercritical conditions, and at, but not across, ALFVÈNIC conditions. Because of the symmetry between the hypercritical and the transonic equations, the shock polar associated with the former is simply related to that of the latter; however, hypercritical shock waves are inclined upstream instead of downstream. Some rather exotic patterns have been postulated for flows involving shock waves (see e. g. SEARS [19] and GEFFEN [18]). The analytical description of these and other magnetogasdynamic flows should prove to be a challenge to the transonic researcher.

The author is indebted to Professor W. R. SEARS for suggesting this investigation and for innumerable instructive comments throughout its course. This research was supported by the United States Air Force through the Office of Scientific Research under contract AF 49 (638)-544.

References

[1] IMAI, I.: Rev. Mod. Phys. **32**, 992 (1960).

[2] HIDA, K.: Hodograph Method for Treating the Flow of a Perfectly Conducting Fluid with Aligned Magnetic Field. 5th Meeting on Mechanics and Applied Mathematics at Matsuyama, Japan (1960).

[3] COWLEY, M. D.: Jet Propulsion **30**, 271 (1960).

[4] PEYRET, R.: J. Mécanique **I**, 31 (1962).

[5] SEEBASS, R.: Quarterly of Applied Mathematics **XIX**, 231 (1961).

[6] McCUNE, J. E., and E. L. RESLER: Jr. J. Aero/Space Sciences **27**, 493 (1960).

[7] KOGAN, M. N.: Prikl. Mat. i Mekh. **23**, 70 (1959).

[8] CHU, C. K.: Physics of Fluids **5**, 5 (1962).

[9] TRICOMI, F. G.: Differential Equations. New York: Hafner Publishing Company, 1961.

[10] HIDA, K.: Similarity Rules for the Flow of a Perfectly Conducting Fluid with Aligned Magnetic Field. 6th Meeting on Mechanics and Applied Mathematics at Tokyo, Japan (1961).

[11] PEYRET, R.: J. Mécanique **I**, 167 (1962).

[12] KOGAN, M. N.: Prikl. Mat. i. Mekh. **25**, 132 (1961).

[13] SPREITER, J. R.: NACA Technical Note **2726** (1952).

[14] SEEBASS, R.: The Theory of Aligned-fields Magnetogasdynamic Flows. Ph. D. thesis, Cornell University, 1962; available from University Microfilms, Ann Arbor, Mich. Also available as U. S. Air Force Report AFOSR 2715.

[15] TSIEN, H. S.: J. Math. Phys. **25**, 247 (1946).

[16] MORAWETZ, C. S.: Comm. on Pure and Appl. Math. **7**, 697 (1954).

[17] KAROL, I. L.: Doklady Akad. Nauk. SSSR **101** (1955).

[18] GEFFEN, N.: On Aligned-fields Magnetogasdynamic Flows with Shocks· Ph. D. thesis, Cornell University, 1962; available from University Microfilms, Ann Arbor, Mich.

[19] SEARS, W. R.: Some Paradoxes of Sub-ALFVÉNIC Flow of a Compressible Conducting Fluid. Electromagnetics and Fluid Dynamics of Gaseous Plasma. New York: Polytechnic Press, 1961.